Statistische Physik

Statistische Physik

von
Prof. Dr. Torsten Fließbach
Universität Siegen

B·I·
Wissenschaftsverlag
Mannheim · Leipzig · Wien · Zürich

Die Deutsche Bibliothek – CIP-Einheitsaufnahme

Fließbach, Torsten:
Statistische Physik / von Torsten Fließbach. – Mannheim;
Leipzig; Wien; Zürich: BI-Wiss.-Verl., 1993
ISBN 3-411-16071-3

Gedruckt auf säurefreiem Papier
mit neutralem pH-Wert (bibliotheksfest)

Druck: RK Offsetdruck GmbH, Speyer
Bindearbeit: Progressdruck GmbH, Speyer
Printed in Germany
ISBN 3-411-16071-3

Vorwort

Das vorliegende Buch entstand im Verlauf von Vorlesungen im Zyklus Theoretische Physik I bis IV. Es gibt den Stoff meiner Vorlesung Theoretische Physik IV über Statistische Physik wieder. Diese Vorlesung wird in Siegen für die Physikstudenten im 6. Semester angeboten.

Die Darstellung bewegt sich auf dem durchschnittlichen Niveau einer Kursvorlesung in Theoretischer Physik. Der Zugang ist eher intuitiv anstelle von deduktiv; formale Ableitungen und Beweise werden ohne besondere mathematische Akribie durchgeführt. Der Umfang geht etwas über das hinaus, was ich während eines Sommersemesters in einiger Ausführlichkeit behandle. Dieses Buch ist keine umfassende Monographie. Es ist vielmehr ein ausgearbeites Skriptum, das sich zum ergänzenden Studium neben einer Vorlesung, aber auch zum Selbststudium eignet.

Ich mache keinen Versuch, einen Überblick über die vielen guten und sehr guten Lehrbücher auf diesem Gebiet zu geben. Stattdessen gebe ich nur einige wenige Bücher an, die ich selbst bevorzugt zu Rate gezogen habe. Als Standardwerk beziehe ich mich auf die *Statistische Physik und Theorie der Wärme* von Reif [1], das insbesondere die Art der Einführung der Grundlagen im vorliegenden Skriptum stark beeinflußt hat. Daneben sind mir die Bücher von Brenig [2] und Becker [3] besonders gut vertraut. Außerdem sei noch Band V des Lehrgangs von Landau-Lifschitz [4] erwähnt. Gelegentlich verweise ich auf meine *Quantenmechanik* [5] und *Mechanik* [6], die im selben Zyklus der Theoretischen Physik erschienen ist. Zur Fortführung, Ergänzung oder Erläuterung des Textes wurden in begrenztem Umfang Übungen aufgenommen.

Bei H. Fesharaki-Fard, C. Fließbach, R. Hoff, R. Schäfer und B. Stötzl bedanke ich mich für das Lesen des Manuskripts und zahlreiche nützliche Hinweise.

Siegen, Oktober 1992 Torsten Fließbach

Literaturangaben:

[1] F. Reif, *Statistische Physik und Theorie der Wärme*, 2. Auflage, de Gruyter-Verlag, Berlin 1985

[2] W. Brenig, *Statistische Theorie der Wärme*, 3. Auflage, Springer Verlag, Berlin 1992

[3] R. Becker, *Theorie der Wärme*, Springer Verlag, Berlin 1966

[4] L. D. Landau, E. M. Lifschitz, *Lehrbuch der theoretischen Physik*, Band V, *Statistische Physik*, 7. Auflage, Akademie-Verlag, Berlin 1987

[5] T. Fließbach, *Quantenmechanik*, B.I.-Verlag, Mannheim/Wien/Zürich 1990

[6] T. Fließbach, *Mechanik*, B.I.-Verlag, Mannheim/Leipzig/Wien/Zürich 1991

Inhaltsverzeichnis

Einleitung

In der Vorlesung *Statistische Physik* befassen wir uns mit Systemen aus sehr vielen Teilchen; Beispiele hierfür sind die Atome eines Gases oder einer Flüssigkeit, die Phononen eines Festkörpers oder die Photonen in einem Plasma. Die Gesetze für die Bewegung einzelner Teilchen sind durch die Mechanik oder die Quantenmechanik gegeben. Aufgrund der großen Zahl der Teilchen (zum Beispiel $N = 6 \cdot 10^{23}$ für ein Mol eines Gases) sind die Bewegungsgleichungen jedoch nicht auswertbar. Das Ergebnis einer solchen Auswertung, also etwa die Bahnen von 10^{24} Teilchen, wäre auch uninteressant und irrelevant. Die Behandlung dieser Systeme erfolgt daher statistisch, das heißt auf der Grundlage von Annahmen über die Wahrscheinlichkeit verschiedener Bahnen oder Zustände.

Im Gegensatz zu der Bewegung einzelner Teilchen ist die Bestimmung *makroskopischer* Größen, wie Energiemenge, Druck oder Temperatur von Interesse. Mit Hilfe einiger Annahmen, den Hauptsätzen, untersucht die *Thermodynamik* (TD) Beziehungen zwischen diesen Größen; diese Disziplin wird auch makroskopische TD oder phänomenologische TD genannt. Die Thermodynamik wurde im 19. Jahrhundert ohne Bezug auf die mikroskopischen Grundlagen entwickelt.

Seit Anfang dieses Jahrhunderts ist der Satz 'Wärme ist ungeordnete Bewegung der Atome' eine gesicherte Erkenntnis; wichtige Beiträge hierzu waren die Gastheorie (1898) von Boltzmann und die Behandlung der Brownschen Bewegung (1905) durch Einstein. Als Hypothese ist diese Aussage wesentlich älter (Bernoulli, 1738). Auf der Grundlage dieser Erkenntnis bestimmt die *Statistische Physik* die makroskopischen Größen und ihre Beziehungen untereinander aus der *mikroskopischen* Struktur. Dieses Gebiet wird auch als *Statistische Mechanik* bezeichnet, wobei der Begriff 'Mechanik' die Quantenmechanik umfassen soll.

Die *Statistische Physik* geht von mikroskopischen Größen und den zugehörigen Grundgesetzen der Mechanik und Quantenmechanik aus. Sie führt zusätzlich plausible, aber unbewiesene Hypothesen ein; dazu gehört insbesondere die Annahme 'alle zugänglichen Zustände sind gleichwahrscheinlich'. Unter Verwendung statistischer Methoden werden dann makroskopische Größen definiert und Relationen zwischen ihnen abgeleitet.

Zu den makroskopischen Größen, die in der Statistischen Physik mikroskopisch definiert werden, gehören etwa der Druck oder die Temperatur. Die Beziehungen zwischen diesen Größen sind zum einen allgemeine Relationen, die für eine große Klasse von Systemen und Prozessen gelten, insbesondere die Hauptsätze der Thermodynamik. Zum anderen werden Relationen für bestimmte Systeme abgeleitet, wie die Zustandsgleichung ($PV = Nk_{\mathrm{B}}T$) und die Wärmekapazität ($C_V = 3Nk_{\mathrm{B}}/2$) für ein ideales Gas.

Das Hauptgewicht dieser Vorlesung liegt einerseits auf dem mikroskopischen Aufbau der Statistischen Physik, und andererseits auf ihrer Anwendung auf spezielle Systeme. Diese Systeme sind im allgemeinen Modellsysteme, die exakt oder näherungsweise lösbar sind. Mit Hilfe dieser Modelle können viele Eigenschaften realer Systeme verstanden und quantitativ behandelt werden. Beispiele für solche Eigenschaften sind die spezifische Wärme von Festkörpern, das Strahlungsspektrum heißer Körper (wie der Sonne) und das Verhalten bei Phasenübergängen (wie das Sieden einer Flüssigkeit).

Die meisten Ergebnisse der Statistischen Physik, die wir erörtern werden, beziehen sich auf Gleichgewichtszustände. Im Zusammenhang mit Nichtgleichgewichtszuständen stellen wir kurz die Boltzmanngleichung vor, und geben eine elementare Ableitung der wichtigsten Transportgleichungen (etwa für die Wärmeleitung oder Diffusion).

Die Vorlesung ist wie folgt gegliedert. Die notwendigen elementaren Kenntnisse der mathematischen Statistik sind in Teil I zusammengestellt. Danach werden die Grundlagen der Statistischen Physik untersucht (Teil II). Teil III präsentiert die phänomenologische TD im engeren Sinn. Teil IV vervollständigt das Handwerkszeug der Statistischen Mechanik, mit dem dann in Teil V eine Reihe von konkreten Systemen statistisch behandelt wird. Die Teile VI und VII geben jeweils eine Einführung in die Gebiete 'Phasenübergänge' und 'Nichtgleichgewichtsprozesse'.

Teil I

Mathematische Statistik

Kapitel 1

Wahrscheinlichkeit

In diesem Kapitel werden die Begriffe Wahrscheinlichkeit, Mittelwert und Schwankung eingeführt und diskutiert.

Wir präzisieren zunächst den Begriff der *Wahrscheinlichkeit*. Dazu betrachten wir die Aussage: "Die Wahrscheinlichkeit p, mit einem Würfel eine 1 zu würfeln, ist $p = 1/6$". Dies heißt, daß im Durchschnitt 1/6 der Würfe zu einer 1 führt. Tatsächlich tritt bei N Versuchen (Würfen) N_i–mal das Ereignis i (also 1, 2, 3, 4, 5 oder 6) auf. Dann ist N_i/N die *Häufigkeit* des Ereignisses i und

$$p_i = \lim_{N\to\infty} \frac{N_i}{N} \tag{1.1}$$

seine Wahrscheinlichkeit. Dabei ist unter $N \to \infty$ soviel wie 'hinreichend oft' zu verstehen; diese Bedingung wird später quantifiziert. Da notwendig eines der Ereignisse i auftritt (so ist Würfeln definiert), gilt

$$\sum_{i=1}^{6} N_i = N \tag{1.2}$$

Daraus folgt

$$\sum_{i=1}^{6} p_i = 1 \tag{1.3}$$

Die Bestimmung der Wahrscheinlichkeiten p_i durch N Würfe kann auf zwei Arten realisiert werden, die wir mit

- Zeitmittel
- Ensemble-Mittel

bezeichnen. Dabei bedeutet Zeitmittel, daß der gleiche Würfel unter gleichen Bedingungen N-mal geworfen wird. Beim Ensemble-Mittel nehmen wir N gleichartige Würfel und führen für jeden einen Wurf aus.

Die Aussage $p_i = 1/6$ für den Würfel wird in zwei verschiedenen Bedeutungen benutzt. Man versteht darunter entweder eine *physikalische* oder eine *hypothetische* Eigenschaft des Systems. Wir erläutern diese beiden Möglichkeiten in den folgenden Absätzen.

Zur ersten Bedeutung: Für einen realen Würfel wird (1.1) im allgemeinen zu $p_i \neq 1/6$ führen. Speziell bei einem Trickwürfel ist der Schwerpunkt in Richtung der 1 verschoben; dadurch ist $p_6 > 1/6$. Jeder reale Würfel wird Abweichungen von der Symmetrie eines idealen Würfels zeigen (leicht verschobener Schwerpunkt, verschieden abgerundete Kanten), die zu kleinen Abweichungen von $p_i = 1/6$ führen können. Die experimentelle Bestimmung der Wahrscheinlichkeiten p_i nach (1.1) ist daher die *Messung* einer *physikalischen Eigenschaft* des Systems. Da N praktisch endlich ist, erfolgt diese Messung (wie jede andere) mit einer gewissen Ungenauigkeit. Diese Ungenauigkeit wird im nächsten Kapitel quantifiziert.

Zur zweiten Bedeutung: Für einen symmetrisch gebauten Würfel können wir die vernünftige *Annahme* machen, daß alle Ereignisse i gleichwahrscheinlich sind, also $p_i = 1/6$. Diese Annahme ist vernünftig und plausibel, zumindest bevor (a priori) Messungen vorliegen. Die statistische Mechanik wird auf genau so einer *a priori–Hypothese* aufgebaut. Diese Hypothese besagt, daß alle zugänglichen Zustände eines Systems gleichwahrscheinlich sind. Im Gegensatz zum Würfel kann die Grundannahme der Statistischen Physik allerdings nicht direkt experimentell überprüft werden. Lediglich Folgerungen aus dieser Annahme können verifiziert oder falsifiziert werden.

Anstelle der Würfel betrachten wir als physikalisches Beispiel ein Gas aus Atomen oder Molekülen. Die kinetische Energie ε eines Atoms werde mit der Genauigkeit $\Delta\varepsilon$ gemessen. Dann können wir jedem Atom einen diskreten Wert $\varepsilon_i = i \cdot \Delta\varepsilon$ zuordnen, wobei i die möglichen Werte $0, 1, 2, \ldots$ annimmt. Durch Stöße untereinander ändern die Atome häufig ihre Energie; in Luft ist die mittlere Stoßzeit der Moleküle $\tau \approx 2 \cdot 10^{-10}\,\mathrm{s}$ (Kapitel 42). Wir fragen nun, mit welchen Wahrscheinlichkeiten p_i die Energien ε_i im Gas auftreten.

Wir können das Ensemble-Mittel bestimmen, indem wir (zu einem bestimmten Zeitpunkt) die Energien von N Atomen messen; dabei werden wir N_i-mal die Energie ε_i finden. Ein Zeitmittel erhalten wir dagegen, wenn wir die Energie eines bestimmten Atoms zu N verschiedenen Zeitpunkten messen; die Anzahl der Messungen, die ε_i ergeben, bezeichnen wir wieder mit N_i. In beiden Fällen bestimmt die Messung die Wahrscheinlichkeiten gemäß

$$p_i = p(\varepsilon_i) = \frac{N_i}{N} \tag{1.4}$$

Die Anzahl N sei so groß (etwa $N = 10^{24}$), daß wir auf den Limes $N \to \infty$ verzichten können. Die Intervalle $\Delta\varepsilon$ sind so zu wählen, daß $N_i \gg 1$.

Da kein Atom ausgezeichnet ist, sind die Wahrscheinlichkeiten des Ensemble- und Zeitmittels gleich. Voraussetzung hierfür ist, daß beim Zeitmittel die Zeitabstände zwischen den Messungen groß gegenüber τ sind. Nur dann sind die auftretenden Energie des einen ausgesuchten Atoms repräsentativ für die Gesamtheit der Atome. Später werden wir finden, daß die Wahrscheinlichkeiten (1.4) durch $p_i = \exp(-\beta\varepsilon_i)/\sum_j \exp(-\beta\varepsilon_j)$ gegeben sind, wobei β eine Konstante ist.

Addition und Multiplikation

Im folgenden betrachten wir N gleichartige Systeme, von denen jedes in einem diskreten *Zustand* i vorliegt. Die Wahrscheinlichkeit, ein bestimmtes System im Zustand i vorzufinden, wird wie in (1.1) definiert; dabei ersetzen wir $N \to \infty$ häufig durch die Bedingung 'N hinreichend groß'. In Gleichung (1.2) und (1.3) ist über alle möglichen Systemzustände zu summieren.

Beim Würfel verstehen wir unter 'Zustand' ein bestimmtes Würfelergebnis, beim Gasatom ein bestimmtes Energieintervall. Wir sprechen alternativ auch vom 'Ereignis' i, das sich beim Würfeln oder Messen ergibt.

Wir untersuchen die Bedeutung der Addition und Multiplikation von Wahrscheinlichkeiten. Aus der Definition von p_i in (1.1) folgt unmittelbar

$$p_i + p_j = p_{(i \text{ oder } j)} \qquad \begin{pmatrix}\text{Ereignisse } i \text{ und } j \\ \text{schließen sich aus}\end{pmatrix} \tag{1.5}$$

für zwei der diskreten, sich gegenseitig ausschließenden Zustände oder Ereignisse i und j des Systems. Für solche Zustände gilt ja $N_{(i \text{ oder } j)} = N_i + N_j$.

Die Spezifikation 'sich ausschließen' bezieht sich auf allgemeinere Zustände; für die bisher betrachteten elementaren Zustände (wie Augenzahl des Würfels) ist diese Bedingung für $i \neq j$ trivial erfüllt. Als Beispiel für allgemeine Zustände oder Ereignisse betrachten wir $a =$ 'gerade Augenzahl' und $b =$ 'Augenzahl kleiner als 4'. Diese Zustände a und b schließen sich nicht gegenseitig aus. Daher ist $p_{(a \text{ oder } b)}$ nicht gleich $p_a + p_b$.

Die Wahrscheinlichkeit, bei zwei Systemen das erste im Zustand i und das zweite in j vorzufinden, ist

$$p_{ij} = p_i \, p_j \qquad \begin{pmatrix}\text{Ereignisse } i \text{ und } j \text{ sind} \\ \text{unabhängig voneinander}\end{pmatrix} \tag{1.6}$$

Für den Würfel ist dies die Wahrscheinlichkeit, zunächst die Augenzahl i und dann j zu würfeln, oder die Wahrscheinlichkeit, daß von zwei unterscheidbaren Würfeln der erste i und der zweite j anzeigt. Dabei wird vorausgesetzt, daß das erste Würfelergebnis ohne Einfluß auf das zweite ist, oder daß die beiden Würfel sich gegenseitig nicht beeinflussen.

Zur Begründung von (1.6) gehen wir von N ersten und M zweiten Systemen aus, von denen jeweils N_i im Zustand i und M_j in j sind. Wir setzen die gleichen Wahrscheinlichkeiten voraus, also $p_i = \lim(N_i/N) = \lim(M_i/M)$. Es gibt NM Systempaare, von denen $N_i\,M_j$ im Zustand ij sind. Daraus folgt die Wahrscheinlichkeit, den Zustand ij vorzufinden:

$$p_{ij} = \lim_{M,N\to\infty} \frac{N_i\,M_j}{NM} = \lim_{N\to\infty} \frac{N_i}{N} \lim_{M\to\infty} \frac{M_j}{M} = p_i\,p_j \tag{1.7}$$

Mittelwert und Schwankung

Für N Systeme mit den diskreten Zuständen i läuft die Summe in

$$\sum_i p_i = 1 \tag{1.8}$$

über alle möglichen Zustände. Wir betrachten nun eine beliebige Systemgröße x, die im Zustand i den Wert x_i hat; Beispiele sind die Augenzahl eines Würfels ($x_i = i$) oder die Energie eines Atoms ($x_i = \varepsilon_i$). Hierfür definieren wir den *Mittelwert*

$$\overline{x} = \sum_i p_i\,x_i \tag{1.9}$$

Offensichtlich gibt $\overline{x}$ den durchschnittlichen Wert von x bezogen auf alle N Systeme (im Grenzfall $N \to \infty$) an. Die Definition (1.9) läßt sich sofort auf eine Funktion $f(x)$ übertragen:

$$\overline{f(x)} = \sum_i p_i\,f_i = \sum_i p_i\,f(x_i) \tag{1.10}$$

Die tatsächlich auftretenden Werte x_i weichen vom Mittelwert $\overline{x}$ ab. Der Mittelwert dieser Abweichung verschwindet aber:

$$\overline{x - \overline{x}} = \sum_i p_i\,(x_i - \overline{x}) = \sum_i p_i\,x_i - \overline{x}\sum_i p_i = \overline{x} - \overline{x} = 0 \tag{1.11}$$

Dies liegt daran, daß positive und negative Abweichungen sich aufheben. Ein Maß für die Abweichung vom Mittelwert ist dagegen die *mittlere quadratische Abweichung* oder *Schwankung* Δx, die durch

$$\Delta x = \sqrt{\overline{(x - \overline{x})^2}} \tag{1.12}$$

definiert wird. Wir können Δx durch $\overline{x^2}$ und $\overline{x}^{\,2}$ ausdrücken:

$$(\Delta x)^2 = \sum_i p_i\,(x_i - \overline{x})^2 = \sum_i p_i\,x_i^{\,2} - 2\,\overline{x}\sum_i p_i\,x_i + \overline{x}^{\,2}\sum_i p_i = \overline{x^2} - \overline{x}^{\,2} \tag{1.13}$$

Aus $(\Delta x)^2 \geq 0$ folgt

$$\overline{x^2} \geq \overline{x}^{\,2} \tag{1.14}$$

Als einfaches Beispiel betrachten wir für einen (idealen) Würfel die Systemgröße $x =$ Augenzahl, also $x_i = i$. Sie hat den Mittelwert

$$\overline{x} = \sum_{i=1}^{6} p_i\,i = \frac{1}{6}\,\big(1+2+3+4+5+6\big) = \frac{7}{2} \tag{1.15}$$

Aus

$$\overline{x^2} = \sum_{i=1}^{6} p_i\,i^2 = \frac{1}{6}\,\big(1+4+9+16+25+36\big) = \frac{91}{6} \tag{1.16}$$

folgt

$$(\Delta x)^2 = \overline{x^2} - \overline{x}^{\,2} = \frac{35}{12} \tag{1.17}$$

also die Schwankung $\Delta x \approx 1.7$.

Zur Physik des Würfelns

Wir haben implizit vorausgesetzt, daß das Ergebnis des Würfelns zufällig, also nicht voraussagbar ist. Wir diskutieren kurz diesen Punkt im Hinblick auf die deterministischen Gleichungen, die die Bewegung des Würfels beschreiben.

Wir stellen uns eine Würfelmaschine vor, in der mehrere Würfel anfangs an bestimmten Stellen ruhen, und in der vorgegebene, zeitabhängige Kräfte auf die Würfel einwirken; nach einer gewissen Zeit hören die Kräfte auf, und die Würfel kommen zur Ruhe. Diese Beschreibung gilt insbesondere für die Lottomaschine, die am Samstagabend im Fernsehen zum Einsatz kommt. Die Bewegung der Lottokugeln (der Würfel) wird durch Bewegungsgleichungen der klassischen Mechanik bestimmt, in die die vorgegebenen zeitabhängigen Kräfte eingehen (zu diesem Zweck haben wir die würfelnde Person eliminiert). Bei gegebenen Anfangsbedingungen bestimmen diese Gleichungen den Zustand des Systems zu jedem späteren Zeitpunkt eindeutig. Wieso ist dann das Lottoergebnis nicht vorhersagbar?

Charakteristisch für solche Systeme ist, daß sehr kleine Änderungen im Zustand schnell groß werden können. Ändert sich etwa der Stoßparameter beim Stoß zweier Kugeln ein wenig, so ändert sich der Streuwinkel ebenfalls ein wenig. Auf der Strecke bis zur nächsten Karambolage kann diese kleine Änderung aber schon eine wesentlich größere Änderung des Stoßparameters für die nächste Kollision ergeben. Kurzum, nach wenigen Stößen werden aus zwei unmittelbar benachbarten Zuständen ganz verschiedene Zustände. Nun kann man die Anfangsbedingungen für den Lottoapparat nicht beliebig genau festlegen. Im Bereich der möglichen Eingrenzung liegen sehr viele Anfangsbedingungen dicht beieinander, die mit den deterministischen Bewegungsgleichungen zu allen möglichen Ergebnissen führen.

Aufgrund des chaotischen Verhaltens (benachbarte Zustände entwickeln sich sehr schnell auseinander) genügen auch andere kleine Störungen oder Unsicherheiten (außer denen in den Anfangsbedingungen), um das Ergebnis nicht vorhersagbar zu machen. Diese Störungen können sein: Unsicherheiten der äußeren Kräfte (etwa durch Spannungsschwankungen im Stromnetz), Husten einer Person im Fernsehstudio, thermische Schwankungen, quantenmechanische Unschärfe. Es sei aber betont, daß für das Zufallsverhalten des Lottoapparats weder die endliche Temperatur noch die quantenmechanische Unschärfe notwendig ist. Man kann also - im Prinzip - auch bei Temperatur $T = 0$ und in einer (fiktiven) Welt mit $\hbar = 0$ würfeln.

Das chaotische Verhalten der Lottokugeln kann mit dem von Atomen eines klassischen Gases verglichen werden. Auch hier würde ein wohlgeordneter Anfangszustand (vergleichbar der anfänglichen Position der Lottokugeln) sehr schnell chaotisch werden. Ein Durcheinanderquirlen durch äußere Kräfte ist beim Gas nicht nötig; hierfür sorgt die kinetische Energie der Atome.

Übung

Zwei Lektoren lesen ein Buch. Lektor A findet 200 Druckfehler, Lektor B nur 150. Von den gefundenen Druckfehlern stimmen 100 überein. Schätzen Sie ab, wieviele Druckfehler unentdeckt geblieben sind.

Übung

Wie groß ist die Wahrscheinlichkeit dafür, daß von 10 Studenten mindestens 2 am gleichen Tag Geburtstag haben? Bei wievielen Studenten ist die Wahrscheinlichkeit, daß mindestens zwei am gleichen Tag Geburtstag haben, gerade 1/2 ?

Kapitel 2

Gesetz der großen Zahl

Ein Mechanismus, der zu Zufallsverteilungen führt, ist der eindimensionale *random walk*. Hierfür können die uns interessierenden Eigenschaften von Wahrscheinlichkeitsverteilungen besonders einfach abgeleitet und diskutiert werden. Dies sind insbesondere das *Gesetz der großen Zahl* (dieses Kapitel) und die *Normalverteilung* (Kapitel 3 und 4).

Random walk

Im eindimensionalen Fall besteht ein random walk aus N Schritten, die auf einer Geraden ausgeführt werden. Diese Gerade bezeichnen wir als x-Achse. Der random walk startet bei $x = 0$. Ein Schritt besteht in einem Sprung um $\Delta x = \pm 1$; der Sprung um $+1$ erfolgt mit der Wahrscheinlichkeit p, der um -1 mit q. Dabei gilt

$$p + q = 1 \tag{2.1}$$

Die einzelnen Schritte sind voneinander unabhängig. Die Anzahl der positiven Sprünge sei n_+, die der negativen n_-. Zusammen ergeben sie die Gesamtzahl der Schritte,

$$n_+ + n_- = N \tag{2.2}$$

Nach N Schritten berechnen wir folgende Größen:

1. Die Wahrscheinlichkeit $P_N(m)$ dafür, bei $x = m = n_+ - n_-$ anzukommen. Dies ist gleich der Wahrscheinlichkeit $W_N(n)$ dafür, daß $n = n_+$ positive Schritte ausgeführt wurden,

$$P_N(m) = W_N(n) \qquad (m = n_+ - n_-\,, \quad n = n_+) \tag{2.3}$$

2. Die Mittelwerte $\overline{m}$ und $\overline{n}$.

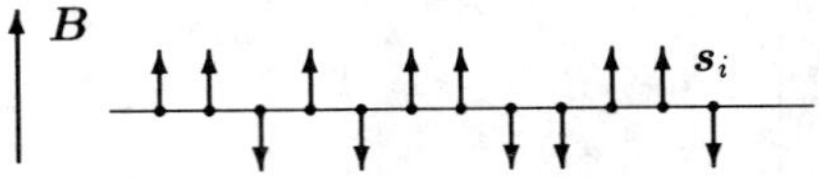

Abbildung 2.1: In einem äußeren Magnetfeld $\boldsymbol{B}$ stellt sich der Spin von Teilchen mit einer Wahrscheinlichkeit p parallel zu $\boldsymbol{B}$ ein, und mit der Wahrscheinlichkeit $q = 1 - p$ antiparallel. Mit welcher Wahrscheinlichkeit $W_N(n)$ sind dann n von N Spins parallel zum Magnetfeld ausgerichtet?

3. Die Schwankungsbreiten Δm und Δn.

4. Die kontinuierliche Verteilung für große N (Kapitel 3).

Wir geben einige Anwendungsbeispiele für den random walk an:

- In einem Kristall sitze an jedem Gitterpunkt ein ungepaartes Elektron, das seinen Spin (und damit sein magnetisches Moment $\mu_{\rm B}$) unabhängig von den anderen Elektronen einstellt. In einem äußeren Magnetfeld $\boldsymbol{B} = B\,\boldsymbol{e}_z$ kann die z-Komponente des quantenmechanischen Spins die Werte $+\hbar/2$ oder $-\hbar/2$ annehmen. Im Gegensatz zur Skizze in Abbildung 2.1 kann der Kristall auch dreidimensional sein.

  Wie wir später ableiten werden, erfolgen diese beiden möglichen Spineinstellungen mit den Wahrscheinlichkeiten

  $$p = \text{const.} \cdot \exp(+\mu_{\rm B} B/k_{\rm B}T)\,, \qquad q = \text{const.} \cdot \exp(-\mu_{\rm B} B/k_{\rm B}T) \qquad (2.4)$$

  Die Konstante ist durch $p + q = 1$ festgelegt; T bezeichnet die Temperatur und $k_{\rm B}$ die Boltzmannkonstante (Kapitel 10).

  In diesem Beispiel gibt $P_N(m)$ die Wahrscheinlichkeit dafür an, daß die Anzahl der zu $\boldsymbol{B}$ parallelen Spins um m größer ist als die Anzahl der antiparallelen. Das mittlere magnetische Moment der N Elektronen ist gleich $\overline{m}\,\mu_{\rm B} = N(p-q)\,\mu_{\rm B}$. Die tatsächlichen Werte des magnetischen Moments weichen um Werte der Größe $\Delta m\,\mu_{\rm B}$ von diesem Mittelwert ab.

- Die N Gasatome im Volumen V bewegen sich statistisch, das heißt jedes Atom hält sich gleichwahrscheinlich an jedem Ort auf. Wir denken uns das Volumen in zwei Teilvolumina pV und qV unterteilt (Abbildung 2.2). Dann gibt $W_N(n)$ die Wahrscheinlichkeit an, daß sich genau n Atome im linken Teilbereich aufhalten; im Mittel befinden sich hier $\overline{n} = Np$ Atome.

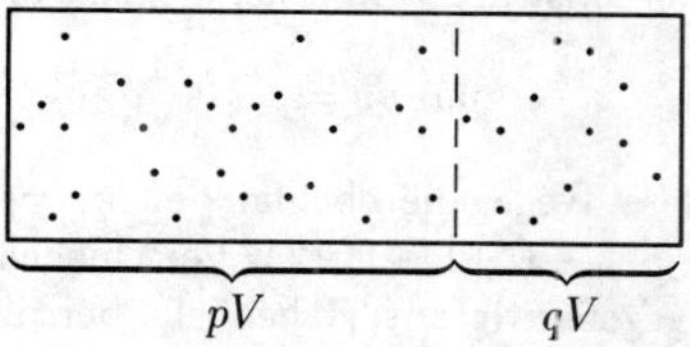

Abbildung 2.2: Wird das gasgefüllte Volumen V in zwei Bereiche pV und qV unterteilt, so befindet sich ein Atom des (idealen) Gases mit der Wahrscheinlichkeit p im linken, und mit der Wahrscheinlichkeit q im rechten Volumen. Mit welcher Wahrscheinlichkeit $W_N(n)$ befinden sich dann genau n von N Teilchen im linken Teilvolumen?

Im realen physikalischen System wechseln fortlaufend Gasatome von einem zum anderen Teilvolumen. Die tatsächliche Zahl n der Atome im linken Bereich ist daher zeitabhängig und schwankt um den Mittelwert $\overline{n}$ herum. Die Schwankung folgt aus der Annahme, daß sich die Atome unabhängig voneinander mit den Wahrscheinlichkeiten p und q in den Teilvolumina aufhalten. Die Schwankung ist also statistisch bedingt. Ihre Größe ist durch Δn gegeben.

- Der eindimensionale random walk ist äquivalent zu allen Problemen der Art: Mit der Wahrscheinlichkeit p ist bei N Objekten eine bestimmte Eigenschaft zu finden. Dann ist $\overline{n}$ die mittlere Zahl der Objekte mit dieser Eigenschaft, und Δn die zugehörige Schwankung.

Ein zum random walk verwandtes Problem ist die Zufallsbewegung eines Atoms oder Moleküls in einem Gas. Zwischen zwei Zusammenstößen legt das Teilchen den Weg $\boldsymbol{\ell}$ zurück; dabei sind die Richtungen von $\boldsymbol{\ell}$ zufallsverteilt, und die Länge $\ell = |\boldsymbol{\ell}|$ hat eine Verteilung um einen Mittelwert $\overline{\ell}$ herum. Der Mittelwert $\overline{\ell}$ ist die mittlere freie Weglänge, in Luft gilt $\overline{\ell} \sim 10^{-5}$ cm in Luft (Kapitel 42). Wo befindet sich dann das Teilchen nach N Stößen? Die Antwort ist die Wahrscheinlichkeitsverteilung eines dreidimensionalen random walk mit variabler Schrittlänge.

Die *Brownsche Bewegung* von kleinen Partikeln auf der Oberfläche einer Flüssigkeit ist ein random walk mit variabler Schrittlänge in zwei Dimensionen.

Wahrscheinlichkeitsverteilung

Da die einzelnen Schritte eines random walk voneinander unabhängig sind, müssen die zugehörigen Wahrscheinlichkeiten multiplizieren werden. Für den

Weg $(+1, -1, -1, +1, +1)$ ist die Wahrscheinlichkeit daher

$$pqqpp = p^3 q^2$$

Es gibt mehrere andere Wege, die ebenfalls zu $m = 1$ oder $n = n_+ = 3$ führen, zum Beispiel $(-1, -1, +1, +1, +1)$. Verschiedene zu $m = 1$ führende Wege schließen sich gegenseitig aus; daher ist über die zugehörigen Wahrscheinlichkeiten zu summieren. Es gibt 5! Möglichkeiten, 5 Dinge aneinander zu reihen. Sind jedoch 3 Dinge identisch, so unterscheiden sich die 3! darin enthaltenen Permutationen (dieser 3 Dinge) nicht. In unserem Fall gibt es also $5!/(3!\,2!) = 10$ verschiedene Wege zu $m = 1$, von denen jeder die Wahrscheinlichkeit p^3q^2 hat. Die Wahrscheinlichkeit, in 5 Schritten auf irgendeinem Weg nach $m = 1$ zu gelangen, ist somit

$$P_5(1) = W_5(3) = \frac{5!}{3!\,2!}\, p^3\, q^2 \qquad (2.5)$$

Dies ist zugleich die Wahrscheinlichkeit, daß genau 3 der 5 Schritte in positive Richtung gehen.

Wir wiederholen diese Überlegungen für einen random walk aus $N = n_+ + n_-$ Schritten. Jeder bestimmte Weg mit n_+ positiven und n_- negativen Schritten hat die Wahrscheinlichkeit $p^{n_+}\, q^{n_-}$. Es gibt

$$\frac{N!}{n_+!\, n_-!} = \frac{N!}{n!\,(N-n)!} = \binom{N}{n} \qquad (n = n_+) \qquad (2.6)$$

verschiedene Wege; dies ist die Anzahl der Möglichkeiten, n_+ identische Objekte und n_- identische (andere) Objekte in eine bestimmte Reihenfolge zu bringen. Damit ist

$$P_N(m) = W_N(n) = \binom{N}{n} p^n\, q^{N-n} \qquad (2.7)$$

Wenn wir

$$n = \frac{N+m}{2} \qquad (2.8)$$

einsetzen, können wir das Ergebnis auch explizit als Funktion von m schreiben. In Abbildung 2.3 ist die Verteilung $W_N(n)$ für ein Beispiel skizziert.

In (2.7) kann n die Werte von $0, 1, 2, ..., N$ annehmen, und m die Werte $-N$, $-N+2, ..., N$. Für $m = -N+1, -N+3, ...$ verschwindet $P_N(m)$, zum Beispiel $P_5(0) = 0$. Die Summe aller Wahrscheinlichkeiten $W_N(n)$ ergibt 1,

$$\sum_{n=0}^{N} W_N(n) = \sum_{n=0}^{N} \binom{N}{n} p^n\, q^{N-n} = (p+q)^N = 1 \qquad (2.9)$$

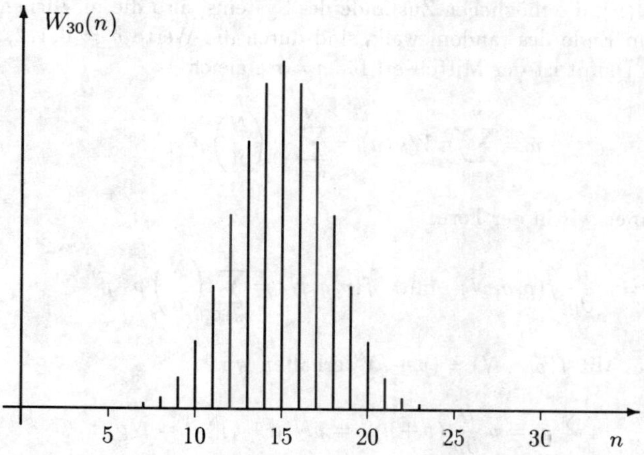

Abbildung 2.3: Ein eindimensionaler random walk aus 30 Schritten enthält mit der Wahrscheinlichkeit $W_{30}(n)$ gerade n positive Schritte. Die Verteilung $W_{30}(n)$ ist für $p = q = 1/2$ skizziert.

Im Hinblick auf diese Formel können wir die $W_N(n)$ auch folgendermaßen ableiten. In

$$1 = \underbrace{(p+q)(p+q)\cdot\ldots\cdot(p+q)}_{N \text{ Faktoren}} \tag{2.10}$$

steht jeder Faktor $(p+q)$ für einen der N Schritte des random walk, der jeweils mit der Wahrscheinlichkeit p nach rechts oder mit q nach links ausgeführt wird. Die Ausmultiplikation des Produkts (ohne Vertauschung der Reihenfolge der Faktoren p und q) ergibt 2^N Summanden, die jeweils für einen bestimmten Weg stehen. Nun ordnet man die Faktoren und faßt alle Terme mit $p^n\, q^{N-n}$ zusammen. Aus der elementaren Algebra ist bekannt, daß der Term $p^n\, q^{N-n}$ genau $N!/(n!\,(N-n)!)$ mal auftritt, also

$$(p+q)^N = \sum_{n=0}^{N} \binom{N}{n} p^n\, q^{N-n} = \sum_{n=0}^{N} W_N(n) \tag{2.11}$$

Der Beitrag mit $p^n q^{N-n}$ ergibt gerade $W_N(n)$. Wegen dieses Zusammenhangs heißt die Verteilung $W_N(n)$ auch *Binomialverteilung*.

Mittelwert und Schwankung

Für einen random walk aus N Schritten berechnen wir Mittelwerte und Schwankungen. Die Wahrscheinlichkeiten p_i aus Kapitel 1 werden hier zu

$p_n = W_N(n)$; die möglichen Zustände des Systems, also die möglichen Positionen am Ende des random walk, sind durch die Werte $n = 0, 1, 2, \ldots, N$ gegeben. Damit ist der Mittelwert für $n = n_+$ gleich

$$\overline{n} = \sum_{n=0}^{N} n\, W_N(n) = \sum_{n=0}^{N} n \binom{N}{n} p^n\, q^{N-n} \tag{2.12}$$

Dies können wir in der Form

$$\overline{n} = p\, \frac{\partial}{\partial p}\, f(p,q,N) \quad \text{mit} \quad f(p,q,N) = \sum_{n=0}^{N} \binom{N}{n} p^n\, q^{N-n} \tag{2.13}$$

schreiben. Mit $f(p,q,N) = (p+q)^N$ erhalten wir

$$\overline{n} = p\, \frac{\partial}{\partial p}\, (p+q)^N = pN(p+q)^{N-1} = Np \tag{2.14}$$

Das Ergebnis ist unmittelbar einleuchtend. Man beachte, daß $p + q = 1$ im Ergebnis, nicht aber in $f(p,q,N) = (p+q)^N$ eingesetzt werden darf; denn für (2.13) ist die Abhängigkeit der Funktion $f(p,q,N)$ von den Variablen entscheidend. Analog dazu erhalten wir

$$\overline{n_-} = N - \overline{n_+} = N - \overline{n} = Nq \tag{2.15}$$

und

$$\overline{x} = \overline{m} = \overline{n_+} - \overline{n_-} = N(p-q) \tag{2.16}$$

Wir berechnen nun $\overline{n^2}$:

$$\begin{aligned}
\overline{n^2} &= \sum_{n=0}^{N} n^2 \binom{N}{n} p^n\, q^{N-n} = p\,\frac{\partial}{\partial p}\, p\,\frac{\partial}{\partial p} \sum_{n=0}^{N} \binom{N}{n} p^n\, q^{N-n} = \\
&= p\,\frac{\partial}{\partial p}\, p\,\frac{\partial}{\partial p}\,(p+q)^N = p\,\frac{\partial}{\partial p}\, Np\,(p+q)^{N-1} = \\
&= pN + p^2 N(N-1) = Np\,q + \overline{n}^{\,2}
\end{aligned} \tag{2.17}$$

Hieraus erhalten wir

$$(\Delta n)^2 \overset{(1.13)}{=} \overline{n^2} - \overline{n}^{\,2} = Npq \tag{2.18}$$

Die relative Breite der Verteilung für n ist dann

$$\frac{\Delta n}{\overline{n}} = \frac{\sqrt{Npq}}{Np} = \sqrt{\frac{q}{p}}\, \frac{1}{\sqrt{N}} \tag{2.19}$$

Für großes N wird diese relative Breite beliebig klein:

$$\frac{\Delta n}{\overline{n}} = \sqrt{\frac{q}{p}}\,\frac{1}{\sqrt{N}} \overset{N\to\infty}{\longrightarrow} 0 \qquad \text{(Gesetz der großen Zahl)} \tag{2.20}$$

Für $N \to \infty$ geht die relative Breite $\Delta n/\overline{n}$ also gegen null. Damit wird $W_N(n)$ für großes N zu einer bei $\overline{n}$ scharf lokalisierten Verteilung. Dieser Sachverhalt wird als *Gesetz der großen Zahl* bezeichnet. In Kapitel 4 wird gezeigt, daß diese Aussage auch unter wesentlich allgemeineren Voraussetzungen gilt. Für die Verteilung $P_N(m)$ ergibt sich entsprechend

$m = 2n - N \Rightarrow$

$$\Delta m = 2\,\sqrt{Npq} \tag{2.21}$$

Wir erläutern die Bedeutung von (2.20) an zwei Beispielen:

- Im Gaskasten von Abbildung 2.2 seien $N = 10^{24}$ Atome; die beiden Teilbereiche seien gleich groß, $p = q = 1/2$. Im Mittel halten sich dann $\overline{n} = Np = N/2$ im linken Bereich auf. Die tatsächliche Zahl n der Atome im linken Bereich weicht aber um Werte der Größe $\Delta n = (Npq)^{1/2} = 0.5 \cdot 10^{12}$ von $\overline{n}$ ab. Dies ist eine extrem kleine relative Schwankung, nämlich $\Delta n/\overline{n} = 10^{-12}$.

  Wenn es größere Abweichungen vom Mittelwert (wie etwa 10%) gäbe, könnte man ein perpetuum mobile 2. Art bauen: Zum Zeitpunkt einer solchen Abweichung schiebt man von der Seite (also ohne Arbeitsleistung) eine Wand zwischen die Teilvolumina. Die höhere Teilchendichte in pV bedeutet einen höheren Druck. Aufgrund dieses erhöhten Drucks kann das Gas Arbeit leisten; dabei kühlt es sich ab. Die fehlende Wärme, die gleich der geleisteten Arbeit ist, kann nun aus der Umgebung aufgenommen werden. Damit hätte man durch Abkühlen der Umgebung Arbeit (etwa elektrische Energie) gewonnen.

  Die Unmöglichkeit eines solchen perpetuum mobiles 2. Art folgt aus dem Gesetz der großen Zahl. Die danach auftretenden Schwankungen sind so klein, daß sie nicht zur Arbeitsleistung ausgenutzt werden können. Die Verallgemeinerung dieser Aussage ergibt den 2. Hauptsatz der Thermodynamik.

- Für einen Würfel benutzen wir (2.19), um den Fehler der Messung von p_1 bei N Würfen abzuschätzen. Wenn wir $p = p_1$ und $q = 1 - p = p_2 + p_3 + p_4 + p_5 + p_6$ setzen, können wir die Formeln des random walk unmittelbar anwenden. Angenommen wir machen einen konkreten Versuch mit $N \gg 1$ Würfen, von denen N_1 zum Ergebnis 1 führen. Daraus schätzen wir den experimentellen Wert für $p_{1,\mathrm{exp}}$ und den Meßfehler ab,

$$p_{1,\mathrm{exp}} = \frac{N_1 \pm \Delta N_1}{N} = \frac{N_1}{N} \pm \frac{\sqrt{Npq}}{N} \approx \frac{N_1}{N} \pm \frac{\sqrt{5}}{6}\,\frac{1}{\sqrt{N}} \tag{2.22}$$

Eine nähere Begründung für die Abschätzung des experimentellen Fehlers durch $\Delta N_1/\overline{N_1}$ wird im nächsten Kapitel gegeben. Da der Fehlerterm klein ist, genügt es, hier die hypothetischen Werte $p = 1/6$ und $q = 5/6$ einzusetzen. Ein Experiment bestehe nun aus 10^3 Würfen mit einem Würfel; dabei ergebe sich 175 mal die 1. Ein anderes Experiment mit 10^5 Würfen ergebe 17500 mal die 1. Aus (2.22) erhalten wir dann

$$p_{1,\mathrm{exp}} = 0.175 \pm \begin{cases} 0.012 & (N = 10^3) \\ 0.001 & (N = 10^5) \end{cases} \tag{2.23}$$

Das erste Experiment mit 1000 Würfen ist mit der Annahme verträglich, daß es sich um einen 'ehrlichen' Würfel handelt, also um einen Würfel mit dem tatsächlichen Wert $p = 1/6 \approx 0.167$. Für den Würfel des zweiten Experiments (es könnte derselbe sein) ist dies dagegen extrem unwahrscheinlich. Die Behauptungen 'verträglich' und 'extrem unwahrscheinlich' werden im nächsten Kapitel quantifiziert.

Übung

Geben Sie die Wahrscheinlichkeit an, genau drei Richtige im Lotto (6 aus 49) zu tippen. Wieso ist diese Wahrscheinlichkeit nicht gleich $W_6(3)$ mit $p = 6/49$ und $q = 43/49$?

Kapitel 3

Normalverteilung

Für $\overline{n} \gg 1$ wird uns nicht mehr der Wert von $W_N(n)$ für jedes einzelne n interessieren; auch wird sich $W_N(n)$ nur wenig von $W_N(n \pm 1)$ unterscheiden. Wir können dann $W_N(n)$ als kontinuierliche Funktion von n auffassen. In diesem Kapitel zeigen wir, daß diese Funktion eine Gaußfunktion ist.

Funktionen der Form $f(n) = p^n$ oder $f(n) = n! \sim (n/e)^n$ hängen extrem sensitiv von n ab, weil diese Größe im Exponenten steht. Daher konvergiert eine Entwicklung nach Potenzen von $(n - \overline{n})$ nur in einem sehr kleinen Bereich. Der Konvergenzbereich kann jedoch wesentlich vergrößert werden, wenn $\ln f(n)$ anstelle von $f(n)$ entwickelt wird; denn $\ln f(n)$ variiert viel schwächer mit n. Wir demonstrieren dies am Beispiel der Taylorentwicklung von $f(n) = p^n = \exp(n \ln p)$,

$$f(n) = f(\overline{n}) + f'(\overline{n})\,(n - \overline{n}) + \ldots \approx p^{\overline{n}} + (\ln p)\, p^{\overline{n}}\,(n - \overline{n}) \tag{3.1}$$

Als Näherung brechen wir diese Reihe beim linearen Term ab. Für $n = \overline{n} + 1$ vergleichen wir die Näherung mit dem exakten Wert:

$$f(\overline{n} + 1) = p^{\overline{n}+1} = p^{\overline{n}} \cdot \begin{cases} p & \text{(exakt)} \\ 1 + \ln p & \text{(Näherung (3.1))} \end{cases} \tag{3.2}$$

Dies ist trivial gültig für $p = 1$, weil dann $f(n)$ nicht von n abhängt. Für kleines p wird die Näherung aber beliebig schlecht, auch für $\overline{n} \gg 1$. Im Gegensatz dazu bricht die Taylorentwicklung von $\ln f(n) = n \ln p$ beim ersten Term ab und liefert das exakte Ergebnis:

$$\ln f(n) = n \ln p = \overline{n} \ln p + (n - \overline{n}) \ln p \tag{3.3}$$

Dieses Beispiel zeigt: Wenn eine Funktion $f(x)$ sehr stark mit x variiert (insbesondere, wenn sie exponentiell von x abhängt), ist es sinnvoll, den Logarithmus der Funktion anstelle der Funktion selbst zu entwickeln.

Die Funktion $W_N(n)$ enthält Terme wie $n!$, die sich ähnlich wie n^n verhalten. Für die aufzustellende Entwicklung gehen wir daher vom Logarithmus von $W_N(n)$ aus,

$$\ln W_N(n) = \ln N! - \ln n! - \ln(N-n)! + n \ln p + (N-n) \ln q \qquad (3.4)$$

Diese Funktion soll in eine Taylorreihe nach Potenzen von $n - \overline{n}$ entwickelt werden. Dazu benötigen wir die Ableitungen an der Stelle $\overline{n}$.

Für $n \gg 1$ nähern wir die Ableitung von $\ln n!$ durch den Differenzenquotienten (mit $dn = 1$) an:

$$\frac{d \ln n!}{dn} \approx \frac{\ln(n+1)! - \ln n!}{1} = \ln(n+1) \approx \ln n \qquad (n \gg 1) \qquad (3.5)$$

Damit wird die Taylorentwicklung von $\ln n!$ zu,

$$\ln n! = \ln \overline{n}! + (\ln \overline{n})(n - \overline{n}) + \ldots \qquad (\overline{n} \gg 1) \qquad (3.6)$$

Exponiert man diese Beziehung, so erhält man die Näherung

$$n! \approx \overline{n}! \cdot \overline{n}^{\,n-\overline{n}} \qquad (\overline{n} \gg 1) \qquad (3.7)$$

Im Bereich $n - \overline{n} = \mathcal{O}(\sqrt{\overline{n}}\,)$ ist dies eine brauchbare Näherung.

Für die Taylorentwicklung von (3.4) bestimmen wir die ersten drei Ableitungen von $\ln W_N(n)$ an der Stelle $\overline{n}$. Zunächst erhalten wir

$$\frac{d \ln W_N(n)}{dn} = -\ln n + \ln(N-n) + \ln p - \ln q \overset{n=\overline{n}}{=} 0 \quad (\overline{n} \gg 1,\ N - \overline{n} \gg 1) \qquad (3.8)$$

Dabei haben wir (3.5) für $\ln n!$ und $\ln(N-n)!$ verwendet; dazu muß neben $\overline{n} \gg 1$ auch $N - \overline{n} \gg 1$ vorausgesetzt werden. Im letzten Schritt in (3.8) wurde $\overline{n} = Np$ und $N - \overline{n} = Nq$ eingesetzt. Das Verschwinden der ersten Ableitung bedeutet, daß $\ln W_N(n)$ und damit auch $W_N(n)$ an der Stelle $n = \overline{n}$ einen stationären Punkt hat. Die zweite Ableitung ergibt

$$\frac{d^2 \ln W_N(n)}{dn^2} = -\frac{1}{n} - \frac{1}{N-n} \overset{n=\overline{n}}{=} -\frac{1}{Np} - \frac{1}{Nq} = -\frac{1}{Npq} = -\frac{1}{(\Delta n)^2} < 0 \qquad (3.9)$$

Da die zweite Ableitung kleiner null ist, hat $\ln W_N(n)$ und damit auch $W_N(n)$ beim Mittelwert $\overline{n}$ ein Maximum. Für die spätere Fehlerabschätzung berechnen wir noch die dritte Ableitung,

$$\frac{d^3 \ln W_N(n)}{dn^3} = \frac{1}{n^2} - \frac{1}{(N-n)^2} \overset{n=\overline{n}}{=} \frac{q^2 - p^2}{N^2 p^2 q^2} \qquad (3.10)$$

Die Taylorentwicklung von $\ln W_N(n)$ lautet

$$\ln W_N(n) = \ln W_N(\overline{n}) + \left(\frac{d\ln W_N(n)}{dn}\right)_{\overline{n}} (n-\overline{n}) + \tag{3.11}$$

$$+\frac{1}{2}\left(\frac{d^2\ln W_N(n)}{dn^2}\right)_{\overline{n}} (n-\overline{n})^2 + \frac{1}{6}\left(\frac{d^3\ln W_N(n)}{dn^3}\right)_{\overline{n}} (n-\overline{n})^3 + \ldots$$

Bei Vernachlässigung des letzten Terms erhalten wir hieraus

$$\ln W_N(n) \approx \ln W_N(\overline{n}) - \frac{1}{2}\,\frac{(n-\overline{n})^2}{Npq} = \ln W_N(\overline{n}) - \frac{(n-\overline{n})^2}{2\,\Delta n^2} \tag{3.12}$$

oder

$$W_N(n) = W_N(\overline{n})\,\exp\left(-\frac{(n-\overline{n})^2}{2\,\Delta n^2}\right) \qquad (\overline{n} \gg 1,\; N-\overline{n} \gg 1) \tag{3.13}$$

Hier und im folgenden ist $\Delta n^2 = (\Delta n)^2$ und nicht etwa $\Delta(n^2)$.

Wir bestimmen den Vorfaktor $W_N(\overline{n})$. Für $\overline{n} \gg 1$ und $N-\overline{n} \gg 1$ ändert sich $W_N(n)$ nur wenig im Bereich $n \pm 1$. Daher können wir die Summe über n durch ein Integral ersetzen:

$$\begin{aligned} 1 &= \sum_{n=0}^{N} W_N(n) \approx \int_0^N dx\, W_N(x) \approx \int_{-\infty}^{+\infty} dx\, W_N(x) = \\ &= W_N(\overline{n}) \int_{-\infty}^{+\infty} dx\, \exp\left(-\frac{(x-\overline{n})^2}{2\,\Delta n^2}\right) = W_N(\overline{n})\,\sqrt{2\pi}\,\Delta n \end{aligned} \tag{3.14}$$

Für $\overline{n} \gg 1$ und $N-\overline{n} \gg 1$ ist der Fehler durch die Ausdehnung der Integrationsgrenzen zu vernachlässigen; der Integrand ist dort von der Größenordnung $\exp(-\sqrt{N})$. Mit (3.14) wird (3.13) zu

$$W_N(n) = \frac{1}{\sqrt{2\pi}\,\Delta n}\,\exp\left(-\frac{(n-\overline{n})^2}{2\,\Delta n^2}\right) \qquad (\overline{n} \gg 1, N-\overline{n} \gg 1) \tag{3.15}$$

Wir ersetzen die Schrittlänge 1 des random walk auf der x-Achse durch eine beliebige Länge ℓ. Dann gilt

$$x = n\ell, \qquad \overline{x} = \overline{n}\ell, \qquad \sigma \equiv \Delta x = \Delta n\,\ell \tag{3.16}$$

Wir wollen die *Wahrscheinlichkeitsdichte* $P(x)$ auf der x-Achse betrachten, die durch

$$P(x)\,dx = \begin{cases} \text{Wahrscheinlichkeit dafür, die Zufalls-} \\ \text{größe zwischen } x \text{ und } x+dx \text{ zu finden} \end{cases} \tag{3.17}$$

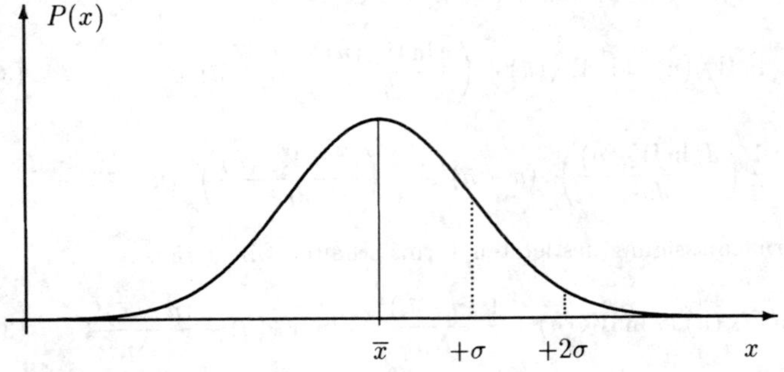

Abbildung 3.1: Die Normalverteilung (3.19) ist eine Gaußfunktion. Der Abfall vom zentralen Maximum bei $\overline{x}$ ist durch $P(\overline{x}\pm\sigma) \approx 0.6\, P(\overline{x})$ gekennzeichnet.

definiert ist. Für ein endliches Intervall dx, das viele diskrete n-Werte umfaßt, gilt

$$P(x)\,dx = \sum_{n' \text{ aus } dx} W_N(n') \approx W_N(n)\,dn \qquad (dn = dx/\ell \gg 1) \tag{3.18}$$

Hieraus folgt mit (3.15) und (3.16) die *Normalverteilung*

$$P(x) = \frac{1}{\sqrt{2\pi}\,\sigma}\,\exp\left(-\frac{(x-\overline{x})^2}{2\,\sigma^2}\right) \qquad \text{(Normalverteilung)} \tag{3.19}$$

wird. Im nächsten Kapitel wird gezeigt, daß sich diese Verteilung unter recht allgemeinen Voraussetzungen ergibt. Die Normalverteilung ist in Abbildung 3.1 skizziert. Die Größe $\sigma = \Delta x$ heißt *Standardabweichung*; sie gibt die Breite der Verteilung an.

Im random walk ist x auf die diskreten Werte $x = n\ell$ beschränkt. Wir sehen von dieser Einschränkung jetzt ab und betrachten $P(x)$ als kontinuierliche Funktion der Variablen x. Die Summation über diskrete Werte wird dann zu einem Integral. Die Normalverteilung (3.19) ist bereits entsprechend normiert,

$$\int_{-\infty}^{+\infty} dx\;P(x) = 1 \tag{3.20}$$

normiert. Nach (3.17) bedeutet dies, daß mit der Wahrscheinlichkeit 1 irgendein x-Wert auftritt. Wir berechnen die Wahrscheinlichkeiten dafür, einen x-Wert in einem Bereich von ein, zwei oder drei Standardabweichungen um $\overline{x}$ herum zu finden:

$$\int_{\overline{x}-\nu\sigma}^{\overline{x}+\nu\sigma} dx\;P(x) = \begin{cases} 0.683 & \nu = 1 \\ 0.954 & \nu = 2 \\ 0.997 & \nu = 3 \end{cases} \tag{3.21}$$

Dies bedeutet konkret, daß ein Ereignis außerhalb von drei Standardabweichungen sehr unwahrscheinlich ist. Dazu betrachten wir den Würfelversuch aus dem vorigen Kapitel mit dem Ergebnis (2.23). In (2.23) wurde gerade eine Standardabweichung $\sigma = \Delta n$ als experimenteller Fehler angegeben. Im ersten Experiment mit $N = 10^3$ Würfen lag das Ergebnis um weniger als eine Standardabweichung neben dem Wert $p_1 = 1/6$ für einen idealen Würfel. Nach (3.21) treten Abweichungen mit einer Standardabweichung oder mehr mit etwa 30% Wahrscheinlichkeit auf; dieses Experiment ist daher mit der Annahme eines idealen Würfels verträglich. Im zweiten Experiment mit $N = 10^5$ Würfen lag das Resultat fast 10 Standardabweichungen neben $p_1 = 1/6$. In diesem Fall kann man daher (praktisch) sicher sein, daß es sich nicht um einen 'ehrlichen' Würfel handelt.

Wir sind in diesem Kapitel von der Wahrscheinlichkeitsverteilung $W_N(n)$ für die positiven Ereignisse $n = n_+$ ausgegangen. Daher ist $P(x)$ die Wahrscheinlichkeitsverteilung für einen random walk, bei dem nur die positiven Schritte ausgeführt werden, $x = n\ell$. Nehmen wir dagegen die negativen Schritte mit, dann endet der random walk bei $x = (n_+ - n_-)\,\ell$. In beiden Fällen ist das Ergebnis durch (3.19) gegeben, wobei aber die Parameter entsprechend zu wählen sind:

$$\overline{x} = Np\ell\,, \qquad \sigma = \sqrt{Npq}\;\ell \qquad \text{für } x = n\ell = n_+\ell \tag{3.22}$$

$$\overline{x} = N(p-q)\,\ell\,, \qquad \sigma = 2\sqrt{Npq}\;\ell \qquad \text{für } x = (n_+ - n_-)\,\ell \tag{3.23}$$

Diese Mittelwerte folgen aus (2.14) und (2.16), die Schwankungen aus (2.18) und (2.21). Die in (3.16) eingeführte Schrittlänge ℓ kann auch eine physikalische Dimension haben. Dieselbe Dimension haben dann x, $\overline{x}$ und σ.

Gültigkeit der Normalverteilung

Bei der Ableitung wurden in (3.12) die höheren Terme der Taylorentwicklung (3.11) vernachlässigt. Wir verlangen, daß der vernachlässigte Term 3. Ordnung klein gegenüber dem Term 2. Ordnung ist:

$$\left| \frac{(\ln W)'''\,(n-\overline{n})^3}{(\ln W)''\,(n-\overline{n})^2} \right| \lesssim \frac{|n-\overline{n}|}{Npq} \ll 1 \tag{3.24}$$

Dieselbe Bedingung erhält man auch für das Verhältnis des Terms $(i+1)$-ter Ordnung gegenüber dem i-ter Ordnung. Sofern (3.24) gilt, ist daher der Abbruch der Taylorentwicklung gerechtfertigt, und die Normalverteilung ist eine gültige Näherung. Von Interesse sind nun insbesondere die n-Werte, die sich vom Mittelwert $\overline{n}$ um einige $(= \nu)$ Standardabweichungen $\sigma = \Delta n$ unterscheiden:

$$|n-\overline{n}| = \nu\,\Delta n = \nu\,\sqrt{Npq}\,, \qquad \nu = \mathcal{O}(1) \tag{3.25}$$

Damit wird (3.24) zu

$$\sqrt{Npq} \gg 1 \tag{3.26}$$

Wenn diese Bedingung erfüllt ist, dann gilt die Normalverteilung im Bereich (3.25). Dieser Bereich kann durchaus 10 oder auch 100 Standardabweichungen um den Mittelwert herum umfassen, vorausgesetzt, daß $\sqrt{Npq}$ noch deutlich größer ist. Die Ableitung ist dagegen nicht gültig für sehr große Abstände vom Mittelwert, etwa für $n \approx 0$ oder $n \approx N$. Hierfür kann der relative Fehler der Verteilung (3.15) groß werden. In diesen Bereichen ist aber sowohl der Näherungswert wie auch der exakte Wert absolut gesehen sehr klein, so daß die Näherung im allgemeinen auch hier ausreichend ist.

Die Bedingung (3.26) impliziert auch $\overline{n} \gg 1$ und $N - \overline{n} \gg 1$; dies wurde in (3.15) vorausgesetzt. Insbesondere genügt die Bedingung $N \gg 1$ allein nicht, denn für sehr kleine p kann ja trotz $N \gg 1$ der Mittelwert $\overline{n} = Np$ von der Größe 1 oder kleiner sein. In diesem Fall ergibt sich eine *Poissonverteilung* anstelle der Normalverteilung (Übung).

Übung

Wie groß ist der relative Fehler der Näherung (3.7) für $\overline{n} = 1000$ und $n = 1030$? Welcher relative Fehler ergibt sich, wenn man anstelle von (3.6) die Funktion $f(n) = n!$ in eine Taylorreihe um $\overline{n}$ entwickelt und beim ersten Glied abbricht?

Übung

In einer Gruppe von N Kindern ($N \gg 1$), deren Eltern starke Raucher sind, leiden 20% der Kinder an Kurzsichtigkeit. Dagegen gibt es nur 15% kurzsichtige Kinder in der Gesamtbevölkerung.

Angenommen, es gibt keine Korrelation zwischen Kurzsichtigkeit und Rauchen: Wie groß ist dann die Wahrscheinlichkeit w dafür, daß 20% oder mehr der N Kinder kurzsichtig sind?

Die Größe $1-w$ ist ein Maß für die Wahrscheinlichkeit, daß eine positive Korrelation besteht. Wie groß müßte die Gruppe der Kinder sein, damit man mit 99% Wahrscheinlichkeit davon ausgehen kann, daß eine Korrelation zwischen der Kurzsichtigkeit der Kinder und dem Rauchen der Eltern besteht?

Übung

Zeigen Sie, daß die Binomialverteilung (2.7) für

$$\lambda = Np = \mathcal{O}(1)\,, \qquad (N \gg 1)$$

durch die *Poissonverteilung*

$$W_N(n) \approx \frac{\lambda^n}{n!}\,\exp(-\lambda)\,, \qquad (\lambda = Np) \tag{3.27}$$

angenähert werden kann. Bestimmen Sie $\overline{n}$ und Δn, und zeigen Sie, daß die Verteilung normiert ist.

Ein Buch mit 500 Seiten enthalte 500 zufällig verteilte Druckfehler. Wie groß ist die Wahrscheinlichkeit, daß eine Seite keinen Fehler enthält, oder daß eine Seite mindestens vier Fehler enthält?

Übung

Erfolgt jeweils nach der Zeit Δt ein Schritt eines random walk (mit $p = q = 1/2$) der Länge $\pm\,\ell$, so ergibt sich eine zeitabhängige Wahrscheinlichkeitsverteilung $P(x,t) = P_N(m)$. Dabei ist $x = m\ell$ die Entfernung vom Ausgangspunkt $x = 0$, und $N = t/\Delta t$ die Anzahl der Schritte. Zeigen Sie, daß $P(x,t)$ für $N \gg 1$ die Diffusionsgleichung

$$\frac{\partial P(x,t)}{\partial t} = D\,\frac{\partial^2 P(x,t)}{\partial x^2} \tag{3.28}$$

erfüllt, und bestimmen Sie die Diffusionskonstante D. Drücken Sie den mittleren Abstand vom Anfangspunkt als Funktion von D und t aus,

$$\sqrt{\overline{x^2}} = F(D,t)$$

Zeigen Sie, daß die Größe

$$\Theta = \int_{-\infty}^{\infty} dx\, \left(\frac{\partial P}{\partial x}\right)^2 \geq 0$$

monoton mit der Zeit abnimmt, also daß $d\Theta/dt \leq 0$. Dies bedeutet, daß die durch (3.28) beschriebene Diffusion ein irreversibler Prozeß ist.

Kapitel 4

Zentraler Grenzwertsatz

Wenn die Größe $x = \sum s_i$ eine Summe vieler Zufallsvariablen s_i ist, dann ist die Wahrscheinlichkeitsverteilung für x eine Normalverteilung. Dies ist die Aussage des zentralen Grenzwertsatzes, den wir im folgenden ableiten.

Der random walk ist eine Folge von N Schritten s_i auf der x-Achse, die zum x-Wert

$$x = s_1 + s_2 + \ldots + s_N = \sum_{i=1}^{N} s_i \tag{4.1}$$

führt. Im random walk gilt für jeden Einzelschritt

$$s_i = +1 \quad \text{oder} \quad s_i = -1 \tag{4.2}$$

wobei die beiden möglichen Schritte mit den Wahrscheinlichkeiten p und q erfolgen. Als Verallgemeinerung hiervon lassen wir nun *variable* Schrittlängen s_i zu, die mit bestimmten Wahrscheinlichkeiten auftreten:

$$w_i(s_i)\, ds_i = \begin{cases} \text{Wahrscheinlichkeit dafür, daß der } i\text{-te} \\ \text{Schritt eine Länge zwischen } s_i \text{ und } s_i + ds_i \text{ hat} \end{cases} \tag{4.3}$$

Die Größe s_i werden *Zufallsvariable* genannt; die Bezeichnung 'variable Schrittlänge' bezieht sich auf eine Interpretation als random walk. Tatsächlich können die s_i irgendwelche Größen sein, wie zum Beispiel die Energien der Atome eines Gases.

Wir setzen voraus, daß die Verteilungen $w_i(s)$ normiert sind,

$$\int_{-\infty}^{\infty} ds\; w_i(s) = 1 \tag{4.4}$$

Sie sollen einen endlichen Mittelwert

$$\overline{s_i} = \int_{-\infty}^{\infty} ds\; s\; w_i(s) \tag{4.5}$$

Frage: Ist hier für jeden Schritt eine andere Verteilung gemacht?

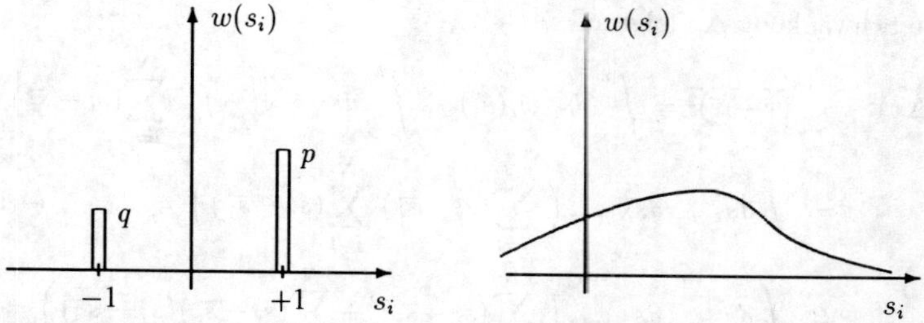

Abbildung 4.1: Im random walk erfolgt der i-te Schritt mit der Wahrscheinlichkeit p nach rechts und $q = 1 - p$ nach links. Dies entspricht der im linken Teil skizzierten Wahrscheinlichkeitsverteilung $w(s_i)$. In diesem Kapitel lassen wir allgemeinere Verteilungen $w(s_i)$ für die Einzelschritte zu, wie zum Beispiel die im rechten Teil gezeigte.

und eine endliche Schwankungsbreite haben,

$$(\Delta s_i)^2 = \int_{-\infty}^{\infty} ds\ (s - \overline{s})^2\, w_i(s) = \overline{s_i^{\,2}} - \overline{s_i}^{\,2} \tag{4.6}$$

Der letzte Punkt schließt zum Beispiel die Verteilung $w_i(s) \propto (a^2 + s^2)^{-1}$ aus. Eine zulässige Verteilung ist dagegen $w_i(s) \propto s^n \exp(-\beta_i\, s^2)$ mit $n \geq 0$. Der bisher betrachtete spezielle random walk (4.2) entspricht der Wahrscheinlichkeitsdichte

$$w_i(s) = w(s) = p\ \delta(s-1) + q\ \delta(s+1) \tag{4.7}$$

Dieser Spezialfall und die hier betrachtete Verallgemeinerung sind in Abbildung 4.1 illustriert.

Es wird vorausgesetzt, daß die Verteilungen w_i voneinander unabhängig sind. Daher gilt

$$w_1(s_1)\, ds_1 \cdot \ldots \cdot w_N(s_N)\, ds_N = \left\{ \begin{array}{l} \text{Wahrscheinlichkeit dafür, daß die} \\ \text{Zufallsvariablen in den Bereichen} \\ \text{zwischen } s_i \text{ und } s_i + ds_i \text{ liegen} \end{array} \right. \tag{4.8}$$

Damit können wir den Mittelwert von x aus (4.1) berechnen:

$$\begin{aligned} \overline{x} &= \overline{\sum_{i=1}^{N} s_i} = \int_{-\infty}^{\infty} ds_1\ w_1(s_1) \ldots \int_{-\infty}^{\infty} ds_N\ w_N(s_N)\ (s_1 + s_2 \ldots + s_N) = \\ &= \int_{-\infty}^{\infty} ds_2\ w_2(s_2) \ldots \int_{-\infty}^{\infty} ds_N\ w_N(s_N)\ (\overline{s_1} + s_2 + \ldots + s_N) = \sum_{i=1}^{N} \overline{s_i} \end{aligned} \tag{4.9}$$

Die Schwankung Δx folgt aus

$$\begin{aligned}
(\Delta x)^2 &= \overline{(x-\overline{x})^2} = \int_{-\infty}^{\infty} ds_1\, w_1(s_1)\ldots \int_{-\infty}^{\infty} ds_N\, w_N(s_N) \Big(\sum_{i=1}^{N}(s_i - \overline{s_i})\Big)^2 \\
&= \int ds_1 \ldots ds_N \ldots \Big(\sum_{i=1}^{N}(s_i-\overline{s_i})\sum_{j=1}^{N}(s_j-\overline{s_j})\Big) = \qquad (4.10)\\
&= \int ds_1 \ldots ds_N \ldots \Big(\sum_{i=1}^{N}(s_i-\overline{s_i})^2 + \sum_{i\neq j}^{N}(s_i-\overline{s_i})(s_j-\overline{s_j})\Big) = \\
&= \int_{-\infty}^{\infty} ds_1\, w_1(s_1)\ldots \int_{-\infty}^{\infty} ds_N\, w_N(s_N) \sum_{i=1}^{N}(s_i-\overline{s_i})^2 = \sum_{i=1}^{N}(\Delta s_i)^2
\end{aligned}$$

Damit gilt für die relative Breite der Verteilung

$$\frac{\Delta x}{\overline{x}} = \frac{\sqrt{\sum(\Delta s_i)^2}}{\sum \overline{s_i}} = \mathcal{O}\left(\frac{1}{\sqrt{N}}\right) \quad \text{(Gesetz der großen Zahl)} \qquad (4.11)$$

Die Abschätzung mit $\mathcal{O}(N^{-1/2})$ folgt aus $\sum_i \ldots = \mathcal{O}(N)$. Das Gesetz der großen Zahl ist damit unter viel allgemeineren Voraussetzungen als in Kapitel 2 abgeleitet. Speziell für den Fall gleicher Verteilungen $w_i(s) = w(s)$ gilt

$$\overline{s_i} = \overline{s} = \int_{-\infty}^{\infty} ds\; s\, w(s)\,, \qquad (\Delta s_i)^2 = (\Delta s)^2 = \int_{-\infty}^{\infty} ds\; (s-\overline{s}\,)^2\, w(s) \quad (4.12)$$

Dann ist der Mittelwert $\overline{x} = N\overline{s}$, die Schwankung $\Delta x^2 = N\,\Delta s^2$ und (4.11) wird zu

$$\frac{\Delta x}{\overline{x}} = \frac{\Delta s}{\overline{s}}\,\frac{1}{\sqrt{N}} \quad \text{(Gesetz der großen Zahl)} \qquad (4.13)$$

Wir geben zwei Beispiele für kontinuierliche Verteilungen von N Zufallsvariablen an:

- Wir betrachten $N = 10^{24}$ Atome eines Gases in einem Kasten. Das i-te Atom hat die Energie ε_i mit der Wahrscheinlichkeit $w(\varepsilon_i) \propto \exp(-\varepsilon_i/k_B T)$, wobei k_B die Boltzmannkonstante und T die Temperatur ist. Sowohl der Mittelwert $\overline{\varepsilon}$ wie auch die Schwankung $\Delta\varepsilon$ dieser Verteilung sind von der Größe $\mathcal{O}(k_B T)$. Die Energie eines einzelnen Teilchens ist daher relativ unbestimmt,

  $$\frac{\Delta\varepsilon}{\varepsilon} = \mathcal{O}(1) \qquad (4.14)$$

  Die Gesamtenergie $E = \sum \varepsilon_i$ ist dagegen scharf definiert:

  $$\frac{\Delta E}{\overline{E}} = \frac{\Delta\varepsilon}{\overline{\varepsilon}}\,\frac{1}{\sqrt{N}} = \mathcal{O}(10^{-12}) \qquad (4.15)$$

Das Gesetz der großen Zahl besagt hier, daß die Vorgabe der Temperatur (System im Wärmebad) praktisch gleichwertig zur Vorgabe der Energie (abgeschlossenes System) ist.

- Das schwingungsfähige Element einer Uhr (konkret die Unruhe oder der Quarzkristall) habe die Periode $\overline{t}$ mit einer Ungenauigkeit von 1%,

$$\frac{\Delta t}{\overline{t}} = 10^{-2} \tag{4.16}$$

Es handelt sich um eine erzwungene Schwingung im Resonanzbereich; die Frequenzbreite und damit $\Delta t/\overline{t}$ hängen von der Güte des Oszillators ab. Die Eigenfrequenz ω_0 des Oszillators bestimmt den Mittelwert $\overline{t} \approx 2\pi/\omega_0$.

Jede einzelne Schwingungsperiode hat die Größe t_i mit einer nicht näher spezifizierten Verteilung $w(t_i)$, die (4.16) genügt. Die Anzeige der Uhr mißt die Zeit $T = \sum t_i$. Die Ungenauigkeit ΔT nach N Schwingungen nimmt gemäß $\Delta t\, N^{1/2}$ zu. Dann nimmt die relative Ungenauigkeit der Uhr aufgrund statistischer Schwankungen der Einzelschwingungen mit wachsender Schwingungszahl ab,

$$\frac{\Delta T}{\overline{T}} = \frac{\Delta t}{\overline{t}} \frac{1}{\sqrt{N}} \tag{4.17}$$

In einer Armbanduhr schwingt der Quarzkristall nun etwa 10^4 mal so schnell wie die herkömmliche Unruhe; für eine gegebene Zeitspanne ist also N in (4.17) 10^4-mal so groß. Das Gesetz der großen Zahl erklärt somit, daß eine Quarzuhr wesentlich genauer als eine mechanische Uhr gehen kann.

Die Größe ΔT ist der zu erwartende Fehler aufgrund *statistischer* Schwankungen der Einzelschwingungen. Eine konkrete Uhr wird aufgrund anderer Effekte im allgemeinen einen größeren Fehler haben. So wird zum Beispiel die Eigenfrequenz des Oszillators (Unruhe, Quarz) eine Funktion der Temperatur sein. Dies führt zu einem *systematischen* Fehler der Uhranzeige.

Ableitung des Grenzwertsatzes

Wir wenden uns nun dem eigentlichen zentralen Grenzwertsatz zu. Er besagt, daß die Wahrscheinlichkeitsverteilung der $x = \sum s_i$ für hinreichend großes N eine Normalverteilung ist, also

$$P(x) = \frac{1}{\sqrt{2\pi}\,\Delta x} \exp\left(-\frac{(x-\overline{x})^2}{2\,\Delta x^2}\right) \tag{4.18}$$

Dabei sind $\overline{x}$ und Δx durch (4.9) und (4.10) gegeben.

Wir geben die Ableitung zunächst für den Fall gleicher Verteilungen an, $w_i(s) = w(s)$. Über (4.6) hinaus nehmen wir an, daß für $w(s)$ beliebige Momente $\overline{s^n}$ (mit $n = 0, 1, 2, ...$) definiert sind, also daß die Größen

$$\overline{s^n} = \int_{-\infty}^{\infty} ds\ s^n\ w(s) \tag{4.19}$$

endlich sind.

Die Wahrscheinlichkeit, die Zufallsvariablen bei den Werten s_1, s_2...., s_N zu finden, ist durch (4.8) gegeben. Hieraus ergibt sich die Wahrscheinlichkeit für einen bestimmten x-Wert, wenn wir über alle möglichen s_i-Werte integrieren, die zum vorgegebenen x führen:

$$P(x) = \int_{-\infty}^{\infty} ds_1\ w(s_1) \ldots \int_{-\infty}^{\infty} ds_N\ w(s_N)\ \delta\left(x - \sum_{i=1}^{N} s_i\right) \tag{4.20}$$

Die δ-Funktion läßt nur die Beiträge zu, für die $\sum s_i = x$. Bei Integration über x ergibt die δ-Funktion 1. Daraus folgt $\int dx\, P(x) = 1$.

Zur Auswertung von (4.20) benutzen wir die Darstellung

$$\delta(y) = \frac{1}{2\pi} \int_{-\infty}^{\infty} dk\ \exp(-iky) \tag{4.21}$$

der δ-Funktion. Damit erhalten wir

$$\begin{aligned} P(x) &= \frac{1}{2\pi} \int_{-\infty}^{\infty} dk \int_{-\infty}^{\infty} ds_1\ w(s_1) \ldots \int_{-\infty}^{\infty} ds_N\ w(s_N)\ \mathrm{e}^{ik(s_1+\ldots+s_N)}\ \mathrm{e}^{-ikx} = \\ &= \frac{1}{2\pi} \int_{-\infty}^{\infty} dk\ \mathrm{e}^{-ikx} \int_{-\infty}^{\infty} ds_1\ w(s_1)\ \mathrm{e}^{iks_1} \int_{-\infty}^{\infty} \ldots \int_{-\infty}^{\infty} ds_N\ w(s_N)\ \mathrm{e}^{iks_N} = \\ &= \frac{1}{2\pi} \int_{-\infty}^{\infty} dk\ \left[W(k)\right]^N \exp(-ikx) \end{aligned} \tag{4.22}$$

Wir entwickeln die im letzten Schritt eingeführte Größe $W(k)$ für kleine k,

$$W(k) = \int_{-\infty}^{\infty} ds\ w(s) \exp(iks) = 1 + ik\,\overline{s} - \frac{1}{2}\, k^2\, \overline{s^2} \pm \ldots \tag{4.23}$$

und

$$\ln\ \left[W(k)\right]^N = N\ \ln\left(1 + ik\,\overline{s} - \frac{1}{2}\, k^2\, \overline{s^2} \pm \ldots\right) \tag{4.24}$$

Wir entwickeln des Logarithmus gemäß $\ln(1+y) = y - y^2/2 + \ldots$,

$$\ln\left[W(k)\right]^N = N\left(i k \overline{s} - \frac{1}{2}\, k^2\, \overline{s^2} - \frac{1}{2}\,(i k \overline{s})^2 \pm \ldots\right) = $$
$$= N\left(i k \overline{s} - \frac{1}{2}\, k^2\, \Delta s^2 \pm \ldots\right) \tag{4.25}$$

Wir vernachlässigen die Terme dritter und höherer Ordnung. Dann ergibt (4.25)

$$\ln\left[W(k)\right]^N = \exp\left(i N \overline{s}\, k - \frac{N\,\Delta s^2}{2}\, k^2\right) \tag{4.26}$$

Wir setzen dies mit $\overline{x} = N\overline{s}$ und $\Delta x^2 = N\,\Delta s^2$ in (4.22) ein, und führen das Integral aus:

$$P(x) = \frac{1}{2\pi}\int_{-\infty}^{\infty} dk\, \exp\left(-i(x-\overline{x})\,k - \frac{\Delta x^2}{2}\, k^2\right) = \frac{1}{\sqrt{2\pi}\,\Delta x}\, \exp\left(-\frac{(x-\overline{x})^2}{2\,\Delta x^2}\right) \tag{4.27}$$

Zur Lösung des Integrals wurde der Exponent quadratisch ergänzt. Das Ergebnis ist der zentrale Grenzwertsatz für den Fall gleicher Verteilungen ($w_i = w$).

Verallgemeinerung

Wir können die Ableitung von (4.27) leicht auf den Fall verschiedener Wahrscheinlichkeitsverteilungen $w_i(s_i)$ verallgemeinern. Zunächst erhalten wir anstelle von (4.22)

$$P(x) = \frac{1}{2\pi}\int_{-\infty}^{\infty} dk \left(\prod_{j=1}^{N} W_j(k)\right) \exp(-ikx) \tag{4.28}$$

wobei $W_i(k)$ analog zu (4.23) definiert ist. Damit wird (4.24) und (4.25) zu

$$\ln \prod_{j=1}^{N} W_j(k) = \sum_{j=1}^{N} \ln\left(1 + i k\, \overline{s_j} - \frac{1}{2}\, k^2\, \overline{s_j^2} \pm \ldots\right) = \tag{4.29}$$
$$= ik \sum_{j=1}^{N} \overline{s_j} - \frac{k^2}{2}\sum_{j=1}^{N} (\Delta s_j)^2 \pm \ldots = i\overline{x}\, k - \frac{\Delta x^2}{2}\, k^2 \pm \ldots$$

Wir vernachlässigen die Terme höherer Ordnung und setzen (4.29) in (4.28) ein. Die Ausführung des Integrals ergibt wieder (4.27). Die Summe zufallsverteilter Größen liefert also unter sehr allgemeinen Bedingungen eine Normalverteilung. Dies ist die Aussage des zentralen Grenzwertsatzes.

Das Integral mit der quad. Ergänzung lautet:

$$P(x) = \frac{1}{2\pi}\underbrace{\int_{-\infty}^{\infty} dk\, \exp\left(-\frac{1}{2}(\Delta x)^2\left[k - \frac{i(\overline{x}-x)}{(\Delta x)^2}\right]^2\right.}_{\left(\pi/\frac{1}{2}(\Delta x)^2\right)^{1/2}} \left. + \frac{(i(\overline{x}-x))^2}{2(\Delta x)^2}\right)$$

Gültigkeitsbereich

Die Entwicklung (4.25) ist möglich, wenn der $(n+1)$-te Term jeweils klein gegenüber dem n-ten Term ist:

$$\left| \frac{\overline{s^{n+1}}\; k^{n+1}}{\overline{s^n}\; k^n} \right| \ll 1 \qquad (n = 0, 1, 2, ...) \tag{4.30}$$

Der Bereich, in dem wir das Ergebnis verwenden wollen, kann auf einige Standardabweichungen begrenzt werden. Die relevanten k-Werte sind daher von der Größe

$$k \sim \frac{1}{\Delta x} \sim \frac{1}{\sqrt{N}\,\Delta s} \tag{4.31}$$

Hierfür ergibt die linke Seite von (4.30)

$$\left| \frac{\overline{s^{n+1}}\; k^{n+1}}{\overline{s^n}\; k^n} \right| \sim \left| \frac{\overline{s^{n+1}}}{\overline{s^n}\; \Delta s} \right| \frac{1}{\sqrt{N}} \sim \frac{\mathcal{O}(1)}{\sqrt{N}} \tag{4.32}$$

Dabei haben wir vorausgesetzt, daß die Momente $\overline{s^n}$ mit der Breite der Verteilung skalieren; für übliche Verteilungen ist dies der Fall. Im Grenzfall $N \to \infty$ wird daher der Fehler der Gaußverteilung beliebig klein; diese Aussage gilt im relevanten Bereich von mehreren Standardabweichungen um den Mittelwert herum.

Wir fassen die Voraussetzungen, unter denen wir den zentralen Grenzwertsatz abgeleitet haben, noch einmal zusammen. Zum einen haben wir angenommen, daß die einzelnen Zufallsgrößen eine Verteilung mit endlichen Momenten (4.19) haben; tatsächlich kann dies dahingehend abgeschwächt werden, daß $\overline{s_i}$ und $\overline{s_i^2}$ endlich sind. Zum anderen setzen wir eine hinreichend große Zahl von Zufallsvariablen voraus, aus denen sich $x = \sum s_i$ ergibt, also $N \gg 1$. Die resultierende Verteilung (4.27) ist quantitativ gültig über mehrere Standardabweichungen $\sigma = \Delta x$ um den Mittelwert herum. Für große Werte $|x - \overline{x}|$ sind die Normalverteilung (4.27) und die exakte Wahrscheinlichkeit (4.20) beide absolut sehr klein; damit ist in diesem Bereich der absolute (nicht aber der relative) Fehler klein.

Wenn wir in der Entwicklung (4.25) nur den ersten Term berücksichtigen, erhalten wir

$$P(x) = \delta(x - \overline{x}) \tag{4.33}$$

Diese Näherung vernachlässigt die endliche Schwankung Δx von x. In Vielteilchensystemen ($N \sim 10^{24}$) ist dies wegen $\Delta x / \overline{x} \sim 10^{-12}$ oft möglich.

Teil II

Grundzüge der Statistischen Physik

Kapitel 5

Grundlegendes Postulat

Im hier beginnenden Teil II werden die grundlegenden Begriffe der Statistischen Physik eingeführt und diskutiert. Insbesondere werden die Temperatur und die Entropie mikroskopisch definiert. Diese Größen werden anschließend mit Meßgrößen verknüpft.

Die historische Reihenfolge war umgekehrt. Zunächst wurden Temperatur und Entropie als makroskopische Meßgrößen eingeführt. Ihre mikroskopische Bedeutung ('Wärme ist die ungeordnete Bewegung der Atome') wurde erst später erkannt. Von herausragender Bedeutung sind hierbei die Beiträge von Boltzmann. Auf seinem Grabstein steht die von ihm gefundene, zentrale Formel '$S = k_{\mathrm{B}} \ln \Omega$', die die Entropie S mit der Anzahl Ω der zugänglichen Mikrozustände verknüpft (Kapitel 10).

Die Statistische Physik wird auf einer Annahme über die Wahrscheinlichkeiten der mikroskopischen Zustände im betrachteten System aufgebaut. Diese Annahme, das grundlegende Postulat, wird in diesem Kapitel eingeführt und erläutert.

Mikrozustand

Wir führen zunächst den Begriff *Mikrozustand* ein. Ein Mikrozustand ist durch eine vollständige mikroskopische Beschreibung des Systems gegeben. Als Beispiele für solche Systeme dienen uns eine Gruppe von N Würfeln, ein ideales Gas und ein Spinsystem.

Für ein System aus N Würfeln ist ein Mikrozustand r durch die Angabe der N Augenzahlen definiert,

$$r = (n_1, n_2, \ldots, n_N) \qquad (n_i = 1, 2, \ldots, 6) \tag{5.1}$$

Für unterscheidbare Würfel gibt es 6^N verschiedene Zustände r.

Das betrachtete physikalische System hänge von f Freiheitsgraden ab, die durch die verallgemeinerten Koordinaten $q = (q_1, ..., q_f)$ beschrieben werden. Die Hamiltonfunktion $H(q,p)$ des abgeschlossenen Systems hängt von diesen Koordinaten und den zugehörigen Impulsen $p = (p_1, ..., p_f)$ ab. Im Hamiltonoperator $H(q, p_{\rm op})$ sind die entsprechenden Impulsoperatoren einzusetzen. Wir betrachten sowohl die quantenmechanische wie die klassische Beschreibung von Mikrozuständen; wir beginnen mit dem quantenmechanischen Fall.

Als Mikrozustände wählen wir die Eigenzustände des Hamiltonoperators. Für ein System mit f Freiheitsgraden hängen sie von f Quantenzahlen n_k ab:

$$\text{Mikrozustand:} \quad r = (n_1,\, n_2,\, \ldots,\, n_f) \tag{5.2}$$

Die Eigenzustände sind durch $\hat{H}|r\rangle = E_r|r\rangle$ definiert, oder in Koordinatendarstellung durch $H(q, p_{\rm op})\, \psi_r(q,t) = E_r\, \psi_r(q,t)$. Im Rahmen der Quantenmechanik stellt eine Wellenfunktion $\psi_r(q,t)$ eine vollständige Beschreibung des Systems dar. So legt die Vorgabe von $\psi(q,t_0)$ zu einem bestimmten Zeitpunkt t_0 die Wellenfunktion $\psi(q,t)$, und damit die Erwartungswerte aller Meßgrößen, zu beliebigen Zeiten fest.

Für ein System in einem endlichen Volumen sind alle Quantenzahlen $n_1, ..., n_f$ diskret. Jede Quantenzahl für sich nimmt abzählbar viele Werte an; dies können endlich oder unendlich viele sein. So hat zum Beispiel die m-Quantenzahl der Winkelbewegung (Wellenfunktion $Y_{lm}(\theta, \phi)$) bei gegebenem l nur $2l+1$ Werte, die l-Quantenzahlen dagegen unendlich viele Werte.

Wir betrachten zwei Beispiele für (5.2), das ideale Gas und ein Spinsystem. Im idealen Gas bewegen sich N Atome in einem Kasten mit dem Volumen V. Die Wechselwirkung zwischen den Atomen werde vernachlässigt, so daß sich jedes Atom unabhängig von den anderen innerhalb des Kastens bewegt. Den Impuls des ν-ten Teilchens bezeichnen wir mit $\boldsymbol{p}_\nu$, seine kartesischen Komponenten mit $p_{3\nu-2}$, $p_{3\nu-1}$, $p_{3\nu}$. Insgesamt gibt es $3N$ kartesische Impulskomponenten:

$$(\boldsymbol{p}_1, \ldots, \boldsymbol{p}_N) := (p_1, \ldots, p_{3N}) = (\ldots, p_{3\nu+j-3}, \ldots) \qquad \begin{pmatrix} \nu = 1, ..., N \\ j = 1,2,3 \end{pmatrix} \tag{5.3}$$

Der Kasten habe ein kubisches Volumen $V = L^3$. Ein Teilchen kann sich im Inneren frei bewegen, am Rand muß seine Wellenfunktion aber verschwinden. Aus dieser Bedingung folgt, daß jede Impulskomponente nur die Werte

$$p_k = \frac{\pi\hbar}{L}\, n_k \qquad (k = 3\nu + j - 3 = 1, 2, ..., 3N) \tag{5.4}$$

mit $n_k = 1, 2, ...$ annehmen kann. Damit ist ein Mikrozustand r durch

$$r = (n_1,\, n_2,\, \ldots,\, n_{3N}) \qquad (n_k = 1, 2, 3, ...) \tag{5.5}$$

gegeben. Es gibt unendlich viele Mikrozustände r, denn jede Quantenzahl n_k kann die Werte 1, 2,... annehmen. Bei vorgegebener Energie ist die Anzahl der möglichen Mikrozustände aber endlich.

Ein einfaches, zu (5.1) verwandtes quantenmechanisches Beispiel ist ein System aus N unabhängigen Spin–1/2 Teilchen, für das nur die Spinfreiheitsgrade betrachtet werden. (Dies kann für einen Kristall mit jeweils einem ungepaarten Elektron pro Gitterplatz ein sinnvolles Modell sein). Mißt man die Spineinstellung (etwa durch Anlegen eines Magnetfelds), so ist in Bezug auf die Meßrichtung nur die parallele oder antiparallele Einstellung jedes einzelnen Spins möglich. Wir kennzeichnen diese Einstellung durch die Quantenzahl $s_z = \pm 1/2$ für jeden einzelnen Spin; die Spinkomponente in z-Richtung ist dann $\pm\hbar/2$. Ein Zustand des Gesamtsystems ist durch

$$r = (s_{z,1},\, s_{z,2},\, \ldots,\, s_{z,N}) \qquad (s_{z,\nu} = \pm 1/2) \tag{5.6}$$

festgelegt. Es gibt 2^N solche Zustände.

Wenn quantenmechanische Effekte keine Rolle spielen, können wir das betrachtete System klassisch behandeln. Dazu definieren wir im folgenden klassische Mikrozustände.

In der klassischen Mechanik wird der Zustand eines Systems mit den verallgemeinerten Koordinaten $q_1, ..., q_f$ durch die Angabe von $2f$ Werten für $q_1, ..., q_f$ und $\dot{q}_1, ..., \dot{q}_f$ definiert. Dies gilt sowohl für den Anfangszustand wie für den Zustand zu einer beliebigen späteren Zeit. Die Angabe eines Anfangszustands und die Bewegungsgleichungen legen den Zustand zu einer beliebigen anderen Zeit fest. Äquivalent zur Angabe von $q_1, ..., q_f, \dot{q}_1, ..., \dot{q}_f$ ist diejenige von $q_1, ..., q_f, p_1, ..., p_f$, wobei p_j der zu q_j gehörige verallgemeinerte Impuls ist. Wir können also den Mikrozustand eines mechanischen Systems durch

$$r = (q_1, ..., q_f,\, p_1, ..., p_f) \qquad \text{(klassischer Mikrozustand)} \tag{5.7}$$

festlegen. Speziell für das ideale Gas (5.3) – (5.5) ist der klassische Mikrozustand durch

$$r = (\boldsymbol{r}_1, ..., \boldsymbol{r}_N,\, \boldsymbol{p}_1, ..., \boldsymbol{p}_N) \tag{5.8}$$

gegeben. Dabei haben wir die Orts- und Impulskomponenten zu Vektoren zusammengefaßt.

Wir führen einen abstrakten $2f$-dimensionalen Raum ein, der durch $2f$ kartesische Koordinatenachsen für die Größen q_i und p_i aufgespannt wird. Dieser Raum wird *Phasenraum* genannt (Abbildung 5.1). Jedem Zustand r entspricht ein Punkt im Phasenraum; umgekehrt entspricht jedem Punkt ein Zustand. Für die dreidimensionale Bewegung eines Teilchens hat der Phasenraum 6 Dimensionen, für N Gasatome hat er $6N$ Dimensionen.

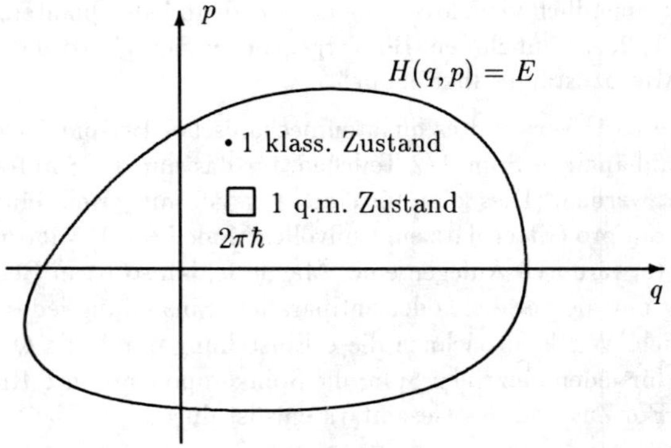

Abbildung 5.1: Darstellung des Phasenraums für ein eindimensionales System. Ein Punkt im Phasenraum, also die Angabe von q und p, definiert einen klassischen Mikrozustand. Die Bedingung $H(q,p) = E$ ist eine Kurve, die die Mikrozustände gleicher Energie E angibt. Die Punkte innerhalb dieser Kurve stellen Zustände mit einer Energie unterhalb von E dar. Pro Phasenraumfläche $2\pi\hbar$ gibt es einen quantenmechanischen (q.m.) Zustand. Die Anzahl der möglichen Zustände mit einer Energie kleiner als E ist daher gleich der Fläche, die von der Kurve $H(q,p) = E$ eingeschlossen wird, geteilt durch $2\pi\hbar$.

Im Gegensatz zu (5.2) stehen auf der rechten Seite von (5.7) kontinuierliche Größen. Für eine statistische Behandlung müssen wir die Zustände r jedoch in irgendeiner Weise abzählen. Nun ist die exakte Angabe der q_i und p_i weder nötig noch möglich. Nach der Unschärferelation können Ort und Impuls nicht genauer als

$$\Delta p \, \Delta q \geq \frac{\hbar}{2} \tag{5.9}$$

festgelegt werden; wir beschränken uns zunächst auf $f = 1$. Ein quantenmechanischer Zustand impliziert eine Orts- und Impulsverteilung, die im Einklang mit (5.9) steht; der Zustand nimmt daher eine Fläche der Größe $\mathcal{O}(\hbar)$ im Phasenraum ein. Die Untersuchung einfacher quantenmechanischer Systeme (unendlicher Kasten, eindimensionaler Oszillator) zeigt, daß es pro Phasenraumfläche $2\pi\hbar$ gerade einen quantenmechanischen Zustand gibt. Im $2f$-dimensionalen Phasenraum entspricht ein Zustand dann dem $2f$-dimensionalen Volumen $(2\pi\hbar)^f$. Wir können uns den Phasenraum daher in Zellen mit der

$$\text{Zellengröße} = (2\pi\hbar)^f \tag{5.10}$$

zerlegt denken, die jeweils einen Zustand enthalten (Abbildung 5.1). Diese

Zellen können wir numerieren; dadurch werden die zunächst kontinuierlichen Zustände (5.7) *abzählbar*.

Historisch wurde der Begriff des Phasenraums in diesem Zusammenhang bereits vor der Quantenmechanik verwendet. Man hatte auch schon die Vorstellung, daß die Anzahl der Zustände proportional zum betrachteten Phasenraumvolumen ist. Die Größe der Phasenraumzelle (hier $2\pi\hbar$) blieb dabei allerdings offen. Dies spielt aber keine Rolle, weil die Ergebnisse im klassischen Grenzfall von dieser Größe unabhängig sind.

Makrozustand

Im allgemeinen ist es unmöglich, den tatsächlichen Mikrozustand eines Vielteilchensystems anzugeben. So ändert sich der Mikrozustand (5.8) eines klassischen Gases fortlaufend. Im übrigen ist der einzelne Mikrozustand, also etwa die Orte und Geschwindigkeiten von 10^{24} Atomen, ohne jedes Interesse. Auch zwischen den quantenmechanischen Mikrozuständen r gibt es fortlaufend Übergänge $r \to r'$ zwischen den zahlreichen Zuständen gleicher Energie $E_r = E_{r'}$; dazu genügen beliebig kleine Störungen. Die Übergänge zwischen Mikrozuständen erfolgen extrem schnell; dies ist für das klassische Gas offensichtlich.

Die einzelnen Mikrozustände und ihre zeitliche Abfolge im betrachteten physikalischen System sind ohne Interesse. Dagegen ist relevant, welche Mikrozustände überhaupt auftreten, und mit welchem statistischen Gewicht. Wenn wir uns auf diese Information beschränken, dann beschreiben wir den Zustand des Systems durch die Angabe der Wahrscheinlichkeiten P_r für die Mikrozustände r. Der so festgelegte Zustand des Systems heißt *Makrozustand*,

$$\text{Makrozustand:} \quad \{P_r\} = (P_1, P_2, P_3, \ldots) \tag{5.11}$$

Die Definition (1.1) der Wahrscheinlichkeit setzt eine große Anzahl M gleichartiger Systeme voraus, von denen M_r im Mikrozustand r sind:

$$P_r = \lim_{M\to\infty} \frac{M_r}{M} \approx \frac{M_r}{M} \tag{5.12}$$

Den Limes ersetzen wir durch die Spezifikation 'M hinreichend groß'. Die Gesamtheit der M gleichartigen Systeme, die die P_r festlegen, nennt man *statistisches Ensemble*. Man sagt, *der Makrozustand wird durch ein statistisches Ensemble repräsentiert*. Das statistische Ensemble ist eine *begriffliche* Voraussetzung für die Definition der P_r, also für die statistische Behandlung.

Ein konkretes makroskopisches System (etwa ein klassisches Gas) wird zu einem bestimmten Zeitpunkt in einem bestimmten (nicht bestimmbaren, nicht interessierenden) Mikrozustand sein. Das konkrete System durchläuft in irgendeiner (nicht interessierenden) Weise alle möglichen Mikrozustände. Dabei wird das System mit bestimmten Wahrscheinlichkeiten P_r im Mikrozustand r sein. In diesem Bild sind die M Systeme, die wir für (5.12) benötigen, durch das eine konkrete System zu M verschiedenen Zeitpunkten gegeben. Stattdessen können wir uns auch ein statistisches Ensemble von M gleichartigen Systemen *vorstellen*, die gleichzeitig vorhanden sind. Für diese beiden Möglichkeiten hatten wir in Kapitel 1 die Begriffe *Zeitmittel* und *Ensemble-Mittel* geprägt.

Im folgenden benutzen wir bevorzugt das *Ensemble-Mittel*. Das statistische Ensemble ist dann eine Menge von M gleichartigen Systemen, von denen jeweils M_r im Zustand r sind. Wir erläutern dies anhand einiger Beispiele. In den Kapiteln 1 – 4 hatten wir als System einen Würfel oder ein Gasteilchen betrachtet. Dort war das statistische Ensemble eine große Anzahl N gleichartiger Würfel oder Gasteilchen. Jetzt betrachten wir Systeme aus N Teilchen oder Würfeln. Die Anzahl der gleichartigen Vielteilchensysteme bezeichnen wir dann wie bereits in (5.12) mit M .

Das zu beschreibende System sei eine Gruppe von $N = 10$ Würfeln. Das statistische Ensemble besteht hierfür aus einer großen Anzahl gleichartiger 10-er Gruppen. Die Anzahl muß groß genug sein, um die Wahrscheinlichkeit P_r eines bestimmten Mikrozustandes r zu definieren. Da es 6^N verschiedene Zustände (5.1) gibt, muß das Ensemble $M \gg 6^N$ gleichartige Systeme umfassen. Im Gegensatz dazu würde das Zeitmittel durch M-faches Würfeln mit einer einzigen Gruppe aus N Würfeln gebildet.

Für den Gaskasten ist das statistische Ensemble eine große Anzahl M gleicher Gaskästen (gleiches Volumen, gleiche Gasmenge und Energie). Da es sehr viele Mikrozustände gibt, ist M so groß, daß dieses Ensemble nur ein gedachtes sein kann. Seine Einführung ist jedoch begrifflich nötig, um die Wahrscheinlichkeiten P_r zu definieren. Ein einzelnes System ist ja zu einem bestimmten Zeitpunkt in einem bestimmten Zustand r_0; daraus können keine Quotienten M_r/M gebildet werden. Alternativ könnte man, wie oben diskutiert, aber das Zeitmittel eines einzigen Systems betrachten.

Für das Zeitmittel ist die Analogie zwischen der Würfelgruppe und dem Gas unvollständig. Eine Würfelgruppe muß immer wieder neu geworfen werden, während sich das Gassystem gewissermaßen von selbst von Mikrozustand zu Mikrozustand würfelt. Insofern kann (5.11) zur Beschreibung eines einzigen realen Systems verwendet werden.

Wir fassen zusammen: Ein Mikrozustand (5.2) oder (5.7) ist ein bestimmter, mikroskopisch vollständig definierter Zustand. Im Makrozustand (5.11) ist dagegen lediglich festgelegt, mit welchen Wahrscheinlichkeiten die möglichen Mikrozustände auftreten.

Formulierung des Postulats

Wir formulieren das grundlegende Postulat zunächst sprachlich und erläutern die dabei eingeführten Begriffe. Danach bestimmen wir die aus dem Postulat folgenden P_r in einer Form, die als Ausgangspunkt konkreter Rechnungen geeignet ist.

Wir betrachten abgeschlossene Vielteilchensysteme. Abgeschlossen bedeutet, daß das System keine Wechselwirkung mit anderen Systemen hat; das System ist von seiner Umgebung isoliert. Mögliche Wechselwirkungen werden später betrachtet und klassifiziert (Kapitel 7).

Überläßt man ein abgeschlossenes Vielteilchensystem sich selbst, so streben die makroskopisch meßbaren Größen gegen zeitlich konstante Werte. Dies ist ein *Erfahrungssatz*. Die makroskopischen Größen sind zum Beispiel der Druck, die Temperatur, die Dichte oder die Magnetisierung. Den Makrozustand, in dem die makroskopischen Größen konstante Werte erreicht haben, nennen wir *Gleichgewichtszustand* oder kurz Gleichgewicht. Der Gleichgewichtszustand ist ein spezieller Makrozustand.

Für den Gleichgewichtszustand des abgeschlossenen Systems stellen wir folgendes Postulat auf:

- Grundlegendes Postulat: Ein abgeschlossenes System im Gleichgewicht ist gleichwahrscheinlich in jedem seiner zugänglichen Mikrozustände.

Dieses Postulat stellt die Verbindung zwischen der mikroskopischen Struktur (den zugänglichen Mikrozuständen r) und makroskopischen Größen des Gleichgewichtszustands (repräsentiert durch die Wahrscheinlichkeiten P_r für die Mikrozustände r) her.

Das grundlegende Postulat ist eine Annahme, auf der die Statistische Physik aufgebaut wird. Diese Annahme oder Hypothese kann nicht direkt überprüft werden; die zur Bestimmung der P_r notwendige Anzahl gleichartiger Systeme ist viel zu groß. Aus dieser Hypothese lassen sich aber empirisch nachprüfbare Aussagen ableiten. Die experimentelle Bestätigung dieser Aussagen stellen dann eine Verifikation des grundlegenden Postulats dar.

Erste Beispiele

Wir führen einige besonders einfache Beispiele an. Für eine Gruppe aus N Würfeln stellt jedes Würfelresultat einen zugänglichen Zustand dar. Das grundlegende Postulat ist daher gleichbedeutend mit der Annahme, daß jedes der 6^N Resultate (für unterscheidbare Würfel) gleichwahrscheinlich ist, also

$$P_r = \frac{1}{6^N} \quad \text{für } r \text{ aus (5.1)} \tag{5.13}$$

Für symmetrisch gebaute Würfel ist dies eine plausible Annahme.

Als einfaches physikalisches Beispiel betrachten wir die Spineinstellung von vier Elektronen im Magnetfeld. Die Energie E_r im Mikrozustand (5.6) ist $E_r = -2\mu_{\text{B}} B \sum s_{z,\nu}$; dabei ist μ_{B} das Bohrsche Magneton und B die magnetische Induktion. Im betrachteten Gleichgewichtszustand (Makrozustand mit konstanten makroskopischen Größen) sei $E = -2\mu_{\text{B}} B$. Aufgrund dieser Information kann das System in einem der vier Mikrozustände

$$r = (\uparrow, \uparrow, \uparrow, \downarrow),\ (\uparrow, \uparrow, \downarrow, \uparrow),\ (\uparrow, \downarrow, \uparrow, \uparrow) \ \text{oder}\ (\downarrow, \uparrow, \uparrow, \uparrow) \tag{5.14}$$

sein; dabei wurden die Spineinstellungen in $r = (s_{z,1},\, s_{z,2},\, s_{z,3},\, s_{z,4})$ durch Pfeile gekennzeichnet. Das grundlegende Postulat besagt, daß

$$P_r = \begin{cases} 1/4 & \text{für } r \text{ aus (5.14)} \\ 0 & \text{sonst} \end{cases} \tag{5.15}$$

Zugänglich sind in diesem Fall alle Mikrozustände, die die vorgegebene Energie haben. Aus (5.15) folgt, daß ein beliebiger Einzelspin mit der Wahrscheinlichkeit $p = 3/4$ parallel zu B steht.

Bestimmung der P_r

Wir bestimmen nun die P_r für den Gleichgewichtszustand in einer Form, die für spätere Anwendungen geeignet ist.

Für beliebige Mikrozustände (5.2) oder (5.7) kann das grundlegende Postulat durch

$$P_r = \begin{cases} \text{const.} & \text{für alle zugänglichen Zustände} \\ 0 & \text{alle anderen Zustände} \end{cases} \tag{5.16}$$

ausgedrückt werden. Im folgenden präzisieren wir die Bedingung 'zugänglich'.

Der Hamiltonoperator H oder die Hamiltonfunktion H des Systems hängen im allgemeinen von einer Reihe von Parametern x ab,

$$H = H(x) = H(x_1, x_2, \ldots, x_n), \qquad \text{(äußere Parameter } x\text{)} \tag{5.17}$$

Diese Parameter bezeichnen wir als *äußere Parameter*. Für ein Gas hängt H vom Volumen V und der Teilchenzahl N ab, also $x = (V, N)$. Welche Größen neben V und N als äußere Parameter zu berücksichtigen sind, hängt vom System, den experimentellen Bedingungen und auch von der angestrebten Genauigkeit ab. Für polarisierbare Materie ist etwa ein äußeres elektrisches Feld ein potentieller äußerer Parameter; ein schwaches elektrisches

Feld hat aber nur geringen Einfluß auf die Energie der Zustände und kann meist unberücksichtigt bleiben. Weitere mögliche äußere Parameter sind ein Magnet- oder Gravitationsfeld. Da wir Gleichgewichtszustände betrachten, beschränken wir uns auf statische Felder.

Der Gleichgewichtszustand wird im allgemeinen von den äußeren Parametern x abhängen. Daneben hängt er von allen Größen ab, die die Zugänglichkeit von Mikrozuständen einschränken. Dies sind insbesondere alle Erhaltungsgrößen des Systems. Aus der Mechanik wie aus der Quantenmechanik ist bekannt, daß für das abgeschlossene System die Energie E eine Erhaltungsgröße ist. Somit sind nur Mikrozustände r zugänglich, für die E_r mit der erhaltenen Energie E übereinstimmt. Meist nicht erhalten sind dagegen der Impuls und der Drehimpuls des Systems, da die äußeren Bedingungen (Gefäß oder Kasten) die zugehörigen Symmetrien verletzen.

Aus dem Hamiltonoperator $H(q, p_{\rm op}; x)$ oder der Hamiltonfunktion $H(q, p; x)$ folgen die Energiewerte der Mikrozustände r,

$$E_r = E_r(x) = E_r(x_1, \ldots, x_n) \tag{5.18}$$

Im quantenmechanischen Fall sind die Mikrozustände $r = (n_1, ..., n_f)$ die Eigenzustände des Hamiltonoperators, $\hat{H}(x)|r\rangle = E_r(x)|r\rangle$. Die $E_r(x)$ sind dann die Eigenwerte des Hamiltonoperators. Für die klassischen Mikrozustände $r = (q, p)$ ist die Energie unmittelbar durch die Hamiltonfunktion $E_r = H(q, p; x)$ gegeben.

Für ein abgeschlossenes System ist die Gesamtenergie E eine Erhaltungsgröße. *Zugänglich* im Sinn des grundlegenden Postulats sind daher nur die Mikrozustände r, deren Energiewerte E_r mit der erhaltenen Energie E des Systems übereinstimmen. Nun kann die Energie E nur mit einer endlichen Genauigkeit δE bestimmt werden; dabei gelte $\delta E \ll E$, zum Beispiel $\delta E = 10^{-5} E$. Das endliche Intervall ist auch begrifflich zur Abzählung von Zuständen nötig. Wir bezeichnen die Anzahl der Zustände zwischen $E - \delta E$ und E als mikrokanonische *Zustandssumme* $\Omega(E, x)$,

$$\Omega(E, x) = \sum_{r:\, E - \delta E \,\le\, E_r(x) \,\le\, E} 1 \tag{5.19}$$

Bei geeigneter Wahl von δE hängt Ω praktisch nicht von δE ab (Kapitel 6). Die Zustandssumme ist sowohl für quantenmechanische wie für klassische Mikrozustände definiert. Im klassischen Fall (5.7) wird jede Phasenraumzelle (5.10) als ein Zustand gezählt.

Die Zustandssumme Ω ist gleich der Anzahl der zugänglichen Zustände des abgeschlossenen Systems. Nach dem grundlegenden Postulat sind alle

$\Omega(E,x)$ Zustände gleichwahrscheinlich, also

$$P_r(E,x) = \begin{cases} \dfrac{1}{\Omega(E,x)} & E - \delta E \le E_r(x) \le E \\ 0 & \text{sonst} \end{cases} \qquad \text{(Grundlegendes Postulat)} \tag{5.20}$$

Aus den P_r, also aus $\Omega(E,x)$, lassen sich alle möglichen statistischen Mittelwerte berechnen. Die Berechnung von $\Omega(E,x)$ erfolgt gemäß (5.19) aus den $E_r(x)$, also aus dem Hamiltonoperator oder der Hamiltonfunktion. Damit ist im Prinzip klar, wie sich makroskopische Größen (Mittelwerte, berechnet mit P_r) aus der mikroskopischen Struktur (beschrieben durch $H(x)$) ableiten lassen. Dieses Programm wird im folgenden für einige einfache Systeme, allen voran das ideale Gas, explizit durchgeführt.

Durch die P_r ist das statistische Ensemble definiert; es besteht aus einer hinreichend großen Anzahl M von Systemen, von denen $M_r = M P_r$ im Zustand r sind. Das hier betrachtete statistische Ensemble wird *mikrokanonisches Ensemble* genannt. Physikalisch ist dieses Ensemble durch die Bedingung definiert, daß das System abgeschlossen ist. Eine andere mögliche Bedingung wäre, daß das System sich in einem Wärmebad befindet; dann ist die Temperatur und nicht die Energie vorgegeben. Die zugehörigen statistischen Ensembles werden in Teil IV eingeführt.

Mikrozustand, Makrozustand und Gleichgewichtszustand

Für die statistische Behandlung ist die Unterscheidung zwischen Mikro- und Makrozuständen von zentraler Bedeutung. Wir stellen diese Begriffe noch einmal gegenüber und erweitern sie etwas.

Die Mikrozustände sind durch (5.2) definiert, die Makrozustände durch (5.11). Beide beziehen sich auf ein physikalisches System, das durch $H(x)$ beschrieben wird. Bisher haben wir dabei implizit bestimmte Werte der äußeren Parameter vorausgesetzt. Im folgenden betrachten wir diese Werte als Bestandteil der Festlegung des Zustands:

$$\text{Mikrozustand:} \quad r = (n_1, \ldots, n_f), \qquad x = (x_1, ..., x_n) \tag{5.21}$$

$$\text{Makrozustand:} \quad \{P_r\} = (P_1, P_2, \ldots), \qquad x = (x_1, ..., x_n) \tag{5.22}$$

Die Änderung eines äußeren Parameters fassen wir somit nicht mehr als Änderung des physikalischen Systems, sondern als eine Änderung der Mikro- und Makrozustände desselben Systems auf. Konkret werden wir etwa untersuchen, was mit diesen Zuständen passiert, wenn wir das Volumen eines Gases ändern.

Das Gleichgewicht eines abgeschlossenen Systems ist ein spezieller Makrozustand, in dem die P_r durch (5.20) gegeben sind.

$$\text{Gleichgewichtszustand:}\quad \{P_r\} \quad \text{mit} \quad P_r \overset{(5.20)}{=} P_r(E, x_1, .., x_n) \qquad (5.23)$$

Damit ist der Gleichgewichtszustand durch die Größen E und x festgelegt. Wir können ihn daher auch durch

$$\text{Gleichgewichtszustand:}\quad E, x_1, \ldots, x_n \qquad (5.24)$$

definieren. Alle makroskopischen Größen, die im Gleichgewichtszustand festgelegt sind, nennen wir *Zustandsgrößen*. Dazu gehören zunächst einmal die Größen E und x, aber auch alle Größen, die im Gleichgewichtszustand eine Funktion dieser Größen sind, $y = y(E, x)$. Wenn es solche Größen gibt, dann kann der Gleichgewichtszustand durch $n+1$ geeignete Zustandsgrößen $y = (y_1, ..., y_{n+1})$ festgelegt werden:

$$\text{Gleichgewichtszustand:}\quad y_1, \ldots y_{n+1} \qquad (5.25)$$

So kann der Zustand eines Gases einmal durch E, V und N, und zum anderen durch T, P und N festgelegt werden. Dabei ist T die Temperatur und P der Druck; diese Größen werden später definiert.

In der Thermodynamik im engeren Sinn sieht man von der mikroskopischen Grundlage der makroskopischen Größen ab. Außerdem beschränkt man sich weitgehend auf Gleichgewichtszustände. Daher wird der Begriff 'Zustand' in der Thermodynamik meist im Sinn von (5.24) oder (5.25) verwendet, also für Gleichgewichtszustände, die durch geeignete makroskopische Parameter festgelegt werden.

Der Übergang von der mikroskopischen zur makroskopischen Beschreibung impliziert eine drastische Reduktion der Anzahl der betrachteten Variablen. Während man zur Festlegung des Mikrozustands f (zum Beispiel $f = 10^{24}$) Zahlenwerte benötigt, sind es etwa für den Gleichgewichtszustand eines Gases meist nur drei Werte für E, V und N.

Die Bezeichnung 'mikroskopisch' wird im Sinn von (5.21) verwandt, während sich 'makroskopisch' auf (5.22) – (5.25) bezieht.

Schlußbemerkung

Abschließend sei noch einmal die Plausibilität des grundlegenden Postulats hervorgehoben. Das Postulat (5.20) ist von der gleichen Art wie die Annahme $p_i = 1/6$ für einen symmetrisch gebauten Würfel. Man vergleiche dazu die folgenden beiden Sätze:

- Jeder der 6 möglichen Würfelzustände kommt mit gleicher Wahrscheinlichkeit vor, also $p_i = 1/6$.
- Jeder der $\Omega(E, x)$ möglichen Zustände kommt mit gleicher Wahrscheinlichkeit vor, also $P_r = 1/\Omega(E, x)$.

Beides sind einfach plausible Annahmen, solange keiner der Zustände irgendwie ausgezeichnet ist. Für den Würfel kann diese Hypothese allerdings experimentell direkt überprüft werden, für Vielteilchensysteme nur indirekt anhand der Folgerungen.

Übung

Diskutieren Sie die Kurve $H(q, p) = E$ im Phasenraum für den eindimensionalen Oszillator mit der Hamiltonfunktion

$$H(q, p) = \frac{p^2}{2m} + \frac{m\omega^2 q^2}{2} \tag{5.26}$$

Berechnen Sie das Phasenraumvolumen $\Phi(E) = \int dq \int dp$, das von dieser Kurve eingeschlossen wird. Bestimmen Sie aus

$$N = \frac{\Phi(E)}{2\pi\hbar} \qquad (E \gg \hbar\omega) \tag{5.27}$$

die Anzahl N der Zustände mit einer Energie unterhalb von E. Wieviele Zustände mit einem Energieeigenwert $E_r \leq E$ ergibt die exakte quantenmechanische Lösung?

Kapitel 6

Zustandssumme des idealen Gases

In diesem Kapitel werten wir die Zustandssumme Ω eines idealen, einatomigen Gases aus. Die äußeren Parameter sind dabei, wie für viele andere Systeme, das Volumen V und die Teilchenzahl N. Ausgehend vom Hamiltonoperator $H(x) = H(V, N)$ läßt sich die statistische Behandlung von Gleichgewichtszuständen in folgendem Schema darstellen:

$$H(V,N) \xrightarrow{\text{1.}} E_r(V,N) \xrightarrow{\text{2.}} \Omega(E,V,N) \xrightarrow{\text{3.}} \begin{cases} S = S(E,V,N) \\ E = E(T,V,N) \\ P = P(T,V,N) \end{cases} \qquad (6.1)$$

Dabei sind folgende Schritte auszuführen:

1. Bestimmung der Eigenwerte $E_r(x)$ aus dem gegebenen Hamiltonoperator $H(x)$.

2. Berechnung der Zustandssumme $\Omega(E, x)$ aus den Energiewerten $E_r(x)$.

3. Bestimmung der Entropie $S = S(E, x) = k_{\mathrm{B}} \ln \Omega(E, x)$ und aller anderen makroskopischen Größen und Beziehungen. Zu diesen Beziehungen gehören die kalorische Zustandsgleichung $E = E(T, V, N)$ und die thermische Zustandsgleichung $P = P(T, V, N)$.

Den 1. und 2. Schritt führen wir im folgenden für das ideale Gas aus. Für diese beiden Schritte ist es bequem, die Zustände quantenmechanisch zu klassifizieren, selbst wenn quantenmechanische Effekte gar keine Rolle spielen. Den 3. Schritt werden wir in Kapitel 10 und 11 durchführen; dort werden auch die in Punkt 3 vorkommenden neuen Begriffe definiert.

Der Hamiltonoperator des idealen, einatomigen Gases aus N Teilchen lautet

$$H(N,V) = \sum_{\nu=1}^{N} \left(-\frac{\hbar^2}{2m} \Delta_\nu + U(\boldsymbol{r}_\nu) \right) = \sum_{\nu=1}^{N} h(\nu) \tag{6.2}$$

Dabei ist Δ_ν der Laplaceoperator für das ν-te Teilchen. Das Potential $U(\boldsymbol{r}_\nu)$ ist null im Inneren des Volumens V und unendlich sonst; es beschränkt die Teilchen auf das Volumen V. Gegenüber dem Hamiltonoperator eines realen Gases werden in (6.2) folgende Effekte vernachlässigt:

1. Die Wechselwirkung der Gasteilchen untereinander wird nicht berücksichtigt. Ein Gas ohne Wechselwirkung bezeichnet man als 'ideal'. Praktisch kann die Wechselwirkung in einem realen Gas vernachlässigt werden, wenn die Dichte klein und die Temperatur groß ist.

2. Es werden keine Rotationen oder Vibrationen von Gasmolekülen berücksichtigt. Die Diskussion bezieht sich daher auf ein einatomiges Gas.

3. Es werden keine inneren Freiheitsgrade der Atome berücksichtigt. Für Zimmertemperatur ist dies eine ausgezeichnete Näherung. Typische Anregungsenergien der inneren (elektronischen) Freiheitsgrade sind von der Größe Elektronenvolt; eine thermische Anregung solcher Energien ist erst bei sehr hohen Temperaturen (etwa 10000 °C) möglich.

Wie in (6.2) angeschrieben, ist H eine Summe von N Einteilchenoperatoren h. Die Lösung von (6.2) reduziert sich daher auf das quantenmechanische Einteilchenproblem 'Teilchen im unendlich hohen Potentialtopf'. Wie in (5.3) bezeichnen wir die Impulse der Teilchen mit $\boldsymbol{p}_\nu$ und Impulskomponenten mit $p_k = p_{3\nu+j-3}$. Der Einfachheit halber nehmen wir einen kubischen Potentialtopf mit $V = L^3$ an. Dann kann jeder der $3N$ kartesischen Impulse die diskreten Werte (5.4) annehmen,

$$p_k = p_{3\nu+j-3} = \frac{\pi\hbar}{L}\, n_k \qquad \begin{pmatrix} \nu = 1,2,...,N, \; j = 1,2,3 \\ k = 1,2,\ldots,3N \end{pmatrix} \tag{6.3}$$

Der Mikrozustand ist durch (5.5) gegeben,

$$r = (\ldots, n_k, \ldots) = (n_1,\, n_2,\, \ldots,\, n_{3N}) \qquad (n_k = 1,2,\ldots) \tag{6.4}$$

Er hat den Energieeigenwert

$$E_r(V,N) = \sum_{\nu=1}^{N} \frac{\boldsymbol{p}_\nu^{\,2}}{2m} = \sum_{k=1}^{3N} \frac{\pi^2\hbar^2}{2mL^2}\, n_k^{\,2} \tag{6.5}$$

Wir berechnen zunächst die Anzahl $\Phi(E)$ der Zustände zwischen 0 und E:

$$\Phi(E,V,N) = \sum_{r:\, E_r(V,N)\leq E} 1 \tag{6.6}$$

Die gesuchte Zustandssumme ist dann $\Omega(E) = \Phi(E) - \Phi(E-\delta E)$.

Die Summe über $r = (n_1, n_2, ...)$ in (6.6) stellt eine Mehrfachsumme über $n_1, \ldots, n_k, \ldots$ dar. Wir werten diese Summen unter der Annahme aus, daß sie über viele Einheiten von n_k laufen, also für

$$\overline{p_k} = \frac{\pi\hbar}{L}\,\overline{n_k} \gg \frac{\hbar}{L} \qquad \text{(Klassischer Grenzfall)} \tag{6.7}$$

Die Impulse der Teilchen sollen also viel größer als der quantenmechanische Minimalwert $(\Delta p)_{\text{q.m.}} \sim \hbar/L$ sein, der sich aus der Begrenzung auf den Kasten ergibt. Bei Berücksichtigung der Ununterscheidbarkeit der Teilchen kommt man allerdings zu der stärkeren Bedingung $p \gg N^{1/3}\,\hbar/L$ (Kapitel 30) für den klassischen Grenzfall. Für gewöhnliche Gase ist auch diese Bedingung fast immer erfüllt; denn bei Erniedrigung der Energie E kondensiert ein Gas aus Atomen oder Molekülen, lange bevor die Bedingung verletzt wird.

Wegen (6.7) können wir die Summen in (6.6) durch Integrale ersetzen. Dabei lassen wir jedes Integral von $-\infty$ bis $+\infty$ (anstelle von 0 bis $+\infty$) laufen und korrigieren dies durch einen Faktor 1/2:

$$\sum_{r\,:\,E_r\leq E} 1 = \underbrace{\sum_{n_1=1,2,..} \cdots \sum_{n_{3N}=1,2,..}}_{E_r\leq E} 1 \approx \frac{1}{2^{3N}} \underbrace{\int dn_1 \ldots \int dn_{3N}}_{E_r\leq E} 1 \tag{6.8}$$

Die Auswertung dieser Zustandssumme ist in Abbildung 6.1 illustriert. Wir ersetzen die Integrationsvariablen n_k druch $p_k = (\pi\hbar/L)\,n_k$. Damit wird (6.6) zu

$$\Phi(E,V,N) = \frac{V^N}{(2\pi\hbar)^{3N}} \underbrace{\int dp_1 \ldots \int dp_{3N}}_{\sum_k p_k^2\leq 2mE} 1 \tag{6.9}$$

Dabei haben wir $V = L^3$ und (6.5) eingesetzt. Der Faktor $V^N = L^{3N}$ kann auch durch Ortsintegrale über den zugänglichen Raum (innerhalb des Kastens) ausgedrückt werden:

$$\begin{aligned}\Phi(E,V,N) &= \frac{1}{(2\pi\hbar)^{3N}} \underbrace{\int dp_1 \ldots \int dp_{3N}}_{\sum_k p_k^2\leq 2mE} \int_0^L dx_1 \ldots \int_0^L dx_{3N}\; 1 = \\ &= \frac{\text{Phasenraumvolumen}}{(2\pi\hbar)^{3N}}\end{aligned} \tag{6.10}$$

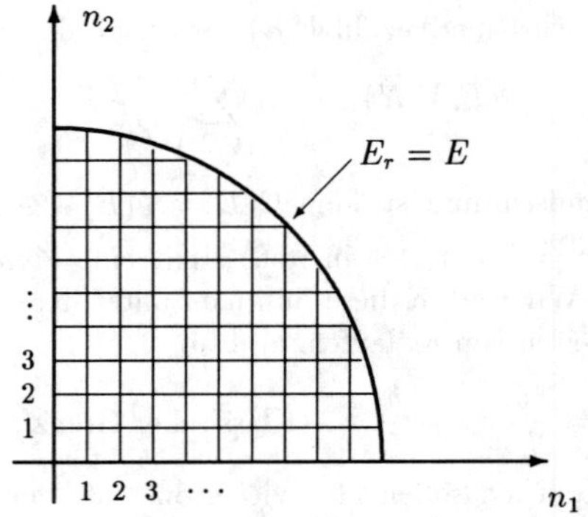

Abbildung 6.1: Jeder Schnittpunkt im n_1-n_2-...-Raum steht für einen diskreten quantenmechanischen Zustand. Die Energie des Zustands $r = (n_1, n_2, ...)$ ist durch $E_r = \text{const.} \cdot \sum n_i^2$ gegeben. Geometrisch stellt dann $E_r = E = \text{const.}$ eine vieldimensionale Kugel im n_1-n_2-...-Raum dar, im gezeigten Schnitt also einen Kreis. Die Anzahl der Zustände mit $E_r \leq E$ ist gleich dem Volumen dieser Kugel, da sich in einem Einheitsvolumen genau ein Punkt befindet.

Dieser letzte Schritt zeigt, daß das quantenmechanische Resultat (6.9) mit dem klassischen (rechte Seite von (6.10)) übereinstimmt. Dies muß auch so sein, da wir mit (6.7) den klassischen Grenzfall vorausgesetzt haben.

Wir werten nun (6.9) aus. Die Integration $\int dp_1 .... \int dp_{3N}$ ergibt das Volumen einer $3N$-dimensionalen Kugel (siehe auch Abbildung 6.1) mit dem Radius

$$R = \sqrt{2mE} \tag{6.11}$$

Dieses Volumen ist proportional zu R^{3N}. Bis auf einen numerischen Vorfaktor ist also

$$\Phi(E, V) = c\, V^N\, E^{3N/2} \tag{6.12}$$

Dieses Ergebnis gibt die vollständige E- und V-Abhängigkeit an. Zur Bestimmung der N-Abhängigkeit müssen wir den Vorfaktor der $3N$-dimensionalen Kugel und einen weiteren Effekt berücksichtigen (letzter Abschnitt in diesem Kapitel). Deshalb wurde hier N nicht als Argument von Φ angeführt.

Aus der Definition von Ω und Φ folgt

$$\Omega(E, V) = \Phi(E, V) - \Phi(E - \delta E, V) \tag{6.13}$$

Dies wird zu

$$\Omega(E, V) \approx \Phi(E, V) \tag{6.14}$$

weil $\Phi(E)$ viel größer als $\Phi(E-\delta E)$ ist. Für das Beispiel $3N/2 = 10^{24}$ und $\delta E/E = 10^{-5}$ vergleichen wir $\Phi(E)$ mit $\Phi(E-\delta E)$:

$$\begin{aligned}
\Phi(E) &= \text{const.} \cdot E^{10^{24}} = \text{const.} \cdot (E-\delta E)^{10^{24}} \left(\frac{E}{E-\delta E}\right)^{10^{24}} = \\
&= \left(\frac{1}{1-10^{-5}}\right)^{10^{24}} \Phi(E-\delta E) \geq \left[\exp\left(10^{-5}\right)\right]^{10^{24}} \Phi(E-\delta E) = \\
&= \exp\left(10^{19}\right) \Phi(E-\delta E) \gg \Phi(E-\delta E) \qquad (6.15)
\end{aligned}$$

Der relative Fehler der Näherung (6.14) ist hier also von der Größe 10^{-19}. Dieses Ergebnis zeigt, daß Ω bei geeigneter Wahl von δE faktisch nicht von δE abhängt.

Aus (6.12) und (6.14) erhalten wir die Zustandssumme Ω für das ideale Gas. Wir schreiben den Logarithmus von Ω an:

$$\ln \Omega(E, V) = \frac{3N}{2} \ln E + N \ln V + \ln c \qquad (6.16)$$

Im Gegensatz zu Ω selbst, hat $\ln \Omega$ eine gemäßigte Abhängigkeit von der Energie E und vom Volumen V; daher sind etwa Taylorentwicklungen von $\ln \Omega$ möglich. Da Ω selbst als Zahl definiert ist, geben alle Logarithmen in (6.16) zusammen automatisch den Logarithmus einer dimensionslosen Zahl. In den einzelnen Termen $\ln E$ oder $\ln V$ ist E und V auf eine willkürliche Energie- oder Volumeneinheit zu beziehen.

N-Abhängigkeit

Gleichung (6.16) gibt die E- und V-Abhängigkeit richtig wieder. Für die korrekte N-Abhängigkeit sind die beiden folgenden Punkte zu berücksichtigen:

1. Das Volumen einer Kugel mit dem Radius $R = \sqrt{2mE}$ in $3N$ Dimensionen ist (Übung):

   $$V_N(R) = \frac{\pi^{3N/2}}{(3N/2)!} R^{3N} \approx a^{3N/2} \left(\frac{R^2}{N}\right)^{3N/2} \qquad (6.17)$$

   Die Fakultät wurde durch $n! \approx (n/\mathrm{e})^n$ angenähert (siehe Übung). Für (6.12) haben wir $V_N \propto R^{3N}$ verwendet. Der Vorfaktor von V_N kann in (6.16) durch die Ersetzung $E \to E/N$ und $\ln c \to N \ln c'$ berücksichtigt werden.

2. Gleichartige Atome sind *ununterscheidbar*. Dies ist ein quantenmechanischer Effekt: Bei Vertauschung von zwei beliebigen Teilchenkoordinaten erhält die Wellenfunktion lediglich den Faktor +1 für Bosonen (Teilchen mit ganzzahligem Spin) und −1 für Fermionen (Teilchen mit halbzahligem Spin). Die Vertauschung $\boldsymbol{p}_\nu \leftrightarrow \boldsymbol{p}_{\nu'}$ oder

$$n_{3\nu+j-3} \longleftrightarrow n_{3\nu'+j-3} \qquad (\nu,\ \nu' \text{ beliebig},\ j = 1,2,3) \qquad (6.18)$$

in $r = (n_1, ..., n_{3N})$ ergibt daher keinen neuen Zustand. Aus einem Zustand r der Form (6.4) entstehen durch Vertauschung im allgemeinen $N!$ andere Zustände, die wir bei der Abzählung (6.6) alle getrennt gezählt haben. Durch die Ersetzung

$$\Omega \to \frac{\Omega}{N!} \qquad (6.19)$$

berücksichtigen wir nun, daß die $N!$ Zustände identisch sind. Mit $N! \approx (N/\mathrm{e})^N$ wird dies zur Ersetzung $V \to V/N$ und $\ln c \to N \ln c'$ in (6.16).

Beide Punkte zusammen ergeben

$$\ln \Omega(E,V,N) = N \ln\left(\frac{V}{N}\right) + \frac{3N}{2} \ln\left(\frac{E}{N}\right) + N \ln c \qquad \begin{pmatrix}\text{Zustandssumme} \\ \text{des idealen Gases}\end{pmatrix} \qquad (6.20)$$

mit einer neuen Konstanten c. Die jetzt vollständige N-Abhängigkeit besagt, daß die Anzahl der Zustände pro Atom proportional zu V/N und zu $(E/N)^{3/2}$ ist. Die Energie und das Volumen sind also jeweils auf die Teilchenzahl zu beziehen.

Verallgemeinerung

Wir drücken die Energieabhängigkeit der berechneten Funktion $\Omega(E)$ mit der Anzahl $f = 3N$ der Freiheitsgrade des Systems aus,

$$\Omega(E) \propto \left(\frac{E}{N}\right)^{3N/2} \propto \left(\frac{E}{f}\right)^{\gamma f} \qquad (6.21)$$

In dieser Form gilt die Energieabhängigkeit auch für andere Systeme mit vielen Freiheitsgraden; denn unabhängig vom speziellen System ist die Anzahl der Zustände für einen Freiheitsgrad proportional zu $(E/f)^\gamma$. Dabei ist E/f die mittlere Energie pro Freiheitsgrad und γ eine Zahl der Größenordnung 1. Wir drücken dies noch einmal etwas anders aus: Erhöht man die Energie um einen Faktor 100, so steht pro Teilchen oder Freiheitsgrad eine im Mittel 100-fach höhere Energie zur Verfügung. Damit erhöht sich die Anzahl der erreichbaren Zustände für diesen Freiheitsgrad um einen entsprechenden Faktor, und damit die Anzahl der Gesamtzustände um diesen Faktor hoch f. Das Ergebnis (6.21) bedeutet, daß die Zustandssumme $\Omega(E)$ extrem stark von der Energie abhängt.

Voraussetzung für (6.21) ist allerdings, daß mit höherer Energie immer mehr Zustände zur Verfügung stehen. Dies gilt nicht generell für Spinsysteme: Für N Spin–1/2 Teilchen im Magnetfeld B ist die Energie $E_r = -2\mu_{\rm B} B \sum_\nu s_{z,\nu}$. Dann liegen die möglichen Energiewerte zwischen $E_{\rm min} = -N\mu_{\rm B} B$ und $E_{\rm max} = N\mu_{\rm B} B$. Für diese Systeme gilt (6.21) nur im Energiebereich $\mu_{\rm B} B \ll E - E_{\rm min} \ll N\mu_{\rm B} B$.

Übung

Die Funktion $f(E) = E^N$ mit $N = \mathcal{O}(10^{24})$ soll um E_0 in eine Taylorreihe entwickelt werden.

Welche Bedingung muß erfüllt sein, damit der Term 1. Ordnung in $E - E_0$ klein gegenüber dem 0. Ordnung ist? Was ergibt sich, falls $\ln f(E)$ anstelle von $f(E)$ entwickelt wird? Skizzieren Sie $f(E)$ und $\ln f(E)$.

Übung

Die allgemeine Definition der Gammafunktion oder der Fakultät lautet

$$\Gamma(n+1) = n! = \int_0^\infty dx\; x^n \exp(-x) \qquad (6.22)$$

Für $n > 0$ hat der Integrand $f(x) = x^n \exp(-x)$ ein Maximum. Entwickeln Sie $f(x)$ in eine Taylorreihe um das Maximum herum. Leiten Sie daraus für $n \gg 1$ die Stirlingsche Formel

$$n! = \sqrt{2\pi n}\; n^n \exp(-n) \left[1 + \mathcal{O}(n^{-1})\right] \qquad (n \gg 1) \qquad (6.23)$$

ab. Begründen Sie die Näherung

$$\ln n! \approx n \ln n - n \quad \text{oder} \quad n! \approx \left(\frac{n}{\mathrm{e}}\right)^n \qquad (n \gg 1) \qquad (6.24)$$

Übung

In einem Kasten mit dem Volumen V befinden sich N_1 Moleküle der Sorte 1 und N_2 Moleküle der Sorte 2. Behandeln Sie das System als eine Mischung idealer Gase und berechnen Sie die Zustandssumme $\Omega(E, V)$.

Übung

Berechnen Sie das Volumen

$$V_n(R) = C_n\, R^n$$

einer Kugel mit dem Radius R in n Dimensionen. Verifizieren Sie damit (6.17).

Anleitung: Begründen Sie zunächst die Beziehung

$$\int_{-\infty}^{\infty} dx_1 \ldots \int_{-\infty}^{\infty} dx_n \, \exp\left(-\sum_{i=1}^{n} x_i^{\,2}\right) = \int_{-\infty}^{\infty} dR\, A_n(R)\, \exp(-R^2) \qquad (6.25)$$

Dabei ist $R^2 = \sum x_i^{\,2}$, und $A_n(R) = dV_n/dR$ ist die Oberfläche der betrachteten Kugel. Aus der Berechnung der beiden Seiten von (6.25) ergibt sich C_n.

Übung

In einem Kristallgitter befinde sich an jedem Gitterplatz ein ungepaartes Elektron. Mit dem Spin $\boldsymbol{s}_\nu$ des ν-ten Elektrons ist ein magnetisches Moment $\boldsymbol{\mu}_\nu \parallel \boldsymbol{s}_\nu$ verknüpft ($|\boldsymbol{\mu}| \approx \mu_{\mathrm{B}}$). Relativ zu einer Meßrichtung kann sich der Spin nur parallel oder antiparallel einstellen. In einem äußeren Magnetfeld $\boldsymbol{B}$ ist die Energie des Spinsystems daher durch

$$E_r = -\sum_{\nu=1}^{N} \boldsymbol{\mu}_\nu \boldsymbol{B} = -(n_1 - n_2)\, \mu_{\mathrm{B}} B \qquad (6.26)$$

gegeben. Dabei ist n_1 die Anzahl der zum Feld $\boldsymbol{B}$ parallelen Spins, n_2 die der antiparallelen Spins.

Berechnen Sie die Zustandssumme $\Omega(E, B)$. Dabei gelte $\mu_{\mathrm{B}} B \ll \delta E \ll E$. Zeigen Sie mit Hilfe der Stirlingschen Formel:

$$\ln \Omega(E,B) = -\frac{N}{2}\left(1 - \frac{E}{N\mu_{\mathrm{B}}B}\right) \ln\left(\frac{1}{2} - \frac{E}{2N\mu_{\mathrm{B}}B}\right) - \qquad (6.27)$$

$$-\frac{N}{2}\left(1 + \frac{E}{N\mu_{\mathrm{B}}B}\right) \ln\left(\frac{1}{2} + \frac{E}{2N\mu_{\mathrm{B}}B}\right) + \ln \frac{\delta E}{2\mu_{\mathrm{B}}B}$$

Kapitel 7

1. Hauptsatz

In diesem Kapitel formulieren wir den Energiesatz für den Makrozustand eines Vielteilchensystems. Eine mögliche Energieänderung des Systems wird in *Wärme* und *Arbeit* aufgeteilt.

Mittelwert der Energie

Ein physikalisches System wird durch den Hamiltonoperator oder die Hamiltonfunktion $H(x)$ beschrieben. Damit liegen die Mikrozustände r und ihre Energien $E_r(x)$ fest. Für einen bestimmten Makrozustand (5.22) sind die Wahrscheinlichkeiten P_r und die äußeren Parameter x gegeben. Dadurch liegt auch der Mittelwert $\overline{E_r}$ der Energie des Makrozustands fest:

$$\overline{E_r} = \sum_r P_r \, E_r(x_1, ..., x_n) = \sum_r P_r \, E_r(x) = E \tag{7.1}$$

Wir diskutieren dies etwas eingehender:

- Durch (7.1) ist der Mittelwert der Energie für einen beliebigen Makrozustand gegeben, also für beliebige P_r. Der Makrozustand kann also auch ein Nichtgleichgewichtszustand sein.
- Um (7.1) auf den Gleichgewichtszustand eines abgeschlossenen Systems anzuwenden, sind die $P_r(E, x)$ aus (5.20) einzusetzen. Dann liegt $\overline{E_r}$ zwischen $E - \delta E$ und E, also wegen $\delta E \ll E$ praktisch bei E. Tatsächlich liegt $\overline{E_r}$ auch auf der Skala von $E - \delta E$ und E sehr nahe bei E, weil es dort viel mehr Mikrozustände als bei $E - \delta E$ gibt, siehe (6.15). Auf der rechten Seite von (7.1) steht also für Gleichgewichtszustände das E aus (5.20).

- Den Mittelwert $\overline{E_r}$ bezeichnen wir auch für beliebige Makrozustände (also auch für nichtabgeschlossene Systeme, oder für Nichtgleichgewichtszustände) mit E. Statt 'Mittelwert der Energie' nennen wir diese Größe meist einfach 'Energie'. Dies ist eine makroskopische (im Makrozustand definierte) Größe.

- In der mathematischen Einführung (Teil I) haben wir einen Mittelwert wie (7.1) mit $\overline{E}$ bezeichnet; jetzt verwenden wir die alternative Notation $\overline{E_r}$. Für die Notation $\overline{E}$ spricht, daß der Mittelwert nicht vom Index r abhängt. Die Notation $\overline{E_r}$ ist jedoch für die spätere Diskussion der x-Abhängigkeit günstiger; sie macht deutlich, daß über Mikrozustände mit der Energie $E_r(x)$ gemittelt wird.

Wir betrachten nun einen Prozeß, der von einem Makrozustand a zu einem anderen Makrozustand b führt. Hierfür wollen wir die Änderung ΔE des Mittelwerts (7.1) der Energie untersuchen:

$$\Delta E = E_b - E_a \qquad \text{für den Prozeß} \quad a \to b \tag{7.2}$$

Unter 'Prozeß' verstehen wir den Übergang von einem Anfangs- zu einem Endzustand. Der Zustand a wird gemäß (5.22) durch $P_r(a)$ und x_a festgelegt; dies gilt entsprechend für b. Für den Prozeß mit $\Delta E \neq 0$ ist ein Kontakt des betrachteten Systems mit seiner Umgebung notwendig; denn für das abgeschlossene System wäre die Energie erhalten.

Nach (7.1) sind Energieänderungen möglich, wenn sich die äußeren Parameter $x = (x_1, ..., x_n)$ ändern, oder wenn sich die Besetzungen im statistischen Ensemble (also die P_r) ändern. Dagegen bleiben die Funktionen $E_r(x)$ immer gleich, denn sie folgen aus der durch $H(x)$ beschriebenen mikroskopischen Struktur des physikalischen Systems.

Wärme und Arbeit

Die Energieänderung $\Delta E = E_b - E_a$ kann in zwei Beiträge aufgeteilt werden. Diese Aufteilung wird durch folgende *experimentelle* Bedingungen definiert:

1. Energieübertrag bei konstanten äußeren Parametern x.

2. Änderung der äußeren Parameter bei gleichzeitiger thermischer Isolierung des Systems.

Die Bedeutung der beiden Bedingungen wird im folgenden näher erläutert.

Im ersten Fall werden die äußeren Parameter festgehalten; für ein Gas sind dies etwa das Volumen V und die Teilchenzahl N Die unter diesen Bedingungen übertragene Energie ΔE definieren wir als die *vom System aufgenommene Wärmemenge* ΔQ,

$$\Delta Q = \Delta E \qquad \text{(konstante Parameter } x) \tag{7.3}$$

Die Wärmemenge ΔQ kann positiv oder negativ sein; für $\Delta Q < 0$ gibt das System Energie ab. Zu einem solchen Energieübertrag kann durch bloßen Kontakt des Systems mit der wärmeren (oder kälteren) Umgebung kommen (Wärmeleitung), oder auch durch gezielte Beheizung des Systems, oder auch dadurch, daß das System Wärmestrahlung abgibt.

Bei der experimentellen Untersuchung der Wärmeübertragung bei konstanten äußeren Parametern stellt man fest, durch welche Bedingungen sie unterbunden werden kann. Konkret sind diese Bedingungen etwa 'hinreichend großer Abstand' oder 'hinreichend dicke Styroporwände'. Solche Bedingungen bezeichnen wir als *thermische Isolierung* des Systems.

Die Energieänderung durch Änderung der äußeren Parameter $x_1,\ldots,x_n$ bei gleichzeitiger thermischer Isolierung (also $\Delta Q = 0$) definieren wir als die *vom System geleistete Arbeit* ΔW,

$$\Delta W = -\Delta E \qquad \text{(thermische Isolierung)} \tag{7.4}$$

Das Standardbeispiel für eine solche Arbeit ist die Expansion eines Gases. In diesem Fall wird der äußere Parameter $x_1 = V$ geändert; das Gas drückt einen Kolben aus einem Zylinder und leistet dabei Arbeit. Die geleistete Arbeit $\Delta W > 0$ verringert die Energie des Gases.

Im allgemeinen wird ein System also sowohl Wärme aufnehmen (abgeben) wie Arbeit aufnehmen (leisten) können. Dann gilt

$$\Delta E = -\Delta W + \Delta Q \qquad \text{(1. Hauptsatz)} \tag{7.5}$$

Diese Beziehung bezeichnen wir als *ersten Hauptsatz*.

Die Einführung der Klassifizierung (Wärme oder Arbeit) ging von der Alternative 'Parameter konstant' oder 'Parameter nicht konstant' aus; daher sind alle möglichen Energieüberträge berücksichtigt. Im zweiten Fall ('Parameter nicht konstant') haben wir ergänzend verlangt, daß die erste Form des Energieübertrags durch die Bedingung 'thermische Isolierung' ausgeschlossen wird. Das so definierte ΔW enthält also keinen Energiebeitrag, der in ΔQ schon berücksichtigt ist. Daher können beide Beiträge addiert werden. Praktisch wird die in einem Prozeß übertragene Wärmemenge dann als diejenige Energieänderung definiert, die nicht durch Arbeitsleistung in der Bilanzgleichung (7.5) abgedeckt ist.

Mikroskopische Diskussion

Der 1. Hauptsatz (7.5) ist der Energiesatz für die Makrozustände des betrachteten Systems.

Der 1. Hauptsatz gilt für beliebige Makrozustände a und b. Der Einfachheit halber beschränken wir aber die folgende Diskussion auf den Fall, daß a und b Gleichgewichtszustände mit den P_r aus (5.20) sind. Die Gleichgewichtszustände a und b sind durch E_a, x_a und E_b, x_b vollständig festgelegt (im Gegensatz zu anderen Makrozuständen). Praktisch erhält man solche Gleichgewichtszustände, indem man das physikalische System vor und nach dem Prozeß von der Umgebung isoliert und einige Zeit sich selbst überläßt.

Der Anfangszustand a wird durch ein Ensemble aus M gleichartigen Systemen repräsentiert, von denen $M_r = MP_r$ im Mikrozustand r sind. Bei der Wechselwirkung mit der Umgebung (während $a \rightarrow b$) können Übergänge zwischen Mikrozuständen ($r \rightarrow r'$) stattfinden, und die $E_r(x)$ können sich durch Änderung von x verschieben. Damit wird in der Regel aus dem Gleichgewichts-Ensemble ein Nichtgleichgewichts-Ensemble. Die Zwischenzustände sind dann Makrozustände, deren P_r's von (5.20) abweichen.

Auf der Grundlage von (7.1) stellt sich die Aufteilung (7.5) des 1. Hauptsatzes dann so dar:

1. Beim Wärmeübertrag sind die Parameter x und damit die Energieeigenwerte $E_r(x)$ konstant. Eine Energieänderung $\Delta E \neq 0$ kann sich dann nur aus der Änderung der P_r in (7.1) ergeben. Im Ensemble aus M gleichartigen Systemen sind $M_r = MP_r$ im Zustand r. Eine Änderung der P_r bedeutet, daß Übergänge zwischen den Mikrozuständen des Ensembles stattfinden. Bei Wärmezufuhr werden im statistischen Ensemble Zustände höherer Energie stärker besetzt. Dadurch ergeben sich im allgemeinen P_r ergeben, die von (5.20) abweichen, also Nichtgleichgewichtszustände. Nach Beendigung des Wärmeübertrags relaxiert das System wieder zu einem Gleichgewichtszustand; dies bedeutet eine nochmalige Änderung der P_r zu $P_r(E_b, x_b)$.

   Wird die Wärme *quasistatisch* (also sehr langsam) zugeführt, dann kann man in jedem Stadium des Prozesses den Makrozustand durch das Ensemble mit den $P_r(E, x)$ aus (5.20) beschreiben. Dabei ist die jeweils aktuelle Energie einzusetzen.

2. Wenn die äußeren Parameter bei thermischer Isolierung geändert werden, ändern sich sowohl die E_r wie die P_r: Die mikroskopischen Energieniveaus $E_r(x)$ verschieben sich aufgrund ihrer x-Abhängigkeit. Darüberhinaus können aufgrund der Zeitabhängigkeit der Störung

Übergänge zwischen Mikrozuständen erfolgen. Durch diese Vorgänge werden sich im allgemeinen P_r ergeben, die von (5.20) abweichen. Nach Beendigung der Wechselwirkung mit der Umgebung relaxiert das System wieder zu einem Gleichgewichtszustand; dies bedeutet eine nochmalige Änderung der P_r zu $P_r(E_b, x_b)$.

Besonders einfache Verhältnisse ergeben sich, wenn die Änderung der äußeren Parameter bei thermischer Isolierung *quasistatisch* (also sehr langsam) erfolgt. Dann finden keine Übergänge zwischen verschiedenen Mikrozuständen statt, und in jedem Abschnitt des Prozesses stellt sich wieder ein Gleichgewichtszustand ein. In diesem quasistatischen Fall kann die Energieänderung aus der x-Abhängigkeit der $E_r(x)$ berechnet werden (Kapitel 8).

Wir fassen zusammen: Während der Wärmezufuhr oder der Arbeitsleistung befindet sich das System im allgemeinen in Nichtgleichgewichtszuständen. Hierfür bleibt unsere Diskussion qualitativ; es wird nicht versucht, die P_r für die Zwischenzustände tatsächlich anzugeben. Speziell für quasistatische Prozesse ergeben sich aber wesentliche Vereinfachungen. Dann durchläuft das System Makrozustände mit den $P_r(E, x)$ aus (5.20), wobei die jeweils aktuellen Werte für E und x einzusetzen sind.

Beispiele

Zur Erläuterung der bisherigen Diskussion betrachten wir zwei konkrete Prozesse:

A) Erhitzt man ein gasgefülltes Gefäß am Rand, so laufen innerhalb des betrachteten Systems zeitabhängige Wärmeleitungsvorgänge ab. Das System ist daher während der Wärmezufuhr nicht in einem Gleichgewichtszustand. Nach Abschluß der Wärmezufuhr und Isolierung des Systems stellt sich wieder ein Gleichgewichtszustand ein. Da dieser Zustand die gleichen äußeren Parameter wie der Anfangszustand hat, definiert die Energieänderung ΔE die aufgenommene Wärmemenge ΔQ.

B) Zieht man einen Kolben aus einem mit Gas gefüllten Zylinder heraus, so ändert sich das Volumen. Nur wenn der Kolben langsam herausgezogen wird, durchläuft das System eine Folge von Gleichgewichtszuständen. Man kann das Volumen eines Gases aber auch ohne Arbeitsleistung verändern (sehr schnelles Herausziehen des Kolbens, oder seitliches Herausziehen einer Zwischenwand). In jedem Fall gilt für das thermisch isolierte System $\Delta W = -\Delta E$.

Die Einteilung in 'aufgenommene Wärme' und 'geleistete Arbeit' bezog sich auf die äußeren Parameter des betrachteten Systems, nicht aber auf die Art der Einwirkung von außen. Dazu folgendes Beispiel: Wenn man eine Flüssigkeit quirlt, dann leistet man Arbeit am System. Diese Arbeit wird zunächst in kinetische Energie der Flüssigkeitsströmung umgesetzt. Durch Reibung innerhalb der Flüssigkeit dissipiert diese Energie schließlich in kinetische Energie der Moleküle. Nach unserer Einteilung ist der Energiezuwachs ΔE als aufgenommene Wärme zu klassifizieren, da die äußeren Parameter im Anfangs- und Endzustand gleich sind. Arbeitsleistung am System kann also Wärmezufuhr bedeuten.

Kreisprozeß

Anstelle von beliebigen Prozessen werden wir oft infinitesimale Änderungen behandeln. Dann wird (7.5) zu

$$dE = -\,đW + đQ \qquad \text{1. Hauptsatz} \tag{7.6}$$

Dabei bezeichnen wir die infinitesimale Größe mit 'd' für die Energie, und mit '$đ$' für die Wärmemenge und die Arbeit. Der Grund hierfür ist, daß E – nicht aber Q und W – eine Zustandsgröße ist.

Zustandsgrößen sind nach Kapitel 5 alle makroskopischen Größen, die in einem gegebenen Gleichgewichtszustand bestimmte Werte haben. Zustandsvariable sind die Zustandsgrößen, die zur Festlegung des Zustands ausgewählt werden. Die Zustandsvariablen können die Energie E und die äußeren Parameter $x_1, ..., x_n$ sein, oder $n+1$ andere Zustandsgrößen $y_1, ..., y_{n+1}$, (5.24) oder (5.25). Wenn die Energieeigenwerte von der Form $E_r = E_r(V, N)$ sind, dann ist der Gleichgewichtszustand durch die Energie E, das Volumen V und die Teilchenzahl N bestimmt. Experimentell ist es aber oft bequemer, diesen Gleichgewichtszustand durch die Temperatur T, den Druck P und die Teilchenzahl N festzulegen.

Die aufgenommene Wärme und die geleistete Arbeit sind keine Zustandsgrößen. Dazu betrachten wir einen *Kreisprozeß*; ein solcher Prozeß führt von einem Gleichgewichtszustand a über andere Zustände wieder zu a. Jede Zustandsgröße hat im Zustand a einen eindeutigen Wert. Ihre Gesamtänderung bei einem Kreisprozeß ist daher null, also etwa für die Energie

$$\oint dE = 0 \qquad \text{(Kreisprozeß)} \tag{7.7}$$

Dagegen gilt für die aufgenommene Wärme und die geleistete Arbeit,

$$\oint đQ \overset{\text{i.a}}{\neq} 0\,, \qquad \oint đW \overset{\text{i.a}}{\neq} 0 \qquad \text{(Kreisprozeß)} \tag{7.8}$$

Damit sind W und Q keine Zustandsgrößen. Wir werden später Beispiele für Kreisprozesse kennenlernen, bei denen Wärme aufgenommen und Arbeit geleistet wird. Für eine Gasmenge ist ein solcher Prozeß in Abbildung 19.3 skizziert.

Der Gleichgewichtszustand werde gemäß (5.25) durch $y_1, ..., y_{n+1}$ festgelegt. Zustandsgrößen sind alle Größen, die eine Funktion von $y_1, ..., y_{n+1}$ sind. Es gilt also

$$E = E(y_1, ..., y_{n+1}) , \qquad W \neq W(y_1, ..., y_{n+1}) , \qquad Q \neq Q(y_1, ..., y_{n+1}) \tag{7.9}$$

Für E kann nun das vollständige Differential dE angegeben werden (Kapitel 15). Diese Größe existiert nicht für W oder Q. Daher wird die infinitesimale Änderung hier mit $đ$ anstelle von d bezeichnet, also $đW$ und $đQ$.

Kapitel 8

Verallgemeinerte Kräfte

Wenn ein äußerer Parameter des thermisch isolierten ($đQ = 0$) Systems geändert wird, leistet das System die Arbeit $đW = -dE$. In diesem Kapitel berechnen wir aus (7.1) die Energieänderung $dE = -đW$ bei *quasistatischer* Änderung der Parameter x. Dies führt zu einer mikroskopischen Definition der *verallgemeinerten Kräfte*. Für ein ideales Gas werten wir die mikroskopische Definition des Drucks aus.

Wir nennen einen Prozeß *quasistatisch*, wenn die Änderung der makroskopischen Parameter so langsam erfolgt, daß das System praktisch zu jeder Zeit in einem Gleichgewichtszustand ist. In diesem Kapitel betrachten wir eine quasistatische Änderung der äußeren Parameter $x = x_1, ..., x_n$. Für einen solchen Prozeß gilt:

1. Während der Änderung der Parameter stellt sich immer wieder ein neuer Gleichgewichtszustand ein; das System durchläuft eine Folge von Gleichgewichtszuständen. Dazu muß die Zeit, während der ein Parameter um einen wesentlichen Betrag geändert wird, groß sein gegenüber der Relaxationszeit des Systems. Die Relaxationszeit ist die Zeit, die das System braucht, um nach einer plötzlichen Änderung eines Parameters wieder in einen Gleichgewichtszustand zu kommen.

2. Wenn ein System in einem bestimmten Mikrozustand r ist, dann bleibt es bei hinreichend langsamer Änderung der Parameter x in diesem Mikrozustand. (Die quantenmechanische Übergangswahrscheinlichkeit pro Zeit für $r \to r'$ ist proportional zu $\dot{x}_i^{\,2}$.) Dabei passen sich die Wellenfunktion $\psi_r(q; x)$ und die Energie $E_r(x)$ den sich ändernden x-Werten kontinuierlich an.

Wegen des zweiten Punkts beschränken wir uns zunächst auf quantenmechanische Mikrozustände; denn ein klassischer Mikrozustand (5.7) ändert sich

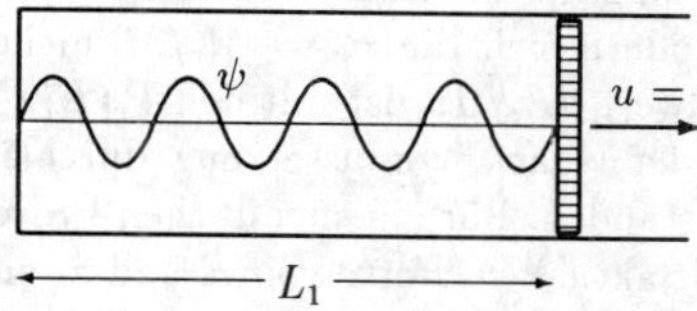

Abbildung 8.1: Zur quasistatischen Expansion: Im idealen Gas wird die Bewegung jedes einzelnen Atoms durch eine Wellenfunktion ψ beschrieben. Wenn der Kolben im betrachteten Gasvolumen mit hinreichend kleiner Geschwindigkeit u bewegt wird, bleiben die Quantenzahlen dieses Zustands ψ ungeändert. Daher ändert sich die Wellenlänge in Proportion zur Länge L_1 des Zylinders.

ja von selbst fortlaufend. Diese Beschränkung ist im Prinzip ausreichend, da die Quantenmechanik die Mechanik als Grenzfall umfaßt. In Kapitel 11 wird eine erweiterte Definition der verallgemeinerten Kräfte angegeben, die auch unmittelbar auf klassische Systeme anwendbar ist.

Ein konkretes Beispiel für die quasistatische Änderung eines äußeren Parameters ist das Herausziehen eines Kolbens aus einem mit Gas gefüllten Zylinder, Abbildung 8.1. 'Quasistatisch' heißt nach Punkt 2, daß sich die Quantenzahlen des Mikrozustands nicht ändern. In Abbildung 8.1 ist dies die Knotenzahl der skizzierten Wellenfunktion.

Im thermisch isolierten ($đQ = 0$) System werde ein herausgegriffener äußerer Parameter x_1 quasistatisch geändert. Für diesen Prozeß gilt dann:

$$\begin{array}{ll} đQ = 0 & \text{(adiabatisch)} \\ \dot{x}_1 \text{ klein} & \text{(quasistatisch)} \\ x_2, ..., x_n \text{ konstant} & \text{(nur } x_1 \text{ wird geändert)} \end{array} \qquad (8.1)$$

In der Thermodynamik wird ein Prozeß mit $đQ = 0$ als *adiabatisch* bezeichnet. In anderen Bereichen (etwa in der quantenmechanischen Störungstheorie) versteht man unter 'adiabatisch' dagegen auch soviel wie 'hinreichend langsame Veränderung von Parametern'. Die Bedeutung von 'klein' für $\dot{x}_1$ hängt vom System ab. Für die Kolbenbewegung in Abbildung 8.1 ist sie $\dot{x}_1 = u \ll \overline{p}/m$, wobei $\overline{p}$ der mittlere Impuls der Gasteilchen ist.

Wir berechnen die Energieänderung dE für den durch (8.1) definierten Prozeß:

$$dE \overset{(7.1)}{=} d\left(\sum_r P_r\, E_r(x_1, x_2, ..., x_n)\right) \overset{(8.1)}{=} \sum_r P_r\, \frac{\partial E_r}{\partial x_1}\, dx_1 = \overline{\frac{\partial E_r}{\partial x_1}}\, dx_1 \qquad (8.2)$$

Wegen der Voraussetzung 'quasistatisch' bleibt das System im selben Quantenzustand. Daher ändern sich die $P_r = M_r/M$ nicht, also $d(\sum P_r E_r) = \sum P_r\, dE_r$. Der Mittelwert $\overline{\partial E_r/\partial x_1}$ ist mit den $P_r(E,x)$ des Gleichgewichtszustands zu bilden, denn nach Voraussetzung durchläuft das System eine Folge von solchen Zuständen. Für einen endlichen Prozeß (also in $\int dE$) sind in $P_r(E,x)$ die jeweils aktuellen Werte von E und x einzusetzen.

Wir definieren

$$X_i = -\overline{\frac{\partial E_r(x_1, ..., x_n)}{\partial x_i}} \qquad \text{(verallgemeinerte Kraft)} \qquad (8.3)$$

als die zum Parameter x_i gehörende *verallgemeinerte Kraft* X_i. Als Mittelwert könnte sie auch mit $\overline{X}_i$ bezeichnet werden. Wie bei der Energie ($E = \overline{E} = \overline{E_r}$) und anderen makroskopischen Größen lassen wir aber den Balken weg.

Die $E_r(x_1, ..., x_n)$ in (8.3) sind die Eigenwerte von quantenmechanischen Zuständen r, denn nur für diese Zustände erfolgen bei quasistatischer Änderung keine Übergänge. Die Definition (8.3) ist daher zunächst nur für Quantenzustände r anwendbar. In Kapitel 11 wird aus (8.3) aber ein direkter Zusammenhang zwischen den verallgemeinerten Kräften und $\ln \Omega(E,x)$ abgeleitet, der dann unmittelbar auch auf klassische Systeme anwendbar ist.

Wegen $đQ = 0$ gilt $dE = -đW$. Mit (8.3) wird (8.2) zu

$$dE = -đW = -X_1\, dx_1 \qquad \text{für (8.1)} \qquad (8.4)$$

Da die Arbeit und der äußere Parameter meßbare Größen sind, ist hierdurch auch die verallgemeinerte Kraft X_1 als Meßgröße definiert.

Wir können (8.4) sofort auf den Fall verallgemeinern, daß alle äußeren Parameter quasistatisch verändert werden:

$$dE = -đW = -\sum_{i=1}^{n} X_i\, dx_i \qquad \text{(quasistatisch, adiabatisch)} \qquad (8.5)$$

Die Arbeitsleistung bei einer endlichen Änderung der äußeren Parameter kann hieraus durch Integration gewonnen werden.

Das Standardbeispiel für eine verallgemeinerte Kraft ist der Druck; er wird im folgenden ausführlich diskutiert. Als einfaches weiteres Beispiel betrachten wir ein System aus unabhängigen Spin-1/2 Teilchen im Magnetfeld $x_1 = B$. Für die Energie E_r der in (5.6) definierten Mikrozustände gilt

$$E_r = -2\mu_{\text{B}} B \sum_{\nu} s_{z,\nu}\,, \qquad \frac{\partial E_r}{\partial B} = -2\mu_{\text{B}} \sum_{\nu} s_{z,\nu} \qquad (8.6)$$

Damit ist die äußere Kraft

$$X_1 = -\overline{\frac{\partial E_r}{\partial B}} = 2\mu_{\rm B}\overline{\sum_\nu s_{z,\nu}} = 2N\mu_{\rm B}\,\overline{s_z} = VM \tag{8.7}$$

gleich dem mittleren magnetischen Moment aller Teilchen (s_z nimmt die Werte $\pm 1/2$ an). Mit M wird die Magnetisierung (magnetisches Moment pro Volumen) bezeichnet.

Druck

Als Beispiel betrachten wir ein Gas in einem zylindrischen Gefäß mit einem beweglichen Kolben, Abbildung 8.1. Der veränderliche äußere Parameter ist die Position $x_1 = L_1$ des Kolbens. Das Gas übt eine Kraft K auf den Kolben aus; dies ist eine gewöhnliche mechanische Kraft. Bei Verschiebung des Kolbens um dx leistet das Gas die Arbeit

$$đW = K\,dx L_1 = \frac{K}{F}\,dV = P\,dV \tag{8.8}$$

Dabei ist F die Fläche des Kolbens. Das Verhältnis K/F wird in der Mechanik als *Druck* definiert. Wegen $dV = F\,dL_1$ können wir anstelle der Position des Kolbens das Volumen V des Gases als äußeren Parameter x_1 ansehen. Der Vergleich mit (8.4) zeigt, daß die zu $x_1 = V$ gehörende verallgemeinerte Kraft der Druck ist,

$$P = -\overline{\frac{\partial E_r(V)}{\partial V}} \qquad \text{(mikroskopische Definition des Drucks)} \tag{8.9}$$

Nach (8.8) ist der so definierte Druck zugleich der übliche, leicht meßbare mechanische Druck. Für ein stabiles System gilt $P \geq 0$. Eine Volumenvergrößerung ($dV > 0$) impliziert daher, daß das System die Arbeit $đW > 0$ leistet.

Die Beziehung $đW = P\,dV$ gilt für beliebige Volumenänderungen. Da der Druck im Gleichgewicht überall gleich groß ist, ergibt jede kleine Oberflächenänderung einen Beitrag $P\,\delta v$, wobei $\sum \delta v = dV$. Die Definition (8.9) des Drucks ist daher nicht auf die spezielle Geometrie in Abbildung 8.1 beschränkt.

Im nächsten Abschnitt wird das Zustandekommen des Drucks für ein ideales Gas im einzelnen diskutiert. Dabei ergänzen wir die quantenmechanische Definition (8.9) durch das zugehörige klassische Bild. Die beiden Behandlungen seien zunächst kurz gegenübergestellt:

1. Ideales quantenmechanisches Gas: Beim quasistatischen Prozeß werden r und damit die Quantenzahlen $n_1, ..., n_{3N}$ nicht geändert. Ein Hereinschieben des Kolbens bei ungeänderter Knotenzahl $n_i - 1$ schiebt die Knoten der Einteilchenwellenfunktion zusammen (Abbildung 8.1). Dadurch erhöhen sich Impuls und Energie des Teilchens; es muß Arbeit am System geleistet werden. Die Berechnung erfolgt nach (8.9).

2. Ideales klassisches Gas: Die Reflexion eines Teilchens am bewegten Kolben erhöht (erniedrigt) die Geschwindigkeit des Teilchens, wenn der Kolben langsam hineingeschoben (herausgezogen) wird (Abbildung 8.2). Die Formel (8.9) ist nicht unmittelbar anwendbar, da sie sich auf Quantenzustände r bezieht. Die Energieänderung kann aber direkt berechnet werden; aus $dE = -P\,dV$ folgt dann der Druck P.

Druck eines idealen Gases

Quantenmechanische Behandlung

Wir werten (8.9) für das ideale Gas aus. Für ein kubisches Volumen $V = L^3$ sind die Energiewerte $E_r(V)$ in (6.5) angegeben. Wir betrachten hier stattdessen ein quaderförmiges Volumen $V = L_1 L_2 L_3$ mit den Seitenlängen L_1, L_2 und L_3. Als veränderlichen äußeren Parameter wählen wir die Seitenlänge $x_1 = L_1$. Ein mikroskopischer Zustand r für N Gasteilchen ist durch (6.4) definiert,

$$r = (n_1, \ldots, n_{3N}) = (..., n_{3\nu+j-3}, ...) \qquad (\nu = 1, ...N,\ \ j = 1, 2, 3) \quad (8.10)$$

Der Impuls $\boldsymbol{p}_\nu := (p_{3\nu-2}, p_{3\nu-1}, p_{3\nu})$ des ν-ten Teilchens hat die kartesischen Komponenten:

$$p_{3\nu+j-3} = \frac{\pi\hbar}{L_j}\, n_{3\nu+j-3} \qquad (8.11)$$

Der Energiewert des Zustands (8.10) ist

$$E_r = \sum_{\nu=1}^{N} \frac{\boldsymbol{p}_\nu^2}{2m} = \sum_{\nu=1}^{N} \sum_{j=1}^{3} \frac{\hbar^2\pi^2}{2m L_j^2} \left(n_{3\nu+j-3}\right)^2 \qquad (8.12)$$

Bei quasistatischer, adiabatischer Änderung von $x_1 = L_1$ gilt (8.4),

$$đW = -\overline{\frac{\partial E_r}{\partial L_1}}\, dL_1 = \frac{2}{L_1} \overline{\sum_{\nu=1}^{N} \frac{\hbar^2\pi^2}{2m L_1^2} \left(n_{3\nu-2}\right)^2}\, dL_1 \qquad (8.13)$$

Im Gleichgewicht sind alle möglichen Zustände gleichwahrscheinlich. Damit sind insbesondere alle Impulsrichtungen eines herausgegriffenen Teilchens gleichwahrscheinlich. Daraus folgt, daß die mittlere kinetische Energie der Bewegung für alle drei Raumrichtungen gleich ist, also

$$\overline{\sum_{\nu=1}^{N} \frac{\hbar^2\pi^2}{2mL_1^2}\left(n_{3\nu-2}\right)^2} = \frac{1}{3}\sum_{j=1}^{3}\overline{\sum_{\nu=1}^{N} \frac{\hbar^2\pi^2}{2mL_j^2}\left(n_{3\nu+j-3}\right)^2} = \frac{1}{3}\,\overline{E_r} = \frac{E}{3} \qquad (8.14)$$

Diese Mittelung impliziert, daß sich nach jeder Verschiebung des Kolbens wieder ein neuer Gleichgewichtszustand einstellt. Dazu müssen implizit Wechselwirkungsprozesse zwischen den Teilchen angenommen werden — die ansonsten im idealen Gasmodell vernachlässigt werden. Dieser etwas widersprüchlich erscheinende Aspekt wird im Rahmen der klassischen Behandlung noch näher diskutiert.

Mit (8.14) wird (8.13) zu

$$đW = \frac{2}{L_1}\,\frac{E}{3}\,dL_1 = \frac{2}{3}\,\frac{E}{V}\,dV \qquad (8.15)$$

Für den durch (8.9) mikroskopisch definierten Druck P erhalten wir also

$$P = \frac{2}{3}\,\frac{E}{V} \qquad \text{(Ideales Gas)} \qquad (8.16)$$

Die physikalische Interpretation der berechneten Energieänderung ist folgende: Da die Volumenänderung quasistatisch erfolgt, sind Übergänge $r \to r'$, also Sprünge in den Quantenzahlen, zu vernachlässigen. Bei konstantem $n_{3\nu-2}$ wächst der Impuls $p_{3\nu-2} \propto 1/L_1$ mit abnehmendem L_1; die Knoten der Wellenfunktion werden dichter zusammengeschoben (Abbildung 8.1). Dies führt zu einer Energieerhöhung $dE = -đW \propto -dV$; der Proportionalitätskoeffizient ist der Druck.

Wir haben damit an einem Beispiel gesehen, wie eine verallgemeinerte Kraft X_i aus der mikroskopischen Struktur des Systems, also aus den $E_r(x)$ berechnet werden kann.

Klassische Behandlung

Für eine direkte klassische Ableitung des Drucks P gehen wir von Abbildung 8.2 aus. Die Reflexion eines Atoms an der bewegten Wand erhöht die kinetische Energie bei Verkleinerung des Volumens, und erniedrigt sie bei Vergrößerung. Wir berechnen diese Energieänderung.

Im Laborsystem LS ruht der Gaskasten, der Kolben bewegt sich mit der Geschwindigkeit $\boldsymbol{u} = u\,\boldsymbol{e}_1$ und ein herausgegriffenes Teilchen mit $\boldsymbol{v} = \sum v_i\,\boldsymbol{e}_i$. Zur einfachen Behandlung der Reflexion gehen wir vorübergehend ins Ruhsystem RS des Kolbens ($u' = 0$). In RS bewege sich ein Teilchen mit der

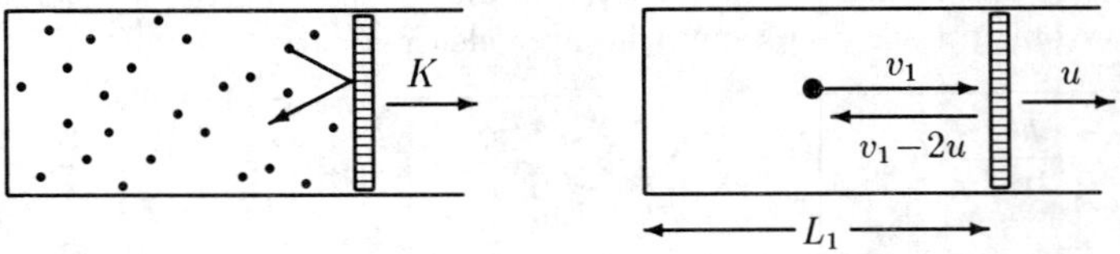

Abbildung 8.2: Bei der Reflexion am Kolben überträgt jedes Teilchen einen Kraftstoß, der gleich seiner Impulsänderung ist. Die zeitliche Mittelung über viele Kraftstöße resultiert in einer (praktisch konstanten) Kraft K auf den Kolben (linker Teil). Zur Bestimmung dieser Kraft berechnet man die Energieänderung der reflektierten Teilchen, wenn sich der Kolben mit der Geschwindigkeit u bewegt (rechter Teil).

Geschwindigkeit (v_1', v_2', v_3') auf den Kolben zu. Nach einer elastischen Reflexion hat es dann die Geschwindigkeit $(-v_1', v_2', v_3')$. Wir gehen nun von RS zu LS zurück; formal ist dies eine Galileitransformation mit der Geschwindigkeit $-u\,\boldsymbol{e}_1$. Aus $v_1' \to -v_1'$ in RS wird $v_1' + u \to -v_1' + u$ in IS. Mit $v_1 = v_1' + u$ erhalten wir dann

$$(v_1,\, v_2,\, v_3) \quad \stackrel{\text{Reflexion}}{\longrightarrow} \quad (-(v_1 - 2u),\, v_2,\, v_3) \tag{8.17}$$

Durch eine Reflexion ändert sich die kinetische Energie $\varepsilon = m\boldsymbol{v}^2/2$ des Teilchens um den Betrag $\varepsilon_{\rm r}$,

$$\varepsilon_{\rm r} = \frac{m}{2}\,\left[(v_1 - 2u)^2 - v_1^{\,2}\right] \approx -2mv_1\,u \qquad (u \ll \overline{v}) \tag{8.18}$$

Dabei wurde $u \ll v_1$ angenommen; dies ist im Mittel erfüllt, falls $u \ll \overline{v} = \overline{|\boldsymbol{v}|}$.

Während eines kleinen Zeitintervalls dt werden alle Teilchen reflektiert, deren Abstand vom Kolben kleiner als $v_1\,dt$ ist; hierbei setzen wir $v_1 > 0$ voraus. Aus der Dichte N/V der Teilchen und der Fläche F des Kolbens erhalten wir die Zahl $\delta n_{\rm r}$ der während dt reflektierten Teilchen:

$$\delta n_{\rm r} = \frac{N}{V}\;F\,v_1\,dt = N\;\frac{v_1}{u}\;\frac{dV}{V} \qquad (v_1 > 0) \tag{8.19}$$

Im zweiten Schritt wurde $u = dL_1/dt$ und $dV = F\,dL_1$ verwendet. Aus den letzten beiden Gleichungen erhalten wir für die Energieänderung des Gases

$$\delta E = \varepsilon_{\rm r}\,\delta n_{\rm r} = -2Nm v_1^{\,2}\;\frac{dV}{V} \qquad (v_1 > 0) \tag{8.20}$$

Wir mitteln nun über die Geschwindigkeiten der reflektierten Teilchen. Für statistisch verteilte Geschwindigkeiten gilt $\overline{v_1^{\,2}} = \overline{v_2^{\,2}} = \overline{v_3^{\,2}}$, also $\overline{v_1^{\,2}} = \overline{\boldsymbol{v}^2}/3$.

Falls, wie in (8.20), nur positive v_1 zu berücksichtigen sind, gilt $\overline{v_1^2} = \overline{\boldsymbol{v}^2}/6$. Damit erhalten wir

$$\bar{d}W = -\overline{\delta E} = 2Nm\,\frac{\overline{\boldsymbol{v}^2}}{6}\,\frac{dV}{V} = \frac{2E}{3}\,\frac{dV}{V} \tag{8.21}$$

Dies stimmt mit dem quantenmechanischen Ergebnis (8.15) überein.

Die Bedingung 'quasistatisch' geht an zwei Stellen ein: Zum einen wurde für (8.18) $u \ll \overline{v}$ vorausgesetzt. Zum anderen gehen wir in jedem Stadium des Prozesses von einem Gleichgewichtszustand aus, also von einer Geschwindigkeitsverteilung, für die $\overline{v_1^2} = \overline{v_2^2} = \overline{v_3^2}$ gilt.

In Luft unter Normalbedingungen hat jedes Molekül eine mittlere freie Weglänge der Größe $\lambda \approx 10^{-5}\,$cm; danach stößt es mit einem anderen zusammen. Insofern ist ein reales Gas sehr verschieden vom hier betrachteten idealen Gas. Für die Abschätzung des Drucks sind diese Unterschiede aber eher nebensächlich. Die Teilchen, die im nächsten Zeitintervall dt am Kolben stoßen werden, haben den Abstand $v_1\,dt$ vom Kolben; mit $dt \to 0$ können wir $v_1\,dt \ll \lambda$ annehmen. Die zu (8.21) führende Abschätzung ist damit von der freien Weglänge unabhängig. Die speziellen Annahmen des idealen Gases gehen dadurch ein, daß die Energie nur kinetische Anteile enthält.

In folgender Beziehung gehen die Stöße im realen Gas allerdings implizit in unsere Ableitung ein: Würden im Gas keinerlei Stöße stattfinden, so würde die Kolbenbewegung in 1-Richtung nur die kinetische Energie in dieser Richtung ändern; es käme damit zu einem Nichtgleichgewichtszustand. In der Mittelung (8.21) haben wir aber einen Gleichgewichtszustand vorausgesetzt (insbesondere $\overline{v_1^2} = \overline{v_2^2} = \overline{v_3^2}$). Ein solcher Gleichgewichtszustand stellt sich durch Stöße zwischen den Teilchen ein.

Wir diskutieren noch, wie sich die durch den Kolben übertragene Energie in einem realen Gas verteilt. Bei einer mittleren freien Weglänge $\lambda \approx 10^{-5}\,$cm werden nicht *alle* Atome über den direkten Kontakt mit der Wand ihre Energie erhöhen. Vielmehr wird auch während einer relativ langen Kompressionszeit (verglichen mit der mittleren Stoßzeit $\tau = \lambda/\overline{v} \approx 2 \cdot 10^{-10}\,$s) nur ein Bruchteil aller Atome an der Wand reflektiert. Im realen Gas stellt sich aber aufgrund der Stöße lokal sehr schnell ein Gleichgewicht ein; dabei bedeute 'lokal' mehrere λ's, und 'sehr schnell' einige Stöße, also einige τ. Bei der Kompression eines realen Gases durch einen Kolben passiert dann qualitativ folgendes: Zunächst wird das Gas lokal beim Kolben komprimiert. Diese Kompression pflanzt sich mit Schallgeschwindigkeit c_s durch das Volumen fort. Die Schallwelle ist gedämpft, das heißt nach einigen $V^{1/3}/c_s$ ist die darin enthaltene Energie dissipiert, also in kinetische Energie der Atome umgewandelt. Die Bedingung für 'quasistatisch' impliziert dann $u \ll c_s$; wegen $c_s = \mathcal{O}(\overline{v})$ ist dies keine zusätzliche Einschränkung.

Da mikroskopisch gesehen der Energieübertrag Wand-Gas auch im realen Gas durch Geschwindigkeitserhöhung der reflektierten Teilchen erfolgt, ist die zu (8.21) führende Abschätzung durchaus realistisch. Im hier skizzierten Modell können wir ohne besondere begriffliche Schwierigkeiten Stöße mit einer mittleren freien Weglänge zulassen. Insofern ist das klassische Modell realistischer als das oben vorgestellte quantenmechanische Bild, in dem angenommen wird, daß die einzelnen Atome Wellenfunktionen haben, die sich über das gesamte Volumen erstrecken.

Kapitel 9

Reversibilität

In einem abgeschlossenen System laufe ein Prozeß ab, der von einem Gleichgewichtszustand a zu einem anderen Gleichgewichtszustand b führt. Anfangs- und Endzustand werden dann durch ein Ensemble mit Ω_a und Ω_b gleichwahrscheinlichen Mikrozuständen beschrieben. Wir nennen den Prozeß *reversibel* oder *irreversibel*, falls

$$\begin{aligned} \Omega_b &= \Omega_a \quad \text{reversibel} \\ \Omega_b &> \Omega_a \quad \text{irreversibel} \end{aligned} \tag{9.1}$$

Dabei bedeutet $\Omega_b > \Omega_a$ im allgemeinen, daß Ω_b um viele Zehnerpotenzen größer als Ω_a ist. Wir werden im einzelnen sehen:

1. Ein Prozeß mit $\Omega_b < \Omega_a$ ist nicht möglich. Dies bedeutet, daß im abgeschlossenen System ein irreversibler Vorgang nicht umkehrbar ist.
2. Ein reversibler Prozeß kann im abgeschlossenen System auch in umgekehrter Richtung ablaufen.

Es sei betont, daß diese Aussagen sich auf ein abgeschlossenes System beziehen. Ein irreversibler Vorgang kann durch Wechselwirkung mit einem anderen System sehr wohl rückgängig gemacht werden.

Wir erläutern die Bedeutung der Irreversibilität und der Reversibilität an jeweils einem Beispiel.

Irreversibler Prozeß

Nach Aufhebung von Nebenbedingungen sind dem System im allgemeinen mehr Mikrozustände zugänglich als zuvor. Der Prozeß ist dann irreversibel.

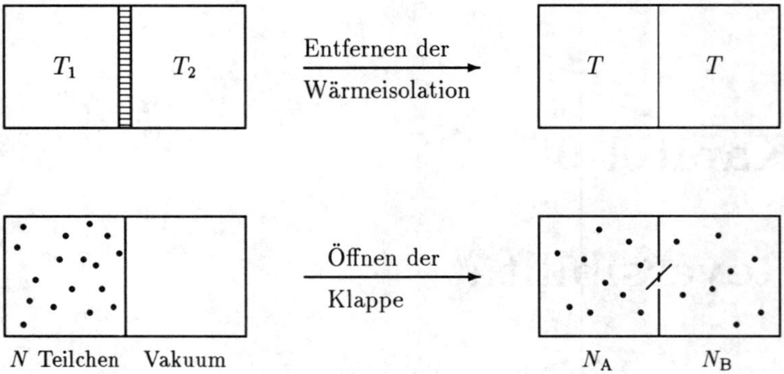

Abbildung 9.1: Zwei Beispiele für einen irreversiblen Prozeß: Im oberen Teil wird ein Prozeß durch die Entfernung der thermischen Isolation zwischen zwei Teilsystemen eingeleitet. Danach gleicht sich die Temperatur aus. Im unteren Teil wird ein Prozeß durch Öffnen einer Klappe eingeleitet. Danach dehnt sich das Gas auf das gesamte zur Verfügung stehende Volumen aus. Im abgeschlossenen System kann keiner der Prozesse in umgekehrter Richtung ablaufen.

Hierzu sind in Abbildung 9.1 zwei Beispiele angeführt. Im ersten gleicht sich die Temperatur aus; dieser Fall wird im nächsten Kapitel untersucht. Im zweiten gleicht sich die Gasdichte aus; dies wird im folgenden diskutiert.

Ein Volumen V wird durch eine Zwischenwand in zwei gleich große Volumina unterteilt. In einem Teilvolumen befinde sich ein Gas, im anderen nichts (also ein Vakuum). Nun werde eine Drehklappe in der Zwischenwand geöffnet. Die Drehung der Klappe erfolgt ohne Arbeitsleistung, $đW = 0$. Das System sei insgesamt thermisch isoliert, also $đQ = 0$. Damit bleibt die Energie E ungeändert, $dE = đQ - đW = 0$; ebenfalls ungeändert ist die Teilchenzahl N. Durch Öffnen der Klappe wird jedoch das zugängliche Volumen verdoppelt, $V_b = 2V_a$. Nach (6.16) ist $\Omega \propto V^N$. Damit gilt für den betrachteten Prozeß

$$\Omega_b = 2^N\,\Omega_a \gg \Omega_a \tag{9.2}$$

Wegen $\Omega_b \gg \Omega_a$ ist der Vorgang $a \to b$ irreversibel. Im folgenden diskutieren wir die Konsequenzen dieser Aussage näher.

Vor dem Öffnen der Klappe liegt der Gleichgewichtszustand a vor. Nach dem Öffnen verteilt sich das Gas rasch über das ganze Volumen; die Zeitskala hierfür ist L/c_s, wobei L die Längenskala des Volumens und c_s die Schallgeschwindigkeit ist. Nach dem Öffnen der Klappe kommt es zu einer zeitabhängigen Dichteverteilung, es liegen also Nichtgleichgewichtszustände vor. Nach einigen L/c_s stellt sich der neue Gleichgewichtszustand b ein.

Alle Ω_b Mikrozustände des Endzustands b sind gleichwahrscheinlich. Unter diesen Zuständen befinden sich auch die Ω_a Mikrozustände des anfänglichen Makrozustands a; diese Zustände sind ja nach wie vor zugängliche Zustände im Sinn des grundlegenden Postulats. Innerhalb der Ω_b Zustände haben diese Ω_a Zustände jedoch ein verschwindendes statistisches Gewicht. Die Wahrscheinlichkeit dafür, im Ensemble des Endzustands b einen der Ω_a Zustände zu finden, ist

$$P = \frac{\Omega_a}{\Omega_b} = 2^{-N} \approx 10^{-2\cdot 10^{23}} \qquad (N = 6 \cdot 10^{23}) \tag{9.3}$$

Für den Zahlenwert haben wir angenommen, daß sich ein Mol des Gases in dem betrachteten Gasvolumen befindet. Dieser Wert von P bedeutet faktisch die Unmöglichkeit, einen der Ω_a Mikrozustände im Endzustand b tatsächlich vorzufinden. Wir erläutern diese 'Unmöglichkeit' näher.

Wir beziehen uns auf ein klassisches, ideales Gas mit den Mikrozuständen (5.8),

$$r = (\boldsymbol{r}_1, ..., \boldsymbol{r}_N, \boldsymbol{p}_1, ..., \boldsymbol{p}_N) \tag{9.4}$$

Zu einem bestimmten Zeitpunkt liegt ein bestimmter Zustand r vor, im nächsten Augenblick ein anderer. Gleichgewicht bedeutet, daß dabei alle Zustände r mit gleicher Wahrscheinlichkeit auf.

Wir teilen die Mikrozustände im Ensemble des Endzustands b in Klassen ein, wobei eine Klasse k die Aufteilung der Teilchen in die Teilvolumina angibt. Durch

$$k = (+, +, -, -, -, +, +, -, +, -, +, \ldots) \tag{9.5}$$

geben wir an, ob sich das Teilchen 1, 2, ..., N im linken (+) oder rechten (−) Teilvolumen befindet. Es gibt 2^N verschiedene solche Aufteilungen oder Klassen, $k = 1, 2, \ldots, 2^N$; dabei nehmen wir der Einfachheit halber unterscheidbare Teilchen an. Jede Klasse umfaßt gleich viele Mikrozustände, also (9.2) $\Omega_b/2^N/\Omega_a$ Zustände.

Der Anfangszustand a stellt genau eine der 2^N Klassen dar, nämlich (+, +, +, +, +, + ...). Um die Frage zu klären, ob und wann der Zustand a wieder erreicht wird, untersuchen wir, nach welcher Zeit Δt das System von einer Klasse zur anderen wechselt.

Bei Zimmertemperatur bewegen sich Luftmoleküle mit einer Geschwindigkeit $\overline{v} \approx 400$ m/s. In einem idealen Gas stößt jedes Teilchen nach einer Zeit $\mathcal{O}(L/\overline{v})$ an die Zwischenwand; dabei ist L die Längenausdehnung senkrecht zur Zwischenwand. Wenn die Klappenöffnung den 10^{-3}-ten Teil der Fläche der Zwischenwand ausmacht, wechselt ein bestimmtes Teilchen im Mittel nach der Zeit

$$\tau = \frac{L}{\overline{v}}\, 10^3 \approx 1\,\mathrm{s} \tag{9.6}$$

von einem Teilvolumen zum anderen. Für den Zahlenwert haben wir das Volumen $V = L^3 = 22.4 \cdot 10^3\ \mathrm{cm}^3$ eines Mols unter Normalbedingungen eingesetzt. Dabei kommt es hier auf eine Größenordnung mehr oder weniger nicht an; es spielt daher auch keine Rolle, daß die tatsächlichen Vorgänge in einem realen Gas wegen der Stöße anders ablaufen. Nach der Zeit τ haben in etwa alle $N = 6 \cdot 10^{23}$ Atome einmal die Seite gewechselt. Dabei ist das betrachtete System N-mal von einer Klasse (9.4) zu einer anderen gewechselt. Das System wechselt die Klasse also jeweils nach der Zeit

$$\Delta t = \frac{\tau}{N} \approx 10^{-24}\,\mathrm{s} \tag{9.7}$$

Die Zeit, in der *alle* 2^N Klassen (9.4) gerade einmal durchlaufen werden, ist

$$T = 2^N\,\Delta t \tag{9.8}$$

In etwa dieser Zeit wird auch der Anfangszustand a einmal durchlaufen; mit etwas Glück geschieht dies vielleicht schon nach der Zeit $T/100$. Wir schätzen T numerisch ab:

$$T = 2^{6\cdot 10^{23}}\, 10^{-24}\,\mathrm{s} \approx 10^{2\cdot 10^{23}-24}\,\mathrm{s} = 10^{2\cdot 10^{23}-24-18}\ \text{Weltalter} \tag{9.9}$$

Die Zeit T ist so groß, daß wir sagen können, der Anfangszustand a wird *niemals* wieder erreicht werden. Wie man sieht, verändert auch der Wechsel der Zeiteinheit von 'Sekunde' zu 'Weltalter' (ungefähr gleich 10^{10} Jahre) das Ergebnis nicht wesentlich. Zwar sind die Mikrozustände des Ensembles von a im Ensemble von b enthalten; sie haben aber verschwindendes statistisches Gewicht. Die Unwahrscheinlichkeit ihres Auftretens wird zur faktischen Unmöglichkeit.

Wahrscheinlichkeitsverteilung

Wir geben noch explizit die Wahrscheinlichkeit $W(N_\mathrm{A})$ dafür an, daß sich N_A Teilchen im ursprünglichen Volumen aufhalten (Abbildung 9.1, unten rechts). Bei gleich großen Teilvolumina hält sich jedes einzelne Teilchen mit der Wahrscheinlichkeit $p = 1/2$ links, und mit $q = 1/2$ rechts auf. In Teil I haben wir die Wahrscheinlichkeit $W_N(n)$ berechnet, daß sich gerade $n = N_\mathrm{A}$ Teilchen in einem Teilvolumen aufhalten. Wegen $Npq \gg 1$ kann $W_N(n)$ durch eine Gaußfunktion angenähert werden,

$$W(N_\mathrm{A}) = W_N(N_\mathrm{A}) \stackrel{(3.15)}{=} \frac{1}{\sqrt{2\pi}\,\Delta N_\mathrm{A}}\, \exp\left(-\frac{(N_\mathrm{A}-\overline{N_\mathrm{A}})^2}{2\,\Delta N_\mathrm{A}^2}\right) \tag{9.10}$$

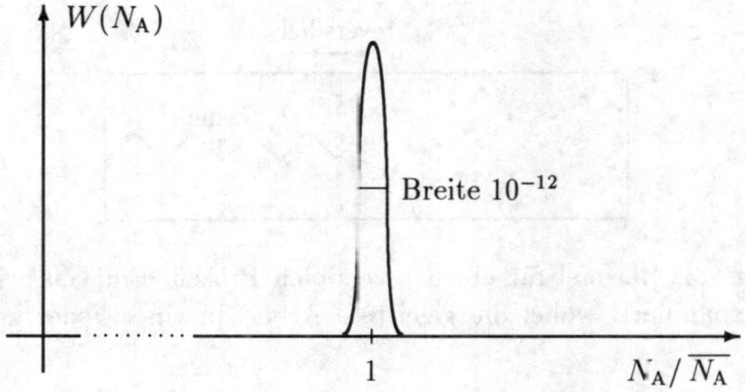

Abbildung 9.2: Die N Atome eines idealen Gases halten sich im zugänglichen Volumen V überall mit gleicher Wahrscheinlichkeit auf (Abbildung 9.1 unten rechts). Daraus folgt die hier dargestellte Wahrscheinlichkeit $W(N_A)$ dafür, daß gerade N_A Teilchen im linken, ursprünglichen Teilvolumen sind. Man beachte die unterbrochene Abszisse; der Abszissenwert 0 liegt etwa 1 Million Kilometer links vom Wert 1.

wobei

$$\overline{N_A} = Np\,, \qquad \Delta N_A = \sqrt{Npq}\;, \qquad p = q = 1/2 \tag{9.11}$$

Diese Verteilung ist in Abbildung 9.2 skizziert. Für ein makroskopisches System (etwa mit $N = 10^{24}$) ist sie außerordentlich scharf,

$$\frac{\Delta N_A}{\overline{N_A}} = \frac{1}{\sqrt{N}} = 10^{-12} \tag{9.12}$$

Diese Schärfe bedeutet, daß fast alle der 2^N Klassen in der unmittelbaren Umgebung von $\overline{N_A} = N/2$ liegen, also beim Maximum der Wahrscheinlichkeitsverteilung. Das Gleichgewicht kann daher durch

$$\text{Gleichgewicht:} \quad W(N_A) = \text{maximal} \tag{9.13}$$

charakterisiert werden.

Nach (9.10) können die tatsächlichen N_A-Werte von $\overline{N_A} = N/2$ abweichen, sie *fluktuieren* um den Mittelwert herum. Die Größe dieser Fluktuationen ist durch ΔN_A bestimmt, also relativ sehr klein. Nach (9.12) entspricht eine 0.1%-ige Fluktuation 10^9 Standardabweichungen. Eine solche Abweichung ist damit so unwahrscheinlich, daß sie für alle praktischen Zwecke als unmöglich angesehen werden dann. Wie bereits in Kapitel 2 diskutiert, würde das Auftreten von merklichen Abweichungen vom Gleichgewichtswert die Konstruktion eines perpetuum mobile 2. Art erlauben. Das hier diskutierte Beispiel ist symptomatisch für die Unmöglichkeit einer solchen Maschine.

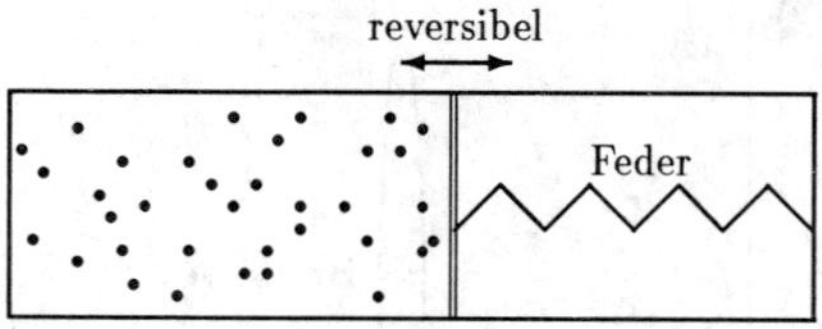

Abbildung 9.3: Beispiel für einen reversiblen Prozeß: Ein Gas wird quasistatisch expandiert, wobei die geleistete Arbeit in einer Feder gespeichert wird.

Es sei an dieser Stelle noch einmal auf den Zusammenhang mit dem random walk hingewiesen. Jeder Klasse (9.4) entspricht ein spezieller Weg aus N Schritten; die Wege des random walk wurden in Kapitel 2 genau so angegeben. Man stellt nun die Frage, wieviele positive Schritte der random walk enthält (wieviele Teilchen im linken Teilvolumen sind). Die Antwort hieraus ist die Wahrscheinlichkeitsverteilung $W_N(n)$ aus (3.15), oder eben (9.10).

Reversibler Prozeß

Wir untersuchen die adiabatische, quasistatische Expansion eines Gases, also einen Prozeß mit

$$\begin{aligned} đQ &= 0 \qquad &\text{(adiabatisch)} \\ đW &= P\,dV \qquad &\text{(quasistatisch)} \end{aligned} \tag{9.14}$$

Zum abgeschlossenen System gehöre eine Feder (Abbildung 9.3), die die bei der Expansion geleistete Arbeit speichert. Diese gespeicherte Arbeit kann später dazu verwendet werden, das Gas wieder zu komprimieren, also den Prozeß umzukehren. Tatsächlich muß man, um eine Expansion einzuleiten, die Federkraft zunächst etwas kleiner als PF machen; dabei ist F die Fläche des Kolbens. Bei der anschließenden Kompression muß sie dann umgekehrt etwas größer sein. In einem idealen Versuchsaufbau (keine Reibung des Kolbens) kann die dazu von außen aufzuwendende Arbeit aber beliebig klein gemacht werden.

Wir betrachten eine Expansion (oder Kompression) vom Anfangszustand a zum Endzustand b. Dabei sind die Gleichgewichtszustände a und b durch

$$E_a,\ V_a,\ N \quad \longrightarrow \quad E_b,\ V_b,\ N \tag{9.15}$$

festgelegt. Im Gegensatz zum vorigen Abschnitt über die irreversible Expansion sind jetzt nicht nur a und b, sondern auch alle Zwischenzustände

Gleichgewichtszustände. Für ein ideales Gas berechnen wir die Anzahl der zugänglichen Zustände im Anfangs- und Endzustand, also Ω_a und Ω_b. Dazu gehen wir von (6.16) aus,

$$\ln \Omega(E,V) = \frac{3N}{2} \ln E + N \ln V + \ln c \tag{9.16}$$

Zum abgeschlossenen System gehört auch noch die Feder. Eine eindimensionale Feder hat jedoch nur 1 Freiheitsgrad, der bei der Berechnung von Ω gegenüber den $f = 3N$ Freiheitsgraden der N Atome zu vernachlässigen ist. Die Energieänderung bei einer kleinen Volumenänderung um dV ergibt sich aus dem 1. Hauptsatz und (9.14),

$$dE = đQ - đW = -đW \overset{(8.15)}{=} -\frac{2}{3}\frac{E}{V}\, dV \tag{9.17}$$

Daraus berechnen wir die Änderung von $\ln \Omega$,

$$\begin{aligned} \ln \Omega(E+dE, V+dV) &= \frac{3N}{2} \ln(E+dE) + N \ln(V+dV) + \ln c = \\ &= \ln \Omega(E,V) + \frac{3N}{2} \ln\left(1 - \frac{2}{3}\frac{dV}{V}\right) + N \ln\left(1 + \frac{dV}{V}\right) + \ln c \end{aligned} \tag{9.18}$$

Bei der Entwicklung nach Potenzen von dV/V heben sich die linearen Terme auf:

$$\ln \Omega(E+dE, V+dV) = \ln \Omega(E,V) + \mathcal{O}\left(\frac{dV^2}{V^2}\right) \tag{9.19}$$

Daraus folgt

$$\frac{d \ln \Omega}{dV} = \lim_{dV \to 0} \frac{\ln \Omega(E+dE, V+dV) - \ln \Omega(E,V)}{dV} = 0 \tag{9.20}$$

Dies bedeutet, daß Ω bei der quasistatischen und adiabatischen Volumenänderung um dV konstant ist. Dies gilt für jeden beliebigen Teilabschnitt dV eines Prozesses $a \to b$, so daß

$$\Omega_b = \Omega_a \tag{9.21}$$

Die quasistatische und adiabatische Kompression und Expansion sind also reversibel.

Exakte Reversibilität verlangt eine gegen null gehende Geschwindigkeit des Prozesses. In der Übung am Ende dieses Kapitels werden die nichtreversiblen Effekte für eine endliche Kolbengeschwindigkeit abgeschätzt.

Relaxationszeiten

Bei quasistatischen Prozessen wird angenommen, daß das System in jedem Augenblick im Gleichgewicht ist. Diese Annahme setzt voraus, daß die Änderung der Parameter hinreichend langsam erfolgt. Die Zeit τ_{exp}, während der sich der Parameter um einen wesentlichen Betrag ändert (zum Beispiel um 10%) muß viel größer sein als die *Relaxationszeit* τ_{relax}, die das gestörte System benötigt, um wieder ins Gleichgewicht zu gelangen. Wir betrachten dazu zwei Beispiele. Die Diskussion ist qualitativ und setzt ein gewisses Vorverständnis für später einzuführende Begriffe (Temperatur, Wärmeleitung) voraus.

Ein Gas werde auf 90% seines anfänglichen Volumens komprimiert; dieser Vorgang dauere

$$\tau_{\text{exp}} \sim 1\,\text{s} \tag{9.22}$$

Zunächst wird das Gas an der Stelle des Kolbens komprimiert; diese Kompression breitet sich mit Schallgeschwindigkeit $c_s \approx 300\,\text{m/s}$ aus. Für ein System mit einer Ausdehnung von $L = 30$ cm dauert dies etwa

$$\tau_{\text{relax}} = \mathcal{O}(L/c_s) \approx 10^{-3}\ \text{s} \tag{9.23}$$

Da die Schallwellen gedämpft sind, stellt sich nach wenigen L/c_s eine konstante makroskopische Dichte ein; daher ist τ_{relax} eine Abschätzung für die Relaxationszeit des Systems. Die quasistatische Annahme ist also gerechtfertigt, da

$$\tau_{\text{relax}} \ll \tau_{\text{exp}} \tag{9.24}$$

Wir betrachten nun das gleiche Experiment, setzen aber das Gasgefäß in ein Wärmebad (Abbildung 9.4). Das System sei anfangs im Gleichgewicht; das Gas hat also die Temperatur T des Wärmebads. Komprimieren wir nun das Gas innerhalb von $\tau_{\text{exp}} = 1\,\text{s}$, so hat es danach zunächst eine höhere Temperatur T'; es ist nicht mehr im Gleichgewicht mit dem Wärmebad. Je nach der Güte des thermischen Kontakts mit dem Wärmebad könnte der Temperaturausgleich eine Zeitspanne der Größe

$$\tau'_{\text{relax}} \approx 10^2\ \text{s} \tag{9.25}$$

benötigen; auf jeden Fall ist diese Relaxationszeit viel größer als τ_{exp}. Das System 'Gas und Wärmebad' ist also während der Kompression nicht im Gleichgewicht, bezüglich dieses Systems ist der Prozeß nicht quasistatisch. Die Ungleichung

$$\tau_{\text{exp}} \ll \tau'_{\text{relax}} \tag{9.26}$$

ermöglicht jedoch eine andere theoretische Behandlung. Wegen $\tau'_{\text{relax}} \gg \tau_{\text{exp}}$ können wir nämlich das Experiment so betrachten, als gäbe es eine adiabatische Wand zwischen dem Gas und dem Wärmebad. Dann kann der Vorgang

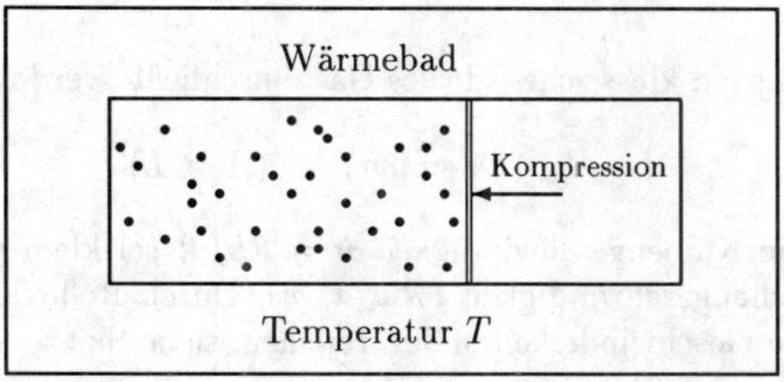

Abbildung 9.4: Ein Gas, das im Kontakt mit dem Wärmebad die Temperatur T angenommen hat, werde in einer Zeitspanne von einer Sekunde komprimiert. Hierbei ist die Bedingung 'quasistatisch' für das Gas selbst erfüllt; das Gas durchläuft eine Folge von Gleichgewichtszuständen. Da das Gas sich bei der Kompression erwärmt, ist es aber nicht mehr im Gleichgewicht mit dem Wärmebad; der Temperaturausgleich mit dem Wärmebad dauert viel länger als eine Sekunde. Für das Gesamtsystem (Gas und Wärmebad) ist der Prozeß daher nicht quasistatisch.

der Kompression als quasistatisch und adiabatisch behandelt werden. Danach leitet der Temperaturausgleich zwischen Gas und Wärmebad einen neuen Prozeß ein. Wenn der Temperaturausgleich langsam erfolgt, dann durchläuft das Gas wiederum eine Folge von Gleichgewichtszuständen.

Wir können also sowohl Prozesse mit $\tau_{\text{exp}} \gg \tau_{\text{relax}}$ wie $\tau_{\text{exp}} \ll \tau_{\text{relax}}$ mit Hilfe von Gleichgewichtszuständen behandeln. Prozesse mit $\tau_{\text{exp}} \approx \tau_{\text{relax}}$ sind dagegen vergleichsweise kompliziert; in diesen Fällen beschränken wir uns meist auf Aussagen über den Anfangs- und Endzustand.

Übung

Ein Kolben, der ein klassisches ideales Gas einschließt, werde gemäß

$$L = L_0 + A \sin(\omega t) \qquad (A \ll L) \tag{9.27}$$

ausgelenkt. Die Kolbengeschwindigkeit $u = dL/dt$ sei klein gegenüber der mittleren Teilchengeschwindigkeit ($A\omega \ll \overline{v}$). Durch Reflexion am Kolben ändern sich die Geschwindigkeiten der Teilchen, siehe Skizze.

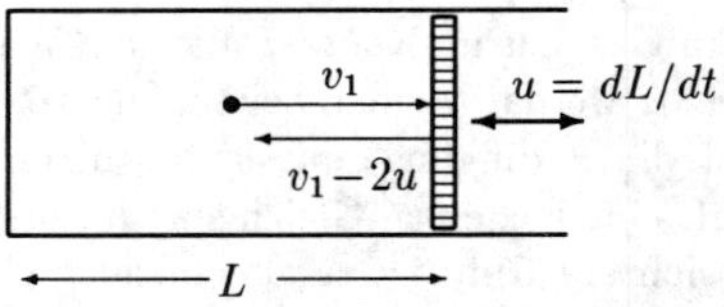

Wiederholen Sie die Schritte (8.17) - (8.21), diesmal aber unter Mitnahme der quadratischen Terme $\mathcal{O}(u^2)$ in (8.18). Zeigen Sie, daß die Änderung der Energie dann durch

$$\frac{\delta E}{E} = -\frac{2}{3}\frac{u}{L}\,dt + \frac{2}{3}\frac{u^2}{v_1 L}\,dt \tag{9.28}$$

gegeben ist. Mitteln Sie dies über eine Periode der Kolbenschwingung und vernachlässigen Sie Terme der Ordnung A^3 und höher. Wie groß ist dann der Energiezuwachs pro Zeit?

Konkret betrachte man Luft bei Zimmertemperatur mit der Molekülmasse $m = m_{\mathrm{N}_2} \approx m_{\mathrm{O}_2}$ und $m\overline{v^2} \approx 0.1$ eV. Die Kolbenbewegung sei durch $L_0 =$ 10 cm, $A = 1$ cm und $T = 2\pi/\omega = 1$ s spezifiziert. Um welchen Prozentsatz erhöht sich die Energie des Gases, wenn der Kolben 1 Stunde oszilliert?

Dieses Beispiel zeigt:

- Ein streng reversibler Prozeß erfordert $u = dx/dt \to 0$, wobei x der zu ändernde äußere Parameter ist.
- Der Energiezuwachs ist proportional zum Quadrat der Kolbengeschwindigkeit. Dies entspricht der quantenmechanischen Übergangswahrscheinlichkeit, die proportional zu $(dx/dt)^2$ oder $A^2\omega^2$ ist.

Kapitel 10

Entropie und Temperatur

In diesem Kapitel werden die Entropie und die Temperatur mikroskopisch definiert. Ihre Verbindung mit Meßgrößen wird in Kapitel 14 hergestellt.

Wir betrachten zwei Systeme A und B, die thermischen Kontakt haben (Abbildung 10.1). Beide Teilsysteme sollen viele Freiheitsgrade haben; ansonsten können es beliebige Systeme sein. Beispiele sind ein Kupferstab A in einer Menge Wasser (B), oder zwei Gasvolumina A und B, wobei wir die Wärmekapazität der eingrenzenden Kästen vernachlässigen.

Das Gesamtsystem sei abgeschlossen, so daß die Gesamtenergie E erhalten ist,

$$E = E_{\mathrm{A}} + E_{\mathrm{B}} = \text{const.} \tag{10.1}$$

Dagegen liegt die Aufteilung der Energie E in E_{A} und $E_{\mathrm{B}} = E - E_{\mathrm{A}}$ nicht fest; sie kann durch Energieaustausch verändert werden. Die äußeren Parameter der Teilsysteme seien fest vorgegeben, so daß die Energie nur in Form von Wärme ausgetauscht werden kann. Für zwei Gaskästen sind diese Parameter die Volumina V_{A} und V_{B} und die Teilchenzahlen N_{A} und N_{B}. Wir untersuchen die Frage, wie sich die Energie E im Gleichgewicht in E_{A} und E_{B} aufteilt.

Im Gleichgewicht sind alle $\Omega_0(E)$ Mikrozustände des Gesamtsystems gleichwahrscheinlich, $P_r = 1/\Omega_0(E)$. Wir wollen die Wahrscheinlichkeit $W(E_{\mathrm{A}})$ dafür bestimmen, daß das linke System die Energie E_{A} hat. Sie ergibt sich als Summe über die Wahrscheinlichkeiten aller Mikrozustände r, für die die Energie gemäß $E = E_{\mathrm{A}} + E_{\mathrm{B}}$ aufgeteilt ist:

$$W(E_{\mathrm{A}}) = \sum_{r:\, E_{\mathrm{A}},\, E_{\mathrm{B}}} P_r = \sum_{E_{r,\mathrm{A}}=E_{\mathrm{A}}} \; \sum_{E_{r,\mathrm{B}}=E_{\mathrm{B}}} \frac{1}{\Omega_0(E)} = \frac{\Omega_{\mathrm{A}}(E_{\mathrm{A}})\, \Omega_{\mathrm{B}}(E - E_{\mathrm{A}})}{\Omega_0(E)} \tag{10.2}$$

Dabei bezeichnen Ω_{A} und Ω_{B} die Zustandssummen der Teilsysteme. Die konstanten äußeren Parameter wurden nicht mit angegeben. Mit $E_{r,\mathrm{A}} = E_{\mathrm{A}}$ ist

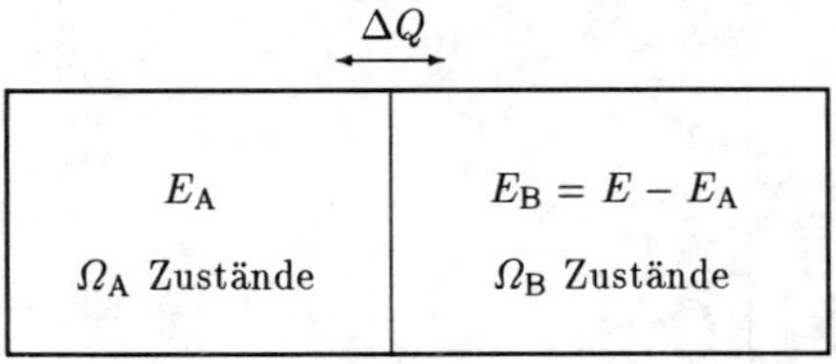

Abbildung 10.1: Ein abgeschlossenes System besteht aus zwei makroskopischen Teilsystemen, die Wärme austauschen können. Wie teilt sich dann im thermischen Gleichgewicht die Gesamtenergie $E = E_{\rm A} + E_{\rm B}$ auf?

die Einschränkung der Summe auf $E_{\rm A} - \delta E \le E_{r,\rm A} \le E_{\rm A}$ gemeint, wobei der Index von $E_{r,\rm A}$ einen Mikrozustand des Systems A bezeichnet. Die Summe über r, A ergibt $\Omega_{\rm A}(E_{\rm A})$; sie ist faktisch von δE unabhängig (Kapitel 6). Im Ergebnis steht im Zähler die Anzahl $\Omega_{\rm A}\,\Omega_{\rm B}$ der Zustände des Gesamtsystems mit vorgegebener Aufteilung $E_{\rm A} + E_{\rm B}$, und im Nenner die Anzahl Ω_0 der Zustände des Gesamtsystems ohne Vorgabe. Die Wahrscheinlichkeit $W(E_{\rm A})$ ist unmittelbar zu verstehen als Anzahl der positiven Ereignisse (Mikrozustände mit bestimmter Energieaufteilung) geteilt durch die Gesamtzahl der Ereignisse (Mikrozustände).

Zur Diskussion der Funktion $W(E_{\rm A})$ gehen wir von der in (6.21) angegebenen Energieabhängigkeit aus,

$$\Omega(E) = c\, E^{\gamma f} \tag{10.3}$$

Dabei ist f die Anzahl der Freiheitsgrade, und $\gamma = \mathcal{O}(1)$ eine Zahl. Da $\Omega(E)$ extrem stark von E abhängt, untersuchen wir den Logarithmus von $W(E_{\rm A})$,

$$\begin{aligned} \ln W(E_{\rm A}) &= \ln \Omega_{\rm A}(E_{\rm A}) + \ln \Omega_{\rm B}(E - E_{\rm A}) - \ln \Omega_0(E) = \\ &= \gamma f_{\rm A} \ln E_{\rm A} + \gamma f_{\rm B} \ln(E - E_{\rm A}) + \text{const.} \end{aligned} \tag{10.4}$$

Da wir nur die Abhängigkeit von $E_{\rm A}$ betrachten, ist $\Omega_0(E)$ eine Konstante. Die Funktion $\ln W(E_{\rm A})$ ist in Abbildung 10.2 skizziert. Der zu untersuchende Bereich ist $0 \le E_{\rm A} \le E$; am Rand dieses Bereichs geht $\ln W(E_{\rm A})$ gegen $-\infty$. Dazwischen ist $\ln W(E_{\rm A})$ überall stetig differenzierbar. Da

$$\frac{d \ln W(E_{\rm A})}{dE_{\rm A}} = \frac{\gamma f_{\rm A}}{E_{\rm A}} - \frac{\gamma f_{\rm B}}{E - E_{\rm A}} = 0 \tag{10.5}$$

nur eine Lösung hat, muß $\ln W(E_{\rm A})$ hier ein Maximum haben. Die Stelle $\overline{E_{\rm A}}$ des Maximums folgt aus (10.5)

$$\frac{\overline{E_{\rm A}}}{f_{\rm A}} = \frac{E - \overline{E_{\rm A}}}{f_{\rm B}} = \frac{\overline{E_{\rm B}}}{f_{\rm B}} \tag{10.6}$$

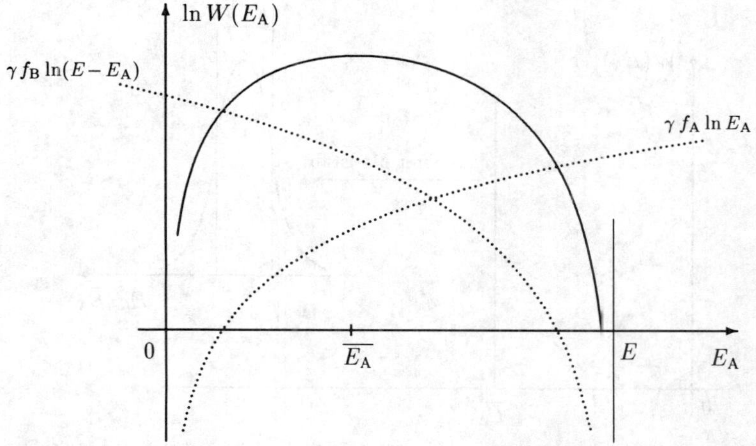

Abbildung 10.2: Die Funktion $\ln W(E_A)$ aus (10.4) hat im Definitionsbereich $0 < E_A < E$ genau ein Maximum. In der Umgebung des Maximums kann sie durch eine Taylorreihe angenähert werden.

Wir entwickeln die Funktion $\ln W(E_A)$ in eine Taylorreihe:

$$\ln W(E_A) = \ln W(\overline{E_A}) - \frac{(E_A - \overline{E_A})^2}{2\,\Delta E_A^2} \pm \ldots \tag{10.7}$$

Der Fehler durch den Abbruch beim quadratischen Term ist für makroskopische Systeme zu vernachlässigen; die Abschätzung verläuft wie bei der Ableitung der Normalverteilung für $W_N(n)$ in Kapitel 3. Die Größe ΔE_A ist durch die zweite Ableitung von $\ln W(E_A)$ bestimmt:

$$\frac{1}{\Delta E_A^2} = -\left(\frac{\partial^2 \ln \Omega_A}{\partial E_A^2} + \frac{\partial^2 \ln \Omega_B}{\partial E_B^2}\right)_{\overline{E_A}} = \frac{\gamma f_A}{\overline{E_A}^2} + \frac{\gamma f_B}{\overline{E_B}^2} \tag{10.8}$$

Aus (10.7) erhalten wir

$$W(E_A) = W(\overline{E_A})\,\exp\left(-\frac{(E_A - \overline{E_A})^2}{2\,\Delta E_A^2}\right) \tag{10.9}$$

Hieraus sieht man, daß die Stelle des Maximums $\overline{E_A}$ zugleich der Mittelwert ist, und daß die durch (10.8) definierte Größe ΔE_A die Breite der Verteilung ist. Mit der Abschätzung

$$\Delta E_A = \left(\frac{\gamma f_A}{\overline{E_A}^2} + \frac{\gamma f_B}{\overline{E_B}^2}\right)^{-1/2} < \frac{\overline{E_A}}{\sqrt{\gamma f_A}} \tag{10.10}$$

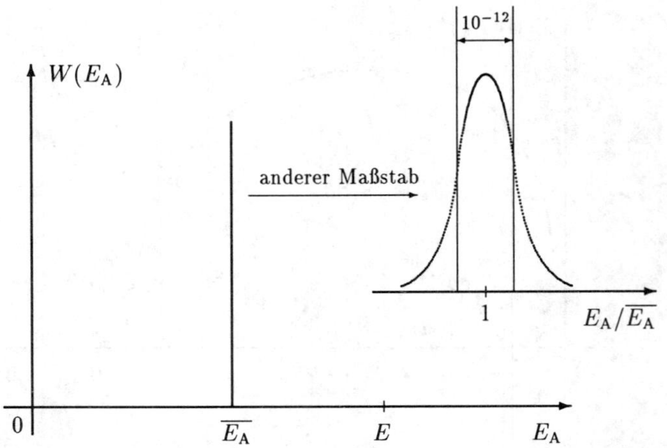

Abbildung 10.3: Die Gaußfunktion $W(E_A)$ ist so schmal, daß sie als Strich erscheint. Der vergrößert gezeichnete Ausschnitt (in anderem Maßstab) illustriert, daß die Breite tatsächlich viel kleiner als die Strichstärke ist. In dieser Form hätten wir auch $W(N_A)$ aus Abbildung 9.2 darstellen können.

sehen wir, daß für ein Vielteilchensystem (etwa mit $f_A = \mathcal{O}(10^{24})$) die relative Breite der Verteilung außerordentlich scharf ist,

$$\frac{\Delta E_A}{\overline{E_A}} < \frac{1}{\sqrt{\gamma f_A}} \sim 10^{-12} \tag{10.11}$$

Die Verteilung (10.9) ist in Abbildung 10.3 skizziert.

Die folgende Argumentation macht von der Schärfe der Verteilung, also der Kleinheit von $\Delta E_A/\overline{E_A}$ Gebrauch. Daher schließen wir etwa Systeme mit $f_A < 100$ (zum Beispiel einen Atomkern) aus; dagegen ist ein Materiestück mit 10^{-10} Gramm ohne weiteres zulässig ($f_A = \mathcal{O}(10^{12})$).

Abbildung 10.3 und Gleichung (10.11) zeigen, daß (fast) alle der $\Omega_A \Omega_B = \Omega_0 W(E_A)$ Mikrozustände bei $E_A = \overline{E_A}$ liegen. Daher gilt

$$\text{Gleichgewicht:} \quad E_A = \overline{E_A} \tag{10.12}$$

und

$$\text{Gleichgewicht:} \quad \ln(\Omega_A\, \Omega_B) = \ln \Omega_A(E_A) + \ln \Omega_B(E - E_A) = \text{maximal} \tag{10.13}$$

Mit (10.3) folgt hieraus

$$\frac{\overline{E_A}}{f_A} = \frac{\overline{E_B}}{f_B} \qquad \begin{array}{l}\text{(Gleichgewichtsbedingung} \\ \text{bei Wärmeaustausch)}\end{array} \tag{10.14}$$

Dies bedeutet: Die Energie teilt sich durch den Wärmeaustausch so auf, daß die Anzahl der möglichen Zustände maximal ist (10.13). Bei dieser Aufteilung ist die Energie pro Freiheitsgrad in beiden Teilsystemen gleich (10.14).

Wir drücken nun die zentralen Ergebnisse dieses Kapitels, (10.13) und (10.14), durch die Entropie und die Temperatur aus. Dazu definieren wir die *Entropie* S eines Gleichgewichtssystems durch

$$S = S(E, x) = k_{\rm B} \ln \Omega(E, x) \qquad \text{Definition der Entropie} \qquad (10.15)$$

und die *Temperatur* T durch

$$\frac{1}{T} = \frac{1}{T(E,x)} = \frac{\partial S(E,x)}{\partial E} \qquad \text{Definition der Temperatur} \qquad (10.16)$$

Dabei ist $\Omega(E, x)$ die Zustandssumme des Systems. In vielen Anwendungen sind die äußeren Parameter $x = (V, N)$ das Volumen und die Teilchenzahl; allgemein sind es die Parameter, von denen der Hamiltonoperator $H(x)$ abhängt. Die *Boltzmannkonstante* $k_{\rm B}$ in (10.15) ist eine zunächst willkürliche Konstante.

Mit dieser Definition wird (10.13) zu

$$S(E_{\rm A}) = S_{\rm A}(E_{\rm A}, x) + S_{\rm B}(E - E_{\rm A}, x') = \text{maximal} \qquad \begin{pmatrix}\text{Gleichgewicht bei} \\ \text{Wärmeaustausch}\end{pmatrix} \qquad (10.17)$$

Dabei bezeichnet $S(E_{\rm A}) = k_{\rm B} \ln(\Omega_{\rm A} \Omega_{\rm B})$ die Entropie des Gesamtsystems in Abhängigkeit von $E_{\rm A}$. Die äußeren Parameter (x für A und x' für B) wurden in $S(E_{\rm A})$ nicht mit angeschrieben, da sie konstant sind. Aus $\partial S(E_{\rm A})/\partial E_{\rm A} = 0$ folgt $\partial S_{\rm A}/\partial E_{\rm A} - \partial S_{\rm B}/\partial E_{\rm B} = 0$, also

$$T_{\rm A} = T_{\rm B} \qquad \begin{pmatrix}\text{Gleichgewichtsbedingung} \\ \text{bei Wärmeaustausch}\end{pmatrix} \qquad (10.18)$$

Diese Bedingung ersetzt (10.14). Wenn wir zwei Systeme mit unterschiedlichen Temperaturen in Kontakt bringen (Abbildung 9.1 oben), dann gleicht sich die Temperatur durch Wärmeaustausch aus. Dies bedeutet, daß der Temperaturunterschied als treibende Kraft für den Wärmeaustausch angesehen werden kann.

Für die so eingeführte Entropie und Temperatur stellen wir fest:

1. Die Definitionen von Entropie und Temperatur beziehen sich auf den Gleichgewichtszustand eines Vielteilchensystems; denn nur dieser Makrozustand ist über $P_r = 1/\Omega$ mit der Zustandssumme verknüpft. Dieser Punkt wird unten noch weiter diskutiert.

2. Die Entropie und die Temperatur sind makroskopisch meßbar. Ihre Messung wird in Kapitel 14 beschrieben.

3. Durch $S(E,x) = k_\mathrm{B} \ln \Omega(E,x)$ wird die Verbindung zwischen der mikroskopischen Struktur (Ω) und den makroskopischen Meßgrößen S und T hergestellt. Diese für die Statistische Physik zentrale Gleichung wurde 1877 von Boltzmann aufgestellt.

4. Die Entropie ist additiv, denn für zwei Teilsysteme gilt $\Omega = \Omega_\mathrm{A}\, \Omega_\mathrm{B}$, also

$$S = k_\mathrm{B} \ln \Omega = k_\mathrm{B}\, \ln(\Omega_\mathrm{A}\, \Omega_\mathrm{B}) = k_\mathrm{B}\, (\ln \Omega_\mathrm{A} + \ln \Omega_\mathrm{B}) = S_\mathrm{A} + S_\mathrm{B} \quad (10.19)$$

5. *Die Entropie ist ein Maß für die Unordnung des Systems.*

   Vollkommene Ordnung besteht darin, daß es nur einen möglichen Mikrozustand des Systems gibt, $\Omega = 1$ und $S = 0$. Je mehr Mikrozustände Ω zugänglich sind, umso ungeordneter ist der Gleichgewichtszustand; denn im Gleichgewichtszustand sind alle Ω Zustände gleichberechtigt vertreten.

6. *Die Temperatur gibt die Energie pro Freiheitsgrad an.*

   Mit (10.3) erhalten wir aus (10.16):

$$\frac{1}{\beta} = k_\mathrm{B} T = \frac{E}{\gamma f} \quad (10.20)$$

   Dabei ist β die allgemein gebräuchliche Abkürzung für $1/(k_\mathrm{B} T)$. Bis auf die Konstante k_B und den numerischen Faktor γ ist die Temperatur gleich der Energie pro Freiheitsgrad. Es wäre daher naheliegend und sinnvoll, $k_\mathrm{B} = 1$ zu setzen und die Temperatur in Joule oder erg zu messen. Jede andere Festsetzung für T impliziert dagegen eine bestimmte Konstante k_B; ihre Dimension ist dann $[k_\mathrm{B}] = [\text{Energie}]/[T]$.

7. In (10.20) ist E die für Anregungen zur Verfügung stehende Energie; sie hat den Minimalwert null. Damit folgt aus (10.20) auch

$$T \geq 0 \quad (10.21)$$

   Die Temperatur $T = 0$ bezeichnen wir als (absoluten) Nullpunkt. Die für (10.20) vorausgesetzte Form (10.3) der Zustandssumme gilt exakt für ein ideales Gas (Kapitel 6). Mit $\gamma = 1/2$ und $f = 3N$ folgt aus (10.20) $E/N = 3k_\mathrm{B} T/2$. Für das ideale Gas ist andererseits E/N gleich der mittleren kinetischen Energie $\overline{\boldsymbol{p}^2}/2m$ pro Teilchen. Damit folgt (10.21) aus $\overline{\boldsymbol{p}^2} \geq 0$. Außerdem ist $T \to 0$ gleichbedeutend mit $\overline{\boldsymbol{p}^2} \to 0$.

Voraussetzungen der Entropie- und Temperaturdefinition

Die Definitionen (10.15, 10.16) von S und T setzen ein *Vielteilchensystem im Gleichgewicht* voraus.

Nur der Gleichgewichtszustand ist über $P_r = 1/\Omega$ mit der Anzahl der zugänglichen Mikrozustände verknüpft; ein beliebiger Makrozustand kann dagegen irgendwelche P_r haben. Die über $\Omega(E, x)$ definierten Größen, die Entropie S und die Temperatur T, haben also nur für diesen Gleichgewichtszustand eine physikalische Bedeutung. Daher können diese Größen auch nur für den Gleichgewichtszustand mit den entsprechenden Meßgrößen verknüpft werden (Kapitel 14).

Die Definitionen von S und T setzen ein System mit sehr vielen Teilchen voraus. Nur dann ist die Breite (10.11) sehr klein, so daß (fast) alle Mikrozustände beim Maximum der Verteilung $W(E_{\rm A})$ liegen. Nur in diesem Fall können wir das Gleichgewicht durch die Stelle des Maximums selbst, also durch $S =$ maximal, charakterisieren.

Wir diskutieren die Gleichgewichtsvoraussetzung anhand eines Beispiels. Ein Kupferstab werde an einem Ende erwärmt. Dann ist die Temperatur im Stab zunächst orts- und zeitabhängig; das System ist nicht im Gleichgewicht. Nachdem wir die Temperatur für Gleichgewichtszustände definiert haben, stellt sich allerdings die Frage, was wir in diesem Fall unter der Temperatur verstehen. Dazu betrachtet man kleine Bereiche (zum Beispiel $V = 1\,\text{mm}^3$ für den Kupferstab), in denen sich sehr schnell ein *lokales* Gleichgewicht gegenüber Wärmeaustausch einstellt. In einem solchen Bereich gibt es immer noch sehr viele Teilchen, so daß hierauf die Temperaturdefinition angewandt werden kann. Die so definierte Temperatur kann dann orts- und zeitabhängig sein. Die Variation mit der Zeit muß dabei so langsam sein, daß lokale Bereiche eine Folge von Gleichgewichtszuständen durchlaufen.

In der eben beschriebenen Weise kann man auch eine ortsabhängige (und zeitabhängige) Entropiedichte angeben. Dies ist vergleichbar mit der Angabe von $S_{\rm A}$ und $S_{\rm B}$ in (10.19) für $E_{\rm A} \neq \overline{E_{\rm A}}$; bei einer bestimmten Aufteilung der Energie $E = E_{\rm A} + E_{\rm B}$ können die Teilsysteme jedes für sich im Gleichgewicht sein, nicht aber das Gesamtsystem. Diese beiden Teilsysteme können als schematische Vereinfachung des erwärmten Kupferstabs aufgefaßt werden; anstelle von verschiedenen kleinen Bereichen mit einem lokalen Gleichgewicht werden nur zwei Teile betrachtet. Isoliert man diesen Stab, dann stellt sich nach einiger Zeit ein globales Gleichgewicht ein. Diese Einstellung erfolgt durch Wärmeaustausch. Im Gleichgewicht ist die Entropie des Stabs dann maximal und die Temperatur überall gleich groß.

Ein anderes Beispiel ist die Atmosphäre. Offensichtlich ist die Temperatur hier orts- und zeitabhängig. Zunächst einmal kann die Temperatur wieder für ein kleines Volumen (etwa $1\,\mathrm{m}^3$) definiert werden, in dem Gleichgewicht gegenüber Wärmeaustausch herrscht. In diesem Sinn ist die Angabe einer orts- und zeitabhängigen Temperatur $T = T(\boldsymbol{r}, t)$ in der Meteorologie zu verstehen. Wegen $T \neq$ const. ist die Atmosphäre insgesamt nicht im Gleichgewicht gegenüber Wärmeaustausch. Dies ist nicht weiter verwunderlich, da es sich nicht um ein abgeschlossenes System handelt (Sonne!). Auch der Kupferstab würde nicht ins Gleichgewicht mit $T =$ const. kommen, wenn man ihn fortlaufend an einem Ende erhitzt. In der Atmosphäre ist im allgemeinen auch der Druck $P = P(\boldsymbol{r}, t)$ orts- und zeitabhängig, das System ist daher auch nicht im Gleichgewicht gegenüber Volumenaustausch.

Zwischen der Aussage 'S = maximal im Gleichgewicht' und 'S ist nur im Gleichgewicht definiert' scheint ein Konflikt zu bestehen: Damit 'S = maximal' sinnvoll ist, müssen ja Werte $S \neq$ maximal, also Nichtgleichgewichtswerte zugelassen sein. Dazu betrachten wir zwei Teilsysteme, die jedes für sich im Gleichgewicht sind (Abbildung 9.1 oben links). Wir lassen nun einen sehr langsamen Wärmeaustausch zu, so daß die beiden Teilsysteme eine Folge von Gleichgewichtszuständen durchlaufen. Dann sind die Entropien S_{A} und S_{B} der Teilsysteme jederzeit definiert. In diesem Fall wird $S = S_{\mathrm{A}} + S_{\mathrm{B}}$ als Entropie des Gesamtsystems angegeben, obschon das System als Ganzes nicht im Gleichgewicht ist. Diese Entropie S hat zunächst nicht ihren maximalen Wert, sie nähert sich ihm aber durch den Wärmeaustausch an.

Indirekt behandeln wir mit der gegebenen Untersuchung auch Nichtgleichgewichtsprozesse. Wenn wir nämlich in Abbildung 9.1 oben die Wärmeisolation beseitigen, treten zeitabhängige Wärmeleitungsprozesse auf; das System ist also nicht im Gleichgewicht. Gleichwohl können wir den Endzustand berechnen, denn er ist durch die Gesamtenergie und die äußeren Parameter festgelegt.

Aus der Diskussion dieses Kapitels läßt sich ableiten, daß Temperaturdifferenzen (etwa $T_{\mathrm{A}} \neq T_{\mathrm{B}}$ in Abbildung 9.1 oben) bestrebt sind, sich durch Wärmeaustausch auszugleichen. Entsprechend tendieren Druckdifferenzen dazu, sich durch Volumenaustausch auszugleichen (Kapitel 11).

Übung

Zwei ideale Gase mit gleicher Temperatur T und mit gleicher Teilchenzahl N befinden sich durch eine Wand getrennt in gleichen Volumina V. Beim Entfernen der Zwischenwand durchmischen sich die Gase. Wie groß ist die Entropieänderung bei diesem Prozeß, wenn es sich um (i) gleiche Gase oder um (ii) verschiedene Gase (zum Beispiel Sauerstoff- und Stickstoffgas) handelt? Gehen Sie von (6.20) aus.

Kapitel 11

Statistisches Gleichgewicht

Das statistische Gleichgewicht für den Teilchenaustausch zwischen zwei Systemen führte zu der Verteilung (9.10), dasjenige für den Wärmeaustausch zu (10.9). Wir bezeichnen solche Gleichgewichte als *statistisch*, weil sie auf der statistischen Annahme gleicher Wahrscheinlichkeiten für alle zugänglichen Mikrozustände beruhen, also auf dem grundlegenden Postulat.

In diesem Kapitel verallgemeinern wir (9.10) und (10.9) auf die Wahrscheinlichkeitsverteilung $W(\xi)$ für eine beliebige makroskopische Größe ξ. Die Verteilung $W(\xi)$ ist durch den Mittelwert $\overline{\xi}$ und die Schwankung $\Delta\xi$ gekennzeichnet. Im statistischen Gleichgewicht fluktuiert ξ um den Mittelwert $\overline{\xi}$ in einem Bereich der Größe $\Delta\xi$.

Nach dieser allgemeinen Diskussion wird der Fall betrachtet, daß ξ ein äußerer Parameter ist. Die Ableitung der Entropie $S = k_{\mathrm{B}} \ln \Omega$ nach ξ bestimmt den Gleichgewichtswert $\overline{\xi}$ und die zugehörige verallgemeinerte Kraft.

Einer der wichtigsten äußeren Parameter ist das Volumen. Die in Kapitel 9 und 10 betrachteten Austauschprozesse (Teilchen- und Wärmeaustausch) werden daher durch die Untersuchung des Volumenaustauschs zwischen zwei Teilsystemen vervollständigt.

Mittelwert und Schwankung

Der makroskopische Zustand eines abgeschlossenen Systems hänge neben der Gesamtenergie E von einer makroskopischen Größe ξ ab. Eventuelle weitere Größen, von denen der Zustand abhängt, seien konstant und werden in der Notation unterdrückt. Die Größe ξ könnte sich zum Beispiel auf ein Teilsystem beziehen,

$$\xi = \begin{cases} E_{\rm A} & \text{(Abbildung 10.1)} \\ N_{\rm A} & \text{(Abbildung 9.1 rechts unten)} \end{cases} \tag{11.1}$$

Im folgenden sei ξ eine beliebige makroskopische Größen, die unabhängig von E verschiedene Werte annehmen kann.

Wir gehen von der Entropie

$$S = S(E, \xi) \tag{11.2}$$

aus und untersuchen, welche Werte ξ im statistischen Gleichgewicht annimmt. Im Gleichgewicht sind alle $\Omega(E,\xi) = \exp\big(S(E,\xi)/k_{\rm B}\big)$ Mikrozustände gleichwahrscheinlich. Die Wahrscheinlichkeit $W(\xi)$ für einen bestimmten ξ-Wert ist daher proportional zur Anzahl $\Omega(E,\xi)$ der Mikrozustände mit diesem Wert,

$$W(\xi) = \text{const.} \cdot \Omega(E,\xi) = \text{const.} \cdot \exp\left(\frac{S(E,\xi)}{k_{\rm B}}\right) \tag{11.3}$$

Dabei bezeichnet 'const.' eine von ξ unabhängige Größe. Wir entwickeln den Logarithmus von $W(\xi)$ um eine zunächst willkürliche Stelle $\overline{\xi}$ herum,

$$\ln W(\xi) = \ln W(\overline{\xi}) + \frac{1}{k_{\rm B}} \left(\frac{\partial S}{\partial \xi}\right)_{\overline{\xi}} (\xi - \overline{\xi}) + \frac{1}{2\,k_{\rm B}} \left(\frac{\partial^2 S}{\partial \xi^2}\right)_{\overline{\xi}} (\xi - \overline{\xi}\,)^2 + \ldots \tag{11.4}$$

Wir wählen nun $\overline{\xi}$ als den Wert des Maximums von $S(E,\xi)$,

$$\left(\frac{\partial S(E,\xi)}{\partial \xi}\right)_{\xi=\overline{\xi}} = 0 \qquad \text{(Mittelwert)} \tag{11.5}$$

Aus dem Ergebnis wird sich ergeben, daß dies gleich dem *Mittelwert* des statistischen Gleichgewichts ist. Die zweite Ableitung definiert die *Schwankung*,

$$\Delta\xi = \sqrt{-\,\frac{k_{\rm B}}{(\partial^2 S/\partial \xi^2)_{\overline{\xi}}}} \qquad \text{(Schwankung)} \tag{11.6}$$

Mit diesen Definitionen ergibt (11.4) die Wahrscheinlichkeitsverteilung

$$W(\xi) = \frac{1}{\sqrt{2\pi}\,\Delta\xi}\, \exp\left(-\,\frac{(\xi - \overline{\xi})^2}{2\,\Delta\xi^2}\right) \tag{11.7}$$

Nach (11.4) ist der Vorfaktor gleich $W(\overline{\xi})$; er kann aus $\int d\xi\; W(\xi) = 1$ bestimmt werden.

Da ξ makroskopisch ist, gilt neben $S = \mathcal{O}(N)$ auch $\xi = \mathcal{O}(N)$. Aus (11.6) folgt dann $\Delta\xi = \mathcal{O}(N^{1/2})$ und somit

$$\frac{\Delta\xi}{\overline{\xi}} = \mathcal{O}(1/\sqrt{N}) \tag{11.8}$$

Die Kleinheit der relative Schwankung rechtfertigt die Vernachlässigung der höheren Terme in (11.4). Sie bedeutet auch, daß fast alle Mikrozustände beim Maximum liegen. Daher bestimmt das Maximum den Gleichgewichtszustand

$$S(\xi) = S(E, \xi) = \text{maximal} \qquad \begin{array}{l}\text{(Gleichgewichtszustand eines}\\ \text{abgeschlossenen Systems)}\end{array} \tag{11.9}$$

Im abgeschlossenen System ist E vorgegeben. Daher ist hier das Maximum von $S(\xi)$ bezüglich ξ gemeint.

Diskussion

Für (11.2) reduziert sich (11.7) auf (9.10) oder (10.9). Die jetzige Ableitung (11.3) – (11.9) ist eine Zusammenfassung und Verallgemeinerung der Betrachtungen in Kapitel 9 und 10. Wir haben damit den zugrundeliegenden Gedankengang mehrfach wiederholt. Die Verteilung (9.10) zeigte die enge Verbindung zum random walk, also zum einfachsten statistischen Modell. In diesem Fall ist auch der Zusammenhang von (11.8) mit dem Gesetz der großen Zahl offensichtlich. Die Diskussion in Kapitel 10 diente dazu, die zentralen Begriffe der Entropie und der Temperatur einzuführen. Dieses Kapitel zeigt die gemeinsame Grundlage zwischen Teilchen- und Wärmeaustausch und anderen Fällen auf. Zudem stellen wir noch einmal die wesentlichen Punkte zusammen, die sich für eine makroskopische Größe im statistischen Gleichgewicht ergeben.

Der Mittelwert der betrachteten Größe ξ folgt aus (11.5). Wenn ξ sich auf ein Teilsystem bezieht, wird die Bedingung (11.5) zur Gleichheit zwischen verallgemeinerten Kräften. Bei Teilchenaustausch ergab die Diskussion in Kapitel 9 gleiche Dichte in den beiden Teilsystemen; als verallgemeinerte Kraft wird in diesem Fall später noch das chemische Potential eingeführt (Kapitel 20). Bei Wärmeaustausch erhielten wir gleiche Energie pro Freiheitsgrad, also $T_{\text{A}} = T_{\text{B}}$. Der Volumenaustausch wird unten diskutiert.

Im statistischen Gleichgewicht liegt der Wert von ξ in der Nähe von $\overline{\xi}$. Der ξ-Wert weicht aber in der Regel von $\overline{\xi}$ ab; er schwankt oder *fluktuiert* um den Mittelwert $\overline{\xi}$ herum. Im statistischen Gleichgewicht treten also kleine Abweichungen vom Mittelwert auf. Die Größe dieser Fluktuationen ist durch die Schwankung oder mittlere quadratische Abweichung $\Delta\xi$ bestimmt. Der

Begriff *Schwankung* bezeichnet einmal die Größe $\Delta\xi$ selbst, zum anderen wird er aber auch synonym zu *Fluktuation* benutzt.

Die Wahrscheinlichkeit $W(\xi)$ bezieht sich auf ein statistisches Ensemble vieler gleichartiger Systeme (Kapitel 5). Wir können $W(\xi)$ aber auch als Zeitmittel verstehen. Wir betrachten dazu ein konkretes System, wie es in Abbildung 9.1 unten rechts gezeigt ist. In diesem System wechseln fortlaufend einzelne Gasteilchen die Seite. Im linken Teilvolumen befinden sich mal mehr, mal weniger Teilchen. Die tatsächliche Zahl N_A der Teilchen schwankt daher zeitabhängig um den Mittelwert $\overline{N}_A$ herum. Auch in diesem konkreten Sinn können Fluktuationen verstanden werden.

Für makroskopische Größen sind die Fluktuationen klein, (11.8). Dies gilt nicht für mikroskopische Größen. So ist zum Beispiel die relative Fluktuation der Energie eines einzigen Gasteilchens von der Größe 1. Ein solches Teilchen stößt immer wieder an anderen und verändert seine Energie wesentlich. Auch für das einzelne Teilchen kann die Wahrscheinlichkeitsverteilung angegeben werden (Kapitel 22); sie ist aber keine Gaußverteilung wie (11.7).

Die möglichen Werte von ξ ergeben sich aus statistischen Überlegungen, nämlich aus der Gleichwahrscheinlichkeit aller zugänglichen Mikrozustände. Diese statistische Grundlage impliziert zwingend, daß ξ nicht völlig festliegt, sondern um den Mittelwert fluktuiert. Wegen der Kleinheit (11.8) der Schwankung ist es aber in vielen Anwendungen möglich, diesen Aspekt zu vernachlässigen. Insbesondere wird der Gleichgewichtszustand allein durch die Angabe der Mittelwerte geeigneter makroskopischer Größen festgelegt.

Die Funktion $W(\xi)$ und damit auch $S(E,\xi)$ ist genau bei $\xi = \overline{\xi}$ maximal. Fluktuationen $\xi = \overline{\xi} + \delta\xi$ implizieren daher auch Fluktuationen der Entropie:

$$S(E,\overline{\xi}+\delta\xi) = S(E,\overline{\xi}) + \frac{1}{2}\left(\frac{\partial^2 S}{\partial \xi^2}\right)_{\overline{\xi}} (\delta\xi)^2 = S_{\max} - k_B \left(\frac{\delta\xi}{\Delta\xi}\right)^2 \qquad (11.10)$$

Wahrscheinliche Fluktuationen sind von der Größe $\delta\xi = \pm\Delta\xi$. Fluktuationen implizieren damit Abweichungen der Entropie von ihrem Maximal- und Gleichgewichtswert von der Größe k_B. Damit gibt es im abgeschlossenen System Verletzungen der Bedingung (9.1), $\Omega_b \geq \Omega_a$. Diese Abweichungen sind aber verglichen mit $S_{\max} \sim N k_B$ sehr klein. Insbesondere erlauben sie nicht die Konstruktion eines perpetuum mobile 2. Art (Kapitel 19).

Verallgemeinerte Kräfte

Wir betrachten nun den Fall, daß ξ einer der äußeren Parameter in $S = k_B \ln \Omega(E, x_1, ... x_n)$ ist. Zur Auswertung der Gleichgewichtsbedingung (11.5) benötigen wir die partiellen Ableitungen $\partial \ln \Omega / \partial x_i$. Diese Ableitungen können durch die in Kapitel 8 eingeführten, verallgemeinerten Kräfte ausgedrückt werden.

Die äußeren Parameter werden durch $x = (x_1, ..., x_n)$ zusammengefaßt. Wir greifen willkürlich einen Parameter x_1 heraus und berechnen die Änderung von $\ln \Omega(E, x_1, x_2, ..., x_n)$ mit x_1 bei konstantem E und $x_2, ..., x_n$. Dazu gehen wir von der Definition (5.19) der Zustandssumme aus,

$$\Omega(E,x) = \Omega(E, x_1, x_2, ..., x_n) = \sum_{r:\, E-\delta E \leq E_r(x) \leq E} 1 \tag{11.11}$$

Die partielle Ableitung nach x_1 ist durch

$$\frac{\partial \ln \Omega(E,x)}{\partial x_1} = \frac{\ln \Omega(E, x_1 + dx_1, x_2, ..., x_n) - \ln \Omega(E, x_1, x_2, ..., x_n)}{dx_1} \tag{11.12}$$

gegeben. Zur Auswertung benötigen wir

$$\Omega(E, x_1 + dx_1, ..., x_n) = \sum_{r:\, E-\delta E \leq E_r(E, x_1 + dx_1, ..., x_n) \leq E} 1 = \sum_{r:\, E-\delta E \leq E_r(x) + dE_r \leq E} 1 \tag{11.13}$$

Die Verschiebung

$$dE_r = \frac{\partial E_r(x)}{\partial x_1}\, dx_1 \tag{11.14}$$

kann positiv oder negativ sein. Werden im Intervall δE gleich viele Zustände r nach oben und nach unten verschoben, dann ändert sich Ω nicht. In (11.13) kommt es daher nur auf die mittlere Verschiebung an, wir können also dE_r durch $\overline{dE_r}$ ersetzen:

$$\Omega(E, x_1 + dx_1, ..., x_n) = \sum_{r:\, E-\overline{dE_r}-\delta E \leq E_r(x) \leq E-\overline{dE_r}} 1 = \Omega(E - \overline{dE_r}, x_1, ..., x_n) \tag{11.15}$$

Dabei ist $\overline{dE_r}$ der Mittelwert bezüglich aller zu (11.11) beitragenden Zustände; er ist also mit den P_r aus (5.20) zu bilden. In Kapitel 8 haben wir den Mittelwert $\overline{\partial E_r / \partial x_1}$ als verallgemeinerte Kraft X_1 identifiziert, die zur quasistatischen Änderung von x_1 gehört:

$$\overline{dE_r} = \overline{\frac{\partial E_r(x)}{\partial x_1}}\, dx_1 \overset{(8.3)}{=} -X_1\, dx_1 \tag{11.16}$$

Wir setzen $dx_1 = -\overline{dE_r}/X_1$ und (11.15) in (11.12) ein:

$$\frac{\partial \ln \Omega(E,x)}{\partial x_1} = -\frac{\ln \Omega(E - \overline{dE_r}, x) - \ln \Omega(E,x)}{\overline{dE_r}/X_1} = \frac{\partial \ln \Omega(E,x)}{\partial E}\, X_1 = \beta X_1 \tag{11.17}$$

Hierbei ist $\beta = \partial \ln \Omega / \partial E = 1/k_B T$. Wenn wir auf der linken Seite x_1 durch x_i ersetzen, erhalten wir auf der rechten Seite X_i anstelle von X_1:

$$X_i = k_B T \, \frac{\partial \ln \Omega(E,x)}{\partial x_i} \qquad \text{(Definition der verallgemeinerten Kräfte)} \tag{11.18}$$

Diesen Zusammenhang haben wir aus der Definition (8.3) der verallgemeinerten Kräfte abgeleitet. Im folgenden betrachten wir (11.18) als die grundlegende Definition für diese Kräfte. Während (8.3) Quantenzustände r voraussetzt, genügt für (11.18) die Zustandssumme $\Omega(E,x)$, die auch für klassische Mikrozustände definiert ist. Die jetzige Definition (11.18) ist daher allgemeiner und einfacher auszuwerten. Sie ist von derselben Art wie die Temperaturdefinition (10.16).

Aus der mikroskopischen Struktur (das heißt aus $\Omega(E,x)$) können wir jetzt folgende makroskopische Größen bestimmen: Die Entropie $S(E,x) = k_B \ln \Omega$, die Temperatur $1/T(E,x) = \partial S/\partial E$ und die verallgemeinerten Kräfte $X_i(E,x) = T\,\partial S/\partial x_i$. Alle diese makroskopischen Größen sind Funktionen der den Gleichgewichtszustand festlegenden Größen E und x. Wir werden häufig $x = V$ als einzigen äußeren Parameter betrachten. Hierfür lauten die nun eingeführten makroskopischen Größen:

$$S(E,V) = k_B \ln \Omega(E,V), \qquad \frac{1}{T} = \frac{\partial S(E,V)}{\partial E}, \qquad \frac{P}{T} = \frac{\partial S(E,V)}{\partial V} \tag{11.19}$$

Andere Beispiele für verallgemeinerte Kräfte sind die Magnetisierung M für das Magnetfeld $x = B$, siehe (8.7), und das chemische Potential μ für die Teilchenzahl $x = N$ (Kapitel 20, 21).

Volumenaustausch

Anwendungen von (11.7) sind der in den Kapiteln 9 und 10 betrachtete Teilchen- und Wärmeaustausch. Wir vervollständigen dies durch die Untersuchung des Volumenaustauschs zwischen zwei Teilsystemen.

Volumen- und Wärmeaustausch

Wir leiten die Gleichgewichtsbedingung für zwei Systeme ab, die Wärme *und* Volumen austauschen können, Abbildung 11.1. Das abgeschlossene Gesamtsystem habe die Energie

$$E = E_A + E_B = \text{const.} \tag{11.20}$$

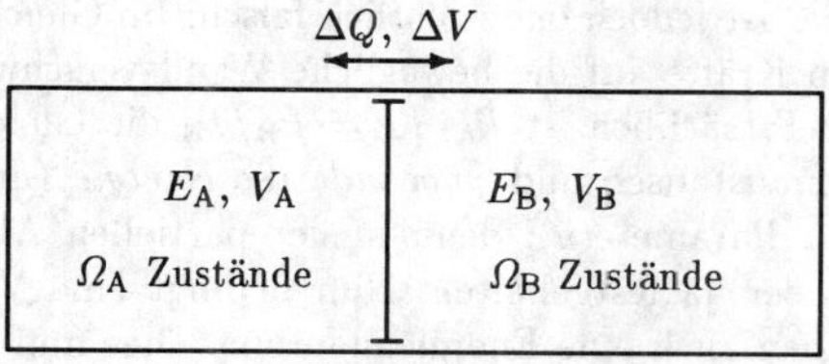

Abbildung 11.1: Ein abgeschlossenes System besteht aus zwei makroskopischen Teilsystemen, die Wärme und Volumen austauschen können. Wie teilt sich dann im Gleichgewicht die Energie $E = E_A + E_B$ und das Volumen $V = V_A + V_B$ auf?

und das Volumen

$$V = V_A + V_B = \text{const.} \tag{11.21}$$

Die Entropie des abgeschlossenen Systems ist im Gleichgewicht maximal:

$$S(E_A, V_A) = S_A(E_A, V_A) + S_B(E - E_A, V - V_A) = \text{maximal} \tag{11.22}$$

In diesem Fall besteht die Variable ξ aus zwei Größen, $\xi = (E_A, V_A)$. Andere äußere Parameter seien konstant und werden nicht mit angeschrieben. Die notwendigen Bedingungen für das Vorliegen eines Maximums sind:

$$\frac{\partial S}{\partial E_A} = 0 \quad \longleftrightarrow \quad \frac{1}{T_A} - \frac{1}{T_B} = 0 \tag{11.23}$$

und

$$\frac{\partial S}{\partial V_A} = 0 \quad \longleftrightarrow \quad \frac{P_A}{T_A} - \frac{P_B}{T_B} = 0 \tag{11.24}$$

Daß an diesen Stellen tatsächlich ein Maximum vorliegt, folgt aus der E- und V-Abhängigkeit von $\Omega(E, V)$; in Kapitel 10 wurde dies für die Energieabhängigkeit gezeigt. Im Gleichgewicht gegenüber Wärme- *und* Volumenaustausch gilt also

$$P_A = P_B\,, \quad T_A = T_B \qquad \text{(Wärme- und Volumenaustausch)} \tag{11.25}$$

Volumenaustausch über eine adiabatische Wand

Die bewegliche Wand in Abbildung 11.1 lasse nun keinen Wärmeaustausch zu ($\Delta Q = 0$); dazu könnte sie etwa eine Lage Styropor enthalten. Dann können die Teilsysteme nur Volumen austauschen. Angesichts von (11.24) könnte man vermuten, daß sich hierfür die Gleichgewichtsbedingung $P_A/T_A =$

P_B/T_B ergibt. Dies ist jedoch offensichtlich falsch: Im Gleichgewicht müssen die resultierenden Kräfte auf die bewegliche Wand verschwinden, also muß $P_A = P_B$ gelten. Tatsächlich ist $P_A/T_A = P_B/T_B$ die Gleichgewichtsbedingung bei Volumenaustausch und *ungeänderter Energie* (und ungeänderten sonstigen äußeren Parametern); denn in der partiellen Ableitung $\partial S/\partial V_A$ werden diese Größen ja festgehalten. Nun bedingt eine Volumenänderung aber im allgemeinen auch eine Energieänderung. Dies muß bei der Auswertung der Gleichgewichtsbedingung $S = S_A + S_B =$ maximal berücksichtigt werden.

Wenn die Bewegung der Wand für das Teilsystem A adiabatisch und quasistatisch erfolgt, gilt

$$dE_A = đQ_A - đW_A = -P_A\, dV_A \qquad (đQ_A = 0\,,\ \text{quasistatisch für A}) \tag{11.26}$$

Im Gleichgewicht muß die Änderung der Gesamtentropie (11.22) verschwinden,

$$dS = \frac{\partial S_A}{\partial E_A}\, dE_A + \frac{\partial S_A}{\partial V_A}\, dV_A - \frac{\partial S_B}{\partial E_B}\, dE_A - \frac{\partial S_B}{\partial V_B}\, dV_A = 0 \tag{11.27}$$

Mit (11.19) und (11.26) wird dies zu

$$P_A = P_B \qquad \text{(Gleichgewicht bei Volumenaustausch)} \tag{11.28}$$

Wir betrachten noch die Arbeitsleistung vom Teilsystem B. Da das Gesamtsystem abgeschlossen ist, gilt $dE_B = -dE_A$; und da der Prozeß adiabatisch ist, gilt $đQ_A = đQ_B = 0$. Daraus folgt

$$đW_B = -đW_A = -P_A\, dV_A = P_A\, dV_B = \begin{cases} \approx P_B\, dV_B & (P_B \approx P_A) \\ \neq P_B\, dV_B & (P_B \neq P_A) \end{cases} \tag{11.29}$$

In der unmittelbaren Umgebung des Gleichgewichts gilt $P_A = P_B(1 + \mathcal{O}(dV/V))$, so daß die Volumenänderung auch für B quasistatisch erfolgt. Für verschwindenden Druckunterschied ist zudem jede Volumenänderung quasistatisch. Daher ist die Bedingung 'quasistatisch', die in (11.26) verlangt wurde, keine besondere Einschränkung.

Wenn im Anfangszustand die Druckdifferenz $P_A - P_B$ endlich ist, dann können sich die Arbeitsleistungen $P_A\, dV_A$ und $P_B\, dV_B = -P_B\, dV_A$ nicht gegenseitig aufheben. Man könnte aber die überschüssige Arbeit in einer Feder speichern. Dann kann, ebenso wie in Abbildung 9.3, der Prozeß quasistatisch und reversibel für beide Teilsysteme ablaufen.

Ohne die eben diskutierte Feder ist der Volumenaustausch ebensowenig reversibel wie der Temperaturausgleich in Abbildung 9.1 oder 10.1. Wir betrachten dazu einen Zylinder, in dem zwei Gasvolumina durch einen beweglichen

Kolben getrennt sind. Der Kolben werde nun in einem Anfangszustand mit $P_A \neq P_B$ losgelassen. Dann wird der Kolben hin- und herschwingen. In einem idealen System (keine Reibung, perfekte thermische Isolierung) wird der Kolben mit gleichbleibender Amplitude oszillieren. Im realen System unterliegt der Kolben einer Reibung, und kommt nach mehr oder weniger Schwingungsperioden zur Ruhe. Das abgeschlossene System erreicht damit einen Gleichgewichtszustand. Reibung bedeutet, daß Arbeit (von den Gasen am Kolben geleistet) in Wärme umgewandelt wird; damit ist der Prozeß irreversibel. Es hängt dann vom speziellen Aufbau ab, wie sich diese Wärme verteilt (etwa auf die beiden Gasvolumina). Damit kann man nicht mehr in einfacher Weise den Endzustand (spezifiziert durch E_A und V_A) angeben. Die Gleichgewichtsbedingung (11.28) gilt aber auch in diesem Fall, da im schließlich erreichten Gleichgewichtszustand der Kolben ruht. Dazu muß die resultierende Kraft auf ihn verschwinden, also $P_A = P_B$.

Allgemeiner Fall

Die hier gegebene Diskussion läßt sich auf den Austausch eines beliebigen äußeren Parameters x_i zwischen zwei Systemen A und B übertragen, für die $x_i = x_{i,A} + x_{i,B} =$ const. gilt. Analog zu (11.28) erhalten wir als Gleichgewichtsbedingung die Gleichheit der zugehörigen verallgemeinerten Kräfte, $X_{i,A} = X_{i,B}$. Wir stellen alle Gleichgewichtsbedingungen, die unmittelbar mit den Argumenten von $\Omega(E, x)$ verknüpft sind, zusammen:

$$\left.\begin{array}{rcll} X_{i,A} &=& X_{i,B} & \text{(Gleichgewicht gegenüber } x_i\text{-Austausch)} \\ T_A &=& T_B & \text{(Gleichgewicht gegenüber Wärmeaustausch)} \end{array}\right. \qquad (11.30)$$

In Kapitel 5 haben wir als Erfahrungssatz festgestellt, daß sich ein abgeschlossenes System von selbst ins Gleichgewicht begibt. Das Gleichgewicht gegenüber Wärmeaustausch bedeutet gleiche Temperatur, das gegenüber x_i-Austausch gleiche Kräfte X_i. Das Streben ins Gleichgewicht impliziert, daß sich ungleiche Temperaturen durch Wärmeaustausch ausgleichen, und ungleiche verallgemeinerte Kräfte durch Austausch des zugehörigen äußeren Parameters. Eine Temperaturdifferenz kann daher als treibende Kraft für den Wärmeaustausch angesehen werden, so wie eine Druckdifferenz die treibende Kraft für den Volumenaustausch ist. In einem einfachen Modell (Wärmeleitungsgleichung in Kapitel 42) ergibt sich, daß der Wärmefluß proportional zur Temperaturdifferenz ist.

Kapitel 12

2. und 3. Hauptsatz

In diesem Kapitel formulieren wir den 2. und 3. Hauptsatz. Die Hauptsätze sind grundlegende Aussagen über makroskopische Größen. Diese Aussagen gelten allgemein, sie beziehen sich also nicht auf bestimmte Systeme. Sie bilden die Grundlage der phänomenologischen Thermodynamik (Teil III).

Der Vollständigkeit halber beginnen wir mit dem 1. Hauptsatz aus Kapitel 7:

$$dE = đQ - đW \qquad \text{(1. Hauptsatz)} \tag{12.1}$$

Hierdurch werden Energieänderungen dE eines Systems als aufgenommene Wärme $đQ$ oder als vom System geleistete Arbeit $đW$ klassifiziert. Praktisch erfolgt diese Unterscheidung durch die experimentellen Bedingungen 'keine Änderung der äußeren Parameter' oder 'thermische Isolierung'. Der 1. Hauptsatz gilt für beliebige Prozesse und Systeme. Insbesondere ist er nicht auf quasistatische Prozesse beschränkt (im Gegensatz zu vielen anderen Beziehungen der Thermodynamik). Das betrachtete System ist in der Regel nicht abgeschlossen; für ein abgeschlossenes System wäre ja $đQ = đW = 0$.

2. Hauptsatz

1. Teil

Als Erfahrungssatz haben wir festgestellt, daß ein abgeschlossenes System von selbst ins Gleichgewicht strebt, also daß alle makroskopischen Größen des Systems gegen einen zeitunabhängigen Grenzwert gehen. Der Gleichgewichtszustand wird durch ein Ensemble beschrieben, in dem alle zugänglichen Mikrozustände gleichwahrscheinlich sind. Praktisch alle Mikrozustände liegen dort, wo die Entropie ein Maximum hat; dazu sei auf $W(N_\text{A})$ aus (9.10), $W(E_\text{A})$ aus (10.9) und $W(\xi)$ aus (11.7) verwiesen. Daher ist der Übergang von einem Nichtgleichgewichtszustand zu einem Gleichgewichtszustand mit $\Delta S > 0$ verbunden. Ein solcher Prozeß wird meist durch das Aufheben von Nebenbedingungen eingeleitet (Abbildung 9.1).

Daneben gibt es im abgeschlossenen System auch Prozesse mit $\Delta S = 0$. Dies ist zum Beispiel der Fall für die in Kapitel 9 diskutierte adiabatische Expansion (Abbildung 9.3). Natürlich gilt $\Delta S = 0$ auch für ein System, das in seinem Gleichgewichtszustand verweilt.

Diese Befunde fassen wir in der Form

$$\Delta S \geq 0 \quad \text{im abgeschlossenen System} \qquad \text{(2. Hauptsatz, 1. Teil)} \tag{12.2}$$

zusammen. Dies ist der 1. Teil des 2. Hauptsatzes. Nach Kapitel 9 klassifizieren wir die möglichen Prozesse durch

$$\begin{array}{ll} \text{Irreversibler Prozeß:} & \Delta S > 0 \\ \text{Reversibler Prozeß:} & \Delta S = 0 \end{array} \tag{12.3}$$

Hierzu wurde in Kapitel 9 jeweils ein Beispiel ausführlich diskutiert.

2. Teil

Die Entropie des Gleichgewichtszustands $S(E, x) = k_{\mathrm{B}} \ln \Omega(E, x)$ hängt von der Energie E und den äußeren Parametern $x = (x_1, ..., x_n)$ ab. Wir berechnen das vollständige Differential der Entropie,

$$dS = \frac{\partial S(E,x)}{\partial E}\, dE + \sum_{i=1}^{n} \frac{\partial S(E,x)}{\partial x_i}\, dx_i = \frac{dE}{T} + \sum_{i=1}^{n} \frac{X_i}{T}\, dx_i = \frac{dE + đW}{T} \tag{12.4}$$

Im letzten Schritt wurde mit $\sum X_i\, dx_i = đW$ ein quasistatischer Prozeß vorausgesetzt. Mit (12.1) erhalten wir

$$dS = \frac{đQ}{T} \quad \text{für quasistatischen Prozeß} \qquad \text{(2. Hauptsatz, 2. Teil)} \tag{12.5}$$

Dies ist der 2. Teil des 2. Hauptsatzes.

Der Gleichgewichtszustand ist durch E und x festgelegt. Alle Größen, die als Funktion von E und x gegeben sind, sind daher Zustandsgrößen, das heißt sie haben in einem Gleichgewichtszustand einen bestimmten Wert. Dies sind neben E und den äußeren Parametern x selbst zum Beispiel die Entropie $S(E, x)$, die Temperatur $T(E, x)$ und die verallgemeinerten Kräfte $X_i(E, x)$ (unter anderem der Druck P). Das Differential dieser Größen bezeichnen wir mit dem Buchstaben 'd', im Gegensatz zu '$đ$' für andere Größen (Kapitel 7).

Das Differential von Zustandsgrößen läßt sich wie dS in (12.4) als vollständiges Differential schreiben. Nach (12.5) macht die Multiplikation mit $1/T$ aus $đQ$ das vollständige Differential dS. Analog dazu wird aus $đW$ durch Multiplikation mit $1/P$ das vollständige Differential dV.

Wir betrachten einen Prozeß zwischen zwei Gleichgewichtszuständen,

$$a \longrightarrow b \qquad \text{mit} \qquad E_a,\, x_a \longrightarrow E_b,\, x_b \tag{12.6}$$

Für einen quasistatischen Übergang von a zu b folgt aus (12.5)

$$\Delta S = S_b - S_a = \int_{a,\,\text{quasistat.}}^{b} dS = \int_{a,\,\text{quasistat.}}^{b} \frac{đQ}{T} \tag{12.7}$$

Bei einem quasistatischen Prozeß durchläuft das System eine Folge von Gleichgewichtszuständen, die jeweils durch die Angabe von E und x definiert sind. Damit ist auch $T = T(E, x)$ im Integranden definiert.

Die in (12.7) berechnete Entropiedifferenz hängt nur vom Anfangs- und Endzustand ab:

$$\Delta S = S_b - S_a = S(E_b, x_b) - S(E_a, x_a) \tag{12.8}$$

Dies ist daher auch die Entropieänderung bei einem *beliebigen* Prozeß, der von a zu b führt. Dies bedeutet: Auch wenn der Prozeß $a \to b$ über (unbekannte) Nichtgleichgewichtszustände führt, kann ΔS mit (12.7) berechnet werden. Für die Berechnung muß aber ein quasistatischer Weg konstruiert werden.

Anwendung

Wir erläutern die Bedeutung des 2. Hauptsatzes durch ein Beispiel.

Ein Stück Materie werde durch Wärmezufuhr erhitzt. In einer einfachen Näherung setzen wir die Temperaturänderung dT, die durch Wärmezufuhr $đQ$ bewirkt wird, mit

$$dT = \frac{đQ}{C}\,, \qquad C = \text{const.} \tag{12.9}$$

an. Die Größe C nennen wir *Wärmekapazität*; mit dem Kleinbuchstaben $c = C/M$ bezeichnen wir die *spezifische Wärme*, also die Wärmekapazität pro Masse. Im allgemeinen hängen die Wärmekapazitäten davon ab, welche makroskopischen Parameter (etwa V oder P) bei der Wärmezufuhr konstant gehalten werden; sie werden dann durch einen entsprechenden Index gekennzeichnet (C_V und C_P). Die Unterschiede zwischen diesen Wärmekapazitäten werden später diskutiert; für Festkörper und Flüssigkeiten sind

System	Spezifische Wärme	Schmelztemperatur	Schmelzwärme
Wasser	4.18 J/(g K)	0 °C	334 J/g
Kupfer	0.39 J/(g K)	1083 °C	214 J/g

Tabelle 12.1: Die spezifische Wärme c_P von Wasser und Kupfer bei Normalbedingungen. Diese Angaben werden teilweise für die Übung am Ende des Kapitels benötigt.

sie meist klein. Außerdem ist die Wärmekapazität selbst eine Funktion der makroskopischen Größen, also $C = C(T, x)$; die Annäherung durch eine Konstante in (12.9) ist jedoch oft in einem endlichen Temperaturbereich möglich. Die Tabelle 12.1 gibt die spezifischen Wärmen von Wasser und Kupfer an.

Unter der vereinfachenden Annahme (12.9) ist die Änderung der Entropie (12.7) für einen Prozeß $a \to b$ durch

$$\Delta S = \int_a^b \frac{\text{đ}Q}{T} = \int_a^b \frac{C\, dT}{T} = C \, \ln\left(\frac{T_b}{T_a}\right) \tag{12.10}$$

gegeben. Insgesamt nimmt das System die Wärmemenge

$$\Delta Q = \int_a^b \text{đ}Q = C\,(T_b - T_a) \tag{12.11}$$

auf.

Die Berechnung der Entropieänderung in (12.10) setzt einen quasistatischen Weg voraus. Da sich außer T keine makroskopischen Parameter ändern, wird die Bedingung 'quasistatisch' durch eine hinreichend langsame Wärmezufuhr erfüllt. Dann ist in jedem Stadium des Prozesses $a \to b$ eine Temperatur definiert.

Die berechnete Entropieänderung ΔS selbst hängt aber nur von den Zuständen a und b ab, also (in der betrachteten Vereinfachung) von T_a und T_b. Dies bedeutet: Auch wenn wir die Wärmemenge ΔQ nicht quasistatisch zuführen, ist die Entropieänderung ΔS durch (12.10) gegeben. Nichtquasistatisch heißt etwa, daß wir das System lokal erhitzen (zum Beispiel mit dem Bunsenbrenner am Rand des Systems). Danach überlassen wir das System sich selbst. Im System laufen dann zeit- und ortsabhängige Wärmeleitungsphänomene ab; das System ist nicht im Gleichgewicht. Schließlich stellt sich aber wieder ein Gleichgewicht ein, und zwar mit der Temperatur T_b, die durch die übertragene Wärmemenge ΔQ bestimmt ist.

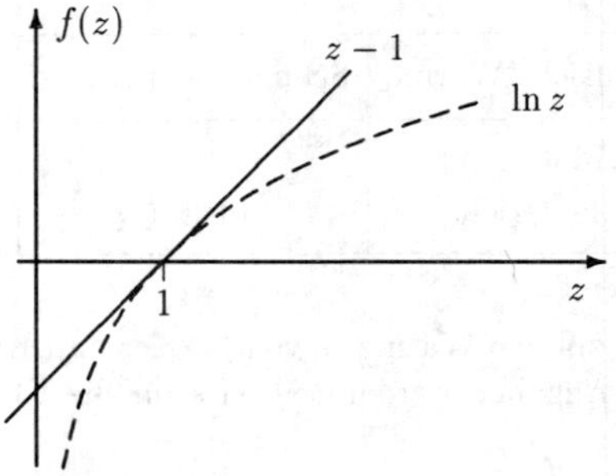

Abbildung 12.1: Graph der Funktionen $\ln z$ und $z-1$. Wegen $z-1 \geq \ln z$ ist ΔS aus (12.18) immer größer gleich null.

Als konkrete Anwendung betrachten wir die Kühlung einer Bierflasche B in einem See S. Für beide Systeme nehmen wir konstante Wärmekapazitäten, $C_{\rm B}$ und $C_{\rm S}$, an. Die Bierflasche wird durch Kontakt mit dem See die Wärmemenge

$$\Delta Q_{\rm B} = C_{\rm B}\,(T_b - T_a) \tag{12.12}$$

aufnehmen. Dabei ist T_a die Anfangs- und T_b die Endtemperatur der Bierflasche. Bei einer Kühlung der Bierflasche gilt $T_b < T_a$ und $\Delta Q < 0$; (12.12) und die folgenden Gleichungen gelten aber auch für $T_b > T_a$. Im abgeschlossenen System 'Bierflasche + See' ist die Energie konstant

$$\Delta E = \Delta E_{\rm B} + \Delta E_{\rm S} = \Delta Q_{\rm B} + \Delta Q_{\rm S} = 0 \tag{12.13}$$

Da keine Arbeit geleistet wird, gilt $\Delta Q_{\rm S} = -\Delta Q_{\rm B}$. Daraus erhalten wir für die Temperaturänderung $\Delta T_{\rm S}$ des Sees

$$|\Delta T_{\rm S}| = \frac{|\Delta Q_{\rm S}|}{C_{\rm S}} = \frac{|\Delta Q_{\rm B}|}{C_{\rm S}} = \frac{C_{\rm B}}{C_{\rm S}}\,|T_a - T_b| \ll |T_a - T_b| \tag{12.14}$$

Wegen $C_{\rm S} \gg C_{\rm B}$ können wir die Temperaturänderung des Sees vernachlässigen, also

$$T_{\rm S} = \text{const.}\,, \qquad T_{\rm S} = T_b \tag{12.15}$$

setzen. Im Gleichgewichtszustand sind die Temperaturen der Teilsysteme gleich; im Endzustand b haben also Bierflasche und See die gleiche Temperatur T_b.

Wir bestimmen die Entropieänderungen der beiden Teilsysteme:

$$\Delta S_{\rm S} \;=\; \int_a^b \frac{đQ_{\rm S}}{T} = \frac{\Delta Q_{\rm S}}{T_b} = -\,\frac{\Delta Q_{\rm B}}{T_b} = C_{\rm B}\,\frac{T_a - T_b}{T_b} \tag{12.16}$$

$$\Delta S_{\rm B} \;=\; \int_a^b \frac{đQ_{\rm B}}{T} = \int_{T_a}^{T_b} \frac{C_{\rm B}\,dT}{T} = C_{\rm B}\,\ln\left(\frac{T_b}{T_a}\right) \tag{12.17}$$

Hieraus erhalten wir die Entropieänderung des Gesamtsystems:

$$\Delta S = \Delta S_{\rm S} + \Delta S_{\rm B} = C_{\rm B}\,(z - 1 - \ln z) \qquad (z = T_a/T_b) \tag{12.18}$$

In Abbildung 12.1 sind die Funktionen $\ln z$ und $z-1$ skizziert. Daraus sieht man sofort, daß

$$\ln z \;\le\; z - 1 \tag{12.19}$$

Aus den letzten beiden Gleichungen folgt

$$\Delta S \ge 0 \qquad (\text{Bierflasche + See}) \tag{12.20}$$

Dies ist die Aussage des 1. Teils des 2. Hauptsatzes. Das Gleichheitszeichen gilt nur, wenn keine Wärme übertragen wird:

$$\Delta S = 0 \quad \overset{(12.18)}{\longleftrightarrow} \quad z = 1,\;\; T_b = T_a,\;\; \Delta Q_{\rm B} = 0 \tag{12.21}$$

Die Kühlung der Bierflasche im See ist bei endlicher Temperaturdifferenz wegen $\Delta S > 0$ ein nicht reversibler Prozeß.

Für die Berechnung von ΔS wurde ein quasistatischer Prozeß *angenommen*. Dies bedeutet, daß der Wärmeaustausch so langsam erfolgen soll, daß das System Bierflasche jederzeit eine definierte Temperatur hat. Die so berechneten Ergebnisse, insbesondere $\Delta S_{\rm S}$, $\Delta S_{\rm B}$ und $\Delta T_{\rm B}$, gelten aber auch, wenn nur die Endzustände Gleichgewichtszustände sind. Tatsächlich wird man während des Kühlvorgangs orts- und zeitabhängige Temperaturen in der Bierflasche erwarten.

Gelegentlich wird 'reversibel' als Bedingung für $dS = đQ/T$ angegeben. Die Definition von 'reversibel' in Kapitel 9 bezieht sich aber auf abgeschlossene Systeme und ist insofern nicht anwendbar. Betrachtet man dagegen zwei Teilsysteme, die Wärme und eventuell auch Arbeit austauschen, so ist $dS = đQ/T$ für jedes (nichtabgeschlossene) Teilsystem unter der Voraussetzung 'quasistatisch' gültig. Für das Gesamtsystem ist der Prozeß in der Regel nicht reversibel.

3. Hauptsatz

Quantenmechanische Systeme haben üblicherweise genau einen Zustand mit niedrigst möglicher Energie E_0, den Grundzustand. Dieser Zustand ist vom ersten angeregten Zustand durch eine endliche Energie $E_1 - E_0$ getrennt. Für geeignete Werte von E und δE gilt dann

$$\Omega(E) = 1 \quad \text{für } E - \delta E \le E_0 \le E \le E_1 \tag{12.22}$$

und

$$S(E) = k_{\mathrm{B}} \ln \Omega(E) \stackrel{E\to E_0}{\longrightarrow} 0 \qquad (12.23)$$

Im Gegensatz hierzu haben wir bisher immer Systeme und Energien betrachtet, für die sehr viele Zustände im δE-Intervall liegen.

Für die Anregung von Freiheitsgraden steht die Energie $E - E_0$ zur Verfügung. Damit wird (6.21) zu

$$\Omega(E) \propto (E - E_0)^{\gamma f} \qquad (12.24)$$

Hieraus folgt

$$\frac{1}{T} = k_{\mathrm{B}} \frac{\partial \ln \Omega}{\partial E} \propto \frac{\gamma f}{E - E_0} \stackrel{E\to E_0}{\longrightarrow} \infty \qquad (12.25)$$

Daher bedeutet $E \to E_0$ soviel wie $T \to 0$; dies entspricht der physikalischen Bedeutung der Temperatur als Energie pro Freiheitsgrad. Für die diskreten quantenmechanischen Zustände (mit E_0, E_1, ...) wird der Zusammenhang zwischen $E \to E_0$ und $T \to 0$ in Teil IV noch genauer begründet. Aus (12.23) und (12.25) folgt

$$S \stackrel{T\to 0}{\longrightarrow} 0 \qquad \text{(3. Hauptsatz)} \qquad (12.26)$$

Dies ist der 3. Hauptsatz, der auch Nernstsches Theorem genannt wird.

Experimentell läßt sich $T = 0$ nicht exakt erreichen; der derzeitige Weltrekord liegt bei etwa $T = 10^{-7}$ K (die Definition der Temperaturskala wird in Kapitel 14 diskutiert). In praktischen Anwendungen wird man vielfach $T \to 10^{-3}$ K als gleichwertig zu $T \to 0$ betrachten. Bei solchen Temperaturen befindet sich Materie im Grundzustand bezüglich fast aller möglicher Anregungen (Phononen, Elektronen). Dabei gibt es aber eine Ausnahme, nämlich die Einstellung der Spins von Atomkernen. Atomkerne mit ungerader Nukleonenzahl haben immer einen endlichen Spin. Dieser Kernspin wechselwirkt mit seiner Umgebung über sein kleines magnetisches Moment μ_{k}. Dieses magnetische Moment ist von der Größe des magnetischen Moments eines Nukleons und damit um etwa einen Faktor 1000 kleiner als das magnetische Moment eines Elektrons. Die Wechselwirkung der Kernspins untereinander und mit der Umgebung ist also extrem schwach. Für diese Kernspins kann daher eine Temperatur von $T = 10^{-3}$ K eine *hohe* Temperatur sein, in der alle möglichen Spinzustände zugänglich sind. Für N Kerne mit Spin 1/2 bedeutet dies, daß alle $\Omega_0 = 2^N$ Spineinstellungen (5.6) gleichwahrscheinlich sind. In diesem Fall geht die Entropie für kleine Temperaturen gegen den Wert $S_0 = \ln \Omega_0 = N k_{\mathrm{B}} \ln 2$. Der Wert S_0 hängt nur von der Art der Atomkerne, nicht aber von den anderen Parametern (etwa dem Volumen) des Systems ab. In diesem Sinn wird der 3. Hauptsatz auch in der Form

$$S \stackrel{T\to 0^+}{\longrightarrow} S_0 \qquad \text{(3. Hauptsatz)} \qquad (12.27)$$

angegeben. Dabei soll $T \to 0^+$ die Annäherung an eine praktisch erreichbare, sehr niedrige Temperatur bedeuten; und S_0 ist eine Konstante. Im Prinzip gilt (12.26) aber auch für Systeme mit Kernspin; denn auch die Kernspins werden sich bei einer hinreichend kleinen Temperatur in irgendeiner Weise ausrichten. Eine Ordnung der Spins setzt ein, wenn $k_{\mathrm{B}}T$ vergleichbar ist mit der Stärke der Wechselwirkung der Kernspins untereinander oder mit Restmagnetfeldern im Festkörper.

Ergänzungen

Die Hauptsätze bilden die Grundlagen der Thermodynamik, die die Relationen zwischen makroskopischen Größen untersucht. Dabei bezieht sich die Thermodynamik im wesentlichen auf Systeme im Gleichgewicht. Über Nichtgleichgewichtszustände werden, basierend auf dem Erfahrungssatz 'Isolierte Systeme bewegen sich ins Gleichgewicht', nur qualitative Aussagen gemacht. So ergibt sich aus der Gleichgewichtsbedingung '$T_1 = T_2$' bei Wärmeaustausch die qualitative Aussage, daß eine Temperaturdifferenz '$T_1 \neq T_2$' einen Wärmeübertrag einleitet, der vom Nichtgleichgewichtszustand zum Gleichgewichtszustand führt.

Im axiomatischen Sinn sind die drei Hauptsätze nicht vollständig. Für die Definition der Temperatur (durch ein Meßverfahren) benötigen wir insbesondere die Aussage, daß Gleichgewicht gegenüber Wärmeaustausch gleichbedeutend mit gleicher Temperatur ist. Dies wird gelegentlich als 0. Hauptsatz formuliert (Reif [1]). Für die praktische Anwendung benötigen wir auch den Erfahrungssatz, daß abgeschlossene Systeme sich tatsächlich (in endlicher Zeit) ins Gleichgewicht bewegen; verglichen damit ist $\Delta S \geq 0$ eine sehr schwache Aussage.

Übung:

Diskutieren Sie die Funktion $f(z) = z - \ln z$. Bestimmen Sie alle Extrema und skizzieren Sie den Graphen der Funktion. Geben Sie das maximale y_0 an, für das $f(z) \geq y_0$ gilt. Was folgt daraus für (12.18)?

Übung

Ein 750 g schweres Kupferkalorimetergefäß enthält 200 g Wasser und befindet sich mit diesem bei 20 °C im Gleichgewicht. Ein Experimentator legt 30 g Eis mit 0 °C in das thermisch isolierte Kalorimeter.

Es wird nun gewartet, bis sich wieder ein Gleichgewichtszustand eingestellt hat. Wie groß ist die Wassertemperatur des Endzustands? Berechnen Sie die Entropieänderung bei diesem Prozeß. Verwenden Sie dazu die Angaben von Tabelle 12.1.

Übung

Ein Kilogramm Wasser von 10 °C wird mit einem Wärmespeicher von 90 °C in thermischen Kontakt gebracht. Danach stellt sich ein neues Gleichgewicht ein. Berechnen Sie für diesen Prozeß die Entropieänderung des Wassers, des Wärmespeichers und des Gesamtsystems.

Übung

Ein Mol eines Stoffes A mit der Anfangstemperatur T_A werde mit einem Mol eines Stoffes B mit der Anfangstemperatur T_B in thermischen Kontakt gebracht. Die Temperaturänderung bei Wärmezufuhr sei durch

$$đQ_A = C_A \, dT, \qquad đQ_B = C_B \, dT$$

mit näherungsweise konstanten Wärmekapazitäten C_A und C_B gegeben.

Bestimmen Sie die Temperatur des sich einstellenden Gleichgewichtszustands. Berechnen Sie die Änderung der Entropie des Gesamtsystems ΔS bei diesem Prozeß. Zeigen Sie $\Delta S \geq 0$.

Übung

Ein Gummiband werde als System mit dem einzigen äußeren Parameter Länge L betrachtet. Das Gummiband sei mit der Kraft f vorgespannt. Dann ist $đW = -f\,dL$. Aus $dE = đQ - đW$ und $dS = đQ/T$ folgt dann

$$T\,dS = dE - f\,dL$$

Als mikroskopisches Modell für das Gummiband betrachten wir eine Kette aus N Gliedern der Länge d. Alle Glieder liegen auf einer Geraden; das jeweils nächste Glied ist mit gleicher Wahrscheinlichkeit nach rechts oder nach links gerichtet. Ein Bild einer solchen Kette erhält man, wenn man einen eindimensionalen random walk mit einen Bleistift verfolgt. Die Wahrscheinlichkeit, unter den 2^N möglichen Zuständen einen mit $L = md = (n_+ - n_-)\,d$ zu finden, ist durch das $P_N(m)$ aus (2.7) gegeben. Die eindimensionale Kette soll die polymeren Makromoleküle des Gummis simulieren.

Zeigen Sie, daß für $m \ll N$ gilt:

$$S(L) = S(0) - \frac{k_{\mathrm{B}} L^2}{2Nd^2} \quad \text{und} \quad f = \frac{L k_{\mathrm{B}} T}{Nd^2}$$

Kapitel 13

Statistische Physik und Thermodynamik

Wir fassen die Grundlagen der Statistischen Physik, wie sie in den Kapiteln 5 – 12 eingeführt wurden, zusammen. Dabei stellen wir die Hauptaufgaben der Statistischen Physik und der Thermodynamik gegenüber.

Statistische Physik

Die Statistische Physik geht von der mikroskopischen Struktur des betrachteten Systems aus und behandelt die mikroskopischen Freiheitsgrade statistisch. Dies führt zu Aussagen über makroskopische Größen und ihre Beziehungen untereinander. Wir beschränken uns dabei weitgehend auf Gleichgewichtszustände.

Die Ableitung der makroskopischen Eigenschaften eines Gleichgewichtssystems aus seiner mikroskopischen Struktur kann schematisch so dargestellt werden:

$$H(x) \xrightarrow{1.} E_r(x) \xrightarrow{2.} \Omega(E,x) \xrightarrow{3.} S(E,x),\ T(E,x),\ X(E,x) \qquad (13.1)$$

Wir erläutern die einzelnen Schritte allgemein und speziell für das ideale Gas:

1. Ausgangspunkt ist der Hamiltonoperator H des Systems. Die Parameter, von denen H abhängt, bezeichnen wir zusammenfassend mit $x = (x_1, ..., x_n)$. Diese Parameter können etwa die Teilchenzahl, das Volumen und ein äußeres magnetisches Feld sein. Der erste Schritt (erster Pfeil in (13.1)) besteht in der Bestimmung der Eigenwerte $E_r(x)$ von $H(x)$. Dadurch sind die

$$\text{Mikrozustände } r \text{ mit der Energie } E_r(x) \qquad (13.2)$$

des Systems bestimmt. Für die betrachteten Vielteilchensysteme ist die Bestimmung der Eigenwerte von H ein komplexes im allgemeinen nicht lösbares Problem. Daher untersucht man oft Modell-Hamiltonoperatoren oder Näherungslösungen.

2. Der zweite Schritt besteht in der Berechnung der Zustandssumme

$$\Omega(E,x) = \sum_{r:\, E-\delta E \le E_r(x) \le E} 1 \tag{13.3}$$

Auch dies ist ein nichttrivialer Schritt. Dazu halte man sich vor Augen, daß die Summe über r aus f Summen über die Quantenzahlen n_i in $r = (n_1, ..., n_f)$ besteht. Für $f = \mathcal{O}(10^{24})$ sind diese Summen nur in besonders einfachen Fällen ausführbar.

3. Für den dritten Schritt wird das grundlegende Postulat, also

$$P_r = \begin{cases} \dfrac{1}{\Omega(E,x)} & E - \delta E \le E_r(x) \le E \\ 0 & \text{sonst} \end{cases} \tag{13.4}$$

vorausgesetzt. Wir beschränken uns damit auf Gleichgewichtszustände. Diese Makrozustände sind durch die Parameter E und x festgelegt; daher können alle anderen makroskopischen Größen durch E und x ausgedrückt werden. Zu diesen makroskopischen Größen gehören insbesondere die Entropie, die Temperatur und die verallgemeinerten Kräfte:

$$S(E,x) = k_{\mathrm{B}} \ln \Omega(E,x) \tag{13.5}$$

$$\frac{1}{T} = \frac{\partial S(E,x)}{\partial E}, \qquad \frac{X_i}{T} = \frac{\partial S(E,x)}{\partial x_i} \tag{13.6}$$

Der dritte Schritt in (13.1) besteht konkret in der Gleichsetzung (13.5) und der Berechnung der partiellen Ableitungen (13.6). Er impliziert nichttriviale Voraussetzungen wie die Existenz von Gleichgewichtszuständen und deren Beschreibung durch das grundlegende Postulat. Er stellt die Verbindung zwischen der mikroskopischen (Ω) und der makroskopischen (S) Ebene her und ist damit begrifflich von entscheidender Bedeutung. Als auszuführender Schritt ist er aber im Gegensatz zu den ersten beiden Schritten trivial; man muß ja lediglich S mit $k_{\mathrm{B}} \ln \Omega$ gleichsetzen und die partiellen Ableitungen bilden.

Die ersten beiden Schritte können auch für klassische Systeme durchgeführt werden. Dann ist H die Hamiltonfunktion, und bei der Abzählung (13.3) ist zu berücksichtigen, daß jedem Mikrozustand ein endliches Volumenelement des Phasenraums entspricht.

Für konkrete Systeme werden wir später im zweiten Schritt meist nicht Ω sondern andere Zustandssummen (Teil IV) auswerten. Aus ihnen folgen so wie hier im dritten Schritt alle relevanten makroskopischen Größen.

Für ein ideales, einatomiges Gas (Kapitel 6) gehen wir die skizzierten Schritte noch einmal im einzelnen durch:

1. Der Hamiltonoperator $H(x)$ ist durch (6.2) gegeben; die äußeren Parameter sind $x = (V, N)$. Die Mikrozustände r und ihre Energie E_r sind

$$r = (n_1, \ldots, n_{3N}), \qquad E_r(V, N) = \sum_{k=1}^{3N} \frac{\pi^2 \hbar^2}{2m L^2}\, n_k^2 \tag{13.7}$$

2. Die Auswertung der Zustandssumme mit diesen E_r ergibt (6.20),

$$\ln \Omega(E, V, N) = N \ln\left(\frac{V}{N}\right) + \frac{3}{2}\, N \ln\left(\frac{E}{N}\right) + N \ln c \tag{13.8}$$

3. Hieraus folgt die Entropie

$$S(E, V, N) = N k_{\rm B} \ln\left(\frac{V}{N}\right) + \frac{3}{2}\, N k_{\rm B} \ln\left(\frac{E}{N}\right) + N k_{\rm B} \ln c \tag{13.9}$$

Der erste Teil von (13.6) ergibt die kalorische Zustandsgleichung

$$E = \frac{3}{2}\, N k_{\rm B} T \tag{13.10}$$

Für $x = V$ und $X = P$ ergibt der zweite Teil von (13.6) die thermische Zustandsgleichung

$$PV = N k_{\rm B} T \tag{13.11}$$

Wie hier allgemein und speziell für das ideale Gas skizziert, leitet die Statistische Physik aus der mikroskopischen Struktur des Systems Beziehungen zwischen makroskopischen Variablen ab. In Teil V diskutieren wir solche Ableitungen für zahlreiche Systeme.

Thermodynamik

Die Thermodynamik befaßt sich allein mit makroskopischen Größen und ihren Beziehungen untereinander; sie nimmt dabei keinen Bezug auf die zugrundeliegende mikroskopische Struktur. Historisch entwickelte sie sich als Disziplin, bevor die Verbindung mit der mikroskopischen Struktur bekannt war. Diese Verbindung läßt sich durch die zentrale Gleichung $S = k_B \ln \Omega$ charakterisieren. Sie wurde von Boltzmann zu einer Zeit aufgestellt, als S nur makroskopisch (als Meßgröße) definiert war.

Hauptsätze

Die Statistische Physik geht vom Hamiltonoperator des betrachteten Systems und vom grundlegenden Postulat aus. Dagegen wird die Thermodynamik auf den Hauptsätzen aufgebaut:

$$dE = đQ - đW \qquad \text{1. Hauptsatz} \qquad (13.12)$$

$$\left.\begin{array}{ll} \Delta S \geq 0 & \text{(abgeschlossenes System)} \\ dS = đQ/T & \text{(quasistatischer Prozeß)} \end{array}\right. \qquad \text{2. Hauptsatz} \qquad (13.13)$$

$$S \xrightarrow{T \to 0} 0 \qquad \text{3. Hauptsatz} \qquad (13.14)$$

Die Hauptsätze können als Grundgesetze der Thermodynamik aufgefaßt werden, etwa so wie die Newtonschen Axiome für die Mechanik oder die Maxwellgleichungen für die Elektrodynamik. Solche Naturgesetze können nicht abgeleitet werden. Sie werden entweder postuliert, oder als Verallgemeinerung der Beschreibung von Schlüsselexperimenten aufgestellt.

In den vorhergehenden Kapiteln haben wir die Hauptsätze im Zusammenhang mit der zugrundeliegenden mikroskopischen Struktur eingeführt. Dabei haben wir sie teilweise plausibel gemacht. Dazu sei etwa an die Diskussion der Unwahrscheinlichkeit erinnert, alle Atome eines idealen Gases zufällig in einem Teilvolumen zu finden (Kapitel 9); dieses Beispiel beleuchtete die statistische Grundlage der faktischen Unmöglichkeit eines Prozesses mit $\Delta S < 0$ im abgeschlossenen System. Für die Aufstellung der Hauptsätze haben wir uns aber auch auf Erfahrungssätze berufen, zu denen insbesondere das Streben eines abgeschlossenen Systems ins Gleichgewicht gehört. Darüberhinaus gingen Definitionen ein, die sich auf die experimentellen Bedingungen bezogen; dies gilt etwa für die Klassifikation der möglichen Energieüberträge im 1. Hauptsatz.

Meßgrößen

In den vorherigen Kapiteln haben wir makroskopische Größen (insbesondere die Entropie und die Temperatur) mikroskopisch definiert. Hieraus ergeben sich Eigenschaften dieser Größen, die es erlauben, sie mit Meßgrößen zu verknüpfen. Eine zentrale Eigenschaft der Temperatur war (10.18),

$$T_{\mathrm{A}} = T_{\mathrm{B}} \qquad \text{(Gleichgewicht bei thermischem Kontakt)} \qquad (13.15)$$

In der Thermodynamik selbst fehlt die Verbindung zur mikroskopischen Ebene. Die makroskopischen Größen sind hier von vornherein als Meßgrößen einzuführen. Dabei wird (13.15) vorausgesetzt.

Zustandsgleichungen

Die Hauptsätze beziehen sich nicht auf bestimmte Systeme. Die daraus folgenden Aussagen gelten daher ganz allgemein. Eine solche Aussage ist zum Beispiel der Wirkungsgrad einer idealen Wärmekraftmaschine. Detailliertere Aussagen erhält man, wenn man zusätzlich die Zustandsgleichungen des betrachteten Systems verwendet. In der Statistik werden diese Zustandsgleichungen nach dem Schema (13.1) bestimmt; in der Thermodynamik werden sie als Annahmen oder phänomenologische Ansätze eingeführt.

Wir werden vorwiegend *homogene Systeme im Gleichgewicht* betrachten. Ein homogenes System ist überall im Bereich des Volumens V von gleicher Struktur. Dies gilt zum Beispiel für ein Gasvolumen oder einen Kupferstab, nicht aber für das System 'Gas und Kasten' oder für einen versilberten Kupferstab; diese zusammengesetzten Systeme können eventuell als zwei homogene Systeme behandelt werden. Häufig tritt für homogene Systeme neben dem Volumen V nur noch die Teilchenzahl N als äußerer Parameter auf. Dabei kann der Parameter $N = M/m$ durch die Masse M des Systems ersetzt werden; insofern setzt dieser Parameter keine mikroskopische Information voraus.

Wenn lediglich die äußeren Parameter V und N auftreten, dann ist der Gleichgewichtszustand durch E, V und N bestimmt. Damit liegen auch

$$T = T(E, V, N) \qquad P = P(E, V, N) \qquad (13.16)$$

fest. Die nach E aufgelöste erste Beziehung wird zu

$$E = E(T, V, N) \qquad \text{kalorische Zustandsgleichung} \qquad (13.17)$$

Setzen wir dies in die zweite Beziehung ein, erhalten wir

$$P = P(T, V, N) \qquad \text{thermische Zustandsgleichung} \qquad (13.18)$$

Wie wir in der Thermodynamik sehen werden, sind diese beiden Zustandsgleichungen nicht völlig unabhängig voneinander. Während die Zustandsgleichungen in der Statistischen Physik aus der mikroskopischen Struktur abgeleitet werden (wie (13.10) und (13.11), und in Teil V), sind sie in der Thermodynamik zusätzliche *Annahmen* oder *phänomenologische Ansätze*.

Gleichgewichtszustände

Ausgehend von der mikroskopischen Struktur $H(x)$ ergab sich, daß der Gleichgewichtszustand eines Systems durch die Energie E und die Parameter $x = (x_1, ..., x_n)$ bestimmt ist. Alle anderen makroskopischen Größen wie S, T, P oder X sind im Gleichgewichtszustand ebenfalls festgelegt, sie sind daher Funktionen von E und $x_1, ..., x_n$. Dann kann man den Gleichgewichtszustand auch durch $n + 1$ andere makroskopische Größen festlegen:

$$\text{Gleichgewichtszustand} = \left\{ \begin{array}{c} E,\, x_1 \ldots x_n \\ \text{oder} \\ y_1, \ldots y_{n+1} \end{array} \right. = \left\{ \begin{array}{l} E,\, V \\ T,\, V \\ T,\, P \\ V,\, P \\ S,\, V \\ \vdots \end{array} \right. \tag{13.19}$$

Die Beispiele auf der rechten Seite beziehen sich auf den häufigen Fall, daß die äußeren Parameter V und $N = \text{const.}$ sind. Wenn N bei allen betrachteten Prozessen konstant ist, muß diese Größe zur Spezifikation des Zustands nicht explizit angegeben werden.

In der Statistischen Physik sind zunächst diejenigen Parameter ausgezeichnet, von denen der Hamiltonoperator abhängt. Zusammen mit E legen diese äußeren Parameter den Gleichgewichtszustand fest. Die Bevorzugung der Parameter E und x wird in der Thermodynamik durch eine Gleichberechtigung aller möglichen Parametersätze (13.19) ersetzt. Welche der gleichberechtigten Parametersätze man tatsächlich verwendet, hängt von pragmatischen Gesichtspunkten ab. Viele Rechnungen in der Thermodynamik betreffen den Übergang zwischen verschiedenen Variablen.

Übung

Es wird das Spinsystem aus der letzten Übung in Kapitel 5 betrachtet. Wie lautet die Beziehung zwischen der Energie E und der Temperatur T? Wie hängt die Magnetisierung $M = \mu_B \overline{(n_1 - n_2)}/V$ von B und T ab?

Kapitel 14

Messung makroskopischer Parameter

In diesem Kapitel diskutieren wir die Definition der makroskopischen Größen durch Meßverfahren. Insbesondere müssen die zunächst mikroskopisch definierte Entropie ($S = k_{\mathrm{B}} \ln \Omega$) und Temperatur ($1/T = \partial S/\partial E$) mit Meßgrößen verknüpft werden.

Energie

Wir betrachten zwei Gleichgewichtszustände a und b eines Systems. Wir messen die Arbeit A_{ab}, die nötig ist, um von a nach b zu kommen. Wegen der Energieerhaltung gilt

$$E_b - E_a = A_{ab} = \text{am System geleistete Arbeit} \tag{14.1}$$

Die Definition der Arbeit als Meßgröße wird vorausgesetzt. Dann definiert (14.1) die Messung von Energiedifferenzen. Die Einheit der Energie ist

$$[E] = \mathrm{J} = \mathrm{Nm} = \mathrm{VA\,s} \tag{14.2}$$

also Joule, Newton-Meter oder Volt-Ampère-Sekunde. Durch (14.1) ist die Energie beliebiger Systeme bis auf eine Konstante festgelegt. Diese Konstante wird offengelassen; alternativ kann auch ein beliebiger Gleichgewichtszustand a als Energienullpunkt gewählt werden.

Am Beispiel eines Gases erläutern wir, wie man durch Arbeitsleistung von einem Zustand a nach b kommt. Ein Gleichgewichtszustand einer bestimmten Menge Gas kann durch den Druck P und das Volumen V festgelegt werden; die Teilchenzahl N sei konstant. Dann sind zwei beliebige Zustände durch

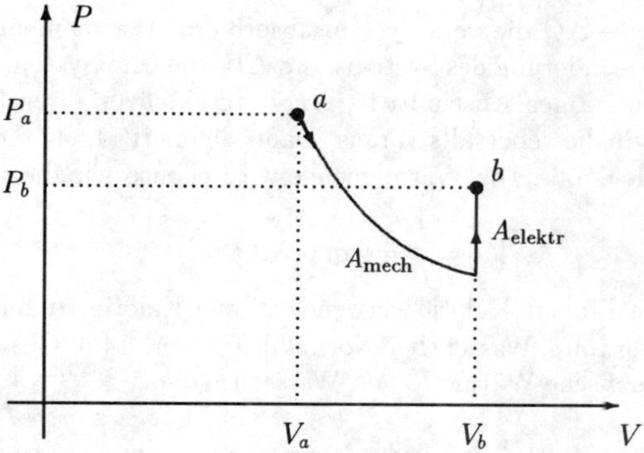

Abbildung 14.1: Die Energiedifferenz zwischen zwei Gleichgewichtszuständen a und b kann durch Messung der zugeführten Arbeit bestimmt werden.

P_a, V_a und P_b, V_b festgelegt, also durch zwei Punkte im P-V-Diagramm in Abbildung 14.1.

Es sei $V_a < V_b$. Dann expandieren wir das thermisch isolierte Gas quasistatisch von V_a nach V_b. Dabei leistet das Gas die Arbeit $\Delta W = -A_{\mathrm{mech}} > 0$ und erreicht einen neuen Gleichgewichtszustand P_b', V_b. Es sei $P_b' < P_b$. Dann führen wir bei konstantem Volumen V_b über einen Heizwiderstand elektrische Energie A_{elektr} zu, bis der gewünschte höhere Druck P_b erreicht ist. Da die äußeren Parameter (also das Volumen) konstant bleiben, ist A_{elektr} gleich der vom System aufgenommenen Wärme, $\Delta Q = A_{\mathrm{elektr}} > 0$. In Form des 1. Hauptsatzes lautet die Energiebilanz (14.1) daher

$$E_b - E_a = \Delta E = \Delta Q - \Delta W = A_{\mathrm{elektr}} + A_{\mathrm{mech}} \tag{14.3}$$

Mit dem angegebenen Verfahren können zwei beliebige Zustände P_a, V_a und P_b, V_b miteinander verbunden werden. Die Richtung des Prozesses ($a \to b$ oder $b \to a$) ist dann so zu wählen, daß $A_{\mathrm{elektr}} > 0$; das Vorzeichen von A_{mech} kann dagegen beliebig sein.

Die Arbeit A_{ab} entspricht im allgemeinen nicht der Arbeit ΔW, wie sie für den 1. Hauptsatz definiert wurde; daher wurde auch ein anderes Symbol verwendet. Für (14.2) oder (14.3) ist es aber nur wichtig, daß die Größen auf der rechten Seite, A_{elektr} und A_{mech}, bekannte Meßgrößen sind.

Wärmemenge

Für einen beliebigen Prozeß $a \to b$ können wir den 1. Hauptsatz in der Form

$$\Delta Q = \Delta E + \Delta W \tag{14.4}$$

schreiben. Dabei ist ΔQ die vom System absorbierte Wärmemenge, $\Delta E = E_b - E_a$ die Energieänderung des Systems und ΔW die vom System geleistete Arbeit. Nach dem vorigen Abschnitt ist ΔE durch Meßverfahren festgelegt; für ΔW setzen wir dies ebenfalls voraus. Dann definiert (14.4) die Wärmemenge ΔQ als Meßgröße. Die Wärmemenge wird ebenso wie die Energie in Joule gemessen,

$$[Q] = \mathrm{J} = \mathrm{Nm} = \mathrm{VAs} \tag{14.5}$$

Früher wurde die Einheit Kalorie verwendet. Eine Kalorie ist die Wärmemenge, die ein Gramm Wasser bei Normaldruck von 14.5 °C auf 15.5 °C erwärmt. Die spezifische Wärme c_P von Wasser ist also

$$c_P = 1\,\frac{\mathrm{cal}}{\mathrm{g\,K}} = 4.1868\,\frac{\mathrm{J}}{\mathrm{g\,K}} \qquad (\text{Wasser, } P = 1\,\mathrm{atm},\ T \approx 15\,^\circ\mathrm{C}) \tag{14.6}$$

Hieraus ergibt sich die Umrechnung $1\,\mathrm{cal} \approx 4.2\,\mathrm{J}$ zwischen Kalorie und Joule. Die Einheit K in (14.6) steht für das unten zu definierende Kelvin.

Verallgemeinerte Kräfte

Die äußeren Parameter $x = (x_1, ..., x_n)$ sind makroskopische Meßgrößen; Beispiele sind das Volumen V, die Teilchenzahl N (äquivalent zur Masse) und ein äußeres Magnetfeld B. Wenn der i-te Parameter quasistatisch geändert wird, leistet das System die Arbeit

$$đW = X_i\, dx_i \qquad (\text{quasistatisch, } dx_{j\neq i} = 0) \tag{14.7}$$

Hierdurch ist die verallgemeinerte Kraft X_i als Quotient $đW/dx_i$ der meßbaren Größen $đW$ und dx_i definiert.

Ist der betrachtete Parameter speziell das Volumen, $x_i = V$, dann ist die verallgemeinerte Kraft der Druck, $X_i = P$. Nach (14.7) hat er die Dimension Energie pro Volumen, oder Kraft pro Fläche (8.8). Die Einheit des Drucks ist

$$[P] = \mathrm{Pa} = \mathrm{Pascal} = \frac{\mathrm{N}}{\mathrm{m}^2} = 10^{-5}\,\mathrm{bar} \tag{14.8}$$

Andere, früher gebräuchliche Einheiten sind $1\,\mathrm{at} = 1\,\mathrm{kp/cm^2} \approx 0.98\,\mathrm{bar}$ (technische Atmosphäre, kp = Kilopond) und $1\,\mathrm{atm} = 760\,\mathrm{Torr} \approx 1.013\,\mathrm{bar}$ (physikalische Atmosphäre = Normaldruck).

Für den Parameter $x_i = N$ ist die verallgemeinerte Kraft gleich dem negativen chemischen Potential $X_i = -\mu$ (Kapitel 20). Für das Magnetfeld $x_i = B$ ist die verallgemeinerte Kraft, wie in (8.7) angegeben, gleich dem magnetischen Moment $X_i = MV$.

Temperatur

Wir kommen nun zum zentralen Thema dieses Kapitels, der Messung der Temperatur. Für die in Kapitel 10 eingeführte Temperatur gilt:

$$T_{\mathrm{A}} = T_{\mathrm{M}} \qquad \begin{array}{l}\text{(Gleichgewicht zwischen A und M}\\ \text{bei thermischem Kontakt)}\end{array} \tag{14.9}$$

Außerdem haben wir die Zustandsgleichung (13.11) für ein ideales Gas abgeleitet,

$$PV = N k_{\mathrm{B}} T \tag{14.10}$$

Wir betrachten zwei makroskopische Gleichgewichtssysteme A und B mit den (unbekannten) Temperaturen T_{A} und T_{B}. Zur Temperaturmessung benutzen wir ein drittes System M, das aus einer kleinen Menge eines idealen Gases in einem festen Volumen besteht. Das System M bringen wir zunächst mit A, dann mit B in Kontakt. Da die Gasmenge klein ist, verändert sich die Temperatur des zu messenden Systems nicht merklich (vergleiche hierzu die Diskussion 'Bierflasche + See' in Kapitel 12). Nach (14.9) nimmt das Gas daher beim Kontakt mit A die Temperatur $T_{\mathrm{M}} = T_{\mathrm{A}}$ an, und beim Kontakt mit B die Temperatur $T_{\mathrm{M}} = T_{\mathrm{B}}$. Nach (14.10) hat das Gas dann den Druck $P_{\mathrm{A}} = N k_{\mathrm{B}} T_{\mathrm{A}}/V$ beziehungsweise $P_{\mathrm{B}} = N k_{\mathrm{B}} T_{\mathrm{B}}/V$. Daraus folgt

$$\frac{T_{\mathrm{A}}}{T_{\mathrm{B}}} = \frac{P_{\mathrm{A}}}{P_{\mathrm{B}}} \tag{14.11}$$

Die Drücke P_{A} und P_{B} des Gases können gemessen werden. Dadurch ist die Messung des Verhältnisses $T_{\mathrm{A}}/T_{\mathrm{B}}$ zweier beliebiger Systeme definiert.

Ein reales Gas nähert sich für geringe Dichte dem idealen Gas an. Daher ersetzen wir (14.11) praktisch durch

$$\left(\frac{P_{\mathrm{A}}}{P_{\mathrm{B}}}\right)_{\mathrm{real}} \overset{N/V \to 0}{\longrightarrow} \left(\frac{P_{\mathrm{A}}}{P_{\mathrm{B}}}\right)_{\mathrm{ideal}} = \frac{T_{\mathrm{A}}}{T_{\mathrm{B}}} \tag{14.12}$$

Man mißt den Druck eines realen Gases im Kontakt mit A und B für verschiedene Dichten. Dann trägt man $P_{\mathrm{A}}/P_{\mathrm{B}}$ über der Dichte N/V auf. Aus diesem Plot ergibt sich der gesuchte Grenzwert für $N/V \to 0$. Dieses Verfahren ist allerdings nicht für sehr kleine Temperaturen geeignet, da schließlich alle realen Gase zu Flüssigkeiten kondensieren. Hierfür muß Gleichung (14.10) dann durch eine andere Beziehung ersetzt werden, die neben T nur meßbare Größen enthält.

Wenn wir für ein bestimmtes System B den Wert von T_{B} willkürlich festlegen, so bestimmt (14.11) den Wert von T_{A} aller möglichen Systeme A. Als Standardsystem zur Definition eines Fixpunktes nimmt man ein System von

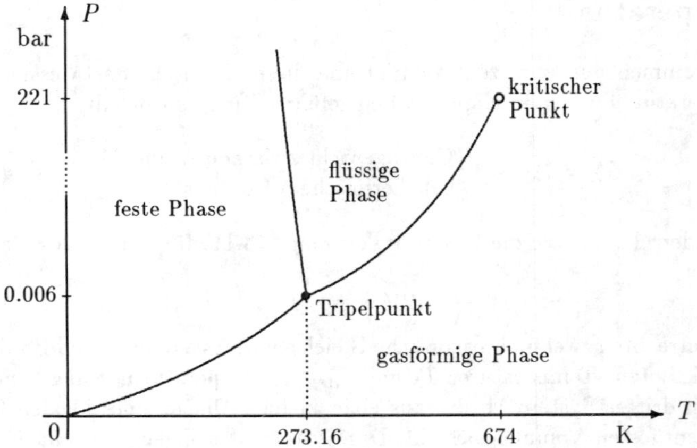

Abbildung 14.2: Die schematische Abbildung zeigt das Zustandsdiagramm von Wasser. Die Temperatur des Tripelpunkts erhält durch Definition *exakt* den Wert 273.16 K. Dadurch ist die Einheit Kelvin festgelegt. In der Skizze sind auch die Temperatur und der Druck des kritischen Punkts angegeben.

reinem Wasser, bei dem die drei Phasen, Wasserdampf, Wasser und Eis, im Gleichgewicht sind. Für diesen Tripelpunkt von Wasser legt man als Konvention fest:

$$T_{\mathrm{t}} \stackrel{\mathrm{def}}{=} 273.16\ \mathrm{K} \qquad (\mathrm{K} = \mathrm{Kelvin}) \tag{14.13}$$

Dabei wird exakt dieser Zahlenwert, also 273.160000... , vereinbart. Die Einheit Kelvin ist eine Einheit wie Grad bei der Winkelmessung. So ist 1 K einfach der 1/273.16–te Teil der Temperaturspanne zwischen $T = 0$ und T_{t}. Um dies anzudeuten, könnte man auch 'Grad Kelvin' (also °K) einführen; diese Verschnörkelung ist aber nicht üblich.

An dieser Stelle seien einige Anmerkungen zu dem in Abbildung 14.2 gezeigten Zustandsdiagramm (auch Phasendiagramm genannt) von Wasser eingefügt. Der Gleichgewichtszustand einer bestimmten Menge Wasser kann durch zwei Parameter festgelegt werden; experimentell besonders leicht zugänglich sind der Druck P und die Temperatur T. Im P-T-Diagramm entspricht jeder Punkt einem bestimmten Gleichgewichtszustand. In gewissen P-T-Bereichen tritt dabei Wasser als Flüssigkeit, als Festkörper (Eis) oder als Gas (Wasserdampf) auf. Zwei dieser *Phasen* sind im allgemeinen durch eine Kurve im P-T-Diagramm voneinander getrennt, Abbildung 14.2. Für P-T-Werte auf dieser Kurve sind die beiden angrenzenden Phasen miteinander im Gleichgewicht. Schwimmen zum Beispiel in einem thermisch isolierten Kübel Eisstücke in Wasser, so ist die Temperatur des Wassers und des Eises

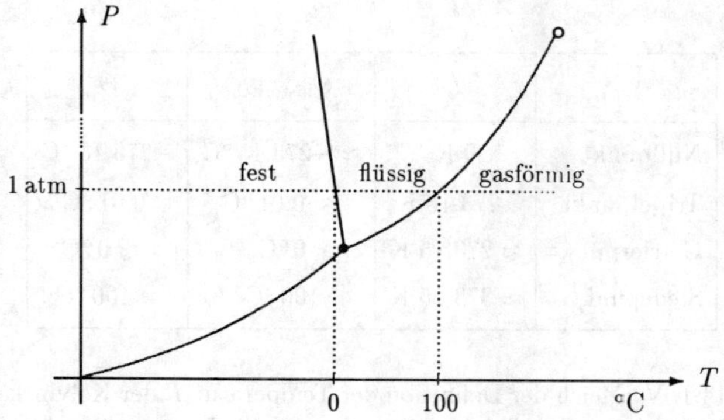

Abbildung 14.3: Die historische Celsiusskala wurde durch den Schmelz- und Siedepunkt von Wasser bei Normaldruck (1 atm ≈ 1.013 bar) definiert. Diese Punkte erhalten die Temperaturwerte 0 °C und 100 °C. Die Skizze ist nicht maßstäblich; so liegt zum Beispiel der Tripelpunkt bei 0.01 °C, also im gegebenen Maßstab praktisch bei der gleichen Temperatur wie der Schmelzpunkt.

eine eindeutige Funktion des Drucks. An einem bestimmten Punkt im Zustandsdiagramm (Abbildung 14.2) stoßen die drei Kurven, die jeweils zwei Phasen trennen, zusammen. Ein System, in dem Wasser, Eis und Wasserdampf im Gleichgewicht sind, hat also eine definierte Temperatur und eignet sich deshalb zur Festlegung der Temperaturskala.

Celsius-Skala

Ergänzend definieren wir eine Temperatur Θ der Celsiusskala durch

$$\Theta \stackrel{\text{def}}{=} \left(\frac{T}{\text{K}} - 273.15\right) {}^\circ\text{C} \tag{14.14}$$

Damit ist eine Temperaturdifferenz von 1 Kelvin exakt gleich 1 Grad Celsius,

$$\Delta T = 1\,\text{K} = 1\,{}^\circ\text{C} = \Delta\Theta \tag{14.15}$$

Wegen der verschiedenen Einheiten wurden in (14.14) unterschiedliche Symbole eingeführt, also T und Θ. Praktisch ist durch die Angabe der Einheit eindeutig festgelegt, welche Skala verwendet wird. Daher verwenden wir im praktischen Gebrauch auch das Symbol T für die Celsius-Skala, etwa $T = 15\,{}^\circ\text{C}$.

Historisch wurde die Celsiusskala über den Gefrier- und Siedepunkt von Wasser bei Normaldruck definiert, siehe Abbildung 14.3 und Tabelle 14.1. Die

	T	$\Theta_{\text{historisch}}$	Θ
Nullpunkt	0 K	$\approx -273.15\,°\mathrm{C}$	$-273.15\,°\mathrm{C}$
Tripelpunkt	273.16 K	$\approx 0.01\,°\mathrm{C}$	$0.01\,°\mathrm{C}$
Gefrierpunkt	≈ 273.15 K	$0\,°\mathrm{C}$	$\approx 0\,°\mathrm{C}$
Siedepunkt	≈ 373.15 K	$100\,°\mathrm{C}$	$\approx 100\,°\mathrm{C}$

Tabelle 14.1: Vergleich der Definition der Temperatur T der Kelvinskala und Θ der Celsiusskala. Der Tripel-, Gefrier- und Siedepunkt bezieht sich auf Wasser; der Gefrier- und Siedepunkt zusätzlich auf Normaldruck. Sofern kein '$\approx$'–Zeichen angegeben ist, gelten die Zahlenwerte exakt.

Wahl des Zahlenwertes in (14.13) zusammen mit der Festlegung (14.14) erfolgte so, daß

$$\Theta \approx \Theta_{\text{historisch}} \tag{14.16}$$

Tabelle 14.1 vergleicht die Kelvinskala, die historische und die aktuelle Celsiusskala miteinander. Die Unterschiede zwischen der historischen und aktuellen Celsiusskala sind von der Ordnung $10^{-3}\,°\mathrm{C}$.

Zur Zeit der Einführung der Celsiusskala war die Existenz einer unteren Temperaturgrenze, des absoluten Nullpunkts $T = 0$, eine zukünftige Erkenntnis. Auf der historischen Celsiusskala ist die Temperatur des Nullpunkts daher eine experimentell zu bestimmende Temperatur. Die später eingeführte Temperatur T impliziert die Existenz des Nullpunkts und wird daher auch 'absolute' Temperatur genannt. Wir verwenden diese Bezeichnung nicht.

Thermometer

Das angegebene Verfahren, (14.10) – (14.12), definiert T als Meßgröße. Es ist aber als praktische Meßvorschrift nur bedingt geeignet. Wir diskutieren daher noch die Frage von geeigneten Meßapparaten für T. Als solche *Thermometer* kommen alle makroskopischen Systeme M in Frage, die zwei Bedingungen erfüllen:

1. Ein makroskopischer Parameter ϑ ändert sich um geeignete Beträge, wenn M in thermischen Kontakt mit anderen Systemen gebracht wird.

2. Das System M muß hinreichend klein sein verglichen mit dem zu testenden System.

Die erste Bedingung impliziert, daß die jeweilige Änderung von ϑ einfach ablesbar ist. Die zweite Bedingung soll garantieren, daß die Störung des zu testenden Systems vernachlässigbar klein ist. Ob ein System M geeignet ist, hängt von der Anwendung ab, insbesondere vom zu messenden Temperaturbereich, den zu untersuchenden Systemen und der gewünschten Genauigkeit. Beispiele für solche Systeme M sind:

— Quecksilberthermometer: $\vartheta = h =$ Höhe der Säule.

— Gas bei konstantem Druck: $\vartheta = V$.

— Elektrischer Widerstand: $\vartheta = R$ (Widerstand) oder $\vartheta = I$ (Strom).

Ein solches Thermometer wird nun mit Systemen in Kontakt gebracht, deren Temperatur T bekannt ist (zum Beispiel Wasser am Tripelpunkt). Durch Ablesen werden den ϑ-Werten T-Werte zugeordnet:

$$T = T_{\mathrm{M}}(\vartheta) \qquad \text{(Eichung)} \tag{14.17}$$

Konkret bedeutet dies, daß an dem betrachteten Thermometer eine Skala für T angebracht werden kann. Zwei verschiedene, so geeichte Thermometer M und M′ zeigen dann die gleiche Temperatur an.

Entropie

Für einen quasistatischen Prozeß $a \to b$ gilt

$$S_b - S_a = \int_{a,\,\text{quasistat.}}^{b} \frac{đQ}{T} \tag{14.18}$$

Diese Beziehung führt die Entropiemessung auf Wärmemengen- und Temperaturmessungen zurück. Damit sind die Entropiedifferenzen zwischen allen Gleichgewichtszuständen meßbar. Der absolute Wert der Entropie kann durch den 3. Hauptsatz festgelegt werden.

Die Einheit der Entropie ist

$$[S] = \frac{\mathrm{J}}{\mathrm{K}} \tag{14.19}$$

Boltzmannkonstante

Die Definition (14.13) legt die Boltzmannkonstante k_{B} fest. Ein ideales Gas mit N Atomen in einem Volumen V hat bei T_{t} einen bestimmten Druck P. Setzt man die gemessenen Werte für P, V und N und $T_{\mathrm{t}} = 273.16$ K in (14.10) ein, so folgt daraus der Wert für k_{B}:

$$k_{\mathrm{B}} = (1.38054 \pm 0.00018) \cdot 10^{-23}\,\frac{\mathrm{J}}{\mathrm{K}} \qquad \text{(Boltzmannkonstante)} \tag{14.20}$$

Oft ist die Energieeinheit Elektronenvolt (eV) praktischer als J = Cb V; in eV bezeichnet e eine Elementarladung der Größe $1.6 \cdot 10^{-19}$ Cb. Für Abschätzungen sollte man sich merken, daß Zimmertemperatur ungefähr einem Vierzigstel Elektronenvolt entspricht:

$$300\, k_{\mathrm{B}}\mathrm{K} \approx \frac{1}{40}\ \mathrm{eV} \tag{14.21}$$

Wir haben hier zuerst die Temperaturskala festgelegt; daraus folgt dann der Wert von k_{B}. Aus der mikroskopischen Definition der Temperatur in Kapitel 10 ergab sich, daß $k_{\mathrm{B}}T$ (mit willkürlichem k_{B}) proportional zur Energie pro Freiheitsgrad ist. Vom theoretischen Standpunkt aus wäre es am einfachsten, $k_{\mathrm{B}} = 1$ zu setzen, und die Temperatur in Energieeinheiten zu messen:

$$k_{\mathrm{B}} = 1 \quad \longrightarrow \quad [\,T\,] = \mathrm{Joule} \tag{14.22}$$

Die Temperatur hat dann (bis auf einen numerischen Faktor) die Bedeutung 'Energie pro Freiheitsgrad' oder, für ein Gas, 'Energie pro Teilchen'. Eine Einheit wie Kelvin oder Celsius ist damit völlig entbehrlich; in $k_{\mathrm{B}}T$ kürzt sie sich sowieso heraus. Diese Einheiten sind historischer Ballast und für das physikalische Verständnis der Temperatur eher hinderlich.

Loschmidtsche Zahl

Die Masse m eines Atoms ist (im wesentlichen) proportional zur Anzahl A der Nukleonen im Atomkern. Daher enthalten jeweils A Gramm verschiedener einatomiger Gase die gleiche Anzahl von Teilchen; diese Zahl wird Loschmidtsche Zahl L_0 (oder auch Avogadro-Zahl) genannt. Gegenüber der einfachen Proportionalität zu A ergeben sich Korrekturen durch die unterschiedlichen Massen von Neutronen und Protonen, durch den Massendefekt (aufgrund der Bindung im Kern), durch den Beitrag der Elektronen zur Masse, und durch mögliche Isotopenmischungen. Man *definiert* deshalb L_0 als die Anzahl der Atome in 12 g reinem ^{12}C. Das so festgelegte L_0 wird experimentell bestimmt:

$$L_0 = (6.02252 \pm 0.00028) \cdot 10^{23} \qquad (\text{Anzahl der Atome in } 12\,\mathrm{g}\ ^{12}\mathrm{C}) \tag{14.23}$$

Die Masse aus L_0 Molekülen einer bestimmten Stoffsorte X (zum Beispiel H_2O oder O_2) definieren wir nun als ein Mol oder 1 mol. Es gilt

$$1\,\mathrm{mol}\ \mathrm{X} = L_0\, m_{\mathrm{x}}\ \mathrm{X} \qquad (m_{\mathrm{x}} = \text{Masse eines Moleküls}) \tag{14.24}$$

Ein Mol Wasser ist somit etwa 18 g Wasser, ein Mol Sauerstoffgas ist etwa 32 g Sauerstoffgas. Wir verwenden die Loschmidtsche Zahl auch in der Form

$$L = \frac{L_0}{\mathrm{mol}} = \frac{6.02252 \cdot 10^{23}}{\mathrm{mol}} \tag{14.25}$$

Die Menge eines reinen Stoffes, ausgedrückt in mol-Einheiten, bezeichnen wir mit ν:

$$\nu = \frac{M}{L_0 m_\mathrm{x}} \,\mathrm{mol} = \frac{N}{L_0} \,\mathrm{mol} = \frac{N}{L} \tag{14.26}$$

Dabei ist $M = Nm_\mathrm{x}$ die Masse der Stoffmenge. Wir setzen $\nu = N/L$ in das ideale Gasgesetz (14.10) ein:

$$PV = Nk_\mathrm{B}T = \nu Lk_\mathrm{B}T = \nu RT \tag{14.27}$$

Hier wurde k_B und L zur historisch älteren *Gaskonstanten* R zusammengefaßt,

$$R = Lk_\mathrm{B} = (8.3143 \pm 0.0012) \,\frac{\mathrm{J}}{\mathrm{K\,mol}} \tag{14.28}$$

Die Größe R bezieht sich auf 1 mol, so wie sich k_B auf 1 Teilchen bezieht. Diese Größen haben dieselbe Dimension wie die Entropie. In der Regel gilt

$$S = N\,\mathcal{O}(k_\mathrm{B}) = \nu\,\mathcal{O}(R) \tag{14.29}$$

In der mikroskopischen Beschreibung beziehen wir die Größen bevorzugt auf 1 Teilchen und verwenden k_B, in der Thermodynamik beziehen wir sie dagegen oft auf 1 mol und verwenden R. Für das ideale Gasgesetz lauten diese Alternativen

$$\begin{aligned} Pv &= k_\mathrm{B}T \qquad \text{für } v = V/N \\ Pv &= RT \qquad \text{für } v = V/\nu \end{aligned} \tag{14.30}$$

Für V/N und V/ν benutzen wir dasselbe Symbol v; die jeweilige Bedeutung ergibt sich aus dem Zusammenhang. Das Volumen pro Mol wird Molvolumen genannt.

Normalbedingungen

Der Zustand homogener Systeme ist oft durch die Angabe des Drucks und der Temperatur festgelegt. Unter *Normalbedingungen* versteht man

$$P = 1\,\mathrm{atm} \approx 1\,\mathrm{bar}\,, \qquad T = 0\,{}^\circ\mathrm{C} \approx 273\,\mathrm{K} \sim 300\,\mathrm{K} \tag{14.31}$$

Dies sind näherungsweise die Bedingungen im Labor, wenn keine besonderen Vorkehrungen getroffen werden. Wenn der Druck P, die Temperatur T und die Teilchenzahl N eines Gases gegeben sind, liegt das Volumen V fest. Wir berechnen das Volumen von einem Mol eines idealen Gases:

$$\left.\begin{array}{c} PV = Nk_\mathrm{B}T, \quad N = L_0 \\ \text{Normalbedingungen} \end{array}\right\} \quad \longrightarrow \quad V = 22.4\,l \tag{14.32}$$

Dies kann oft als Abschätzung für gewöhnliche Gase verwendet werden. So wiegen 22 Liter Hörsaalluft etwa 30 Gramm.

Teil III

Thermodynamik

Kapitel 15

Zustandsgrößen

In Kapitel 13 wurden die Aufgaben und Ziele der Thermodynamik umrissen, die im hier beginnenden Teil III behandelt wird. Die Thermodynamik beschäftigt sich mit den makroskopischen Eigenschaften von Systemen, ohne Bezug auf die zugrundeliegende mikroskopische Struktur zu nehmen. Grundlage der Untersuchungen sind die Hauptsätze. Sie werden durch Annahmen über die Zustandsgleichungen spezieller Systeme ergänzt.

In der Thermodynamik verstehen wir unter *Zuständen* grundsätzlich *Gleichgewichtszustände*. Wir werden zwar auch nicht-quasistatische Prozesse betrachten, bei denen Nichtgleichgewichtszustände als Zwischenzustände vorkommen; über diese Zwischenzustände werden aber keine spezifischen Aussagen gemacht.

In diesem Kapitel betrachten wir zunächst Zustandsgrößen und allgemeine Beziehungen zwischen ihnen. Zustandsgrößen sind die makroskopischen Größen, die in einem thermodynamischen Zustand festliegen.

Zustandsvariable

In den folgenden Kapiteln beschränken wir uns auf homogene Systeme, deren einzige äußere Parameter V und N sind; an die Stelle der Teilchenzahl N kann auch die Anzahl ν der Mole treten. Der Gleichgewichtszustand ist nach (5.24) durch E, V und N festgelegt, oder nach (5.25) durch drei andere makroskopische Größen. Die den Zustand festlegenden Größen nennen wir *Zustandsvariable* und bezeichnen sie summarisch mit y. Mögliche Zustandsvariable für die betrachteten homogenen Systeme sind:

$$\text{Zustandsvariable:}\quad y = (E, V, N),\ (T, V, N),\ (T, P, N),\ (S, V, N), \ldots \tag{15.1}$$

Homogene Systeme können etwa Gase, Flüssigkeiten oder Festkörper sein. Ein Phasengleichgewicht (etwa Wasser und Eis) stellt dagegen ein System dar, das aus zwei oder mehr homogenen Systemen zusammengesetzt ist.

Zustandsgrößen sind alle physikalischen Größen, die in einem Gleichgewichtszustand festgelegt sind, also alle Größen, die eine (eindeutige) Funktion der Zustandsvariablen sind:

$$\text{Zustandsgröße:}\quad f = f(y) \overset{\text{z.B.}}{=} f(T, P, N) \tag{15.2}$$

Die Zustandsvariablen sind ebenfalls Zustandsgrößen.

Für homogene Systeme sind die zu betrachtenden Zustandsgrößen entweder *extensiv* oder *intensiv*. Teilt man ein homogenes System in zwei Teile, A und B, so gilt für die Zustandsgröße f

$$\begin{aligned} f \text{ ist extensiv, falls} \quad & f = f_{\rm A} + f_{\rm B} \\ f \text{ ist intensiv, falls} \quad & f = f_{\rm A} = f_{\rm B} \end{aligned} \tag{15.3}$$

Beispiele für extensive Größen sind Energie, Masse (oder Teilchenzahl), Wärmekapazität, Entropie und Volumen. Dagegen sind Energiedichte, Teilchendichte, spezifische Wärme, Temperatur und Druck intensive Größen. Da die Aufteilung in Untersysteme A und B beliebig ist, und da das System homogen ist, sind extensive Größen proportional zu N, während intensive nicht von N abhängen. Speziell für die Zustandsvariablen T, P, N gilt

$$f = \begin{cases} N\, \widetilde{f}(T, P) & \text{extensiv} \\ f(T, P) & \text{intensiv} \end{cases} \tag{15.4}$$

Für die Variablen E, V und N wäre dagegen eine extensive Größe von der Form $f = N\, \widetilde{f}(E/N, V/N)$.

Wir beschränken uns zunächst auf Prozesse, bei denen N konstant ist. Dann wird (15.1) zu

$$\text{Zustandsvariable:}\quad y = (E, V),\ (T, V),\ (T, P),\ (V, P),\ (S, V), \ldots \tag{15.5}$$

Wählt man etwa die Zustandsvariablen T und V, so sind $S = S(T, V)$, $P = P(T, V)$ oder $E = E(T, V)$ (neben T und V selbst) Zustandsgrößen. Welche Größen man als Variable wählt, ist eine Frage der Zweckmäßigkeit. In einer mikroskopischen Behandlung (wie für das ideale Gas in Kapitel 6) sind E und V die bevorzugten Variablen. Experimentell ist es dagegen naheliegend, die leicht zu kontrollierenden Größen T und P zu wählen. Je nach zu berechnender Größe geht man in der Thermodynamik oft von einem Variablenpaar zu einem anderen über.

Partielle Ableitungen

Zustandsgrößen sind Funktionen mehrerer Variabler. In thermodynamischen Prozessen wird die Änderung von Zustandsgrößen untersucht. Hierfür gibt eine partielle Ableitung an, wie sich eine Zustandsgröße in Abhängigkeit von einer Zustandsvariablen verhält, wenn die anderen Zustandsvariablen festgehalten werden.

Physikalische Notation

Wir erläutern die spezifische, in der Thermodynamik übliche Schreibweise für die Funktionen (15.2) und ihre partiellen Ableitungen. Als Beispiel betrachten wir die Entropie S als Zustandsgröße, und T, V oder E, V als Zustandsvariable. Hierfür lautet die mathematische (links) und die physikalische (rechts) Schreibweise:

$$S = f(T, V) = g(E, V) \quad \text{oder} \quad S = S(T, V) = S(E, V) \tag{15.6}$$

Wird die Entropie S als Funktion von T, V oder E, V geschrieben, so ergeben sich *verschiedene* Funktionen. Dies ist im linken Teil durch die verschiedenen Bezeichnungen (f und g) zum Ausdruck gebracht. Nun stehen $f(T, V)$ und $g(E, V)$ aber für dieselbe physikalische Größe und haben daher im gegebenen Zustand denselben Funktionswert. Daher ist es in der Physik üblich, denselben Buchstaben, eben S, zu verwenden.

Diese physikalische Notation ist insofern gefährlich, als wir verschiedene Funktionen mit dem gleichen Buchstaben bezeichnen; das Einsetzen von Ausdrücken oder Werten in die Argumente kann dann zu Fehlern führen. Arbeitet man zum Beispiel mit dimensionslosen Variablen, so ist $S(3, 4)$ offensichtlich mehrdeutig: Bezieht man diesen Ausdruck einmal auf $S(E, V)$ und zum anderen auf $S(T, V)$, so kann man $S(3, 4) \neq S(3, 4)$ erhalten. Andererseits werden wir üblicherweise mit mindestens vier verschiedenen Variablensätzen arbeiten. Würde man dann (formal korrekt) verschiedene Funktionen verschieden bezeichnen, so müßten wir vier verschiedene Buchstaben für die Entropie einführen. Wir haben also die Wahl zwischen gefährlicher Notation und verwirrender Bezeichnungsvielfalt. Es ist üblich, sich für das erste zu entscheiden.

Halten wir fest: Für eine Zustandsgröße verwenden wir immer den gleichen Buchstaben (etwa S), auch wenn wir durch einen Variablenwechsel zu einer anderen Funktion übergehen. Wenn die Variablen durch Buchstaben gekennzeichnet sind, etwa $S(E, V)$ oder $S(T, V)$, gibt die Konvention der Variablenbezeichnung implizit an, welche Funktion gemeint ist.

Für die beiden in (15.6) betrachteten Möglichkeiten schreiben wir das vollständige Differential dS als:

$$dS = \frac{\partial S(E,V)}{\partial E}\, dE + \frac{\partial S(E,V)}{\partial V}\, dV = \frac{\partial S(T,V)}{\partial T}\, dT + \frac{\partial S(T,V)}{\partial V}\, dV \quad (15.7)$$

Der Wert S ist in einem bestimmten Zustand unabhängig davon, ob dieser durch E, V oder T, V festgelegt wird. Dies gilt dann auch für den Entropieunterschied dS zwischen zwei infinitesimal benachbarten Zuständen. In der Thermodynamik werden die partiellen Ableitungen üblicherweise in der Form

$$\left(\frac{\partial S}{\partial E}\right)_V \equiv \frac{\partial S(E,V)}{\partial E} \quad (15.8)$$

geschrieben. Dann wird die erste in (15.7) angegebene Form von dS zu

$$dS = \left(\frac{\partial S}{\partial E}\right)_V dE + \left(\frac{\partial S}{\partial V}\right)_E dV \quad (15.9)$$

Aus dem 1. Hauptsatz, $đQ = dE + đW$, dem 2. Hauptsatz, $đQ = T\,dS$, und aus $đW = P\,dV$ folgt

$$dS = \frac{1}{T}\, dE + \frac{P}{T}\, dV \quad (15.10)$$

Durch (15.9) oder (15.10) ist dS bei beliebiger Änderung (dE, dV) der Variablen gegeben. Daher müssen die Koeffizienten der Variablendifferentiale übereinstimmen, also

$$\frac{1}{T} = \left(\frac{\partial S}{\partial E}\right)_V, \qquad \frac{P}{T} = \left(\frac{\partial S}{\partial V}\right)_E \quad (15.11)$$

Hierin sind folgende Aussagen enthalten:

1. Die Zustandsvariablen sind E und V. Die Entropie ist als Funktion dieser Größen aufzufassen, $S = S(E, V)$.

2. Nach (15.8) bedeuten die rechten Seiten dann $\partial S(E,V)/\partial E$ und $\partial S(E,V)/\partial V$. Sie sind damit Funktionen von E und V. Durch (15.11) sind T und P/T daher als Funktionen von E und V gegeben, also $T = T(E,V)$ und $P = P(E,V)$.

Wärmekapazität

Eine spezielle partielle Ableitung ist die Wärmekapazität. Zu ihrer Definition setzen wir voraus, daß T eine der Zustandsvariablen ist, also $y = (T, z)$. Wir betrachten nun einen Prozeß, bei dem die anderen Variablen z festgehalten werden, und bei dem Wärme quasistatisch zugeführt wird. Da die Wärmezufuhr den Zustand ändert, muß sich die Temperatur ändern. Das Verhältnis aus zugeführter Wärme $đQ$ und Temperaturänderung dT wird als *Wärmekapazität* C_z des Systems definiert:

$$C_z = \left(\frac{đQ}{dT}\right)_z = \lim_{\Delta T \to 0} \frac{\Delta Q}{\Delta T}\bigg|_{z\,=\,\text{const.}} \tag{15.12}$$

Wie in (15.8) zeigt der Index z an, daß die Parameter z konstant gehalten werden; nur mit dieser Spezifikation ist der Quotient $đQ/dT$ eindeutig definiert. Die rechte Seite von (15.12) ist aber keine partielle Ableitung wie (15.8); denn Q ist keine Zustandsgröße (es gibt keine Funktion $Q(T, z)$). Mit dem 2. Hauptsatz, $đQ = T\,dS$, können wir (15.12) aber als partielle Ableitung der Entropie schreiben:

$$C_z = \left(\frac{đQ}{dT}\right)_z = \lim_{\Delta T \to 0} \frac{T\,\Delta S}{\Delta T}\bigg|_{z\,=\,\text{const.}} = T\left(\frac{\partial S}{\partial T}\right)_z \tag{15.13}$$

Mit $S(T, z)$ ist auch $C_z(T, z)$ eine Zustandsgröße.

Durch C_z ist die Wärmekapazität eines beliebigen Systems gegeben. Für homogene Systeme haben wir in (15.3) zwischen extensiven und intensiven Größen unterschieden. Die Wärmekapazität ist eine extensive Größe. Das Verhältnis

$$c_z = \frac{C_z}{N}, \quad c_z = \frac{C_z}{M} \quad \text{oder} \quad c_z = \frac{C_z}{\nu} \tag{15.14}$$

bezeichnen wir als *spezifische Wärme* des betrachteten Stoffes; dies ist eine intensive Zustandsgröße. Die spezifische Wärme kann sich auf die Teilchenzahl N oder auf die Masse $M = Nm_\text{x}$ (in Gramm oder Mol) beziehen; wir führen hierfür keine gesonderten Symbole ein.

Als Zustandsvariable T, z kommen insbesondere T, V, N oder T, P, N in Frage. Hierfür ist die spezifische Wärme (pro Teilchen)

$$\begin{aligned} c_P &= c_P(T, P) &= \frac{T}{N}\,\frac{\partial S(T, P, N)}{\partial T} \\ c_V &= c_V(T, V/N) &= \frac{T}{N}\,\frac{\partial S(T, V, N)}{\partial T} \end{aligned} \tag{15.15}$$

Im Argument von c_P und c_V haben wir berücksichtigt, daß es sich um intensive Größen handelt. Im Index z von c_z wird N nicht aufgeführt, weil für die spezifische Wärme immer $N = \text{const.}$ vorausgesetzt wird.

Vollständiges Differential

Zur Formulierung einiger allgemeiner, mathematischer Aussagen betrachten wir eine Funktion $f(x,y)$, die von zwei Variablen abhängt. In den Anwendungen sind dann x und y Zustandsvariable, und f ist eine Zustandsgröße.

Wir setzen voraus, daß die Funktion $f(x,y)$ für alle in Frage kommenden Variablenwerte definiert und zweimal differenzierbar ist. Die Differenzierbarkeit einer Funktion zweier Variabler ist gleichbedeutend mit jeweils einer der folgenden beiden Aussagen: (i) An der betrachteten Stelle kann die Fläche $z = f(x,y)$ durch eine Tangentialebene angenähert werden. (ii) Die partiellen Ableitungen existieren und sind stetig. Die bloße Existenz der partiellen Ableitung genügt dagegen nicht für die Differenzierbarkeit. Für eine Funktion mehrerer Variabler ist die Differenzierbarkeit eine stärkere Bedingung als für die Funktion einer Variablen.

Das vollständige (oder auch totale) Differential der Funktion $f(x,y)$ ist

$$\begin{aligned} df &= \frac{\partial f(x,y)}{\partial x}\,dx + \frac{\partial f(x,y)}{\partial y}\,dy = \left(\frac{\partial f}{\partial x}\right)_y dx + \left(\frac{\partial f}{\partial y}\right)_x dy = \\ &= A(x,y)\,dx + B(x,y)\,dy \end{aligned} \tag{15.16}$$

Im folgenden untersuchen wir die Integration von df zu $f(x,y)$, und einige Beziehungen, die sich im Zusammenhang mit (15.16) ergeben.

Integration

Die Größe df gibt den Unterschied zwischen $f(x+dx, y+dy)$ und $f(x,y)$ an. Durch Aufsummation der Unterschiede df erhält man die endliche Differenz

$$f(x,y) - f(x_0,y_0) = \int_{x_0,y_0}^{x,y} df \tag{15.17}$$

Damit verschwindet jedes geschlossene Linienintegral über df,

$$\oint df = 0 \tag{15.18}$$

Die Integration (15.17) kann längs eines beliebigen Weges erfolgen, der in der x-y-Ebene von (x_0, y_0) zu (x,y) führt. Das Ergebnis ist zwangsläufig vom gewählten Weg unabhängig, da bei der Aufsummation der Differenzen df nur die Werte an den Endpunkten übrigbleiben. In Abbildung 15.1 sind drei mögliche Wege skizziert, darunter

$$\begin{aligned} C_1 &: \quad (x_0 \to x,\ y = y_0) \quad \text{und} \quad (x = \text{const.},\ y_0 \to y) \\ C_2 &: \quad (x = x_0,\ y_0 \to y) \quad \text{und} \quad (x_0 \to x,\ y = \text{const.}) \end{aligned} \tag{15.19}$$

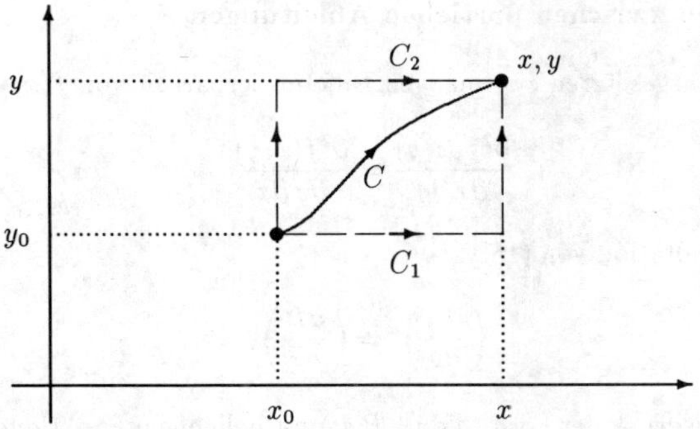

Abbildung 15.1: Das vollständige Differential df einer Funktion $f(x, y)$ kann auf einem beliebigen Weg C aufintegriert werden. Im allgemeinen ist die Rechnung für die Wege C_1 oder C_2 besonders einfach.

Für den Weg C_1 wird das Integral (15.17) zu

$$f(x,y) - f(x_0,y_0) = \int_{x_0}^{x} dx' \, \frac{\partial f(x',y_0)}{\partial x'} + \int_{y_0}^{y} dy' \, \frac{\partial f(x,y')}{\partial y'} \qquad (15.20)$$

Damit ist die Funktion $f(x, y)$ bis auf eine Konstante aus ihren partiellen Ableitungen berechenbar.

Alternativ kann man folgendermaßen vorgehen: Ein allgemeiner Ansatz für eine Funktion, deren partielle Ableitung nach x die Funktion $A(x, y)$ ist, lautet

$$f(x,y) = \int^{x} dx' \, A(x',y) + F_1(y) = \int dx \, A(x,y) + F_1(y) \qquad (15.21)$$

Dabei tritt das übliche unbestimmte Integral auf; dies kann auch als bestimmtes Integral mit der oberen Grenze x und einer konstanten unteren Grenze geschrieben werden. Die auftretende Integrationskonstante kann eine Funktion der festgehaltenen Variablen y sein. Analog schließt man aus der bekannten partiellen Ableitung nach y, daß $f(x, y)$ von der Form

$$f(x,y) = \int^{y} dy' \, B(x,y') + F_2(x) = \int dy \, B(x,y) + F_2(x) \qquad (15.22)$$

ist. Die unbekannte Funktion $F_1(y)$ muß Bestandteil des unbestimmten Integrals in (15.22) sein; entsprechend ist $F_2(x)$ im Integral in (15.21) enthalten. Aus beiden Formen zusammen läßt sich $f(x, y)$ bis auf eine Konstante bestimmen.

Beziehungen zwischen partiellen Ableitungen

Aus der vorausgesetzten zweimaligen Differenzierbarkeit von $f(x,y)$ folgt

$$\frac{\partial^2 f(x,y)}{\partial x\,\partial y} = \frac{\partial^2 f(x,y)}{\partial y\,\partial x} \tag{15.23}$$

oder in der Notation von (15.16)

$$\left(\frac{\partial A}{\partial y}\right)_x = \left(\frac{\partial B}{\partial x}\right)_y \tag{15.24}$$

Für einen Ausdruck der Form $A\,dx + B\,dy$ mit beliebigen Funktionen $A(x,y)$ und $B(x,y)$ gilt

$$\begin{array}{c} A(x,y)\,dx + B(x,y)\,dy \\ \text{ist vollständiges Differential} \end{array} \quad \longleftrightarrow \quad \left(\frac{\partial A}{\partial y}\right)_x = \left(\frac{\partial B}{\partial x}\right)_y \tag{15.25}$$

Wir haben (15.24) aus (15.16) abgeleitet, also aus der Voraussetzung, daß $A\,dx + B\,dy$ ein vollständiges Differential ist. Die andere Schlußrichtung '$\longleftarrow$' wird in untenstehender Übung gezeigt.

Aus dem Ausdruck für das vollständige Differential (15.16) können wir das Verhältnis von dx und dy bei *konstantem* f ablesen. Aus $df = 0$ folgt

$$\left(\frac{\partial x}{\partial y}\right)_f = -\frac{\left(\dfrac{\partial f}{\partial y}\right)_x}{\left(\dfrac{\partial f}{\partial x}\right)_y} \tag{15.26}$$

Für konstantes y, also für $dy = 0$, liefert (15.16) die Beziehung

$$\left(\frac{\partial x}{\partial f}\right)_y = \frac{1}{\left(\dfrac{\partial f}{\partial x}\right)_y} \tag{15.27}$$

Das vollständige Differential (15.16) kann für alle Zustandsgrößen angeschrieben werden. Dann ergeben (15.24), (15.26) und (15.27) eine Vielzahl von Beziehungen zwischen partiellen Ableitungen.

Übung

Wenn das Integral

$$\int_C \left[A(x,y)\, dx + B(x,y)\, dy \right] = \int_C d\boldsymbol{s}\, \boldsymbol{V} \tag{15.28}$$

vom Weg C unabhängig ist, dann hängt das Ergebnis nur von den Endpunkten des Weges ab. Das Ergebnis kann in diesem Fall in der Form $f(x_2, y_2) - f(x_1, y_1)$ geschrieben werden. Das Integral definiert also eine Funktion $f(x,y)$, deren vollständiges Differential df gleich dem Integranden ist.

Zeigen Sie, daß das Integral (15.28) wegunabhängig ist, falls die $\partial A/\partial y = \partial B/\partial x$ gilt.

Hinweise: Das Wegintegral kann wie auf der rechten Seite von (15.28) geschrieben werden, wobei $d\boldsymbol{s} = dx\, \boldsymbol{e}_x + dy\, \boldsymbol{e}_y$ und $\boldsymbol{V} = A\, \boldsymbol{e}_x + B\, \boldsymbol{e}_y$ ist. Betrachten Sie zwei verschiedene Wege C_1 und C_2, die dieselben Endpunkte haben. Aus $\int_{C_1} \ldots = \int_{C_2} \ldots$ folgt $\oint \ldots = 0$ längs der geschlossenen Kurve aus C_1 und C_2. Das geschlossene Wegintegral kann mit Hilfe des Stokesschen Satzes in ein Flächenintegral umgewandelt werden.

Aus $\oint df = 0 \Longleftrightarrow$ (Stokes) rot $g = 0$

Aus $g = $ div f folgt: rot div $f = 0$
f Stammfkt zu g $\Rightarrow$ (15.23)

Kapitel 16

Ideales Gas

Am Beispiel des idealen Gases werden einige einfache Rechnungen vorgeführt, wie sie für die Thermodynamik typisch sind. Wir zeigen, daß die Energie des Gases nicht vom Volumen abhängt, berechnen die Differenz $c_P - c_V$ der spezifischen Wärmen und die Entropie.

Zustandsgleichung

Für spezielle Systeme führen wir in der Thermodynamik *Annahmen* über die Zustandsgleichungen ein. Die am häufigsten betrachteten Ansätze für die thermische Zustandsgleichung eines Gases sind:

$$P = \frac{\nu RT}{V} = \frac{RT}{v} \qquad \text{(Ideales Gas)} \tag{16.1}$$

$$P = -\frac{a}{v^2} + \frac{RT}{v-b} \qquad \text{(Van der Waals-Gas)} \tag{16.2}$$

Dabei ist $v = V/\nu$ das auf die Stoffmenge (in Mol) bezogene Volumen. Beide Gleichungen sind in der Thermodynamik als empirische Ansätze aufzufassen; die in Kapitel 13 gegebene Ableitung von (16.1) geht dagegen von der mikroskopischen Struktur aus. Die van der Waals-Gleichung ist ein allgemeinerer Ansatz, der die Abweichung realer Gase von (16.1) mit Hilfe von zwei konstanten Parametern a und b beschreibt. Er ist hier angeführt, um deutlich zu machen, daß (16.1) nur eine Näherung für das Verhalten realer Gase ist; letztlich gilt dies auch für (16.2). In Kapitel 28 wird die Zustandsgleichung (16.2) mikroskopisch begründet.

Energie

Wir zeigen, daß die Energie des idealen Gases volumenunabhängig ist. Die betrachtete Stoffmenge ν sei durchweg konstant. Daher können wir uns auf zwei Zustandsvariable beschränken, etwa T, V oder T, P.

Aus dem 1. und 2. Hauptsatz und $đW = P dV$ folgt

$$dS = \frac{1}{T}\, dE + \frac{P}{T}\, dV \tag{16.3}$$

Von dieser grundlegenden Beziehung werden wir in der Thermodynamik oft ausgehen. Wir setzen (16.1), $P/T = \nu R/V$, und das vollständige Differential dE für $E(T, V)$ ein:

$$dS = \underbrace{\frac{1}{T}\left(\frac{\partial E}{\partial T}\right)_V}_{(\partial S/\partial T)_V} dT + \underbrace{\left[\frac{1}{T}\left(\frac{\partial E}{\partial V}\right)_T + \frac{\nu R}{V}\right]}_{(\partial S/\partial V)_T} dV \tag{16.4}$$

Die angegebene Identifikation mit den partiellen Ableitungen von $S(T, V)$ ergibt sich, wenn (16.4) mit dem vollständigen Differential dS für $S(T, V)$ verglichen wird. Die zweite Ableitung $\partial^2 S/\partial T\,\partial V$ kann sowohl aus dem ersten wie aus dem zweiten Koeffizienten berechnet werden:

$$\frac{\partial^2 S(T,V)}{\partial T\,\partial V} = \begin{cases} \dfrac{\partial}{\partial V}\left(\dfrac{\partial S}{\partial T}\right)_V = \dfrac{1}{T}\dfrac{\partial^2 E(T,V)}{\partial V\,\partial T} \\[2ex] \dfrac{\partial}{\partial T}\left(\dfrac{\partial S}{\partial V}\right)_T = \dfrac{1}{T}\dfrac{\partial^2 E(T,V)}{\partial T\,\partial V} - \dfrac{1}{T^2}\dfrac{\partial E(T,V)}{\partial V} \end{cases} \tag{16.5}$$

Da beide Ausdrücke gleich sein müssen, folgt

$$\left(\frac{\partial E}{\partial V}\right)_T = 0 \qquad \text{(Ideales Gas)} \tag{16.6}$$

Dies bedeutet, daß die Energie des idealen Gases nicht vom Volumen abhängt,

$$E = E(T, V) = E(T) \qquad \text{(Ideales Gas)} \tag{16.7}$$

In Abbildung 16.1 ist eine einfache Anordnung skizziert, mit der man nachprüfen kann, ob ein reales Gas sich so verhält. Dazu wird das Gas adiabatisch ($đQ = 0$) und ohne Arbeitsleistung ($đW = 0$) vom Volumen V_a zum Volumen V_b expandiert. Diese *freie* Expansion ist durch $dE = đQ - đW = 0$ gekennzeichnet, sie erfolgt also ohne Änderung der Energie:

$$E_b - E_a = E(T_b, V_b) - E(T_a, V_a) = 0 \qquad \text{(Freie Expansion)} \tag{16.8}$$

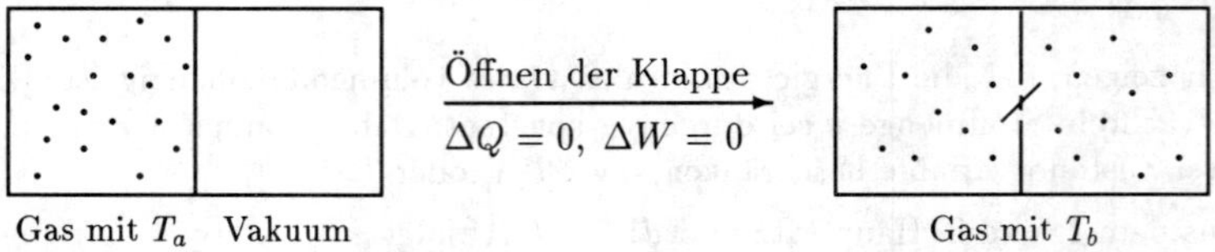

Abbildung 16.1: Skizze des Gay-Lussac-Drosselversuchs: Zu Beginn befindet sich in einem Teilvolumen das Gas (Temperatur T_a), im anderen Vakuum. Das System ist thermisch isoliert. Durch Öffnen einer Drehklappe wird das Gas ohne Arbeitsleistung expandiert. Im Endzustand wird die Temperatur T_b gemessen. Für ein ideales Gas gilt $T_b = T_a$.

Für ein ideales Gas gilt dann

$$E(T_b) - E(T_a) = 0, \quad \text{also} \quad T_b = T_a \qquad \begin{array}{c}\text{(Freie Expansion} \\ \text{des idealen Gases)}\end{array} \tag{16.9}$$

Die Volumenunabhängigkeit der Energie impliziert, daß sich die Temperatur bei freier Expansion nicht ändert; dies ist experimentell leicht zu überprüfen. Ein reales Gas kühlt sich dagegen bei freier Expansion ab (Kapitel 18).

Mikroskopisch ist $T_b = T_a$ bei der freien Expansion leicht zu verstehen. Für ein ideales Gas ist E die Summe der kinetischen Energien der Atome. Die Geschwindigkeit eines Teilchens ändert sich nicht, wenn es in das andere Teilvolumen fliegt. Die mittlere Energie pro Teilchen und damit die Temperatur bleiben also gleich.

Spezifische Wärmen

Wir berechnen die Differenz $c_P - c_V$ der spezifischen Wärmen für ein ideales Gas.

Die Wärmekapazität wurde in (15.13) durch

$$C_z = T \left(\frac{\partial S}{\partial T} \right)_z \tag{16.10}$$

definiert. Eine der Zustandsvariablen ist die Temperatur T; die andere sei $z = V$ oder $z = P$. Keinen Sinn würde dagegen etwa $z = S$ machen, denn für den quasistatischen Prozeß ist mit $đQ \neq 0$ auch $dS \neq 0$.

Aus (16.3) folgt

$$T\, dS = dE \quad \text{für} \quad V = \text{const.} \tag{16.11}$$

System	C_P/Teilchen	C_P/mol
Ideales Gas (einatomig)	2.5 k_B	2.5 R
Edelgase	2.5 k_B	2.5 R
Wasserstoffgas	1.8 k_B	1.8 R
Wasser	9 k_B	9 R
Benzol	16 k_B	16 R
Kupfer	3 k_B	3 R
Diamant	0.7 k_B	0.7 R

Tabelle 16.1: Die Tabelle vergleicht die spezifische Wärme $c_P = 2.5\,R$ des einatomigen idealen Gases mit der einiger realer Systeme. Für Wasser und Kupfer wurden die Werte in Tabelle 12.1 in J/(g K) angegeben.

Damit erhalten wir

$$C_V = T\left(\frac{\partial S}{\partial T}\right)_V = \left(\frac{\partial E}{\partial T}\right)_V \qquad (16.12)$$

Hierfür wurde (16.3) und (16.10) benutzt, nicht aber die Zustandsgleichung des Gases. Daher gilt (16.12) allgemein.

Wir setzen nun (16.12) und (16.6) in (16.4) ein:

$$dS = \frac{C_V(T)}{T}\,dT + \frac{\nu R}{V}\,dV \qquad \text{(Ideales Gas)} \qquad (16.13)$$

Wegen (16.7) ist $C_V(T) = (\partial E/\partial T)_V$ nur eine Funktion von T.

Zur Bestimmung von C_P benötigen wir dS als Funktion von dT und dP. Dazu schreiben wir die Zustandsgleichung in der Form $V = V(T,P) = \nu RT/P$ und bilden das vollständige Differential

$$dV = \frac{\nu R}{P}\,dT - \frac{\nu RT}{P^2}\,dP \qquad (16.14)$$

Wir setzen dies in (16.13) ein:

$$dS = \left(\frac{C_V}{T} + \frac{\nu^2 R^2}{PV}\right) dT - \frac{\nu^2 R^2 T}{V P^2}\,dP \overset{(16.1)}{=} \frac{C_V + \nu R}{T}\,dT - \frac{\nu R}{P}\,dP \qquad (16.15)$$

Hieraus können wir C_P ablesen:

$$C_P = C_V + \nu R \qquad \text{oder} \qquad c_P - c_V = R \qquad \text{(Ideales Gas)} \qquad (16.16)$$

Gas	Symbol	c_P/R	γ_{exp}	γ_{theor}
Helium	He	2.50	1.667	1.667
Sauerstoff	O_2	3.521	1.397	1.397
Kohlendioxid	CO_2	4.312	1.301	1.302
Äthanol	C_2H_5OH	7.419	1.16	1.156

Tabelle 16.2: Die Tabelle gibt die experimentellen Werte für c_P und $\gamma = c_P/c_V$ bei Normalbedingungen an. Aus dem experimentellen c_P wurde gemäß (16.18) ein Wert γ_{theor} berechnet (letzte Spalte).

Die Differenz $(C_P - C_V)\, dT$ ist gleich der Ausdehnungsarbeit $P\, dV = \nu\, R\, dT$, die das Gas bei Temperaturerhöhung unter konstantem Druck zu leisten hat.

Das Ergebnis (16.16) folgt aus den Hauptsätzen und dem idealen Gasgesetz. Aus der mikroskopischen Behandlung hatten wir für das einatomige ideale Gas $E(T,V) = 3\nu RT/2$, (13.10), erhalten, also $c_V = 3R/2$ und $c_P = 5R/2$.

In der Tabelle 16.1 sind die spezifischen Wärmen c_P für einige Systeme angegeben. Typische Werte von c_P liegen bei einigen k_{B} (pro Teilchen) oder R (pro mol). Ein Diamant hat eine besonders kleine spezifische Wärme. Komplexere Moleküle können höhere Werte haben, da in ihnen mehr Freiheitsgrade pro Molekül existieren und angeregt sein können. Die spezifische Wärme c_P ist selbst eine Zustandsgröße, also eine Funktion von T und P. Die angegebenen Werte gelten für Zimmertemperatur und Normaldruck.

Aus der Zustandsgleichung (16.1) folgen nicht die absoluten Werte von c_V und c_P, sondern nur ihre Differenz. Um das Ergebnis (16.16) mit dem Experiment zu vergleichen, bilden wir das dimensionslose Verhältnis

$$\gamma = \frac{c_P}{c_V} = \frac{1}{1 - R/c_P} \tag{16.17}$$

Wenn wir auf der rechten Seite die gemessene Werte für c_P einsetzen, erhalten wir hieraus eine theoretische Erwartung γ_{theor}. Diese Größe wird in Tabelle 16.2 mit den experimentellen Werten γ_{exp} für reale Gase verglichen. Die Übereinstimmung mit γ_{exp} zeigt, daß die Relation $c_P - c_V = R$, die wir für ideale Gase gefunden haben, oft auch für reale Gase gut erfüllt ist. Dies gilt allerdings nicht mehr bei Annäherung an die Dampfdruckkurve.

Entropie

Wir berechnen die Entropie $S(V,T)$ eines idealen Gases. Durch (16.13) ist das vollständige Differential dS für die Entropie $S(T,V)$ des idealen Gases gegeben. Wir integrieren dies gemäß (15.21) und (15.22):

$$S(T,V) = \int^T dT' \, \frac{C_V(T')}{T'} + F_1(V) \, , \qquad S(T,V) = \int^V dV' \, \frac{\nu R}{V'} + F_2(T) \tag{16.18}$$

Die unbekannten Funktionen $F_1(V)$ und $F_2(T)$ sind durch das Integral im jeweils anderen Ausdruck gegeben (bis auf eine Konstante). Damit erhalten wir für die Entropie des idealen Gases:

$$S(T,V) = \nu \left[\int^T dT' \, \frac{c_V(T')}{T'} + R \ln V + \text{const.} \right] \qquad \text{(Ideales Gas)} \tag{16.19}$$

Dabei ist $c_V = C_V/\nu$. Wir können die Konstante auch explizit ausdrücken:

$$S(T,V) - S(T_0,V_0) = \nu \int_{T_0}^{T} dT' \, \frac{c_V(T')}{T'} + \nu R \ln \left(\frac{V}{V_0} \right) \tag{16.20}$$

Falls die spezifische Wärme temperaturunabhängig ist, c_V = const., folgt hieraus

$$S(T,V) = \nu \big(c_V \ln T + R \ln V + \text{const.} \big) \tag{16.21}$$

Übung:

Zeigen Sie, daß bei adiabatischer, quasistatischer Expansion eines idealen Gases

$$P\,V^{\gamma} = \text{const.} \quad \text{für} \quad dS = 0 \tag{16.22}$$

gilt; dabei ist $\gamma = c_P/c_V$. Gehen Sie von $(\partial V/\partial P)_S = (\partial V/\partial T)_S/(\partial T/\partial P)_S$ aus und lesen Sie die partiellen Ableitungen aus (16.13) und (16.15) ab. Bestimmen Sie die Kompressibilität

$$\kappa_S = -\frac{1}{V}\left(\frac{\partial V}{\partial P}\right)_S \tag{16.23}$$

und die Schallgeschwindigkeit

$$c_s = \frac{1}{\sqrt{\kappa_S\,\rho}} \tag{16.24}$$

des idealen Gases (Massendichte ρ). Schätzen Sie c_s für Luft numerisch ab!

Die Messung der Schallgeschwindigkeit ist eine einfache Methode zur Bestimmung von $\gamma = c_P/c_V$.

Übung:

Überprüfen Sie die Übereinstimmung von (16.21) mit (13.9).

Kapitel 17

Thermodynamische Potentiale

In diesem Kapitel führen wir die Enthalpie, die freie Energie und die freie Enthalpie ein. Zusammen mit der Energie werden diese Größen als thermodynamische Potentiale bezeichnet. Wir zeigen, daß alle thermodynamischen Relationen aus jeweils einem der Potentiale folgen.
Wir betrachten weiterhin homogene Systeme, deren Gleichgewichtszustand durch zwei Zustandsvariable (15.5) festgelegt ist. Dabei beschränken wir uns auf folgende Variablenpaare:

$$\text{Zustandsvariable:}\ (S, V),\ (T, V),\ (S, P)\ \text{oder}\ (T, P) \tag{17.1}$$

Die einzuführenden *thermodynamischen Potentiale* haben folgende Eigenschaften:

1. Sie sind Zustandsgrößen mit der Dimension einer Energie.
2. Ihre partiellen Ableitungen nach den Zustandsvariablen sind einfache Ausdrücke.

Um die Analogie zum Potential der Mechanik aufzuzeigen, betrachten wir die zweidimensionale Bewegung eines Teilchens. Der Ort des Teilchens ist durch die Variablen (x, y) festgelegt. Wenn das Teilchen sich im Potential $U = U(x, y)$ bewegt, so sind die partiellen Ableitungen

$$K_x = -\frac{\partial U(x,y)}{\partial x}, \qquad K_y = -\frac{\partial U(x,y)}{\partial y} \tag{17.2}$$

die Kräfte, die das Teilchen in x- oder y-Richtung drängen. Aus den Hauptsätzen ($dE = đQ - đW$, $đQ = T dS$) und $đW = P dV$ folgt

$$dE = T\,dS - P\,dV \tag{17.3}$$

Hieraus lesen wir

$$T = \frac{\partial E(S,V)}{\partial S}\,, \qquad P = -\,\frac{\partial E(S,V)}{\partial V} \tag{17.4}$$

ab. Die Temperatur T ist die treibende Kraft für den Wärme- oder Entropieaustausch, und der Druck P ist die treibende Kraft für den Volumenaustausch (Kapitel 10 und 11). Insofern sind T und P *thermodynamische Kräfte*, die auf eine Änderung des Systemzustands (S, V) hinwirken, ebenso wie die Kräfte K_x und K_y auf eine Änderung des Orts (x, y) hinwirken.

Die Analogie zur Mechanik besteht in einem wesentlichen Punkt nicht: Der Zustand eines Teilchens ist in der Mechanik durch seinen Ort (x, y) und seine Geschwindigkeit $(\dot{x}, \dot{y})$ gegeben; Zustandsänderungen sind daher *dynamische* Vorgänge. Ein thermodynamischer Zustand ist bereits durch die Variablen (17.1) festgelegt, die dem Ort des Teilchens entsprechen. Die Geschwindigkeit der Variablenänderung spielt in der Thermodynamik keine Rolle; sie soll so klein sein, daß die Ergebnisse nicht von ihr abhängen. Dies bedeutet, daß wir uns weitgehend auf *quasistatische* Prozesse beschränken. So gilt Gleichung (17.3), auf der die folgenden Betrachtungen basieren, nur für einen quasistatischen Prozeß. Wegen der Beschränkung auf quasistatische Prozesse wäre es angemessen, den konventionellen Namen 'Thermodynamik' durch 'Thermostatik' zu ersetzen [1].

Im folgenden betrachten wir der Reihe nach die vier thermodynamischen Potentiale, die den vier in (17.1) angegebenen Variablenpaaren entsprechen. Diese vier Kombinationen ergeben sich daraus, daß je eine Variable aus den Paaren (S, T) und (V, P) gewählt wird.

Definition

Durch

$$\begin{array}{ll} \text{Energie:} & E = E(S,V) \\ \text{Freie Energie:} & F = E - TS \\ \text{Enthalpie:} & H = E + PV \\ \text{Freie Enthalpie:} & G = E - TS + PV \end{array} \tag{17.5}$$

sind vier Zustandsgrößen gegeben, die die Dimension einer Energie haben. Die freie Enthalpie wird auch Gibbs-Potential genannt.

Differentiale

Aus (17.3) und

$$d(TS) = T\,dS + S\,dT \quad \text{und} \quad d(PV) = P\,dV + V\,dP \tag{17.6}$$

ergeben sich die vollständigen Differentiale der Zustandsgrößen (17.5):

$$dE = T\,dS - P\,dV \tag{17.7}$$

$$dF = -S\,dT - P\,dV \tag{17.8}$$

$$dH = T\,dS + V\,dP \tag{17.9}$$

$$dG = -S\,dT + V\,dP \tag{17.10}$$

Die Übergänge zwischen den verschiedenen Größen verlaufen alle nach dem Schema:

$$dA = \ldots \pm X\,dY \ldots \quad \Longrightarrow \quad dB = d(A \mp XY) = \ldots \mp Y\,dX \ldots \tag{17.11}$$

Ein solcher Übergang heißt *Legendretransformation.* siehe Ende dieses Kapitels

Natürliche Variable

Die in (17.5) aufgeführten Zustandsgrößen E, F, H und G werden *thermodynamische Potentiale* genannt, wenn sie als Funktion der sogenannten natürlichen Variablen geschrieben werden. Dies sind die Variablen, die als Differentiale auf der rechten Seite von (17.7) - (17.10) auftreten. Die thermodynamischen Potentiale sind also von der Form

$$E = E(S,V) \quad \text{(Energie)} \tag{17.12}$$

$$F = F(T,V) \quad \text{(Freie Energie)} \tag{17.13}$$

$$H = H(S,P) \quad \text{(Enthalpie)} \tag{17.14}$$

$$G = G(T,P) \quad \text{(Freie Enthalpie)} \tag{17.15}$$

Um etwa das thermodynamische Potential der freien Energie zu erhalten, sind die entsprechenden Funktionen in der Definition $F = E - TS$ einzusetzen, also

$$F = F(T,V) = E(T,V) - T\,S(T,V) \tag{17.16}$$

Thermodynamische Kräfte

Eingangs haben wir die thermodynamischen Potentiale in Analogie zu Potentialen der Mechanik gesetzt. Die partiellen Ableitungen eines Potentials sind Kräfte. Wir geben jetzt die dazu analogen thermodynamischen Kräfte an.

Man schreibt für jede Funktion in (17.12) - (17.15) das vollständige Differential an. Der Vergleich mit (17.7) - (17.10) ergibt dann jeweils einen einfachen

Ausdruck für die partielle Ableitung nach einer natürlichen Variablen, also für die thermodynamische Kraft. Wir stellen diese Ausdrücke zusammen:

$$\left(\frac{\partial E}{\partial S}\right)_V = T\,, \qquad \left(\frac{\partial E}{\partial V}\right)_S = -P \tag{17.17}$$

$$\left(\frac{\partial F}{\partial T}\right)_V = -S\,, \qquad \left(\frac{\partial F}{\partial V}\right)_T = -P \tag{17.18}$$

$$\left(\frac{\partial H}{\partial S}\right)_P = T\,, \qquad \left(\frac{\partial H}{\partial P}\right)_S = V \tag{17.19}$$

$$\left(\frac{\partial G}{\partial T}\right)_P = -S\,, \qquad \left(\frac{\partial G}{\partial P}\right)_T = V \tag{17.20}$$

In allen Fällen ist die partielle Ableitung eine einfache Zustandsgröße.

Maxwellrelationen

Aus der Vertauschbarkeit der partiellen Ableitungen einer Funktion $f(x,y)$ folgt die Beziehung (15.24). Für (17.17) – (17.20) erhalten wir die jeweilige Beziehung, wenn wir die gemischte zweite Ableitung aus dem linken und aus dem rechten Ausdruck berechnen und gleichsetzen:

$$\left(\frac{\partial T}{\partial V}\right)_S = -\left(\frac{\partial P}{\partial S}\right)_V \qquad (\text{aus } dE) \tag{17.21}$$

$$\left(\frac{\partial S}{\partial V}\right)_T = \left(\frac{\partial P}{\partial T}\right)_V \qquad (\text{aus } dF) \tag{17.22}$$

$$\left(\frac{\partial T}{\partial P}\right)_S = \left(\frac{\partial V}{\partial S}\right)_P \qquad (\text{aus } dH) \tag{17.23}$$

$$-\left(\frac{\partial S}{\partial P}\right)_T = \left(\frac{\partial V}{\partial T}\right)_P \qquad (\text{aus } dG) \tag{17.24}$$

Für die thermodynamischen Potentiale werden diese Beziehungen *Maxwell-relationen* genannt.

Verallgemeinerungen

Die vorgestellten Beziehungen lassen sich auf den Fall von mehreren äußeren Parametern $x = (x_1, ..., x_n)$ verallgemeinern. Für einen quasistatischen

Prozeß gilt dann $đW = \sum X_i \, dx_i$. Aus dem 1. Hauptsatz und $đQ = T\, dS$ folgt

$$dE = đQ - đW = T\, dS - \sum_{i=1}^{n} X_i \, dx_i \tag{17.25}$$

Das thermodynamische Potential der Energie ist die Funktion $E = E(S, x)$. Neben dem Volumen V könnten zum Beispiel noch die Teilchenzahl N und ein Magnetfeld B als äußere Parameter auftreten. Dann wäre das thermodynamische Potential der Energie und sein Differential von der Form $E(S, V, B, N)$

$$E = E(S, V, B, N)\,, \qquad dE = đQ - đW = T\, dS - P\, dV - VM\, dB + \mu\, dN \tag{17.26}$$

Die neuen verallgemeinerten Kräfte sind das magnetische Moment VM und das chemische Potential μ (Kapitel 20, 21). Die thermodynamischen Kräfte sind hierfür

$$\begin{aligned} \left(\frac{\partial E}{\partial S}\right)_{V,B,N} &= T\,, & \left(\frac{\partial E}{\partial V}\right)_{S,B,N} &= -P \\ \left(\frac{\partial E}{\partial B}\right)_{S,V,N} &= -VM\,, & \left(\frac{\partial E}{\partial N}\right)_{S,V,B} &= \mu \end{aligned} \tag{17.27}$$

Hieraus folgen sechs Maxwellrelationen. Durch Legendretransformationen lassen sich neue thermodynamische Potentiale definieren.

Vollständige thermodynamische Information

Aus der Kenntnis eines der thermodynamischen Potentiale (als Funktion seiner natürlichen Variablen) können alle anderen Potentiale, sowie die thermische und kalorische Zustandsgleichung bestimmt werden. In diesem Sinn enthält ein solches Potential die vollständige thermodynamische Information über das betrachtete System.

Wir diskutieren die Bestimmung der thermodynamischen Relationen aus dem thermodynamischen Potential $E(S, V)$. Grundsätzlich beginnt man mit den partiellen Ableitungen des Potentials. Aus

$$T = \left(\frac{\partial E}{\partial S}\right)_V = T(S, V) \stackrel{\text{Auflösen}}{\longrightarrow} S = S(T, V) \tag{17.28}$$

folgt $S(T, V)$. Durch Einsetzen in $E(S, V)$ erhält man die kalorische Zustandsgleichung $E = E(T, V)$,

$$E = E(S(T, V), V) = E(T, V) \tag{17.29}$$

Die thermische Zustandsgleichung $P = P(T, V)$ folgt aus

$$P = -\left(\frac{\partial E}{\partial V}\right)_S = P(S, V) = P(S(T, V), V) = P(T, V) \tag{17.30}$$

Es sei daran erinnert, daß in der physikalischen Notation derselbe Buchstabe für verschiedene Funktionen (also bei Variablenwechsel) verwendet wird.

Mit $S(T, V)$ aus (17.28) erhält man auch die freie Energie $F(T, V) = E(T, V) - T\, S(T, V)$ als Funktion der natürlichen Variablen. Der Leser möge sich selbst überlegen, wie man $G(T, P)$ und $H(S, P)$ aus $E(S, V)$ bestimmt, und wie man aus $G(T, P)$ oder $H(S, P)$ die Zustandsgleichungen erhält.

In der mikroskopischen Behandlung berechnet man $\Omega(E, V)$, oder allgemein $\Omega(E, x) = \Omega(E, x_1, ..., x_n)$. Die Auflösung der Entropie $S = k_B \ln \Omega = S(E, x)$ nach E ergibt das thermodynamische Potential $E(S, x)$. Im hier diskutierten Sinn ist also die in der Zustandssumme $\Omega(E, x)$ oder der Entropie $S(E, x)$ enthaltene Information ebenfalls vollständig.

Wir haben gesehen, daß man alle thermodynamischen Relationen aus einem der thermodynamischen Potentiale oder aus $S(E, x)$ erhält. Umgekehrt kann man von den experimentell leichter zugänglichen Zustandsgleichungen ausgehen. Für ein homogenes System mit dem äußeren Parameter V benötigt man die Zustandsgleichung und die Wärmekapazität C_V als Funktion von T bei festem Volumen V_0:

$$P(T, V) \quad \text{und} \quad C_V(T, V_0) \qquad \text{(vollständige Information)} \tag{17.31}$$

Wir zeigen, daß daraus alle thermodynamischen Relationen folgen. Leitet man die Maxwellrelation (17.22) nach $(\partial/\partial T)_V$ ab, erhält man

$$\left(\frac{\partial C_V}{\partial V}\right)_T = T \left(\frac{\partial^2 P}{\partial T^2}\right)_V \tag{17.32}$$

Damit kann man aus (17.31) die Funktion $C_V(T, V)$ bestimmen:

$$C_V(T, V) = C_V(T, V_0) + T \int_{V_0}^{V} dV' \, \frac{\partial^2 P(T, V')}{\partial T^2} \tag{17.33}$$

Mit der Maxwellrelation (17.22) erhält man auch

$$dS = \left(\frac{\partial S}{\partial T}\right)_V dT + \left(\frac{\partial S}{\partial V}\right)_T dV = \frac{C_V}{T}\, dT + \left(\frac{\partial P}{\partial T}\right)_V dV \tag{17.34}$$

und damit

$$dE = T\, dS - P\, dV = C_V\, dT + \left[T \left(\frac{\partial P}{\partial T}\right)_V - P \right] dV \tag{17.35}$$

Die rechten Seiten der letzten beiden Gleichungen sind durch (17.31) festgelegt. Aus diesen Differentialen dS und dE erhält man gemäß (15.20) die Funktionen $S(T,V)$ und $E(T,V)$. Die Elimination von T aus $S(T,V)$ und $E(T,V)$ ergibt das thermodynamische Potential $E = E(S,V)$.

Wir fassen die Ergebnisse dieses Abschnitts zusammen:

$$\left.\begin{array}{r} E(S,V) \\ F(T,V) \\ H(S,P) \\ G(T,P) \\ S(E,V) \\ \Omega(E,V) \\ P(T,V),\ C_V(T,V_0) \end{array}\right\} \text{———} \left\{\begin{array}{l} \text{Jede Zeile enthält die} \\ \text{vollständige thermo-} \\ \text{dynamische Information} \end{array}\right. \qquad (17.36)$$

Insbesondere folgen aus jeder einzelnen Zeile alle anderen. In allen Größen kann die Teilchenzahl N als Variable hinzugefügt werden.

Zur Legendre-Transformation

Die Legendre-Transformation beschreibt den Übergang von den Variablen x, y in einer Fkt. $f(x,y)$ zu den neuen Variablen $u := \partial f/\partial x$, y in einer neuen Funktion $g(u,y)$

Rechnung:

$$df = \frac{\partial f}{\partial x}dx + \frac{\partial f}{\partial y}dy = u\,dx + v\,dy$$

mit $u := \partial f/\partial x$, $v := \partial f/\partial y$

Für $g := f - ux$ gilt

$$dg = df - u\,dx - x\,du = v\,dy - x\,du$$

$$\Rightarrow \quad g = g(u,y)$$

$$dg = \partial g/\partial u\,du + \frac{\partial g}{\partial y}dy$$

$$v = \frac{\partial g}{\partial y}, \quad x = -\frac{\partial g}{\partial u}$$

Übung

1. Geben Sie an, wie man aus gegebener freier Enthalpie $G(T, P)$ die Zustandsgleichung $P(V, T)$ und die spezifische Wärme $c_V(V, T)$ bestimmt.

2. Gegeben sei die Enthalpie $H = E + PV$ als Funktion der Entropie und des Drucks, also $H(S, P)$. Geben Sie an, auf welchem Weg man daraus die Wärmekapazität $C_P(T, P)$ und die isotherme Kompressibilität $\kappa_T(T, P) = -(\partial V/\partial P)_T/V$ erhält.

Übung

Für ein Gas ($N = \text{const.}$) sind folgende Informationen gegeben:

$$P = \frac{f(T)}{V} \quad \text{und} \quad \left(\frac{\partial E}{\partial V}\right)_T = bP \qquad (b = \text{const.})$$

Bestimmen Sie daraus die Funktion $f(T)$.

Übung

Leiten Sie die allgemeine Form der thermischen Zustandsgleichung für ein Material ab, das die Gleichung $(\partial E/\partial V)_T = 0$ erfüllt. Hinweis: Gehen Sie von (17.35) aus.

Übung

Die Energie E und der Druck P eines Photonengases in einem Hohlraum mit dem Volumen V sind von der Form

$$\frac{E(T, V)}{V} = U(T), \qquad P(T, V) = \frac{U(T)}{3}$$

Bestimmen Sie daraus die T–Abhängigkeit der Energiedichte $U(T)$. Hinweis: Verwenden Sie $(\partial E/\partial V)_T$ aus (17.35).

Kapitel 18

Zustandsänderungen

Um herauszufinden, wie die makroskopischen Größen eines Systems voneinander abhängen, untersucht man das Verhalten bei Änderung bestimmter Größen. Wir behandeln in den folgenden Abschnitten die Änderung des thermodynamischen Zustands bei Wärmezufuhr und bei Expansion.

Wir betrachten wieder homogene Systeme mit zwei Zustandsvariablen (17.1). Da der Zustand von zwei Variablen abhängt, reicht die Angabe der Volumenänderung (bei einem Expansionsprozeß) nicht aus, um den Prozeß festzulegen; es muß vielmehr die Änderung einer zweiten Größe spezifiziert werden. Dies gilt entsprechend für einen Prozeß mit Wärmezufuhr. Diese Spezifikation besteht üblicherweise darin, daß eine bestimmte andere Größe konstant gehalten wird. Wir untersuchen die Wärmezufuhr bei konstantem Druck oder Volumen, und die Expansion bei konstanter Energie, Entropie oder Enthalpie.

Wärmezufuhr

Die Wärmekapazitäten

$$C_P = \left(\frac{đQ}{dT}\right)_P = T\left(\frac{\partial S}{\partial T}\right)_P \tag{18.1}$$

und

$$C_V = \left(\frac{đQ}{dT}\right)_V = T\left(\frac{\partial S}{\partial T}\right)_V \tag{18.2}$$

bestimmen die Temperaturerhöhung bei Wärmezufuhr. Üblicherweise wird bei der Wärmezufuhr entweder der Druck oder das Volumen konstant gehalten. Für das ideale Gas hatten wir für die Differenz der Wärmekapazitäten

$C_P - C_V = \nu R$ erhalten. Jetzt bestimmen wir $C_P - C_V$ in einer Form, die für eine beliebige Zustandsgleichung $P = P(T, V)$ ausgewertet werden kann. Wir gehen von (17.34) für dS aus:

$$dS = \frac{C_V}{T}\, dT + \left(\frac{\partial P}{\partial T}\right)_V dV \tag{18.3}$$

Für C_P benötigen wir $S(T, P)$, oder dS als Funktion von dT und dP. Dazu setzen wir dV für $V = V(T, P)$ in (18.3) ein,

$$dS = \frac{C_V}{T}\, dT + \left(\frac{\partial P}{\partial T}\right)_V \left[\left(\frac{\partial V}{\partial T}\right)_P dT + \left(\frac{\partial V}{\partial P}\right)_T dP\right] \tag{18.4}$$

Hieraus lesen wir ab

$$C_P = C_V + T\left(\frac{\partial P}{\partial T}\right)_V \left(\frac{\partial V}{\partial T}\right)_P \tag{18.5}$$

Wir führen den Ausdehnungskoeffizienten α,

$$\alpha = \frac{1}{V}\left(\frac{\partial V}{\partial T}\right)_P \tag{18.6}$$

und die isotherme Kompressibilität κ_T ein,

$$\kappa_T = -\frac{1}{V}\left(\frac{\partial V}{\partial P}\right)_T \tag{18.7}$$

Damit erhalten wir

$$\left(\frac{\partial P}{\partial T}\right)_V \stackrel{(15.26)}{=} -\frac{\left(\dfrac{\partial V}{\partial T}\right)_P}{\left(\dfrac{\partial V}{\partial P}\right)_T} = \frac{\alpha}{\kappa_T} \tag{18.8}$$

Wir verwenden die letzten drei Gleichungen in (18.5):

$$C_P - C_V = \frac{V T \alpha^2}{\kappa_T} \tag{18.9}$$

Für Gase können alle Größen C_P, C_V, α und κ_T leicht gemessen werden. Dagegen ist für Festkörper oder Flüssigkeiten die Bedingung $V =$ const. experimentell schwer zu verwirklichen; die bevorzugte experimentelle spezifische Wärme ist daher C_P. In einer mikroskopischen Berechnung tritt dagegen immer V als äußerer Parameter auf; insofern ist C_V die theoretisch leichter zugängliche Größe.

Größe	Ideales Gas (Edelgas)	Kupfer
α	$3 \cdot 10^{-3}\,\mathrm{K}^{-1}$	$5 \cdot 10^{-5}\,\mathrm{K}^{-1}$
κ_T	$1\,\mathrm{bar}^{-1}$	$4.5 \cdot 10^{-7}\,\mathrm{bar}^{-1}$
c_P	$20\,\mathrm{J\,K^{-1}\,mol^{-1}}$	$24\,\mathrm{J\,K^{-1}\,mol^{-1}}$
$c_P - c_V$	$8\,\mathrm{J\,K^{-1}\,mol^{-1}}$	$1.2\,\mathrm{J\,K^{-1}\,mol^{-1}}$
$\gamma = c_P/c_V$	5/3	1.05

Tabelle 18.1: Ausdehnungskoeffizient, Kompressibilität und spezifische Wärmen für das einatomige ideale Gas und für Kupfer bei Normalbedingungen. Die Werte für das ideale Gas gelten in sehr guter Näherung für ein Edelgas.

Für ein stabiles System muß

$$\kappa_T > 0 \qquad \text{(Stabilitätsbedingung)} \tag{18.10}$$

gelten. Würde etwa bei einer Druckverringerung das Volumen kleiner, so würde dies zum kontinuierlichen Zusammenschrumpfen (oder zu einer Implosion) des Systems führen. Das Vorzeichen des Ausdehnungskoeffizienten ist dagegen nicht festgelegt,

$$\text{meist: } \alpha > 0\,, \quad \text{aber möglich: } \alpha \leq 0 \tag{18.11}$$

Das bekannteste Beispiel für $\alpha < 0$ ist Wasser im Bereich zwischen 0 und 4 °C bei Normaldruck. Auch ein Gummiband kann sich bei Temperaturerhöhung zusammenziehen. Aus (18.9) und (18.10) folgt

$$C_P \geq C_V \tag{18.12}$$

Für das ideale Gases gilt

$$\alpha = \frac{1}{V}\left(\frac{\partial V}{\partial T}\right)_P = \frac{1}{T}\,, \qquad \kappa_T = -\frac{1}{V}\left(\frac{\partial V}{\partial P}\right)_T = \frac{1}{P} \qquad \text{(Ideales Gas)} \tag{18.13}$$

Wir setzen dies in (18.9) ein und verwenden $PV = \nu RT$,

$$C_P - C_V = \nu R \quad \text{oder} \quad c_P - c_V = R \qquad \text{(Ideales Gas)} \tag{18.14}$$

Dieses Ergebnis ist aus (16.16) bekannt. Nach Tabelle 16.2 erfüllen auch reale Gase oft diese Relation.

Für ein ideales Gas kann die Differenz $(C_P - C_V)\,dT$ als die Ausdehnungsarbeit $P\,dV = \nu R\,dT$ interpretiert werden, die bei Temperaturerhöhung unter konstantem Druck zu leisten ist. Diese Interpretation ist aber nicht allgemein gültig; dies folgt aus der Möglichkeit $\alpha < 0$.

Die allgemeinen Relationen (18.1) - (18.12) gelten gleichermaßen für Gase, Flüssigkeiten und Festkörper; vorausgesetzt wurde lediglich, daß das System homogen ist. Tabelle 18.1 vergleicht die Werte für ein ideales Gas bei Normalbedingungen mit denen für Kupfer. Der Ausdehnungskoeffizient ist für Kupfer um 2 Größenordnungen, die Kompressibilität um 6 Größenordnungen kleiner. Generell sind α und κ_T für Festkörper und Flüssigkeiten viel kleiner als für Gase. Für Festkörper und Flüssigkeiten ist die relative Differenz $(c_P - c_V)/c_P$ meist klein gegenüber 1.

Expansion

Wir betrachten die Expansion (Kompression) unter folgenden Bedingungen:

1. Freie Expansion: $E = \text{const.}$
2. Quasistatische, adiabatische Expansion: $S = \text{const.}$
3. Joule-Thomson-Expansion: $H = \text{const.}$

Da die Zustände der betrachteten homogenen Systeme durch zwei Variable festgelegt sind, genügt die Angabe einer konstanten Zustandsgröße, um den Expansionsprozeß zu definieren. Die zugehörigen Versuchsanordnungen sind in Abbildung 18.1 schematisch dargestellt.

Wir wollen die mit der Expansion verbundene Temperaturänderung berechnen, also die partiellen Ableitungen

$$\left(\frac{\partial T}{\partial V}\right)_E, \qquad \left(\frac{\partial T}{\partial V}\right)_S, \qquad \left(\frac{\partial T}{\partial P}\right)_H \tag{18.15}$$

Im letzten Fall wird die Temperaturänderung relativ zur Druckänderung angegeben, weil diese durch die experimentelle Anordnung vorgegeben wird. Die gesuchten partiellen Ableitungen können jeweils aus dem vollständigen Differential der konstant zu haltenden Größe A abgelesen werden:

$$dA = B\,dT + C\,dV \quad \Longrightarrow \quad \left(\frac{\partial T}{\partial V}\right)_A = -\frac{C}{B} \tag{18.16}$$

Im Joule-Thomson-Versuch ist V durch P zu ersetzen. Die im Ergebnis $-C/B$ auftretenden partiellen Ableitungen werden durch experimentell leicht zugängliche Größen ausgedrückt. Zur konkreten Auswertung der Ergebnisse benötigt man die thermische Zustandsgleichung; hierfür betrachten wir (16.1) und (16.2).

Freie Expansion

Die experimentelle Anordnung der freien Expansion (Abbildung 18.1 oben) ist auch unter dem Namen Gay-Lussacscher Drosselversuch bekannt. Das System ist thermisch isoliert ($đQ = 0$). Das Öffnen der Drosselklappe zwischen dem mit Gas gefüllten Teil und dem Vakuum erfolgt ohne Arbeitsleistung; auch das Gas leistet beim Durchströmen keine Arbeit. Damit gilt für diesen Prozeß

$$dE = đQ - đW = 0 \tag{18.17}$$

Wie in Kapitel 9 diskutiert, ist $\Omega_b \gg \Omega_a$ oder $S_b > S_a$. Es handelt sich um einen irreversiblen Prozeß. Der Prozeß läuft über Nichtgleichgewichtszustände; er ist daher nicht quasistatisch. Daher ist $dS \neq 0$ mit $đQ = 0$ verträglich; der 2. Teil des 2. Hauptsatzes gilt ja nur für quasistatische Prozesse. Der Anfangszustand (T_a, V_a) und der Endzustand (T_b, V_b) sollen aber Gleichgewichtszustände sein. Für sie gilt dann

$$E(T_b, V_b) = E(T_a, V_a) \tag{18.18}$$

Diese Bedingung legt fest, um welchen Betrag ΔT sich die Temperatur ändert, wenn sich das Volumen um ΔV ändert. Für eine infinitesimale Änderung wird dieser Zusammenhang gerade durch den ersten Ausdruck in (18.15) gegeben. Gemäß dem Schema (18.16) drücken wir dE durch dT und dV aus:

$$dE \overset{(17.35)}{=} C_V\, dT + \left[T \left(\frac{\partial P}{\partial T} \right)_V - P \right] dV \tag{18.19}$$

Daraus ergibt sich die gesuchte Temperaturänderung zu

$$\left(\frac{\partial T}{\partial V} \right)_E = \frac{1}{C_V} \left[P - T \left(\frac{\partial P}{\partial T} \right)_V \right] \tag{18.20}$$

Wir werten dies für (16.1) und (16.2) aus:

$$\left(\frac{\partial T}{\partial v} \right)_E = \nu \left(\frac{\partial T}{\partial V} \right)_E = \begin{cases} 0 & \text{(ideales Gas)} \\ -\dfrac{a}{c_V\, v^2} & \text{(van der Waals-Gas)} \end{cases} \tag{18.21}$$

Für ein ideales Gas haben wir dieses Ergebnis bereits in der Form der Volumenunabhängigkeit von $E(T, V)$ erhalten, (16.7). Für ein ideales Gas ist

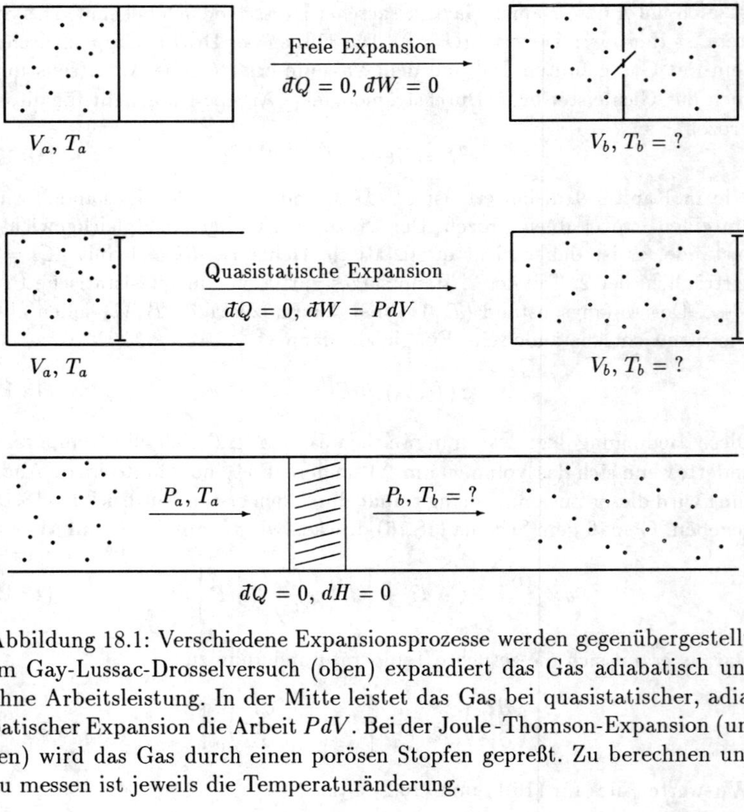

Abbildung 18.1: Verschiedene Expansionsprozesse werden gegenübergestellt: Im Gay-Lussac-Drosselversuch (oben) expandiert das Gas adiabatisch und ohne Arbeitsleistung. In der Mitte leistet das Gas bei quasistatischer, adiabatischer Expansion die Arbeit PdV. Bei der Joule-Thomson-Expansion (unten) wird das Gas durch einen porösen Stopfen gepreßt. Zu berechnen und zu messen ist jeweils die Temperaturänderung.

die Energie die Summe der kinetischen Energien der Atome; die kinetischen Energien der Atome ändern sich aber nicht beim Durchflug durch die geöffnete Drosselklappe.

Im realen Gas ergibt sich dagegen eine Abkühlung. Der Term $-a/v^2$ in (16.2) beschreibt die Druckverringerung aufgrund des attraktiven Teils der Wechselwirkung. In der Energie führt dieser attraktive Teil zu einer Energieabsenkung. Bei niedrigerer Gasdichte spüren die Teilchen im Mittel weniger von dieser Attraktion, daher steigt die potentielle Energie bei Expansion, die kinetische Energie und die Temperatur sinken ab. Der stark repulsive, kurzreichweitige Teil der Wechselwirkung verringert dagegen das effektiv zur Verfügung stehende Volumen (Term mit b in (16.2)), hat aber in erster Näherung keinen Einfluß auf die Energie. Im Rahmen der Thermodynamik ist (16.2) ein empirischer Ansatz; dementsprechend ist die Erklärung des Effekts (18.21) hier nur qualitativ.

Quasistatische, adiabatische Expansion

Das thermisch isolierte ($đQ = 0$) Gas werde durch das langsame Herausziehen eines Kolbens expandiert, Abbildung 18.1 Mitte. Dabei leistet das Gas Arbeit, $đW = P\,dV \neq 0$. Da der Prozeß quasistatisch verläuft, gilt der 2. Teil des 2. Hauptsatzes,

$$dS = \frac{đQ}{T} = 0 \qquad \text{(quasistatisch, adiabatisch)} \tag{18.22}$$

Damit erhalten wir für den End- und Anfangszustand

$$S(T_b, V_b) = S(T_a, V_a) \tag{18.23}$$

Diese Bedingung legt fest, um welchen Betrag ΔT sich die Temperatur ändert, wenn sich das Volumen um ΔV ändert. Für eine infinitesimale Änderung wird dieser Zusammenhang gerade durch den zweiten Ausdruck in (18.15) gegeben. Gemäß dem Schema (18.16) drücken wir dS durch dT und dV aus:

$$dS \overset{(17.34)}{=} \frac{C_V}{T}\,dT + \left(\frac{\partial P}{\partial T}\right)_V dV \tag{18.24}$$

Daraus ergibt sich die gesuchte Temperaturänderung zu

$$\left(\frac{\partial T}{\partial V}\right)_S = -\frac{T}{C_V}\left(\frac{\partial P}{\partial T}\right)_V \overset{(18.8)}{=} -\frac{T\,\alpha}{C_V\,\kappa_T} \tag{18.25}$$

Für ein ideales Gas gilt $\alpha = 1/T$ und $\kappa_T = 1/P$ und damit

$$\left(\frac{\partial T}{\partial V}\right)_S = -\frac{P}{C_V} \qquad \text{(ideales Gas)} \tag{18.26}$$

Das Ergebnis für das van der Waals-Gas soll in einer Übung bestimmt werden.

Für ein Gas gilt immer $\alpha > 0$, so daß $(\partial T/\partial V)_S < 0$. Das Gas kühlt sich daher bei quasistatischer, adiabatischer Expansion ab. Man kann diese Abkühlung zur Herstellung tiefer Temperaturen verwenden. Das Prinzip einer darauf basierenden *Kältemaschine* ist folgendes:

1. Das Gas hat anfänglich die Umgebungstemperatur T_1. Es wird quasistatisch und adiabatisch komprimiert. Dabei erwärmt es sich.
2. Durch thermischen Kontakt mit der Umgebung kühlt es sich wieder auf die Temperatur T_1 ab.
3. Nun wird es quasistatisch und adiabatisch auf sein ursprüngliches Volumen expandiert. Dabei erreicht es die niedrigere Temperatur $T_2 < T_1$.

Ist ein hinreichend großes Kältereservoir mit T_2 geschaffen, so kann ein weiterer Kreislauf mit T_2 als neuer Umgebungstemperatur beginnen. Die mit einem solchen Verfahren erreichbaren Temperaturen sind praktisch dadurch begrenzt, daß die benutzten realen Gase bei tiefen Temperaturen kondensieren. Stickstoff kondensiert unter Normaldruck bei etwa 77 K, Helium dagegen erst bei etwa 5 K. Flüssiger Stickstoff oder flüssiges Helium dienen üblicherweise als Kältereservoir im Labor.

Der 3. Schritt könnte für ein reales Gas auch in einer freien Expansion bestehen. Die dabei erreichte Temperaturerniedrigung ist aber im allgemeinen klein, da der Term a/v^2 in der van der Waals-Gleichung ein Korrekturterm ist, $a/v^2 \ll P$.

Joule-Thomson-Expansion

Bei dieser Expansion wird ein Gas mit einem Druck P_a durch eine poröse Wand gepreßt, Abbildung 18.1 unten. Danach hat das Gas den niedrigeren Druck P_b. Der Druckunterschied und die dadurch erreichte Strömungsgeschwindigkeit hängen von der Struktur des porösen Stopfens ab. Das System sei thermisch isoliert,

$$đQ = 0 \tag{18.27}$$

Hieraus folgt aber nicht $dS = 0$; denn das System ist nicht in einem Gleichgewichtszustand. So ist für das System als ganzes keine Temperatur und kein Druck definiert. Für das Gas links vom Stopfen können wir aber einen Gleichgewichtszustand annehmen, und einen anderen Gleichgewichtszustand rechts davon. Zum Durchpressen des Gases muß Arbeit aufgewandt werden.

Hat eine bestimme Gasmenge vor dem Stopfen das Volumen V_a, so ist die Arbeit

$$P_a V_a \tag{18.28}$$

zum Weiterschieben dieser Gasmenge zu leisten. Hinter dem Stopfen muß das Gas dann die Arbeit

$$P_b V_b \tag{18.29}$$

leisten, um das dort vorhandene Gas weiterzuschieben. Somit leistet das Gas insgesamt die Arbeit

$$\Delta W = P_b V_b - P_a V_a \tag{18.30}$$

Aus dem 1. Hauptsatz folgt

$$\Delta E = E_b - E_a = \Delta Q - \Delta W = -\Delta W \tag{18.31}$$

oder

$$E_b + P_b V_b = E_a + P_a V_a \quad \text{oder} \quad H_b = H_a \tag{18.32}$$

Damit ist die Enthalpie $H = E + PV$ bei diesem Prozeß konstant. Wir schreiben die Enthalpie als Funktion von T und P:

$$H(T_b, P_b) = H(T_a, P_a) \tag{18.33}$$

Diese Bedingung legt fest, um welchen Betrag ΔT sich die Temperatur ändert, wenn sich der Druck um ΔP ändert. Für eine infinitesimale Änderung wird dieser Zusammenhang gerade durch den dritten Ausdruck in (18.15) gegeben. Gemäß dem Schema (18.16) drücken wir dH durch dT und dP aus:

$$dH = T\,dS + V\,dP = T\left[\left(\frac{\partial S}{\partial T}\right)_P dT + \left(\frac{\partial S}{\partial P}\right)_T dP\right] - V\,dP =$$

$$= C_P\,dT - T\left(\frac{\partial V}{\partial T}\right)_P dP + V\,dP = C_P\,dT + (V - VT\alpha)\,dP \tag{18.34}$$

Dabei haben wir die Maxwellrelation für $dG = -S\,dT + V\,dP$ benutzt, und den Ausdehnungskoeffizienten α eingeführt. Wir notieren zunächst, daß die Wärmekapazität C_P in einfacher Weise mit $H(T,P)$ verknüpft ist:

$$C_P = T\left(\frac{\partial S}{\partial T}\right)_P = \left(\frac{\partial H}{\partial T}\right)_P \tag{18.35}$$

Dies ist mit (16.12), $C_V = \partial E(T,V)/\partial T$, zu vergleichen.

Aus (18.34) lesen wir die gesuchte Temperaturänderung ab:

$$\mu_{\text{JT}} \equiv \left(\frac{\partial T}{\partial P}\right)_H = \frac{V}{C_P}\ (T\alpha - 1) \tag{18.36}$$

Diese Größe $\mu_{\rm JT}$ wird als Joule-Thomson-Koeffizient bezeichnet. Für das ideale Gas verschwindet dieser Koeffizient wegen $\alpha = 1/T$. Für ein reales Gas kann $\mu_{\rm JT}$ positiv oder negativ sein. Für Stickstoffgas unter Normalbedingungen ist $\mu_{\rm JT}$ positiv, der Joule-Thomson-Prozeß ($dP < 0$) führt also zu einer Abkühlung ($dT < 0$). Für tiefere Temperaturen nimmt $\mu_{\rm JT}$ zu, so daß der Abkühlungseffekt stärker wird.

Die Joule-Thomson-Entspannung ist als kontinuierlicher Prozeß technisch besonders leicht zu realisieren. Bei tiefen Temperaturen kann der Wirkungsgrad einer Joule-Thomson-Kühlmaschine mit dem einer quasistatischen adiabatischen Entspannung vergleichbar sein.

Übung

Ein Mol eines idealen Gases werde isotherm und quasistatisch vom Volumen V_a auf $V_b = 2.7\,V_a$ expandiert. Bestimmen Sie die während des Prozesses aufgenommene Wärme ΔQ. Geben Sie ΔQ in Joule an, wenn der Prozeß bei Zimmertemperatur durchgeführt wird.

Übung

Bestimmen Sie die Temperaturänderung des van der Waals-Gases bei quasistatischer, adiabatischer Expansion.

Übung

Für den Joule-Thomson-Prozeß ist durch

$$\mu_{\rm JT} = 0 \quad \longrightarrow \quad P_{\rm i} = P_{\rm i}(T) \tag{18.37}$$

eine *Inversionskurve* $P_{\rm i}(T)$ in der P-T-Ebene definiert. Sie trennt das Gebiet mit $\mu_{\rm JT} > 0$ von dem mit $\mu_{\rm JT} < 0$.

Skizzieren und diskutieren Sie den Verlauf dieser Inversionskurve für ein van der Waals-Gas.

Kapitel 19

Wärmekraftmaschinen

Wir untersuchen in diesem Kapitel Prozesse, bei denen Wärme in Arbeit umgewandelt wird. Wir zeigen, daß ein perpetuum mobile 2. Art im Widerspruch zum 2. Hauptsatz steht. Für realisierbare Wärmekraftmaschinen leiten wir aus den Hauptsätzen den maximal erreichbaren Wirkungsgrad ab.

Wir betrachten durchweg Maschinen, die zyklisch arbeiten. Das heißt, daß die Maschine nach einer bestimmten Zeitspanne immer wieder in den selben Zustand zurückkehrt (etwa ein vollständiger Zyklus eines Ottomotors). Dies schließt kontinuierlich arbeitende Maschinen mit ein; für sie kann die Zyklusspanne beliebig gewählt werden.

Perpetuum mobile 2. Art

Eine ideale Wärmekraftmaschine wäre die, die in einem Zyklus einem Wärmereservoir die Wärme q entnimmt und diese in die Arbeit $w = q$ umwandelt. Eine solche hypothetische Apparatur wird als perpetuum mobile 2. Art bezeichnet. Das Schema eines solchen Prozesses ist in Abbildung 19.1 dargestellt. Das Wärmereservoir soll so groß sein, daß es seine Temperatur T bei der Wärmeentnahme praktisch nicht ändert, also zum Beispiel ein Ozean.

Eine solche Maschine ist auch unter idealen Bedingungen (wie quasistatisch und ohne Reibungsverluste) nicht zu verwirklichen, denn sie ist nicht verträglich mit dem 2. Hauptsatz. Wir betrachten zunächst den 1. Hauptsatz für das System M (die eigentliche Kraftmaschine) in Abbildung 19.1. Nach einem Zyklus ist die Maschine im selben Zustand, also gilt $\Delta E = 0$. Während eines Zyklus nimmt sie die Wärme q auf und leistet die Arbeit w. Nach dem 1. Hauptsatz gilt

$$\Delta E_{\mathrm{M}} = q - w = 0 \qquad \text{(1 Zyklus)} \tag{19.1}$$

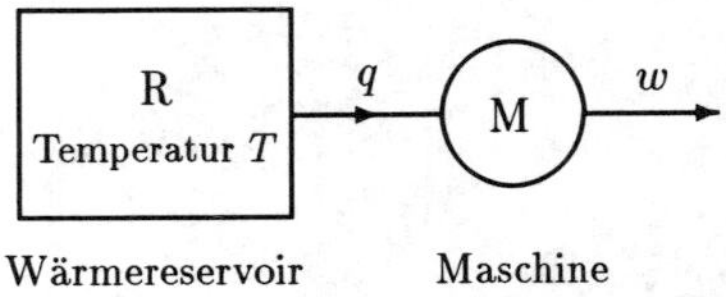

Abbildung 19.1: Schema eines perpetuum mobile 2. Art, das die Wärme q in Arbeit $q = w$ verwandelt.

also

$$w = q \tag{19.2}$$

Die Umwandlung der Wärmemenge q in die Arbeit w ist mit dem Energiesatz verträglich. Dem 1. Hauptsatz widersprechen würde dagegen eine Vorrichtung, die aus dem Nichts Arbeit erzeugt; eine solche hypothetische Maschine wird als perpetuum mobile 1. Art bezeichnet.

Der 1. Teil des 2. Hauptsatzes, $\Delta S \geq 0$, gilt für ein abgeschlossenes System. Um ein abgeschlossenes System zu erhalten, müssen wir das Schema in Abbildung 19.1 durch einen Speicher für die Arbeit w ergänzen. Die Arbeit könnte zum Beispiel in einer Feder gespeichert werden; dies ist ein System mit einem Freiheitsgrad ($f = 1$). Möglich wäre auch ein Gewicht, das im Schwerefeld angehoben wird; konkret wird diese Speicherart durch ein Wasserpumpwerk mit zwei Stauseen auf verschiedener Höhe realisiert. Für das abgeschlossene System aus Wärmereservoir R, Maschine M und Speicher S gilt

$$\Delta S = \Delta S_{\mathrm{R}} + \Delta S_{\mathrm{M}} + \Delta S_{\mathrm{S}} \geq 0 \qquad \text{(2. Hauptsatz, 1. Teil)} \tag{19.3}$$

Der Speicher mit einem Freiheitsgrad hat eine Entropie der Größe $S_{\mathrm{S}} = \mathcal{O}(k_{\mathrm{B}})$, die gegenüber der Entropie des Wärmereservoirs $S_{\mathrm{R}} > \mathcal{O}(10^{24}\, k_{\mathrm{B}})$ zu vernachlässigen ist. Dieses Größenverhältnis gilt auch für die Entropieänderungen, $\Delta S_{\mathrm{S}} \ll \Delta S_{\mathrm{R}}$, so daß

$$\Delta S_{\mathrm{S}} \approx 0 \qquad (\text{Speicher}, f = 1) \tag{19.4}$$

Die Maschine M ist nach jedem Zyklus im selben Makrozustand, also

$$\Delta S_{\mathrm{M}} = 0 \qquad \text{(nach einem Zyklus)} \tag{19.5}$$

Für das Wärmereservoir gilt nach einem Zyklus

$$\Delta S_{\mathrm{R}} = -\frac{q}{T} \qquad \text{(2. Hauptsatz, 2. Teil)} \tag{19.6}$$

Aus den letzten drei Gleichungen folgt

$$\Delta S = \Delta S_{\mathrm{R}} + \Delta S_{\mathrm{M}} + \Delta S_{\mathrm{S}} = -\frac{q}{T} < 0 \tag{19.7}$$

Im abgeschlossenen System aus Wärmereservoir, Maschine und Energiespeicher nimmt die Entropie also ab. Dies steht im Widerspruch zur Aussage (19.3) des 2. Hauptsatzes. Es ist daher unmöglich, eine solche Maschine zu bauen.

Eine Idee zur Verwirklichung eines perpetuum mobile 2. Art wäre folgender Prozeß:

1. Im Kontakt mit der Umgebung (Wärmereservoir) hat ein Kasten mit einem idealen Gas die Temperatur T.
2. Der Kasten wird thermisch isoliert. Wir warten, bis alle Teilchen zufällig im linken Teil des Kastens sind. Zu diesem Zeitpunkt schieben wir ohne Arbeitsleistung seitlich eine Wand ein. Damit hat das Gas ein kleineres Volumen.
3. Das Gas wird adiabatisch und quasistatisch auf sein ursprüngliches Volumen expandiert. Dabei leistet es die Arbeit w. Das Gas hat danach eine niedrigere Temperatur $T_<$.
4. Im Kontakt mit der Umgebung erwärmt sich das Gas wieder auf T. Da es damit seinen ursprünglichen Zustand erreicht, gilt $\Delta E = 0$. Das Gas nimmt also in diesem Schritt die Wärme $q = w$ auf. Der zyklische Prozeß wird mit dem 2. Schritt fortgesetzt.

Dieser Prozeß ist wegen der Zeitdauer des zweiten Schritts nicht realisierbar. Wie wir in Kapitel 9 gesehen haben, ist diese Zeit unvorstellbar viel größer als das Weltalter. Dies gilt auch noch, wenn wir etwa nur warten, bis in der linken Hälfte des Kastens 1% mehr Teilchen als in der rechten Hälfte sind. Für $N = \mathcal{O}(10^{24})$ entspricht eine Abweichung von 1% vom Mittelwert etwa 10^{10} Standardabweichungen und ist damit extrem unwahrscheinlich (praktisch unmöglich). Die tatsächlichen Schwankungen, $\Delta N/\overline{N} \approx 10^{-12}$, können dagegen von keiner physikalischen Wand zur Arbeitsleistung verwendet werden.

Völlig analog zu dem eben gegebenen Beispiel sind zwei Untersysteme in thermischem Kontakt, und das Warten darauf, daß das eine System eine verwertbare Abweichung von seinem Energiemittelwert zeigt. Wie wir in Kapitel 10 gesehen haben, ist die Schwankung der Energie in einem Teilsystem um den Mittelwert herum von der gleichen relativen Größe wie beim Teilchenaustausch. Nach Kapitel 11 gilt dies auch für jede andere makroskopische Größe.

Ein bekanntes Gedankenexperiment zur Konstruktion eines perpetuum mobile 2. Art ist der *Maxwellsche Dämon*, der den 2. Hauptsatz auf folgende

Art zu überlisten versucht: Er sitzt an einer kleinen Öffnung zwischen zwei Gasvolumina und kann diese mit einer Klappe öffnen oder schließen (etwa in Abbildung 16.1 rechts). Er öffnet die Klappe, wenn zufällig ein schnelles Teilchen (schneller als der Durchschnitt) von rechts nach links, oder ein langsames von links nach rechts fliegen will. Ansonsten bleibt die Klappe geschlossen. Auf diese Weise wird das linke Volumen wärmer als das rechte. Diese Temperaturdifferenz kann zur Erzeugung von Arbeit benutzt werden.

Der Dämon hat jedoch Probleme. Das Öffnen und Schließen der Klappe darf nicht mehr Arbeit kosten, als später zu gewinnen ist. Die Arbeit w_{k} zur Bedienung der Klappe muß also klein sein gegenüber der Überschußenergie eines schnellen Teilchens. Die Energie eines Teilchens ist nach Kapitel 10 von der Größe $k_{\mathrm{B}}T$. Dies bedeutet

$$w_{\mathrm{k}} \ll k_{\mathrm{B}}T \tag{19.8}$$

Die Klappe selbst stellt ein System mit einem Freiheitsgrad dar. Die Klappe hat daher nach einiger Zeit, wenn sie sich im Gleichgewicht mit ihrer Umgebung befindet, die mittlere statistische Energie

$$\overline{\varepsilon_{\mathrm{k}}} = \mathcal{O}(k_{\mathrm{B}}T) \tag{19.9}$$

Wegen $\overline{\varepsilon_{\mathrm{k}}} \gg w_{\mathrm{k}}$ öffnet und schließt sich die Klappe unkontrolliert. Die Hände des Maxwellschen Dämon zittern so stark, daß er seine Aufgabe nicht erfüllen kann. Die Aussagen (19.8) und (19.9) und die daraus gezogene Folgerung gelten für jede denkbare Vorrichtung zum Sortieren der Teilchen, also etwa auch für eine intelligente elektronische Lösung.

Die Unmöglichkeit, eine periodische Maschine der in Abbildung 19.1 gezeigten Art zu bauen, wird gelegentlich als alternative Formulierung zu $\Delta S \geq 0$ benutzt. Diese Formulierung betont, daß die Energieform 'Wärme' (ungeordnete Bewegung) minderwertig gegenüber der Energieform 'Arbeit' ist. Die Umwandlung $w \to q$ (zum Beispiel durch einen elektrischen Heizofen) ist uneingeschränkt möglich. Die Umwandlung $q \to w$ ist dagegen nur beschränkt möglich. Diese Beschränkung wird im nächsten Abschnitt quantifiziert.

Es sei an dieser Stelle darauf hingewiesen, daß der 2. Hauptsatz eine Zeitrichtung festlegt; $\Delta S \geq 0$ bedeutet ja $dS/dt \geq 0$. Da die Grundgleichungen der Mechanik und Quantenmechanik zeitumkehrinvariant sind, sind sie zur Begründung von $\Delta S \geq 0$ nicht ausreichend. In Kapitel 5 wurde diese Zeitrichtung durch die Feststellung eingeführt, daß ein abgeschlossenes System sich ins Gleichgewicht bewegt (also zu S = maximal). Dies wurde nicht abgeleitet, sondern lediglich als Erfahrungstatsache behauptet.

Wie sich die Festlegung einer Zeitrichtung ergibt, wenn man von den Grundgesetzen der Mechanik oder Quantenmechanik ausgeht, ist nicht endgültig

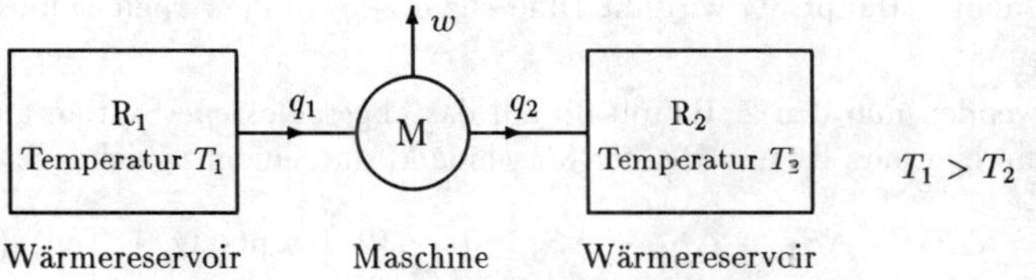

Abbildung 19.2: Schema einer realisierbaren Wärmekraftmaschine. Eine solche Vorrichtung verwandelt einen Teil der Wärme, die von einem Wärmereservoir hoher Temperatur T_1 abgegeben wird, in Arbeit. Der andere Teil wird einem Wärmereservoir mit niedrigerer Temperatur T_2 zugeführt.

geklärt; diese Frage wird in Kapitel 41 noch einmal diskutiert. Uns soll hier der in Kapitel 9 diskutierte Prozeß der adiabatischen Expansion ohne Arbeitsleistung als einsichtiges Beispiel genügen. Hier ist intuitiv klar, daß ein Prozeß $\Delta S < 0$ (mit einem $|\Delta S/\overline{S}\,| \gg N^{-1/2}$) extrem unwahrscheinlich ist. Es sei darauf hingewiesen, daß auch in anderen Bereichen der Physik eine Zeitrichtung ausgezeichnet wird. So wird im Streuproblem in der Quantenmechanik eine auslaufende Kugelwelle angesetzt, und in der Elektrodynamik werden die retardierten Potentiale gegenüber den avancierten bevorzugt.

Wirkungsgrad einer Wärmekraftmaschine

Eine realisierbare Wärmekraftmaschine erzeugt aus Wärme Arbeit, indem sie die Tendenz der ungeordneten Energie zur Gleichverteilung ausnützt. Wärme fließt von selbst vom wärmeren System mit der Temperatur T_1 zum kälteren mit T_2. Das Schema einer solchen Vorrichtung ist in Abbildung 19.2 skizziert. Die angegebenen Energiemengen (q_1, q_2 und w) sollen sich wieder auf einen Zyklus der periodisch arbeitenden Maschine beziehen.

Eine solche Maschine ist mit den Hauptsätzen verträglich; die Hauptsätze schränken aber den erreichbaren Wirkungsgrad ein. Wir leiten zunächst diese Einschränkung ab, und betrachten dann konkrete Realisierungen einer solchen Maschine.

Nach einem Zyklus ist die Maschine im selben Zustand, also gilt $\Delta E_{\rm M} = 0$. Während eines Zyklus nimmt sie die Wärme q_1 auf, gibt die Wärme q_2 ab, und leistet die Arbeit w. Wir wenden den 1. Hauptsatz auf das System M an:

$$\Delta E_{\rm M} = q_1 - q_2 - w = 0 \qquad \text{(nach einem Zyklus)} \tag{19.10}$$

Daraus folgt

$$w = q_1 - q_2 \tag{19.11}$$

Nach dem 1. Hauptsatz wird die Differenz $q_1 - q_2$ in die Arbeit w umgewandelt.

Wir wenden nun den 2. Hauptsatz auf das abgeschlossene System aus zwei Wärmereservoirs R_1 und R_2, der Maschine M und einem Speicher S an:

$$\Delta S = \Delta S_{R_1} + \Delta S_{R_2} + \Delta S_M + \Delta S_S \geq 0 \qquad \text{(2. Hauptsatz, 1. Teil)} \qquad (19.12)$$

Der Speicher habe wieder einen Freiheitsgrad und damit einen zu vernachlässigenden Beitrag zur Entropie, also

$$\Delta S_S \approx 0 \qquad (\text{Speicher}, f = 1) \qquad (19.13)$$

Die Maschine M ist nach jedem Zyklus im selben Zustand, also

$$\Delta S_M = 0 \qquad (\text{nach einem Zyklus}) \qquad (19.14)$$

Für die Wärmereservoirs gilt

$$\Delta S_{R_1} = -\frac{q_1}{T_1}, \qquad \Delta S_{R_2} = \frac{q_2}{T_2} \qquad \text{(2. Hauptsatz, 2. Teil)} \qquad (19.15)$$

Wir setzen (19.13) - (19.15) in (19.12) ein:

$$\Delta S = \frac{q_2}{T_2} - \frac{q_1}{T_1} \geq 0 \qquad (19.16)$$

Dies können wir auch in der Form

$$\frac{q_2}{q_1} \geq \frac{T_2}{T_1} \qquad (19.17)$$

schreiben. Für $q_2 \to 0$ und $q_1 \neq 0$ ergäbe die Vorrichtung in Abbildung 19.2 ein perpetuum mobile 2. Art. Aus den Hauptsätzen folgt aber $q_2 \geq q_1 (T_2/T_1)$, also eine untere Grenze für q_2.

In einem Kraftwerk muß die auf hohem Temperaturniveau aus R_1 entnommene Wärmemenge q_1 fortlaufend ersetzt werden; dies geschieht zum Beispiel durch Verbrennung von Öl oder Kohle. Die Arbeit w ist dagegen die verkäufliche elektrische Energie. Daher definiert man als *Wirkungsgrad*

$$\eta = \frac{\text{erzeugte Arbeit}}{\text{aufgewendete Wärme}} = \frac{w}{q_1} = \frac{q_1 - q_2}{q_1} \qquad (19.18)$$

Mit (19.17) erhalten wir hierfür die Ungleichung

$$\eta = 1 - \frac{q_2}{q_1} \leq 1 - \frac{T_2}{T_1} \qquad (19.19)$$

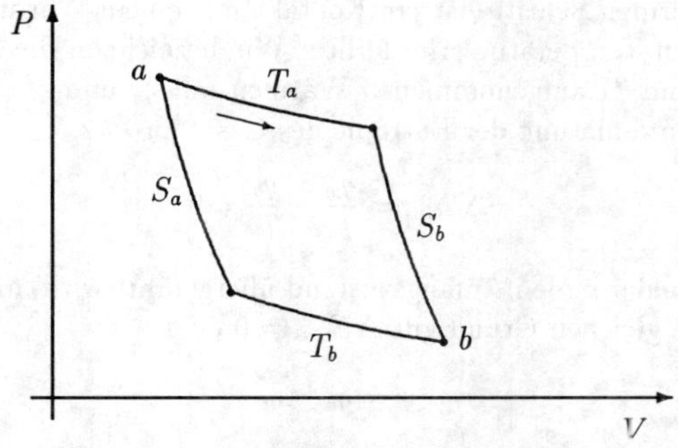

Abbildung 19.3: Schematische Darstellung des Carnotprozesses. Im P-V-Diagramm des Gases werden zunächst zwei Zustände a und b festgelegt. Es werden die Isothermen (T = const.) und die Adiabaten (S = const.) durch jeden dieser beiden Punkte eingezeichnet. Dadurch entsteht eine rautenförmige Fläche. Bei einem Umlauf im Uhrzeigersinn kann der Prozeß als Wärmekraftmaschine dienen, bei entgegengesetztem Umlaufsinn als Wärmepumpe.

Der maximal erreichbare Wirkungsgrad ist

$$\eta_{\text{ideal}} = \frac{T_1 - T_2}{T_1} \quad \text{(Wirkungsgrad einer idealen Wärmekraftmaschine)} \tag{19.20}$$

Das Standardbeispiel für einen Prozeß mit dem idealen Wirkungsgrad ist der *Carnotprozeß*. Hierbei dient ein Gasvolumen als 'Maschine' M. Das Gasvolumen durchläuft den in Abbildung 19.3 skizzierten Kreisprozeß, der aus folgenden Schritten besteht:

1. Das Gas expandiert quasistatisch von a nach b, und zwar in zwei Teilschritten:

   (i) Isotherm von (T_a, S_a) zu (T_a, S_b).

   (ii) Adiabatisch von (T_a, S_b) zu (T_b, S_b).

2. Das Gas wird quasistatisch von b zurück nach a komprimiert, und zwar in zwei Teilschritten:

   (i) Isotherm von (T_b, S_b) zu (T_b, S_a).

   (ii) Adiabatisch von (T_b, S_a) zu (T_a, S_a).

Für die isothermen Schritte ist ein Kontakt mit einem Wärmereservoir der entsprechenden Temperatur erforderlich. Wir bezeichnen die längs der Isothermen T_a und T_b aufgenommenen Wärmen mit q_a und q_b. Daraus ergibt sich die Gesamtänderung der Entropie des Gases zu

$$\Delta S_{\text{Gas}} = \frac{q_a}{T_a} - \frac{q_b}{T_b} = 0 \tag{19.21}$$

Da das Gas wieder in den Anfangszustand übergeführt wird, muß $\Delta S_{\text{Gas}} = 0$ sein. Aus dem gleichen Grund gilt $\Delta E_{\text{Gas}} = 0$ oder

$$w = q_a - q_b \tag{19.22}$$

Da alle Schritte quasistatisch erfolgen, ist die vom Gas geleistete Arbeit gleich $w = \oint P\,dV$; dies ist die eingeschlossene Fläche in Abbildung 19.3. Aus (19.21) und (19.22) folgt der Wirkungsgrad des Carnotprozesses

$$\eta_{\text{Carnot}} = \frac{w}{q_a} = \frac{T_a - T_b}{T_a} = \eta_{\text{ideal}} \tag{19.23}$$

Wir berechnen noch die gesamte Entropieänderung des abgeschlossenen Systems aus Wärmereservoirs, Gas und Energiespeicher für einen Carnotprozeß. Mit $\Delta S_{\text{R}_1} = -q_a/T_a$, $\Delta S_{\text{R}_2} = q_b/T_b$, ΔS_{Gas} aus (19.21) und $\Delta S_{\text{S}} \approx 0$ ergibt sich

$$\Delta S = \Delta S_{\text{R}_1} + \Delta S_{\text{R}_2} + \Delta S_{\text{Gas}} + \Delta S_{\text{S}} = 0 \tag{19.24}$$

Wegen $\Delta S = 0$ ist der Prozeß reversibel. Der Carnotprozeß kann also auch in umgekehrter Richtung ablaufen; dann kann er für einen Kühlschrank oder eine Wärmepumpe verwendet werden.

Wir betrachten das in Abbildung 19.4 skizzierte Schema eines realen Wärmekraftwerks. Für die in der Abbildung angegebenen Temperaturen liegt der ideale Wirkungsgrad bei

$$\eta_{\text{ideal}} = \frac{1300\,\text{K} - 500\,\text{K}}{1300\,\text{K}} \approx 60\% \tag{19.25}$$

Tatsächlich erreichte Wirkungsgrade liegen dagegen bei etwa 30%. Ein Liter Heizöl hat einen Brennwert von etwa 40 000 Kilojoule; dies ist die Energie, die beim Verbrennen des Öls frei wird. Damit kann man ungefähr 3 kWh elektrische Energie erzeugen,

$$1\ \text{l Öl} \mathrel{\hat{=}} 10\,000\ \text{kcal} \approx 40\,000\ \text{kJ} \approx 11\ \text{kWh} \stackrel{\eta \approx 0.3}{\longrightarrow} 3\ \text{kWh} \tag{19.26}$$

Bei einem Preis von DM 0.45 pro Liter Heizöl (1992) ergeben sich also Rohstoffkosten von DM 0.15 pro Kilowattstunde. Die liegt etwas unter dem Haushaltspreise (1992) von DM 0.20 für Endverbraucher.

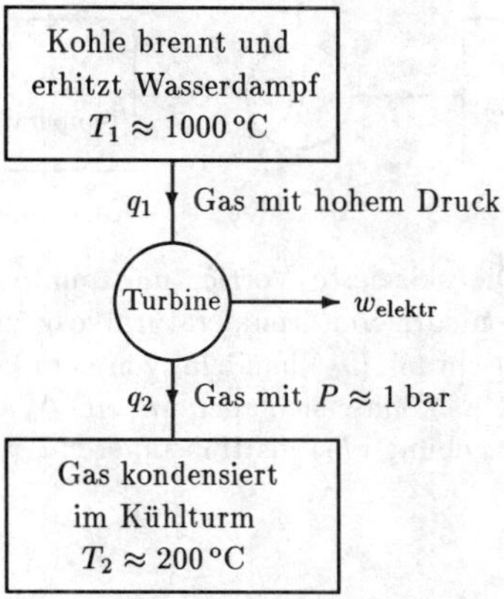

Abbildung 19.4: Die Skizze illustriert, wie das Schema aus Abbildung 19.2 durch ein Öl- oder Kohlekraftwerk realisiert wird.

Es wäre wünschenswert, bei der Verbrennung von Kohle oder Öl soviel hochwertige Energie w_{elektr} wie möglich zu gewinnen, und die unvermeidbare Abwärme (q_2 in Abbildung 19.4) zur Heizung zu benutzen (Wärmekraftkopplung). Allerdings muß dazu das Kraftwerk in der Nähe des Wärmeverbrauchers (also stadtnah) gebaut werden.

Wir können den Prozeß der Wärmekraftmaschine auch umkehren, Abbildung 19.5. Unter Aufwendung der Arbeit w pumpen wir Wärme von R_2 nach R_1, also vom niedrigeren Temperaturniveau zum höheren. Da alle Größen q_1, q_2 und w positiv sein sollen, ändern sich in den oben angegebenen Gleichungen einige Vorzeichen. Aus dem 1. Hauptsatz folgt

$$q_2 + w = q_1 \tag{19.27}$$

Aus dem 2. Hauptsatz folgt

$$\Delta S = \Delta S_{\mathrm{R}_1} + \Delta S_{\mathrm{R}_2} + \Delta S_{\mathrm{M}} + \Delta S_{\mathrm{S}} = \frac{q_1}{T_1} - \frac{q_2}{T_2} \geq 0 \tag{19.28}$$

Für eine Wärmepumpe ist R_1 etwa das zu heizende Haus und R_2 die Umgebung; der Nutzen ist die in das Haus gepumpte Wärme q_1. Für einen Kühlschrank ist R_2 der zu kühlende Innenbereich und R_1 das Zimmer, in dem der Kühlschrank steht; der Nutzen ist die dem Kühlschrank entzogene Wärme q_2. Der jeweilige Wirkungsgrad ergibt sich aus den letzten beiden

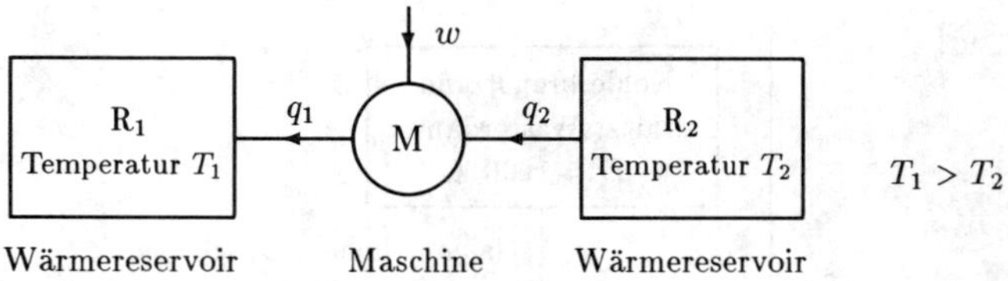

Abbildung 19.5: Die skizzierte Vorrichtung pumpt unter Arbeitsaufwand Wärme von einem niedrigeren Temperaturniveau zum höheren. Es könnte sich um einen Kühlschrank (T_2) handeln, von dem Wärme in die Umgebung (T_1) gepumpt wird. Es könnte sich auch um eine Wärmepumpe handeln, die Wärme aus der Umgebung (T_2) ins Hausinnere (T_1) pumpt.

Gleichungen:

$$\eta \leq \eta_{\text{ideal}} = \begin{cases} \dfrac{q_1}{w} = \dfrac{T_1}{T_1 - T_2} & \text{(Wärmepumpe)} \\ \dfrac{q_2}{w} = \dfrac{T_2}{T_1 - T_2} & \text{(Kühlschrank)} \end{cases} \tag{19.29}$$

Eine Wärmepumpe arbeitet als Heizung, indem sie Wärme von außen ($T_2 = 0\,°\text{C}$) ins Haus ($T_1 = 20\,°\text{C}$) pumpt. Für die angegebenen Temperaturen ergibt sich der ideale Wirkungsgrad

$$\eta_{\text{ideal}} \approx 15 \tag{19.30}$$

Im Prinzip könnte man also mit der elektrischen Energie 1 kWh eine Wärmemenge von 15 kWh ins Haus pumpen. Praktisch benötigt man eher ein höheres Temperaturniveau $T_1 = 60\,°\text{C}$ im Haus, etwa für das Brauchwasser. Hierfür ist der erreichbare Wirkungsgrad $\eta_{\text{ideal}} \approx 6$; realistische Werte liegen bei $\eta \approx 3$.

Von den physikalischen Grundlagen her ist klar, daß die direkte Umwandlung von elektrischer Energie in Wärme ($q = w_{\text{elektr}}$ im elektrischen Heizofen) Verschwendung ist; denn man erreicht ja nur $\eta = q/w_{\text{elektr}} = 1$ gegenüber $\eta_{\text{Wärmepumpe}} \approx 3$. Auch die Ölzentralheizung stellt keine optimale Energienutzung dar. Man könnte ja mit dem Öl einen Dieselmotor betreiben, die Abwärme q_2 zur Heizung benutzen, und mit der erzeugten Arbeit w eine Wärmepumpe betreiben. Bereits mit den bescheidenen und realisierbaren Wirkungsgraden $\eta_{\text{Motor}} = 0.3$ und $\eta_{\text{Pumpe}} = 3$ ließe sich eine Verdoppelung der im Haus erzeugten Wärme erreichen.

Übung

Ein Kühlschrank arbeitet bei einer Innentemperatur von 5 °C. Die abgepumpte Wärme wird über einen Rost an der Rückseite bei einer Temperatur von 30 °C abgegeben. Jemand deckt die Lüftungsschlitze in der Arbeitsplatte über dem Kühlschrank ab; dadurch steigt die Temperatur des Rosts auf 35 °C. Schätzen Sie ab, um wieviel Prozent der Energieverbrauch des Kühlschranks steigt.

Übung

Der in Abbildung 19.3 skizzierte Kreisprozeß werde für ein Mol eines einatomigen idealen Gases durchgeführt. Der Druck und das Volumen seien für die Zustände a und b gegeben; alle anderen Größen sind durch P_a, V_a, P_b, V_b auszudrücken.

Geben Sie für alle vier Zwischenzustände (Ecken in Abbildung 19.3) folgende Größen an: T, V, P und S. Bestimmen Sie hieraus die im ersten und im dritten Schritt aufgenommenen Wärmemengen q_1 und q_3. Zeigen Sie

$$\frac{q_1}{T_a} + \frac{q_3}{T_b} = 0$$

Übung

Ein ideales Gas mit der Wärmekapazität $C_V(T) = \text{const.}$ durchlaufe den abgebildeten Kreisprozeß:

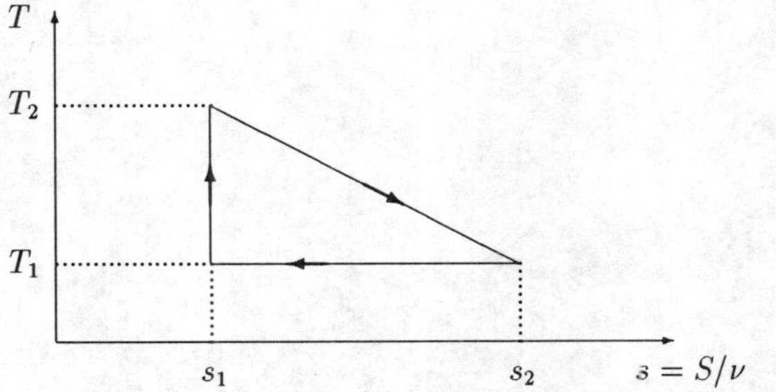

Berechnen Sie die einzelnen Arbeits- und Wärmebeiträge. Diskutieren Sie den Wirkungsgrad, wenn der Prozeß als Wärmekraftmaschine aufgefaßt wird.

Übung

Für ein ideales Gas wird folgender Kreisprozeß quasistatisch durchgeführt:

1. Isotherme Expansion von V_1 auf V_2 (bei $T = T_1 = \text{const.}$).
2. Abkühlung von T_1 auf T_2 (bei $V = V_2 = \text{const.}$).
3. Isotherme Kompression von V_2 auf V_1 ($T = T_2 = \text{const.}$).
4. Erwärmung von T_2 auf T_1 (bei $V = V_1 = \text{const.}$).

Skizzieren Sie den Prozeß in einem T-V-Diagramm. Geben Sie die in den einzelnen Schritten aufgenommene Wärme und geleistete Arbeit an.

Begründen Sie, daß der Prozeß als Wärmekraftmaschine nach dem Schema von Abbildung 19.2 aufgefaßt werden kann. Bestimmen Sie den zugehörigen Wirkungsgrad aus den berechneten Arbeits- und Wärmebeiträgen.

Kapitel 20

Chemisches Potential

Definition

Die Energieeigenwerte (6.5) für das ideale Gas sind von der Form $E_r(V, N)$. Damit ist klar, daß für jedes reale Gas, aber auch für andere homogene Systeme wie Festkörper oder Flüssigkeiten, mindestens zwei äußere Parameter $x = (V, N)$ auftreten. Bisher haben wir nur Prozesse mit $dN = 0$ betrachtet und die Variable N unterdrückt. Diese Einschränkung lassen wir jetzt fallen. Die äußeren Parameter sind diejenigen Größen $x = (x_1, ..., x_n)$, von denen der Hamiltonoperator und damit die Energien $E_r(x)$ abhängen. Nach Kapitel 8 führt die quasistatische, adiabatische Änderung von x_i dazu, daß das System die Arbeit $X_i\, dx_i$ leistet. Dabei ist

$$X_i = -\overline{\frac{\partial E_r}{\partial x_i}} \tag{20.1}$$

die zu x_i gehörende verallgemeinerte Kraft. In Kapitel 11 wurde gezeigt, daß diese Kraft direkt aus der Entropie $S = k_{\mathrm{B}} \ln \Omega(E, x)$ bestimmt werden kann,

$$\frac{X_i}{T} = \frac{\partial S(E, x)}{\partial x_i} \tag{20.2}$$

Es sei nun speziell $x = (V, N)$. Dann erhalten wir die beiden verallgemeinerten Kräfte

$$P = -\overline{\frac{\partial E_r(V, N)}{\partial V}}, \qquad \mu = \overline{\frac{\partial E_r(V, N)}{\partial N}} \tag{20.3}$$

Die Vorzeichenwahl für μ ist Konvention. Nach (20.2) gilt

$$\frac{P}{T} = \frac{\partial S(E, V, N)}{\partial V}, \qquad \frac{\mu}{T} = -\frac{\partial S(E, V, N)}{\partial N} \tag{20.4}$$

Zusammen mit $1/T = \partial S/\partial E$ erhalten wir daraus das vollständige Differential für Entropie $S(E, V, N)$,

$$dS = \frac{1}{T}\,dE + \frac{P}{T}\,dV - \frac{\mu}{T}\,dN \tag{20.5}$$

Hieraus folgt

$$dE = T dS - P dV + \mu\, dN \tag{20.6}$$

für die Energie $E(S, V, N)$. Damit können wir das chemische Potential auch als

$$\mu = \left(\frac{\partial E}{\partial N}\right)_{S,V} \tag{20.7}$$

schreiben. Das chemische Potential ist die Energie, die nötig ist, um dem thermisch isolierten System ($S =$ const.) ein Teilchen hinzuzufügen; die anderen äußeren Parameter (hier V) sind dabei konstant zu halten. Wegen $dE = -đW = \mu\, dN$ ist das chemische Potential als Verhältnis $-đW/dN$ meßbar; dies entspricht der in (14.7) gegebenen Verbindung der verallgemeinerten Kräfte mit Meßgrößen.

Ein hinzugefügtes Teilchen wird faktisch von einem anderen System weggenommen. Effektiv ist daher die Differenz der chemischen Potentiale als Arbeitsleistung aufzubringen. Der Nullpunkt von μ ist ebenso willkürlich wie der von E.

Thermodynamische Potentiale

Die Definitionen (17.5) der thermodynamischen Potentiale bleiben unverändert, also etwa $F = E - TS$. Wegen (20.6) erhalten aber alle Differentiale der Potentiale den zusätzlichen Term $\mu\, dN$:

$$\begin{aligned} dE &= T\, dS - P\, dV + \mu\, dN \\ dF &= -S\, dT - P\, dV + \mu\, dN \\ dH &= T\, dS + V\, dP + \mu\, dN \\ dG &= -S\, dT + V\, dP + \mu\, dN \end{aligned} \tag{20.8}$$

Damit ist N für alle diese Potentiale eine zusätzliche natürliche Variable. Zu jedem Potential gibt es nun drei Maxwellrelationen anstelle von einer.

Durch Legendretransformation mit dem Term $-\mu N$ könnten wir zu jedem der Potentiale (20.8) ein weiteres definieren. Wir beschränken uns aber auf das *großkanonische Potential* J,

$$J = E - TS - \mu N = F - \mu N \tag{20.9}$$

Die Bezeichnung erfolgt nach der dazugehörigen Zustandssumme, die wir in Teil IV einführen werden. Aus (20.8) und (20.9) folgt

$$dJ = -S\,dT - P\,dV - N\,d\mu \tag{20.10}$$

Hieraus ergeben sich drei Maxwellrelationen und die natürlichen Variablen von J,

$$J = J(T, V, \mu) \qquad \text{(großkanonisches Potential)} \tag{20.11}$$

Vollständiges Differential

Das chemische Potential steht in besonders einfacher Beziehung zur freien Enthalpie $G = G(T, P, N)$. Als extensive Größe ist G von der Form (15.4),

$$G(T, P, N) = N\,g(T, P) \tag{20.12}$$

Dann gilt

$$\mu \overset{(20.8)}{=} \left(\frac{\partial G}{\partial N}\right)_{T,P} \overset{(20.12)}{=} g(T, P) = \frac{G}{N} \tag{20.13}$$

Die in (20.12) eingeführte Funktion $g(T, P)$ ist also gleich dem chemischen Potential μ,

$$G(T, P, N) = N\,\mu(T, P) \qquad \text{(Duhem-Gibbs-Relation)} \tag{20.14}$$

Wenn wir dies in $J = E - TS - N\mu$ einsetzen und die Definition $G = E - TS + PV$ benutzen, erhalten wir

$$J = -PV \tag{20.15}$$

Diese Beziehung ergänzt die Definition (20.9) des großkanonischen Potentials.

Wir schreiben nun das vollständige Differential dG für $G = N\mu$ an und vergleichen dies mit dG aus (20.8):

$$dG = N\,d\mu + \mu\,dN = -S\,dT + V\,dP + \mu\,dN \tag{20.16}$$

Hieraus folgt für das vollständige Differential des chemischen Potentials

$$d\mu = -s\,dT + v\,dP \qquad (s = S/N,\ \ v = V/N) \tag{20.17}$$

Dies ist die zentrale Beziehung für das chemische Potential, die wir in den meisten Anwendungen benötigen. Wegen der Duhem-Gibbs-Relation und wegen (20.17) sind T und P die bevorzugten Variablen von μ,

$$\mu = \mu(T, P) \tag{20.18}$$

Gleichgewichtsbedingung

Ebenso wie $T_A = T_B$ die Gleichgewichtsbedingung bei Wärmeaustausch, und $P_A = P_B$ diejenige bei Volumenaustausch ist, ist $\mu_A = \mu_B$ die Gleichgewichtsbedingung bei Teilchenaustausch. Dazu betrachten wir wie in Kapitel 10 und 11 ein abgeschlossenes System, das aus zwei Teilsystemen, A und B, besteht. Wenn zwischen den Systemen A und B der Austausch von Teilchen möglich ist, dann ist die Gesamtentropie von der Form

$$S(N_A) = S_A(E_A, V_A, N_A) + S_B(E - E_A, V_B, N - N_A) \qquad (20.19)$$

Die Volumina seien konstant, und es sei kein Wärmeaustausch zugelassen. Dann ist die Änderung dE_A der Energie durch

$$dE_A = \mu_A \, dN_A \qquad (dV_A = 0, \;\; đQ = 0) \qquad (20.20)$$

gegeben. Dabei wurde angenommen, daß der Teilchenaustausch bezüglich des Teilsystems A quasistatisch erfolgt. In der Nähe des Gleichgewichtspunkts ist dies keine besondere Einschränkung; dazu sei auf die Diskussion im Abschnitt 'Volumenaustausch über eine adiabatische Wand' in Kapitel 11 verwiesen.

Unter den gegebenen Bedingungen ist N_A die einzige in (20.19) zu variierende Variable; nur diese wurde im Argument von S angeschrieben. Die Bedingung maximaler Entropie impliziert dann

$$\frac{dS}{dN_A} = \mu_A \left(\frac{\partial S_A}{\partial E_A}\right)_{V_A,N_A} + \left(\frac{\partial S_A}{\partial N_A}\right)_{E_A,V_A} - \mu_A \left(\frac{\partial S_B}{\partial E_B}\right)_{V_B,N_B} - \left(\frac{\partial S_B}{\partial N_B}\right)_{E_B,V_B} = 0 \qquad (20.21)$$

Die ersten beiden Terme auf der rechten Seite heben sich auf. Die beiden nächsten ergeben $-\mu_A/T_B + \mu_B/T_B$. Damit folgt

$$\mu_A = \mu_B \qquad \text{(Gleichgewicht gegenüber Teilchenaustausch)} \qquad (20.22)$$

Barometrische Höhenformel

Als erste Anwendung der Gleichgewichtsbedingung (20.22) leiten wir die barometrische Höhenformel ab. Dies ist nicht der einfachste Weg zu dieser Formel; er ist aber in verschiedener Hinsicht instruktiv. Weitere Anwendungen sind im nächsten Kapitel zusammengestellt.

Wir denken uns die Atmosphäre der Erde in Teilbereiche zerlegt. Diese Teilbereiche sollen einerseits so groß sein, daß sie makroskopisch viele Teilchen enthalten. Andererseits sollen sie so klein sein, daß in ihnen Gleichgewicht gegenüber Wärme-, Volumen- und Teilchenaustausch besteht, und daß das

Gravitationspotential als konstant angesehen werden kann. Dann können wir diese Teilbereiche als homogene Systeme auffassen, in denen die Zustandsvariablen T und P alle anderen intensiven Größen, also auch $\mu(T, P)$, festlegen. Konkret könnte man zum Beispiel Teilbereiche der Größe $1\,\mathrm{m}^3$ betrachten.

In verschiedenen Teilbereichen werden die Variablen T und P im allgemeinen verschiedene Werte haben. Die Teilsysteme seien durch den Ortsvektor $\boldsymbol{r}$ ihres Zentrums gekennzeichnet. Die Angabe der Zustände der einzelnen Teilsysteme ist dann gleichbedeutend mit der Angabe der ortsabhängigen Zustandsvariablen $T(\boldsymbol{r})$ und $P(\boldsymbol{r})$. Im folgenden untersuchen wir das Gleichgewicht *zwischen* den einzelnen Teilsystemen. Dies wird zu Aussagen über die Ortsabhängigkeit der makroskopischen Größen führen. Da wir ein Gleichgewicht betrachten, sind diese Größen aber zeitunabhängig – im Gegensatz zu den Vorgängen in der realen Atmosphäre.

Zu den äußeren Parametern V und N tritt für die Atmosphäre noch das Gravitationsfeld. In diesem Feld hat ein Luftmolekül am Ort $\boldsymbol{r}$ die potentielle Energie

$$u(\boldsymbol{r}) = mgz \tag{20.23}$$

aus. Dabei ist m die (mittlere) Masse der Luftmoleküle, g die Erdbeschleunigung, und $z = \boldsymbol{r}\,\boldsymbol{e}_z$ die Höhe über dem Erdboden. Innerhalb des betrachteten Teilsystems mit dem Zentrum bei $\boldsymbol{r}$ soll das Feld praktisch konstant sein, so daß (20.23) für alle Teilchen gilt. Dann sind die mikroskopischen Energiewerte in einem Teilsystem bei $\boldsymbol{r}$ von der Form

$$E_r = E_r(V, N, u) = E_r(V, N) + N\,u(\boldsymbol{r}) \tag{20.24}$$

Aus der Definition (20.3) folgt

$$\mu = \overline{\frac{\partial E_r(V, N, u)}{\partial N}} = \overline{\frac{\partial E_r(V, N)}{\partial N}} + u(\boldsymbol{r}) = \mu_0 + u(\boldsymbol{r}) \tag{20.25}$$

Dabei ist μ_0 das chemische Potential ohne äußeres Feld. Als Zustandsvariable betrachten wir T und P, wobei diese Größen jetzt Funktionen vom Ort sind. Dann ist das chemische Potential μ_0 im Teilsystem bei $\boldsymbol{r}$ von der Form

$$\mu_0 = \mu_0\big(T(\boldsymbol{r}),\, P(\boldsymbol{r})\big) \tag{20.26}$$

Wir nehmen nun an, daß sich die Atmosphäre im Gleichgewicht gegenüber Teilchenaustausch befindet. Die Gleichgewichtsbedingung für zwei Teilsysteme an den Orten $\boldsymbol{r}_{\mathrm{A}}$ und $\boldsymbol{r}_{\mathrm{B}}$ lautet dann

$$\mu_{\mathrm{A}} = \mu_{\mathrm{B}} \quad \text{oder} \quad \mu_0\big(T(\boldsymbol{r}_{\mathrm{A}}), P(\boldsymbol{r}_{\mathrm{A}})\big) + u(\boldsymbol{r}_{\mathrm{A}}) = \mu_0\big(T(\boldsymbol{r}_{\mathrm{B}}), P(\boldsymbol{r}_{\mathrm{B}})\big) + u(\boldsymbol{r}_{\mathrm{B}}) \tag{20.27}$$

Da beliebige Teilsysteme untereinander im Gleichgewicht sind, gilt

$$\mu(\boldsymbol{r}) = \mu_0\big(T(\boldsymbol{r}),\, P(\boldsymbol{r})\big) + u(\boldsymbol{r}) = \text{const.} \tag{20.28}$$

Dies ist eine Gleichung für die beiden unbekannten Funktionen $T(\boldsymbol{r})$ und $P(\boldsymbol{r})$. Zur Lösung benötigen wir daher noch eine weitere Bedingung oder Annahme. Eine Möglichkeit ist die (nicht sehr realistische) Annahme, daß in der Atmosphäre Gleichgewicht gegenüber Wärmeaustausch herrscht, also

$$T(\boldsymbol{r}) = \text{const.} \tag{20.29}$$

Alternativ hierzu könnte man ein Gleichgewicht gegenüber adiabatischem Volumenaustausch (konvektives Gleichgewicht) annehmen; dies impliziert $s(\boldsymbol{r}) = S/N = \text{const.}$. Wir setzen (20.29) und (20.23) in (20.28) ein:

$$\mu(z) = \mu_0\big(T, P(z)\big) + mgz = \text{const.} \tag{20.30}$$

Wegen der Translationsinvarianz in x- und y-Richtung können P und μ nur von z abhängen. Wir differenzieren diese Bedingung nach z und verwenden (20.17):

$$\left(\frac{\partial \mu_0}{\partial P}\right)_T \frac{dP}{dz} + mg = v(z)\,\frac{dP}{dz} + mg = 0 \tag{20.31}$$

Als weitere (einigermaßen realistische) Annahme verwenden wir das ideale Gasgesetz für jedes Teilvolumen in der Höhe z,

$$v(z) = \frac{V}{N} = \frac{k_{\mathrm{B}}T}{P(z)} \tag{20.32}$$

Die letzten beiden Gleichungen ergeben

$$\frac{1}{P(z)}\,\frac{dP}{dz} = -\frac{mg}{k_{\mathrm{B}}T} \tag{20.33}$$

Dies können wir zur *barometrischen Höhenformel* integrieren,

$$P(z) = P(0)\,\exp\left(-\frac{mgz}{k_{\mathrm{B}}T}\right) \tag{20.34}$$

Mit $m \approx 30\,\mathrm{GeV}/c^2$ für die Luftmoleküle (N_2 und O_2), $k_{\mathrm{B}}T \approx \mathrm{eV}/40$, $g \approx 10\ \mathrm{m/s^2}$ und $c = 3 \cdot 10^8\ \mathrm{m/s}$ erhalten wir

$$L = \frac{k_{\mathrm{B}}T}{mg} \approx 8\ \mathrm{km} \tag{20.35}$$

Auf dieser Länge fällt der Luftdruck auf den e-ten Teil ab.

Übung

Geben Sie die Maxwellrelationen für $J(T, V, \mu)$ an.

Übung:

Bestimmen Sie aus (20.31) die Druckverteilung in einem See. Nehmen Sie dazu an, daß das Wasser des Sees inkompressibel ist.

Kapitel 21

Austausch von Teilchen

In diesem Kapitel diskutieren wir verschiedene Anwendungen der Gleichgewichtsbedingung $\mu_{\mathrm{A}} = \mu_{\mathrm{B}}$ bei Teilchenaustausch. Ein Hauptanwendungsgebiet ist das Gleichgewicht zwischen den Phasen eines Stoffes, also etwa zwischen Wasser und Eis. Hierfür untersuchen wir die Abhängigkeit der Übergangstemperatur vom Druck und von der Konzentration eines in der flüssigen Phase gelösten Stoffes. Schließlich stellen wir eine Gleichgewichtsbedingung für chemische Reaktionen auf.

Phasendiagramm

In Abhängigkeit von T und P können Stoffe (einer bestimmten Molekülsorte) in verschiedenen *Phasen* auftreten. Normalerweise treten zumindest die drei Phasen fest, flüssig und gasförmig auf. Das Standardbeispiel ist Eis, Wasser und Wasserdampf; dabei bezeichnet Wasserdampf ein Gas aus H_2O–Molekülen, nicht aber sichtbaren Dampf (Flüssigkeitströpfchen in Luft). Die feste, kristalline Phase ist oft in mehrere Phasen mit verschiedener Kristallstruktur unterteilt; dies gilt auch für Eis. Weitere Beispiele für Phasenübergänge werden in Teil VI gegeben und untersucht.

Für ein homogenes System aus einer bestimmten Stoffsorte gibt es zwei äußere Parameter, V und N. Die Gleichgewichtszustände können durch E, V und N oder durch drei andere makroskopische Größen festgelegt werden. Wir wählen im folgenden die Zustandsvariablen T, P und N. Die Variablen T und P für sich legen bereits das thermodynamische Potential G pro Teilchenzahl fest, $G(T,P,N)/N = \mu(T,P)$. Abgesehen von der absoluten Größe des Systems, bestimmen T und P daher den thermodynamischen Zustand.

Wir betrachten nun ein (inhomogenes) System, in dem zwei verschiedene Phasen A und B eines Stoffes auftreten, zum Beispiel Wasserdampf und Was-

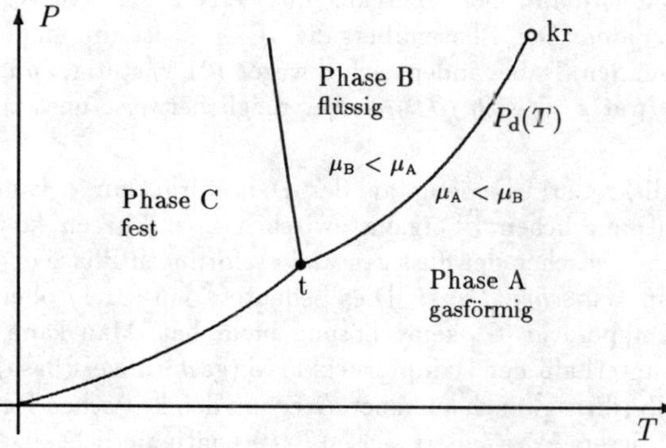

Abbildung 21.1: Schematisches Zustandsdiagramm von Wasser. Die Dampfdruckkurve $P_d(T)$ ist durch die Bedingung $\mu_A = \mu_B$ gegeben; am Tripelpunkt gilt $\mu_A = \mu_B = \mu_C$. Im Gleichgewicht ist μ = minimal. es liegt also immer die Phase mit dem kleinsten chemischen Potential vor.

ser. Zwischen diesen beiden Phasen können Teilchen ausgetauscht werden. Bei gegebenem T und P sind die beiden Phasen im Gleichgewicht, wenn

$$\mu_A(T, P) = \mu_B(T, P) \qquad \text{(Phasengleichgewicht)} \tag{21.1}$$

gilt. Wir beziehen im folgenden μ_A auf die gasförmige Phase und μ_B auf die flüssige; die Formeln gelten jedoch für zwei beliebige Phasen. Da die innere Struktur der Phasen verschieden ist, sind auch die Funktionen $\mu_A(T, P)$ und $\mu_B(T, P)$ verschieden. Die Gleichung (21.1) definiert dann im allgemeinen eine Kurve im P-T-Diagramm, Abbildung 21.1. Diese bezeichnen wir wahlweise durch

$$\begin{aligned} P &= P_d(T) \qquad \text{(Dampfdruckkurve)} \\ T &= T_s(P) \qquad \text{(Übergangstemperatur)} \end{aligned} \tag{21.2}$$

Wie wir in Kapitel 23 sehen werden, entspricht der Bedingung S = maximal im abgeschlossenen System die Bedingung $G = N\mu$ = minimal bei vorgegebenem T und P. Im Gleichgewicht liegt daher jeweils die Phase mit dem kleinsten μ vor.

Diese Überlegungen zeigen nicht, daß oder warum es verschiedene Phasen gibt, und welche Struktur sie haben. Sie machen aber plausibel, daß ein Gleichgewicht zwischen zwei Phasen im allgemeinen nur längs einer Kurve im P-T-Diagramm möglich ist. Das P-T-Diagramm eines Stoffes wird also durch Kurven in Bereiche mit verschiedenen Phasen eingeteilt, Abbildung 21.1. Ein P-T-Diagramm mit einer solchen Einteilung heißt *Phasendiagramm* oder *Zustandsdiagramm*. Der Übergang über eine solche Kurve hinweg ist ein *Phasenübergang*. Der Phasenübergang $A \to B$ ist mit dem Übergang $\mu_A \to \mu_B$ verbunden. Dabei ändert sich μ wegen (21.1) stetig, andere Größen wie $s_A \to s_B$ (mit $s = -(\partial\mu/\partial T)_P$) aber möglicherweise unstetig (Kapitel 35).

Neben dem diskreten Übergang an der Dampfdruckkurve kann es auch zu einem kontinuierlichen Übergang zwischen zwei Phasen kommen. Die Übergangskurve zwischen der flüssigen und gasförmigen Phase endet für alle Stoffe in einem *kritischen Punkt*. Dies bedeutet, daß (21.1) oberhalb einer bestimmten Temperatur T_{kr} keine Lösung mehr hat. Man kann dann von einem Punkt unterhalb der Dampfdruckkurve (gasförmige Phase) zu einem Punkt oberhalb (flüssig) auch auf einem Weg um den kritischen Punkt herum kommen. Auf diesem Weg ändert sich $\mu(T, P)$ kontinuierlich.

Wir betrachten nun einen Stoff mit drei Phasen. Gemäß (21.1) ergebe sich eine Kurve für das Gleichgewicht A $\leftrightarrow$ B, und eine andere für B $\leftrightarrow$ C. Im allgemeinen schneiden sich diese beiden Kurven dann in einem Punkt im P-T-Diagramm, Abbildung 21.1. Für diesen Punkt gilt

$$\mu_A(T,P) = \mu_B(T,P) = \mu_C(T,P) \qquad \text{(Tripelpunkt)} \tag{21.3}$$

Damit geht die Kurve für das Gleichgewicht A $\leftrightarrow$ C zwangsläufig ebenfalls durch diesen Punkt. An diesem *Tripelpunkt* sind dann alle drei Phasen miteinander im Gleichgewicht. Der Tripelpunkt hat eine bestimmte Temperatur T_t und einen bestimmten Druck P_t. Wie in Kapitel 14 beschrieben, dient der Tripelpunkt von Wasser zur Definition der Kelvinskala.

Clausius-Clapeyron-Gleichung

Wir leiten aus der Gleichgewichtsbedingung (21.1) eine Aussage über die Gleichgewichtskurve (21.2) ab. Dabei beziehen wir uns auf die Dampfdruckkurve, also den Fall, daß die Phase A gasförmig und die Phase B flüssig ist. Die Dampfdruckkurve $P = P_d(T)$ ist durch

$$\mu_A(T, P_d(T)) = \mu_B(T, P_d(T)) \tag{21.4}$$

definiert. Wir leiten diese Beziehung total nach T ab:

$$\left(\frac{\partial\mu_A}{\partial T}\right)_P + \left(\frac{\partial\mu_A}{\partial P}\right)_T \frac{dP_d(T)}{dT} = \left(\frac{\partial\mu_B}{\partial T}\right)_P + \left(\frac{\partial\mu_B}{\partial P}\right)_T \frac{dP_d(T)}{dT} \tag{21.5}$$

Wir setzen die partiellen Ableitungen von μ ein, die aus $d\mu = -s\,dT + v\,dP$ folgen,

$$(v_A - v_B)\,\frac{dP_d(T)}{dT} = s_A - s_B \tag{21.6}$$

Die Phase B kann durch Zuführung einer bestimmten Wärmemenge $q = Q/N$ in die Phase A umgewandelt werden; dabei wird q als latente Umwandlungswärme bezeichnet. Die Umwandlung erfolgt an einer bestimmten Stelle der Dampfdruckkurve $P = P_\mathrm{d}(T)$ in Abbildung 21.1; zum Beispiel für Wasser bei Normaldruck und $T = 100\,°\mathrm{C}$. An dieser Stelle sind die Phasen für sich und gegenseitig im Gleichgewicht; der Prozeß kann quasistatisch ablaufen. Daher gilt $ds = dq/T$ und

$$s_\mathrm{A} - s_\mathrm{B} = \frac{q}{T} \tag{21.7}$$

Aus (21.6) und (21.7) folgt die Clausius-Clapeyron-Gleichung:

$$\frac{dP(T)}{dT} = \frac{q}{T\,(v_\mathrm{A} - v_\mathrm{B})} \qquad \text{(Clausius-Clapeyron-Gleichung)} \tag{21.8}$$

Diese Gleichung stellt einen Zusammenhang her zwischen der Steigung der Übergangskurve im P-T-Diagramm und der zugehörigen Entropie- und Volumenänderung. Die Größen q und v können wahlweise auf die Teilchen- oder Molzahl bezogen werden. Es gibt auch Phasenübergänge mit $q = 0$; für sie impliziert (21.8) im allgemeinen $v_\mathrm{A} = v_\mathrm{B}$.

Eine alternative Herleitung der Clausius-Clapeyron-Gleichung geht von dem in Abbildung 21.2 dargestellten Kreisprozeß aus: Am Punkt P, T der Dampfdruckkurve verdampft ein Mol Flüssigkeit, am Punkt $P - \Delta P$, $T - \Delta T$ der Kurve kondensiert das Gas wieder; im P-V-Diagramm 21.2 sind diese Prozesse horizontale Linien. Durch kleine adiabatische Expansions- beziehungsweise Kompressionsabschnitte werden diese Linien zu einem Kreisprozeß geschlossen. Für den quasistatischen Prozeß ist die geleistete Arbeit durch $w = \oint P dv \approx (v_\mathrm{A} - v_\mathrm{B})\,\Delta P$ gegeben. Bei der Temperatur T wird die Verdampfungswärme q aus einem Wärmereservoir aufgenommen, bei $T - \Delta T$ wird die Wärme $q - w$ abgegeben. Der Kreisprozeß ist ein spezieller Carnotprozeß; wie in (19.24) ist die gesamte Entropieänderung (der Stoffmenge und der Wärmereservoirs) null. Daher gilt der ideale Wirkungsgrad

$$\eta_\mathrm{ideal} = \frac{\Delta T}{T} = \frac{w}{q} = \frac{(v_\mathrm{A} - v_\mathrm{B})\,\Delta P}{q} \tag{21.9}$$

Hieraus folgt die Clausius-Clapeyron-Gleichung (21.8). Eine detaillierte Diskussion dieses Kreisprozesses findet man bei Becker [3].

Wir schätzen die Siedetemperatur von Wasser auf der Zugspitze ab. Bei Normaldruck $P \approx 1\,\mathrm{bar}$ (auf Meereshöhe) siedet Wasser bei $T \approx 373$ K. Dabei ist die Umwandlungswärme

$$q \approx 4 \cdot 10^4 \ \frac{\mathrm{J}}{\mathrm{mol}} \qquad \text{(Wasser bei } T = 373\,\mathrm{K)} \tag{21.10}$$

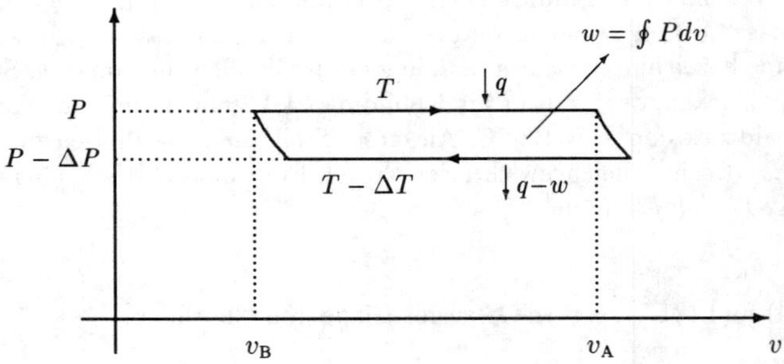

Abbildung 21.2: P-v-Diagramm für einen Kreisprozeß entlang der Dampfdruckkurve. Für den quasistatischen Prozeß gilt der ideale Wirkungsgrad $\eta_{\text{ideal}} = \Delta T/T = w/q$ mit $w = (v_A - v_B)\,\Delta P$. Hieraus folgt (21.8).

Den Wasserdampf behandeln wir als ideales Gas, also

$$v_A = \frac{RT}{P} \tag{21.11}$$

Das Wasservolumen kann gegenüber dem Gasvolumen vernachlässigt werden,

$$v_B \approx 18\ \frac{\text{cm}^3}{\text{mol}} \ll v_A \overset{(14.32)}{\approx} 22 \cdot 10^3\ \frac{\text{cm}^3}{\text{mol}} \tag{21.12}$$

Dabei haben wir 1 mol = 18 g und die Dichte 1 g/cm^3 für Wasser verwendet. Wir setzen (21.10) – (21.12) in (21.8) ein:

$$\frac{T}{P}\,\frac{dP_d(T)}{dT} \approx \frac{q}{RT} \approx \frac{4 \cdot 10^4}{8.3 \cdot 373} \approx 13 \tag{21.13}$$

Nach der barometrischen Höhenformel (20.34) ändert sich der Luftdruck bei einer Höhendifferenz von $z = 3\,\text{km}$ um $\Delta P/P \approx \exp(-3/8) - 1 \approx -0.31$. Wir nehmen an, daß die Steigung dP_d/dT im Bereich dieser Druckänderung näherungsweise konstant ist. Dann ändert sich nach (21.13) die Temperatur längs der Dampfdruckkurve um

$$\Delta T \approx \frac{\Delta P}{dP_d/dT} \approx \frac{\Delta P}{P}\, T\, \frac{RT}{q} \approx -0.31 \cdot 373\,\text{K}\ \frac{1}{13} \approx -9\,\text{K} \tag{21.14}$$

Danach kann man erwarten, daß Wasser auf der Zugspitze bereits bei etwa 90 °C siedet. In diese Abschätzung gingen allerdings eine Reihe von Näherungen ein, insbesondere die barometrische Höhenformel und eine im betrachteten Bereich konstante Steigung dP_d/dT. Tatsächlich sind die Steigung dP_d/dT und die anderen Größen in (21.8) (insbesondere q) von der Temperatur abhängig.

Osmotischer Druck

In einem Lösungsmittel (etwa Wasser) seien N_c Teilchen eines anderen Stoffes (etwa Salz) gelöst. Die Teilchendichte des Lösungsmittels bezeichnen wir mit $n = N/V$, die des gelösten Stoffes mit $n_c = N_c/V$. Die Lösung hat die Konzentration

$$c = \frac{N_c}{N} = \frac{n_c}{n} \tag{21.15}$$

Wir betrachten nun ein Experiment, in dem die Lösung vom reinen Lösungsmittel durch eine *semipermeable Membran* getrennt ist, Abbildung 21.3. Semipermeabel (halbdurchlässig) bedeutet, daß die Membran für die Moleküle des Lösungsmittels durchlässig ist, nicht aber für die Moleküle des gelösten Stoffes. Dann entsteht auf beiden Seiten der semipermeablen Membran ein Druckunterschied, der *osmotischer Druck* genannt wird. Im Experiment von Abbildung 21.3 wird dieser osmotische Druck gemessen. Im folgenden soll dieser Druck berechnet werden.

Es sei $\Omega_{\rm LM}$ die Anzahl der Mikrozustände des Lösungsmittels, und Ω_c diejenige des gelösten Stoffes. Wir nehmen an, daß die Teilchen des Lösungsmittels und des gelösten Stoffes soweit voneinander unabhängig sind, daß die Gesamtanzahl der Mikrozustände der Lösung gleich dem Produkt $\Omega_{\rm LM}\,\Omega_c$ ist. Der gelöste Stoff ist auf das Volumen V der Flüssigkeit beschränkt. Wir nehmen ferner an, daß die gelösten Teilchen sich in dem zur Verfügung stehenden Volumen unabhängig voneinander bewegen (also ohne gegenseitige Wechselwirkung). Dann hat Ω_c die vom idealen Gas her bekannte Volumenabhängigkeit

$$\Omega_c(V) \propto (V)^{N_c} \tag{21.16}$$

Aus der Entropie

$$S_{\rm L} = k_{\rm B}\,\ln(\Omega_{\rm LM}\,\Omega_c) = S_{\rm LM} + N_c\,k_{\rm B}\ln V + \ldots \tag{21.17}$$

erhalten wir den Druck $P_{\rm L}$ der Lösung:

$$\frac{P_{\rm L}}{T} = \left(\frac{\partial S_{\rm L}}{\partial V}\right)_E = \left(\frac{\partial S_{\rm LM}}{\partial V}\right)_E + \frac{N_c\,k_{\rm B}}{V} = \frac{P_{\rm LM}}{T} + \frac{P_{\rm csm}}{T} \tag{21.18}$$

Der Gesamtdruck $P_{\rm L}$ der Lösung ist die Summe aus dem Druck $P_{\rm LM}$ des Lösungsmittels und dem Druck $P_{\rm osm}$ des gelösten Stoffes,

$$P_{\rm osm} = n_c\,k_{\rm B}T \qquad \text{(van 't Hoffsches Gesetz)} \tag{21.19}$$

Van 't Hoff stellte dieses Gesetz als phänomenologische Beziehung auf.

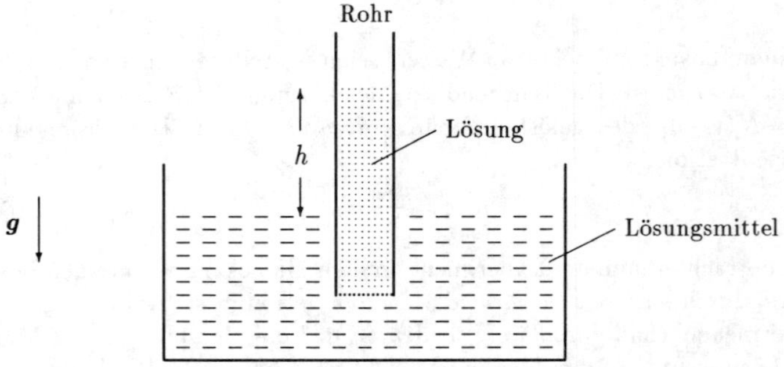

Abbildung 21.3: Ein Rohr taucht in ein Gefäß mit Wasser ein. Das Rohr enthält eine wäßrige Salzlösung. Das Rohr ist unten durch eine semipermeable Membran abgeschlossen, durch die nur Wasser- nicht aber Salzmoleküle treten können. Im Gleichgewicht ist dann der Flüssigkeitsstand im Rohr höher als der vom Wasser (im Schwerefeld $\boldsymbol{g}$). Der Höhenunterschied h entspricht dem osmotischen Druck $P_{\rm osm}$.

Auf beiden Seiten der semipermeablen Membran muß im Gleichgewicht derselbe Druck $P_{\rm LM}$ für das Lösungsmittel herrschen; sonst würde ja Lösungsmittel durch die hierfür durchlässige Membran strömen. Damit gilt in Abbildung 21.3

$$\begin{aligned} &\text{unmittelbar über der Membran:} && P_1 = P_{\rm LM} + P_{\rm osm} \\ &\text{unmittelbar unter der Membran:} && P_2 = P_{\rm LM} \end{aligned} \qquad (21.20)$$

Damit ergibt sich zwischen den beiden Seiten der Membran der Druckunterschied

$$\Delta P = P_1 - P_2 = P_{\rm osm} \qquad (21.21)$$

Der Druck $P_{\rm osm}$ führt in der Anordnung von Abbildung 21.3 zu einem unterschiedlich hohen Flüssigkeitsspiegel für das Lösungsmittel und die Lösung. Die Drücke P_1 und P_2 ergeben sich aus dem Atmosphärendruck zuzüglich dem Druck, den das Gewicht der darüber stehenden Flüssigkeit ergibt. Wenn die Massendichte ρ der Lösung und des Lösungsmittels etwa gleich sind, ergibt sich $P_{\rm osm} = P_1 - P_2 = \rho g h$, wobei h die in Abbildung 21.3 gezeigte Höhendifferenz ist.

Erhöht man die Konzentration in der Lösung, so strömt Lösungsmittel durch die semipermeable Membran nach, bis sich ein neues Gleichgewicht eingestellt hat. In diesem Sinn wirkt der osmotische Druck in Richtung auf eine

Verdünnung der Lösung. Der osmotische Druck ermöglicht es Pflanzen, Wasser aus dem Boden nach oben zu ziehen.

Der osmotische Druck (21.19) ist gleich dem Gasdruck eines idealen Gases aus den gelösten Teilchen. Dies mag zunächst etwas verwunderlich erscheinen, denn die gelösten Teilchen können sich ja sicher nicht frei in der Flüssigkeit bewegen. Dazu mache man sich aber klar, daß auch die Teilchen in einem realen Gas sich nicht frei bewegen, sie stoßen vielmehr etwa alle 10^{-5} cm an einem anderen Teilchen (Luft bei Normalbedingungen). Trotzdem ist das ideale Gasgesetz eine brauchbare Näherung für reale Gase. Für den Druck kommt es nämlich nur darauf an, wieviele Teilchen pro Zeit an der Gefäßwand reflektiert werden, und mit welcher Geschwindigkeit sie an die Wand stoßen. Auch in der Lösung nehmen die gelösten Teilchen an der allgemeinen Temperaturbewegung teil; ihre kinetische Energie ist daher im Mittel gleich $3k_{\mathrm{B}}T/2$. Die Anzahl der Teilchen, die pro Zeit an der Membran reflektiert werden, folgt aus ihrer Dichte und Geschwindigkeit; sie ist von der mittleren freien Weglänge weitgehend unabhängig.

Siedepunkterhöhung und Gefrierpunkterniedrigung

Bei gegebenem Druck siedet und gefriert eine Flüssigkeit bei bestimmten Temperaturen. Wenn der Druck geändert wird, verschieben sich diese Temperaturen. Die Lösung eines Stoffes in der Flüssigkeit stellt, wie im vorhergehenden Abschnitt gezeigt, eine effektive Druckänderung dar. Die Lösung eines Stoffes führt daher zu einer Verschiebung der Übergangstemperaturen, und zwar zu einer Siedepunkterhöhung oder einer Gefrierpunkterniedrigung. Dabei wird vorausgesetzt, daß der gelöste Stoff auf die flüssige Phase beschränkt ist.

Wir berechnen die Verschiebung der Übergangstemperatur unter der Annahme, daß der einzige Einfluß des gelösten Stoffes der Druckbeitrag $\Delta P = P_{\mathrm{osm}}$ in der flüssigen Phase ist. Von anderen Effekten, die sich etwa aus der Wechselwirkung zwischen Molekülen des gelösten Stoffes und des Lösungsmittels ergeben können, sehen wir ab. Der von außen vorgegebene Druck (also meist der Normaldruck) wird mit P bezeichnet. Wir stellen die Druckbeiträge der Lösung zusammen:

$$
\begin{aligned}
&P = P_{\mathrm{L}} && \text{Druck der Lösung, Gesamtdruck} \\
&\Delta P = P_{\mathrm{osm}} = n_c k_{\mathrm{B}} T && \text{Druck des gelösten Stoffes} \qquad (21.22)\\
&P - \Delta P = P_{\mathrm{LM}} && \text{Druck des Lösungsmittels}
\end{aligned}
$$

Die Lösung habe die Konzentration c, (21.15). Das chemische Potential

$\mu_c(P,T)$ des Lösungsmittels in der Lösung ist dann gleich

$$\mu_c(P,T) = \mu(P - \Delta P, T) \approx \mu(P,T) - \left(\frac{\partial \mu}{\partial P}\right)_T \Delta P = \mu(P,T) - c\, k_B T \quad (21.23)$$

Die Entwicklung setzt $c \ll 1$ oder $\Delta P \ll P$ voraus. Im letzten Schritt wurde $(\partial\mu/\partial P)_T = v = 1/n$ verwendet.

Wir bezeichnen die Flüssigkeit als Phase B; die zweite betrachtete Phase A sei gasförmig oder fest. Für das reine Lösungsmittel erfolge der Übergang A $\leftrightarrow$ B an der Stelle P, T_s des Phasendiagramms. Dort gilt

$$\mu_B(P,T_s) = \mu_A(P,T_s) \qquad (c = 0) \qquad (21.24)$$

In der flüssigen Phase B sei nun ein Stoff gelöst. Dann ist das chemische Potential $\mu_B(T,P)$ durch $\mu_{c,B}(T,P)$ aus (21.23) zu ersetzen. Bei gleichem äußeren Druck P wird $\mu_{c,B}$ bei einer anderen Temperatur $T_s + \Delta T_s$ gleich μ_A sein:

$$\mu_{c,B}(P, T_s + \Delta T_s) = \mu_A(P, T_s + \Delta T_s) \qquad (c \neq 0) \qquad (21.25)$$

Hierdurch ist ein Zusammenhang zwischen der Konzentration c und der Änderung ΔT_s der Übergangstemperatur hergestellt. Wir entwickeln beide Seiten von (21.25) für kleine Verschiebungen, wobei wir $d\mu = -s\,dT + v\,dP$ verwenden,

$$\begin{aligned} \mu_{c,B}(P, T_s + \Delta T_s) &\overset{(21.23)}{\approx} \mu_B(P, T_s + \Delta T_s) - c\, k_B (T_s + \Delta T_s) \approx \\ &\approx \mu_B(P, T_s) - s_B\, \Delta T_s - c\, k_B T_s \qquad (21.26) \\ \mu_A(P, T_s + \Delta T_s) &\approx \mu_A(P, T_s) - s_A\, \Delta T_s \qquad (21.27) \end{aligned}$$

Die in den kleinen Größen c und ΔT_s quadratischen Terme wurden weggelassen. Wir setzen (21.26) und (21.27) in (21.25) ein und berücksichtigen (21.24). Dies ergibt

$$\Delta T_s = c\, \frac{k_B T_s}{s_A - s_B} \qquad (21.28)$$

Der Entropieunterschied zwischen den beiden Phasen ist durch die latente Wärme q für den Übergang B $\to$ A gegeben,

$$s_A - s_B = \frac{q}{T_s} = \begin{cases} > 0 & \text{flüssig} \to \text{gasförmig} \\ < 0 & \text{flüssig} \to \text{fest} \end{cases} \qquad (21.29)$$

Aus den letzten beiden Gleichungen folgt

$$\frac{\Delta T_s}{T_s} = c\, \frac{k_B T_s}{q} \qquad (21.30)$$

Mit B wurde die flüssige Phase bezeichnet. Falls A die gasförmige Phase ist, sind q und damit ΔT_s positiv; es kommt also zu einer *Siedepunkterhöhung*. Falls A die feste Phase ist, sind q und damit ΔT_s negativ; es kommt also zu einer *Gefrierpunkterniedrigung*.

Im Winter streut jemand soviel Salz auf nasse Gehwegplatten, daß sich eine 10%-ige Lösung ergibt. Die latente Wärme für den Übergang Wasser zu Eis ist $q \approx -6000$ J/mol, der Übergang findet bei der Temperatur $T_\mathrm{s} \approx 273$ K statt. Wir setzen diese Werte in (21.30) ein,

$$\Delta T_\mathrm{s} = c\,\frac{RT_\mathrm{s}}{q}\,T_\mathrm{s} \approx 0.1\,\frac{8.3\cdot 273}{-6000}\,273\ \mathrm{K} \approx -10\ \mathrm{K} \qquad (21.31)$$

Damit bildet sich bei Temperaturen bis zu 10 Grad unter Null kein Eis auf dem Weg.

Reaktionsgleichgewicht

Wir betrachten eine Mischung von m Stoffen X_i, die sich gemäß der Reaktionsgleichung

$$\sum_{i=1}^{m} \nu_i\,\mathrm{X}_i \longleftrightarrow 0 \qquad (21.32)$$

ineinander umwandeln können. Das bekannte Beispiel

$$2\,\mathrm{H_2} + \mathrm{O_2} - 2\,\mathrm{H_2O} \;\longleftrightarrow\; 0 \qquad \text{oder} \qquad 2\,\mathrm{H_2} + \mathrm{O_2} \;\longleftrightarrow\; 2\,\mathrm{H_2O} \qquad (21.33)$$

ergibt sich aus (21.32) durch die Spezifikation

$$\mathrm{X}_1 = \mathrm{H_2}, \quad \mathrm{X}_2 = \mathrm{O_2}, \quad \mathrm{X}_3 = \mathrm{H_2O}, \quad \nu_1 = 2, \quad \nu_2 = 1, \quad \nu_3 = -2 \qquad (21.34)$$

In einer makroskopischen Mischung der Stoffe sei die Anzahl der Moleküle der Stoffsorte X_i gleich N_i. Wenn nun dn molekulare Reaktionen nach (21.32) oder (21.33) ablaufen, dann ändert sich die Anzahl der X_i um dN_i, wobei

$$dN_i = \nu_i\, dn \qquad (i = 1, ..., m) \qquad (21.35)$$

Dabei ist dn je nach Richtung der Reaktion positiv oder negativ. Der Nullpunkt von n kann willkürlich festgesetzt werden.

Wir betrachten ein abgeschlossenes System aus einer homogenen Mischung der Stoffe X_i. Hierfür wird (20.5) zu

$$dS = \frac{dE}{T} + \frac{P}{T}\,dV - \frac{1}{T}\,\sum_{i}^{m} \mu_i\, dN_i \qquad (21.36)$$

Im System besteht nun die Freiheit zu Reaktionen in der einen oder anderen Richtung. Diese Freiheit wird durch den Parameter n beschrieben. Das Gleichgewicht ist durch das Maximum der Entropie bezüglich n bestimmt, also durch

$$\frac{dS}{dn} = \sum_{i=1}^{m} \frac{\partial S(E, V, N_1, ..., N_m)}{\partial N_i}\, \nu_i = 0 \tag{21.37}$$

Durch (21.35) ist festgelegt, wie sich die N_i mit n ändern; die Energie E und das Volumen V des Systems sollen konstant sein. Nach (21.36) ist $(\partial S/\partial N_i)_{E,V} = -\mu_i/T$. Damit wird (21.37) zu

$$\sum_{i=1}^{m} \mu_i\, \nu_i = 0 \tag{21.38}$$

Dies ist eine Verallgemeinerung von (20.22), $\mu_{\rm A} = \mu_{\rm B}$.

Um die Gleichgewichtsbedingung (21.38) auswerten zu können, behandeln wir die Mischung der Stoffe X_i als eine homogene Mischung idealer Gase. Wie die Diskussion des letzten Abschnitts über den osmotischen Druck zeigte, ist dies auch dann eine mögliche Näherung, wenn die Stoffe X_i in einem (an der Reaktion nicht beteiligten) Lösungsmittel gelöst sind. In diesem Fall wird das Modell auch als 'ideale Lösung' bezeichnet.

Für eine Mischung idealer einatomiger Gas gilt

$$\ln \Omega = \ln \prod_{i=1}^{m} \Omega_i(E_i, V, N_i) \stackrel{(6.20)}{=} \sum_{i=1}^{m} \left[N_i \ln\left(\frac{V}{N_i}\right) + \frac{3}{2}\, N_i \ln\left(\frac{E_i}{N}\right) + \text{const.}\right] \tag{21.39}$$

Alle Anteile tragen zum Druck bei,

$$\frac{P}{k_{\rm B}T} = \frac{\partial \ln \Omega}{\partial V} = \frac{1}{V}\sum_{i=1}^{m} N_i = \frac{N}{V} = n \tag{21.40}$$

Die Gase sind gegenseitig im Gleichgewicht gegenüber Wärmeaustausch. Die Energien $E_1, ..., E_m$ spielen daher dieselbe Rolle wie $E_{\rm A}$ und $E_{\rm B}$ in Kapitel 10. Damit gilt

$$\frac{\partial \ln \Omega}{\partial E_1} = \frac{\partial \ln \Omega}{\partial E_2} = \ldots = \frac{1}{k_{\rm B}T} \tag{21.41}$$

Für die Auswertung von (21.38) benötigen wir die chemischen Potentiale

$$\begin{aligned} \frac{\mu_i}{k_{\rm B}T} &= -\frac{\partial \ln \Omega}{\partial N_i} = -\ln\left(\frac{V}{N_i}\right) - \frac{3}{2}\,\ln\left(\frac{E_i}{N_i}\right) + \text{const.} = \\ &= \ln(n_i) + \ln\left(T^{-3/2}\right) + \text{const.} \end{aligned} \tag{21.42}$$

Dabei haben wir $E_i = 3N_i k_{\mathrm{B}} T/2$ eingesetzt, was aus (21.41) folgt. Nach (16.7) hängt die Energie idealer Gase nicht vom Volumen ab. Daher gilt für mehratomige ideale Gase $E_i = N_i\, g_i(T)$; für ein zweiatomiges ideales Gas wird die Funktion $g(T)$ in Kapitel 27 berechnet. Für ein allgemeines ideales Gas erhalten wir dann anstelle von (21.42)

$$\mu_i = k_{\mathrm{B}} T \left[\, \ln(n_i) + \ln f_i(T) + \text{const.}\right] \qquad \text{(ideales Gas)} \qquad (21.43)$$

Dabei ist $f_i = (g_i)^{-3/2}$. Wir setzen diese μ_i in (21.38) ein,

$$\prod_{i=1}^{m} (n_i)^{\nu_i} = k(T) \qquad \text{(Massenwirkungsgesetz)} \qquad (21.44)$$

Die Temperaturabhängigkeiten wurden zur *Gleichgewichtskonstanten* $k(T)$ zusammengefaßt. Die darin eingehenden Funktionen $f_i(T)$ sind hier nicht spezifiziert; sie sind aber berechenbar. Die Gleichgewichtsbedingung (21.44) wird *Massenwirkungsgesetz* genannt. Eine alternative Form ergibt sich, wenn wir

$$n_i = n\, c_i \overset{(21.40)}{=} \frac{P}{k_{\mathrm{B}} T}\, c_i \qquad (21.45)$$

in (21.44) einsetzen,

$$\prod_{i=1}^{m} (c_i)^{\nu_i} = \frac{K(T)}{P^{\sum \nu_i}} \qquad \text{(Massenwirkungsgesetz)} \qquad (21.46)$$

Dabei ist $K(T) = k(T) \cdot (k_{\mathrm{B}} T)^{\sum \nu_i}$.

Für einen elementaren Reaktionsschritt ($dn = \pm 1$) nach (21.32) müssen ν_i Moleküle der jeweiligen Ausgangsstoffe X_i an einem Ort zusammentreffen; nur dann kann die Reaktion stattfinden. Die Wahrscheinlichkeit für ein solches Zusammentreffen ist proportional zur ν_i-ten Potenz der Dichten n_i dieser Ausgangsstoffe. Die Geschwindigkeit der Reaktion $2\,H_2 + O_2 \rightarrow 2\,H_2O$ ist daher gleich $C_1\,(n_{H_2})^2\, n_{O_2}$, die Geschwindigkeit der Rückreaktion gleich $C_2\,(n_{H_2O})^2$; dabei sind C_1 und C_2 von der Dichte unabhängige Parameter. Im Gleichgewicht laufen in jeder Richtung gleich viele Reaktionen ab, also $C_1(n_{H_2})^2\, n_{O_2} = C_2(n_{H_2O})^2$ oder

$$\frac{(n_{H_2})^2 \cdot n_{O_2}}{(n_{H_2O})^2} = \frac{C_2}{C_1} = k(T) \qquad (21.47)$$

Als weiteres Beispiel betrachten wir die Synthese von Ammoniak NH_3 aus Stickstoff- und Wasserstoffgas,

$$N_2 + 3\,H_2 \longleftrightarrow 2\,NH_3\,, \quad \text{also } \nu_1 = 1,\ \nu_2 = 3 \text{ und } \nu_3 = -2 \qquad (21.48)$$

In diesem Fall geben wir explizit die Druckabhängigkeit gemäß (21.46) an,

$$\frac{c_{\mathrm{N}_2} \cdot (c_{\mathrm{H}_2})^2}{c_{\mathrm{H}_3}} = \frac{K(T)}{P^2} \tag{21.49}$$

Offensichtlich begünstigt eine Druckerhöhung die Ammoniaksynthese; die resultierende größere Dichte erhöht die Wahrscheinlichkeit, daß die Ausgangsmoleküle an einer Stelle zusammentreffen.

Übung

Der Druck eines Schlittschuhs auf dem Eis erzeugt eine Gefrierpunkterniedrigung. Reicht dieser Effekt aus, um einen Wasserfilm zu erzeugen, auf dem der Schlittschuh gleitet?

Nehmen Sie an, der Eisläufer habe die Masse 80 kg, sein Schlittschuh liege auf der Länge 20 cm und der Breite 4 mm auf. Berechnen Sie damit die Gefrierpunkterniedrigung (im statischen Fall!).

Übung

Bestimmen Sie aus der Clausius-Clapeyron-Gleichung die Temperaturabhängigkeit $P(T)$. Verwenden Sie dazu die Annahmen $v_\mathrm{A} - v_\mathrm{B} \approx v_\mathrm{A} \approx RT/P$ und $q \approx \mathrm{const.}$.

Übung

Bestimmen Sie den thermischen Expansionskoeffizienten entlang der Dampfdruckkurve,

$$\alpha_\mathrm{d} = \frac{1}{v_\mathrm{d}} \frac{dv_\mathrm{d}(T)}{dT}$$

Dabei ist $v_\mathrm{d}(T) = v(T, P_\mathrm{d}(T))$ das Molvolumen.

Übung

Wieviel Salz (NaCl) muß Wasser beigefügt werden, damit es auf der Zugspitze bei 100° C siedet?

Teil IV

Statistische Ensembles

Kapitel 22

Zustandssummen

Im hier beginnenden Teil IV führen wir das kanonische und das großkanonische Ensemble und die zugehörigen Zustandssummen ein (Kapitel 22). In Kapitel 23 ordnen wir den Zustandssummen jeweils ein thermodynamisches Potential zu. Danach werden allgemeine Eigenschaften von klassischen Systemen mit Hilfe der kanonischen Zustandssumme untersucht (Kapitel 24). In Kapitel 25 wird am Fall des idealen Gases die praktische Gleichwertigkeit der verschiedenen Ensembles für makroskopische Systeme demonstriert.

Kanonisches Ensemble

Die mikrokanonische Zustandssumme $\Omega(E, x)$ charakterisiert den Gleichgewichtszustand bei vorgegebener Energie. In diesem Kapitel führen wir die kanonische Zustandssumme $Z(T, x)$ ein, die den Gleichgewichtszustand bei einer bestimmten Temperatur beschreibt. Dies wird durch die großkanonische Zustandssumme Y ergänzt, für die die Temperatur und das chemische Potential vorgegeben werden.

Die statistische Beschreibung eines Gleichgewichtszustands erfolgt durch ein (gedachtes) Ensemble vieler gleichartiger Systeme, in dem die Mikrozustände r mit den Wahrscheinlichkeiten P_r vorkommen. Als grundlegendes Postulat haben wir die Annahme eingeführt, daß alle zugänglichen Mikrozustände r eines abgeschlossenen Systems gleichwahrscheinlich sind:

$$P_r(E, x) = \begin{cases} \dfrac{1}{\Omega(E, x)} & \text{für } \; E - \delta E \leq E_r(x) \leq E \\[2ex] 0 & \text{sonst} \end{cases} \tag{22.1}$$

Das Ensemble mit diesen P_r heißt mikrokanonisch. Die Normierung $\sum P_r = 1$

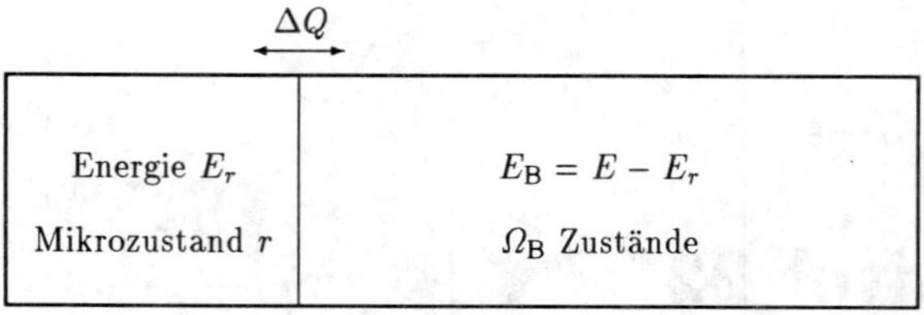

Abbildung 22.1: Das abgeschlossene System besteht aus einem kleinen linken Untersystem und dem makroskopischen Restsystem B. Die beiden Systeme können die Wärme austauschen. Mit welcher Wahrscheinlichkeit P_r befindet sich das kleine Untersystem im Mikrozustand r mit der Energie E_r?

legt die mikrokanonische Zustandssumme Ω fest:

$$\Omega(E,x) = \sum_{r\,:\; E-\delta E \,\le\, E_r(x) \,\le\, E} 1 \qquad (22.2)$$

Durch (22.1) sind die P_r eines abgeschlossenen Systems als Funktion der Energie E und der äußeren Parameter x (etwa V und N) gegeben. Wir stellen jetzt die Frage, wie die P_r aussehen, wenn wir anstelle der Energie E die Temperatur T vorgeben:

$$P_r = \begin{cases} P_r(E,x) & \text{(mikrokanonisch)} \\ P_r(T,x) & \text{(kanonisch)} \end{cases} \qquad (22.3)$$

Das statistische Ensemble mit den $P_r(T,x)$ heißt *kanonisch*. Praktisch erfolgt die Vorgabe der Temperatur durch Kontakt mit einem Wärmebad; das betrachtete System ist also nicht abgeschlossen. Das mikrokanonische und das kanonische Ensemble beschreiben damit die Gleichgewichtszustände von Systemen, die verschiedenen physikalischen Bedingungen unterliegen.

Die unbekannten $P_r(T,x)$ werden folgendermaßen abgeleitet: Das System, für das die P_r bestimmt werden sollen, wird in thermischen Kontakt mit einem viel größeren System gebracht (Abbildung 22.1). Das große System stellt praktisch ein Wärmebad für das kleine System dar. Das grundlegende Postulat kann auf das abgeschlossene Gesamtsystem angewandt werden. Daraus folgen dann die P_r für das kleine Teilsystem. Wir führen also für das Gleichgewicht bei vorgegebener Temperatur keine neue Hypothese ein, sondern gehen auch hierfür vom grundlegenden Postulat aus.

Die Bedingung dafür, daß das große System ein Wärmebad mit praktisch konstanter Temperatur darstellt, ist

$$E_r \ll E \qquad (22.4)$$

Die Gesamtenergie soll also viel größer sein als die in Frage kommenden Energiewerte E_r des kleinen Systems. Damit muß das große System in jedem Fall makroskopisch sein. Das System, für das die P_r berechnet werden sollen, kann dagegen makroskopisch oder mikroskopisch sein. Beispiele für die beiden Systeme aus Abbildung 22.1 sind:

- Ein einzelnes Luftmolekül im Hörsaal.
- Ein Kasten mit 1 Liter Gas im Hörsaal.
- Eine Bierflasche in einem See.

Wir berechnen nun die gesuchten P_r. Nach dem grundlegenden Postulat sind alle $\Omega(E)$ Zustände des Gesamtsystems gleichwahrscheinlich. Von diesen Zuständen gibt es $\Omega_{\rm B}(E - E_r)$ Zustände, für die das kleine System in einem bestimmten Mikrozustand r ist, und das makroskopische System B in einem seiner $\Omega_{\rm B}$ zugänglichen Zustände. Die Wahrscheinlichkeit, unter den insgesamt $\Omega(E)$ Zuständen einen der $\Omega_{\rm B}(E - E_r)$ Zustände zu finden, ist

$$P_r = \frac{\Omega_{\rm B}(E - E_r)}{\Omega(E)} = \text{const.} \cdot \Omega_{\rm B}(E - E_r) \tag{22.5}$$

Dabei schreiben wir die äußeren Parameter $x_{\rm B}$ in $\Omega_{\rm B}(E - E_r, x_{\rm B})$ nicht mit an. Mit 'const.' wird eine von r unabhängige Größe bezeichnet, die später aus

$$\sum_r P_r = 1 \tag{22.6}$$

bestimmt wird.

Wegen (22.4) können wir $\ln \Omega_{\rm B}(E - E_r)$ nach Potenzen von E_r entwickeln:

$$\ln \Omega_{\rm B}(E - E_r) = \ln \Omega_{\rm B}(E) - \frac{\partial \ln \Omega_{\rm B}(E)}{\partial E}\, E_r + \ldots = \ln \Omega_{\rm B}(E) - \beta E_r + \ldots \tag{22.7}$$

Nach (10.15, 10.16) bestimmt $\partial \ln \Omega_{\rm B}/\partial E = 1/(k_{\rm B}T) = \beta$ die Temperatur T des Systems B. Das Wärmebad B ist nach Voraussetzung hinreichend groß, so daß T (praktisch) konstant ist. Die jeweils folgenden Terme in (22.7) sind von der relativen Größe $\mathcal{O}(E_r/E)$ und können daher vernachlässigt werden, also

$$\Omega_{\rm B}(E - E_r) = \Omega_{\rm B}(E)\, \exp(-\beta E_r) \tag{22.8}$$

Damit wird (22.5) zu

$$P_r(T, x) = \text{const.} \cdot \exp\big[-\beta E_r(x)\big] = \frac{1}{Z}\, \exp\left(-\frac{E_r(x)}{k_{\rm B}T}\right) \tag{22.9}$$

Der *Boltzmannfaktor* $\exp(-\beta E_r)$ bestimmt die relativen Wahrscheinlichkeiten der Mikrozustände r bei gegebener Temperatur. Der Vorfaktor $1/Z$ ist eine von r unabhängige Konstante. Aus (22.6) folgt

$$Z(T,x) = \sum_r \exp\left[\,-\beta E_r(x)\right] \tag{22.10}$$

Die Größe $Z(T,x)$ heißt *kanonische Zustandssumme*. Das zugehörige Ensemble heißt kanonisches Ensemble oder auch Gibbs-Ensemble.

Mit den Wahrscheinlichkeiten P_r können alle relevanten Mittelwerte berechnet werden. Insbesondere ist die thermodynamische Energie

$$E(T,x) = \overline{E_r} = \sum_r P_r(T,x)\, E_r(x) \tag{22.11}$$

Im nächsten Kapitel wird der Zusammenhang mit allen thermodynamischen Größen hergestellt.

Wir heben noch einmal den wesentlichen Unterschied zwischen dem mikrokanonischen und dem kanonischen Ensemble hervor:

- Mikrokanonisches Ensemble: Es wird ein abgeschlossenes System im Gleichgewicht betrachtet. Die Energie E ist vorgegeben. Die Wahrscheinlichkeiten $P_r(E,x)$ hängen von der Energie E und den äußeren Parametern x ab.

- Kanonisches Ensemble: Es wird ein System im Gleichgewicht mit einem Wärmebad betrachtet. Die Temperatur T ist vorgegeben. Die Wahrscheinlichkeiten $P_r(T,x)$ hängen von der Temperatur T und den äußeren Parametern x ab.

Zur Erläuterung der Unterschiede und Gemeinsamkeiten betrachten wir einmal ein System aus einem einzelnen Teilchen, und zum anderen ein System aus makroskopisch vielen Teilchen:

1. Ein einzelnes Teilchen:

   (a) Das mikrokanonische Ensemble beschreibt das Teilchen, wenn es von der Umgebung isoliert ist; es könnte sich etwa in einem sonst leeren, thermisch isolierten Kasten befinden. Die Energieeigenwerte des Teilchens seien ε_r. In der mikrokanonischen Verteilung gilt

$$w(\varepsilon_r) = \begin{cases} \text{const.} & \varepsilon - \delta\varepsilon \le \varepsilon_r \le \varepsilon \\ 0 & \text{sonst} \end{cases} \tag{22.12}$$

Dabei wird $\delta\varepsilon \ll \varepsilon$ vorausgesetzt. Für die relative Breite der Verteilung $w(\varepsilon)$ gilt daher

$$\frac{\Delta\varepsilon}{\overline{\varepsilon}} = \mathcal{O}\left(\frac{\delta\varepsilon}{\varepsilon}\right) \approx 0 \tag{22.13}$$

Im mikrokanonischen Ensemble ist die Energie also scharf um den Mittelwert $\overline{\varepsilon} = \overline{\varepsilon_r}$ herum verteilt; es sind aber alle möglichen Orte und Impulsrichtungen vertreten.

(b) Das kanonische Ensemble beschreibt das Teilchen in einem Wärmebad. Konkret kann dies ein herausgegriffenes Luftmolekül im Hörsaal sein; der Hörsaal gibt die Temperatur T vor. Die Wahrscheinlichkeitsverteilung $w(\varepsilon_r)$ der Energie des Teilchens ist durch den Boltzmannfaktor bestimmt,

$$w(\varepsilon_r) \propto \exp(-\beta\varepsilon_r) \tag{22.14}$$

Der vollständige Ausdruck für $w(\varepsilon_r)$ wird in Kapitel 24 angegeben. Der Mittelwert $\overline{\varepsilon} = \overline{\varepsilon_r}$ und die Breite $\Delta\varepsilon$ dieser Verteilung sind beide von der Größe $k_{\rm B}T$, so daß

$$\frac{\Delta\varepsilon}{\overline{\varepsilon}} = \mathcal{O}(1) \tag{22.15}$$

Im Gegensatz zu (22.12) ist diese Verteilung unscharf; die Energie eines einzelnen Teilchens unterliegt bei gegebener Temperatur starken Fluktuationen. Im Ensemble sind alle möglichen Orte und Impulse (und nicht nur alle Impulsrichtungen) vertreten.

Für ein einzelnes Teilchen beschreiben die beiden Ensembles also sehr verschiedene Situationen, (22.13) und (22.15). Dies gilt generell für ein System mit wenigen Freiheitsgraden.

2. Makroskopisch viele Teilchen: Wir betrachten N unabhängige, gleichartige Teilchen mit den Quantenzahlen r_ν. Das Gesamtsystem hat dann die Quantenzahlen $r = (r_1, ..., r_N)$ und die Energie

$$E_r = \sum_1^N \varepsilon_{r_\nu} \tag{22.16}$$

(a) Das mikrokanonische Ensemble beschreibt ein System von N Teilchen, das von der Umgebung isoliert ist. Für die Energie E_r gilt

$$W(E_r) = \begin{cases} \text{const.} & E - \delta E \le E_r \le E \\ 0 & \text{sonst} \end{cases} \tag{22.17}$$

Die relative Breite der Verteilung ist

$$\frac{\Delta E}{\overline{E_r}} = \mathcal{O}\left(\frac{\delta E}{E}\right) \approx 0 \qquad (22.18)$$

Im Ensemble sind alle möglichen Orte und Impulse der N Teilchen vertreten; dabei ist aber die Gesamtenergie vorgegeben.

(b) Das kanonische Ensemble beschreibt N Teilchen in einem Kasten, der sich in einem Wärmebad befindet. Konkret kann dies ein Gaskasten im Hörsaal sein. Aus (22.9) folgt für die Wahrscheinlichkeitsverteilung der Energie E_r

$$W(E_r) \propto \exp\left[-\beta(\varepsilon_{r_1} + \ldots + \varepsilon_{r_N})\right] = \prod_{\nu=1}^{N} w(\epsilon_{r_\nu}) \qquad (22.19)$$

Hier ist $w(\varepsilon)$ die unscharfe Verteilung (22.14). Nach dem Gesetz der großen Zahl (4.13) ist die Verteilung $W(E)$ aber eine scharfe Verteilung mit

$$\frac{\Delta E}{\overline{E_r}} = \frac{1}{\sqrt{N}}\,\frac{\Delta\varepsilon}{\overline{\varepsilon}} = \frac{\mathcal{O}(1)}{\sqrt{N}} \approx 0 \qquad (22.20)$$

Die Boltzmannfaktoren in (22.19) beschreiben die (großen) Fluktuationen der Einteilchenenergien. Die Fluktuationen der Gesamtenergie um den Mittelwert herum sind aber vernachlässigbar klein. Die Energie E ist praktisch scharf definiert, obschon nur die Temperatur T vorgegeben ist.

Für beide Ensembles hat das System eine scharf definierte Energie, (22.18) und (22.20). Dies gilt generell für makroskopische Größen, denn (22.20) beruht auf dem Gesetz der großen Zahl.

Für mikroskopisch kleine Systeme beschreiben das mikrokanonische und das kanonische Ensemble sehr verschiedene physikalische Situationen. Für makroskopische Systeme macht es dagegen praktisch keinen Unterschied aus, ob wir die Energie oder die Temperatur vorgeben. In Kapitel 24 werden wir dies für das ideale Gas demonstrieren, indem wir die Zustandsgleichungen $PV = Nk_{\mathrm{B}}T$ und $E = 3Nk_{\mathrm{B}}T/2$ sowohl aus $\Omega(E,V,N)$ wie auch aus $Z(T,V,N)$ ableiten.

Großkanonisches Ensemble

Im folgenden führen wir noch das großkanonische Ensemble ein. Hierfür ist wie im kanonischen Ensemble die Temperatur anstelle der Energie vorgegeben. Zusätzlich wird aber auch das chemische Potential anstelle der Teilchenzahl vorgegeben; dies ist für eine Reihe von Anwendungen vorteilhaft. Wir

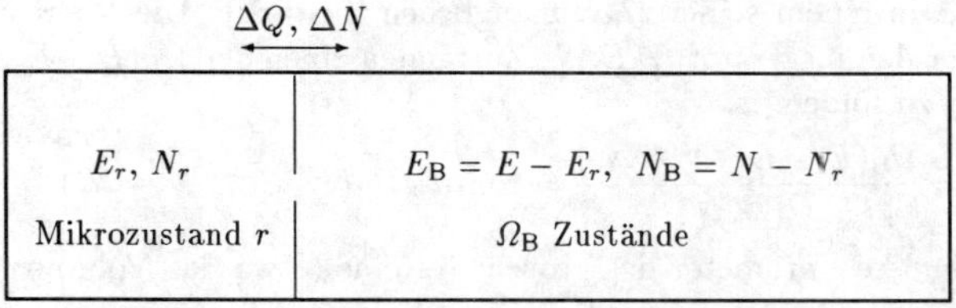

Abbildung 22.2: Das abgeschlossene System besteht aus einem kleinen linken Untersystem und dem makroskopischen Restsystem B. Die beiden Systeme können die Wärme und Teilchen austauschen. Mit welcher Wahrscheinlichkeit P_r befindet sich das kleine Untersystem im Mikrozustand r mit der Energie E_r und der Teilchenzahl N_r?

setzen dabei voraus, daß einer der äußeren Parameter x die Teilchenzahl N ist. Der Einfachheit halber setzen wir $x = (V, N)$; im allgemeinen Fall kann V durch andere äußere Parameter ersetzt werden.

Wir ergänzen zunächst (22.3):

$$P_r = \begin{cases} P_r(E, V, N) & \text{(mikrokanonisch)} \\ P_r(T, V, N) & \text{(kanonisch)} \\ P_r(T, V, \mu) & \text{(großkanonisch)} \end{cases} \tag{22.21}$$

Das neue statistische Ensemble heißt *großkanonisch*. Praktisch erfolgt die Vorgabe der Temperatur und des chemischen Potentials durch Kontakt mit einem Wärme- und einem Teilchenreservoir.

Wir betrachten ein kleines und ein großes System, die sowohl Wärme wie auch Teilchen austauschen können (Abbildung 22.2). Für den Mikrozustand r, also für die vollständige mikroskopische Beschreibung des Zustands des kleinen Systems, muß jetzt auch die Teilchenzahl spezifiziert werden:

$$r = (r', N_r) \qquad \begin{array}{c}\text{(Mikrozustand im groß-}\\ \text{kanonischen Ensemble)}\end{array} \tag{22.22}$$

Mit r' werden dann die Quantenzahlen bezeichnet, mit denen wir bisher (für feste Teilchenzahl) den Mikrozustand festgelegt haben; damit entspricht r' dem r in der mikrokanonischen oder kanonischen Zustandssumme.

Wir berechnen nun die gesuchten P_r. Nach dem grundlegenden Postulat sind alle $\Omega(E, N)$ Zustände des Gesamtsystems gleichwahrscheinlich. Von diesen Zuständen gibt es $\Omega_{\rm B}(E - E_r, N - N_r)$ Zustände, für die das kleine System in einem bestimmten Mikrozustand $r = (r', N_r)$ ist, und das makroskopische

System B in einem seiner Ω_B zugänglichen Zustände. Die Wahrscheinlichkeit, unter den insgesamt $\Omega(E, N)$ Zuständen einen der $\Omega_B(E - E_r, N - N_r)$ Zustände zu finden, ist

$$P_r = \frac{\Omega_B(E - E_r,\, N - N_r)}{\Omega(E, N)} = \text{const.} \cdot \Omega_B(E - E_r,\, N - N_r) \qquad (22.23)$$

Andere äußere Parameter des großen Systems (etwa das Volumen) werden hier nicht mit angeschrieben. Das große System soll ein Wärme- und Teilchenreservoir sein, das konstante Werte für T und μ vorgibt. Daher verlangen wir

$$E_r \ll E \qquad \text{und} \qquad N_r \ll N \qquad (22.24)$$

Wir entwickeln $\ln \Omega_B(E - E_r,\, N - N_r)$ nach Potenzen von E_r und N_r,

$$\ln \Omega_B(E - E_r,\, N - N_r) = \ln \Omega_B(E, N) - \frac{\partial \ln \Omega_B}{\partial E}\, E_r - \frac{\partial \ln \Omega_B}{\partial N}\, N_r + \ldots \qquad (22.25)$$

Die partiellen Ableitungen von $\ln \Omega_B$ folgen aus (10.15), (10.16) und (20.4),

$$\beta = \frac{1}{k_B T} = \frac{\partial \ln \Omega_B(E, N)}{\partial E} \qquad \text{und} \qquad -\beta\mu = \frac{\partial \ln \Omega_B(E, N)}{\partial N} \qquad (22.26)$$

Die jeweils folgenden Terme in (22.25) sind von der relativen Größe $\mathcal{O}(E_r/E)$ und $\mathcal{O}(N_r/N)$; sie können daher vernachlässigt werden. Damit erhalten wir

$$\Omega_B(E - E_r, N - N_r) = \Omega_B(E, N)\, \exp\left(-\beta\left[E_r(V, N_r) - \mu N_r\right]\right) \qquad (22.27)$$

Hiermit wird (22.23) zu

$$P_r(T, V, \mu) = \frac{1}{Y}\, \exp\left(-\beta\left[E_r(V, N_r) - \mu N_r\right]\right) \qquad (22.28)$$

Die Temperatur T und das chemische Potential μ sind durch das große System vorgegeben; V ist das Volumen des kleinen Systems (oder seine sonstigen äußeren Parameter).

Die Normierung $\sum P_r = 1$ bestimmt Y:

$$Y(T, V, \mu) = \sum_r \exp\left(-\beta\left[E_r(V, N_r) - \mu N_r\right]\right) \qquad (22.29)$$

Die Größe $Y(T, V, \mu)$ heißt *großkanonische Zustandssumme.* Wir berücksichtigen noch explizit, daß r gemäß (22.22) die Spezifikation der Teilchenzahl mit einschließt. Bei möglichem Teilchenaustausch kann die Anzahl der Teilchen N_r im kleinen System (Abbildung 22.2) beliebig sein:

$$\begin{aligned} Y(T, V, \mu) &= \sum_{r'} \sum_{N_r = 0}^{N} \exp\left(-\beta\left[E_r(V, N_r) - \mu N_r\right]\right) = \\ &= \sum_{N'=0}^{\infty} Z(T, V, N')\, \exp(\beta\mu N') \end{aligned} \qquad (22.30)$$

Dabei läuft r' über alle Quantenzahlen, die neben N_r für den Mikrozustand zu spezifizieren sind; dies ist die gleiche Summe wie in (22.10). Die Summe über N_r geht über alle möglichen Teilchenzahlen des kleinen Systems in Abbildung 22.2, also von 0 bis N. Für das kleine System sind nur Werte mit $N_r \ll N$ relevant; nur sie tragen wesentlich zur Zustandssumme bei. Daher kann die Integrationsgrenze anstelle von N auf unendlich gesetzt werden. Als gebundene Variable kann der Summationsindex $N_r = N'$ beliebig benannt werden; wir nennen ihn in diesem Kapitel aber nicht N, weil hiermit die Gesamtteilchenzahl in Abbildung 22.2 bezeichnet wurde. Durch (22.30) ist ein Zusammenhang zwischen der großkanonischen und der kanonischen Zustandssumme hergestellt.

Mit den Wahrscheinlichkeiten P_r können alle relevanten Mittelwerte berechnet werden. Insbesondere ist die thermodynamische Energie und Teilchenzahl

$$E(T,V,\mu) \;=\; \overline{E_r} = \sum_r P_r(T,V,\mu)\, E_r(V,N_r) \qquad (22.31)$$

$$N(T,V,\mu) \;=\; \overline{N_r} = \sum_r P_r(T,V,\mu)\, N_r \qquad (22.32)$$

Der vollständige Zusammenhang mit thermodynamischen Größen wird im nächsten Kapitel hergestellt.

Die Unterschiede und Gemeinsamkeiten zwischen dem großkanonischen und den anderen Ensembles ergeben sich analog zur oben geführten Diskussion für das kanonische Ensemble. Insbesondere sind im großkanonischen Ensemble die Fluktuationen der Energie und der Teilchenzahl vernachlässigbar klein, wenn das System makroskopisch ist:

$$\frac{\Delta E}{\overline{E_r}} = \mathcal{O}\left(\frac{1}{\sqrt{\overline{N_r}}}\right), \qquad \frac{\Delta N}{\overline{N_r}} = \mathcal{O}\left(\frac{1}{\sqrt{\overline{N_r}}}\right) \qquad (22.33)$$

Für makroskopische Systeme macht es daher praktisch keinen Unterschied, ob (E,V,N), (T,V,N) oder (T,V,μ) vorgegeben ist, also welches der drei diskutierten Ensembles man verwendet.

Übung

Zeigen Sie, daß im kanonischen Ensemble die Schwankung ΔE der Energie durch

$$(\Delta E)^2 = k_\mathrm{B}T^2\,\frac{\partial \overline{E_r}}{\partial T} = k_\mathrm{B}T^2 \left(\frac{\partial E}{\partial T}\right)_x \qquad (22.34)$$

gegeben ist; dabei ist die Energie durch (22.11) definiert. Zeigen Sie, daß die spezifische Wärme bei konstantem Volumen positiv definit ist.
Mit $\overline{E_r} = \mathcal{O}(Nk_\mathrm{B}T)$ und $\partial\overline{E_r}/\partial T = \mathcal{O}(\overline{E_r}/T)$ folgt $\Delta E/\overline{E_r} = \mathcal{O}(N^{-1/2})$ aus (22.34).

Übung

1. Zeigen Sie mit Hilfe der großkanonischen Verteilung

$$(\Delta N)^2 = k_\mathrm{B}T\,\frac{\partial \overline{N_r}}{\partial \mu} = k_\mathrm{B}T \left(\frac{\partial N}{\partial \mu}\right)_{T,V} \qquad (22.35)$$

   Hieraus folgt $\Delta N/\overline{N_r} = \mathcal{O}(N^{-1/2})$.

2. Zeigen Sie, daß die isotherme Kompressibilität positiv sein muß,

$$\kappa_T = -\frac{1}{V}\left(\frac{\partial V}{\partial P}\right)_{N,T} > 0 \qquad (22.36)$$

   Hinweis: Schreiben Sie in der Duhem-Gibbs-Beziehung $N d\mu = V dP - S dT$ das Differential dP für $P(V,T,N)$ aus. Hieraus können Sie $(\partial N/\partial\mu)_{T,V}$ ablesen. Verwenden Sie nun $P = P(V/N,T) = P(v,T)$.

Kapitel 23

Zugeordnete Potentiale

In diesem Kapitel stellen wir den Zusammenhang der kanonischen und der großkanonischen Zustandssumme mit jeweils einem thermodynamischen Potential her. Nach Kapitel 17 sind dadurch die thermodynamischen Relationen des betrachteten Systems vollständig gegeben.

Als äußere Parameter nehmen wir $x = (V, N)$ an, gegebenenfalls sind hierfür andere Parameter einzusetzen. Im mikrokanonischen Ensemble sind dann E, V, N vorgegeben, im kanonischen T, V, N und im großkanonischen T, V, μ. Die Wahrscheinlichkeiten P_r für den Mikrozustand r im jeweiligen Ensembles sind

$$P_r(E,V,N) = \begin{cases} 1/\Omega & E - \delta E \le E_r(V,N) \le E \\ 0 & \text{sonst} \end{cases} \tag{23.1}$$

$$P_r(T,V,N) = \frac{1}{Z} \exp\big(-\beta E_r(V,N)\big) \tag{23.2}$$

$$P_r(T,V,\mu) = \frac{1}{Y} \exp\big(-\beta[E_r(V,N_r) - \mu N_r]\big) \tag{23.3}$$

Aus der Normierung $\sum P_r = 1$ folgen die Zustandssummen

$$\Omega(E,V,N) = \sum_{r:\, E-\delta E \le E_r(V,N) \le E} 1 \tag{23.4}$$

$$Z(T,V,N) = \sum_r \exp\big(-\beta E_r(V,N)\big) \tag{23.5}$$

$$Y(T,V,\mu) = \sum_r \exp\big(-\beta[E_r(V,N_r) - \mu N_r]\big) \tag{23.6}$$

Diese Zustandssummen sind durch die Eigenwerte $E_r(V,N)$, also durch die mikroskopische Struktur des betrachteten Systems gegeben. Der Zusammenhang mit der makroskopischen Thermodynamik wird durch folgende Relationen hergestellt:

$$S(E,V,N) = k_{\mathrm{B}} \ln \Omega(E,V,N) \tag{23.7}$$

$$F(T,V,N) = -k_{\mathrm{B}}T \ln Z(T,V,N) \tag{23.8}$$

$$J(T,V,\mu) = -k_{\mathrm{B}}T \ln Y(T,V,\mu) \tag{23.9}$$

Durch die erste Relation wurde in Kapitel 10 die Entropie definiert. Die beiden anderen Relationen werden in den folgenden Abschnitten abgeleitet. Aus den vollständigen Differentialen

$$dS = \frac{dE}{T} + \frac{P}{T}\,dV - \frac{\mu}{T}\,dN \tag{23.10}$$

$$dF = -S\,dT - P\,dV + \mu\,dN \tag{23.11}$$

$$dJ = -S\,dT - P\,dV - N\,d\mu \tag{23.12}$$

kann man die partiellen Ableitungen von S, F und J ablesen. Wie in Kapitel 17 diskutiert, führt dies zu allen gewünschten thermodynamischen Relationen.

Die Ableitung der makroskopischen Eigenschaften eines Gleichgewichtssystems aus seiner mikroskopischen Struktur, also aus dem Hamiltonoperator H oder der Hamiltonfunktion H, kann nun schematisch so dargestellt werden:

$$H \to E_r(V,N) \to \left\{ \begin{array}{ccccc} \Omega(E,V,N) & \longrightarrow & S(E,V,N) & \longrightarrow \\ Z(T,V,N) & \longrightarrow & F(T,V,N) & \longrightarrow \\ Y(T,V,\mu) & \longrightarrow & J(T,V,\mu) & \longrightarrow \end{array} \right\{ \begin{array}{l} \text{Alle thermo-} \\ \text{dynamischen} \\ \text{Relationen} \end{array} \tag{23.13}$$

Für das mikrokanonische Ensemble wurden diese Schritte im Anschluß an (13.1) für das ideale Gas erläutert. In Kapitel 25 werden wir die dazu parallelen Schritte im kanonischen und großkanonischen Ensemble durchführen.

Ableitung von $F = -k_{\mathrm{B}}T \ln Z$

Wir gehen vom vollständigen Differential von $\ln Z(T,V,N)$ aus,

$$d\,\ln Z(\beta,V,N) = \frac{\partial \ln Z}{\partial \beta}\,d\beta + \frac{\partial \ln Z}{\partial V}\,dV + \frac{\partial \ln Z}{\partial N}\,dN \tag{23.14}$$

Das Argument T wurde dabei durch $\beta = (k_{\rm B}T)^{-1}$ ersetzt. Wir berechnen die partiellen Ableitungen:

$$\frac{\partial \ln Z}{\partial \beta} = -\frac{1}{Z}\sum_r E_r \exp(-\beta E_r) = -\sum_r E_r\, P_r = -\overline{E_r} = -E \qquad (23.15)$$

$$\frac{\partial \ln Z}{\partial V} = -\frac{\beta}{Z}\sum_r \frac{\partial E_r(V,N)}{\partial V}\exp(-\beta E_r) = -\beta\,\overline{\frac{\partial E_r}{\partial V}} = \beta P \qquad (23.16)$$

$$\frac{\partial \ln Z}{\partial N} = -\frac{\beta}{Z}\sum_r \frac{\partial E_r(V,N)}{\partial N}\exp(-\beta E_r) = -\beta\,\overline{\frac{\partial E_r}{\partial N}} = -\beta\mu \qquad (23.17)$$

Damit wird (23.14) zu

$$d\,\ln Z(\beta, V, N) = -E\,d\beta + \beta P\,dV - \beta\mu\,dN \qquad (23.18)$$

Daraus erhalten wir

$$d(\ln Z + \beta E) = \beta\,(dE + P\,dV - \mu\,dN) = \frac{1}{k_{\rm B}}\left(\frac{dE}{T} + \frac{P}{T}\,dV - \frac{\mu}{T}\,dN\right) \qquad (23.19)$$

Der Vergleich mit (23.10) ergibt

$$k_{\rm B}\,d(\ln Z + \beta E) = dS \qquad (23.20)$$

Hieraus folgt

$$S = k_{\rm B}\,(\ln Z + \beta E) + \text{const.} \qquad (23.21)$$

Für const. = 0 erhalten wir hieraus die gesuchte Beziehung

$$F(T, V, N) = E - TS = -k_{\rm B}T\,\ln Z(T, V, N) \qquad (23.22)$$

Wir bestimmen die Konstante in (23.21) aus dem Grenzfall $T \to 0$. Dazu gehen wir von einem quantenmechanischen System mit den Energieeigenwerten $E_0 < E_1 \le E_2 \le \ldots$ aus. Wir schreiben die ersten Terme der Zustandssumme an,

$$Z = \exp(-\beta E_0) + \exp(-\beta E_1) + \ldots = \exp(-\beta E_0)\,[1 + \exp(-\beta\Delta) + \ldots] \qquad (23.23)$$

Für $k_{\rm B}T \ll \Delta = E_1 - E_0$ folgt daraus

$$Z \stackrel{T\to 0}{\longrightarrow} \exp(-\beta E_0)\,, \qquad \ln Z \stackrel{T\to 0}{\longrightarrow} -\beta E_0 \qquad (23.24)$$

Für $T \to 0$ nähert sich auch die mittlere Energie dem niedrigst möglichen Wert E_0 an,

$$E = \overline{E_r} \approx E_0 + E_1\,\exp(-\beta\Delta) + \ldots\,, \qquad E \stackrel{T\to 0}{\longrightarrow} E_0 \qquad (23.25)$$

Wir können nun die Konstante in (23.21) bestimmen, indem wir diese Grenzwerte zusammen mit dem 3. Hauptsatz $S \stackrel{T\to 0}{\longrightarrow} 0$ einsetzen:

$$\text{const.} = S - k_\text{B}(\ln Z + \beta E) \stackrel{T\to 0}{\longrightarrow} 0 - k_\text{B}(-\beta E_0 + \beta E_0) = 0 \qquad (23.26)$$

Ableitung von $J = -k_\text{B}T \ln Y(T, V, \mu)$

Wir gehen vom vollständigen Differential von $\ln Y(T, V, \mu)$ aus,

$$d \ln Y(T, V, \mu) = \frac{\partial \ln Y}{\partial \beta}\, d\beta + \frac{\partial \ln Y}{\partial V}\, dV + \frac{\partial \ln Y}{\partial \mu}\, d\mu \qquad (23.27)$$

und berechnen die partiellen Ableitungen:

$$\begin{aligned} \frac{\partial \ln Y}{\partial \beta} &= -\frac{1}{Y} \sum_r (E_r - \mu N_r) \exp(-\beta[E_r - \mu N_r]) = \\ &= -\sum_r (E_r - \mu N_r)\, P_r = -\overline{E_r} + \mu\, \overline{N_r} = -E + \mu N \end{aligned} \qquad (23.28)$$

$$\frac{\partial \ln Y}{\partial V} = -\frac{\beta}{Y} \sum_r \frac{\partial E_r}{\partial V} \exp(-\beta[E_r - \mu N_r]) = -\beta\, \overline{\frac{\partial E_r}{\partial V}} = \beta P \qquad (23.29)$$

$$\frac{\partial \ln Y}{\partial \mu} = \frac{\beta}{Y} \sum_r N_r \exp(-\beta[E_r - \mu N_r]) = \beta\, \overline{N_r} = \beta N \qquad (23.30)$$

Damit wird (23.27) zu

$$d \ln Y(T, V, \mu) = (-E + \mu N)\, d\beta + \beta P\, dV + \beta N\, d\mu \qquad (23.31)$$

Daraus erhalten wir

$$d(\ln Y + \beta E - \beta \mu N) = \beta(dE + P\, dV - \mu\, dN) \qquad (23.32)$$

Nach (23.10) ist dies gleich dS/k_B. Daher gilt

$$S = k_\text{B}(\ln Y + \beta E - \beta \mu N) \qquad (23.33)$$

Eine hier zunächst mögliche Konstante ist ebenso wie in (23.21) gleich null. Aus (23.33) erhalten wir $k_\text{B}T \ln Y = TS - E + \mu N = -F + \mu\, N = -J$, also die gesuchte Relation

$$J = -k_\text{B}T\, \ln Y = -PV \qquad (23.34)$$

Dies haben wir noch durch (20.15) ergänzt.

Extremalbedingungen

Für die mikrokanonische Verteilung, also bei vorgegebenem E, V und N, gilt im Gleichgewicht 'S = maximal'. Für die kanonische oder großkanonische Verteilung, oder für andere vorgegebene Größen, werden andere thermodynamische Größen extremal. Wir fassen einige dieser Extremalbedingungen zusammen:

$$S = \text{maximal} \quad \text{bei vorgegebenem } E,\ V,\ N \tag{23.35}$$

$$F = \text{minimal} \quad \text{bei vorgegebenem } T,\ V,\ N \tag{23.36}$$

$$J = \text{minimal} \quad \text{bei vorgegebenem } T,\ V,\ \mu \tag{23.37}$$

$$G = \text{minimal} \quad \text{bei vorgegebenem } T,\ P,\ N \tag{23.38}$$

$$\mu = \text{minimal} \quad \text{bei vorgegebenem } T,\ P \tag{23.39}$$

Zur Ableitung dieser Bedingungen betrachten wir zwei makroskopische Systeme A und B, die Wärme und/oder Teilchen und/oder Volumen austauschen können. Wir setzen voraus, daß das System A klein gegenüber B ist. Dann bedeutet der Kontakt mit B die Vorgabe der Temperatur und/oder des chemischen Potentials und/oder des Drucks.

Für den Wärmeaustausch haben wir die in Abbildung 10.1 skizzierte Situation. Die Wahrscheinlichkeit für die Aufteilung $E = E_{\rm A} + E_{\rm B}$ der Energie wurde in (10.2) angegeben:

$$W(E_{\rm A}) = C\ \Omega_{\rm A}(E_{\rm A})\ \Omega_{\rm B}(E - E_{\rm A}) = C\ \exp(S/k_{\rm B}) \tag{23.40}$$

Dabei ist $S = k_{\rm B}\ \ln(\Omega_{\rm A}\ \Omega_{\rm B})$ die Entropie des gesamten Systems; C ist eine von $E_{\rm A}$ unabhängige Konstante. Da das System A klein ist, können wir $\ln W(E_{\rm A})$ nach Potenzen von $E_{\rm A}$ entwickeln:

$$\ln W(E_{\rm A}) \approx \text{const.} + \ln \Omega_{\rm A}(E_{\rm A}) - \frac{\partial \ln \Omega_{\rm B}(E)}{\partial E}\, E_{\rm A} = \text{const.} + \frac{S_{\rm A}}{k_{\rm B}} - \frac{E_{\rm A}}{k_{\rm B} T} \tag{23.41}$$

Dabei ist T die Temperatur, die durch das Wärmebad B vorgegeben wird. Das Ergebnis kann durch freie Energie $F_{\rm A} = E_{\rm A} - T S_{\rm A}$ des Untersystems A ausgedrückt werden,

$$W(E_{\rm A}) = C' \exp\left(-\frac{F_{\rm A}}{k_{\rm B} T}\right) \tag{23.42}$$

Damit gilt

$$W(E_{\rm A}) = \text{maximal} \quad \longleftrightarrow \quad \begin{cases} S = \text{maximal} & \text{für das Gesamtsystem} \\ F_{\rm A} = \text{minimal} & \text{für das Untersystem A} \end{cases} \tag{23.43}$$

Die Bedingung maximaler Entropie für das abgeschlossene Gesamtsystem impliziert also die Bedingung minimaler freier Energie für das Untersystem A. Im Gesamtsystem ist die Energie vorgegeben, im Untersystem die Temperatur, (23.35) und (23.36).

Wie in Kapitel 10 diskutiert, ist die Verteilung $W(E_A)$ extrem scharf. Praktisch alle $\Omega_A\,\Omega_B$ möglichen Zustände liegen in einer engen Umgebung des Maximums von $W(E_A)$. Das Gleichgewicht kann daher durch die Stelle des Maximums charakterisiert werden.

Die Aussage 'S = maximal im Gleichgewicht' bedeutet auch, daß für beliebige Vorgänge im abgeschlossenen System $\Delta S \geq 0$ gilt. Beim Übergang aus einem Nichtgleichgewichtszustand in einen Gleichgewichtszustand wächst die Entropie, sie 'strebt einem Maximum zu'. Dementsprechend strebt die freie Energie eines Systems, für das die Temperatur T (neben V und N) vorgegeben wird, einem Minimum zu.

Für $F = E - TS$ = minimal sollte die Energie klein und die Entropie groß sein. Dies sind gegenläufige Ziele, da eine kleinere Energie in Richtung von mehr Ordnung, eine größere Entropie aber in Richtung von mehr Unordnung geht. Der Einfluß der Entropie wächst mit zunehmender Temperatur, da T als Koeffizient von S auftritt. Besonders einfach kann man dieses Wechselspiel zwischen Ordnung und Unordnung im idealen Spinsystem (Kapitel 26) studieren.

Wir lassen nun den Austausch eines extensiven äußeren Parameters $x = x_A + x_B$ zu; dies kann die Teilchenzahl oder das Volumen sein. Die Wahrscheinlichkeit für die Aufteilung $E = E_A + E_B$ und $x = x_A + x_B$ ist analog zu (23.40)

$$W(E_A, x_A) = C\,\Omega_A(E_A, x_A)\,\Omega_B(E - E_A, x - x_A) = C\,\exp(S/k_B) \qquad (23.44)$$

Die Verteilung $W(E_A, x_A)$ ist wieder eine extrem scharf lokalisierte Gaußverteilung. Praktisch alle $\Omega_A\,\Omega_B$ möglichen Zustände liegen daher in einer engen Umgebung des Maximums. Für das Gleichgewicht des abgeschlossenen Gesamtsystems gilt daher wieder

$$S = k_B \ln\left[\,\Omega_A(E_A, x_A)\,\Omega_B(E - E_A, x - x_A)\right] = \text{maximal} \qquad (23.45)$$

Für ein kleines Untersystem A entwickeln wir $\ln W(E_A, x_A)$ nach Potenzen von E_A und x_A:

$$\begin{aligned} \ln W(E_A, x_A) &\approx \text{const.} + \ln \Omega_A(E_A, x_A) - \frac{\partial \ln \Omega_B}{\partial E}\,E_A - \frac{\partial \ln \Omega_B}{\partial x}\,x = \\ &= \text{const.} + \frac{S_A}{k_B} - \frac{E_A}{k_B T} - \frac{X x_A}{k_B T} \end{aligned} \qquad (23.46)$$

Mit $F_\mathrm{A} = E_\mathrm{A} - TS_\mathrm{A}$ erhalten daraus

$$W(E_\mathrm{A}, x_\mathrm{A}) = C' \exp\left(-\frac{F_\mathrm{A} + Xx_\mathrm{A}}{k_\mathrm{B}T}\right) \tag{23.47}$$

Für die beiden Spezialfälle

$$x_\mathrm{A} = \begin{cases} V_\mathrm{A} \\ N_\mathrm{A} \end{cases} \qquad X = \begin{cases} P \\ -\mu \end{cases} \tag{23.48}$$

lauten die Gleichgewichtsbedingungen

$$F_\mathrm{A} + Xx_\mathrm{A} = \begin{cases} F_\mathrm{A} + PV_\mathrm{A} = G_\mathrm{A} = \text{minimal} \\ F_\mathrm{A} - \mu N_\mathrm{A} = J_\mathrm{A} = \text{minimal} \end{cases} \tag{23.49}$$

Daraus ergeben sich die Extremalbedingungen (23.37) und (23.38). Wegen $G = N\mu$ folgt aus (23.38) auch (23.39). Dieser Fall ist von besonderer praktischer Bedeutung, weil man experimentell bevorzugt die Temperatur T und den Druck P vorgibt.

Alternative Ableitung der Ensemblewahrscheinlichkeiten

Im Zusammenhang mit den soeben diskutierten Extremalprinzipien steht eine alternative Ableitung der Wahrscheinlichkeiten P_r der verschiedenen statistischen Ensembles. Wir skizzieren diese Ableitung in sehr knapper Form; dieser Abschnitt kann auch übersprungen werden.

Wir gehen von einem statistischen Ensemble von M gleichartigen, unterscheidbaren Systemen aus. In einem Ensemble sind M_r Systeme im Mikrozustand r; dies definiert die Wahrscheinlichkeiten $P_r = M_r/M$.

Für gegebene $P_r = M_r/M$ bestimmen wir die Anzahl Γ der möglichen Zustände des gesamten Ensembles. Dazu stellen wir uns die $M = \sum M_r$ vertretenen Mikrozustände in einer bestimmten Reihenfolge vor. Das erste System des Ensembles kann nun den ersten dieser Mikrozustände annehmen, oder den zweiten, oder irgendeinen anderen. Dies gilt entsprechend für das zweite System des Ensembles und die folgenden. Die Anzahl der möglichen, verschiedenen Verteilungen von M Systemen auf die M Mikrozustände ist

$$\Gamma = \frac{M!}{M_1!\, M_2!\, M_3! \ldots} = \frac{M!}{\prod_r M_r!} = \Omega^M \tag{23.50}$$

Es gibt ja $M!$ Möglichkeiten, die M Systeme in eine bestimmte Reihenfolge (die vorgegebene Reihenfolge der Mikrozustände) zu bringen. Da jeweils M_r Positionen (Mikrozustände) gleichwertig sind, ist durch $M_r!$ zu teilen. Das

Resultat Γ ist die Anzahl der möglichen Zustände aller M Systeme des Ensembles. Für unterscheidbare Systeme ist dies gleich Ω^M, wobei Ω die Anzahl der Zustände eines der Systeme ist.

In Übereinstimmung mit (10.15) definieren wir die Entropie durch

$$S(P_1, P_2, \ldots) = k_B \ln \Omega = -k_B \ln \frac{\Gamma}{M} = -\frac{k_B}{M} \ln \left(\frac{M!}{\prod_r M_r!} \right) =$$

$$= -\frac{k_B}{M} \left(\ln(M!) - \sum_r \ln(M_r!) \right) = -k_B \sum_r P_r \ln P_r \quad (23.51)$$

Für den letzten Schritt wurde $\ln n! \approx n \ln n - n$ und $P_r = M_r/M$ verwendet. Es sei angemerkt, daß in der Informationstheorie der *Informationsgehalt* durch eine ähnliche Größe definiert und gemessen wird, nämlich durch $I = -\sum P_n \operatorname{ld}(P_n)$. Dabei bezeichnet ld den Logarithmus zur Basis 2. Die Einheit der dimensionslosen Größe I wird mit bit bezeichnet; anstelle von $I = 3$ wird also $I = 3\,\text{bit}$ verwendet.

Das Gleichgewicht ist durch die Bedingung

$$S(P_1, P_2, \ldots) = \text{maximal} \quad (23.52)$$

charakterisiert. Hieraus können die P_r berechnet werden. Die Variation der P_r ist dabei durch Bedingungen eingeschränkt, die den physikalischen Vorgaben entsprechen. Solche Bedingungen sind

$$\sum_r P_r = 1 \quad (23.53)$$

$$\sum_r P_r E_r = E \quad (23.54)$$

$$\sum_r P_r N_r = N \quad (23.55)$$

Die erste Bedingung muß in jedem Fall erfüllt sein. Im kanonischen Ensemble kommt die zweite hinzu, im großkanonischen die zweite und die dritte. Wir untersuchen die Bestimmung des Maximums von $S(P_1, P_2, \ldots)$ unter den jeweiligen Nebenbedingungen mit der Methode der Lagrangeparameter.

Für ein abgeschlossenes System sind nur Mikrozustände mit $E_r = E$ (genauer $E - \delta E \le E_r \le E$) und $N_r = N$ zugelassen. Neben $\sum P_r = 1$ ist daher keine weitere Bedingung zu stellen. Damit wird (23.52) zu

$$S(P_1, P_2, \ldots) - \lambda \sum_r P_r = \text{maximal} \quad (23.56)$$

Dabei ist λ der Lagrangeparameter. Die notwendige Bedingung für das Vorliegen eines Maximums ist

$$\frac{\partial}{\partial P_r}\left(S(P_1, P_2, \ldots) - \lambda \sum_{r'} P_{r'}\right) = 0 \qquad (23.57)$$

Hieraus folgt

$$P_r = \text{const.} \qquad (\text{mikrokanonisch, } E_r = E) \qquad (23.58)$$

Die Konstante hängt von λ ab. Der Parameter λ ist so zu bestimmen, daß die Nebenbedingung $\sum P_r = 1$ erfüllt ist.

Für ein System im Kontakt mit einem Wärmebad sind verschiedene Energiewerte E_r zugelassen. Der Mittelwert $E = \overline{E_r}$ wird jedoch durch die Temperatur des Wärmebads festgelegt. Daher ist das Maximum von S unter den Nebenbedingungen (23.53) und (23.54) zu bestimmen,

$$S(P_1, P_2, ...) - \lambda_1 \sum_r P_r - \lambda_2 \sum_r E_r\, P_r = \text{maximal} \qquad (23.59)$$

Die Lagrangeparameter sind so zu bestimmen, daß die Nebenbedingungen erfüllt sind. Daraus erhält man die P_r der kanonischen Verteilung, wobei $\lambda_2 = 1/T$. Damit ist (23.59) gleichbedeutend mit F = minimal. Es ergeben sich die P_r der kanonischen Verteilung.

Für ein System im Kontakt mit einem Wärme- und Teilchenreservoir sind verschiedene Energiewerte E_r und Teilchenzahlen N_r zugelassen. Die Mittelwerte $E = \overline{E_r}$ und $N = \overline{N_r}$ sind jedoch durch die Temperatur des Wärmebads und durch das chemische Potential des Teilchenreservoirs festgelegt. Daher ist das Maximum von S unter den Nebenbedingungen (23.53) und (23.54) zu bestimmen,

$$S(P_1, P_2, ...) - \lambda_1 \sum_r P_r - \lambda_2 \sum_r E_r\, P_r - \lambda_3 \sum_r P_r\, N_r = \text{maximal} \qquad (23.60)$$

Dies führt zu $\lambda_2 = 1/T$ und $\lambda_3 = -\mu/T$. Damit ist (23.60) gleichbedeutend mit J = minimal. Es ergeben sich die P_r der großkanonischen Verteilung.

Übung

Zeigen Sie mit den P_r aus (23.1) – (23.3), daß $S = -k_{\text{B}} \sum P_r \ln P_r$ mit den bekannten Entropieausdrücken (23.7), (23.21) und (23.33) übereinstimmt.

Übung

Bestimmen Sie die P_r aus den Bedingungen (23.59) und (23.60).

L = T - V

Kapitel 24

Klassische Systeme

In diesem Kapitel wird die kanonische Zustandssumme für klassische Systeme untersucht. Nach einer Diskussion der Grundlagen werden einfache Anwendungen (Maxwellsche Geschwindigkeitsverteilung, barometrische Höhenformel) und allgemeine Folgerungen (Gleichverteilungssatz) angegeben.

Grundlagen

Ein klassisches mechanisches System behandelt man, indem man geeignete verallgemeinerte Koordinaten q_i findet und die Lagrangefunktion $\mathcal{L}$ aufstellt,

$$\mathcal{L} = \mathcal{L}(q_1, ..., q_f, \dot{q}_1, ..., \dot{q}_f) = \mathcal{L}(q, \dot{q}) \tag{24.1}$$

Eine mögliche explizite Zeitabhängigkeit wird hier nicht mit angeschrieben. Die Argumente werden mit $q = (q_1, ..., q_f)$ und $\dot{q} = (\dot{q}_1, ..., \dot{q}_f)$ abgekürzt; f ist die Anzahl der Freiheitsgrade.

Um von der Lagrange- zur Hamiltonfunktion zu kommen (siehe Kapitel 27 von [6]), definiert man die verallgemeinerten Impulse

$$p_i = p_i(q, \dot{q}) = \frac{\partial \mathcal{L}}{\partial \dot{q}_i} \qquad (i = 1, ..., f) \tag{24.2}$$

Diese f Relationen löst man nach den Geschwindigkeiten auf:

$$p_i = p_i(q, \dot{q}) \quad \longrightarrow \quad \dot{q}_k = \dot{q}_k(q, p) \tag{24.3}$$

Die Funktionen $\dot{q}_i(q, p)$ werden auf der rechten Seite von

$$H = H(q, p) = \sum_{i=1}^{f} \frac{\partial \mathcal{L}(q, \dot{q})}{\partial \dot{q}_i} \, \dot{q}_i - \mathcal{L}(q, \dot{q}) \tag{24.4}$$

eingesetzt. Dadurch erhält man die Hamiltonfunktion $H(q,p)$, die eine Funktion der Variablen $q_1, ..., q_f, p_1, ..., p_f$ und gegebenenfalls der Zeit ist. Die Hamiltonfunktion bestimmt die kanonischen Bewegungsgleichungen, die gleichwertig zu den Lagrangegleichungen sind. In der Statistischen Physik sind wir an den Bewegungsgleichungen selbst nicht interessiert. Wir benötigen lediglich die Verteilung der Energiewerte der Mikrozustände. Hierfür ist die Hamiltonfunktion der geeignete Ausgangspunkt.

Der Mikrozustand des klassischen Systems wird durch

$$r = (q,p) = (q_1, ..., q_f, p_1, ..., p_f) \tag{24.5}$$

festgelegt. Die Hamiltonfunktion gibt die Energiewerte an,

$$E_r = H(q,p) = H(q_1, ..., q_f, p_1, ..., p_f) \tag{24.6}$$

Wie in Kapitel 5 diskutiert, nimmt ein quantenmechanischer Zustand ein Volumen $(2\pi\hbar)^f$ im $2f$-dimensionalen Phasenraum ein. Im klassischen Grenzfall sind diese Volumina sehr klein verglichen mit dem jeweils zugänglichen Phasenraumvolumen. Die Summation über die Mikrozustände (24.5) kann daher durch Integrale ersetzt werden,

$$\sum_r \ldots = \frac{1}{(2\pi\hbar)^f} \int dq_1 \ldots dq_f \int dp_1 \ldots dp_f \ldots \tag{24.7}$$

Die Integration läuft über alle möglichen Werte der Koordinaten und Impulse. Da der Vorfaktor eine Anleihe aus der Quantenmechanik ist, könnte man diese Behandlung auch halbklassisch nennen. Die thermodynamischen Größen hängen aber nicht vom Vorfaktor ab.

Die Wahrscheinlichkeit P_r für den Zustand r im kanonischen Ensemble ist

$$P_r = \frac{1}{Z}\, \exp(-\beta E_r) = \frac{1}{Z}\, \exp[-\beta H(q,p)] \tag{24.8}$$

mit

$$Z = \sum_r \exp(-\beta E_r) = \frac{1}{(2\pi\hbar)^f} \int dq_1 \ldots dq_f \int dp_1 \ldots dp_f\, \exp[-\beta H(q,p)] \tag{24.9}$$

Eine beliebige klassische Größe A des Systems hat im Zustand r den Wert $A_r = A(q,p)$; ein Beispiel für eine solche Größe ist die Energie $A_r = E_r = H(q,p)$. Der Gleichgewichtswert von A ist gleich dem Mittelwert $\overline{A}$ im statistischen Ensemble,

$$\overline{A} = \sum_r A_r\, P_r = \frac{1}{(2\pi\hbar)^f} \int dq_1 \ldots dq_f \int dp_1 \ldots dp_f\, A(q,p)\, \frac{\exp[-\beta H(q,p)]}{Z} \tag{24.10}$$

Daraus folgt die Interpretation

$$\frac{\exp[-\beta H(q,p)]}{(2\pi\hbar)^f\, Z}\; d^fq\, d^fp = \begin{cases} \text{Wahrscheinlichkeit, das System} \\ \text{in den Bereichen } q_i \text{ bis } q_i + dq_i \\ \text{und } p_j \text{ bis } p_j + dp_j \text{ vorzufinden} \end{cases} \qquad (24.11)$$

Die linke Seite ohne die Volumina d^fq und d^fp ist die zugehörige *Wahrscheinlichkeitsdichte*.

Ein Teilchen

Wir betrachten speziell ein einzelnes Teilchen, also die Mikrozustände

$$r = (\boldsymbol{r}, \boldsymbol{p}) = (x, y, z, p_x, p_y, p_z) \qquad (24.12)$$

Hierfür bezeichnen wir die Zustandssumme und die Hamiltonfunktion mit kleinen Buchstaben:

$$z = \frac{1}{(2\pi\hbar)^3} \int d^3r \int d^3p\ \exp[-\beta\, h(\boldsymbol{r}, \boldsymbol{p})] \qquad (24.13)$$

Der Mittelwert einer physikalischen Größe a des Teilchens ist

$$\overline{a} = \frac{1}{(2\pi\hbar)^3} \int d^3r \int d^3p\ a(\boldsymbol{r}, \boldsymbol{p})\ \frac{\exp[-\beta\, h(\boldsymbol{r}, \boldsymbol{p})]}{z} \qquad (24.14)$$

Daraus folgt die Interpretation

$$\frac{\exp[-\beta\, h(\boldsymbol{r}, \boldsymbol{p})]}{(2\pi\hbar)^3\, z}\; d^3r\, d^3p = \begin{cases} \text{Wahrscheinlichkeit, das Teilchen im} \\ \text{Volumen } d^3r \text{ bei } \boldsymbol{r} \text{ mit einem Impuls} \\ \text{im Bereich } d^3p \text{ bei } \boldsymbol{p} \text{ zu finden} \end{cases} \qquad (24.15)$$

Die linke Seite ohne die Volumina d^3r und d^3p ist die zugehörige Wahrscheinlichkeitsdichte.

Das Teilchen sei nun auf ein Volumen V begrenzt, wie dies etwa für ein Teilchen in einem Gaskasten gilt. Diese Begrenzung kann durch entsprechende Integralgrenzen in $\int d^3r$ berücksichtigt werden. Alternativ dazu kann man auch in der Hamiltonfunktion ein Wandpotential

$$U(\boldsymbol{r}) = \begin{cases} 0 & \boldsymbol{r} \in V \\ \infty & \boldsymbol{r} \notin V \end{cases} \qquad (24.16)$$

einführen. Dann tritt im Integranden in (24.13) und (24.14) der Faktor

$$\exp[-\beta U(\boldsymbol{r})] = \begin{cases} 1 & \boldsymbol{r} \in V \\ 0 & \boldsymbol{r} \notin V \end{cases} \qquad (24.17)$$

auf, der die Ortsintegration auf V beschränkt.

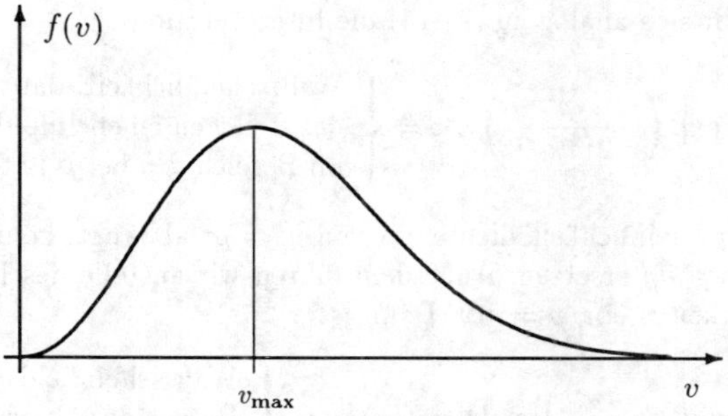

Abbildung 24.1: Schematische Skizze der Maxwellschen Geschwindigkeitsverteilung. Für die Luft im Hörsaal liegt das Maximum bei $v_{\max} \approx 400$ m/s.

Maxwellsche Geschwindigkeitsverteilung

Wir berechnen die Zustandssumme z für ein Teilchen, das sich im Volumen V frei bewegt. Die Hamiltonfunktion ist

$$h(\boldsymbol{r}, \boldsymbol{p}) = \frac{\boldsymbol{p}^2}{2m} + U(\boldsymbol{r}) \tag{24.18}$$

Für $U(\boldsymbol{r})$ aus (24.16) werten wir (24.13) aus:

$$\begin{aligned} z &= \frac{1}{(2\pi\hbar)^3} \int d^3r \, \exp[-\beta\, U(\boldsymbol{r})] \int d^3p \, \exp(-\beta \boldsymbol{p}^2/2m) = \\ &= \frac{V}{(2\pi\hbar)^3} \int d^3p \, \exp\left(-\frac{p^2}{2m\,k_{\mathrm{B}}T}\right) = \\ &= \frac{V\,(2m\,k_{\mathrm{B}}T)^{3/2}}{(2\pi\hbar)^3} \int_0^\infty dx \; 4\pi\, x^2 \exp\left(-x^2\right) = \frac{V}{\lambda^3} \end{aligned} \tag{24.19}$$

Die Ortsintegration ergibt wegen (24.17) den Faktor V. Da der Integrand nur von $p = |\boldsymbol{p}|$ abhängt, gilt $d^3p = 4\pi p^2\, dp$. Durch $x^2 = \beta\, p^2/2m$ wurde die dimensionslose Integrationsvariable x eingeführt. Das Ergebnis wurde durch die Länge

$$\lambda = \frac{2\pi\hbar}{\sqrt{2\pi m\, k_{\mathrm{B}}T}} \qquad \text{(thermische Wellenlänge)} \tag{24.20}$$

ausgedrückt. Dies ist die quantenmechanische Wellenlänge eines Teilchens mit der kinetischen Energie $\pi\, k_{\mathrm{B}}T$.

Wir berechnen den Mittelwert einer Größe $a_r = a(\boldsymbol{p})$, die nur vom Impuls abhängt,

$$\overline{a} = \frac{V}{(2\pi\hbar)^3\, z} \int d^3p \;\, a(\boldsymbol{p}) \, \exp\left(-\frac{p^2}{2m\,k_{\mathrm{B}}T}\right) \tag{24.21}$$

Daraus ergibt sich analog zu (24.15) die Interpretation

$$\frac{V}{(2\pi\hbar)^3\, z}\ \exp\left(-\frac{p^2}{2m\, k_{\rm B}T}\right) d^3p = \begin{cases} \text{Wahrscheinlichkeit, daß} \\ \text{das Teilchen einen Impuls} \\ \text{im Bereich } d^3p \text{ bei } \boldsymbol{p} \text{ hat} \end{cases} \qquad (24.22)$$

Da die Wahrscheinlichkeitsdichte nur von $p^2 = \boldsymbol{p}^2$ abhängt, können wir hier d^3p durch $4\pi p^2\, dp$ ersetzen. Außerdem führen wir anstelle des Impulses die Geschwindigkeit $\boldsymbol{v}$ ein, $\boldsymbol{p} = m\boldsymbol{v}$. Dann ist

$$\frac{4\pi\, m^3\, V}{(2\pi\hbar)^3\, z}\ \exp\left(-\frac{m\, v^2}{2\, k_{\rm B}T}\right) v^2\, dv = f(v)\, dv = \begin{cases} \text{Wahrscheinlichkeit, daß der} \\ \text{Betrag der Geschwindigkeit} \\ \text{zwischen } v \text{ und } v + dv \text{ liegt} \end{cases} \qquad (24.23)$$

Wenn wir $z = V/\lambda^3$ einsetzen, erhalten wir

$$f(v) = 4\pi \left(\frac{m}{2\pi\, k_{\rm B}T}\right)^{3/2} v^2\ \exp\left(-\frac{m\, v^2}{2\, k_{\rm B}T}\right) \qquad \text{(Maxwellverteilung)} \qquad (24.24)$$

Diese Verteilung $f(v) = f(|\boldsymbol{v}|)$ heißt *Maxwellsche Geschwindigkeitsverteilung*; sie ist in Abbildung 24.1 skizziert. Wie zu erwarten, ist dieses klassische Ergebnis unabhängig von $\hbar$. Die Maxwellverteilung ist normiert,

$$\int_0^\infty dv\ f(v) = 1 \qquad (24.25)$$

Das Teilchen hat also mit Sicherheit irgendeinen Wert von v zwischen null und unendlich. Für kleine Geschwindigkeiten steigt $f(v)$ zunächst an, weil das Phasenraumvolumen in einem Intervall dv proportional zu v^2 ist. Für große Werte von v nimmt $f(v)$ dagegen exponentiell ab; dies beruht auf dem Boltzmannfaktor $\exp(-\varepsilon/k_{\rm B}T)$ der kanonischen Verteilung.

Das Maximum der Maxwellverteilung folgt aus $df/dv = 0$ zu

$$v_{\rm max} = \sqrt{\frac{2\, k_{\rm B}T}{m}} \overset{\text{Luft}}{\approx} 400\ \frac{\rm m}{\rm s} \qquad (24.26)$$

Für Luft bei Zimmertemperatur wurde $m(\mathrm{O_2}) \approx m(\mathrm{N_2}) \approx 30\ \mathrm{GeV/c^2}$, $k_{\rm B}T \approx \mathrm{eV}/40$ und $c = 3 \cdot 10^8$ m/s eingesetzt.

Wenn wir sehr viele Teilchen betrachten, dann kann die Wahrscheinlichkeitsdichte $f(v)$ auch als Teilchendichte interpretiert werden:

$$F(v)\, dv = N\, f(v)\, dv = \begin{cases} \text{Anzahl der Teilchen mit einer} \\ \text{Geschwindigkeit zwischen } v \text{ und } v + dv \end{cases} \qquad (24.27)$$

Für diese Interpretation müssen N und dv so groß sein, daß $F(v)\, dv \gg 1$.

Barometrische Höhenformel

Für ein klassisches Teilchen im Schwerefeld $u(\boldsymbol{r}) = mgz$ lautet die Hamiltonfunktion

$$h(\boldsymbol{r},\boldsymbol{p}) = \frac{p^2}{2m} + mgz \tag{24.28}$$

Wir wollen dies auf ein Molekül in der Atmosphäre anwenden. Die Koordinate z ist die Höhe über dem Erdboden. Alle anderen Luftmoleküle stellen ein Wärmebad für das herausgegriffene Molekül dar. Für dieses Wärmebad nehmen wir eine bestimmte (orts- und zeitunabhängige) Temperatur T an. Nach (24.15) gilt

$$\exp\left(-\frac{p^2/2m + mgz}{k_\mathrm{B}T}\right) d^3r\, d^3p \propto \left\{\begin{array}{l}\text{Wahrscheinlichkeit, das Teilchen im}\\ \text{Volumen } d^3x \text{ bei } \boldsymbol{r} \text{ und mit einem}\\ \text{Impuls in } d^3p \text{ bei } \boldsymbol{p} \text{ zu finden}\end{array}\right. \tag{24.29}$$

Wir interessieren uns nun für die Wahrscheinlichkeit, das Teilchen in einer Höhe zwischen z und $z + dz$ zu finden, und zwar unabhängig vom Impuls und der x- und y-Position. Nach einer Integration über die Impulse bleibt

$$\exp\left(-\frac{mgz}{k_\mathrm{B}T}\right) dz \propto \left\{\begin{array}{l}\text{Wahrscheinlichkeit, das Teilchen in einer}\\ \text{Höhe zwischen } z \text{ und } z + dz \text{ zu finden}\end{array}\right. \tag{24.30}$$

übrig; die Wahrscheinlichkeitsverteilung ist unabhängig von x und y. Da (24.30) für jedes einzelne Teilchen gilt, ist die Teilchendichte n proportional zu dieser Wahrscheinlichkeitsdichte, also

$$n(z) = n(0)\, \exp\left(-\frac{mgz}{k_\mathrm{B}T}\right) \tag{24.31}$$

Die Proportionalitätskonstante $n(0)$ ist die Teilchendichte in der Höhe null. Mit dem idealen Gasgesetz $n = N/V = P/k_\mathrm{B}T$ wird hieraus die barometrische Höhenformel für den Druck:

$$P(z) = P(0)\, \exp\left(-\frac{mgz}{k_\mathrm{B}T}\right) \tag{24.32}$$

Die Anwendungen 'Maxwellsche Geschwindigkeitsverteilung' und 'barometrische Höhenformel' zeigen einen wesentlichen Vorteil der kanonischen Verteilung gegenüber der mikrokanonischen: Das kanonische Ensemble ist eine realistische Annahme auch für mikroskopische Systeme wie ein einzelnes Teilchen. Die mikrokanonische Verteilung ist dagegen in den betrachteten Fällen für das eine herausgegriffene Teilchen nicht anwendbar, da dieses Teilchen kein abgeschlossenes System darstellt. Im Fall der barometrischen Höhenformel ist allerdings die Annahme einer konstanten Temperatur nicht unbedingt realistisch.

Gleichverteilungssatz

Wir betrachten jetzt wieder eine allgemeine Hamiltonfunktion

$$H(p,q) = H(q_1, \ldots, q_f, p_1, \ldots, p_f, t) \tag{24.33}$$

und berechnen folgenden Mittelwert:

$$\begin{aligned} \overline{p_i \, \frac{\partial H}{\partial p_i}} &= \frac{1}{Z\,(2\pi\hbar)^f} \int dq_1 \ldots dq_f \int dp_1 \ldots dp_f \; p_i \, \frac{\partial H(q,p)}{\partial p_i} \, \exp[-\beta H(q,p)] \\ &= \frac{-k_{\mathrm{B}} T}{Z\,(2\pi\hbar)^f} \int dq_1 \ldots dq_f \int dp_1 \ldots dp_f \; p_i \, \frac{\partial \exp[-\beta H(q,p)]}{\partial p_i} \end{aligned} \tag{24.34}$$

Wir nehmen an, daß am Rand des Integrationsbereichs von p_i gilt

$$\big(p_i \exp[-\beta H(q,p)]\big)_{p_i = \pm\infty} = 0 \tag{24.35}$$

Dann können wir (24.34) durch partielle Integration bezüglich p_i auswerten:

$$\overline{p_i \, \frac{\partial H}{\partial p_i}} = \frac{k_{\mathrm{B}} T}{Z\,(2\pi\hbar)^f} \int dq_1 \ldots dq_f \int dp_1 \ldots dp_f \; \exp\big[-\beta H(q,p)\big] = k_{\mathrm{B}} T \tag{24.36}$$

Die gleiche Überlegung läßt sich auch für eine Koordinate q_i anstellen, wenn der Randterm verschwindet,

$$\big(q_i \exp[-\beta H(q,p)]\big)_{\text{Rand der } q_i\text{-Integration}} = 0 \tag{24.37}$$

Die Grenzen des Integrationsbereichs hängen von der Bedeutung der verallgemeinerten Koordinate ab.

Unter der Voraussetzung (24.35) oder (24.37) erhalten wir damit die Mittelwerte

$$\overline{p_i \, \frac{\partial H}{\partial p_i}} = k_{\mathrm{B}} T \,, \qquad \overline{q_i \, \frac{\partial H}{\partial q_i}} = k_{\mathrm{B}} T \tag{24.38}$$

Diese Aussage wird *Gleichverteilungssatz* genannt. Hierdurch wird jeder der Variablen $(q_1, \ldots, q_f, p_1, \ldots, p_f)$ die mittlere Energie $k_{\mathrm{B}} T$ zugeordnet.

Wir werten den Gleichverteilungssatz nun unter spezielleren Annahmen aus. Angenommen, der Impuls p_i kommt nur in einem Term $p_i^2/2m$ in der Hamiltonfunktion vor. Wegen

$$\overline{p_i \, \frac{\partial H}{\partial p_i}} = \frac{\overline{p_i^2}}{m} \quad \text{und} \quad \big[p_i \exp(-\beta p_i^2/2m)\big]_{p_i = \pm\infty} = 0 \tag{24.39}$$

gilt dann

$$\frac{\overline{p_i^2}}{2m} = \frac{k_{\mathrm{B}} T}{2} \tag{24.40}$$

Wenn der Massenkoeffizient $m = m(q)$ von den Koordinaten abhängt, erstreckt sich die Mittlung auf der linken Seite auch hierauf. Koordinatenabhängige Massenkoeffizienten erhält man zum Beispiel für Kugelkoordinaten $q = (r, \theta, \phi)$.

Damit erhalten wir folgende Aussage:

- *Jede Variable, die quadratisch in die Hamiltonfunktion eingeht, liefert einen Beitrag $k_\mathrm{B}T/2$ zur mittleren Energie.*

Dabei wird vorausgesetzt, daß der quadratische Term in H positiv ist. Die Bezeichnung 'Gleichverteilungssatz' wird sowohl für (24.38) wie auch für diese speziellere Aussage verwendet. Wir diskutieren im folgenden einige Anwendungen des Gleichverteilungssatzes.

Einatomiges ideales Gas

Unter den allgemeinen Voraussetzungen, die zu Beginn von Kapitel 6 diskutiert wurden, ist der Hamiltonoperator des einatomigen idealen Gases durch

$$H = \sum_{\nu=1}^{N} \frac{\boldsymbol{p}_\nu^{\,2}}{2m} = \sum_{k=1}^{3N} \frac{p_k^2}{2m} \tag{24.41}$$

gegeben. Aus dem Gleichverteilungssatz folgt hierfür

$$\overline{H} = \frac{3}{2} N k_\mathrm{B} T = E(T) \tag{24.42}$$

Dies ist die kalorische Zustandsgleichung des einatomigen idealen Gases.

Die verallgemeinerten Koordinaten q_k des Systems (24.41) sind die $3N$ kartesischen Koordinaten. Da H von ihnen unabhängig ist, gilt

$$\overline{q_k \frac{\partial H}{\partial q_k}} = 0 \quad \text{wegen} \quad \frac{\partial H}{\partial q_k} = 0 \tag{24.43}$$

Diese Koordinaten liefern also keinen Beitrag zur Energie $E = \overline{H}$. Dies steht nicht im Widerspruch zum rechten Teil von (24.38), weil die Voraussetzung (24.37) hierfür nicht erfüllt ist.

Die Randterme (24.37) könnten mit Hilfe eines Wandpotentials (24.16) genauer untersucht werden. Bei Folgerungen, die aus dem Gleichverteilungssatz gezogen werden, ist dem Beitrag des Wandpotentials besondere Aufmerksamkeit zu schenken. Für auftretende Paradoxa und ihre Auflösung sei auf einen Artikel von Thirring, Z. Physik 235 (1970) 339 verwiesen. Wir beschränken uns auf unproblematische Anwendungen.

Zweiatomiges ideales Gas

Wir betrachten ein ideales Gas aus zweiatomigen Molekülen. Dabei bedeutet 'ideal', daß die Wechselwirkung zwischen den Molekülen vernachlässigt wird. Die Hamiltonfunktion

$$H = \sum_{\nu=1}^{N} h(\nu) \tag{24.44}$$

ist dann eine Summe der Hamiltonfunktionen $h(\nu)$ der einzelnen Moleküle. In $h(\nu)$ steht ν für die Koordinaten und Impulse des ν-ten Moleküls. Die möglichen Bewegungsformen eines einzelnen Moleküls sind:

1. Translationen: Die Translation des Moleküls wird durch seine Schwerpunktkoordinaten x, y und z beschrieben. Der Trägheitsparameter ist die Gesamtmasse M des Moleküls.

2. Rotationen: Die Orientierung der Verbindungsachse wird durch die Winkel θ und ϕ (in ihrer üblichen Bedeutung) festgelegt. Diese Winkel sind verallgemeinerte Koordinaten, die die Rotation um die beiden zur Verbindungslinie senkrechten Achsen beschreiben. Das Trägheitsmoment bezüglich dieser Achsen sei Θ.

3. Vibrationen: Der Gleichgewichtsabstand der beiden Atome sei R_0. Auslenkungen aus der Gleichgewichtslage führen zu Schwingungen, die durch die Koordinaten $\xi(t) = R(t) - R_0$ beschrieben werden. Der Trägheitsparameter ist die reduzierte Masse μ. Für kleine Auslenkungen erwarten wir harmonische Schwingungen. Die Rückstellkraft bestimmt die Frequenz ω dieser Schwingung.

Wir nehmen an, daß sich das Trägheitsmoment bei den betrachteten Vibrationen nur wenig ändert, $\Theta \approx$ const.; damit vernachlässigen wir eine mögliche Rotations-Vibrationskopplung. Unter diesen Vereinfachungen lautet die Lagrangefunktion für ein einzelnes Molekül:

$$\mathcal{L} = \frac{m}{2}\left(\dot{x}^2 + \dot{y}^2 + \dot{z}^2\right) + \frac{\Theta}{2}\left(\sin^2\theta\,\dot{\phi}^2 + \dot{\theta}^2\right) + \frac{\mu}{2}\left(\dot{\xi}^2 - \omega^2\xi^2\right) \tag{24.45}$$

Daraus folgt die Hamiltonfunktion

$$h = \frac{1}{2m}\left(p_x^2 + p_y^2 + p_z^2\right) + \frac{1}{2\Theta}\left(\frac{p_\phi^2}{\sin^2\theta} + p_\theta^2\right) + \left(\frac{p_\xi^2}{2\mu} + \frac{\mu\,\omega^2\,\xi^2}{2}\right) \tag{24.46}$$

Alle Variablen $p_x, p_y, p_z, p_\phi, p_\theta, p_\xi$ und ξ treten quadratisch auf. Damit erhält jeder Term die mittlere Energie $k_{\rm B}T/2$, also

$$\overline{h} = \frac{7}{2}\,k_{\rm B}T\,, \qquad \overline{H} = N\,\overline{h} = \frac{7}{2}\,Nk_{\rm B}T = E(T) \tag{24.47}$$

Daraus folgt die spezifische Wärme pro Teilchen

$$c_V = \frac{7}{2}\, k_{\mathrm{B}} \qquad \text{(Klassisches zweiatomiges ideales Gas)} \qquad (24.48)$$

Reale zweiatomige Gase weichen hiervon mehr oder weniger stark ab. Dies liegt zum einen an der Wechselwirkung zwischen den Molekülen. Zum anderen sind die möglichen Rotations- und Vibrationsenergien quantisiert, sie können daher nur bei hinreichend hohen Temperaturen angeregt werden (Kapitel 27).

Brownsche Bewegung

Brownsche Teilchen sind unter dem Mikroskop sichtbare Partikel, die auf der Oberfläche einer Flüssigkeit schwimmen. Sie sind so klein, daß die statistischen Stöße der Flüssigkeitsteilchen zu einer sichtbaren, unregelmäßigen Bewegung führen, also zu einem zweidimensionalen random walk. Die Brownsche Bewegung ist eine direkte Evidenz für die Aussage, daß Wärme die ungeordnete Bewegung der Atome ist.

Das Brownsche Teilchen (Masse m) kann durch ein kanonisches Ensemble mit der Temperatur T beschrieben werden. Die Oberfläche der Flüssigkeit sei die x-y-Ebene. Nach dem Gleichverteilungssatz hat das Brownsche Teilchen dann die mittlere kinetische Energie

$$\frac{m}{2}\,\overline{v^2} = \frac{m}{2}\,\left(\overline{v_x^2} + \overline{v_y^2}\right) = k_{\mathrm{B}} T \qquad (24.49)$$

Die ersten Beobachtungen der Brownschen Bewegung wurden von Leuwenhock 1673 und Brown 1828 berichtet. Frühere Deutungsversuche erklärten die Brownsche Bewegung durch Tiere, Lichteinwirkung und Temperaturströmungen.

Übung

Gegeben sei ein System von N unabhängigen, unterscheidbaren Teilchen, die sich in zwei Energiezuständen $\varepsilon_1 = 0$ und $\varepsilon_2 = \varepsilon > 0$ befinden können.

Wie groß ist bei gegebener Temperatur die mittlere Teilchenzahl im oberen Niveau ε? Skizzieren Sie die spezifische Wärme $\partial E/\partial T$ für dieses System.

Übung

Geben Sie die Wahrscheinlichkeitsverteilung für die x-Komponente der Geschwindigkeit eines freien Teilchens an. Skizzieren Sie diese Verteilung und vergleichen Sie dies mit Abbildung 24.1.

Berechnen Sie den Mittelwert $\overline{v_x^2}$ und bestimmen Sie daraus $\overline{\boldsymbol{v}^2}$.

Übung

Zeigen Sie für die Maxwellverteilung

$$\overline{v} = \sqrt{\frac{8}{\pi}\,\frac{k_\mathrm{B}T}{m}} \qquad \text{und} \qquad \sqrt{\overline{v^2}} = \sqrt{\frac{3\,k_\mathrm{B}T}{m}} \tag{24.50}$$

Geben Sie die absoluten Werte für Luft unter Normalbedingungen an. Vergleichen Sie die Ergebnisse mit $v_{\mathbf{max}}$ aus (24.26).

Übung

Berechnen Sie die Schwankung ΔE der Energie für ein ideales klassisches Gas im kanonischen Ensemble. Verwenden Sie dazu die Zustandsdichte $\omega(E) \propto E^{3N/2}$ in

$$\sum_r \exp(-E_r/k_\mathrm{B}T) = \int_0^E dE\, \omega(E)\, \exp(-E/k_\mathrm{B}T)$$

und entwickeln Sie den Logarithmus des Integranden bis zur 2. Ordnung in $E - \overline{E}$.

Kapitel 25

Einatomiges ideales Gas

Am Beispiel des idealen einatomigen Gases zeigen wir, daß für ein makroskopisches System jedes der eingeführten statistischen Ensembles zu denselben thermodynamischen Relationen führt.

In Teil II spielte die mikrokanonische Zustandssumme die zentrale Rolle, da sie für ein abgeschlossenes System gilt, und da sie sich bei der mathematischen Formulierung des grundlegenden Postulats ergibt. Das mikrokanonische Ensemble mit P_r = const. für alle zugänglichen Zustände ist auch begrifflich besonders einfach. Demgegenüber sind die $P_r = \exp(-\beta E_r)/Z$ des kanonischen Ensembles nicht unmittelbar einsichtig, auch wenn sie in wenigen Schritten (22.5)–(22.9) aus dem grundlegenden Postulat folgen. Die praktische Auswertung ist aber für das kanonische oder großkanonische Ensemble einfacher; daher werden sie für spezielle Systeme (Teil V) verwendet.

Der Hamiltonoperator des idealen einatomigen Gases aus N Teilchen wurde in (6.2) angegeben. Wir gehen von der zugehörigen Hamiltonfunktion aus:

$$H = \sum_{\nu=1}^{N} \left(-\frac{\boldsymbol{p}_\nu^{\,2}}{2m} + U(\boldsymbol{r}_\nu) \right) = \sum_{\nu=1}^{N} h(\nu) \qquad (25.1)$$

Dabei ist $U(\boldsymbol{r})$ das Wandpotential (24.16). Im Argument von h steht ν für $\boldsymbol{r}_\nu$ und $\boldsymbol{p}_\nu$.

Für alle realen Gase können quantenmechanische Effekte vernachlässigt werden, siehe (6.8)–(6.10) und Kapitel 30. Wir beschränken uns daher auf die klassische Auswertung der Zustandssummen. Die klassischen Mikrozustände des idealen Gases sind durch

$$r = (\boldsymbol{r}_1, ..., \boldsymbol{r}_N, \boldsymbol{p}_1, ..., \boldsymbol{p}_N) = (x_1, ... x_{3N}, p_1, ..., p_{3N}) \qquad (25.2)$$

gegeben. Wir bezeichnen die kartesischen Koordinaten mit x_k und die zugehörigen Impulse mit p_k. Die Energie des Zustands r ist

$$E_r = H(x,p) = \sum_{\nu=1}^{N} \frac{\boldsymbol{p}_\nu^{\,2}}{2m} = \sum_{i=1}^{3N} \frac{p_k^{\,2}}{2m} \tag{25.3}$$

Für die Summation über r gehen wir von (24.7) aus. Dabei ergibt jede Ortsintegration einen Faktor V. Für Z und Y folgt dies aus (24.17), für Ω aus der Bedingung, daß über alle zugänglichen Zustände zu summieren ist. Außerdem berücksichtigen wir durch einen Faktor $1/N!$, daß durch Vertauschung der Orte und Impulse beliebiger Teilchen in (25.2) kein neuer Zustand entsteht. Für das ideale Gas aus N ununterscheidbaren Teilchen wird (24.7) daher zu

$$\sum_r \ldots = \frac{1}{N!}\,\frac{V^N}{(2\pi\hbar)^{3N}} \int dp_1 \ldots \int dp_{3N} \;\ldots \tag{25.4}$$

Die Zustandssummen für das ideale Gas erhalten wir, wenn wir (25.3) und (25.4) in die Definitionen (23.4)–(23.6) einsetzen.

Wir beginnen mit der mikrokanonischen Zustandssumme:

$$\begin{aligned}\Omega(E,V,N) &= \sum_{r:\,E-\delta E\,\le\, E_r\,\le\, E} 1 = \frac{1}{N!}\,\frac{V^N}{(2\pi\hbar)^{3N}} \underbrace{\int dp_1 \;\ldots \int dp_{3N}}_{E-\delta E\,\le\,\sum_i p_i^{\,2}/2m\,\le\, E} \;1 = \\ &\overset{(6.20)}{=} c^N \left(\frac{V}{N}\right)^N \left(\frac{E}{N}\right)^{3N/2}\end{aligned} \tag{25.5}$$

Die Details der Rechnung wurden in Kapitel 6 angegeben. Die Größe c enthält numerische Konstanten und den Faktor $1/\hbar^3$.

Wir berechnen nun die kanonische Zustandssumme. Für eine Hamiltonfunktion der Form $H = \sum_\nu h(\nu)$ gilt

$$\begin{aligned}Z(T,V,N) &= \frac{1}{N!}\sum_{r_1} \ldots \sum_{r_N} \exp\big(-\beta\,[h(1) + \ldots + h(N)]\big) \\ &= \frac{1}{N!}\prod_{\nu=1}^{N}\sum_{r_\nu} \exp[-\beta\, h(\nu)] = \frac{1}{N!}\,\big[z(T,V)\big]^N\end{aligned} \tag{25.6}$$

Dabei steht $r_\nu = (\boldsymbol{r}_\nu, \boldsymbol{p}_\nu)$ für die Orte und Impulse des ν-ten Teilchens, und z bezeichnet die Zustandssumme eines einzelnen Teilchens. Gleichung (25.6) gilt auch für einen Hamilton*operator* der Form $H = \sum_\nu h(\nu)$. Die Reduktion von Z auf z läßt sich noch etwas allgemeiner formulieren: Immer wenn Teilsysteme voneinander unabhängig sind, reduziert sich die Zustandssumme des

Gesamtsystems auf die Zustandssummen der Teilsysteme. Der Faktor $1/N!$ ist einzufügen, wenn es sich um identische Systeme oder Teilchen handelt.

In (24.19) wurde die klassische Zustandssumme für ein Teilchen bereits berechnet, $z = V/\lambda^3$. Daraus erhalten wir für N Teilchen

$$Z(T,V,N) = \frac{[z(T,V)]^N}{N!} = \frac{1}{N!}\,\frac{V^N}{\lambda^{3N}} \tag{25.7}$$

mit der thermischen Wellenlänge

$$\lambda = \frac{2\pi\hbar}{\sqrt{2\pi m\, k_{\rm B} T}} \tag{25.8}$$

Für die großkanonische Zustandssumme erhalten wir

$$Y(T,V,\mu) \overset{(22.30)}{=} \sum_{N=0}^{\infty} Z(T,V,N)\,\exp(\beta\mu N) = \sum_{N=0}^{\infty} \frac{1}{N!}\,\frac{V^N}{\lambda^{3N}}\ \exp(\beta\mu N) \tag{25.9}$$

Wir setzen $y = (V/\lambda^3)\exp(\beta\mu)$ und summieren die Reihe auf:

$$Y(T,V,\mu) = \sum_{N=0}^{\infty} \frac{y^N}{N!} = \exp(y) = \exp\left(\frac{V\exp(\beta\mu)}{\lambda^3}\right) \tag{25.10}$$

Wir stellen die Logarithmen aller Zustandssummen zusammen:

$$\ln\Omega(E,V,N) \;=\; N\ln\left(\frac{V}{N}\right) + \frac{3N}{2}\ln\left(\frac{E}{N}\right) + N\ln c \tag{25.11}$$

$$\ln Z(T,V,N) \;=\; N\ln\left(\frac{V}{N\,\lambda^3}\right) + N \tag{25.12}$$

$$\ln Y(T,V,\mu) \;=\; \frac{V}{\lambda^3}\,\exp(\beta\mu) \tag{25.13}$$

Jeder dieser Logarithmen ist mit einem thermodynamischen Potential oder mit $S(E,V,N)$ verknüpft. Wie in Kapitel 17 gezeigt wurde, ergeben sich daraus alle gewünschten thermodynamischen Größen und Beziehungen. Wir geben im Überblick an, wie man standardmäßig die Zustandsgleichungen $P = P(T,V,N)$ und $E = E(T,V,N)$ erhält:

1. Die mikrokanonische Zustandssumme ergibt die Entropie $S(E,V,N) = k_{\rm B}\ln\Omega$. Die partielle Ableitung von S nach E führt zu $T = T(E,V,N)$, was nach $E = E(T,V,N)$ aufgelöst werden kann. Die partielle Ableitung nach V ergibt $P = P(E,V,N)$, worin $E = E(T,V,N)$ eingesetzt wird.

Ensemble	mikrokanonisch	kanonisch	großkanonisch
Umgebung des Systems	Abgeschlossenes System	Kontakt mit Wärmebad	Kontakt mit Wärme- und Teilchenreservoir
Zustandssumme	$\Omega(E,V,N)$	$Z(T,V,N)$	$Y(T,V,\mu)$
Zugeordnete Größe	$S(E,V,N) = k_{\rm B}\ln\Omega$	$F(T,V,N) = -k_{\rm B}T\ln Z$	$J(T,V,\mu) = -k_{\rm B}T\ln Y$
Kalorische Zustandsgleichung $E(T,V,N)$ aus:	$\frac{1}{T} = \frac{\partial S}{\partial E}$	$E = -\frac{\partial \ln Z}{\partial \beta}$	$E(T,V,\mu) = -\frac{\partial \ln Y}{\partial \beta} + \mu N$
Thermische Zustandsgleichung $P(T,V,N)$ aus:	$\frac{P}{T} = \frac{\partial S}{\partial V}$ und $E(T,V,N)$	$P = -\frac{\partial F}{\partial V}$	$P(T,V,\mu) = -J/V$ $N(T,V,\mu) = -\frac{\partial J}{\partial \mu}$

Tabelle 25.1: Jedes statistische Ensemble entspricht bestimmten physikalischen Randbedingungen. Aus den Energiewerten E_r der Mikrozustände wird die jeweilige Zustandssumme berechnet. Jede Zustandssumme ist einem thermodynamischen Potential oder $S(E,V,N)$ zugeordnet. In den unteren beiden Zeilen ist angegeben, wie man daraus die thermische und kalorische Zustandsgleichung erhält. Dabei ist für das großkanonische Ensemble $N(T,V,\mu)$ nach $\mu = \mu(T,V,N)$ aufzulösen und in E und P einzusetzen.

2. Die kanonische Zustandssumme ergibt die freie Energie $F(T,V,N) = -k_B T \ln Z$. Die partiellen Ableitungen von F nach T und V führen zu $S = S(T,V,N)$ und $P = P(T,V,N)$. Daraus erhält man auch $E(T,V,N) = F + TS$.

3. Die großkanonische Zustandssumme ergibt das Potential $J(T,V,\mu) = -k_B \ln Y$. Die partiellen Ableitungen von J nach T, V und μ führen zu $S = S(T,V,\mu)$, $P = P(T,V,\mu)$ und $N = N(T,V,\mu)$. Man löst die letzte Beziehung nach $\mu = \mu(T,V,N)$ auf und setzt sie in die anderen beiden ein; dies ergibt $S(T,V,N)$ und $P(T,V,N)$, und damit auch die Energie $E(T,V,N) = J + TS + \mu N$.

In der Tabelle 25.1 sind die Zustandssummen und die Ableitung der kalorischen und der thermischen Zustandsgleichung noch einmal im Überblick dargestellt. Dabei sind zum Teil etwas direktere Wege zu den gesuchten Größen angegeben; diese ergeben sich aus den in Kapitel 23 bestimmten partiellen Ableitungen der Logarithmen der Zustandssummen Z und Y.

Der aufgezeigte Standardweg und die Tabelle beziehen sich auf beliebige Systeme. Für das ideale Gas leiten wir jetzt konkret $PV = Nk_B T$ und $E = 3Nk_B T/2$ aus jeder der drei Zustandssummen ab.

Aus der mikrokanonischen Zustandssumme (25.11) erhalten wir:

$$P \overset{(11.19)}{=} \frac{1}{\beta}\frac{\partial \ln \Omega}{\partial V} = \frac{Nk_B T}{V} \tag{25.14}$$

$$\frac{1}{k_B T} \overset{(11.19)}{=} \frac{\partial \ln \Omega}{\partial E} = \frac{3}{2}\frac{N}{E} \tag{25.15}$$

Aus der kanonischen Zustandssumme (25.12) erhalten wir:

$$P \overset{(23.16)}{=} \frac{1}{\beta}\frac{\partial \ln Z}{\partial V} = \frac{Nk_B T}{V} \tag{25.16}$$

$$E \overset{(23.15)}{=} -\frac{\partial \ln Z}{\partial \beta} = N\,\frac{\partial \ln \lambda^3}{\partial \beta} = \frac{3N}{2}\,\frac{\partial \ln \beta}{\partial \beta} = \frac{3}{2}\,Nk_B T \tag{25.17}$$

Dabei haben wir $\lambda = \text{const.} \cdot \beta^{1/2}$ benutzt.

Aus der großkanonischen Zustandssumme (25.13) erhalten wir:

$$N \overset{(23.30)}{=} \frac{1}{\beta}\,\frac{\partial \ln Y(\beta, V\mu)}{\partial \mu} = \frac{V}{\lambda^3}\,\exp(\beta\mu) = \ln Y \tag{25.18}$$

$$P \overset{(23.29)}{=} \frac{1}{\beta}\frac{\partial \ln Y}{\partial V} = k_B T\,\underbrace{\frac{\exp(\beta\mu)}{\lambda^3}}_{=N/V} = \frac{Nk_B T}{V} \tag{25.19}$$

$$E \overset{(23.28)}{=} -\frac{\partial \ln Y}{\partial \beta} + \mu N = -\frac{\partial}{\partial \beta}\left(\frac{V}{\lambda^3}\exp(\beta\mu)\right) + \mu N =$$

$$= \frac{3}{2\beta}\underbrace{\frac{V}{\lambda^3}\exp(\beta\mu)}_{=N} - \mu\underbrace{\frac{V}{\lambda^3}\exp(\beta\mu)}_{=N} + \mu N = \frac{3}{2}\, N k_\mathrm{B} T \qquad (25.20)$$

In den letzten beiden Gleichungen wurde μ mit Hilfe von (25.18) eliminiert.

In diesem Kapitel wurde für das ideale einatomige Gas demonstriert, daß jede Zustandssumme zu derselben thermischen und kalorischen Zustandsgleichung führt. Dies gilt für beliebige makroskopische Systeme. Die Gründe dafür ergeben sich aus der Diskussion in Kapitel 22: Wird zum Beispiel die Temperatur anstelle der Energie vorgegeben, so führt dies zu Fluktuationen der Energie. Diese Fluktuationen sind aber für makroskopische Systeme so klein, daß sie im Rahmen der Thermodynamik vernachlässigt werden können. Dies gilt entsprechend für alle anderen makroskopischen Größen.

Zur Ableitung der thermodynamischen Relationen sind die verschiedenen Zustandssummen also gleichwertig. Daher benutzen wir im folgenden Teil V jeweils die Zustandssumme, deren Auswertung besonders einfach ist.

Übung

Ein ideales einatomiges Gas im Volumen V hat bei vorgegebener Temperatur T die freie Energie $F(T, V, N)$. Durch seitliches Einschieben einer Zwischenwand werde das System in zwei Untersysteme mit den Volumina $V_\mathrm{A} = V_\mathrm{B} = V/2$ geteilt.

Zeigen Sie, daß die Zustandssumme Z aus (25.7) zu $F = F_\mathrm{A} + F_\mathrm{B}$ führt. Lassen Sie nun den Faktor $1/N!$ in (25.7) weg. Zeigen Sie, daß das Einschieben der Wand dann zu $F \neq F_\mathrm{A} + F_\mathrm{B}$ führt, also zu $\Delta F \neq 0$.

Das Ergebnis $\Delta F \neq 0$ steht im Widerspruch zur Thermodynamik und wird *Gibbssches Paradoxon* genannt. Der Widerspruch ergibt sich folgendermaßen: Für den Prozeß der Unterteilung gilt $đQ = đW = 0$, also $\Delta E = 0$; außerdem ist der Prozeß reversibel, also $\Delta S = 0$. Hieraus folgt $\Delta F = \Delta E - T\,\Delta S = 0$. Dieser Widerspruch führte zur Einführung des Faktors $1/N!$ vor seiner Begründung durch die Quantenmechanik.

Teil V

Spezielle Systeme

Kapitel 26

Ideales Spinsystem

Im hier beginnenden Teil V werten wir die kanonische oder die großkanonische Zustandssumme für eine Reihe von wichtigen Modellsystemen aus. In der Diskussion wird der Bezug zu realen Systemen und beobachtbaren physikalischen Effekten hergestellt.

In diesem Kapitel untersuchen wir ein ideales System aus N Spin–1/2 Teilchen. 'Ideal' bedeutet, daß keine Wechselwirkungen zwischen den Spins berücksichtigt werden; alle Spins können sich unabhängig voneinander im äußeren Magnetfeld einstellen. Dieses Modell erklärt die Temperaturabhängigkeit des Paramagnetismus.

Massive Teilchen mit Spin haben ein magnetisches Moment $\boldsymbol{\mu}$, das parallel zum Spinvektor $\hbar \boldsymbol{s}$ ist. Für Elektronen ist dieses magnetische Moment gleich

$$\boldsymbol{\mu} = 2\mu_{\rm B}\, \boldsymbol{s}\,, \qquad \mu_{\rm B} = \frac{e\hbar}{2m_{\rm e}c} \tag{26.1}$$

Dabei ist $\mu_{\rm B}$ das Bohrsche Magneton, e die Ladung und $m_{\rm e}$ die Masse des Elektrons. In einem äußeren Magnetfeld mit der magnetischen Induktion $\boldsymbol{B} = B\boldsymbol{e}_z$ ist die Energie eines magnetischen Moments gleich $\varepsilon = -\boldsymbol{\mu B} = -\mu_z B$. In Bezug auf eine bestimmte Richtung, wie die von $\boldsymbol{B}$, kann die Projektion des Spins die Werte $s_z = \pm 1/2$ annehmen. Daher hat ein Elektron die möglichen Energiewerte

$$\varepsilon = -\boldsymbol{\mu B} = -2\mu_{\rm B} B s_z = \mp \mu_{\rm B} B \tag{26.2}$$

Wir betrachten im folgenden nur die Spinfreiheitsgrade eines Systems aus N Elektronen; andere Freiheitsgrade werden nicht berücksichtigt. Dieses Spinsystem kann dann als Modell für die magnetischen Eigenschaften eines Kristalls dienen, in dem jedes Atom ein ungepaartes Elektron mit verschwindendem Bahndrehimpuls hat.

Der Mikrozustand des Spinsystems aus N Teilchen ist durch

$$r = (s_{z,1},\, s_{z,2},\, \ldots,\, s_{z,N}) \qquad (s_{z,\nu} = \pm 1/2) \tag{26.3}$$

definiert; der Index $\nu = 1, ..., N$ zählt die Teilchen ab. Für ein ideales Spinsystem, also ein System ohne Wechselwirkungen zwischen den Spins, ist die Energie die Summe der Einteilchenenergien (26.2),

$$E_r(B,N) = \sum_{\nu=1}^{N} \varepsilon_\nu = -\sum_{\nu=1}^{N} 2\mu_\mathrm{B}\, B\, s_{z,\nu} \tag{26.4}$$

Wir werten die Zustandssumme aus:

$$\begin{aligned} Z(T,B,N) &= \sum_r \exp\big(-\beta E_r(B,N)\big) = \\ &= \sum_{s_{z,1}=\pm 1/2} \ldots \sum_{s_{z,N}=\pm 1/2} \exp(-\beta\varepsilon_1)\cdot\,\ldots\,\cdot\exp(-\beta\varepsilon_N) = \\ &= \left(\sum_{s_z=\pm 1/2} \exp\big(2\beta\mu_\mathrm{B} B\, s_z\big)\right)^N = \big[z(T,B)\big]^N \end{aligned} \tag{26.5}$$

Hier ist $z(T,B)$ die Zustandssumme eines Einzelspins,

$$z(T,B) = \sum_{s_z=\pm 1/2} \exp\big(2\beta\mu_\mathrm{B} B\, s_z\big) = \exp\left(\frac{\mu_\mathrm{B} B}{k_\mathrm{B} T}\right) + \exp\left(-\frac{\mu_\mathrm{B} B}{k_\mathrm{B} T}\right) \tag{26.6}$$

Die Spins stellen sich unabhängig voneinander im äußeren Feld ein. Im kanonischen Ensemble für einen Einzelspin kommen die Einstellungen parallel (+) oder antiparallel (−) zum Magnetfeld mit den Wahrscheinlichkeiten $P_\pm$ vor,

$$P_\pm = \frac{1}{z}\, \exp\left(\pm\frac{\mu_\mathrm{B} B}{k_\mathrm{B} T}\right) \tag{26.7}$$

Das mittlere magnetische Moment $\overline{\mu}$ eines Spins ist dann

$$\overline{\mu} = 2\mu_\mathrm{B}\, \overline{s_z} = \mu_\mathrm{B}\big(P_+ - P_-\big) \tag{26.8}$$

Zu jedem äußeren Parameter x_i gehört gemäß (8.3) eine äußere Kraft X_i. Die äußeren Parameter sind die makroskopischen Parameter, von denen die Energiewerte E_r abhängen, also B und N in (26.4), und eventuell noch V. Für das Spinsystem betrachten wir N und V als Konstanten; diese Größen führen wir daher im folgenden in den Argumenten nicht an. Uns interessiert die zu B gehörige verallgemeinerte Kraft X_B,

$$X_B \overset{(8.3)}{=} -\overline{\frac{\partial E_r}{\partial B}} = \overline{\sum_{\nu=1}^{N} 2\mu_\mathrm{B}\, s_{z,\nu}} = N\,\overline{\mu} = VM \tag{26.9}$$

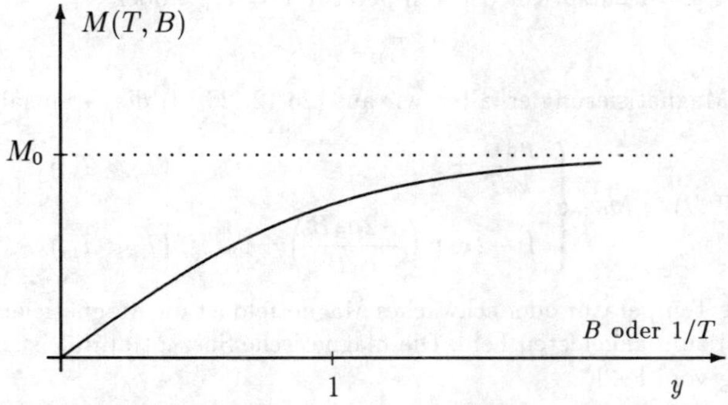

Abbildung 26.1: Die Magnetisierung $M = M_0 \tanh(y)$ ist als Funktion von $y = \mu_{\mathrm{B}} B / k_{\mathrm{B}} T$ skizziert. Dies zeigt die Abhängigkeit vom Magnetfeld B bei fester Temperatur, oder die von $1/T$ bei konstantem Magnetfeld.

Dies ist gleich dem mittleren *magnetischen Moment* $N\overline{\mu}$ des Spinsystems. Die Fluktuationen des magnetischen Moments um den Mittelwert sind von der relativen Größe $\mathcal{O}(N^{-1/2})$; daher wird $N\overline{\mu}$ auch einfach als magnetisches Moment bezeichnet. Bezogen auf das Volumen ergibt sich die *Magnetisierung*,

$$M = \frac{N\,\overline{\mu}}{V} = n\,\overline{\mu} = \frac{\text{magnetisches Moment}}{\text{Volumen}} \tag{26.10}$$

Dabei ist $n = N/V$ die Teilchendichte. Gemäß (8.5) führt jeder äußere Parameter x_i zu einem Zusatzterm im Differential der thermodynamischen Energie, $dE = \ldots - X_i\, dx_i$. Im vorliegenden Fall ergibt sich daher

$$dE = -S\, dT - V M\, dB \tag{26.11}$$

für die Energie $E = E(T, B)$.
Wir schreiben $M = M(T, B) = N\overline{\mu}$ mit (26.6) – (26.8) explizit an:

$$M(T, B) = n\,\mu_{\mathrm{B}}\, \frac{\exp(\beta\mu_{\mathrm{B}}B) - \exp(-\beta\mu_{\mathrm{B}}B)}{\exp(\beta\mu_{\mathrm{B}}B) + \exp(-\beta\mu_{\mathrm{B}}B)} = M_0 \tanh\left(\frac{\mu_{\mathrm{B}}B}{k_{\mathrm{B}}T}\right) \tag{26.12}$$

Dabei ist $M_0 = n\,\mu_{\mathrm{B}}$ die maximale Magnetisierung. In Abbildung 26.1 ist die Abhängigkeit der Magnetisierung $M = M_0 \tanh(y)$ von der dimensionslosen Größe $y = \beta\mu_{\mathrm{B}}B$ skizziert. Wir entwickeln den tangens hyperbolicus für große und für kleine y:

$$\tanh(y) = \begin{cases} y - y^3/3 \pm \ldots & (y \ll 1) \\ 1 - 2\exp(-2y) \pm \ldots & (y \gg 1) \end{cases} \tag{26.13}$$

Der Wert $y = 1$ entspricht der Temperatur $T = T_{\text{m}}$, wobei

$$k_{\text{B}} T_{\text{m}} = \mu_{\text{B}} B \tag{26.14}$$

Für die Magnetisierung erhalten wir aus (26.12, 26.13) die Grenzfälle

$$M(T,B) = M_0 \cdot \begin{cases} \dfrac{\mu_{\text{B}} B}{k_{\text{B}} T} \pm \ldots & (T \gg T_{\text{m}}) \\[2ex] 1 - 2\exp\left(\dfrac{-2\mu_{\text{B}} B}{k_{\text{B}} T}\right) \pm \ldots & (T \ll T_{\text{m}}) \end{cases} \tag{26.15}$$

Für hohe Temperatur oder schwaches Magnetfeld ist die Magnetisierung proportional zum angelegten Feld. Die magnetische Suszeptibilität ist dann unabhängig vom Feld:

$$\chi_{\text{m}} = \frac{\partial M}{\partial B} = M_0 \, \frac{\mu_{\text{B}}}{k_{\text{B}} T} = \frac{\text{const.}}{T} \qquad (\text{Curiegesetz}, \ T \gg T_{\text{m}}) \tag{26.16}$$

Diese Temperaturabhängigkeit wird als *Curiegesetz* bezeichnet.

Die Abhängigkeit der Magnetisierung von T und B ist wie folgt zu verstehen. Das Magnetfeld ist bestrebt, die Spins auszurichten; die thermische Bewegung versucht, die Spins statistisch anzuregen. Diese qualitative Beschreibung können wir präzisieren, wenn wir von

$$F(T,B) = E - TS = -VBM - TS = \text{minimal} \tag{26.17}$$

ausgehen; dabei wurde (26.4), $E = \overline{E_r} = -N\overline{\mu}B = -VBM$, verwendet. Bei gegebenem B und T stellen sich M und S so ein, daß F minimal wird. Der erste Term versucht, M maximal zu machen (also die Spins auszurichten), der zweite Term versucht, S maximal zu machen (also die Spinzustände möglichst gleichmäßig zu besetzen). Die Stärke der ersten Tendenz nimmt mit B, die der zweiten mit T zu. Bei tiefer Temperatur gewinnt das Magnetfeld (die Ordnung), bei hoher Temperatur die Entropie (die Unordnung).

Das ideale Spinsystem ist ein einfaches Modell für den Paramagnetismus. Für alle Temperaturen und Magnetfelder erhalten wir $\chi_{\text{m}} > 0$. Wenn die Elektronen in den Atomen zum Gesamtspin null gekoppelt sind, tritt kein Paramagnetismus auf. Die Substanz ist dann diamagnetisch ($\chi_{\text{m}} < 0$). Der Diamagnetismus wird durch die durch B induzierten Ströme im Atom erklärt. Er ist an sich immer vorhanden, wird aber durch die stärkeren paramagnetischen Effekte (sofern vorhanden) überkompensiert.

In realen Systemen gibt es Wechselwirkungen zwischen benachbarten Spins. Das hier beschriebene Modell kann dann als Näherung für hohe Temperaturen angesehen werden (wenn $k_{\text{B}} T$ groß gegenüber der Wechselwirkungsenergie ist). In solchen Systemen kann es unterhalb einer bestimmten Übergangstemperatur zu einer spontanen Magnetisierung kommen, also zum Ferromagnetismus (Kapitel 36).

Übung

Zeigen Sie für $F = -k_{\mathrm{B}}T \ln Z$ mit $Z = Z(T, B, N)$ aus (26.5), daß

$$M = -\frac{1}{V}\,\frac{\partial F}{\partial B} \tag{26.18}$$

Übung

Berechnen Sie die Suszeptibilität $\chi_{\mathrm{m}} = \partial M/\partial B$ für (26.12). Skizzieren Sie $\chi_{\mathrm{m}}(T, B)$ als Funktion von T bei konstantem Magnetfeld.

Übung

Wiederholen Sie die Berechnung von $Z(T, B, N)$ und $M(T, B)$ für ein System aus N Teilchen, die den Spin 1 haben. Wird die z-Komponente eines solchen Spins gemessen, so findet man die Werte $s_z = 0, \pm 1$. Mit dem Spin sei ein magnetisches Moment vom Betrag μ_0 verbunden. Geben Sie die Grenzfälle (26.15) an.

Kapitel 27

Zweiatomiges ideales Gas

In diesem Kapitel untersuchen wir das zweiatomige ideale Gas. Die möglichen Bewegungsformen sind die Translationen, die Rotationen und die Vibrationen. Die Rotationen und die Vibrationen werden quantenmechanisch behandelt.

Hamiltonoperator

Ideal bedeutet, daß die Wechselwirkung zwischen den Gasmolekülen vernachlässigt wird. Der Hamiltonoperator ist daher eine Summe von unabhängigen Hamiltonoperatoren,

$$H = \sum_{\nu=1}^{N} h(\nu) \tag{27.1}$$

Dabei steht ν für alle Koordinaten und Impulsoperatoren des ν-ten Moleküls.

Das zweiatomige ideale Gas kann als Modell für Luft angesehen werden. Luft ist im wesentlichen ein Gemisch von zwei Gasen, sie besteht zu etwa 77% aus N_2– und zu 21% aus O_2–Molekülen.

Unter Normalbedingungen liegt die mittlere freie Weglänge in Luft bei 10^{-5} cm, und die mittlere Stoßzeit bei $2{\cdot}10^{-10}$ s. Insofern ist das Modell (27.1), das die Wechselwirkungen zwischen den Molekülen vernachlässigt, unrealistisch. In der *statistischen* Behandlung führen diese Vernachlässigungen aber nicht zwangsläufig zu falschen Resultaten. So kommt es für den Druck nur auf die mittlere Dichte und die mittlere Geschwindigkeit der Gasmoleküle an, nicht aber darauf, ob sich die Teilchen ohne Stöße durch das Gasvolumen bewegen können. Für die Energie kommt es in erster Linie auf die möglichen Anregungen (wie Rotationen, Vibrationen) an, nicht aber darauf, wie

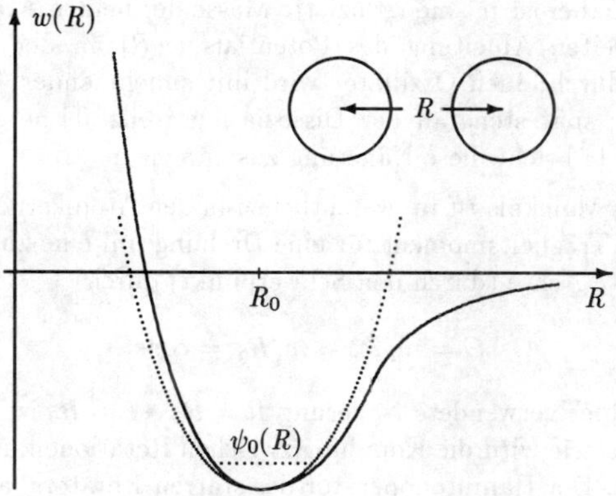

Abbildung 27.1: Schematische Darstellung der potentiellen Energie $w(R)$ von zwei Atomen im Abstand R. In der Nähe des Minimums bei R_0 kann das Potential durch einen Oszillator (gepunktete Kurve) angenähert werden. Der Grundzustand ψ_0 ist eine Nullpunktsschwingung um das Minimum herum. Anregungen des Moleküls sind Schwingungen (angeregte Zustände im skizzierten Oszillator) und Rotationen.

sie angeregt werden (etwa durch Stöße). Das ideale Gasmodell ist daher eine mögliche Näherung zur Berechnung der Energie und des Drucks. Dabei ist die vernachlässigte Wechselwirkung umso weniger wichtig, je verdünnter das Gas ist (Kapitel 28).

Die klassische Hamiltonfunktion für das zweiatomige Gas wurde bereits in (24.46) angegeben. Die dort geführte Diskussion übertragen wir jetzt auf die quantenmechanische Behandlung. Zunächst enthält der Hamiltonoperator $h(\nu)$ einen Teil, der die Translation eines Moleküls beschreibt:

$$h_{\text{trans}} = -\frac{\hbar^2}{2M}\,\Delta = \frac{\boldsymbol{p}_{\text{op}}^2}{2M} \tag{27.2}$$

Dabei ist $\boldsymbol{p}_{\text{op}} = -i\hbar\nabla$ der Impulsoperator und M die Masse des Moleküls.

Wir kommen nun zu den inneren Freiheitsgraden des Moleküls. In Abbildung 27.1 ist das Potential zwischen den beiden Atomen im Molekül (zum Beispiel H_2 oder O_2) skizziert. Den Abstand der beiden Atomkerne bezeichnen wir mit $R = R_0 + \xi$; dabei ist R_0 der klassische Gleichgewichtsabstand. In der Nähe des Minimums nähern wir das Potential durch ein harmonisches Potential an. Dann werden die Vibrationen durch den Oszillatorhamiltonoperator

$$h_{\text{vib}} = -\frac{\hbar^2}{2m_{\text{r}}}\,\frac{d^2}{d\xi^2} + \frac{m_{\text{r}}}{2}\,\omega^2\,\xi^2 \tag{27.3}$$

beschrieben. Dabei ist m_r die reduzierte Masse der beiden Atome, und $m_\mathrm{r}\omega^2$ gleich der zweiten Ableitung des Potentials $w(R)$ an der Stelle R_0. Die Annäherung durch einen Oszillator wird mit zunehmender Anregungsenergie schlechter; spätestens an der Dissoziationsgrenze (Energienullpunkt in Abbildung 27.1) bricht diese Näherung zusammen.

Die Masse des Moleküls ist im wesentlichen in den Atomkernen konzentriert. Daher ist das Trägheitsmoment für eine Drehung um eine zur Verbindungslinie senkrechte Achse (durch den Schwerpunkt) durch

$$\Theta = m_\mathrm{r} R^2 \approx m_\mathrm{r} R_0^2 = \text{const.} \tag{27.4}$$

gegeben. Die hier verwendete Näherung $R = R_0 + \xi \approx R_0$ ist die des *starren Rotators*; durch sie wird die Kopplung zwischen Rotationen und Vibrationen vernachlässigt. Der Hamiltonoperator des starren Rotators lautet

$$h_\mathrm{rot} = \frac{\boldsymbol{l}_\mathrm{op}^2}{2\Theta} = -\frac{\hbar^2}{2\Theta}\left(\frac{1}{\sin\theta}\frac{\partial}{\partial\theta}\sin\theta\frac{\partial}{\partial\theta} + \frac{1}{\sin^2\theta}\frac{\partial^2}{\partial\phi^2}\right) \tag{27.5}$$

Dabei ist $\boldsymbol{l}_\mathrm{op}$ der Drehimpulsoperator; die Winkel θ und ϕ geben die Orientierung der Verbindungslinie der Atome an.

Eine Drehung mit der Verbindungslinie der Moleküle als Drehachse tritt nicht auf, weil die Gesamtwellenfunktion des Moleküls symmetrisch bezüglich einer solchen Drehung ist. Dann gibt es keinen quantenmechanischen Rotationszustand, denn der wäre als Überlagerung aus relativ zueinander gedrehten Wellenfunktionen zu konstruieren. Abgesehen davon wäre das Trägheitsmoment für eine solche Drehung von der Größe $\mathcal{O}(m_\mathrm{r}\,\mathrm{fm}^2)$, also einen Faktor $\mathcal{O}(10^{10})$ kleiner als der Wert $\mathcal{O}(m_\mathrm{r}\,\mathrm{\AA}^2)$ von (27.4). Dann liegt das niedrigste Rotationsniveau so hoch, daß es nicht angeregt werden kann.

Der Hamiltonoperator h eines Moleküls setzt sich aus den eingeführten unabhängigen Anteilen zusammen:

$$h = h_\mathrm{trans} + h_\mathrm{vib} + h_\mathrm{rot} \tag{27.6}$$

Die Eigenwerte von h sind

$$\varepsilon = \frac{\pi^2\hbar^2}{2ML^2}\left(n_x^2 + n_y^2 + n_z^2\right) + \hbar\omega\left(n + \frac{1}{2}\right) + \frac{\hbar^2\, l(l+1)}{2\Theta} \tag{27.7}$$

Dabei haben wir ein kubisches Volumen $V = L^3$ angenommen. Die Eigenfunktionen der Translation sind $\sin(\pi n_x x/L)$ für die x-Richtung und entsprechend für die y- und z-Richtung. Die Quantenzahlen n_x, n_y und n_z können die Werte $1, 2, \ldots$ annehmen. Die Eigenfunktionen des eindimensionalen Oszillators sind von der Form $H_n(\xi)\exp(-\alpha\xi^2)$, wobei die H_n Hermitesche

Polynome sind; sie sind durch die Quantenzahl $n = 0, 1, 2, ...$ festgelegt. Die Eigenfunktionen von $\boldsymbol{l}_{\rm op}^2$ sind die Kugelfunktionen $Y_{lm}(\theta, \phi)$; sie hängen von den Quantenzahlen $l = 0, 1, 2, ...$ und $m = -l, -l+1, ..., l$ ab. Der Zustand des ν-ten Moleküls wird damit durch

$$r_\nu = (n_x^\nu,\, n_y^\nu,\, n_z^\nu,\, n_\nu,\, l_\nu,\, m_\nu) \tag{27.8}$$

festgelegt, der Mikrozustand des Gases durch

$$r = (r_1, r_2, \ldots, r_N) \tag{27.9}$$

Die Energie dieses Zustands ist

$$E_r = \sum_{\nu=1}^{N} \varepsilon_{r_\nu} = E_{\rm trans} + E_{\rm vib} + E_{\rm rot} \tag{27.10}$$

wobei ε durch (27.7) gegeben ist.

Quanteneffekte

Folgende Quanteneffekte spielen eine Rolle:

1. Ununterscheidbarkeit der Moleküle: Wir berücksichtigen diesen Effekt durch einen Faktor $1/N!$ in der Zustandssumme

$$\sum_r \cdots \quad \Longrightarrow \quad \frac{1}{N!} \sum_r \cdots = \left(\frac{1}{N!} \sum_{\rm trans} \right) \sum_{\rm vib} \sum_{\rm rot} \cdots \tag{27.11}$$

   Dieser Faktor tritt bereits beim einatomigen idealen Gas (Kapitel 6 und 25) auf, also unabhängig von Vibrationen oder Rotationen. Wir schreiben diesen Faktor daher zur Zustandssumme der Translationen. Anschließend werten wir diese Zustandssumme klassisch aus.

   Die Ununterscheidbarkeit der Gasmoleküle impliziert eine bestimmte Austauschsymmetrie der Vielteilchenwellenfunktionen und damit Konsequenzen in der Abzählung der Zustände (Kapitel 29). Diese Effekte werden durch den Faktor $1/N!$ näherungsweise berücksichtigt. Die zusätzlichen Effekte der exakten quantenmechanischen Behandlung sind für gewöhnliche Gase ohne Bedeutung; sie werden in Kapitel 30 abgeschätzt.

2. Quantisierung der Energieniveaus: Da die mittlere Energie pro Freiheitsgrad von der Größe $k_{\rm B}T$ ist, spielt diese Quantisierung keine Rolle,

wenn die Energieabstände $\Delta\varepsilon$ für die Anregung des betrachteten Freiheitsgrads viel kleiner sind,

$$\Delta\varepsilon \ll k_{\rm B}T \qquad \text{(Klassischer Grenzfall)} \tag{27.12}$$

Der klassische Grenzfall ist für Translationen erfüllt. Für Rotationen und Vibrationen tritt dagegen auch der Fall $\Delta\varepsilon \gtrsim k_{\rm B}T$ auf. Dann muß das System quantenmechanisch behandelt werden.

3. Spezielle Symmetrieeffekte: Wenn das Molekül aus zwei gleichen Atomen besteht, kann die Austauschsymmetrie dieser Atome die möglichen Rotationszustände einschränken. Im letzten Abschnitt dieses Kapitels wird dieser Effekt für Wasserstoffmoleküle diskutiert; er führt zur Unterscheidung zwischen Ortho- und Parawasserstoff.

Die Vibrationszustände sind durch die Energie sind $\Delta\varepsilon_{\rm vib} = \hbar\omega$ getrennt, der unterste Energieabstand im Rotationsspektrum ist $\Delta\varepsilon_{\rm rot} = \hbar^2/\Theta$. Wir führen die zugehörigen Temperaturen ein,

$$\Delta\varepsilon_{\rm vib} = \hbar\omega = k_{\rm B}T_{\rm vib} \tag{27.13}$$

$$\Delta\varepsilon_{\rm rot} = \frac{\hbar^2}{\Theta} = k_{\rm B}T_{\rm rot} \tag{27.14}$$

Für Temperaturen $T \lesssim T_{\rm vib}$ oder $T \lesssim T_{\rm rot}$ muß das System quantenmechanisch behandelt werden.

Durch $\Delta\varepsilon_{\rm rot}$ ist der Energieabstand zwischen dem ersten angeregten Rotationszustand mit $l = 1$ und dem Grundzustand mit $l = 0$ gegeben. Wir schätzen $T_{\rm rot}$ für ein H_2-Molekül ab. Die reduzierte Masse ist $m_{\rm r} \approx m_{\rm p}/2$, wobei $m_{\rm p} \approx 1\ {\rm GeV}/c^2$ die Protonmasse ist. Für den Gleichgewichtsabstand setzen wir zweimal den Bohrschen Radius an, $R_0 \approx 2a_{\rm B} \approx 1.06$ Å. Mit dem Trägheitsmoment (27.4) erhalten wir

$$\Delta\varepsilon_{\rm rot} = \frac{\hbar^2}{\Theta} = \frac{2\hbar^2}{m_{\rm p}R_0^2} \approx \frac{2}{1.06^2}\left(\frac{\hbar c}{\text{Å}}\right)^2 \frac{1}{\rm GeV} \approx 85\ k_{\rm B}\,{\rm K} \qquad (\text{für } H_2) \tag{27.15}$$

Für die numerische Auswertung wurde $\hbar c/\text{Å} = (\hbar c/e^2)(e^2/\text{Å}) \approx 137\cdot 14.4$ eV und $300\ k_{\rm B}\,{\rm K} \approx {\rm eV}/40$ verwendet. Der Wert von $T_{\rm rot} \approx 85\,{\rm K}$ ist realistisch. Er liegt deutlich über der Temperatur von etwa 20 K, bei der Wasserstoffgas unter Normaldruck kondensiert.

Für Vibrationen ist

$$\Delta\varepsilon_{\rm vib} \approx \frac{\hbar^2}{m_{\rm r}\,\Delta\xi^2} \sim 10^3\ k_{\rm B}\,{\rm K} \qquad (\text{für } H_2) \tag{27.16}$$

Klassische Energie des Oszillators: $E = \frac{1}{2} m \omega^2 x^2$

wobei $\Delta\xi$ die Breite der quantenmechanischen Grundzustandswellenfunktion angibt (mit ψ_0 in Abbildung 27.1 angedeutet). Für eine numerische Abschätzung haben wir $\Delta\xi \sim 0.3\,R_0$ eingesetzt; daraus erhalten wir $T_{\text{vib}} \sim 10\,T_{\text{rot}}$.

Auswertung der Zustandssumme

Im betrachteten Modell sind die verschiedenen Bewegungsformen voneinander unabhängig. Der Hamiltonoperator ist daher eine Summe unabhängiger Hamiltonoperatoren, (27.1) mit (27.6). Damit zerfällt die kanonische Zustandssumme in die entsprechenden Anteile:

$$\begin{aligned} Z &= \frac{1}{N!}\sum_r \exp(-\beta E_r) = \frac{1}{N!}\sum_{\text{trans}}\sum_{\text{vib}}\sum_{\text{rot}} \exp[-\beta(E_{\text{trans}} + E_{\text{vib}} + E_{\text{rot}})] \\ &= \underbrace{\frac{1}{N!}\sum_{\text{trans}} \exp(-\beta E_{\text{trans}})}_{=\,Z_{\text{trans}}} \; \underbrace{\sum_{\text{vib}} \exp(-\beta E_{\text{vib}})}_{=\,Z_{\text{vib}}} \; \underbrace{\sum_{\text{rot}} \exp(-\beta E_{\text{rot}})}_{=\,Z_{\text{rot}}} \end{aligned} \tag{27.17}$$

Wegen

$$\ln Z(T,V,N) = \ln Z_{\text{trans}} + \ln Z_{\text{vib}} + \ln Z_{\text{rot}} \tag{27.18}$$

lassen sich die Beiträge zum Druck und zur Energie einzeln berechnen:

$$P(T,V,N) = k_{\text{B}}T\,\frac{\partial \ln Z(T,V,N)}{\partial V} = P_{\text{trans}} + P_{\text{vib}} + P_{\text{rot}} = P_{\text{trans}} \tag{27.19}$$

$$E(T,V,N) = -\frac{\partial \ln Z(T,V,N)}{\partial \beta} = E_{\text{trans}} + E_{\text{vib}} + E_{\text{rot}} \tag{27.20}$$

In (27.7) sind der zweite und dritte Term vom Volumen $V = L^3$ unabhängig; dies gilt dann auch für Z_{rot} und Z_{vib}. Daher ist $P_{\text{vib}} = P_{\text{rot}} = 0$.

Zur Notation ist anzumerken, daß $E_{\text{vib}}(n_1, ..., n_N)$ in (27.10) und (27.17) eine Funktion der Quantenzahlen ist, in (27.20) ist dagegen $E_{\text{vib}}(T,N)$ gemeint. Der Zusammenhang zwischen beiden Größen lautet

$$E_{\text{vib}}(T,N) = \overline{E_{\text{vib}}(n_1, ..., n_N)} = \overline{\sum_{\nu=1}^{N} \hbar\omega\left(n_\nu + \frac{1}{2}\right)} \tag{27.21}$$

Wie üblich lassen wir den Balken in der thermodynamischen Größe weg. Diese Notation gilt entsprechend für E_{trans} und E_{rot}.

Translationen

Die Translationen können unter Berücksichtigung des Faktors $1/N!$ klassisch behandelt werden; für gewöhnliche Gase sind die quantenmechanischen Korrekturen sehr klein (Kapitel 30).

Die Zustandssumme für Translationen übernehmen wir aus (25.7),

$$Z_{\text{trans}} = \frac{1}{N!}\,\frac{V^N}{\lambda^{3N}} \tag{27.22}$$

Daraus folgt

$$P = P_{\text{trans}} = k_{\text{B}}T\,\frac{\partial \ln Z_{\text{trans}}}{\partial V} = \frac{Nk_{\text{B}}T}{V} \tag{27.23}$$

Da die Rotationen und Vibrationen keinen Beitrag zum Druck liefern, ist die thermische Zustandsgleichung unabhängig von der Art der Moleküle des idealen Gases.

Für die kalorische Zustandsgleichung ergeben die Translationen den bekannten Beitrag

$$E_{\text{trans}} = -\frac{\partial \ln Z_{\text{trans}}}{\partial \beta} = \frac{3}{2}\,Nk_{\text{B}}T \tag{27.24}$$

In den folgenden Abschnitten berechnen wir die Beiträge $E_{\text{vib}}(T,N)$ und $E_{\text{rot}}(T,N)$ quantenmechanisch.

Vibrationen

Wir werten die Zustandssumme für die Vibrationen aus. Die Oszillatorquantenzahl n_ν des ν-ten Moleküls kann die Werte 0, 1, 2, … annehmen:

$$\begin{aligned} Z_{\text{vib}}(T,N) &= \sum_{n_1=0}^{\infty}\dots\sum_{n_N=0}^{\infty} \exp\big[-\beta\hbar\omega(n_1+1/2+\ldots+n_N+1/2)\big] = \\ &= \left(\sum_{n=0}^{\infty}\exp\big[-\beta\hbar\omega(n+1/2)\big]\right)^N = \big[z_{\text{vib}}(T)\big]^N \end{aligned} \tag{27.25}$$

Immer, wenn die Anregungen der einzelnen Moleküle voneinander unabhängig sind, ist die Zustandssumme das Produkt der einzelnen Zustandssummen. Diese Form gilt daher auch für die Rotationen.

Die Zustandssumme z_{vib} für die Schwingungen eines einzelnen Moleküls ist eine geometrische Reihe, die sich aufsummieren läßt:

$$z_{\text{vib}} = \sum_{n=0}^{\infty}\exp\big[-\beta\hbar\omega(n+1/2)\big] = \frac{\exp(-\beta\hbar\omega/2)}{1-\exp(-\beta\hbar\omega)} \tag{27.26}$$

Hieraus folgt

$$\ln z_{\text{vib}} = -\ln\left[1 - \exp(-\beta\hbar\omega)\right] - \beta\,\frac{\hbar\omega}{2} \tag{27.27}$$

und die mittlere Energie der Vibrationen

$$\begin{aligned} E_{\text{vib}}(T,N) &= -N\,\frac{\partial \ln z_{\text{vib}}}{\partial \beta} = N\hbar\omega\left(\frac{1}{\exp(\beta\hbar\omega)-1} + \frac{1}{2}\right) = \\ &= N\hbar\omega\left(\frac{1}{\exp(T_{\text{vib}}/T)-1} + \frac{1}{2}\right) \end{aligned} \tag{27.28}$$

Im letzten Ausdruck wurde die Temperatur $T_{\text{vib}} = \hbar\omega/k_{\text{B}}$ eingeführt. Der Vibrationsanteil der Wärmekapazität ist dann

$$C_{\text{vib}}(T,N) = \frac{dE_{\text{vib}}}{dT} = Nk_{\text{B}}\,\frac{T_{\text{vib}}^2}{T^2}\,\frac{\exp(T_{\text{vib}}/T)}{\left[\exp(T_{\text{vib}}/T)-1\right]^2} \tag{27.29}$$

Die Funktion $c_{\text{vib}}(T) = C_{\text{vib}}/N$ ist in Abbildung 27.2 skizziert. Da die Zustandssumme der Vibrationen nicht vom Volumen abhängt, trägt der Term C_{vib} gleichermaßen zu C_V und C_P bei; ein Index V oder P erübrigt sich daher.

Die thermodynamische Energie (27.28) kann nach (27.21) auch als

$$E_{\text{vib}}(T,N) = \overline{\sum_{\nu=1}^{N} \hbar\omega\left(n_\nu + \frac{1}{2}\right)} = N\hbar\omega\left(\overline{n} + \frac{1}{2}\right) \tag{27.30}$$

geschrieben werden. Hieraus können wir die mittlere Oszillatorquantenzahl eines Moleküls ablesen,

$$\overline{n} = \frac{1}{\exp(\beta\hbar\omega)-1} \approx \begin{cases} \exp\left(-\dfrac{\hbar\omega}{k_{\text{B}}T}\right) & \text{für } k_{\text{B}}T \ll \hbar\omega \\[2ex] \dfrac{k_{\text{B}}T}{\hbar\omega} & \text{für } k_{\text{B}}T \gg \hbar\omega \end{cases} \tag{27.31}$$

Für kleine Temperaturen ist die Anregungswahrscheinlichkeit der Oszillation exponentiell klein; damit wird auch C_{vib} exponentiell klein. Für große Temperaturen stellt sich $\overline{n}$ so ein, daß die mittlere Energie des Oszillators gerade $k_{\text{B}}T$ ist. Dies ist der klassische Grenzfall des Gleichverteilungssatzes; es führt zu $C_{\text{vib}} = Nk_{\text{B}}$.

Rotationen

Die Zustandssumme für die Rotationen reduziert sich ebenso wie in (27.25) auf die Zustandssummen der einzelnen Moleküle,

$$Z_{\text{rot}}(T,N) = \left[z_{\text{rot}}(T)\right]^N \tag{27.32}$$

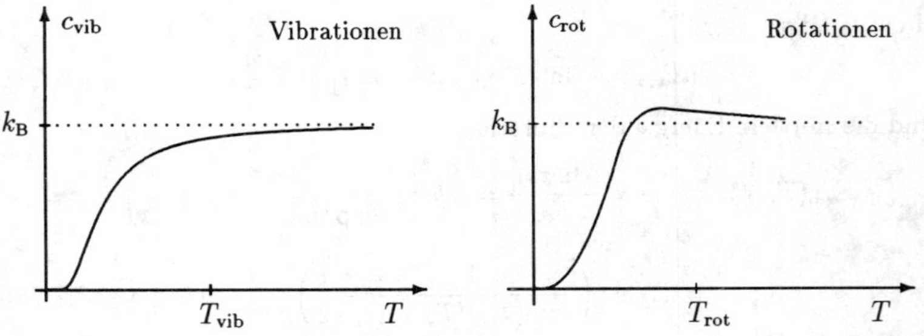

Abbildung 27.2: Temperaturabhängigkeit des Vibrations- und Rotationsanteils der spezifischen Wärme eines zweiatomigen Gases. Im allgemeinen ist $T_{\rm vib}$ deutlich größer als $T_{\rm rot}$. Im klassischen Grenzfall gilt $c_{\rm vib} = k_{\rm B}$ und $c_{\rm rot} = k_{\rm B}$.

Die Rotationszustände eines Moleküls sind nach (27.8) durch die Quantenzahlen l und m festgelegt; die zugehörige Energie ist der letzte Term in (27.7). Damit erhalten wir

$$z_{\rm rot} = \sum_{l=0}^{\infty} \sum_{m=-l}^{l} \exp\left(-\frac{\hbar^2\, l(l+1)}{2\,\Theta\, k_{\rm B} T}\right) = \sum_{l=0}^{\infty} (2l+1)\, \exp\left(-\frac{T_{\rm rot}\, l(l+1)}{2\,T}\right) \tag{27.33}$$

Dabei haben wir die Summe über m ausgeführt und die Temperatur $T_{\rm rot} = \hbar^2/(\Theta k_{\rm B})$ eingesetzt.

Wir betrachten zunächst tiefe Temperaturen, $T \ll T_{\rm rot}$. Dann tragen in (27.33) nur die ersten Terme bei

$$z_{\rm rot} = 1 + 3\, \exp\left(-\frac{T_{\rm rot}}{T}\right) + 5\, \exp\left(-\frac{3\,T_{\rm rot}}{T}\right) + \ldots \qquad (T \ll T_{\rm rot}) \tag{27.34}$$

Daraus folgt die Energie

$$\begin{aligned} E_{\rm rot}(T,N) &= -\frac{\partial \ln Z_{\rm rot}}{\partial \beta} = N\, \frac{\partial}{\partial \beta}\Big(1 + 3\, \exp(-\beta k_{\rm B} T_{\rm rot}) + \ldots\Big) = \\ &= 3 N k_{\rm B} T_{\rm rot}\, \exp\left(-\frac{T_{\rm rot}}{T}\right) + \ldots \qquad (T \ll T_{\rm rot}) \end{aligned} \tag{27.35}$$

und die Wärmekapazität

$$C_{\rm rot} = \frac{\partial E_{\rm rot}(T,N)}{\partial T} \approx 3 N k_{\rm B}\, \frac{T_{\rm rot}^2}{T^2}\, \exp\left(-\frac{T_{\rm rot}}{T}\right) \qquad (T \ll T_{\rm rot}) \tag{27.36}$$

Für hohe Temperaturen ersetzen wir die Summe (27.33) durch ein Integral und berechnen Korrekturen dazu mit der Eulerschen Summenformel,

$$\sum_{l=l_0}^{l_1} f(l) = \int_{l_0}^{l_1} dl\, f(l) + \frac{f(l_0)+f(l_1)}{2} - \frac{f'(l_0)-f'(l_1)}{12} + \frac{f'''(l_0)-f'''(l_1)}{720} \pm \ldots \tag{27.37}$$

Zur Herleitung der Eulerschen Summenformel sei auf Smirnov, Lehrgang der Höheren Mathematik, Band III/2, verwiesen. Mit

$$f(l) = (2l+1)\exp\left(-\frac{T_{\rm rot}\, l(l+1)}{2T}\right), \qquad l_0 = 0, \quad l_1 = \infty \tag{27.38}$$

wird (27.37) zu $z_{\rm rot}$. Wir berechnen sukzessive die Terme auf der rechten Seite von (27.37). Im ersten Term substituieren wir $x = l + 1/2$:

$$\begin{aligned} \int_{l_0}^{l_1} dl\, f(l) &= \int_0^\infty dl\, (2l+1)\exp\left(-\frac{l(l+1)\,T_{\rm rot}}{2T}\right) = \qquad (27.39)\\ &= 2\exp\left(\frac{T_{\rm rot}}{8T}\right)\int_{1/2}^\infty dx\, x\, \exp\left(-\frac{T_{\rm rot}}{2T}\, x^2\right) = \frac{2T}{T_{\rm rot}} \end{aligned}$$

Die nächsten Terme ergeben

$$\frac{f(l_0)+f(l_1)}{2} = \frac{f(0)}{2} = \frac{1}{2} \tag{27.40}$$

$$-\frac{f'(l_0)-f'(l_1)}{12} = -\frac{1}{12}\,\frac{df(l)}{dl}\bigg|_{l=0} = -\frac{1}{6} + \frac{T_{\rm rot}}{24\,T} \tag{27.41}$$

$$\frac{f'''(l_0)-f'''(l_1)}{720} = \frac{1}{720}\,\frac{d^3 f(l)}{dl^3}\bigg|_{l=0} = -\frac{T_{\rm rot}}{120\,T} + \mathcal{O}\left(\frac{T_{\rm rot}^{\,2}}{T^2}\right) \tag{27.42}$$

Daraus erhalten wir

$$z_{\rm rot} = \frac{2T}{T_{\rm rot}} + \frac{1}{3} + \frac{T_{\rm rot}}{30\,T} + \mathcal{O}\left(\frac{T_{\rm rot}^{\,2}}{T^2}\right) \qquad (T \gg T_{\rm rot}) \tag{27.43}$$

und

$$\begin{aligned} \ln Z_{\rm rot} &= N\ln z_{\rm rot} \approx N\,\ln\left(\frac{2T}{T_{\rm rot}}\left(1 + \frac{T_{\rm rot}}{6T} + \frac{T_{\rm rot}^{\,2}}{60\,T^2}\right)\right) = \\ &\approx N\,\ln\left(\frac{2T}{T_{\rm rot}}\right) + N\left(\frac{T_{\rm rot}}{6\,T} + \frac{T_{\rm rot}^{\,2}}{60\,T^2} - \frac{1}{2}\left(\frac{T_{\rm rot}}{6\,T}\right)^2\right) \qquad (27.44) \end{aligned}$$

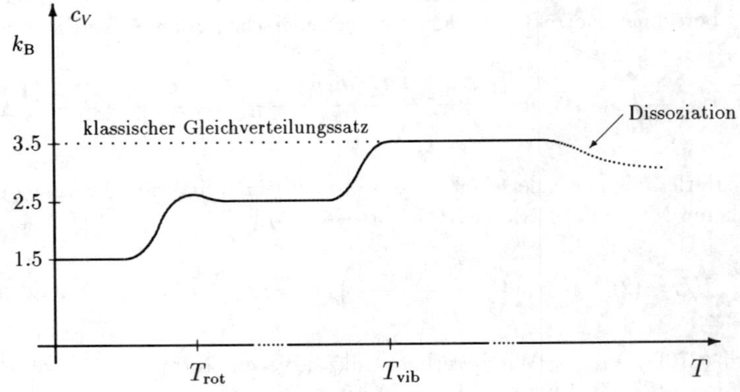

Abbildung 27.3: Temperaturabhängigkeit der spezifischen Wärme c_V eines zweiatomigen idealen Gases (schematisch).

Der Logarithmus des zweiten Faktors wurde bis zur Ordnung T_{rot}^2/T^2 entwickelt. Für die Energie erhalten wir daraus

$$E_{rot}(T,N) = -\frac{\partial \ln Z_{rot}}{\partial \beta} = k_B T^2\, \frac{\partial \ln Z_{rot}}{\partial T} \approx N k_B T \left(1 - \frac{T_{rot}}{6\,T} - \frac{T_{rot}^2}{180\,T^2}\right) \tag{27.45}$$

und für die Wärmekapazität

$$C_{rot} = \frac{\partial E_{rot}(T,N)}{\partial T} \approx N k_B \left(1 + \frac{T_{rot}^2}{180\,T^2}\right) \qquad (T \gg T_{rot}) \tag{27.46}$$

Da die Zustandssumme der Rotationen nicht vom Volumen abhängt, trägt der Term C_{rot} gleichermaßen zu C_V und C_P bei; ein Index V oder P erübrigt sich daher.

In Abbildung 27.2 ist $c_{rot}(T) = C_{rot}/N$ als Funktion der Temperatur skizziert. Für $T \gg T_{rot}$ gilt nach dem Gleichverteilungssatz $c_{rot} \approx k_B$. Nach (27.46) steigt c_{rot} bei Annäherung an T_{rot} zunächst etwas an, bevor es für $T < T_{rot}$ abfällt und schließlich für $T \to 0$ exponentiell verschwindet.

Für die gesamte spezifische Wärme c_V eines zweiatomigen idealen Gases ergibt sich das in Abbildung 27.3 skizzierte Verhalten. Die spezifische Wärme bei konstantem Druck ist $c_P = c_V + k_B$. Für hinreichend hohe Temperaturen dissoziieren die Moleküle in zwei Atome, von denen jedes den (Translations-) Beitrag $1.5\, k_B$ zu c_V ergibt.

Ortho- und Parawasserstoff

Die Moleküle des zweiatomigen Gases bestehen aus Elektronen, Protonen und Neutronen. Alle diese Teilchen sind Fermionen; die Wellenfunktion muß für jede Fermionensorte antisymmetrisch sein. Diese Symmetrieforderung kann die möglichen Werte des Rotationsdrehimpulses einschränken.

Wir behandeln diese Effekte am Beispiel des Wasserstoffgases, das aus H_2–Molekülen besteht. Dies ist zum einen das einfachste zweiatomige Molekül. Zum anderen liegt $T_{\rm rot}$ aus (27.15) deutlich über der Kondensationstemperatur.

Im Grundzustand des H_2-Moleküls haben beide Elektronen dieselbe Ortswellenfunktion; die Verteilung dieser Wellenfunktion über beide Atome führt zu einer Energieabsenkung und damit zur Bindung. Der Spin der beiden Elektronen ist zu $S_{\rm el} = 0$ gekoppelt. Damit ist ihre Gesamtwellenfunktion im Ort symmetrisch und im Spin antisymmetrisch, also insgesamt antisymmetrisch. Bei den zu diskutierenden Rotationen bleibt diese Struktur der Elektronen ungeändert.

Die Wellenfunktion der beiden Protonen (1 und 2) ist von der Form (siehe auch Kapitel 47 von [5]):

$$\Psi(1,2) = \psi_0(R)\, Y_{lm}(\theta,\phi)\, |SS_z\rangle \qquad (27.47)$$

Die Relativkoordinate $\boldsymbol{R} = \boldsymbol{R}_1 - \boldsymbol{R}_2$ wird durch R, θ und ϕ dargestellt. Die radiale Relativbewegung kann durch den Oszillatorgrundzustand $\psi_0(R) \propto \exp(-\gamma(R-R_0)^2)$ beschrieben werden; die Lage dieses Zustands ist in Abbildung 27.1 angedeutet. Vibrationen ($\psi_0 \to \psi_n$) lassen wir nicht zu; im Temperaturbereich $T \sim T_{\rm rot}$ werden sie im statistischen Mittel auch kaum angeregt. Die Wellenfunktion Y_{lm} beschreibt die Rotationen. Die beiden Protonenspins koppeln zum Zustand $|SS_z\rangle$.

Die Vertauschung der beiden Protonen durch den Operator P_{12} impliziert

$$\boldsymbol{R} \xrightarrow{P_{12}} -\boldsymbol{R}, \qquad \theta \xrightarrow{P_{12}} \pi - \theta, \qquad \phi \xrightarrow{P_{12}} \pi + \phi, \qquad |SS_z\rangle \xrightarrow{P_{12}} (-)^{S+1} |SS_z\rangle \qquad (27.48)$$

Dabei ist $\boldsymbol{R} = \boldsymbol{R}_1 - \boldsymbol{R}_2 := (R,\theta,\phi)$. Wegen $Y_{lm}(\pi-\theta, \phi+\pi) = (-)^l\, Y_{lm}(\theta,\phi)$ erhalten wir insgesamt

$$P_{12}\,\Psi(1,2) = P_{12}\,\psi_0\, Y_{lm}\, |SS_z\rangle = (-)^{l+S+1}\, \Psi(1,2) \stackrel{!}{=} -\Psi(1,2) \qquad (27.49)$$

Da die Protonen Fermionen sind, muß $\Psi(1,2)$ antisymmetrisch sein. Also muß $l+S$ gerade sein. Daher sind nur folgende Kombinationen der Quantenzahlen l und S möglich:

$$\begin{array}{lll} S=0: & l = 0, 2, 4, \ldots & \text{(Parawasserstoff)} \\ S=1: & l = 1, 3, 5, \ldots & \text{(Orthowasserstoff)} \end{array} \qquad (27.50)$$

Dieser Zusammenhang hat Auswirkungen auf den Beitrag der Rotationen zur spezifischen Wärme:

1. Für jeden ungeraden l-Wert gibt es drei Spinzustände, $S_z = 0, \pm 1$; für jeden geraden l-Wert gibt es nur einen Spinzustand. Daher erhalten die ungeraden l-Werte in der Zustandssumme das dreifache Gewicht.

2. Bei Temperaturen $T \gg T_{\rm rot}$ sind etwa gleich viele gerade und ungerade l-Werte zugänglich. Wegen der dreifachen Entartung der ungeraden Drehimpulszustände ist das Verhältnis von Ortho- zu Parawasserstoff dann 3 zu 1. Für $T \ll T_{\rm rot}$ wird überwiegend der Grundzustand ($l = 0$) besetzt. Bei $T = 0$ liegt daher im Gleichgewicht reiner Parawasserstoff vor.

3. Besondere (verblüffende) Effekte ergeben sich daraus, daß die Einstellung des zu einer bestimmten Temperatur gehörenden Verhältnisses sehr lange dauert; die Relaxationszeiten sind von der Größenordnung eines Jahres. Daher hängt die gemessene spezifische Wärme davon ab, bei welcher Temperatur die Probe zuvor gelagert wurde. Das System hat also eine Art Langzeitgedächtnis.

Der Einfluß der Spineinstellung beruht auf den Symmetriebedingungen für die Wellenfunktion des Moleküls. Die Spins liefern dagegen keinen wesentlichen direkten Beitrag zur Energie; die sehr kleine Wechselwirkung zwischen den mit dem Spin verbundenen magnetischen Dipolen ist von der Größe $\delta E \approx 10^{-6}\, k_{\rm B}{\rm K}$.

Wir geben die diskutierten Effekte noch quantitativ an. Dazu schreiben wir die Zustandssumme der Rotationen eines Moleküls im Parawasserstoff

$$z_{\rm para} = \sum_{l=0,2,4,\ldots} (2l+1) \exp\left(-\frac{l(l+1)\, T_{\rm rot}}{2T}\right) = 1 + 5\, \exp\left(-\frac{3\, T_{\rm rot}}{T}\right) + \ldots \tag{27.51}$$

und im Orthowasserstoff an,

$$z_{\rm ortho} = \sum_{l=1,3,5,\ldots} (2l+1) \exp\left(-\frac{l(l+1)\, T_{\rm rot}}{2T}\right) = 3\, \exp\left(-\frac{T_{\rm rot}}{T}\right) + \ldots \tag{27.52}$$

In dem Gleichgewicht, das sich nach hinreichend langer Zeit einstellt, ist die Zustandssumme der Rotationen eines Moleküls dann

$$z_{\rm rot} = \sum_{l=0}^{\infty} \sum_{m=-l}^{l} \sum_{S_z=-S}^{S} \exp\left(-\frac{l(l+1)\, T_{\rm rot}}{2T}\right) = 3\, z_{\rm ortho} + z_{\rm para} \tag{27.53}$$

Die Zustandssumme läuft über alle Quantenzahlen des Mikrozustands, in dem betrachteten Fall also auch über S_z.

Wir bestimmen das Verhältnis η von Ortho- zu Parazuständen im Gleichgewicht. Dazu bilden wir die Summe der Wahrscheinlichkeiten für Orthozustände, und teilen sie durch die Summe der Wahrscheinlichkeiten für Parazustände,

$$\eta(T) = \frac{3\, z_{\text{ortho}}(T)}{z_{\text{para}}(T)} \approx \begin{cases} 3 & \text{für } T \gg T_{\text{rot}} \\ 9 \exp(-T_{\text{rot}}/T) & \text{für } T \ll T_{\text{rot}} \end{cases} \tag{27.54}$$

Dabei haben wir für hohe Temperaturen $z_{\text{ortho}} \approx z_{\text{para}}$ eingesetzt, und für tiefe Temperaturen die Entwicklungen (27.51) und (27.52).

Für eine Probe, die man hinreichend lange bei der Temperatur T_0 gelagert hat, ergibt sich die spezifische Wärme

$$c_{\text{rot}}(T; T_0) = \frac{\eta(T_0)}{1 + \eta(T_0)}\, c_{\text{ortho}}(T) + \frac{1}{1 + \eta(T_0)}\, c_{\text{para}}(T) \tag{27.55}$$

Übung

Zeigen Sie für den Vibrationsanteil (27.29) der Wärmekapazität:

$$C_{\rm vib} = N k_{\rm B} \cdot \begin{cases} \dfrac{T_{\rm vib}^{\,2}}{T^{\,2}} \exp\left(-\dfrac{T_{\rm vib}}{T}\right) + \ldots & (T \ll T_{\rm vib}) \\[2ex] 1 - \dfrac{1}{12}\,\dfrac{T_{\rm vib}^{\,2}}{T^{\,2}} + \ldots & (T \gg T_{\rm vib}) \end{cases} \tag{27.56}$$

Übung

Die Energien der Vibrationszustände eines zweiatomigen Moleküls seien

$$\varepsilon_n = \hbar\omega \left[\left(n + \frac{1}{2} \right) - \delta \cdot \left(n + \frac{1}{2} \right)^2 \right]$$

Die folgenden Berechnungen sollen bis zur ersten Ordnung in der kleinen Größe δ durchgeführt werden.

Bestimmen Sie die Zustandssumme $z_{\rm vib}$. Berechnen Sie daraus die Energie $E_{\rm vib}$ und die Wärmekapazität $C_{\rm vib}$. Was ergibt sich speziell für $k_{\rm B}T \ll \hbar\omega$?

Übung

Es sollen drei wasserstoffartige Gase betrachtet werden, die jeweils aus den Molekülen H_2, D_2 oder HD bestehen. Berechnen Sie analog zu (27.55) für jedes Gas den Rotationsanteil der spezifischen Wärme $c_{\rm rot}(T; T_0)$ für tiefe Temperaturen, $T \ll T_{\rm rot}$. Unterscheiden Sie die Fälle $T_0 \ll T_{\rm rot}$ und $T_0 \gg T_{\rm rot}$.

Mit D wird Deuterium bezeichnet, also ein Wasserstoffatom mit einem Deuteron (Proton + Neutron) als Kern. Das Deuteron hat den Spin 1; die beiden Deuteronspins in D_2 können zu $S = 0$ oder 2 koppeln.

Kapitel 28

Verdünntes klassisches Gas

In diesem Kapitel berücksichtigen wir die Wechselwirkung zwischen den Atomen eines Gases. Dazu betrachten wir ein einatomiges Gas mit der Hamiltonfunktion

$$H = \sum_{\nu=1}^{N} \frac{\boldsymbol{p}_\nu^{\,2}}{2m} + \sum_{\nu=1}^{N} \sum_{\nu'=\nu+1}^{N} w(|\boldsymbol{r}_\nu - \boldsymbol{r}_{\nu'}|) \tag{28.1}$$

Das Potential w zwischen zwei Atomen hänge nur vom Abstand $|\boldsymbol{r}_\nu - \boldsymbol{r}_{\nu'}|$ der Atomkerne ab. Das Potential könnte die in Abbildung 27.1 oder 38.1 skizzierte Form haben. Im Gegensatz zu Abbildung 27.1 betrachten wir den Fall, daß der attraktive Teil von w so schwach ist, daß es nicht zur Molekülbindung kommt. Dies gilt für Edelgase, oder wenn die Stärke des attraktiven Teils klein gegenüber $k_{\rm B}T$ ist.

Wir werten die Zustandssumme für (28.1) *klassisch* für ein hinreichend *verdünntes* Gas aus. Die klassische Behandlung der Translationsbewegung ist für ein gewöhnliches Gas keine wesentliche Einschränkung. Für ein verdünntes Gas ist die Auswertung der Zustandssumme analytisch möglich. Man kann dann aus der mikroskopischen Struktur (28.1) Korrekturen zum idealen Gasgesetz ableiten.

Wir betrachten zunächst die Zustandssummen $Z(1) = Z(T,V,1)$ und $Z(2) = Z(T,V,2)$ für ein und für zwei Teilchen im Volumen V. Für ein Teilchen erhalten wir das aus (25.7) bekannte Ergebnis,

$$Z(1) = \frac{1}{(2\pi\hbar)^3} \int_V d^3r \int d^3p \, \exp\left(-\frac{p^2}{2m\,k_{\rm B}T}\right) = \frac{V}{\lambda^3} \tag{28.2}$$

Dabei ist $\lambda = 2\pi\hbar/\sqrt{2\pi m k_{\rm B}T}$. Für zwei Teilchen tritt die Wechselwirkung $w(r_{12}) = w(|\boldsymbol{r}_1 - \boldsymbol{r}_2|)$ auf,

$$Z(2) = \frac{1/2!}{(2\pi\hbar)^6} \int_V d^3r_1 \int_V d^3r_2 \int d^3p_1 \int d^3p_2 \, \exp\left(-\frac{\frac{p_1^{\,2}+p_2^{\,2}}{2m} + w(r_{12})}{k_{\rm B}T}\right) =$$

$$= \frac{1}{2!}\,\frac{1}{\lambda^6}\int_V d^3r_1 \int_V d^3r_2\;\exp\left[-\,\beta w(r_{12})\right] \tag{28.3}$$

Die zentrale Idee für die Behandlung des verdünnten Gases ist folgende: Im idealen Gas läßt sich die Zustandssumme von N Teilchen auf diejenige eines Teilchens reduzieren; nach (25.7) gilt ja $Z_{\rm id}(N) = Z(1)^N/N!$. Wenn man nun nur die Wechselwirkung zwischen jeweils zwei Atomen berücksichtigt, sollte es analog dazu möglich sein, $Z(N)$ auf $Z(2)$ und $Z(1)$ zu reduzieren. In der nächsten Ordnung werden dann mit $Z(3)$ Dreiteilcheneffekte berücksichtigt; sie entstehen etwa durch den Einfluß eines dritten Atoms auf die Wechselwirkung der ersten beiden. Im hinreichend verdünnten Gas sind diese Effekte aber klein, denn die Wahrscheinlichkeit, daß drei Atomen nahe genug beieinander sind, ist gering.

Wir entwickeln einen Formalismus zur quantitativen Behandlung dieser Idee. Dazu gehen wir von der großkanonischen Zustandssumme und ihrer Beziehung (22.30) zur kanonischen Zustandssumme aus,

$$Y(T,V,\mu) = \sum_{N=0}^{\infty} Z(T,V,N)\;\exp(\beta\mu N) \tag{28.4}$$

Diese Summe kann als Entwicklung nach Potenzen von $\exp(\beta\mu)$ aufgefaßt werden. Die ersten Terme dieser Entwicklung lauten

$$Y(T,V,\mu) = 1 + Z(1)\,\exp(\beta\mu) + Z(2)\,\exp(2\beta\mu) + \ldots \tag{28.5}$$

Die analoge Entwicklung für $\ln Y$ ergibt

$$\ln Y = Z(1)\,\exp(\beta\mu) + \left[Z(2) - \frac{Z(1)^2}{2}\right]\,\exp(2\beta\mu) + \ldots \tag{28.6}$$

Diese Entwicklung für $\ln Y$ (nicht aber (28.5)) bricht für das ideale Gas beim ersten Term ab. Wegen $Z_{\rm id}(N) = Z(1)^N/N!$ verschwindet der zweite und alle folgenden Terme. Für den zweiten Term sieht man dies direkt aus (28.6), insgesamt folgt es aus dem Vergleich mit (25.13),

$$\ln Y_{\rm id}(T,V,\mu) = Z(1)\,\exp(\beta\mu) = \frac{V}{\lambda^3}\,\exp(\beta\mu) \qquad (w=0) \tag{28.7}$$

Der erste Term in (28.6) beschreibt das ideale Gas. Der zweite berücksichtigt die Wechselwirkung zwischen jeweils nur zwei Atomen. Der dritte, nicht angegebene Term mit $Z(3)$ berücksichtigt die Wechselwirkung zwischen drei Atomen, sofern sie sich nicht auf die Wechselwirkung zwischen jeweils zwei Atomen reduziert. Die Entwicklung (28.6) ist daher ein geeigneter Ausgangspunkt zur quantitativen Behandlung des verdünnten Gases.

Zur Bestimmung der thermischen Zustandsgleichung gehen wir von (23.34) und (23.30) aus:

$$P = P(T,V,\mu) = \frac{k_B T}{V} \ln Y(T,V,\mu) \qquad (28.8)$$

$$N = N(T,V,\mu) = \frac{1}{\beta} \frac{\partial \ln Y(T,V,\mu)}{\partial \mu} \qquad (28.9)$$

Durch Elimination von μ erhält man die gesuchte Gleichung $P = P(T,V,N)$. Wir benutzen die Abkürzungen

$$Z_1 = Z(1) = \frac{V}{\lambda^3} \qquad \text{und} \qquad Z_2 = Z(2) - \frac{Z(1)^2}{2} \qquad (28.10)$$

Dann wird (28.8) und (28.9) mit (28.6) zu

$$\frac{PV}{k_B T} = \ln Y = Z_1 \exp(\beta\mu) + Z_2 \exp(2\beta\mu) + \ldots \qquad (28.11)$$

$$N = \frac{1}{\beta} \frac{\partial \ln Y}{\partial \mu} = Z_1 \exp(\beta\mu) + 2 Z_2 \exp(2\beta\mu) + \ldots \qquad (28.12)$$

Aus diesen beiden Gleichungen folgt

$$\ln Y = N - Z_2 \exp(2\beta\mu) + \ldots \qquad (28.13)$$

$$\exp(\beta\mu) = \frac{N}{Z_1} - \frac{2 Z_2}{Z_1} \exp(2\beta\mu) + \ldots \qquad (28.14)$$

Berücksichtigt man jeweils nur den ersten Term auf der rechten Seite, so erhält man die Ergebnisse des idealen Gases, (25.18). Der zweite Term ist der führende Korrekturterm; im folgenden vernachlässigen wir alle höheren Terme. Dann genügt es, die niedrigste Näherung von (28.14)

$$\exp(\beta\mu) \approx \frac{N}{Z_1} = \frac{N}{V/\lambda^3} = n\lambda^3 \qquad \text{(niedrigste Ordnung)} \qquad (28.15)$$

in den Korrekturterm in (28.13) einzusetzen:

$$\frac{PV}{k_B T} = \ln Y \approx N - Z_2 \left(\frac{N}{Z_1}\right)^2 = N\left(1 - \frac{V Z_2}{Z_1^{\,2}}\, n\right) = N\left[1 + n\, B(T)\right] \qquad (28.16)$$

Aus (28.15) sehen wir, daß (28.6) effektiv eine Entwicklung nach Potenzen der Teilchendichte $n = N/V$ ist. Wenn man weitere Potenzen von $\exp(\beta\mu)$ in (28.6) und der folgenden Ableitung berücksichtigt, erhält man

$$\frac{PV}{k_B T} = N\left[1 + n\, B(T) + n^2\, B_2(T) + \ldots\right] \qquad (28.17)$$

Diese Entwicklung heißt *Virialentwicklung*. Durch (28.16) haben wir den ersten Virialkoeffizienten $B(T)$ bestimmt:

$$B(T) \;=\; -\frac{V Z_2}{Z_1^{\,2}} = -\frac{V}{Z(1)^2}\left(Z(2) - \frac{Z(1)^2}{2}\right) = \tag{28.18}$$

$$= -\frac{1}{2V}\left(\int_V d^3r_1 \int_V d^3r_2 \,\exp\left[-\beta\, w(r_{12})\right] - \int_V d^3r_1 \int_V d^3r_2\, 1\right)$$

Dabei haben wir (28.2) und (28.3) eingesetzt, und V^2 durch Ortsintegrale ausgedrückt. Die Transformation zu Relativ- und Schwerpunktkoordinaten

$$\boldsymbol{R} = \frac{\boldsymbol{r}_1 + \boldsymbol{r}_2}{2}\,, \qquad \boldsymbol{r} = \boldsymbol{r}_2 - \boldsymbol{r}_1\,, \qquad \int_V d^3r_1 \int_V d^3r_2 \ldots = \int_V d^3R \int d^3r \ldots \tag{28.19}$$

ergibt

$$B(T) = -\frac{1}{2V}\int_V d^3R \int d^3r \left(\exp\left[-\beta\, w(r)\right] - 1\right) \tag{28.20}$$

Mit $\boldsymbol{r}_1$ und $\boldsymbol{r}_2$ läuft auch die $\boldsymbol{R}$-Integration über das Volumen V. Die Grenzen der $\boldsymbol{r}$-Integration sind dagegen komplizierter; sie hängen von $\boldsymbol{R}$ und vom Rand des Volumens V ab. Wenn $\boldsymbol{R}$ innerhalb von V liegt, enthält die $\boldsymbol{r}$-Integration eine Umgebung von $\boldsymbol{r} = 0$. Die Beiträge, bei denen $\boldsymbol{R}$ genau auf dem Rand von V oder sehr dicht daneben liegt, können insgesamt vernachlässigt werden. Da der Integrand $(\exp[-\beta w(r)] - 1)$ nur in einer Umgebung von einigen Ångström um $r = 0$ herum ungleich null ist, kann die $\boldsymbol{r}$–Integration auf den ganzen Raum ausgedehnt werden. Danach hängen die Grenzen von $\int d^3r$ nicht mehr von $\boldsymbol{R}$ ab, und das Integral $\int d^3R$ ergibt den Wert V. Da w nur von $r = |\boldsymbol{r}|$ abhängt, können wir ferner die Winkelintegration in d^3r ausführen:

$$B(T) = -2\pi \int_0^\infty dr\, r^2 \left(\exp\left[-\beta\, w(r)\right] - 1\right) \tag{28.21}$$

Diese Beziehung ist ein zentrales Ergebnis dieses Kapitels. Auf der einen Seite steht die *makroskopisch meßbare* Größe $B(T)$. Auf der anderen Seite steht die *mikroskopische* Wechselwirkung $w(r)$ zwischen zwei Atomen. Damit können aus der Messung von $B(T)$ Rückschlüsse auf $w(r)$ gezogen werden.

Eine alternative Methode zur Bestimmung von $w(r)$ wäre ein Streuexperiment. Für gekreuzte Gasstrahlen kann man etwa den Wirkungsquerschnitt für elastische Streuung als Funktion des Winkels bestimmen; in Bornscher Näherung erhält man daraus die Fouriertransformierte von $w(r)$. Das Streuexperiment ist aber viel aufwendiger als die Messung von $B(T)$.

Van der Waals-Gleichung

Die tatsächliche Bestimmung von $w(r)$ durch Messung der Zustandsgleichung (28.16) erfolgt praktisch so: Man macht einen Ansatz für das Potential, der von einigen Parametern abhängt. Damit berechnet man $B(T)$. Dann paßt man die Parameter so an, daß das berechnete $B(T)$ näherungsweise mit dem gemessenen übereinstimmt. Wir führen dies für ein Potential durch, das durch zwei Parameter charakterisiert wird. Hierfür wird (28.16) zur van der Waals-Gleichung.

Der Durchmesser d der Atome beträgt wenige Ångström. Für Abstände $r < d$ wird das Potential $w(r)$ repulsiv. Versucht man nämlich, zwei Atome näher aneinander zu schieben, dann müssen die Elektronen wegen des Pauliprinzips in höhere Zustände ausweichen. Dies erfordert eine Energie von einigen Elektronenvolt pro Elektron; wegen $\text{eV} \approx 10^4\, k_\text{B}\text{K}$ ist diese Repulsion praktisch unendlich groß (im Vergleich zu $k_\text{B}T$). Im Bereich $r > d$ wird das Potential $w(r)$ dagegen negativ; für Atome ohne elektrisches Dipolmoment kann es durch induzierte elektrische Dipolmomente verursacht werden. Da die Atome elektrisch neutral sind, hat der attraktive Teil eine Reichweite von nur wenigen Ångström. Diese Diskussion macht folgenden Ansatz für $w(r)$ plausibel:

$$w(r) = \begin{cases} \infty & \\ < 0 & \text{für} \quad r \gtrsim d \\ \approx 0 & \end{cases} \qquad \begin{matrix} r < d \\ \\ r \gg d \end{matrix} \tag{28.22}$$

Ein solches Potential ist in Abbildung 28.1 skizziert. Konkrete Potentiale dieser Form sind in (28.40) und (28.42) angegeben.

Phänomenologisch macht sich die Attraktivität des Potentials dadurch bemerkbar, daß alle Gase für hinreichend tiefe Temperaturen zu Flüssigkeiten werden. Zu diesem Phasenübergang kommt es, wenn $k_\text{B}T$ vergleichbar mit der Stärke des attraktiven Potentials ist. Für das verdünnte Gas verlangen wir daher

$$\frac{|w(r)|}{k_\text{B}T} \ll 1 \quad \text{für} \quad r > d \tag{28.23}$$

Hierfür gilt

$$\exp\big(-\beta w(r)\big) - 1 = \begin{cases} -1 & \text{für} \quad r < d \\ -\beta\, w(r) + \mathcal{O}(\beta^2 w^2) & \text{für} \quad r > d \end{cases} \tag{28.24}$$

Daraus erhalten wir

$$B(T) \approx 2\pi \int_0^d dr\, r^2 + 2\pi\beta \int_d^\infty dr\, r^2\, w(r) = b - \frac{a}{k_\text{B}T} \tag{28.25}$$

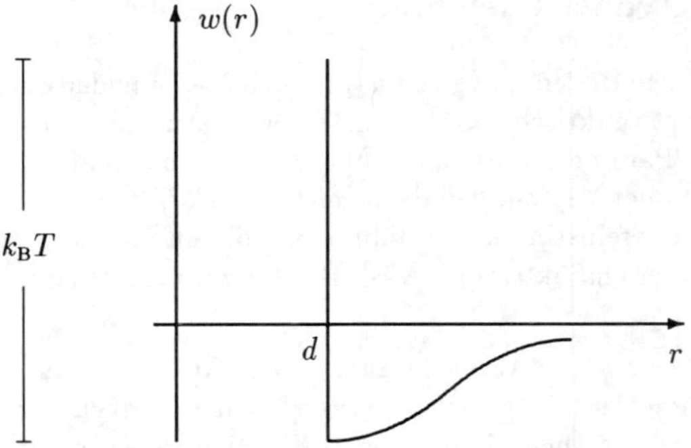

Abbildung 28.1: Zur Auswertung von (28.21) wird das skizzierte Atom-Atom-Potential verwendet. Es hat einen hard core, also $w = \infty$ für $r < d$. Die Stärke des attraktiven Teils ($w < 0$) soll klein gegenüber $k_B T$ sein.

mit den positiven Konstanten

$$b = \frac{2\pi d^3}{3}\,, \qquad a = -2\pi \int_d^\infty dr\; r^2\, w(r) \tag{28.26}$$

Mit diesem $B(T)$ wird (28.16) zu

$$P = \frac{k_B T}{v}\Big(1 + n\,B(T)\Big) = \frac{k_B T}{v}\left(1 + \frac{b}{v}\right) - \frac{a}{v^2} \tag{28.27}$$

Dabei ist $v = V/N$. Wir setzen noch

$$1 + \frac{b}{v} = \frac{1}{1 - b/v} + \mathcal{O}\left(\frac{b^2}{v^2}\right) \tag{28.28}$$

in (28.27) ein und lassen die Terme der Ordnung $b^2/v^2 = n^2 b^2$ weg – ebenso wie schon in (28.16). Damit wird (28.27) zur *van der Waals-Gleichung*:

$$P + \frac{a}{v^2} = \frac{k_B T}{v - b} \qquad \text{(van der Waals-Gleichung)} \tag{28.29}$$

Die Korrekturen zum idealen Gasgesetz $P = k_B T/v$ können wir so verstehen: Aufgrund der endlichen Größe der Atome ist das pro Teilchen zur Verfügung stehende Volumen v um b verringert. Der attraktive Teil der Wechselwirkung hat die Tendenz, die Teilchen zusammenzuhalten und verringert den Druck auf die Gefäßwände um $-a/v^2$.

Die van der Waals-Gleichung kann auch für mehratomige Gase verwendet werden. In diesem Fall hängt die Wechselwirkung zwischen zwei Molekülen von ihrer räumlichen Orientierung ab. In erster Näherung ist dann für w das über alle Orientierungen gemittelte Wechselwirkungspotential zu nehmen.

Gültigkeitsbereich

Eine notwendige Bedingung für den Abbruch der Entwicklung (28.17) beim ersten Korrekturterm ist

$$n\,B(T) \ll 1 \tag{28.30}$$

Mit (28.25) wird dies zu

$$\frac{b}{v} \ll 1 \quad \text{und} \quad \frac{a}{v\,k_{\mathrm{B}}T} = \frac{\mathcal{O}\big(\langle|w_{\mathrm{a}}|\rangle\, b\big)}{v\,k_{\mathrm{B}}T} \ll 1 \tag{28.31}$$

Das Integral a aus (28.26) kann durch das Produkt aus einem Mittelwert $\langle|w_{\mathrm{a}}|\rangle$ und dem Wechselwirkungsvolumen abgeschätzt werden; das Wechselwirkungsvolumen des attraktiven Bereichs ist von derselben Größenordnung wie b. Die zweite Bedingung in (28.31) folgt aus der ersten und aus (28.23). Damit verbleiben die Bedingungen

$$v \gg b \qquad \text{und} \qquad k_{\mathrm{B}}T \gg \langle|w_{\mathrm{a}}(r)|\rangle \tag{28.32}$$

Die erste Bedingung bedeutet, daß das pro Atom zur Verfügung stehende Volumen v groß gegenüber dem Eigenvolumen $b/4$ der Atome sein muß. Wenn die zweite Bedingung verletzt ist, würden die Gasatome dazu neigen, sich zu Molekülen oder zu einer Flüssigkeit zusammenzuklumpen. Experimentell ist (28.32) durch niedrigen Druck und hohe Temperatur zu erfüllen.

Nachdem wir von der Entwicklung (28.6) nach Potenzen von $\exp(\beta\mu)$ ausgegangen sind, könnte man denken, daß es genügt, wenn $\exp(\beta\mu) \ll 1$ gilt. Wegen (28.15) ist diese Bedingung äquivalent zu $v \gg \lambda^3$. Die Forderung $v \gg \lambda^3$ ist aber wesentlich schwächer als $v \gg b$; sie ist praktisch immer erfüllt, auch wenn das System sich der Flüssigkeitsphase annähert. Die Bedingung $\exp(\beta\mu) \ll 1$ ist daher unzureichend; dies liegt am Verhalten der Koeffizienten in (28.6).

Die van der Waals-Gleichung erlaubt die Beschreibung realer Gase. Tatsächlich kann sie über den angegebenen Gültigkeitsbereich hinaus benutzt werden, wenn sie als phänomenologische Gleichung mit empirischen Parametern a und b aufgefaßt wird. Gleichung (28.26) kann dann als Abschätzung für diese Parameter aufgefaßt werden. Als phänomenologische Gleichung führt die van der Waals-Gleichung zu einer Beschreibung des Phasenübergangs zur Flüssigkeit (Kapitel 37).

Energie

Wir bestimmen noch die kalorische Zustandsgleichung des verdünnten, klassischen Gases:

$$E \overset{(23.28)}{=} -\frac{\partial \ln Y}{\partial \beta} + \mu N \overset{(28.11)}{=} -\frac{\partial}{\partial \beta}\left[Z_1 \exp(\beta\mu) + Z_2 \exp(2\beta\mu)\right] + \mu N =$$

$$= -\mu\left[Z_1 \exp(\beta\mu) + 2Z_2 \exp(2\beta\mu)\right] - \frac{\partial Z_1}{\partial\beta} \exp(\beta\mu) - \frac{\partial Z_2}{\partial\beta} \exp(2\beta\mu) + \mu N =$$

$$\stackrel{(28.12)}{=} -\frac{\partial Z_1}{\partial\beta} \exp(\beta\mu) - \frac{\partial Z_2}{\partial\beta} \exp(2\beta\mu) \qquad (28.33)$$

Aus

$$Z_1 = \frac{V}{\lambda^3} \propto \beta^{-3/2}, \qquad Z_2 \stackrel{(28.18)}{=} -\frac{Z_1^{\,2}}{V}\, B(T) = -\frac{V}{\lambda^6}\, B(T) \qquad (28.34)$$

folgen die partiellen Ableitungen

$$\frac{\partial Z_1}{\partial\beta} = -\frac{3}{2\beta}\, Z_1\,, \qquad \frac{\partial Z_2}{\partial\beta} = -\frac{3}{\beta}\, Z_2 - \frac{V}{\lambda^6}\,\frac{\partial B(T)}{\partial\beta} \qquad (28.35)$$

Wir setzen dies und $B(T)$ aus (28.21) in (28.33) ein,

$$\begin{aligned} E \;&=\; \frac{3}{2\beta}\left[Z_1 \exp(\beta\mu) + 2Z_2 \exp(2\beta\mu)\right] + \\ &\qquad + \exp(2\beta\mu)\,\frac{2\pi V}{\lambda^6}\int_0^\infty dr\; r^2 \exp\left[-\beta\, w(r)\right] w(r) \end{aligned} \qquad (28.36)$$

Im ersten Term benutzen wir (28.12) und erhalten $3Nk_{\mathrm{B}}T/2$. Im kleinen Korrekturterm setzen wir (28.15), $\exp(\beta\mu) \approx \lambda^3/v$, ein:

$$E = \frac{3}{2}\, Nk_{\mathrm{B}}T + N\,\frac{2\pi}{v}\int_0^\infty dr\; r^2 \exp\left[-\beta\, w(r)\right]\, w(r) \qquad (28.37)$$

Im Bereich $r < d$ verschwindet der Integrand $w\,\exp(-\beta w)$. Verglichen mit dem ersten Term ist der zweite von der Ordnung $|w_{\mathrm{a}}(r)|/k_{\mathrm{B}}T \ll 1$, so daß wir hierin

$$\exp\left[-\beta w(r)\right] \approx 1 - \beta w(r) \approx 1 \qquad (r > d) \qquad (28.38)$$

verwenden können. Danach reduziert sich das Integral auf die in (28.26) eingeführte Größe a,

$$E = E(T, V, N) = N\left(\frac{3}{2}\, k_{\mathrm{B}}T - \frac{a}{v}\right) \qquad (28.39)$$

Im Gültigkeitsbereich ist $-a/v$ nach (28.31) eine kleine Korrektur. Der Korrekturterm ist von der Größenordnung der mittleren Wechselwirkung $\langle |w_{\mathrm{a}}|\rangle$ im attraktiven Bereich, multipliziert mit der Wahrscheinlichkeit $\mathcal{O}(b/v)$, daß sich zwei Teilchen im gegenseitigen Wechselwirkungsbereich aufhalten. Der repulsive Anteil des Potentials $w(r)$ trägt nicht zur Energie bei, weil sich die Teilchen in diesem Bereich mit der Wahrscheinlichkeit null aufhalten.

Übung

Gegeben sei das Atom-Atom-Potential

$$w(r) = \begin{cases} \infty & r \le \sigma \\ -\epsilon\left(1 - \dfrac{r^3}{8\,\sigma^3}\right) & \sigma < r < 2\sigma \\ 0 & r \ge 2\sigma \end{cases} \tag{28.40}$$

Skizzieren Sie das Potential und berechnen Sie den Virialkoeffizienten $B(T)$ bis zur ersten Ordnung in $1/k_{\mathrm{B}}T$. Bestimmen Sie damit die Parameter a und b der van der Waals-Gleichung.

Übung

In diesem Kapitel bezeichnete $v = V/N$ das Volumen pro Teilchen. Im folgenden soll $v = V/\nu$ dagegen das Volumen pro Mol sein. Zeigen Sie, daß die van der Waals-Gleichung dann von der Form

$$P + \frac{a}{v^2} = \frac{RT}{v-b} \qquad (v = V/\nu) \tag{28.41}$$

ist, und geben Sie explizit die Verbindung der (neuen) Parameter a und b mit dem Potential $w(r)$ an.

Übung

Berechnen Sie den thermischen Expansionskoeffizienten $\alpha = V^{-1}\,(\partial V/\partial T)_P$ als Funktion von P und v für die van der Waals-Gleichung (28.41).

Übung

Ein üblicher und realistischer Ansatz für das Atom-Atom-Potential ist das Lennard-Jones-Potential:

$$w(r) = 4\epsilon\left(\frac{\sigma^{12}}{r^{12}} - \frac{\sigma^6}{r^6}\right) = \epsilon\left(\frac{r_0^{12}}{r^{12}} - 2\,\frac{r_0^{6}}{r^6}\right) \tag{28.42}$$

Die beiden angegebenen Formen sind äquivalent. Die $1/r^6$–Potenz des attraktiven Teils entspricht einer induzierten Dipol-Dipol-Wechselwirkung. Die $1/r^{12}$–Potenz ist ein phänomenologischer Ansatz für die starke Repulsion bei kleineren Abständen. Realistische Parameter für ^{4}He-Atome sind $\epsilon =$

$10.2\, k_B$K und $r_0 = 2.87$ Å. Hierfür ist das Potential ist in Abbildung 38.1 skizziert.

Zeigen Sie die Äquivalenz der beiden in (28.42) angegebenen Formen. Bestimmen Sie die Nullstelle und das Minimum des Potentials. Berechnen Sie den Virialkoeffizienten $B(T)$ mit der Näherung $\exp(-\beta w) \approx 0$ für $r \leq \sigma$. Welche Bedingung ist an die Potentialparameter zu stellen, damit $|w| \ll k_B T$ im Bereich mit $w < 0$ gilt? Bestimmen Sie den Zusammenhang zwischen den Parametern des Potentials und denen der van der Waals-Gleichung.

Kapitel 29

Ideale Quantengase

In diesem Kapitel geben wir die exakte *quantenmechanische* Auswertung der Zustandssumme für ein ideales Gas an. Dabei kann es sich um ein gewöhnliches einatomiges Gas oder um ein Gas aus Quasiteilchen (etwa Phononen oder Photonen) handeln.

Grundlagen

Wir diskutieren zunächst die Austauschsymmetrie einer Wellenfunktion für N Atome. Aus der Symmetrie der Wellenfunktion folgt, wie die Zustände von idealen Vielteilchensystemen abzuzählen sind.

Für ein *ideales* Gas aus Atomen ist der Hamiltonoperator eine Summe von Einteilchen-Hamiltonoperatoren,

$$H = \sum_{\nu=1}^{N} h(\nu) \tag{29.1}$$

Für nicht-relativistische Atome (Masse m) ist der Einteilchen-Hamiltonoperator von der Form

$$h(\nu) = -\frac{\hbar^2}{2m}\,\Delta_\nu + U(\boldsymbol{r}_\nu) \tag{29.2}$$

Dabei ist U das Wandpotential (24.16), das die Bewegung auf das zur Verfügung stehende Volumen V beschränkt. In einem kubischen Volumen $V = L^3$ kann ein Atom die diskreten Impulse

$$\boldsymbol{p} := (p_1, p_2, p_3)\,, \qquad p_i = \frac{\pi\hbar}{L}\, n_i = \Delta p\, n_i \qquad (n_i = 1, 2, ...) \tag{29.3}$$

annehmen. Die Eigenfunktionen und Eigenwerte von h können durch diese Quantenzahlen $\boldsymbol{p}$ gekennzeichnet werden,

$$h\,\varphi_{\boldsymbol{p}}(\boldsymbol{r}) = \varepsilon_{\boldsymbol{p}}\,\varphi_{\boldsymbol{p}}(\boldsymbol{r}) \tag{29.4}$$

Die Quantisierungsabstände Δp sind in einem makroskopischen Volumen V sehr klein,

$$\Delta p \ll \overline{p} \tag{29.5}$$

Dies bedeutet, daß die Impulswerte praktisch dicht liegen. Daher kann jede Summe über diskrete Impulse durch ein Integral ersetzt werden:

$$\begin{aligned}\sum_{\boldsymbol{p}} \ldots &= \sum_{n_1=1}^{\infty}\sum_{n_2=1}^{\infty}\sum_{n_3=1}^{\infty} \ldots = \int_0^{\infty} dn_1 \int_0^{\infty} dn_2 \int_0^{\infty} dn_3 \ldots = \\ &= \frac{1}{(\Delta p)^3}\int_0^{\infty} dp_1 \int_0^{\infty} dp_2 \int_0^{\infty} dp_3\ \ldots = \\ &= \frac{L^3}{(2\pi\hbar)^3}\int_{-\infty}^{\infty} dp_1 \int_{-\infty}^{\infty} dp_2 \int_{-\infty}^{\infty} dp_3\ \ldots = \frac{V}{(2\pi\hbar)^3}\int d^3p\ \ldots\end{aligned} \tag{29.6}$$

Es wurde angenommen, daß der Integrand symmetrisch bezüglich der Operation $p_i \longleftrightarrow -p_i$ ist. Die Quantisierung der Impulswerte mit $\Delta p = \pi\hbar/L$ bestimmt den Vorfaktor des Integrals in (29.6). Im Ergebnis spielt die Form des Volumens V keine Rolle.

Der wesentliche quantenmechanische Effekt ergibt sich aus der Konstruktion der Vielteilchenzustände. Wir beginnen mit $N = 2$ Teilchen. Sie mögen die Impulse $\boldsymbol{p}_a$ und $\boldsymbol{p}_b$ haben. Die zugehörigen Eigenfunktionen (29.4) bezeichnen wir kurz mit φ_a und φ_b. Dann ist jede Linearkombination der Form

$$\Psi(1,2) = \alpha\,\varphi_a(1)\,\varphi_b(2) + \beta\,\varphi_a(2)\,\varphi_b(1) \tag{29.7}$$

Eigenfunktion von H:

$$H\,\Psi(1,2) = \big[h(1) + h(2)\big]\,\Psi(1,2) = (\varepsilon_a + \varepsilon_b)\,\Psi(1,2) \tag{29.8}$$

Dabei stehen 1 und 2 für alle Koordinaten des jeweiligen Teilchens.

Es stellt sich die Frage, welche der Linearkombinationen (29.7) zu nehmen ist. Dazu stellen wir zunächst fest, daß der Hamiltonoperator H symmetrisch unter Vertauschung der beiden Teilchen ist,

$$[H, P_{12}] = 0 \tag{29.9}$$

Der Vertauschungsoperator P_{12} ist dadurch definiert, daß für beliebige Wellenfunktionen $\Psi(1,2)$ gilt

$$P_{12}\,\Psi(1,2) = \Psi(2,1) \tag{29.10}$$

Man kann die Eigenfunktionen von H in der Form simultaner Eigenfunktionen der mit H vertauschenden Operatoren angeben; dies erleichtert oft die Lösung quantenmechanischer Probleme. Die Eigenwertgleichung von P_{12} lautet

$$P_{12}\,\Psi_\lambda(1,2) = \lambda\,\Psi_\lambda(1,2) \tag{29.11}$$

Wendet man auf beide Seiten noch einmal P_{12} an, und berücksichtigt $P_{12}^2 = 1$ (folgt aus der Definition), so findet man $\lambda^2 = 1$ oder $\lambda = \pm 1$ Die zugehörigen Eigenfunktionen nennen wir *antisymmetrisch* für $\lambda = -1$ und *symmetrisch* für $\lambda = 1$. Wir geben die Eigenfunktionen (29.7) von H so an, daß sie simultane Eigenfunktionen von P_{12} sind:

$$\Psi_\pm(1,2) = \text{const.}\left[\,\varphi_a(1)\,\varphi_b(2) \pm \varphi_a(2)\,\varphi_b(1)\,\right] \tag{29.12}$$

Man stellt nun fest, daß in Abhängigkeit von der Teilchensorte nur antisymmetrische oder symmetrische Wellenfunktionen auftreten, und zwar:

- Für Teilchen mit halbzahligem Spin ist die Wellenfunktion antisymmetrisch beim Austausch zweier beliebiger Teilchen. Diese Teilchen heißen *Fermionen*.

- Für Teilchen mit ganzzahligem Spin ist die Wellenfunktion symmetrisch beim Austausch zweier beliebiger Teilchen. Diese Teilchen heißen *Bosonen*.

Zu den Fermionen gehören insbesondere Elektronen, Neutronen und Protonen. Gebundene Systeme aus einer ungeraden Anzahl von Fermionen (etwa ^{3}He-Atome) sind dann ebenfalls Fermionen, Systeme mit einer geraden Anzahl (etwa ^{4}He-Atome) sind Bosonen; die so zusammengesetzten Teilchen werden dabei als elementare Teilchen behandelt. Zu den Bosonen gehören auch die Photonen, die Spin 1 haben.

Die Symmetrieforderung gilt für beliebige Teilchenzahl. Es sind also nur Vielteilchenwellenfunktionen $\Psi_\pm$ zugelassen, für die

$$P_{ij}\,\Psi_\pm(1,..,i,..,j,..,N) = \Psi_\pm(1,..,j,..,i,..,N) = \pm\Psi_\pm(1,..,i,..,j,..,N) \tag{29.13}$$

gilt. Eine solche Wellenfunktion $\Psi_\pm$ nennen wir auch total symmetrisch oder total antisymmetrisch.

Für eine vollständige Angabe des Zustands sind auch die Spins der Teilchen zu spezifizieren. Der Spinzustand eines Teilchens mit Spin s kann durch die Spinkomponente in einer beliebigen Richtung festgelegt werden; üblicherweise nimmt man hierfür die z-Komponente s_z. Die Quantenzahl a von φ_a in (29.7) und (29.12) soll den Spin mit einschließen, also

$$a = (\,\boldsymbol{p}, s_z) \qquad (\,\boldsymbol{p} \text{ aus (29.3)},\;\; s_z = -s, -s+1, ..., s) \tag{29.14}$$

Dementsprechend steht i in (29.13) für die Orts- und Spinkoordinate des i-ten Teilchens.

Aus der Antisymmetrie der Wellenfunktion folgt unmittelbar das *Pauliprinzip*. So gilt für (29.12):

$$a = b \quad \Longrightarrow \quad \Psi_-(1,2) \equiv 0 \tag{29.15}$$

Dies gilt auch für (29.13): Sind die Teilchen i und j im gleichen Einteilchenzustand, dann ist $\Psi_-(..,i,..,j,..) = \Psi_-(..,j,..,i,..)$. Andererseits bedingt die Antisymmetrie $\Psi_-(..,i,..,j,..) = -\Psi_-(..,j,..,i,..)$. Daraus folgt $\Psi_- \equiv 0$.

Das Pauliprinzip ist entscheidend für den Aufbau der Atomhülle (Periodisches System) und des Atomkerns. Das einfachste Modell für diese Systeme ist das Schalenmodell, in dem angenommen wird, daß die Teilchen sich ohne gegenseitige Wechselwirkung in einem Potential bewegen. Der Hamiltonoperator des Schalenmodells ist damit ebenfalls von der Form (29.1). Das Schalenmodell gehört daher zur Klasse der idealen Quantengase (siehe Teil VIII von [5]). Die statistische Physik untersucht meist Systeme mit *sehr* vielen Teilchen, zum Beispiel mit $N > 10^{10}$ Teilchen. Deshalb werden die erwähnten Schalenmodelle hier nicht behandelt.

Im Gegensatz zu Fermionen können beliebig viele Bosonen im gleichen Einteilchenzustand sein. Dies führt zu wesentlichen Unterschieden bei der Abzählung der möglichen Zustände des Systems, also bei der Berechnung der Zustandssumme.

Aus der Symmetrie der Wellenfunktion folgt die *Ununterscheidbarkeit* der Teilchen. Damit ist folgendes gemeint: In einem System mit der Wellenfunktion (29.12) ist ein Teilchen im Zustand a und ein Teilchen im Zustand b. Offensichtlich kann man aber in (29.12) nicht sagen, welches Teilchen in welchem Zustand ist. In diesem Sinn sind die durch eine symmetrische oder antisymmetrische Wellenfunktion beschriebenen Teilchen *ununterscheidbar*. Dies ist mehr als gleichartig: Die Gleichartigkeit wird formal durch die Symmetrie (29.9) des Hamiltonoperators beschrieben; diese Symmetrie gilt aber auch für die entsprechende klassische Hamiltonfunktion. Es ist die zusätzliche Einschränkung auf total symmetrische oder antisymmetrische Wellenfunktionen, die aus gleichartigen Teilchen ununterscheidbare macht.

Statistik

Aus der quantenmechanischen Beschreibung der Vielteilchensysteme folgt die Art der Statistik. Unter 'Statistik' verstehen wir in diesem Zusammenhang speziell die Abzählung der Möglichkeiten, elementare Teilchen auf Einteilchenzustände zu verteilen.

Nach Einteilung des Phasenraums in Zellen (Abbildung 5.1) können die möglichen Einteilchenzustände in eine abzählbare Reihenfolge gebrachte werden, $(\boldsymbol{p}_1, s_{z,1})$, $(\boldsymbol{p}_2, s_{z,2})$, $(\boldsymbol{p}_3, s_{z,3})$, ... Die Ununterscheidbarkeit bedeutet, daß wir nur angeben können, wieviele Teilchen in einem bestimmten Einteilchenzustand sind, nicht aber welche Teilchen. Ein Mikrozustand r des Quantengases wird daher durch die Angabe der Anzahl der Teilchen in jedem Einteilchenzustand definiert,

$$r = (n_a, n_b, \ldots) = \left(n_{\boldsymbol{p}_1}^{s_{z,1}},\, n_{\boldsymbol{p}_2}^{s_{z,2}},\, n_{\boldsymbol{p}_2}^{s_{z,3}},\, \ldots \right) = \left\{ n_{\boldsymbol{p}}^{s_z} \right\} \tag{29.16}$$

Für die *Besetzungszahlen* $n_{\boldsymbol{p}}^{s_z}$ sind folgende Werte möglich:

$$n_{\boldsymbol{p}}^{s_z} = \begin{cases} 0 \ \text{ oder } \ 1 & \text{Fermionen} \\ 0, 1, 2, 3, \ldots & \text{Bosonen} \end{cases} \tag{29.17}$$

Die Energie des Mikrozustands r ist

$$E_r = \sum_{s_z,\, \boldsymbol{p}} \varepsilon_p \, n_{\boldsymbol{p}}^{s_z} \tag{29.18}$$

Wir beschränken uns auf Fälle, in denen die Einteilchenenergie nur vom Betrag des Impulses abhängt, $\varepsilon_{\boldsymbol{p}}^{s_z} = \varepsilon_p$.

Die Teilchenzahl

$$N_r = \sum_{s_z,\, \boldsymbol{p}} n_{\boldsymbol{p}}^{s_z} \tag{29.19}$$

des Mikrozustands hängt von r ab. Wir können daher auch

$$r = (r',\, N_r) \tag{29.20}$$

schreiben, wobei r' die Festlegungen enthält, die neben N_r in r enthalten sind. Für einige Quantengase kann man die Teilchenzahl vorgeben, für andere nicht. Ein gewöhnliches Gas gehört zum ersten Fall, ein Gas aus Photonen zum zweiten.

Wenn die Teilchenzahl N vorgegeben ist, gibt es zwei Möglichkeiten der statistischen Behandlung. Zum einen kann man sich auf Mikrozustände mit $N_r = N$ beschränken und die kanonische Zustandssumme berechnen:

$$N_r = N\,, \qquad E_{r'} = E_{r'}(V, N)\,, \qquad Z(T, V, N) = \sum_{r'} \exp\left[\, - \beta\, E_{r'}(V, N)\right] \tag{29.21}$$

Zum anderen kann man die Teilchenzahl N_r zunächst offen lassen und die großkanonische Zustandssumme berechnen:

$$Y(T, V, \mu) = \sum_r \exp\Big(- \beta\left[\, E_r(V, N_r) - \mu N_r \right] \Big)\,, \qquad N = \overline{N_r} \tag{29.22}$$

In diesem Fall ist μ so zu wählen, daß der Mittelwert von N_r gleich N ist.

Es gibt Quantengase, in denen die Teilchenzahl N nicht vorgegeben ist. So liegt zum Beispiel in einem Plasma die Anzahl der Photonen nicht fest; sie ist vielmehr eine Funktion der Temperatur. In diesem Fall kommt N nicht im Hamiltonoperator vor, und die Energieeigenwerte sind von N unabhängig, $E_r(V, N) = E_r(V)$. Damit verschwindet die zu diesem äußeren Parameter gehörige verallgemeinerte Kraft:

$$\mu = \overline{\frac{\partial E_r(V)}{\partial N}} \equiv 0 \qquad \text{(Teilchenzahl nicht vorgegeben)} \tag{29.23}$$

Dann stimmen die kanonische und großkanonische Zustandssumme überein,

$$Z(T, V) = \sum_r \exp\left[-\beta E_r(V)\right] = Y(T, V, \mu = 0) \tag{29.24}$$

Wir werden alle idealen Quantengase mit der Zustandssumme $Y(T, V, \mu)$ behandeln, und gegebenenfalls (29.23) benutzen.

Durch (29.16) – (29.19) sind die Voraussetzungen für die Berechnung der Zustandssumme gegeben. Die Eigenschaften des Quantengases gehen nur über die Einteilchenenergien ε_p und den Spin ein; über die Besetzungszahlen wird ja summiert. Der Spin legt fest, welche der beiden Möglichkeiten von (29.17) zu nehmen ist; außerdem ist er bei der Summation zu berücksichtigen.

Beispiel

Als Beispiel betrachten wir ein System mit zwei möglichen Einteilchenzuständen der Energie $\varepsilon = 0$ und $\varepsilon = \varepsilon_0$. In diesem System gebe es zwei Teilchen. Sofern sie Spin haben, lassen wir nur Teilchen mit ausgerichtetem Spin ($s_z = s$) zu. Die dann jeweils möglichen Zustände sind in Abbildung 29.1 graphisch dargestellt. Daraus ergeben sich die folgenden kanonischen Zustandssummen:

Bose-Einstein-Statistik: $Z = 1 + \exp(-\beta\varepsilon_0) + \exp(-2\beta\varepsilon_0)$

Fermi-Dirac-Statistik: $Z = \exp(-\beta\varepsilon_0)$ (29.25)

Maxwell-Boltzmann-Statistik: $Z = \dfrac{1 + 2\exp(-\beta\varepsilon_0) + \exp(-2\beta\varepsilon_0)}{2}$

Als kürzere Bezeichnungen sind Bose-, Fermi- und Boltzmannstatistik üblich. Die dritte Art der Abzählung ist die bisher verwendete klassische Statistik mit dem zusätzlichen Faktor $1/N!$.

Dieses Beispiel zeigt, daß die Art der Abzählung von Zuständen Einfluß auf die Zustandssumme und damit auf die thermodynamischen Eigenschaften des

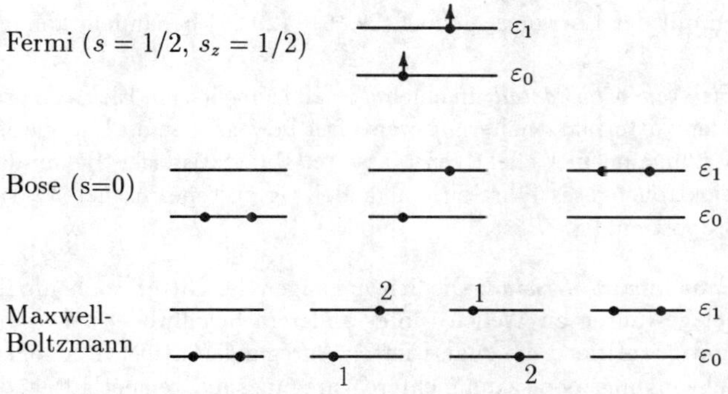

Abbildung 29.1: Zur Illustration der Quantenstatistik werden zwei Teilchen in zwei Energieniveaus betrachtet. Im Fall der Fermistatistik sollen die Spins der beiden Teilchen parallel stehen, in den anderen Fällen seien die Teilchen spinlos.

Systems hat. Es macht zugleich klar, daß der Faktor $1/N!$ in der klassischen Statistik des idealen Gases (Kapitel 6 und 25) die Ununterscheidbarkeit der Teilchen nicht voll berücksichtigt.

Anwendungsbereich

Um die Zustandssumme auszuwerten, müssen wir den Spin der betrachteten Teilchen und ihre Energie $\varepsilon_{\boldsymbol{p}}$ als Funktion von $\boldsymbol{p}$ angeben. Der Anwendungsbereich für Quantengase umfaßt alle Systeme, in denen es *Anregungen* mit bestimmtem Spin (also Fermionen oder Bosonen) gibt, die durch einen Impuls $\boldsymbol{p}$ und eine Energie $\varepsilon_{\boldsymbol{p}}$ charakterisiert sind. Die Anwendungen gehen weit über den Bereich gewöhnlicher Gase hinaus.

In (29.2) haben wir nichtrelativistische Teilchen mit der Energie-Impuls-Beziehung $\varepsilon_{\boldsymbol{p}} = \varepsilon_p = p^2/2m$ vorausgesetzt. Die allgemeine relativistische Energie-Impuls-Relation lautet dagegen,

$$\varepsilon_{\boldsymbol{p}} = \varepsilon_p = \sqrt{m^2c^4 + c^2p^2} \approx \begin{cases} mc^2 + \dfrac{p^2}{2m} & \text{(nichtrelativistisch)} \\ cp & \text{(hochrelativistisch)} \end{cases} \tag{29.26}$$

Im nichtrelativistischen Fall ist die Konstante mc^2 ohne Belang und kann daher weggelassen werden. Der relativistische Grenzfall gilt exakt für Teilchen mit Masse null, also für Photonen.

Wir führen im folgenden einige Beispiele auf, die wir als ideale Gase aus Teilchen mit der Energie ε_p gemäß (29.16)– (29.24) behandeln können:

- *Elektronen im Metall*: In einem Metall kann sich ein Elektron pro Atom oder Gitterplatz näherungsweise frei bewegen; seine Energie ist $\varepsilon_p \approx p^2/2m$ mit einer effektiven Masse m. Die statistische Behandlung des Elektronengases führt zu einem Beitrag zur spezifischen Wärme, der proportional zu T ist.

- *Phononen im Kristall*: Die Schwingungen der Gitteratome um ihre Ruhelage führen zu Wellen (unter anderem Schallwellen). Diese Wellen sind quantisiert; die quantisierten Anregungen heißen Phononen. Eine Schwingungsmode kann mehrere Anregungsquanten enthalten; die Phononen sind daher Bosonen. Für niedrige Temperaturen geben die Phononen einen Beitrag zur spezifischen Wärme, der proportional zu T^3 ist.

- *Photonen im Strahlungshohlraum*: Photonen sind die Quanten des elektromagnetischen Feldes. Sie haben Spin 1 und sind daher Bosonen. Ihre Energie ist $\varepsilon_p = cp = 2\pi\hbar c/\lambda$. Die statistische Behandlung als ideales Bosegas führt zum Planckschen Strahlungsgesetz und zum Stefan-Boltzmann-Gesetz.

- *Flüssiges Helium*: Heliumatome kommen als ^{4}He (Bosonen) oder ^{3}He (Fermionen) vor. In grober Näherung kann man auch Heliumflüssigkeit als ideales Gas mit $\varepsilon_p = p^2/2m$ behandeln. Die Unterschiede zwischen idealem Fermi- und Bosegas spiegeln sich im Verhalten der realen ^{3}He- und ^{4}He-Flüssigkeit wider.

- *Magnonen im Ferromagneten*: So wie Auslenkungen der Gitteratome aus ihrer Mittellage zu Schallwellen führen, so ergeben Auslenkungen von Gitterspins aus ihrer ausgerichteten Lage Spinwellen. Die Quanten der Spinwellen sind Bosonen mit dem Namen Magnonen. Die Magnonen ergeben einen Beitrag zur spezifischen Wärme, der proportional zu $T^{3/2}$ ist.

In diesen Anwendungen entspricht die Energie ε_p entweder den durch die Wechselwirkung mehr oder weniger modifizierten Energieniveaus eines Teilchens, oder einer Anregung, die nicht direkt einem materiellen Teilchen zuzuordnen ist (quantisierte Gitterschwingung, quantisierte elektromagnetische Schwingung). In allen Fällen sind nur diskrete Impulswerte wie in (29.3) möglich; dies wird in den folgenden Kapiteln jeweils im Detail gezeigt. Danach erfolgt die Auswertung der Impulssummen wie in (29.6).

Nach Landau bezeichnen wir die Teilchen oder quantisierten Anregungen allgemein als *Quasiteilchen*; die Quasiteilchen sind die quantisierten elementaren Anregungen des Systems. Ein Vielteilchensystem aus Quasiteilchen kann oft in guter Näherung als ideales Gas behandelt werden.

Fermistatistik

Wir werten die großkanonische Zustandssumme

$$Y(T,V,\mu)=\sum_r \exp\left[-\beta(E_r-\mu N_r)\right] \tag{29.27}$$

für ein System aus Fermionen mit Spin 1/2 aus. Ein Mikrozustand r ist durch

$$r=\left\{n_{\boldsymbol{p}}^{s_z}\right\}=\left(n_{\boldsymbol{p}_1}^{\uparrow},\,n_{\boldsymbol{p}_1}^{\downarrow},\,n_{\boldsymbol{p}_2}^{\uparrow},\,n_{\boldsymbol{p}_2}^{\downarrow},\,n_{\boldsymbol{p}_3}^{\uparrow},\ldots\right) \tag{29.28}$$

gegeben; dabei verwenden wir Pfeile anstelle von $s_z=\pm 1/2$. Im Zustand r sind die Energie und die Teilchenzahl durch

$$E_r=\sum_{s_z,\,\boldsymbol{p}}\varepsilon_p\, n_{\boldsymbol{p}}^{s_z}\,,\qquad N_r=\sum_{s_z,\,\boldsymbol{p}} n_{\boldsymbol{p}}^{s_z} \tag{29.29}$$

gegeben. Wir setzen dies in (29.27) ein:

$$\begin{aligned} Y &= \sum_{n_{\boldsymbol{p}_1}^{\uparrow}=0}^{1}\ \sum_{n_{\boldsymbol{p}_1}^{\downarrow}=0}^{1}\ \sum_{n_{\boldsymbol{p}_2}^{\uparrow}=0}^{1} \ldots \exp\left(-\beta\,(\varepsilon_{p_1}-\mu)\,n_{\boldsymbol{p}_1}^{\uparrow}\right)\ \exp\left(-\beta\,(\varepsilon_{p_1}-\mu)\,n_{\boldsymbol{p}_1}^{\downarrow}\right)\ldots \\ &= \left(1+\exp\left[-\beta\,(\varepsilon_{p_1}-\mu)\right]\right)^2\cdot\left(1+\exp\left[-\beta\,(\varepsilon_{p_2}-\mu)\right]\right)^2\cdot\ldots \end{aligned} \tag{29.30}$$

Damit erhalten wir

$$Y(T,V,\mu)=\prod_{\boldsymbol{p}}\left(1+\exp\left[-\beta\,(\varepsilon_p-\mu)\right]\right)^2 \tag{29.31}$$

Wir berechnen den Mittelwert $\overline{n_{\boldsymbol{p}}^{s_z}}$. Dazu greifen wir einen bestimmten diskreten Impulswert $\boldsymbol{p}_i$ und $s_z=1/2$ heraus. Gegenüber (29.30) treten nur in der Summe über $n^{\uparrow}_{\boldsymbol{p}_i}$ Abweichungen auf:

$$\begin{aligned}
\overline{n^{\uparrow}_{\boldsymbol{p}_i}} &= \sum_r P_r\, n^{\uparrow}_{\boldsymbol{p}_i} = \frac{1}{Y} \sum_r n^{\uparrow}_{\boldsymbol{p}_i}\, \exp\left[-\beta(E_r - \mu N_r)\right] = \\
&= \frac{1}{Y} \cdots \sum_{n^{\uparrow}_{\boldsymbol{p}_i}=0}^{1} \; \sum_{n^{\downarrow}_{\boldsymbol{p}_i}=0}^{1} \cdots n^{\uparrow}_{\boldsymbol{p}_i}\, \exp\Big(-\beta(\varepsilon_{p_i} - \mu)\, n^{\uparrow}_{\boldsymbol{p}_i}\Big) \exp\Big(-\beta(\varepsilon_{p_i} - \mu)\, n^{\downarrow}_{\boldsymbol{p}_i}\Big) \cdots \\
&= \frac{1}{Y} \ldots \exp\left[-\beta(\varepsilon_{p_i} - \mu)\right] \cdot \left(1 + \exp\left[-\beta(\varepsilon_{p_i} - \mu)\right]\right) \ldots = \\
&= \frac{\exp\left[-\beta(\varepsilon_{p_i} - \mu)\right]}{1 + \exp\left[-\beta(\varepsilon_{p_i} - \mu)\right]} = \frac{1}{\exp\left[\beta(\varepsilon_{p_i} - \mu)\right] + 1} \qquad (29.32)
\end{aligned}$$

Mit ε hängt $\overline{n}$ nur von $|\boldsymbol{p}|$ ab,

$$\overline{n^{s_z}_{\boldsymbol{p}}} = \overline{n_p} = \frac{1}{\exp\left[\beta(\varepsilon_p - \mu)\right] + 1} \qquad (29.33)$$

Diese Mittelwerte werden *mittlere Besetzungszahlen* genannt. Falls die Einteilchenenergien von der Richtung des Impulses oder des Spins abhängen, ist ε_p in (29.33) durch $\varepsilon^{s_z}_{\boldsymbol{p}}$ zu ersetzen.

Alle thermodynamischen Größen folgen aus dem Logarithmus von Y,

$$\ln Y(T, V, \mu) = 2 \sum_{\boldsymbol{p}} \ln\left(1 + \exp[-\beta(\varepsilon_p - \mu)]\right) \qquad (29.34)$$

Dabei ist aber zu beachten, daß der Summenindex $\boldsymbol{p}$ und nicht p ist; gemäß (29.6) ist über alle Impulskomponenten zu summieren. Aus den Ableitungen von $\ln Y$ erhält man

$$N(T, V, \mu) = \frac{1}{\beta} \frac{\partial \ln Y}{\partial \mu} = \sum_{s_z,\, \boldsymbol{p}} \overline{n^{s_z}_{\boldsymbol{p}}} = 2 \sum_{\boldsymbol{p}} \overline{n_p} \qquad (29.35)$$

$$E(T, V, \mu) = -\frac{\partial \ln Y}{\partial \beta} + \mu N = \sum_{s_z,\, \boldsymbol{p}} \varepsilon_p\, \overline{n^{s_z}_{\boldsymbol{p}}} = 2 \sum_{\boldsymbol{p}} \varepsilon_p\, \overline{n_p} \qquad (29.36)$$

Für Systeme mit vorgegebener Teilchenzahl N ist μ in (29.35) so zu wählen, daß $N(T, V, \mu)$ gleich N ist. In diesem Sinn kann μ als *Normierungskonstante* der mittleren Besetzungszahlen (29.33) aufgefaßt werden. Löst man $N = N(T, V, \mu)$ nach $\mu = \mu(T, V, N)$ auf, und setzt dieses μ in $E = E(T, V, \mu)$ ein, so erhält man die Energie in der Form $E = E(T, V, N)$, also die kalorische Zustandsgleichung. Die thermische Zustandsgleichung $P = P(T, V, N)$ erhält man, wenn man $\mu(T, V, N)$ in $P(T, V, \mu) = k_{\mathrm{B}} T \ln Y / V$ einsetzt.

Bosestatistik

Für ein System aus Bosonen mit Spin null ist ein Mikrozustand durch

$$r = \{n_{\boldsymbol{p}}\} = (n_{\boldsymbol{p}_1}, n_{\boldsymbol{p}_2}, n_{\boldsymbol{p}_3}, \ldots) \tag{29.37}$$

gegeben. Hierfür berechnen wir die großkanonische Zustandssumme

$$\begin{aligned} Y &= \sum_r \exp\big[-\beta(E_r - \mu N_r)\big] = \\ &= \sum_{n_{\boldsymbol{p}_1}=0}^{\infty} \exp\big[-\beta(\varepsilon_{p_1} - \mu)\, n_{\boldsymbol{p}_1}\big] \cdot \sum_{n_{\boldsymbol{p}_2}=0}^{\infty} \exp\big[-\beta(\varepsilon_{p_2} - \mu)\, n_{\boldsymbol{p}_2}\big] \cdot \ldots = \\ &= \frac{1}{1 - \exp[-\beta(\varepsilon_{p_1} - \mu)]} \cdot \frac{1}{1 - \exp[-\beta(\varepsilon_{p_2} - \mu)]} \ldots \end{aligned} \tag{29.38}$$

Dies ergibt

$$Y(T, V, \mu) = \prod_{\boldsymbol{p}} \frac{1}{1 - \exp[-\beta(\varepsilon_p - \mu)]} \tag{29.39}$$

Wir berechnen auch hier wieder die mittlere Besetzungszahl:

$$\begin{aligned} \overline{n_{\boldsymbol{p}_i}} &= \frac{1}{Y} \sum_r n_{\boldsymbol{p}_i} \exp\big[-\beta(E_r - \mu N_r)\big] = \\ &= \frac{1}{Y} \sum_{n_{\boldsymbol{p}_1}=0}^{\infty} \ldots \sum_{n_{\boldsymbol{p}_i}=0}^{\infty} \ldots n_{\boldsymbol{p}_i} \exp\big[-\beta(\varepsilon_{p_i} - \mu)\, n_{\boldsymbol{p}_i}\big] \ldots = \\ &= \frac{1}{Y} \sum_{n_{\boldsymbol{p}_1}=0}^{\infty} \ldots \left(\frac{1}{\beta}\frac{\partial}{\partial\mu} \sum_{n_{\boldsymbol{p}_i}=0}^{\infty} \exp\big[-\beta(\varepsilon_{p_i} - \mu)\big]\right) \ldots = \\ &= \frac{1}{Y} \sum_{n_{\boldsymbol{p}_1}=0}^{\infty} \ldots \left(\frac{1}{\beta}\frac{\partial}{\partial\mu} \frac{1}{1 - \exp[-\beta(\varepsilon_{p_i} - \mu)]}\right) \ldots = \\ &= \frac{\exp[-\beta(\varepsilon_{p_i} - \mu)]}{1 - \exp[-\beta(\varepsilon_{p_i} - \mu)]} = \frac{1}{\exp[\beta(\varepsilon_{\boldsymbol{p}_i} - \mu)] - 1} \end{aligned} \tag{29.40}$$

Das Ergebnis unterscheidet sich von dem für Fermionen (29.33) nur durch ein Vorzeichen im Nenner:

$$\overline{n_{\boldsymbol{p}}} = \overline{n_p} = \frac{1}{\exp[\beta(\varepsilon_p - \mu)] - 1} \tag{29.41}$$

Dieses Vorzeichen führt zu entscheidenden Unterschieden zwischen Fermi- und Bosesystemen. Falls die Einteilchenenergien von der Richtung des Impulses oder des Spins (etwa für Teilchen mit $s = 1$) abhängen, ist ε_p in (29.41) durch $\varepsilon_{\boldsymbol{p}}^{s_z}$ zu ersetzen.

Aus

$$\ln Y(T, V, \mu) = -\sum_{p} \ln\left(1 - \exp\left[-\beta(\varepsilon_p - \mu)\right]\right) \tag{29.42}$$

folgen die Energie und die Teilchenzahl. Unmittelbar aus (29.41) erhalten wir hierfür die Form

$$E(T, V, \mu) = \sum_{p} \varepsilon_p\, \overline{n_p}\,, \qquad N(T, V, \mu) = \sum_{p} \overline{n_p} \tag{29.43}$$

Für $s \neq 0$ ist die Summe über s_z hinzuzufügen. Das chemische Potential μ kann wieder als Normierungskonstante der mittleren Besetzungszahlen $\overline{n_p}$ aufgefaßt werden. Die Elimination von μ aus $N(T, V, \mu)$, $E(T, V, \mu)$ und $P(T, V, \mu) = k_{\rm B}T \ln Y/V$ führt zur kalorischen und thermischen Zustandsgleichung.

Druck

Falls die Einteilchenenergie ε_p proportional zu einer Potenz von p ist, kann man einen einfachen Zusammenhang zwischen der Energie E und dem Druck P angeben.

Dazu gehen wir von der ursprünglichen Definition des Drucks (8.9) aus,

$$P = -\overline{\frac{\partial E_r}{\partial V}} = -\sum_{s_z,\, p} \frac{\partial \varepsilon_p}{\partial V}\, \overline{n_p} \tag{29.44}$$

Bei der vorausgesetzten quasistatischen Änderung von V bleiben die Wahrscheinlichkeiten P_r und damit die $\overline{n_p}$ unverändert; die Ableitung nach V wirkt daher nicht auf $\overline{n_p}$. Im endlichen Volumen hängen die diskreten Impulswerte gemäß $p_i \propto V^{-1/3}$ von V ab, (29.3). Wir betrachten zwei mögliche Fälle für die Impulsabhängigkeit von ε_p:

$$\varepsilon_p = \begin{cases} p^2/2m & \propto \; V^{-2/3} \\ cp & \propto \; V^{-1/3} \end{cases} \tag{29.45}$$

Der erste Fall gilt für ein nichtrelativistisches Gas aus Teilchen der Masse m (etwa Gas aus Atomen oder Elektronen), der zweite Fall gilt für Photonen, Phononen oder hochrelativistische ($p \gg mc$) Teilchen. Die Ableitung nach V ergibt im ersten Fall $-2\varepsilon_p/(3V)$, im zweiten Fall $-\varepsilon_p/(3V)$. Wir setzen dies in (29.44) ein,

$$P = \begin{cases} \dfrac{2}{3}\,\dfrac{E}{V} & (\varepsilon_p \propto p^2) \\[2ex] \dfrac{1}{3}\,\dfrac{E}{V} & (\varepsilon_p \propto p) \end{cases} \tag{29.46}$$

In diesen Fällen kann man die thermische Zustandsgleichung $P = P(T, V, N)$ unmittelbar aus der Energie $E(T, V, N)$ erhalten.

Der Zusammenhang (29.46) zwischen E und P hängt nicht von der Statistik ab, sondern nur von der Impulsabhängigkeit der Einteilchenenergien. Für ein mehratomiges Gas gilt dieser Zusammenhang für den Translationsanteil der Energie.

Übung

Der Hamiltonoperator eines Teilchens im unendlich hohen Kasten lautet

$$h = \frac{\hbar^2}{2m}\,\Delta + U(\boldsymbol{r}) = \frac{\hbar^2}{2m}\,\Delta + \begin{cases} 0 & \boldsymbol{r} \in V \\ \infty & \boldsymbol{r} \notin V \end{cases}$$

Das Volumen V des Kastens sei kubisch.

Geben Sie die normierten Eigenfunktionen $\varphi_{\boldsymbol{p}}(\boldsymbol{r})$ an. Welche Werte kann $\boldsymbol{p}$ annehmen?

Übung

Betrachten Sie Abbildung 29.1 mit drei anstelle von zwei Teilchen. Geben Sie hierfür die Zustandssummen Z für die Bose-Einstein- und für die Maxwell-Boltzmann-Verteilung an.

Übung

Berechnen Sie die Schwankung Δn_j der Besetzungszahlen n_j eines idealen Quantengases; dabei stehe $j = (\boldsymbol{p}, s_z)$ für die Quantenzahlen eines Einteilchenzustands. Benutzen Sie die großkanonische Verteilung und unterscheiden Sie zwischen Fermi- und Boseteilchen.

Kapitel 30

Verdünntes Quantengas

Für ein verdünntes, ideales Gas aus N Atomen berechnen wir die quantenmechanischen Korrekturen, die sich gegenüber der klassischen Behandlung ergeben. Die Größe der Quantenkorrekturen ist durch das Verhältnis der thermischen Wellenlänge zum mittleren Teilchenabstand bestimmt.

Die Unterschiede in der Statistik (29.5) verschwinden im Grenzfall kleiner Besetzungszahlen,

$$\overline{n_p} = \frac{1}{\exp[\beta(\varepsilon_p - \mu)] \pm 1} \ll 1 \tag{30.1}$$

Voraussetzung hierfür ist

$$\exp\left[\beta(\varepsilon_p - \mu)\right] \gg 1 \tag{30.2}$$

Die Einteilchenenergien seien von der Form $\varepsilon_p = p^2/2m$. Wegen $\varepsilon \geq 0$ ist (30.2) gleichbedeutend mit

$$\exp(-\beta\mu) \gg 1 \tag{30.3}$$

Im Fall kleiner Quantenkorrekturen gilt näherungsweise das klassische Resultat (25.18), also $\exp(\beta\mu) \sim \lambda^3/v$. Damit wird (30.3) zu

$$\lambda^3 \ll v \qquad \text{(verdünntes Gas)} \tag{30.4}$$

Bei gegebener Temperatur liegt die thermische Wellenlänge λ fest. Dann ist (30.4) für hinreichend großes $v = V/N$ erfüllt, also für ein *verdünntes* Gas. Im betrachteten Grenzfall (30.2) wird (30.1) zu

$$\overline{n_p} \approx \exp\left[-\beta(\varepsilon_p - \mu)\right] = \text{const.} \cdot \exp(-\beta\varepsilon_p) \tag{30.5}$$

Das chemische Potential μ kann hier als Normierungskonstante für $\sum \overline{n_p} = N$ aufgefaßt werden. Das Ergebnis (30.5) entspricht der Maxwellverteilung. Im folgenden gehen wir einen Schritt über diese Näherung hinaus und berechnen die quantenmechanischen Korrekturen zum idealen (einatomigen) Gas.

Für das Fermigas mit $s = 1/2$ entwickeln wir $\ln Y$ aus (29.34) nach Potenzen von $\exp(\beta\mu)$,

$$\begin{aligned} \ln Y &= 2\sum_{\boldsymbol{p}} \ln\big(1 + \exp[-\beta(\varepsilon_p - \mu)]\big) = && \text{(Fermigas)} \\ &= 2\sum_{\boldsymbol{p}} \Big(\exp\big[-\beta(\varepsilon_p - \mu)\big] - \frac{1}{2}\, \exp\big[-2\beta(\varepsilon_p - \mu)\big] + \ldots \Big) && (30.6) \end{aligned}$$

Für das Bosegas mit $s = 0$ entwickeln wir $\ln Y$ aus (29.42) entsprechend,

$$\begin{aligned} \ln Y &= -\sum_{\boldsymbol{p}} \ln\big(1 - \exp[-\beta(\varepsilon_p - \mu)]\big) = && \text{(Bosegas)} \\ &= \sum_{\boldsymbol{p}} \Big(\exp\big[-\beta(\varepsilon_p - \mu)\big] + \frac{1}{2}\, \exp\big[-2\beta(\varepsilon_p - \mu)\big] + \ldots \Big) && (30.7) \end{aligned}$$

In der Form

$$\ln Y = (2s+1) \sum_{\boldsymbol{p}} \Big(\exp\big[-\beta(\varepsilon_p - \mu)\big] \mp \frac{1}{2}\, \exp\big[-2\beta(\varepsilon_p - \mu)\big] + \ldots \Big) \qquad (30.8)$$

können wir beide Fälle zusammenfassen. Das obere Vorzeichen gilt für das Fermigas, das untere für das Bosegas. Die Summe über die Spinzustände ergibt für beliebiges halb- oder ganzzahliges s den Faktor $2s + 1$.

Wir werten zunächst den führenden Term in (30.8) aus, indem wir die Summe über die diskreten Impulse gemäß (29.6) durch ein Integral ersetzen,

$$\ln Y = (2s+1)\, \frac{V}{(2\pi\hbar)^3} \int d^3p\, \exp\left(-\frac{p^2}{2m\, k_{\rm B} T}\right) \exp(\beta\mu) \qquad \text{(0. Ordnung)} \qquad (30.9)$$

Die Integration wurde bereits in (24.19) durchgeführt. Sie ergibt

$$\ln Y = (2s+1)\, \frac{V}{\lambda^3}\, \exp(\beta\mu) \qquad \text{(0. Ordnung)} \qquad (30.10)$$

Daraus erhalten wir das ideale Gasgesetz,

$$N = \frac{1}{\beta}\, \frac{\partial \ln Y}{\partial \mu} = (2s+1)\, \frac{V}{\lambda^3}\, \exp(\beta\mu) = \ln Y = \frac{PV}{k_{\rm B} T} \qquad \text{(0. Ordnung)} \qquad (30.11)$$

Außerdem können wir hieraus

$$\exp(\beta\mu) = \frac{1}{2s+1}\, \frac{\lambda^3}{v} \qquad \text{(0. Ordnung)} \qquad (30.12)$$

entnehmen. Dies rechtfertigt den Schritt von (30.3) zu (30.4) und zeigt, daß (30.8) eine Entwicklung nach Potenzen von λ^3/v ist. Eine solche Entwicklung ist für hinreichend kleine Dichten oder hohe Temperaturen gültig, denn aus (30.12) folgt

$$\left.\begin{array}{l}\exp(\beta\mu)\to 0\\ \mu\ \to\ -\infty\end{array}\right\}\quad \text{für}\quad N/V\to 0\quad\text{oder}\quad T\to\infty \tag{30.13}$$

Wir werten nun den Korrekturterm in (30.8) aus. Im Exponenten steht bei p^2 ein zusätzlicher Faktor 2; verglichen mit (30.9) führt dies bei der Integration mit d^3p zu einem Faktor $2^{-3/2}$. In 1. Ordnung ergibt (30.8) daher

$$\ln Y=(2s+1)\,\frac{V}{\lambda^3}\left(\exp(\beta\mu)\mp\frac{1}{2^{5/2}}\,\exp(2\beta\mu)\right) \tag{30.14}$$

Höhere Terme vernachlässigen wir hier und im folgenden. Aus (30.14) folgt

$$N=\frac{1}{\beta}\,\frac{\partial\ln Y}{\partial\mu}=(2s+1)\,\frac{V}{\lambda^3}\left(\exp(\beta\mu)\mp\frac{1}{2^{3/2}}\,\exp(2\beta\mu)\right) \tag{30.15}$$

Die letzten beiden Gleichungen ergeben

$$\ln Y=N\pm\frac{2s+1}{2^{5/2}}\,\frac{V}{\lambda^3}\,\exp(2\beta\mu) \tag{30.16}$$

Der zweite Term auf der rechten Seite ist ein Term 1. Ordnung. In ihm können wir daher $\exp(\beta\mu)$ in 0. Ordnung einsetzen, also (30.12):

$$\ln Y=N\pm\frac{1}{2^{5/2}}\,\frac{1}{2s+1}\,\frac{\lambda^3}{V}\,N^2 \tag{30.17}$$

Mit $\ln Y=-J/k_{\rm B}T=PV/k_{\rm B}T$ schreiben wir dies in der Form

$$\frac{PV}{k_{\rm B}T}=N\left(1+\frac{B_{\rm qm}(T)}{v}\right) \tag{30.18}$$

mit dem *quantenmechanischen Virialkoeffizienten*

$$B_{\rm qm}(T)=\left\{\begin{array}{ll}+\dfrac{\lambda^3}{2^{7/2}} & \text{Fermigas } (s=1/2)\\[2ex] -\dfrac{\lambda^3}{2^{5/2}} & \text{Bosegas } (s=0)\end{array}\right. \tag{30.19}$$

Für die Energie erhalten wir

$$E\stackrel{(29.46)}{=}\frac{3}{2}\,PV=\frac{3}{2}\,Nk_{\rm B}T\left(1+\frac{B_{\rm qm}(T)}{v}\right) \tag{30.20}$$

Damit haben wir die quantenmechanischen Korrekturen zum idealen Gas berechnet. Unser Vorgehen war ähnlich wie bei der Ableitung der van der Waals-Gleichung in Kapitel 28.

Diskussion

Die thermische Wellenlänge λ ist die quantenmechanische Wellenlänge eines Teilchens mit der thermischen Energie $\mathcal{O}(k_\mathrm{B}T)$:

$$\lambda = \frac{2\pi\hbar}{\sqrt{2\pi m\, k_\mathrm{B}T}} \quad\Longrightarrow\quad \frac{\hbar^2}{2m\lambda^2} = \mathcal{O}(k_\mathrm{B}T) \tag{30.21}$$

Bis auf einen numerischen Faktor ist $v^{1/3}$ gleich dem mittleren Abstand zweier Gasteilchen. Die Größe der Korrektur zum idealen Gasgesetz ist durch das Verhältnis

$$\frac{\lambda}{v^{1/3}} \approx \frac{\text{thermische Wellenlänge}}{\text{mittlerer Teilchenabstand}} \tag{30.22}$$

bestimmt. Voraussetzung für die gegebene Ableitung war (30.4), also ein kleines Verhältnis (30.22). Würde man die vorgeführte Entwicklung weiterführen, ergäbe sich eine Potenzreihe in λ^3/v in (30.17) und (30.18).

Wegen $\lambda \propto 1/\sqrt{T}$ kommt es bei hinreichend tiefen Temperaturen zu $\lambda = \mathcal{O}(v^{1/3})$. Die Temperatur T_trans, bei der die Quanteneffekte wichtig werden, ist durch

$$\Delta\varepsilon_\mathrm{trans} = \frac{\hbar^2}{m v^{2/3}} = k_\mathrm{B} T_\mathrm{trans} \tag{30.23}$$

gegeben. Wir werten dies für Luft numerisch aus. Die Luftmoleküle (O_2 oder N_2) haben die Masse $m \approx 30\ \mathrm{GeV}/c^2$ (eine Nukleonenmasse ist etwa gleich $1\,\mathrm{GeV}/c^2$). Die Temperatur T_trans ist maximal für minimales $v = V/N$. In der Gasphase muß v größer als das Eigenvolumen der Moleküle sein. Als unteren Wert setzen wir $v^{1/3} = 4\,\text{Å}$ an:

$$\Delta\varepsilon_\mathrm{trans} \approx \frac{\hbar^2}{30\,\mathrm{GeV}/c^2 \cdot (4\,\text{Å})^2} \approx 10^{-5}\ \mathrm{eV} \approx 10^{-1}\ k_\mathrm{B}\,\mathrm{K} \qquad (\text{für } N_2) \tag{30.24}$$

Dabei wurde $\hbar c/\text{Å} = (\hbar c/e^2)(e^2/\text{Å}) \approx 137 \cdot 14.4\ \mathrm{eV}$ verwendet.

Die Skala $\Delta\varepsilon_\mathrm{trans} = k_\mathrm{B}T_\mathrm{trans}$ für Quanteneffekte ist keine Folge der Impulsquantisierung mit $\Delta p = \pi\hbar/V^{1/3}$. Die Impulsquantisierung führt nur zu sehr kleinen Energieabständen,

$$\Delta\varepsilon' = \frac{(\Delta p)^2}{2m} \approx \frac{\hbar^2}{m\,V^{2/3}} = \frac{\Delta\varepsilon_\mathrm{trans}}{N^{2/3}} \ll \Delta\varepsilon_\mathrm{trans} \tag{30.25}$$

Die Quantisierung mit $\Delta\varepsilon'$ spielt für ein makroskopisches System keine Rolle. Die Quantenkorrekturen beruhen vielmehr auf der Austauschsymmetrie der Teilchen, die zu Unterschieden bei der Abzählung der Zustände führt (vergleiche Abbildung 29.1), und damit zu den Besetzungszahlen (29.33) und (29.41). Diese Effekte sind bei gegebener Dichte ($v = V/N = \text{const.}$) unabhängig vom Volumen V.

Nach (30.24) werden Quanteneffekte für die Translation erst bei Temperaturen wesentlich, bei denen gewöhnliche Gase in der festen Phase vorliegen. In der Gasphase sind die berechneten Quanteneffekte daher immer kleine Korrekturen.

Eine Ausnahmestellung nehmen die Edelgase ^{3}He und ^{4}He ein. Sie kondensieren bei etwa 5 K, werden aber bei Normaldruck auch für $T \to 0$ nicht fest. Daher bleiben die hier behandelten Freiheitsgrade der Translation erhalten, auch wenn erhebliche Modifikationen durch die Wechselwirkung in der Flüssigkeit zu erwarten sind. Wenn wir in der Abschätzung (30.24) die kleinere Masse $m \approx 4\ \mathrm{GeV/c^2}$ der Heliumatome und $v^{1/3} \approx 3.6\,\text{Å}$ für die Flüssigkeit einsetzen, ergibt sich

$$\Delta\varepsilon_{\rm trans} = \frac{\hbar^2}{m v^{2/3}} \approx 1\, k_{\rm B}\mathrm{K} \qquad \text{(für He)} \tag{30.26}$$

In der Tat kommt es im Bereich von 2 K zu dramatischen Unterschieden im Verhalten der realen ^{3}He- und ^{4}He-Flüssigkeiten. Der Grund hierfür ist die unterschiedliche Austauschsymmetrie für Bosonen (^{4}He-Atome) und Fermionen (^{3}He-Atome). Die realen Flüssigkeiten zeigen qualitative Ähnlichkeiten mit den entsprechenden idealen Quantengasen (Kapitel 31 und 32).

Für gewöhnliche Gase wird die quantenmechanische Korrektur $\mathcal{O}(\lambda^3/v)$ von Effekten der Wechselwirkung überlagert. Für das verdünnte, wechselwirkende klassische Gas hatten wir Korrekturen der Größe

$$\frac{B(T)}{v} \sim \frac{b}{v} \ll \frac{B_{\rm qm}(T)}{v^3} \sim \frac{\lambda^3}{v} \tag{30.27}$$

erhalten; dabei ist $B(T)$ der erste Virialkoeffizient und b das vierfache Eigenvolumen der Atome. Wegen $\lambda^3 \ll b$ ist die quantenmechanische Korrektur praktisch immer vernachlässigbar klein. Außerdem wären quantenmechanische Effekte zunächst bei der Auswertung der Zustandssumme $Z(2)$ in (28.3) zu berücksichtigen: Damit der attraktive Bereich des Potentials wirksam wird, muß ein Gasteilchen seine Position auf den Bereich $\mathcal{O}(b)$ einschränken. Dies bedingt eine kinetische Energie der Größe $\hbar^2/(m b^{2/3})$; hierdurch wird der Effekt der attraktiven Wechselwirkung verringert. Diese quantenmechanische Korrektur von $B(T)$ ist größer als der Beitrag $B_{\rm qm}$, denn sie ist von der Größe $\hbar^2/(m b^{2/3}) = \mathcal{O}(\hbar^2)$ gegenüber $B_{\rm qm} = \mathcal{O}(\hbar^3)$.

Für das Elektronengas im Metall genügen die hier berechneten quantenmechanischen Korrekturen nicht. Wegen der kleineren Elektronmasse $m_{\rm e} c^2 \approx 0.5\ \mathrm{MeV/c^2}$ ergibt sich ein um einen Faktor $\mathcal{O}(10^4)$ größeres $T_{\rm trans}$ als in (30.26). Die volle quantenmechanische Behandlung des Elektronengases erfolgt in Kapitel 32.

Kapitel 31

Ideales Bosegas

In diesem Kapitel untersuchen wir das ideale Bosegas mit fester Teilchenzahl. Das ideale Bosegas ist ein bemerkenswertes Modell, weil es zu einem exakt berechenbaren Phasenübergang führt, der sogenannten Bose-Einstein-Kondensation. Die enge Beziehung dieses Phasenübergangs zum λ-Übergang in der realen ^{4}He–Flüssigkeit wird in Kapitel 38 erörtert.

Wir gehen von nichtrelativistischen Bosonen mit dem Spin 0 und der Masse m aus. Die Einteilchenzustände mit dem Impuls $\boldsymbol{p}$ haben die Energie

$$\varepsilon_{\boldsymbol{p}} = \varepsilon_p = \frac{p^2}{2m} \tag{31.1}$$

Nach (29.41) ist die mittlere Anzahl von Bosonen in einem Einteilchenzustand

$$\overline{n_{\boldsymbol{p}}} = \overline{n_p} = \frac{1}{\exp[\beta(\varepsilon_p - \mu)] - 1} \tag{31.2}$$

Die Energie und die Teilchenzahl wurden in (29.43) angegeben,

$$E(T, V, \mu) = \sum_{\boldsymbol{p}} \varepsilon_p \, \overline{n_p}\,, \qquad N(T, V, \mu) = \sum_{\boldsymbol{p}} \overline{n_p} \tag{31.3}$$

Nach (29.6) kann die Summe über die diskreten Impulse als Integral ausgeführt werden:

$$\sum_{\boldsymbol{p}} \ldots = \frac{V}{(2\pi\hbar)^3} \int d^3p \, \ldots \tag{31.4}$$

Durch (31.1)–(31.4) ist das *ideale Bosegas* definiert. Aus (31.3) erhalten wir durch Elimination von μ die Energie $E(T, V, N)$. Aus $E(T, V, N)$ folgen dann die spezifische Wärme c_V und der Druck (29.46), und damit auch alle anderen thermodynamischen Größen.

Für die mittlere Besetzungszahl (31.2) gilt

$$\overline{n_p} \stackrel{\varepsilon_p-\mu\to 0}{\longrightarrow} \infty \tag{31.5}$$

Für positives μ wäre die mittlere Besetzungszahl also bei $\varepsilon_p = \mu$ singulär, $\overline{n_p} \propto 1/(\varepsilon_p - \mu)$. Dann würde das Integral (31.4) über $\overline{n_p}$ divergieren. Daher muß

$$\mu \le 0 \tag{31.6}$$

gelten, und damit $\varepsilon_p - \mu \ge 0$. Für $\varepsilon_p - \mu > 0$ können wir $\overline{n_p}$ nach Potenzen von $\exp(-\beta(\varepsilon_p - \mu)) \le 1$ entwickeln:

$$\begin{aligned} N &= \sum_p \overline{n_p} = \sum_p \frac{\exp(-\beta(\varepsilon_p-\mu))}{1-\exp(-\beta(\varepsilon_p-\mu))} = \sum_p \sum_{l=1}^{\infty} \big(\exp[-\beta(\varepsilon_p-\mu)]\big)^l = \\ &= \frac{V}{(2\pi\hbar)^3} \sum_{l=1}^{\infty} \exp(\beta\mu l) \int d^3p \, \exp\left(-\frac{p^2\, l}{2m\, k_B T}\right) \end{aligned} \tag{31.7}$$

Für $l = 1$ ist das Integral bereits aus (24.19) bekannt,

$$\frac{1}{(2\pi\hbar)^3} \int d^3p \, \exp\left(-\frac{p^2}{2m\, k_B T}\right) = \frac{1}{\lambda^3} \tag{31.8}$$

Dabei ist λ die thermische Wellenlänge,

$$\lambda = \frac{2\pi\hbar}{\sqrt{2\pi m\, k_B T}} \tag{31.9}$$

Für die Terme mit $l \neq 1$ in (31.7) substituieren wir $p^2 l \to p'^2$ und $d^3p \to d^3p'/l^{3/2}$. Verglichen mit (31.8) ergibt sich ein zusätzlicher Faktor $1/l^{3/2}$, also

$$N(T, V, \mu) = \frac{V}{\lambda^3} \sum_{l=1}^{\infty} \frac{\exp(\beta\mu l)}{l^{3/2}} \tag{31.10}$$

Das chemische Potential μ ist so zu bestimmen, daß $\sum \overline{n_p} = N(T, V, \mu)$ gleich der vorgegebenen Teilchenzahl N ist. Das heißt, μ ist durch (31.10) festgelegt:

$$1 = \frac{v}{\lambda(T)^3} \sum_{l=1}^{\infty} \frac{1}{l^{3/2}} \exp\left(\frac{\mu\, l}{k_B T}\right) \quad \Longrightarrow \quad \mu = \mu(T, v) \tag{31.11}$$

Die Temperaturabhängigkeit von $\mu(T, v)$ ist in Abbildung 31.1 skizziert. Für $T \to \infty$ geht v/λ^3 gegen unendlich, also $\mu \to -\infty$. Bei abnehmender Temperatur nimmt der Vorfaktor v/λ^3 ab, also muß $\exp(\beta\mu)$ und damit μ wachsen; die einzelnen Terme der l-Summe nehmen gemeinsam ab oder zu. Für $\mu > 0$

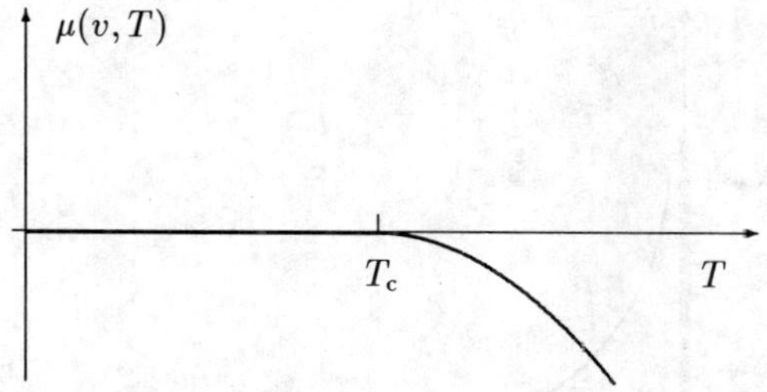

Abbildung 31.1: Chemisches Potential des idealen Bosegases als Funktion von der Temperatur.

hat (31.11) keine Lösung; dies hatten wir auch bereits in (31.6) ausgeschlossen. Die Lösung für das maximale $\mu = 0$ kennzeichnen wir mit einem Index c,

$$\frac{\lambda_c^3}{v} = \sum_{l=1}^{\infty} \frac{1}{l^{3/2}} = \zeta(3/2) \tag{31.12}$$

Die auftretenden numerischen Summen ergeben die Riemannsche Zetafunktion,

$$\zeta(x) \equiv \sum_{l=1}^{\infty} \frac{1}{l^x} = \begin{cases} 1 + \dfrac{1}{2\sqrt{2}} + \dfrac{1}{3\sqrt{3}} + \ldots \approx 2.612 & (x = 3/2) \\ 1 + \dfrac{1}{4\sqrt{2}} + \dfrac{1}{9\sqrt{3}} + \ldots \approx 1.342 & (x = 5/2) \end{cases} \tag{31.13}$$

Aus (31.9) und (31.12) folgt die zu $\mu = 0$ gehörige Temperatur T_c,

$$k_B T_c = \frac{2\pi}{[\zeta(3/2)]^{2/3}} \frac{\hbar^2}{m v^{2/3}} \tag{31.14}$$

Für $T \sim T_c$ ist die quantenmechanische Wellenlänge eines thermisch bewegten Teilchens gleich dem mittleren Teilchenabstand. Für die Parameter von flüssigem ^{4}He erhalten wir

$$T_c = 3.13\ \text{K} \qquad (^4\text{He},\ v = 46\ \text{Å}^3) \tag{31.15}$$

Bisher haben wir gesehen, daß μ von $-\infty$ bei $T \to \infty$ mit abnehmender Temperatur auf $\mu = 0$ für $T \to T_c$ wächst. Für $\mu > 0$ hat (31.10) keine Lösung. Hieraus folgt eine Einschränkung des Temperaturbereichs, in dem (31.10) eine Lösung hat:

$$\mu \le 0 \quad \overset{(31.10)}{\Longrightarrow} \quad \frac{\lambda^3}{v} \le \zeta(3/2) \quad \text{oder} \quad T \ge T_c \tag{31.16}$$

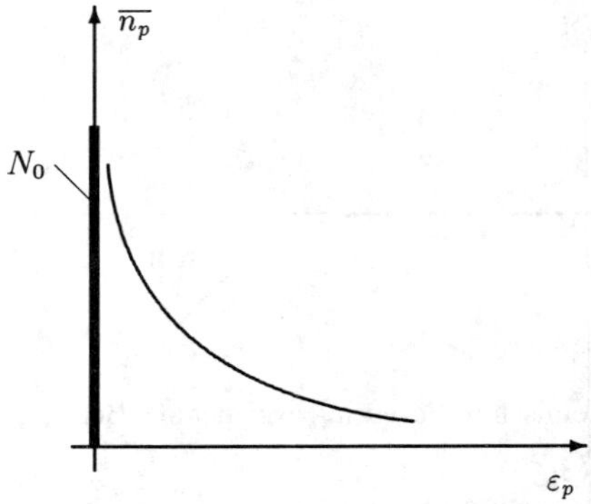

Abbildung 31.2: Besetzungszahlen des idealen Bosegases für $T < T_c$. Der dicke Balken soll die makroskopische Besetzung des untersten Einteilchenniveaus für $T < T_c$ darstellen, $N_0 = \overline{n_0} = \mathcal{O}(N)$.

Nun müssen sich die vorhandenen Teilchen aber auch für $T \leq T_c$ irgendwie über die zur Verfügung stehenden Niveaus verteilen. Das heißt, die Gleichung $N = \sum \overline{n_p}$ *muß* eine Lösung haben; aus ihr darf nicht, wie in (31.16), die Beschränkung $T \geq T_c$ folgen. Damit weist (31.16) auf einen Fehler in der Auswertung der Teilchenzahlbedingung (31.7) hin.

Bei vorgegebener Dichte N/V folgt aus Gleichung (31.10)

$$\mu \stackrel{T \to T_c{}^+}{\longrightarrow} 0^- \tag{31.17}$$

Die Indizes '+' und '−' sollen anzeigen, von welcher Seite aus man sich dem Grenzwert nähert. Mit $\mu \to 0^-$ wird die mittlere Besetzungszahl des niedrigsten Niveaus mit $\varepsilon_0 = 0$ beliebig groß:

$$N_0 = \overline{n_0} \stackrel{\mu \to 0^-}{\longrightarrow} \infty \tag{31.18}$$

Im folgenden bezeichnen wir die Anzahl der Teilchen im untersten Niveau mit N_0. In Abbildung 31.2 sind die Besetzungszahlen für $T < T_c$ skizziert, wie sie sich aus (31.2) mit $\mu = 0$ und aus der folgenden Diskussion ergeben.

Der Beitrag der N_0 Teilchen ging beim Übergang von der Summe $\sum_{\boldsymbol{p}}$ zum Integral $\int d^3p$ in (31.7) verloren: Für $\mu = 0$ und $p \to 0$ ist $\overline{n_p} \propto 1/p^2$. Dies ergibt in der Integration $d^3p = 4\pi p^2\, dp$ nur einen Beitrag proportional zu dp, also einen verschwindenden Beitrag in einer infinitesimalen Umgebung von $p = 0$. Da der Beitrag mit $\overline{n_0}$ nicht im Integral enthalten ist, muß er bei der

Siehe auch Greiner Band 9, Seite 321
Beim Übergang $\Sigma \to \int$ wird ja vorausgesetzt, daß $\Delta p \ll \bar{p}$. Dies ist bei $\bar{p} \to 0$ nicht mehr erfüllt.

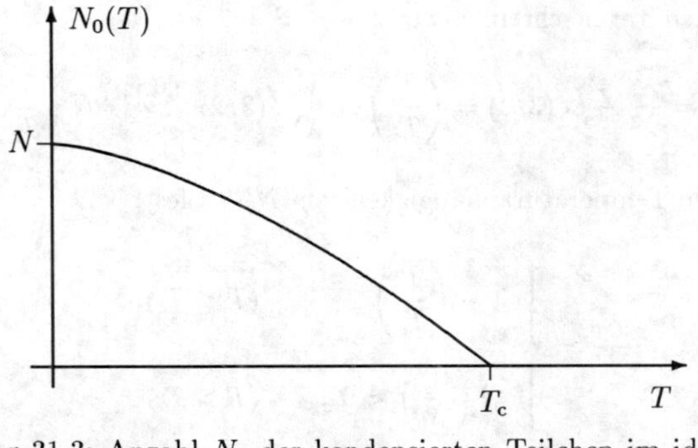

Abbildung 31.3: Anzahl N_0 der kondensierten Teilchen im idealen Bosegas als Funktion von T.

Ersetzung $\sum_{\boldsymbol{p}} \to \int d^3p$ gesondert berücksichtigt werden:

$$\sum_{\boldsymbol{p}} \overline{n_p} = \overline{n_0} + \sum_{\boldsymbol{p}\neq 0} \overline{n_p} = \overline{n_0} + \frac{V}{(2\pi\hbar)^3} \int d^3p \ \overline{n_p} = N_0 + \frac{V}{\lambda^3} \sum_{l=1}^{\infty} \frac{\exp(\beta\mu l)}{l^{3/2}} \tag{31.19}$$

Für $T > T_c$ ist $\overline{n_0} = \mathcal{O}(1)$ und kann weggelassen werden; damit bleibt (31.7) und (31.10) für $T > T_c$ gültig. Für $N_0 \gg 1$ folgt aus (31.2)

$$1 \ll N_0 = \frac{1}{\exp[\beta(\varepsilon_0 - \mu)] - 1} \approx \frac{k_B T}{\varepsilon_0 - \mu} \overset{V\to\infty}{=} \frac{k_B T}{-\mu} \tag{31.20}$$

Wir untersuchen keine Effekte, die auf der endlichen Größe des Systems beruhen. Daher betrachten wir den Grenzfall thermodynamischen Limes

$$N \to \infty\,, \qquad V \to \infty\,, \qquad v = \frac{V}{N} = \text{const.} \tag{31.21}$$

In diesem Limes ist die Energie $\varepsilon_0 \approx \hbar^2/(mV^{2/3})$ des untersten Einteilchenniveaus gleich null, und das chemische Potential ist ebenfalls null:

$$\mu = -\frac{k_B T}{N_0} = -\frac{k_B T}{\mathcal{O}(N)} \overset{N\to\infty}{=} 0 \qquad (T \le T_c\,,\ N \to \infty) \tag{31.22}$$

Der Grenzfall (31.21) wird thermodynamischen Limes genannt. Die Endlichkeit eines konkreten makroskopischen Systems spielt wegen der großen Teilchenzahl (etwa $N = \mathcal{O}(10^{24})$ im allgemeinen keine Rolle. In der theoretischen Behandlung kann daher der thermodynamische Limes verwendet werden.

Wir setzen $\mu = 0$ in (31.19) ein:

$$N = N_0 + \frac{V}{\lambda^3}\,\zeta(3/2) \qquad (T \le T_c) \tag{31.23}$$

Für den zweiten Term schreiben wir

$$\frac{V}{\lambda^3}\,\zeta(3/2) = \frac{\lambda_c^3}{\lambda^3}\,\frac{V}{\lambda_c^3}\,\zeta(3/2) = \left(\frac{T}{T_c}\right)^{3/2} \frac{V}{\lambda_c^3}\,\zeta(3/2) \stackrel{(31.12)}{=} N\left(\frac{T}{T_c}\right)^{3/2} \tag{31.24}$$

Damit liegt die Temperaturabhängigkeit von $N_0(T)$ fest:

$$\frac{N_0}{N} = \begin{cases} 1 - \left(\dfrac{T}{T_c}\right)^{3/2} & (T \le T_c) \\ \mathcal{O}\left(\dfrac{1}{N}\right) \approx 0 & (T > T_c) \end{cases} \tag{31.25}$$

Dieses Ergebnis ist in Abbildung 31.3 skizziert. Für $T < T_c$ geht ein endlicher Bruchteil N_0/N aller Atome in den tiefsten Zustand. Für $T = 0$ erhalten wir $N_0 = N$, also den quantenmechanisch zu erwartenden Grundzustand.

Die Tatsache, daß sich im idealen Bosegas eine diskrete Übergangstemperatur T_c ergibt, und daß für $T \le T_c$ ein endlicher Bruchteil aller Teilchen in den tiefsten Zustand geht, wird als *Bose-Einstein-Kondensation* bezeichnet. Dieser Effekt wurde 1924 von Einstein gefunden, der das ideale Gas mit der von Bose eingeführten Statistik untersuchte. Die Bezeichnung 'Kondensation' rührt daher, daß ebenso wie beim Übergang gasförmig-flüssig die kondensierten Teilchen nicht mehr zum Gasdruck beitragen.

Das ideale Bosegas hat damit einen Phasenübergang; das heißt bei einer bestimmten Temperatur T_c ändert sich das Verhalten des Systems qualitativ. Wir werden Phasenübergänge in Teil V noch näher diskutieren und dabei auch auf die Bose-Einstein-Kondensation zurückkommen.

Wir berechnen nun die Energie und die spezifische Wärme des idealen Bosegases. Analog zu der Rechnung in (31.7) erhalten wir

$$\begin{aligned} \sum_{p} \varepsilon_p\,\overline{n_p} &= \frac{V}{(2\pi\hbar)^3} \sum_{l=1}^{\infty} \exp(\beta\mu l) \int d^3p\, \frac{p^2}{2m}\, \exp\left(-\frac{p^2\, l}{2m\, k_B T}\right) = \\ &= \frac{V}{(2\pi\hbar)^3} \sum_{l=1}^{\infty} \exp(\beta\mu l)\, \frac{(-1)}{\beta}\, \frac{\partial}{\partial l} \int d^3p\, \exp\left(-\frac{p^2\, l}{2m\, k_B T}\right) \end{aligned} \tag{31.26}$$

Wie in (31.7) ist das Integral inklusive des Vorfaktors $1/(2\pi\hbar)^3$ gleich $1/(\lambda^3\, l^{3/2})$. Die Ableitung $\partial/\partial l$ ergibt dann $-(3/2)/(\lambda^3\, l^{5/2})$, also

$$E(T, V, \mu) = \frac{3\, k_B T V}{2\lambda^3} \sum_{l=1}^{\infty} \frac{\exp(\beta\mu l)}{l^{5/2}} \tag{31.27}$$

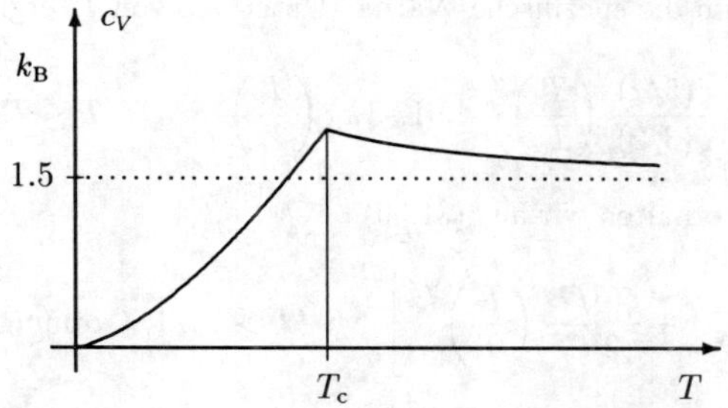

Abbildung 31.4: Temperaturabhängigkeit der spezifischen Wärme des idealen Bosegases.

Dies gilt auch für $T < T_c$, denn der Zusatzterm $N_0 \varepsilon_0$ vom niedrigsten Niveau verschwindet wegen $\varepsilon_0 = 0$.

Wir werten (31.27) für $T \leq T_c$ aus. Dazu setzen wir $\mu = 0$ ein und benutzen (31.24):

$$E = \frac{3 k_B T V}{2\lambda^3} \sum_{l=1}^{\infty} \frac{1}{l^{5/2}} = \frac{3\,\zeta(5/2)}{2\,\zeta(3/2)}\, N k_B T \left(\frac{T}{T_c}\right)^{3/2} \qquad (T \leq T_c) \qquad (31.28)$$

Dieses Ergebnis ist so zu interpretieren, daß die $N(T/T_c)^{3/2}$ nichtkondensierten Teilchen einen Beitrag der Größe $\mathcal{O}(k_B T)$ zur Energie liefern; die kondensierten Teilchen tragen dagegen nicht bei.

Für $T > T_c$ gilt (31.27) mit (31.10),

$$\frac{E}{N} = \frac{3}{2}\, k_B T\, \frac{v}{\lambda^3} \sum_{l=1}^{\infty} \frac{\exp(\beta\mu l)}{l^{5/2}}\,, \qquad 1 = \frac{v}{\lambda^3} \sum_{l=1}^{\infty} \frac{\exp(\beta\mu l)}{l^{3/2}} \qquad (T > T_c) \qquad (31.29)$$

Diese beiden Gleichungen stellen die Auswertung von (31.3) dar. Aus der zweiten Gleichung ist $\mu = \mu(T, v)$ zu bestimmen und in die erste einzusetzen. Dies ist in geschlossener Form nicht möglich, kann aber numerisch leicht durchgeführt werden. Für eine qualitative Diskussion benutzen wir die Näherung für verdünnte Systeme (Kapitel 30). Wenn in (31.29) nur der Term $l = 1$ berücksichtigt wird (0. Ordnung), ergibt sich $E = 3N k_B T/2$. In 1. Ordnung erhalten wir

$$E(T, V, N) \overset{(30.20)}{\approx} \frac{3N k_B T}{2} \left(1 - \frac{1}{2^{5/2}} \frac{\lambda^3}{v}\right) \overset{(31.24)}{=} \qquad (31.30)$$

$$= \frac{3N k_B T}{2} \left[1 - \frac{\zeta(3/2)}{2^{5/2}} \left(\frac{T_c}{T}\right)^{3/2}\right] \qquad (T > T_c\ \text{1. Ordnung})$$

Wir berechnen nun die spezifische Wärme. Unterhalb von T_c ergibt (31.28)

$$c_V(T) = \frac{15}{4}\, k_B\, \frac{\zeta(5/2)}{\zeta(3/2)} \left(\frac{T}{T_c}\right)^{3/2} = 1.93\, k_B \left(\frac{T}{T_c}\right)^{3/2} \qquad (T \le T_c) \qquad (31.31)$$

Oberhalb von T_c erhalten wir aus (31.30)

$$c_V(T) \approx \frac{3}{2}\, k_B \left[1 + \frac{\zeta(3/2)}{2^{7/2}} \left(\frac{T_c}{T}\right)^{3/2}\right] \qquad (T > T_c,\ 1.\ \text{Ordnung}) \qquad (31.32)$$

Die Funktion $c_V(T)$ wächst zwischen $T = 0$ und T_c von 0 auf $1.93\, k_B$. Bei hohen Temperaturen hat c_V den klassischen Wert $1.5\, k_B$, bei Temperaturerniedrigung steigt c_V leicht an; setzt man $T = T_c$ in (31.32) ein, erhält man den Wert $1.85\, k_B$. Das exakte Ergebnis für $T \to T_c^+$ ist gleich dem für $T \to T_c^-$ aus (31.31), also

$$c_V(T_c) = \frac{15}{4}\, \frac{\zeta(5/2)}{\zeta(3/2)}\, k_B = 1.93\ k_B \qquad (31.33)$$

Die Funktion $c_V(T)$ ist in Abbildung 31.4 skizziert. Ebenso wie $N_0(T)$ ist die spezifische Wärme $c_V(T)$ bei $T = T_c$ stetig, hat aber einen Knick.

In (31.15) haben wir aus der Dichte von flüssigem ^{4}He eine Übergangstemperatur von 3.13 K erhalten. Tatsächlich zeigt nun flüssiges ^{4}He bei $T_c = 2.17$ K einen Phasenübergang, den sogenannten λ-Übergang. Da flüssiges ^{3}He keinen solchen Übergang zeigt, muß dieser Übergang mit der Austauschsymmetrie verknüpft sein; denn die Wechselwirkung zwischen den Atomen ist für ^{4}He und ^{3}He praktisch gleich. Da die Austauschsymmetrie und nicht die Wechselwirkung für den λ–Übergang entscheidend ist, ist es sinnvoll, als einfachstes Modell das ideale Bosegas für ^{4}He zu betrachten, und die Bose-Einstein-Kondensation mit dem λ-Übergang zu vergleichen (Kapitel 38).

Aus (29.46) folgt der Druck

$$P(T, V, N) = \frac{2}{3}\, \frac{E(T, V, N)}{V} \qquad (31.34)$$

also die thermische Zustandsgleichung. Die kondensierten Teilchen tragen weder zur Energie noch zum Druck bei.

Übung

Brechen Sie die Summen in (31.29) bei $l = 2$ ab. Zeigen Sie, daß sich in dieser Näherung (31.30) ergibt.

Kapitel 32

Ideales Fermigas

In diesem Kapitel behandeln wir das ideale Fermigas mit fester Teilchenzahl und werten es für tiefe Temperaturen aus. Dieses Modell kann auf die beweglichen Elektronen in einem Metall angewandt werden.

Wir gehen von nichtrelativistischen Fermionen mit dem Spin 1/2 und der Masse m aus. Die Einteilchenzustände sind durch den Impuls $\boldsymbol{p}$ und die Spinprojektion s_z festgelegt. Sie haben die Energie

$$\varepsilon_{\boldsymbol{p}} = \varepsilon_p = \frac{p^2}{2m} \tag{32.1}$$

Nach (29.33) ist die mittlere Anzahl von Fermionen in einem Einteilchenzustand

$$\overline{n_{\boldsymbol{p}}^{s_z}} = \overline{n_p} = \frac{1}{\exp[\beta(\varepsilon_p - \mu)] + 1} \tag{32.2}$$

Die Energie wurde in (29.36), die Teilchenzahl in (29.35) angegeben,

$$E(T, V, \mu) = \sum_{s_z, \boldsymbol{p}} \varepsilon_p \, \overline{n_p}\,, \qquad N(T, V, \mu) = \sum_{s_z, \boldsymbol{p}} \overline{n_p} \tag{32.3}$$

Nach (29.6) kann die Summe über die diskreten Impulse als Integral ausgeführt werden:

$$\sum_{s_z, \boldsymbol{p}} \ldots = \frac{2V}{(2\pi\hbar)^3} \int d^3p \ \ldots \tag{32.4}$$

Durch (32.1)–(32.4) ist das *ideale Fermigas* definiert. Aus (32.3) erhalten wir durch Elimination von μ die Energie $E(T, V, N)$. Aus $E(T, V, N)$ folgen dann die spezifische Wärme c_V und der Druck (29.46), und damit auch alle anderen thermodynamischen Größen.

Im Integral (32.4) gehen wir von der Variablen p zu $\varepsilon = \varepsilon_p = p^2/2m$ über:

$$\frac{2V}{(2\pi\hbar)^3}\int d^3p\,\ldots = \frac{2V}{(2\pi\hbar)^3}\int_0^\infty d\varepsilon\; 4\pi\,\sqrt{2m\varepsilon}\;m\,\ldots = N\int_0^\infty d\varepsilon\; z(\varepsilon)\,\ldots \tag{32.5}$$

Die Zustandsdichte

$$z(\varepsilon) = \text{const.}\cdot\frac{V}{N}\sqrt{\varepsilon} \tag{32.6}$$

gibt die Anzahl der Einteilchenzustände pro Energieintervall an. Die Konstante enthält numerische Faktoren und die Masse m. Wir führen die folgenden Rechnungen zunächst für eine nicht spezifizierte Zustandsdichte $z(\varepsilon)$ durch. Die Wechselwirkungen im realen System (etwa die Elektron-Gitter-Wechselwirkung) können zum Teil dadurch berücksichtigt werden, daß man in (32.1) eine effektive, energieabhängige Masse verwendet. Dies führt dann zu Abweichungen von (32.6).

Nach Einführung der Zustandsdichte $z(\varepsilon)$ sind (32.2) – (32.4) in folgender Form auszuwerten:

$$\overline{n(\varepsilon)} = \frac{1}{\exp[\beta(\varepsilon-\mu)]+1} \tag{32.7}$$

$$1 = \int_0^\infty d\varepsilon\; z(\varepsilon)\;\overline{n(\varepsilon)} \tag{32.8}$$

$$\frac{E}{N} = \int_0^\infty d\varepsilon\; z(\varepsilon)\;\varepsilon\;\overline{n(\varepsilon)} \tag{32.9}$$

Gleichung (32.8) bestimmt das chemische Potential $\mu(T,v)$; es hängt über $\overline{n(\varepsilon)}$ von T und über $z(\varepsilon)$ von $v = V/N$ ab. Setzt man $\mu(T,v)$ in (32.9) ein, so erhält man $E(T,V,N)$.

Für $T \to 0$ oder $\beta \to \infty$ ist die Exponentialfunktion im Nenner von (32.7) je nach Vorzeichen von $\varepsilon - \mu$ gleich null oder unendlich. Daraus folgt

$$\overline{n(\varepsilon)} \stackrel{T\to 0}{\longrightarrow} \Theta(\mu-\varepsilon) = \begin{cases} 1 & \text{für} \quad \varepsilon < \mu(0,v) \\ 0 & \text{für} \quad \varepsilon > \mu(0,v) \end{cases} \tag{32.10}$$

Die Funktion $\Theta(x)$ wird Stufen- oder Thetafunktion genannt; ihr Argument ist hier durch $\varepsilon \geq 0$ beschränkt. Den Wert von $\mu(T,v)$ bei $T = 0$ bezeichnen wir als *Fermienergie*:

$$\varepsilon_{\rm F} = \frac{p_{\rm F}^2}{2m} = \mu(0,v) \qquad \text{(Fermienergie)} \tag{32.11}$$

In Abbildung 32.1 links sind die Besetzungszahlen (32.10) als Funktion der Energie skizziert. Man spricht bildhaft von einem Fermisee, in dem alle Niveaus unterhalb von $\varepsilon_{\rm F}$ besetzt, die oberhalb unbesetzt sind. Im Impulsraum sind alle Zustände unterhalb des Fermiimpulses besetzt, also die Einteilchenzustände mit $|\boldsymbol{p}| \leq p_{\mathrm{F}}$.

Das Ergebnis (32.10) bedeutet, daß für $T \to 0$ das System in den tiefsten Energiezustand geht. Da für Fermionen das Pauliprinzip gilt, sind die untersten Einteilchenniveaus mit jeweils einem Teilchen besetzt. Bei vorgegebener Teilchenzahl N ergibt sich hieraus eine Besetzungsgrenze p_{F} zwischen besetzten und unbesetzten Niveaus.

Wir berechnen den Fermiimpuls aus der Bedingung, daß in den Zuständen $\boldsymbol{p} \leq p_{\mathrm{F}}$ gerade N Teilchen Platz haben:

$$N = \sum_{s_z = \pm 1/2} \; \sum_{|\boldsymbol{p}| \leq p_{\mathrm{F}}} 1 = \frac{2V}{(2\pi\hbar)^3} \int_{|\boldsymbol{p}| \leq p_{\mathrm{F}}} d^3p = \frac{2V}{(2\pi\hbar)^3} \, \frac{4\pi}{3} \, p_{\mathrm{F}}^{\,3} \tag{32.12}$$

Dies ergibt

$$p_{\mathrm{F}} = \left(3\pi^2\right)^{1/3} \frac{\hbar}{v^{1/3}} \,, \qquad \varepsilon_{\mathrm{F}} = \left(3\pi^2\right)^{2/3} \frac{\hbar^2}{2m v^{2/3}} \tag{32.13}$$

Das ideale Fermigas kann als Modell für folgende Systeme dienen:

- Atom: Elektronen der Hülle.
- Atomkern: Nukleonen.
- Metall: Elektronen im Leitungsband.
- Heliumflüssigkeit: ^{3}He-Atome.
- Weißer Zwerg: Elektronen.

Die ersten beiden Fälle sind als Schalenmodell (des Atoms, des Atomkerns) bekannt. Wegen der geringen Teilchenzahl ist eine statistische Behandlung hier nur eingeschränkt möglich. Die bisherige Diskussion betraf aber $T = 0$, also den Grundzustand; sie gilt damit auch für das Atom oder den Atomkern.

Für die angeführten Systeme ist die Größe der Fermienergie

$$\varepsilon_{\mathrm{F}} = \frac{p_{\mathrm{F}}^2}{2m} \approx \begin{cases} 10\,\mathrm{eV} & \text{Atom, Metall } (10^{-8}\,\mathrm{cm}) \\ 10^{-4}\,\mathrm{eV} & {}^3\text{He–Flüssigkeit } (10^{-8}\,\mathrm{cm}) \\ 35\,\mathrm{MeV} & \text{Atomkern } (10^{-13}\,\mathrm{cm}) \\ 10^{6}\,\mathrm{eV} & \text{Weißer Zwerg } (10^{-11}\,\mathrm{cm}) \end{cases} \tag{32.14}$$

Dabei wurde für m die jeweilige Masse (Elektron, ^{3}He-Atom, Nukleon) eingesetzt. In der Klammer ist die Größenordnung von $v^{1/3}$ angegeben. Für ^{3}He–Flüssigkeit ist die Fermitemperatur von der Größenordnung der in (30.26) abgeschätzten Temperatur.

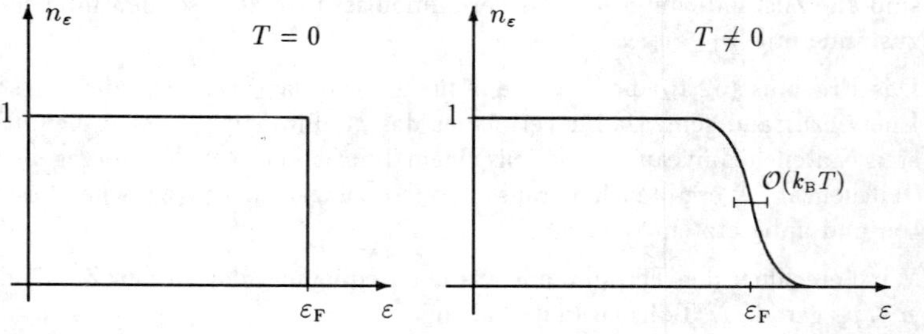

Abbildung 32.1: Besetzungszahlen des idealen Fermigases für $T = 0$ (links) und $T \neq 0$ (rechts). Für $T = 0$ befindet sich das System im quantenmechanischen Grundzustand. Die Aufweichung der Fermikante für endliche Temperaturen ist von der Größe $k_B T$. Für ein Metall bei Zimmertemperatur ist $k_B T/\varepsilon_F < 10^{-2}$, so daß sich in einer maßstäblichen Skizze kaum Unterschiede zwischen den beiden Graphen zeigen würden.

Das jeweils am schwächsten gebundene Elektron der Atome, die das Kristallgitter eines Metalls bilden, ist nicht mehr an das Atom gebunden. Diese Elektronen kann man näherungsweise als ideales Fermigas beschreiben. Für Kupfer mit $v = V/N = 12\,\text{Å}^3$ schätzen wir die Fermienergie ab:

$$\varepsilon_F = \left(3\pi^2\right)^{2/3} \frac{\hbar^2}{2m_e v^{2/3}} \approx 7\,\text{eV} \approx 8 \cdot 10^4\, k_B \text{K} \tag{32.15}$$

Zur Abschätzung wurde $m = m_e$ für die Masse eines Elektrons eingesetzt, und $\hbar^2/(m_e \text{Å}^2) \approx 7.6\,\text{eV}$ verwendet. Die Fermienergie ε_F ist die (maximale) kinetische Energie der Elektronen für $T = 0$. Die Elektronen sind im Metall durch ein Potential gebunden. Dadurch ist die Energie eines Elektrons mit ε_F relativ zu einem Elektron außerhalb des Metalls negativ; um ein Elektron aus dem Metall herauszulösen, muß man eine Austrittsarbeit von etwa 2 bis 3 eV aufwenden. Im Rahmen des betrachteten Modells ist das Potential, das die Elektronen auf das Volumen des Metalls beschränkt, konstant. Würde man es in ε in (32.1) mit anschreiben, gäbe dies nur eine unwesentliche Verschiebung von μ.

Wir beziehen uns im folgenden auf das ideale Fermigas als Modell für die Elektronen im Leitungsband eines Metalls. Hierfür gilt für alle in Frage kommenden Temperaturen

$$k_B T \ll \varepsilon_F = \mathcal{O}(10^5\, k_B \text{K}) \qquad \text{(Metall)} \tag{32.16}$$

Der entgegengesetzte Fall $k_B T \gg \varepsilon_F$ kommt etwa bei der Anwendung auf ^{3}He–Flüssigkeit in Frage.

Für $k_{\rm B}T \ll \varepsilon_{\rm F}$ ist die mittlere Besetzungszahl in Abbildung 32.1 rechts skizziert; durch die endliche Temperatur wird die Fermikante 'aufgeweicht'. Der Übergang zwischen $\overline{n} = 1$ und $\overline{n} = 0$ erfolgt in einem Bereich der Größe $k_{\rm B}T$, wie man leicht an einigen konkreten Werten sieht:

$$\overline{n(\varepsilon)} = \begin{cases} 0.50 & \varepsilon = \mu \\ 0.50 \pm 0.23 & \varepsilon = \mu \mp k_{\rm B}T \\ 0.50 \pm 0.45 & \varepsilon = \mu \mp 3k_{\rm B}T \end{cases} \tag{32.17}$$

Die Größe μ hängt selbst von der Temperatur ab; diese Abhängigkeit wird später noch untersucht (Abbildung 32.2). Für $k_{\rm B}T \ll \varepsilon_{\rm F}$ gilt aber $\mu \approx \varepsilon_{\rm F}$.

Wir betrachten die Differenz zwischen der mittleren Besetzungszahl bei endlicher (32.7) und bei verschwindender (32.10) Temperatur,

$$\eta(x) = \overline{n(\varepsilon)} - \Theta(\mu - \varepsilon) = \frac{1}{\exp(x) + 1} - \Theta(-x) \quad \text{mit } x = \beta(\varepsilon - \mu) \tag{32.18}$$

Man zeigt leicht, daß die Funktion $\eta(x)$ ungerade ist:

$$\eta(-x) = -\eta(x) \tag{32.19}$$

Diese Symmetrie zeigte sich auch schon in (32.17).

Wir berechnen im folgenden die spezifische Wärme mit einer von Sommerfeld angegebenen Methode, der Sommerfeldtechnik. Wir spalten zunächst die zu berechnenden Integrale (32.8) und (32.9) in zwei Teile auf,

$$\int_0^\infty d\varepsilon\; f(\varepsilon)\, \overline{n(\varepsilon)} = \int_0^\mu d\varepsilon\, f(\varepsilon) + \int_0^\infty d\varepsilon\; f(\varepsilon)\, \left[\overline{n(\varepsilon)} - \Theta(\mu - \varepsilon)\right] \tag{32.20}$$

Nach (32.16) und (32.17) ist $\overline{n(\varepsilon)} - \Theta(\mu - \varepsilon)$ nur in einem sehr kleinen Bereich um μ herum ungleich null. Die in Frage kommenden Funktionen $f(\varepsilon)$ (wie $\varepsilon^{1/2}$ oder $\varepsilon^{3/2}$) sind in diesem Bereich schwach veränderlich und können daher entwickelt werden,

$$f(\varepsilon) = f(\mu) + f'(\mu)\,(\varepsilon - \mu) + \frac{f''(\mu)}{2}\,(\varepsilon - \mu)^2 + \ldots \tag{32.21}$$

Wir setzen diese Entwicklung in (32.20) ein, wobei wir die dimensionslose Variable $x = \beta(\varepsilon - \mu)$ und die Funktion $\eta(x)$ aus (32.18) verwenden,

$$\int_0^\infty d\varepsilon\; f(\varepsilon)\, \overline{n(\varepsilon)} = \int_0^\mu d\varepsilon\, f(\varepsilon) + \frac{1}{\beta} \int_{-\beta\mu}^\infty dx\, \left[f(\mu) + f'(\mu)\,\frac{x}{\beta} + \ldots\right] \eta(x) \tag{32.22}$$

Wegen $\beta\mu \gg 1$ kann die untere Grenze des zweiten Integrals durch $-\infty$ ersetzt werden; die Beiträge von diesem Bereich sind exponentiell klein. Wegen

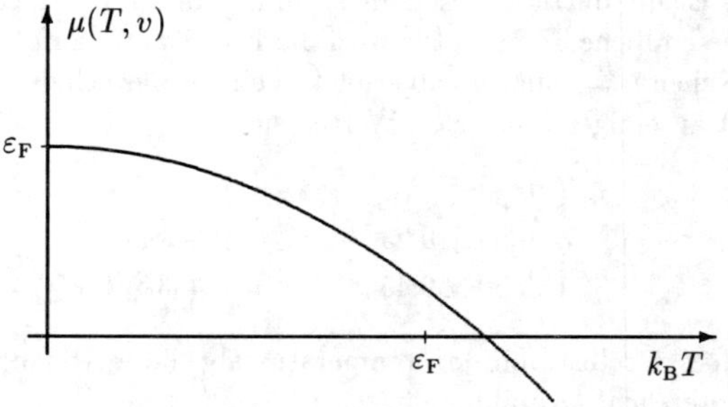

Abbildung 32.2: Chemisches Potential des idealen Fermigases in Abhängigkeit von der Temperatur.

$\eta(-x) = -\eta(x)$ verschwindet dann das Integral über die geraden Potenzen von x; der nächste Beitrag in (32.22) käme also vom Term mit $f'''(\mu)\, x^3/\beta^3$. Damit erhalten wir

$$\int_0^\infty d\varepsilon\ f(\varepsilon)\ \overline{n(\varepsilon)} = \int_0^\mu d\varepsilon\ f(\varepsilon) + \frac{f'(\mu)}{\beta^2} \int_{-\infty}^\infty dx\ x\ \eta(x) + \mathcal{O}(T^4) \qquad (32.23)$$

Wir vernachlässigen im folgenden die höheren Terme. Der Term $\mathcal{O}(T^4)$ hat relativ zum vorhergehenden die Größe $(k_\mathrm{B}T/\varepsilon_\mathrm{F})^2$, also etwa 10^{-5} für Zimmertemperatur. Mit

$$\int_{-\infty}^{+\infty} dx\ x\ \eta(x) \stackrel{(32.19)}{=} 2 \int_0^{+\infty} dx\ x\ \eta(x) = 2 \int_0^{+\infty} dx\ \frac{x}{\exp(x)+1} = \frac{\pi^2}{6} \qquad (32.24)$$

erhalten wir

$$\int_0^\infty d\varepsilon\ f(\varepsilon)\ \overline{n(\varepsilon)} = \int_0^\mu d\varepsilon\ f(\varepsilon) + \frac{\pi^2}{6\beta^2}\, f'(\mu) \qquad (k_\mathrm{B}T \ll \varepsilon_\mathrm{F}) \qquad (32.25)$$

Hiermit werden (32.8) und (32.9) zu

$$1 = \int_0^\mu d\varepsilon\ z(\varepsilon) + \frac{\pi^2}{6\beta^2}\, z'(\mu) \qquad (32.26)$$

$$\frac{E}{N} = \int_0^\mu d\varepsilon\ z(\varepsilon)\ \varepsilon + \frac{\pi^2}{6\beta^2}\left[\mu\, z'(\mu) + z(\mu)\right] \qquad (32.27)$$

Für das Integral in (32.26) schreiben wir

$$\int_0^\mu d\varepsilon\ z(\varepsilon) = \int_0^{\varepsilon_\mathrm{F}} d\varepsilon\ z(\varepsilon) + \int_{\varepsilon_\mathrm{F}}^\mu d\varepsilon\ z(\varepsilon) = 1 + (\mu - \varepsilon_\mathrm{F})\, z(\widetilde{\varepsilon}) \qquad (32.28)$$

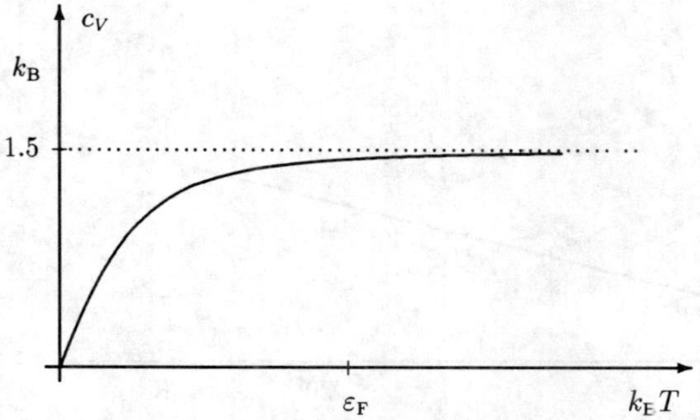

Abbildung 32.3: Temperaturabhängigkeit der spezifischen Wärme des idealen Fermigases.

Der Wert 1 für das erste Integral folgt aus (32.26) mit $T = 0$. Für das zweite Integral wurde der Mittelwertsatz benutzt; daher ist $\widetilde{\varepsilon}$ irgendein Wert zwischen μ und ε_F. Wenn wir (32.28) in (32.26) einsetzen, sehen wir

$$(\mu - \varepsilon_F)\, z(\widetilde{\varepsilon}) = \mathcal{O}(T^2) \qquad (k_B T \ll \varepsilon_F) \tag{32.29}$$

Daher können wir in die Korrekturterme von (32.26) – (32.28) die Näherung $\mu \approx \varepsilon_F$ einsetzen; denn Korrekturen hierzu ergäben Terme der Ordnung $\mathcal{O}(T^4)$, die wir nicht berücksichtigen. Aus (32.26) und (32.28) (mit $\widetilde{\varepsilon} \approx \varepsilon_F$) erhalten wir

$$\mu - \varepsilon_F = -\frac{\pi^2}{6\beta^2}\,\frac{z'(\varepsilon_F)}{z(\varepsilon_F)} \tag{32.30}$$

Setzen wir hierin speziell (32.6) ein, so ergibt sich

$$\mu = \varepsilon_F \left[1 - \frac{\pi^2}{12}\left(\frac{k_B T}{\varepsilon_F}\right)^2\right] \qquad (k_B T \ll \varepsilon_F) \tag{32.31}$$

Aus (30.13) folgt $\mu \to -\infty$ für $T \to \infty$. Die Temperaturabhängigkeit von $\mu(T, v)$ ist in Abbildung 32.2 skizziert.

Wir führen die entsprechenden Näherungen für die Energie (32.27) durch:

$$\frac{E}{N} = \underbrace{\int_0^{\varepsilon_F} d\varepsilon\; \varepsilon\, z(\varepsilon)}_{= E_0/N} + (\mu - \varepsilon_F)\, \varepsilon_F\, z(\varepsilon_F) + \frac{\pi^2}{6\beta^2}\big[\varepsilon_F\, z'(\varepsilon_F) + z(\varepsilon_F)\big] \tag{32.32}$$

Hierin setzen wir (32.30) ein:

$$E(T, V, N) = E_0 + \frac{\pi^2}{6} N\, \frac{z(\varepsilon_F)}{\beta^2} = E_0(V, N) + \frac{\pi^2}{6}\, N\, (k_B T)^2\, z(\varepsilon_F) \tag{32.33}$$

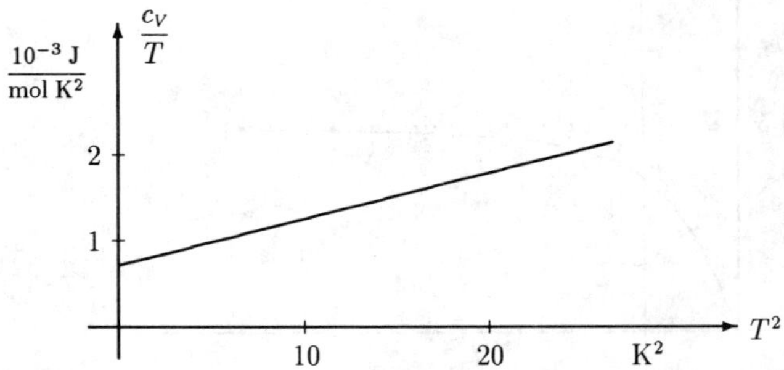

Abbildung 32.4: Beispiel für die spezifische Wärme eines Metalls. In einem Plot von c_V/T über T^2 ergibt die Form (32.39) eine Gerade. Indem man die Meßergebnisse mit einer solchen Geraden fittet, erhält man experimentelle Werte für α und γ.

Damit wächst die spezifische Wärme linear mit der Temperatur an:

$$c_V(T) = \frac{1}{N}\,\frac{\partial E(T,V,N)}{\partial T} = \frac{\pi^2}{3}\,k_{\mathrm{B}}\,(k_{\mathrm{B}}T)\,z(\varepsilon_{\mathrm{F}}) \tag{32.34}$$

Wir werten die Ergebnisse noch speziell für die Zustandsdichte (32.6) aus. Dazu schreiben wir $z(\varepsilon) = A\,\varepsilon^{1/2}$ und werten die Teilchenzahlbedingung bei $T = 0$ aus,

$$1 = \int_0^{\varepsilon_{\mathrm{F}}} d\varepsilon\; z(\varepsilon) = A \int_0^{\varepsilon_{\mathrm{F}}} d\varepsilon\; \sqrt{\varepsilon} = \frac{2}{3}\,A\,\varepsilon_{\mathrm{F}}^{3/2} = \frac{2}{3}\,z(\varepsilon_{\mathrm{F}})\,\varepsilon_{\mathrm{F}} \tag{32.35}$$

Daraus folgt

$$z(\varepsilon) = \frac{3}{2\,\varepsilon_{\mathrm{F}}}\,\sqrt{\frac{\varepsilon}{\varepsilon_{\mathrm{F}}}} \quad \text{und} \quad z(\varepsilon_{\mathrm{F}}) = \frac{3}{2\,\varepsilon_{\mathrm{F}}} \tag{32.36}$$

Wir setzen dies in (32.33) und (32.34) ein:

$$E = E_0 + \frac{\pi^2}{4}\,\frac{k_{\mathrm{B}}T}{\varepsilon_{\mathrm{F}}}\,N k_{\mathrm{B}} T \tag{32.37}$$

$$c_V = \frac{\pi^2}{2}\,\frac{k_{\mathrm{B}}T}{\varepsilon_{\mathrm{F}}}\,k_{\mathrm{B}} \tag{32.38}$$

Dieses Ergebnis kann anhand von Abbildung 32.2 leicht verstanden werden: Wegen $k_{\mathrm{B}}T \ll \varepsilon_{\mathrm{F}}$ kann nur ein Bruchteil $\mathcal{O}(k_{\mathrm{B}}T/\varepsilon_{\mathrm{F}})$ aller Teilchen thermisch angeregt werden. Diese angeregten Teilchen erhalten im Mittel eine Energie $\mathcal{O}(k_{\mathrm{B}}T)$. Dies erklärt (32.37) und (32.38) bis auf numerische Faktoren. Insbesondere enthält die spezifische Wärme gegenüber der klassischen Erwartung $c_V = \mathcal{O}(k_{\mathrm{B}})$ einen Faktor $k_{\mathrm{B}}T/\varepsilon_{\mathrm{F}}$.

Um dieses Ergebnis experimentell zu überprüfen, wird man die spezifische Wärme eines Metalls messen. Dabei tragen aber auch die Gitterschwingungen des Kristalls zu c_V bei; für nicht zu hohe Temperaturen ist dieser Beitrag proportional zu T^3 (Kapitel 33). Man paßt nun eine Kurve der Form

$$c_V = \alpha\, T^3 + \gamma\, T \tag{32.39}$$

an die gemessene spezifische Wärme an (Abbildung 32.4); daraus ergeben sich experimentelle Werte für α und γ. Aus dem Wert für γ kann nach (32.38) die Fermienergie ε_{F} bestimmt werden, oder nach (32.34) die Zustandsdichte $z(\varepsilon_{\mathrm{F}})$ an der Fermikante.

Fermidruck

Nach (29.46) ist der Druck des nichtrelativistischen Fermigases

$$P(T,V,N) = \frac{2\,E(T,V,N)}{3\,V} = \frac{2\,E_0(V,N)}{3\,V} + \frac{\pi^2}{6}\,\frac{N k_{\mathrm{B}} T}{V}\,\frac{k_{\mathrm{B}} T}{\varepsilon_{\mathrm{F}}} \tag{32.40}$$

Mit (32.36) für $z(\varepsilon)$ erhalten wir

$$\frac{E_0(V,N)}{N} = \int_0^{\varepsilon_{\mathrm{F}}} d\varepsilon\; z(\varepsilon)\, \varepsilon = \frac{3}{5}\,\varepsilon_{\mathrm{F}} \tag{32.41}$$

Im Gegensatz zum idealen klassischen Gas oder zum idealen Bosegas geht der Druck des Fermigases für $T \to 0$ nicht gegen null, sondern gegen den endlichen Wert

$$P_{\mathrm{Fermi}} = P(0,V,N) = \frac{2}{5}\,\frac{N}{V}\,\varepsilon_{\mathrm{F}} = \frac{(3\pi^2)^{2/3}}{5}\,\frac{\hbar^2}{m\, v^{5/3}} \qquad \begin{array}{l}\text{(Fermidruck}\\ \text{bei } T=0)\end{array} \tag{32.42}$$

Dieser *Fermidruck* ist der Grund für die relative *Inkompressibilität* gewöhnlicher fester oder flüssiger Materie. Zwar ist die interne Struktur dieser Materie sehr verschieden von einem idealen Fermigas aus Elektronen. Die entscheidenden Voraussetzungen für (32.42) sind jedoch die *Unschärferelation und das Pauliprinzip*. Diese führen unabhängig von der speziellen Struktur des Systems zu einem Fermidruck dieser Größenordnung. Vereinfacht dargestellt, steht einem Elektron wegen des Pauliprinzips effektiv nur das Volumen $v = V/N$ zur Verfügung. Wegen der Unschärferelation hat es dann eine Mindestenergie der Größe $\hbar^2/(m v^{2/3})$. Um das Volumen gewöhnlicher Materie zu halbieren ($v \to v/2$), muß diese kinetische Energie der Elektronen um etwa 60% erhöht werden. Nach (32.15) erfordert dies eine Energie von einigen Elektronenvolt pro Elektron. Dies übersteigt die bei einer explosiven chemischen Reaktion umgesetzte Energie um ein Vielfaches. Es ist daher sehr schwierig (energieaufwendig), Materie zu komprimieren.

Der Druck (32.42) ist nur eine sehr grobe Abschätzung für den Druck der Elektronen in Materie. Zum einen wären alle Elektronen zu berücksichtigen, und nicht nur eines pro Atom wie im Metall. Zum anderen sind die Elektronen natürlich nicht frei beweglich wie im idealen Fermigas. Dies ändert aber nichts an der Größenordnung des angegebenen Drucks.

Abschließend sei noch erwähnt, daß der Fermidruck in einigen Sternmodellen eine zentrale Rolle spielt. In einem Sterngleichgewicht muß der Materiedruck dem Gravitationsdruck die Waage halten. Wir stellen kurz einige Sterngleichgewichte vor:

- Für unsere Erde ist es die eben beschriebene Inkompressibilität gewöhnlicher Materie, die verhindert, daß sie aufgrund der Gravitation zusammengedrückt wird.

- In unserer Sonne hält der kinetische Druck des Plasmas, der durch $P = N k_{\mathrm{B}} T / V$ beschrieben werden kann, das Gleichgewicht aufrecht. Die dazu nötige Temperatur $T \approx 5 \cdot 10^7\,\mathrm{K}$ im Inneren der Sonne wird durch die ablaufenden Kernreaktionen aufrechterhalten. Der Fermidruck spielt hier keine Rolle.

- Das Endstadium der Sonne (Masse $M_\odot$, Radius $R_\odot$) könnte ein Stern aus Helium sein, in dem der Fermidruck der Elektronen dem Gravitationsdruck die Waage hält. Dies ist das Sternmodell des *Weißen Zwergs* (siehe auch Kapitel 46 in [5]). Für eine Masse $M \approx M_\odot$ ergibt sich aus der Gleichgewichtsbedingung ein (Zwerg-) Radius $R \approx 10^{-2}\,R_\odot$. Solche Sterne haben oft Temperaturen im Bereich $10^4 \ldots 10^5\,\mathrm{K}$ und damit ein 'weißes' Spektrum. Wegen $k_{\mathrm{B}} T \ll \varepsilon_{\mathrm{F}}$ spielt die Temperatur für das Sterngleichgewicht aber praktisch keine Rolle.

- Ein Stern kann so massereich und damit so kompakt sein, daß die kinetische Energie der Elektronen $1.5\, m_{\mathrm{e}} c^2$ übersteigt. Dann ist die Umwandlung in Neutronen gemäß der Reaktion $\mathrm{p} + \mathrm{e}^- \to \mathrm{n} + \nu_{\mathrm{e}}$ energetisch bevorzugt. Der resultierende *Neutronenstern* kann in einfacher Näherung als Gleichgewicht zwischen dem Fermidruck der Neutronen und dem Gravitationsdruck verstanden werden. Neutronensterne werden als *Pulsare* beobachtet; für eine Masse $M \approx M_\odot$ haben sie einen Radius R von etwa 5 bis 10 km.

Übung

Um aus einem Metall auszutreten, müssen Elektronen eine Potentialbarriere der Höhe V_0 (von der Fermienergie $\varepsilon_{\rm F}$ aus gesehen) überwinden. Die Elektronen sollen als ideales Fermigas behandelt werden. Berechnen Sie die Stromdichte der austretenden Elektronen bei der Temperatur T.

Übung

Die Einteilchenenergien für ein ideales Fermigas aus Spin–1/2 Teilchen im konstanten Magnetfeld B sind (Notation wie in Kapitel 26),

$$\varepsilon_p^{s_z} = \frac{p^2}{2m_{\rm e}} - 2\mu_{\rm B} B\, s_z \qquad (s_z = \pm 1/2)$$

Geben Sie die mittleren Besetzungszahlen $\overline{n_p^{s_z}} = \overline{n_p^{\pm}}$ an. Berechnen Sie

$$N_{\pm} = \sum_p \overline{n_p^{\pm}}$$

mit Hilfe der Sommerfeldtechnik bis zur Ordnung T^2. Eliminieren Sie das chemische Potential μ aus den Gleichungen für die Teilchenzahl $N = N_+ + N_-$ und die Magnetisierung $M = \mu_{\rm B}(N^+ - N^-)/V$ im Grenzfall schwacher Magnetfelder und tiefer Temperaturen. Daraus erhalten Sie $M(T, B)$.

Hinweis: Für das chemische Potential gelte $\mu \gg \mu_{\rm B} B$; die Fermienergie ist $\varepsilon_{\rm F} = \mu(T = 0,\ B = 0)$. Entwickeln Sie N und M analog zu (32.26) und (32.27). Das Volumen V wird hier als konstant vorausgesetzt.

Kapitel 33

Phononengas

Reine Stoffe kommen gewöhnlich in den Phasen gasförmig, flüssig und fest vor. In der gasförmigen und flüssigen Phase gibt die Translationsbewegung der Atome oder Moleküle einen wesentlichen Beitrag zur spezifischen Wärme. Im Festkörper treten anstelle der Translationen die Auslenkungen der Atome aus ihren Gleichgewichtslagen. Dies führt zu Schwingungen, deren statistische Anregung wir in diesem Kapitel untersuchen.

Lineare Kette

Die Schwingung eines einzelnen Gitteratoms ist mit denen der Nachbaratome gekoppelt. Der erste Schritt besteht daher in der Bestimmung der Eigenschwingungen des gekoppelten Systems. Hierzu gehen wir von einem eindimensionalen Kristallmodell aus, der in Abbildung 33.1 skizzierten linearen Kette. Die Gleichgewichtslagen der Atome seien $x_n = a \cdot n$; dabei bezeichnen wir a als Gitterkonstante. Wir beschränken die Auslenkungen zunächst auf die x-Richtung. Die Auslenkung des n-ten Atoms aus seiner Gleichgewichtslage sei $q_n(t)$. Durch diese Auslenkungen wird der Abstand zwischen benachbarten Atomen um die Länge $q_{n+1} - q_n$ gedehnt. Für kleine Auslenkungen ist die Rückstellkraft proportional zur Auslenkung. Damit wirkt auf das n-te Atom die Kraft

$$F_n = f\left(q_{n+1} - q_n\right) - f\left(q_n - q_{n-1}\right) \tag{33.1}$$

mit einer (Feder-) Konstanten f. Die Bewegungsgleichungen

$$m\,\ddot{q}_n = f\left(q_{n+1} + q_{n-1} - 2q_n\right) \tag{33.2}$$

können durch den Ansatz

$$q_n(t) = A\,\exp\left[i(\omega t + kna)\right] \tag{33.3}$$

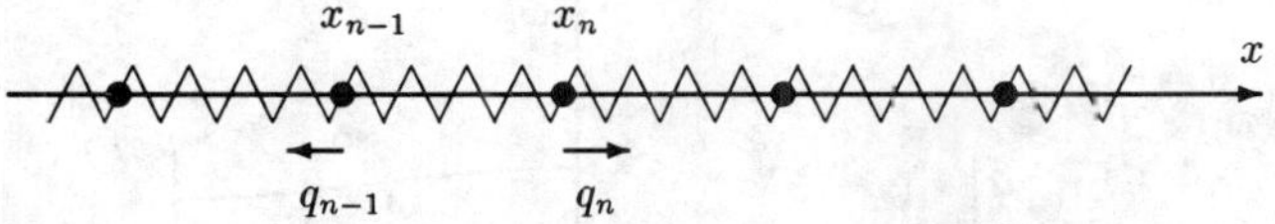

Abbildung 33.1: Die eindimensionale Kette als Modell für Gitterschwingungen. Die Atome mit der Masse m haben die Gleichgewichtslagen $x_n = a{\cdot}n$; die Länge a entspricht der Gitterkonstanten eines Kristalls. Die Kräfte zwischen den Atomen seien harmonisch.

gelöst werden. Dabei lassen wir eine komplexe Amplitude A zu mit der Maßgabe, daß die physikalische Lösung gleich dem Realteil $\mathrm{Re}(q_n)$ ist. Die Parameter k und ω sind reell. Wir setzen (33.3) in (33.2) ein:

$$-\,m\omega^2 = f\left[\,\exp(ika) + \exp(-ika) - 2\,\right] = -4f\,\sin^2\!\left(\frac{ka}{2}\right) \tag{33.4}$$

Also ist (33.3) eine Lösung, falls ω und k gemäß

$$\omega = \omega(k) = \sqrt{\frac{4f}{m}}\;\sin\left(\frac{|k|\,a}{2}\right) \tag{33.5}$$

zusammenhängen. Ohne Einschränkung der Allgemeinheit von (33.3) beschränken wir uns auf positive Frequenzen, $\omega > 0$. Die *Dispersionsrelation* (33.5) ist in Abbildung 33.2 skizziert und mit der eines realen Kristalls verglichen. Nach (33.3) ergeben k und $k{+}2\pi/a$ dieselbe Lösung. Deshalb können wir den Bereich der Lösungen durch

$$-\frac{\pi}{a} < k \le \frac{\pi}{a} \tag{33.6}$$

einschränken. Wegen $\omega(-k) = \omega(k)$ ist in Abbildung 33.2 nur der Bereich $0 \le k \le \pi/a$ gezeigt.

Mit $x = x_n = n\,a$ können wir den Realteil der Lösung (33.3) in der Form

$$q(x,t) = q_n(t) = A\,\sin(\omega t + kx + \varphi) \tag{33.7}$$

schreiben. Hieran sieht man, daß die Eigenschwingungen *Wellen* sind. Die Wellenzahl $k = 2\pi/\lambda$ legt die Wellenlänge λ fest. Für große Wellenlängen ($\lambda \gg a$) schwingen jeweils viele benachbarte Atome in die gleiche Richtung, also gleichphasig. Die kleinste Wellenlänge $\lambda_{\min} = 2\pi/k_{\max}$ ergibt sich, wenn benachbarte Atome gegenphasig schwingen. Dann muß das Amplitudenverhältnis in (33.3) für diese Atome gerade $\exp(ik_{\max}\,a) = -1$ sein, also $k_{\max}\,a = \pi$. Dies entspricht der Einschränkung (33.6).

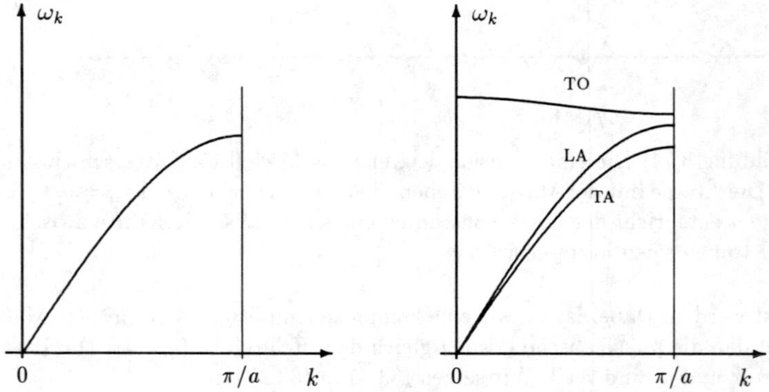

Abbildung 33.2: Dispersionsrelation $\omega = \omega(k)$ der linearen Kette (links). Im realen Kristall ergeben sich hiervon Abweichungen, wie sie etwa im rechten Teil skizziert sind. Transversale und longitudinale Wellen (TA und LA) haben etwas unterschiedliche Dispersionsrelationen. In einem Ionenkristall gibt es auch noch transversale optische Wellen (TO) mit endlichem $\omega(0)$.

Wir betrachten nun eine *endliche* Kette der Länge $L = Ma$ aus $M \gg 1$ Atomen. Für die endliche Kette müssen wir Randbedingungen angeben. Am einfachsten ist die periodische Randbedingung

$$q_1 = q_{1+M} \tag{33.8}$$

Dazu kann man sich vorstellen, daß die Kette zu einem Kreis geschlossen wird, so daß das $(M+1)$–te Atom wieder das erste ist. Aus dieser Bedingung folgt für (33.3) $\exp(ikaM) = 1$ oder

$$k_j = \frac{2\pi}{aM}\, j \qquad j = 0, \pm 1, \pm 2, \ldots, \pm\frac{M-2}{2}, +\frac{M}{2} \tag{33.9}$$

Unter Berücksichtigung der Beschränkung (33.6) erhalten wir gerade M diskrete Werte. Dies muß auch so sein, denn das System hat M Freiheitsgrade, muß also zu genau M Eigenschwingungen führen. Der Wert $k_j = 0$ bedeutet eine Translation der gesamten Kette und kann daher weggelassen werden; in der statistischen Abzählung spielt dies wegen $M \gg 1$ keine Rolle. Wesentlich an (33.9) ist, daß die möglichen Eigenschwingungen äquidistante k–Werte mit

$$\Delta k = \frac{2\pi}{L} \tag{33.10}$$

haben. Auch wenn (33.8) durch eine physikalische Randbedingung ersetzt wird, ergeben sich M äquidistante k-Werte (Übung).

Kristallgitter

Wir verallgemeinern die bisherigen Resultate auf ein dreidimensionales Kristallgitter. Dazu denken wir uns jedes Atom der linearen Kette durch eine y-z-Ebene mit einem zweidimensionalen Gitter von Atomen ergänzt. Dann beschreibt die Lösung (33.7) eine Auslenkung dieser y-z-Ebene in x-Richtung. In dem dreidimensionalen Kristall ist dies eine Dichteschwingung, also eine *Schallwelle*. Durch den Schritt von der Kette zum Kristall ändert sich die Dispersionsrelation nicht. Man könnte nun zwar m und f in (33.5) als Masse und Federkonstante der einzelnen Ebenen ansehen; dies ändert aber nicht das Verhältnis f/m.

Die Gruppengeschwindigkeit der Welle für kleine Frequenzen definiert die *Schallgeschwindigkeit* c,

$$c = \left.\frac{d\omega}{dk}\right|_{k=0} = \sqrt{\frac{f}{m}}\, a \tag{33.11}$$

Für gewöhnlichen Schall befindet man sich immer im Bereich $k \ll k_{\text{max}} = \pi/a \sim \text{Å}^{-1}$. Zum Beispiel ergibt sich aus $c = 5000\,\text{m/s}$ (für Eisen) und $\nu = \omega/2\pi = 5\,\text{kHz}$ die Wellenlänge $\lambda = 1\,\text{m}$, also $k \approx 10^{-10}\, k_{\text{max}}$.

Die diskutierte Ergänzung der Kette zum Kristall führt zu Auslenkungen der y-z-Ebene in x-Richtung. Für die Welle (33.7) zeigt der Wellenvektor $\boldsymbol{k}$ wegen $\boldsymbol{kr} = kx$ in x-Richtung. Eine solche Welle, bei der Wellenvektor und Auslenkung parallel sind, heißt *longitudinal*.

Für die Kette in Abbildung 33.1 können wir neben den Auslenkungen in x-Richtung auch Auslenkungen in zwei dazu senkrechte Richtungen betrachten. Auch dies führt zu Wellenlösungen der Art (33.7), wobei die Auslenkungen q_n senkrecht zum Wellenvektor $\boldsymbol{k} = k\,\boldsymbol{e}_x$ stehen; die zugehörige Welle heißt daher *transversal*. Auch für diese Schwingungen kann die lineare Kette zum dreidimensionalen Kristall ergänzt werden. Im dreidimensionalen Kristall sind alle Richtungen des Wellenvektors $\boldsymbol{k}$ möglich. Zu jedem $\boldsymbol{k}$-Wert gibt es eine longitudinale und zwei transversale Wellen; diese Spezifikation bezeichnen wir auch als *Polarisation* der Welle.

Wir gehen von einem kubischen Gitter mit der Gitterkonstanten a und einem kubischen Volumen $V = L^3$ aus. Wir berücksichtigen die drei Polarisationsrichtungen, die Abstände $\Delta k = 2\pi/L$ und das Maximum π/a der möglichen k-Werte, (33.10) und (33.6). Dann erhalten wir für die Anzahl der Schwingungsmoden

$$\sum_{\text{Pol}} \sum_{\boldsymbol{k}} 1 = 3 \int_{-\pi/a}^{\pi/a} \frac{dk_x}{\Delta k} \int_{-\pi/a}^{\pi/a} \frac{dk_y}{\Delta k} \int_{-\pi/a}^{\pi/a} \frac{dk_z}{\Delta k}\, 1 = \frac{3V}{a^3} = 3N \tag{33.12}$$

Da die N Atome in drei Richtungen ausgelenkt werden können, hat das System $3N$ Freiheitsgrade, und damit $3N$ Eigenschwingungen.

Wir vereinfachen die Abzählung (33.12) der Eigenmoden, indem wir die Dispersionsrelation durch

$$\omega = \omega(k) \approx c|\boldsymbol{k}|\,, \qquad c = c_{\rm l} \approx c_{\rm t} \tag{33.13}$$

annähern. Die tatsächlichen Dispersionsrelationen weichen hiervon vor allem im oberen Bereich ab (Abbildung 33.2); außerdem sind die Steigungen $c_{\rm l}$ und $c_{\rm t}$ des longitudinalen und transversalen Zweigs im realen Kristall etwas verschieden. Wir nehmen ferner an, daß alle $\boldsymbol{k}$-Richtungen gleichberechtigt sind. Dann wird aus der Begrenzung (33.6) für kartesische Komponenten die Bedingung $|\boldsymbol{k}| \le k_{\max}$ mit einem noch zu bestimmenden $k_{\max} = \mathcal{O}(\pi/a)$. Die Anzahl der Eigenschwingungen ergibt sich nunmehr aus

$$3N = \sum_{\rm Pol} \int \frac{d^3k}{\Delta k^3} = \frac{3V}{(2\pi)^3} \int_0^{k_{\max}} 4\pi k^2\, dk = \frac{3V}{2\pi^2}\,\frac{1}{c^3} \int_0^{\omega_{\rm D}} d\omega\, \omega^2 = \frac{V}{2\pi^2 c^3}\, \omega_{\rm D}^3 \tag{33.14}$$

Die Integralgrenze ist die *Debyefrequenz*

$$\omega_{\rm D} = c k_{\max} = c \left(\frac{6\pi^2}{v}\right)^{1/3} \approx 3.9\, \frac{c}{a} \tag{33.15}$$

Als Beispiel setzen wir $c = 5 \cdot 10^3$ m/s und $a = 2 \cdot 10^{-8}$ cm ein und erhalten $\omega_{\rm D} \approx 10^{14}\ {\rm s}^{-1}$. Die Frequenzen $\omega \le \omega_{\rm D}$ der Gitterschwingungen liegen also im infraroten Bereich und darunter.

Nach (33.14) können wir die in der statistischen Behandlung auftretenden Summen über die diskreten $\boldsymbol{k}$-Werte und Polarisationsrichtungen in der Form

$$\sum_{\rm Pol} \sum_{\boldsymbol{k}} \ldots = \frac{9N}{\omega_{\rm D}^3} \int_0^{\omega_{\rm D}} d\omega\, \omega^2 \ldots = 3N \int_0^{\infty} d\omega\, z_{\rm D}(\omega) \ldots \tag{33.16}$$

schreiben. Das betrachtete Modell heißt *Debye-Modell*. Es ist durch das *Frequenzspektrum*

$$z_{\rm D}(\omega) = \begin{cases} \dfrac{3\,\omega^2}{\omega_{\rm D}^3} & \omega \le \omega_{\rm D} \\ 0 & \omega \ge \omega_{\rm D} \end{cases} \qquad \text{(Debye-Modell)} \tag{33.17}$$

charakterisiert. Das Frequenzspektrum $z(\omega)$ ist die Zustandsdichte der Eigenschwingungen, also die Anzahl der Moden pro ω-Intervall.

Wenn wir (33.13) durch (33.5) ersetzen, ergibt dies eine Absenkung der maximalen Frequenz $\omega_{\rm D}$. Außerdem wäre die Zustandsdichte $z(\omega)$ im oberen

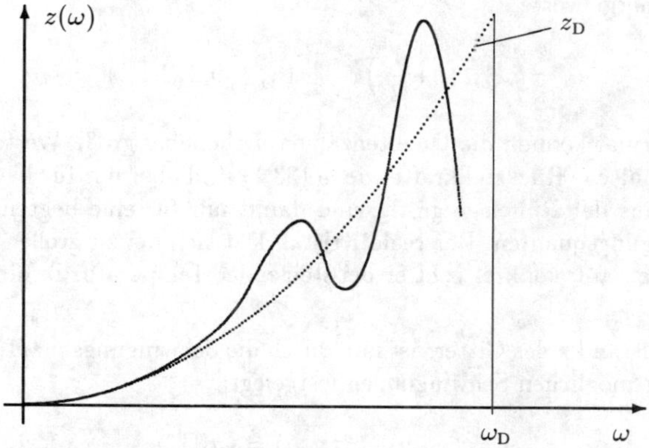

Abbildung 33.3: Mögliches Frequenzspektrum $z(\omega)$ der Gitterschwingungen eines realen Kristalls, verglichen mit dem Debyespektrum $z_{\rm D} = 3\,\omega^2/\omega_{\rm D}^3$. Das Debye-Modell beruht auf der vereinfachten Dispersionsrelation $\omega = ck$.

Bereich größer, denn die Eigenschwingungen sind auf der k-Achse in Abbildung 33.2 äquidistant verteilt, verdichten sich also auf der ω-Achse für $\omega \sim \omega_{\rm D}$. Diese Korrektur geht in die richtige Richtung; in einem realen Kristall zeigen sich aber noch andere Abweichungen vom Debye-Modell, wie sie etwa in Abbildung 33.3 gezeigt sind. Die Funktion $z(\omega)$ ist in jedem Fall gemäß $\int d\omega\, z(\omega) = 1$ normiert, da die Anzahl $3N$ der Freiheitsgrade oder Eigenschwingungen festliegt.

Phononen

Jede der $3N$ Eigenschwingungen eines Kristallgitters ist durch die Angabe des Wellenvektors und der Polarisation festgelegt,

$$j = (\boldsymbol{k}, \text{Pol}) = (\boldsymbol{k}, m)\,, \qquad j = 1, 2, ..., 3N \tag{33.18}$$

Die drei möglichen Polarisationsrichtungen (eine longitudinale und zwei transversale Wellen) zählen wir mit $m = 1, 2, 3$ ab. Die zugehörigen Eigenfrequenzen nähern wir durch $\omega = c|\boldsymbol{k}|$ an. Für das Spektrum der Eigenfrequenzen nehmen wir (33.17) an.

Die Bestimmung der Eigenschwingungen des Gitters erfolgte im Rahmen der klassischen Mechanik. Klassisch ist die Energie einer Schwingung proportional zum Quadrat der Amplitude. Quantenmechanisch sind dagegen nur die diskreten Energiewerte

$$e_j = \hbar\omega_j\left(n_j + \frac{1}{2}\right), \qquad (n_j = 0, 1, 2, \ldots) \tag{33.19}$$

möglich. Formal können die Quantenzahlen n_j beliebig große Werte annehmen. Harmonische Rückstellkräfte wie in (33.1) sind aber nur für kleine Auslenkungen aus der Ruhelage gültig, und damit nur für eine begrenzte Zahl von Schwingungsquanten. Der reale Kristall löst sich bei zu großen Schwingungsenergien auf; konkret geht er bei steigender Temperatur in die flüssige Phase über.

Ein Mikrozustand r des Gitters ist nun durch die Schwingungsquantenzahlen $n_j = n_{\boldsymbol{k}}^m$ der möglichen Schwingungen festgelegt:

$$r = (n_1, n_2, \ldots, n_{3N}) = \{n_{\boldsymbol{k}}^m\} \tag{33.20}$$

Die Eigenschwingungen sind gerade dadurch definiert, daß sie voneinander unabhängig sind; Hamiltonfunktion und Hamiltonoperator beschreiben also $3N$ unabhängige Oszillatoren. Daher ist die Energie des Systems eine Summe über die Energien der einzelnen Schwingungen:

$$E_r = \sum_{j=1}^{3N} e_j = \sum_{m,\,\boldsymbol{k}} \hbar\omega_k\left(n_{\boldsymbol{k}}^m + \frac{1}{2}\right) \tag{33.21}$$

Aufgrund der gemachten Annahmen hängt die Frequenz nicht von der Richtung von $\boldsymbol{k}$ und von der Polarisation ab, also $\omega_j = \omega_k$. Mit

$$\varepsilon_k = \hbar\omega_k \tag{33.22}$$

können wir die Energiewerte auch als

$$E_r = E_0 + \sum_{m,\,\boldsymbol{k}} \varepsilon_k \, n_{\boldsymbol{k}}^m \tag{33.23}$$

schreiben. Bis auf die unwesentliche Konstante E_0 ist dies die Form (29.18) des idealen Quantengases. Wegen

$$n_{\boldsymbol{k}}^m = 0, 1, 2, \ldots \tag{33.24}$$

handelt es sich um ein *ideales Bosegas*. In dieser Betrachtungsweise sprechen wir dann nicht mehr von $n_{\boldsymbol{k}}^m$ Schwingungsquanten des Oszillators, sondern von $n_{\boldsymbol{k}}^m$ Bosonen im Einteilchenzustand $j = (\boldsymbol{k}, m)$ mit der Energie $\varepsilon_j = \varepsilon_k$. Diese Bosonen werden *Phononen* genannt; sie stellen quantisierte Wellen des Gitters dar. Der Vergleich mit (29.18) zeigt, daß die drei Polarisationen

$m = 1, 2, 3$ den drei Spinquantenzahlen $s_z = 0, \pm 1$ entsprechen. Den Phononen kann daher neben der Energie ε_k und dem Impuls $\boldsymbol{p} = \hbar \boldsymbol{k}$ der Spin 1 zugeordnet werden.

Das System der Gitterschwingungen kann also als ideales Bosegas aufgefaßt werden. Diese Art der Betrachtungsweise ist von Vorteil, weil wir das System dann analog zu den anderen Quantengasen behandeln können. Sie ist auch der Ausgangspunkt für die Behandlung komplizierterer Prozesse wie etwa der Elektron-Phonon-Streuung.

Im Gegensatz etwa zum Bosegas aus ^{4}He-Atomen liegt die Gesamtzahl der Phononen nicht fest:

$$N_{\rm ph} = \sum_{m,\,\boldsymbol{k}} n_{\boldsymbol{k}}^{m} \neq {\rm const.} \tag{33.25}$$

Vielmehr ist $\overline{N_{\rm ph}}$ eine Funktion der Temperatur (Übung). Die Anzahl N der konstituierenden Atome bestimmt die Anzahl der möglichen Schwingungsmoden oder Phononen*zustände*, nicht aber die Anzahl $N_{\rm ph}$ der Phononen selbst. Die Energieeigenwerte $E_r(V)$ hängen von V und N ab. Die Anzahl N der Atome im Kristall ist vorgegeben und damit kein (veränderlicher) äußerer Parameter; daher erscheint N nicht im Argument von E_r. Da die Energieeigenwerte nicht von $N_{\rm ph}$ abhängen, verschwindet das chemische Potential,

$$\mu = \overline{\frac{\partial E_r(V)}{\partial N_{\rm ph}}} = 0 \qquad \text{(Phononen)} \tag{33.26}$$

Die mittlere Anzahl der Phononen im Zustand $(\boldsymbol{k}, m)$ ist daher

$$\overline{n_{\boldsymbol{k}}^{m}} = \overline{n_k} = \frac{1}{\exp(\beta\varepsilon_k) - 1} \tag{33.27}$$

Daraus erhalten wir die Energie

$$E(T,V) = \overline{E_r} = E_0 + \sum_{m,\,\boldsymbol{k}} \varepsilon_k \, \overline{n_k} \tag{33.28}$$

Wir werten dies aus, wobei wir (33.16), (33.17) und $\varepsilon_k = \hbar\omega_k$ verwenden:

$$\begin{aligned} E(T,V) &= \sum_{m=1}^{3} \sum_{\boldsymbol{k}} \hbar\omega_k \left(\overline{n_k} + \frac{1}{2} \right) = E_0 + 3N \int_0^{\omega_{\rm D}} d\omega \, \frac{3\,\omega^2}{{\omega_{\rm D}}^3} \, \frac{\hbar\omega}{\exp(\beta\hbar\omega) - 1} \\ &= E_0 + \frac{9N}{(\hbar\,\omega_{\rm D})^3} \, (k_{\rm B} T)^4 \int_0^{x_{\rm D}} dx \, \frac{x^3}{e^x - 1} \end{aligned} \tag{33.29}$$

Dabei haben wir die dimensionslosen Größen

$$x = \frac{\hbar\omega}{k_{\rm B}T} \quad \text{und} \quad x_{\rm D} = \frac{\hbar\omega_{\rm D}}{k_{\rm B}T} = \frac{T_{\rm D}}{T} \tag{33.30}$$

eingeführt. Der letzte Ausdruck definiert die Debyetemperatur T_{D}. Wir bestimmen die Energie (33.29) für die beiden Fälle $x_{\mathrm{D}} \ll 1$ und $x_{\mathrm{D}} \gg 1$. Für $x_{\mathrm{D}} \ll 1$ entwickeln wir $1/(\exp(x)-1) \approx 1/x - 1/2 + x/12$. Der Term $-1/2$ ergibt $-E_0$. Die anderen beiden Terme führen zu

$$E(T,V) = 3Nk_{\mathrm{B}}T\left(1+\frac{1}{20}\,\frac{T_{\mathrm{D}}}{T^2}\right) \qquad (T \gg T_{\mathrm{D}}) \tag{33.31}$$

Dabei wird N nicht im Argument von $E(T,V)$ aufgeführt, weil es nicht die Anzahl der Teilchen des idealen Quantengases (also der Phononen) ist. Da die Masse des Systems proportional zur Anzahl der Atome ist, ist es gleichwohl sinnvoll, die spezifische Wärme auf N zu beziehen,

$$c_V = \frac{1}{N}\,\frac{\partial E(T,V)}{\partial T} = 3\,k_{\mathrm{B}}\left(1-\frac{1}{20}\,\frac{T_{\mathrm{D}}^2}{T^2}\right) \qquad (T \gg T_{\mathrm{D}}) \tag{33.32}$$

Der klassische Grenzfall $c_V = 3\,k_{\mathrm{B}}$ wird *Dulong-Petit-Gesetz* genannt. Nach dem Gleichverteilungssatz erhält ja jede kanonische Variable, die in der Hamiltonfunktion quadratisch auftritt, die mittlere Energie $k_{\mathrm{B}}T/2$. Ein Oszillator hat zwei solche kanonische Variable, er ergibt also den Beitrag k_{B} zur Wärmekapazität. Im Kristall kann jedes Atom in die drei Raumrichtungen ausgelenkt werden und schwingen; jedem Atom sind daher drei Oszillatoren zuzuordnen, also $C_V/N = 3\,k_{\mathrm{B}}$.

Für $x_{\mathrm{D}} \gg 1$ kann die obere Grenze des Integrals unendlich gesetzt werden. Mit

$$\int_0^\infty dx\;\frac{x^3}{e^x-1} = \sum_{n=1}^{\infty}\int_0^\infty dx\;x^3\,\exp(-nx) = 6\sum_{n=1}^{\infty}\frac{1}{n^4} = \frac{\pi^4}{15} \tag{33.33}$$

erhalten wir

$$E(T,V) = E_0 + \frac{3\pi^4}{5}\,\frac{N(k_{\mathrm{B}}T)^4}{(\hbar\omega_{\mathrm{D}})^3} \qquad (T \ll T_{\mathrm{D}}) \tag{33.34}$$

Damit ist die spezifische Wärme pro Atom

$$c_V = \frac{1}{N}\,\frac{\partial E(T,V)}{\partial T} = \frac{12\,\pi^4}{5}\,k_{\mathrm{B}}\,\frac{T^3}{T_{\mathrm{D}}^{\,3}} \qquad (T \ll T_{\mathrm{D}}) \tag{33.35}$$

Das T^3–Verhalten ist so zu verstehen: Für tiefe Temperaturen sind alle Moden mit $\hbar\omega \lesssim k_{\mathrm{B}}T$ angeregt. Die Anzahl dieser Moden ist proportional zu $\int d^3k \propto k^3 \propto \omega^3 \propto T^3$. Jede Mode gibt einen Beitrag der Größe $\mathcal{O}(k_{\mathrm{B}})$ zur spezifischen Wärme.

Der gesamte Verlauf der spezifischen Wärme, wie sie sich aus (33.29) ergibt, ist in Abbildung 33.4 skizziert. Der Übergang zwischen dem T^3–Verhalten

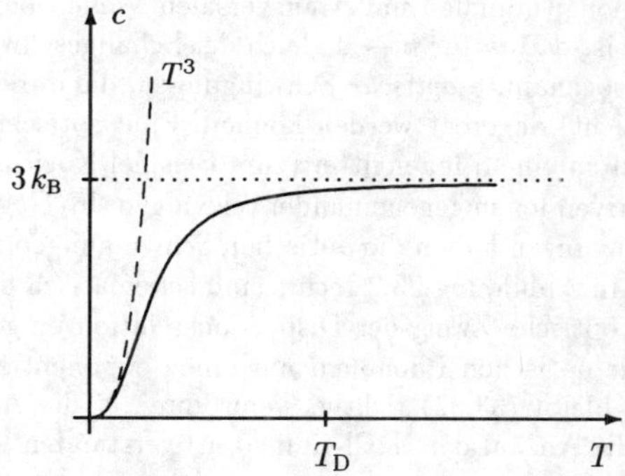

Abbildung 33.4: Temperaturabhängigkeit des Gitteranteils der spezifischen Wärme. Das asymptotische T^3-Verhalten ist gestrichelt eingezeichnet.

und dem klassischen Grenzwert erfolgt bei Temperaturen im Bereich von T_D. Eine Volumenabhängigkeit von $c_V(T, V)$ kann sich aus derjenigen von T_D ergeben. Für tiefe Temperaturen wurde das T^3-Verhalten bereits in Abbildung 32.4 für ein Metall diskutiert.

Im Prinzip haben wir ω_D mit mikroskopischen Größen verknüpft (33.15, 33.11); die Kraftkonstante f wird durch das Potential zwischen den Atomen des Kristalls bestimmt. Praktisch wird man T_D in (33.35) als Parameter betrachten, der an das Experiment angepaßt wird. Hierfür erhält man zum Beispiel

$$T_D = \begin{cases} 143\ \text{K} \\ 309\ \text{K} \end{cases} \qquad T_S = \begin{cases} 365\ \text{K} & \text{für Natrium (Na)} \\ 1356\ \text{K} & \text{für Kupfer (Cu)} \end{cases} \tag{33.36}$$

Zusätzlich ist noch die Schmelztemperatur T_S angegeben. Für $T \to T_S$ sind die Gitterschwingungen so groß, daß sie den Kristallverband auflösen; das vorgestellte Modell wird spätestens hier ungültig. Wie in Abbildung 33.4 zu sehen, ist der klassische Grenzfall $c_V = 3\,k_B$ bei T_D bereits nahezu erreicht. Die Näherung (33.32) kann faktisch im Bereich $T \gtrsim T_D$ verwendet werden, also über den angegebenen Gültigkeitsbereich hinaus.

Das für unsere Rechnung verwendete Debyemodell gibt zwei Aspekte korrekt wieder: Die Gesamtanzahl der möglichen Moden ist $3N$, und für kleine ω gilt $z(\omega) \propto \omega^2$. Insofern sind die angegebenen Grenzfälle (33.32) und (33.35) realistisch. Im Bereich zwischen diesen Grenzwerten werden sich im allgemeinen Abweichungen zwischen dem berechneten und gemessenen $c_V(T)$ ergeben. Diese Abweichungen erlauben dann Rückschlüsse auf die Abweichung des Frequenzspektrums $z(\omega)$ vom Debye-Modell (Abbildung 33.3).

Die hier betrachteten longitudinalen und transversalen Wellen heißen auch *akustisch*; denn für sie ist $d\omega/dk$ für $k \to 0$ gleich der Schallgeschwindigkeit. Daneben gibt es noch sogenannte *optische* Schwingungen, die durch elektromagnetische Felder (Licht) angeregt werden können. Eine optische Schwingung besteht darin, daß in einem Ionengitter (zum Beispiel Kochsalz, NaCl) die positiven und negativen Ionen gegeneinander schwingen. Im Gegensatz zu den akustischen Schwingungen haben die optischen Schwingungen für $k \to 0$ eine endliche Energie. In Abbildung 33.2 rechts sind schematisch die akustischen Zweige und der optische Zweig der Dispersionsrelation eingezeichnet. Für $T \ll T_{\mathrm{D}}$ geben die optischen Phononen nur einen exponentiell kleinen Beitrag. Für $T \gg T_{\mathrm{D}}$ bleibt (33.32) richtig, wenn unter N die Anzahl der Atome (also zweimal die Anzahl der NaCl-Einheiten) verstanden wird.

Übung

Zeigen Sie, daß

$$q(x,t) = q_n(t) = A \sin(kx + \varphi) \sin(\omega t) \tag{33.37}$$

die Bewegungsgleichung (33.2) löst. Bestimmen Sie hierfür die möglichen, diskreten k-Werte aus der physikalischen Randbedingung $q(0,t) = q(L,t) = 0$. Geben Sie Δk und den relevanten k-Bereich an. Begründen Sie, daß sich für die Summe über die möglichen k-Werte keine Unterschiede zu (33.12) ergeben.

Übung

Zeigen Sie, daß die erste Korrektur zu (33.35) exponentiell klein ist.
Hinweis: Schreiben Sie dazu die Differenz von (33.34) und (33.29) an; dies ergibt ein Integral von $x_{\rm D}$ bis ∞. Für $x_{\rm D} \gg 1$ kann dann die Entwicklung $1/(\exp(x) - 1) \approx \exp(-x) + \exp(-2x) + ...$ verwendet werden.

Übung

Geben Sie den Mittelwert der Phononenzahl (33.25) für das Debye-Modell an. Werten Sie $\overline{N_{\rm ph}}$ für hohe und tiefe Temperaturen aus.

Übung

Für einen NaCl-Kristall (mit je $N/2$ Na- und Cl-Atomen) kann das Phononenspektrum durch

$$z(\omega) = z_{\rm D}(\omega) + \delta(\omega - 2\omega_{\rm D}) \tag{33.38}$$

angenähert werden. Dabei ist $z_{\rm D}(\omega)$ von der Form (33.17). Der zweite Beitrag beschreibt die optischen Phononen. Berechnen Sie die spezifische Wärme für tiefe und für hohe Temperaturen.

Kapitel 34

Photonengas

Wir untersuchen in diesem Kapitel Systeme, in denen Materie der Temperatur T mit elektromagnetischer Strahlung im Gleichgewicht ist. Ein solches System ist zum Beispiel das Plasma der Sonnenoberfläche; ein Ergebnis unserer Untersuchung wird das Strahlungsspektrum des Sonnenlichts sein.

Für die theoretische Behandlung gehen wir von einem Hohlraumresonator aus, in dem stehende elektromagnetische Wellen angeregt werden können. Jede solche Welle stellt eine unabhängige Schwingungsmode des Systems dar, die als Oszillator quantisiert werden kann. Die Quanten dieser Wellen heißen Photonen. Wir bestimmen, wieviele Photonen in den einzelnen Zuständen (Schwingungsmoden) im thermischen Gleichgewicht angeregt sind. Daraus kann die thermodynamische Energie berechnet werden.

Die elektromagnetischen Wellen sind Lösungen der Maxwellgleichungen im quellfreien Raum. Wenn man in diesen Gleichungen das Magnetfeld $\boldsymbol{B}(\boldsymbol{r},t)$ eliminiert, erhält man die Wellengleichung

$$\left(\Delta - \frac{1}{c^2}\frac{\partial^2}{\partial t^2}\right)\boldsymbol{E}(\boldsymbol{r},t) = 0 \tag{34.1}$$

für das elektrische Feld $\boldsymbol{E}(\boldsymbol{r},t)$. Der Ansatz

$$\boldsymbol{E}(\boldsymbol{r},t) = \boldsymbol{E}_0 \sin(\boldsymbol{k}\boldsymbol{r} + \varphi)\,\sin(\omega t + \psi) \tag{34.2}$$

ist Lösung, falls

$$\omega^2 = c^2\boldsymbol{k}^2 \quad \text{oder} \quad \omega = c|\boldsymbol{k}| = ck \tag{34.3}$$

Das Magnetfeld folgt aus der Maxwellgleichung $\partial\boldsymbol{B}/\partial t = -c \operatorname{rot} \boldsymbol{E}$. Die Lösung (34.2) ist eine stehende Welle. Die allgemeine Lösung der freien Maxwellgleichungen läßt sich als Überlagerung solcher Lösungen darstellen.

Aus der Maxwellgleichung $\operatorname{div}\boldsymbol{E} = 0$ folgt die Einschränkung

$$\boldsymbol{E}_0\,\boldsymbol{k} = 0 \quad \text{oder} \quad \boldsymbol{E}_0 \perp \boldsymbol{k} \tag{34.4}$$

Speziell für $\boldsymbol{k} = k\,\boldsymbol{e}_z$ lautet (34.2) dann

$$\boldsymbol{E}(z,t) = (E_{0x}\,\boldsymbol{e}_x + E_{0y}\,\boldsymbol{e}_y)\,\sin(kz+\varphi)\,\sin(\omega t - \psi) \qquad (34.5)$$

wobei $\omega = ck$. Dies bedeutet, daß es zwei Polarisationen der Welle gibt. Für $E_{0y} = 0$ erhält man eine in x-Richtung linear polarisierte Welle, für die $\boldsymbol{E}$ in x- und $\boldsymbol{B}$ in y-Richtung zeigt. Da die Vektoren $\boldsymbol{E}$ und $\boldsymbol{B}$ senkrecht zum Wellenvektor $\boldsymbol{k}$ stehen, sind die elektromagnetischen Wellen *transversal*. Im Gegensatz zu den Gitterwellen des vorigen Kapitels gibt es keine longitudinalen Wellen.

Wir betrachten nun elektromagnetische Wellen im Inneren eines Hohlraums. Der Hohlraum habe das kubische Volumen $V = L^3$; seine Wände seien aus Metall. An den Wänden muß die Tangentialkomponente des elektrischen Feldes verschwinden. Für (34.5) heißt das $\boldsymbol{E}(0,t) = \boldsymbol{E}(L,t) = 0$. Daraus folgt $\varphi = 0$ und $kL = i\pi$, also die diskreten k-Werte

$$k_i = \frac{\pi}{L}\,i \quad \text{mit} \quad i = 1, 2, 3, \ldots \qquad (34.6)$$

Für die Abzählung der Moden beschränken wir i auf positive Werte, weil $\sin(kz)$ und $\sin(-kz)$ dieselbe Lösung ergeben. Die Summe über die k_i-Werte werten wir als Integral aus:

$$\sum_{k_i} \ldots = \frac{L}{\pi}\int_0^\infty dk \ldots = \frac{2L}{\pi}\int_{-\infty}^{\infty} dk \ldots = \frac{1}{\Delta k}\int_{-\infty}^{\infty} dk \ldots \qquad (34.7)$$

mit $\Delta k = 2\pi/L$. Dabei haben wir angenommen, daß der Integrand nur von $|k|$ abhängt. Wir gehen nun zum Vektor $\boldsymbol{k}$ über und betrachten die Summe über alle möglichen Impulsrichtungen,

$$\sum_{m=1}^{2}\sum_{\boldsymbol{k}} \ldots = 2\int_{-\infty}^{\infty}\frac{dk_x}{\Delta k}\int_{-\infty}^{\infty}\frac{dk_y}{\Delta k}\int_{-\infty}^{\infty}\frac{dk_z}{\Delta k}\ldots = \frac{2V}{(2\pi)^3}\int d^3k \ldots \qquad (34.8)$$

Im Ergebnis spielt die Form des Volumens V keine Rolle. Die Abzählung erfolgt damit wie in (29.6). Im Unterschied zu Gitterwellen ist die Anzahl der elektromagnetischen Moden nicht endlich; es gibt keine maximale Wellenzahl. Die Summe über $m = 1$ und 2 steht für die beiden möglichen Polarisationsrichtungen einer elektromagnetischen Welle.

Der Hohlraum dient lediglich als Hilfsmittel, um die Anzahl der elektromagnetischen Schwingungsmoden in einem Volumen V abzuzählen. Wir haben deshalb hier auch keine vollständige Hohlraumschwingung angegeben; dazu sei auf die Elektrodynamik verwiesen. Für die statistisch relevanten Anregungen $\hbar ck \sim k_{\rm B}T$ sind die Wände des Hohlraums wegen $k \gg \Delta k$ faktisch unwesentlich.

Als Lösungen der freien Maxwellgleichungen sind die elektromagnetischen Schwingungen harmonisch und voneinander entkoppelt. Jede Mode stellt einen klassischen harmonischen Oszillator dar, der mit beliebiger Amplitude schwingen kann. Wir berücksichtigen nun die Quantenmechanik, indem wir nur die diskreten Energiewerte

$$e_j = \hbar\omega_k \left(n_{\boldsymbol{k}}^m + \frac{1}{2} \right), \qquad j = (\boldsymbol{k}, m) \tag{34.9}$$

für die einzelnen Schwingungen zulassen.

Wir skizzieren kurz einen einfachen formalen Weg, der zu dieser Quantisierung führt. Für das klassische System können die zeitabhängigen Amplituden $A_j(t)$ der einzelnen Schwingungsmoden als verallgemeinerte Koordinate der Lagrangefunktion gewählt werden; in (34.5) stellt $A(t) = E_{0x} \sin(\omega t + \psi)$ eine solche Amplitude dar. Aus der Lagrangefunktion

$$L(A_1, A_2, ..., , \dot{A}_1, \dot{A}_2, ...) = \text{const.} \cdot \sum_j \left(\dot{A}_j^2 - \omega_j^2 A_j^2 \right) \tag{34.10}$$

folgen die Bewegungsgleichungen $\ddot{A}_j = -\omega_j^2 A_j$ mit den Lösungen $A_j(t) = a_j \sin(\omega_j t + \psi_j)$. Aus L bestimmt man standardmäßig die Hamiltonfunktion $H(A_1, A_2, ..., P_{A_1}, P_{A_2}, ...)$; dabei kann man die Konstante in (34.10) so festlegen, daß H gleich der aus der Elektrodynamik bekannten Energie der Hohlraumschwingung ist. Ebenfalls standardmäßig geht man dann von der Hamiltonfunktion zum Hamiltonoperator über. Der Hamiltonoperator beschreibt unabhängige Oszillatoren und hat daher die Energieeigenwerte $E_r = \sum e_j$ mit e_j aus (34.9).

Ein Mikrozustand r des Hohlraums ist dadurch definiert, daß wir die Schwingungsquantenzahl $n_j = n_{\boldsymbol{k}}^m$ jeder stehenden Welle angeben:

$$r = (n_1, n_2, n_3 \ldots) = \{n_{\boldsymbol{k}}^m\} \tag{34.11}$$

Die stehenden Wellen sind entkoppelte Eigenschwingungen des Systems. Daher ist die Energie des Systems eine Summe über die e_j aus (34.9):

$$E_r = \sum_{j=1}^{\infty} e_j = \sum_{m,\,\boldsymbol{k}} \hbar\omega_k \left(n_{\boldsymbol{k}}^m + \frac{1}{2} \right) \tag{34.12}$$

Aufgrund der gemachten Annahmen hängt die Frequenz nicht von der Richtung von $\boldsymbol{k}$ und von der Polarisation ab, also $\omega_j = \omega_k$. Mit

$$\varepsilon_k = \hbar\omega_k = \hbar c |\boldsymbol{k}| \tag{34.13}$$

können wir die Energiewerte auch als

$$E_r = E_0 + \sum_{m,\boldsymbol{k}} \varepsilon_k \, n_{\boldsymbol{k}}^m \qquad (34.14)$$

schreiben. Bis auf die Energie E_0 der Nullpunktschwingungen ist dies die Form (29.18) des idealen Quantengases. Wegen

$$n_{\boldsymbol{k}}^m = 0, 1, 2, \ldots \qquad (34.15)$$

handelt es sich um ein *ideales Bosegas*. In dieser Betrachtungsweise sprechen wir dann nicht mehr von $n_{\boldsymbol{k}}^m$ Schwingungsquanten des Oszillators, sondern von $n_{\boldsymbol{k}}^m$ Bosonen im Einteilchenzustand $j = (\boldsymbol{k}, m)$ mit der Energie $\varepsilon_j = \varepsilon_k$. Diese Bosonen werden *Photonen* genannt; sie stellen quantisierte elektromagnetische Wellen dar. Diesen Photonen kann der Impuls $\boldsymbol{p} = \hbar \boldsymbol{k}$ und der Spin 1 zugeordnet werden. Die beiden Polarisationsmöglichkeiten entsprechen den Spinprojektionen $\pm\hbar$ in Richtung von $\boldsymbol{k}$; eine andere Einstellung des Spins ist für Photonen nicht möglich.

Die Photonen könnten lediglich eine begriffliche Konstruktion oder Sprechweise sein, die durch die Struktur (34.11) – (34.15) nahegelegt wird. Viele Experimente (etwa der Comptoneffekt) zeigen jedoch, daß Photonen reale Teilchen mit bestimmten Werten von Energie, Impuls und Spin sind.

Ebenso wie bei den Phononen liegt die Gesamtteilchenzahl der Photonen nicht fest:

$$N_{\rm ph} = \sum_{m,\boldsymbol{k}} n_{\boldsymbol{k}}^m \neq \text{const.} \qquad (34.16)$$

Vielmehr ist $\overline{N_{\rm ph}}$ eine Funktion der Temperatur (Übung). Die Energieeigenwerte $E_r(V)$ hängen nicht von $N_{\rm ph}$ ab. Daher verschwindet das chemische Potential,

$$\mu = \overline{\frac{\partial E_r(V)}{\partial N_{\rm ph}}} = 0 \qquad \text{(Photonen)} \qquad (34.17)$$

Die mittlere Anzahl (29.41) der Phononen im Zustand $(\boldsymbol{k}, m)$ ist dann

$$\overline{n_{\boldsymbol{k}}^m} = \overline{n_k} = \frac{1}{\exp(\beta\varepsilon_k) - 1} \qquad (34.18)$$

Die in (34.14) eingeführte Größe $E_0 = \sum \hbar\omega_k/2$ ist unendlich, da die Anzahl der Schwingungsmoden nicht begrenzt ist. Man betrachtet daher nur die tatsächlich meßbare Energiedifferenz

$$E'(T, V) = \overline{E_r} - E_0 = E(T, V) - E(0, V) = \sum_{m,\boldsymbol{k}} \varepsilon_k \, \overline{n_k} \qquad (34.19)$$

Die Differenzbildung ist eine Vorschrift, um aus dem unendlichen Resultat für $E(T,V)$ ein physikalisch sinnvolles Ergebnis zu erhalten. Das Verfahren ist an sich fragwürdig; denn es besteht ja darin, zwei unendliche Größen, $E(T,V)$ und $E_0 = E(0,V)$, voneinander abzuziehen. In der Quantenelektrodynamik ist dies aber ein übliches und erfolgreiches Verfahren, das wir hier in besonders einfacher Form kennenlernen.

Obschon die Hohlraumschwingungen ein ganz anderes physikalisches System darstellen, sind die Strukturen weitgehend analog zu den Gitterschwingungen. Wir stellen einige Punkte zum Vergleich zwischen Phononen- und Photonengas zusammen:

- Für Photonen ist c die Lichtgeschwindigkeit, für Phononen ist c die Schallgeschwindigkeit.

- Die Dispersionsrelation $\omega = c|\boldsymbol{k}|$ gilt für Photonen exakt, für Phononen dagegen näherungsweise. Für Photonen sind alle Frequenzen möglich. Für Phononen ist die Dispersionsrelation durch einen maximalen Wert $\omega_{\rm D}$ begrenzt. Das resultierende $E \propto T^4$ gilt daher für das Photonengas generell, für das Phononengas nur bei tiefen Temperaturen.

- Für Photonen sind beliebig große $n_{\boldsymbol{k}}$ möglich, für Phononen löst sich der Kristall bei zu großer Anregung auf. Anders ausgedrückt, die Harmonizität der Schwingung gilt exakt für das elektromagnetische Feld, aber nur näherungsweise für Gitterwellen.

- Es gibt zwei transversale und eine longitudinale Gitterwelle, aber nur zwei transversale elektromagnetische Wellen. Im Teilchenbild bedeutet dies, daß der Spin 1 des Phonons drei Einstellmöglichkeiten hat, der Spin 1 des Photons aber nur zwei.

- Die Nullpunktsenergie E_0 ist für Phononen endlich, da es nur endlich viele Moden gibt. Für Photonen ist E_0 zusammen mit der Anzahl der Schwingungsmoden unendlich.

Wir berechnen die Energie E', wobei wir (34.8) verwenden,

$$\begin{aligned} E'(T,V) &= \sum_{m,\boldsymbol{k}} \varepsilon_k \overline{n_k} = \frac{2V}{(2\pi)^3} \int d^3k \, \frac{\hbar c k}{\exp(\beta\hbar c k) - 1} = \\ &= \frac{V}{\pi^2 \beta^4 \hbar^3 c^3} \int_0^\infty dx \, \frac{x^3}{e^x - 1} \stackrel{(33.33)}{=} \frac{\pi^2 V \,(k_{\rm B} T)^4}{15\,\hbar^3 c^3} \end{aligned} \qquad (34.20)$$

Mit der Stefan-Boltzmannkonstante σ,

$$\sigma = \frac{\pi^2 k_{\rm B}^{\,4}}{60\,\hbar^3 c^2} = 5.67 \cdot 10^{-8} \, \frac{\rm W}{\rm m^2\, K^4} \qquad (34.21)$$

lautet das Resultat

$$E'(T,V) = \frac{4\sigma}{c}\, V T^4 \tag{34.22}$$

Die Wärmekapazität des Hohlraums ist dann

$$C_V = \frac{16\,\sigma}{c}\, V T^3 \tag{34.23}$$

In diesem Fall gibt es keine Teilchenzahl, auf die C_V bezogen werden könnte. Das 'Medium', dessen Wärmekapazität angegeben wird, ist das Vakuum des Hohlraums mit dem Volumen V.

Plancksche Strahlungsverteilung

Die Energie (34.20) kann als Integral über die Frequenzen ω geschrieben werden,

$$\frac{E'(T,V)}{V} = \int_0^\infty d\omega\; u(\omega) \tag{34.24}$$

Der Vergleich mit (34.20) definiert die spektrale Verteilung $u(\omega)$ der Energiedichte,

$$u(\omega) = \frac{\hbar}{\pi^2 c^3}\, \frac{\omega^3}{\exp(\hbar\omega/k_{\rm B}T) - 1} \qquad \text{(Plancksche Strahlungsverteilung)} \tag{34.25}$$

Dies ist auch die Strahlungsverteilung eines *schwarzen Körpers*. Wenn man den Hohlraumresonator mit einem kleinen Loch versieht, so entweicht hieraus Strahlung mit der Verteilung $u(\omega)$. Das Loch soll klein sein, damit die dadurch verursachte Störung des Gleichgewichts zu vernachlässigen ist. Die Bezeichnung 'schwarz' rührt daher, daß ein solches Loch von außen schwarz erscheint.

Die Plancksche Verteilung (34.25) ist in Abbildung 34.1 skizziert. Für kleine ω steigt $u(\omega)$ proportional zu ω^2 an, für große ω nimmt $u(\omega)$ exponentiell ab. Der Anstieg $u(\omega) \propto \omega^2$ ist durch die Anzahl der möglichen Moden bestimmt, also durch den Faktor k^2 in $d^3k = 4\pi k^2\, dk$. Für hohe ω dominiert die Exponentialfunktion im Nenner von (34.25), also $u(\omega) \propto \exp(-\hbar\omega/k_{\rm B}T)$. Die Plancksche Verteilung hat ein Maximum, das sich aus

$$\frac{du(\omega)}{d\omega} = 0 \quad \Longrightarrow \quad \beta\hbar\omega = 3\left[1 - \exp(-\beta\hbar\omega)\right] \tag{34.26}$$

ergibt. Die numerische Lösung der Gleichung $x/3 = 1 - \exp(-x)$ ist $x \approx 2.82$, also

$$\hbar\,\omega_{\rm max} = 2.82\; k_{\rm B}T \qquad \text{(Wiensches Verschiebungsgesetz)} \tag{34.27}$$

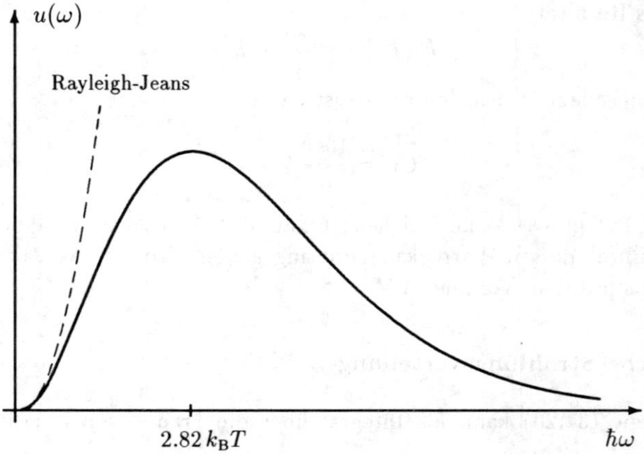

Abbildung 34.1: Plancksche Strahlungsverteilung: Wenn Materie der Temperatur T mit elektromagnetischer Strahlung im Gleichgewicht ist, geht von ihr Strahlung mit dieser Frequenzverteilung aus.

Diese Relation gibt an, wie sich das Maximum der Strahlungsverteilung mit der Temperatur verschiebt.

Die Plancksche Strahlungsverteilung war von besonderer Bedeutung in der Entwicklung der Quantenphysik. Das Resultat einer klassischen statistischen Behandlung erhält man aus dem Gleichverteilungssatz, oder formal aus (34.25) durch den Grenzübergang '$\hbar \to 0$':

$$u(\omega) = \frac{\hbar}{\pi^2 c^3}\,\frac{\omega^3}{\exp(\beta\hbar\omega) - 1} \;\stackrel{\hbar\to 0}{\longrightarrow}\; u(\omega) = \frac{k_{\mathrm{B}}T\,\omega^2}{\pi^2 c^3} \qquad \text{(Rayleigh-Jeans-Gesetz)} \tag{34.28}$$

Die klassische Statistik impliziert eine 'Ultraviolettkatastrophe': Jede klassisch mögliche Oszillation, auch die mit sehr hoher Frequenz oder kleiner Wellenlänge, bekommt nach dem Gleichverteilungssatz die mittlere Energie $k_{\mathrm{B}}T$. Da die Dichte der möglichen Oszillationen mit ω^2 ansteigt, führen die hohen Frequenzen (ultraviolett) zu einer unendlichen Gesamtenergie; dieses unendliche Resultat betrifft die meßbare Energiedifferenz zwischen T und $T = 0$. Ein solches Ergebnis ist physikalisch unsinnig; es steht natürlich auch im Widerspruch zur beobachteten Verteilung. Diese Situation veranlaßte Planck zur ad hoc–Annahme, daß die Energie jeder Schwingung nur in diskreten Einheiten (also Quanten) vorkommen kann, die proportional zur Frequenz sind. Die Proportionalitätskonstante $\hbar$ der Energiequanten $\hbar\omega$ konnte dann aus dem Vergleich von (34.25) mit gemessenen Strahlungsverteilungen bestimmt werden.

Stefan-Boltzmann-Gesetz

Wir berechnen die Strahlungsleistung eines schwarzen Lochs. Die Größe

$$\frac{E'c}{V} = \frac{\text{Energie}}{\text{Fläche} \cdot \text{Zeit}} \tag{34.29}$$

ist eine Energiestromdichte. Geht diese Stromdichte durch die Fläche f, so ist die durchgehende Leistung gleich fcE'/V. In der Hohlraumwand sei nun eine Öffnung mit der Fläche f. Durch dieses Loch tritt nur ein Teil der Leistung fcE'/V, weil die Energiedichte E'/V aus Photonen mit statistisch verteilten Richtungen der Geschwindigkeit $\boldsymbol{v}$ besteht (mit $|\boldsymbol{v}| = c$). Von den Photonen unmittelbar vor der Öffnung tragen nur diejenigen zum auslaufenden Strom bei, für die $\theta = \arccos(\boldsymbol{vn}/v)$ zwischen 0 und $\pi/2$ liegt; dabei ist $\boldsymbol{n}$ die Normale auf die Öffnung. Für die Strahlungsleistung (Energie/Zeit) ist die Geschwindigkeitskomponente senkrecht zur Fläche f der Öffnung maßgebend, also $\boldsymbol{vn} = c\cos\theta$. Damit wird durch die Öffnung mit der Fläche f die elektromagnetische Leistung

$$P_{\text{em}} = \frac{E'c}{V}\, f\, \frac{1}{4\pi} \int_0^{2\pi} d\phi \int_0^1 d(\cos\theta)\ \cos\theta = \frac{E'cf}{4V} \tag{34.30}$$

abgestrahlt. Mit (34.22) wird (34.30) zum *Stefan-Boltzmann-Gesetz*

$$P_{\text{em}} = \sigma\, f\, T^4 \qquad \text{(Stefan-Boltzmann-Gesetz)} \tag{34.31}$$

Anwendungen

In der Ableitung haben wir uns auf einen Hohlraumresonator bezogen, weil dort die physikalischen Bedingungen besonders einfach zu formulieren sind. So gelten im Vakuum die freien Maxwellgleichungen exakt; der Resonator wird durch besonders einfache Randbedingungen definiert. Auch für die Berechnung der Abstrahlung wurden vereinfachende Annahmen gemacht (kleines Loch im Hohlraum). Der tatsächliche Anwendungsbereich der Ergebnisse geht aber weit über dieses eher künstliche System hinaus. Immer wenn Materie mit elektromagnetischer Strahlung im Gleichgewicht ist, kann man die Strahlung durch ein Photonengas beschreiben. Im Einzelfall kann die Materie zu Abweichungen führen (zum Beispiel zu Absorptionslinien); physikalisch ist die Anwesenheit von Materie aber normalerweise notwendig, um eine Temperatur vorzugeben.

In die Behandlung des Photonengases gingen nur die Eigenschaften elektromagnetischer Wellen und grundlegende statistische Annahmen ein. Wegen der Allgemeinheit dieser Annahmen ist die Plancksche Verteilung und das Stefan-Boltzmann-Gesetz auf sehr viele Systeme anwendbar. Wir geben einige Beispiele an:

- Erhitzt man Eisen von 1000 K auf 2000 K, so erscheint es zunächst rotglühend, und dann weißglühend. Der sichtbare Teil des Strahlungsspektrums liegt in beiden Fällen deutlich über dem Maximum der Planckschen Strahlungsverteilung.

- In der Sonnenoberfläche ist das Plasma im Gleichgewicht mit elektromagnetischer Strahlung. Die Messung des Strahlungsspektrums bestimmt die Oberflächentemperatur der Sonne (etwa 5800 K). Mit dieser Methode bestimmt man auch die Oberflächentemperatur anderer Sterne.

- Die eingestrahlte Sonnenenergie betrage auf der Erde im Mittel (über die Zeit und Breitengrade) $I_S = 500\,\mathrm{W/m^2}$. Diese Energie wird als Wärmestrahlung gemäß (34.31) wieder in den Weltraum abgestrahlt; die Erdwärme ist in dieser Bilanz zu vernachlässigen. Aus

$$I_S = \frac{P_{em}}{f} = \sigma\, T_E^4 \tag{34.32}$$

ergibt sich ein Schätzwert für die mittlere Temperatur T_E der Erdoberfläche $f = 4\pi R_E^2$.

- Treibhauseffekt: Durch Verbrennung fossiler Brennstoffe steigt der CO_2-Gehalt der Atmosphäre an. Kohlendioxid absorbiert Licht im infraroten Bereich stärker als im sichtbaren. Dies bedeutet qualitativ

$$\text{Absorption durch } CO_2 = \begin{cases} \text{groß} & \hbar\omega \sim 1000\ k_B\mathrm{K} \\ \text{klein} & \hbar\omega \sim 20\,000\ k_B\mathrm{K} \end{cases} \tag{34.33}$$

Die Erde hat eine Temperatur von etwa 300 K, so daß das Maximum der Wärmeabstrahlung bei $\hbar\omega_{max} \sim 1000\ k_B\mathrm{K}$ liegt. Die Sonnenoberfläche hat eine Temperatur von etwa 6000 K, so daß das Maximun der Wärmeabstrahlung bei $\hbar\omega_{max} \sim 20\,000\ k_B\mathrm{K}$ liegt.

Das in der CO_2–Schicht absorbierte Licht wird in andere Richtungen wieder abgestrahlt. Dadurch ergibt sich effektiv eine teilweise Rückstrahlung oder Reflexion. Wenn durch die CO_2–Schicht 10% der Wärmestrahlung der Erde reflektiert wird, dann muß die Erdoberfläche im Gleichgewicht 10% mehr Wärme abstrahlen (Abbildung 34.2). Nach (34.31) steigt dann die vierte Potenz der Erdtemperatur T_E um 10%, also T um etwa 2.5% oder $\Delta T_E \approx 7.5$ K.

Andere Spurengase (zum Beispiel Methan) verstärken den Treibhauseffekt der Atmosphäre. Glas bewirkt wegen ähnlicher Absorptionseigenschaften eine Temperatursteigerung im Inneren eines Treibhauses.

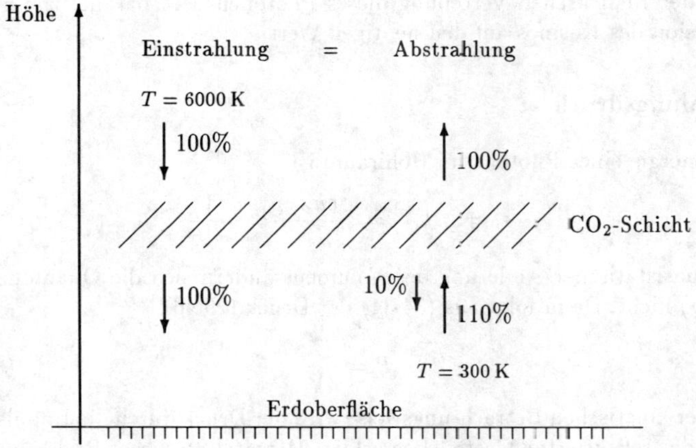

Abbildung 34.2: Bilanzschema der Strahlungsleistung bei teilweiser Reflexion. Nach außen muß die Strahlungsbilanz im Mittel ausgeglichen sein; die eingestrahlte Leistung muß gleich der abgestrahlten sein. Ein Treibhauseffekt entsteht durch eine Gasschicht, die Sonnenstrahlung (6000 K) weniger, Wärmestrahlung (300 K) dagegen stärker absorbiert. Ein Treibhaus funktioniert nach demselben Prinzip, wobei Glas anstelle des Gasschicht tritt.

- Kosmische Hintergrundstrahlung: Der gesamte Kosmos ist von einer Hohlraumstrahlung erfüllt, die zur Temperatur 2.75 K gehört. Penzias und Wilson maßen 1965 die Intensität dieser Strahlung bei einer bestimmten Wellenlänge und leiteten daraus eine Temperatur ab. In den Jahren danach wurde in einem größeren Wellenlängenbereich ($\lambda = 70\,\text{cm} \ldots 0.1\,\text{cm}$) experimentell bestätigt, daß es sich um eine Plancksche Strahlungsverteilung handelt. Ebenfalls nachgewiesen wurde die Isotropie der Strahlung, die das Photonengas gegenüber der Strahlung bestimmter Quellen auszeichnet.

  Eine solche Strahlung wurde Ende der vierziger Jahre aufgrund eines kosmologischen Modells theoretisch vorhergesagt. Das big-bang-Modell extrapoliert die gegenwärtige Expansion des Kosmos auf frühere Zeiten. Danach war die Materie im Kosmos früher dichter und entsprechend wärmer. Die Strahlung ist ein Überbleibsel aus der Frühzeit, als die Materie ionisiert und daher im Gleichgewicht mit der Strahlung war. Dies war etwa zur Zeit $t \approx 4 \cdot 10^5$ Jahre der Fall, was mit $t_{\text{heute}} \approx 2 \cdot 10^{10}$ Jahre zu vergleichen ist. Als die Materie mit sinkender Temperatur neutrale Einheiten (Atome) bildete, kam es praktisch zu einer Entkopplung von

Photonengas und Materie. Im weiteren Verlauf sank die Temperatur der Planckschen Verteilung dieses Photonengases parallel zur Expansion des Kosmos auf den heutigen Wert.

Strahlungsdruck

Die Energie eines Photons im Hohlraum ist

$$\varepsilon_i = c\hbar\, k_i \overset{(34.6)}{=} \frac{c\hbar\pi}{L}\, i \propto \frac{1}{V^{1/3}} \tag{34.34}$$

Bei quasistatischer Änderung des Volumens ändern sich die Quantenzahlen (hier i) nicht. Dann folgt aus (34.34) der Druck (29.46),

$$P = \frac{E'}{3V} \tag{34.35}$$

In einer kinetischen Betrachtungsweise wird der Druck durch die Impulsüberträge der reflektierten Gasteilchen erklärt (Kapitel 8); dieses Bild kann auch für ein Photonengas angewandt werden.

Als numerisches Beispiel bestimmen wir den Druck einer Strahlung mit der Energiestromdichte $j = cE'/V = 2000\,\mathrm{W/m^2}$,

$$P \sim \frac{j}{c} = \frac{2000\,\mathrm{W}}{\mathrm{m}^2}\,\frac{1}{3\cdot 10^8\,\mathrm{m/s}} \approx 10^{-5}\,\frac{\mathrm{N}}{\mathrm{m}^2} \approx 10^{-10}\,\mathrm{bar} \tag{34.36}$$

Der Druck der Sonnenstrahlung ist von dieser Größe. Die Formel (34.35) gilt allerdings für den isotropen Druck eines Strahlungsgleichgewichts. Der Druck von gerichteter Strahlung (wie die Sonnenstrahlung) unterscheidet sich davon um numerische Faktoren.

Dispersionsrelation und spezifische Wärme

Der Grund für die gemeinsame T^3-Abhängigkeit der spezifischen Wärme beim Phononen- und Photonengas liegt in der gemeinsamen Dispersionsrelation $\varepsilon_p = cp = \hbar ck$. Wir stellen diesen Zusammenhang allgemein für Bosonen mit $\mu \equiv 0$ dar.

Dazu gehen wir von einer Dispersionsrelation der Form

$$\varepsilon_k = \hbar\omega_k = ak^\nu \qquad (k \to 0,\ \ \nu > 0) \tag{34.37}$$

aus, also von einem bestimmten Potenzverhalten für $k \to 0$. Für kleine Temperaturen gilt für Bosonen mit $\mu = 0$,

$$E = \sum_{m,\,\boldsymbol{k}} \varepsilon_k\, \overline{n_k} \propto \int_0^\infty dk\; k^2\, \frac{ak^\nu}{\exp(\beta a k^\nu) - 1} \tag{34.38}$$

Für $T \to 0$ tragen nur die untersten Energiezustände bei; daher kann unbeschadet des Gültigkeitsbereichs der Dispersionsrelation die obere Integralgrenze gleich unendlich gewählt werden. Wir führen die dimensionslose Variable x ein,

$$x = \beta a k^{\nu}, \qquad k \propto (xT)^{1/\nu}, \qquad dk \propto T^{1/\nu}\, x^{1/\nu - 1}\, dx \tag{34.39}$$

Damit wird die Energie zu

$$E \propto T^{3/\nu+1} \int_0^{\infty} dx\, \frac{x^{3/\nu}}{e^x - 1} \tag{34.40}$$

Das Integral ergibt eine dimensionslose Zahl, so daß

$$E \propto T^{3/\nu+1} \quad \text{und} \quad C_V \propto T^{3/\nu} \tag{34.41}$$

Wir führen einige Beispiele an:

$$\begin{array}{lll} \nu = 2\,, & C_V \propto T^{3/2} & \text{Ideales Bosegas für } T < T_{\rm c},\ \text{Magnonengas} \\ \nu = 1\,, & C_V \propto T^{3} & \text{Phononen-, Photonengas} \end{array} \tag{34.42}$$

Magnonen sind die Quanten von Spinwellen. In einem Ferromagneten ist die spezifische Wärme dann von der Form $\alpha T^3 + \beta\, T^{3/2}$.

Wenn die relevanten Anregungen für $k \to 0$ eine endliche Energie Δ haben (etwa die optischen Phononen in Abbildung 33.2), dann dominiert der Exponentialfaktor in $\overline{n}$ das Verhalten für $T \to 0$. Daraus folgt

$$C_V \propto \exp(-\Delta/k_{\rm B}T) \qquad \left(T \to 0,\ \hbar\omega \xrightarrow{k\to 0} \Delta\right) \tag{34.43}$$

Einen Beitrag dieser Form ergeben zum Beispiel die Vibrationen in einem zweiatomigen Gas oder die optischen Phononen in einem Ionenkristall.

Übung

Geben Sie die mittlere Zahl $\overline{N_{\rm ph}}$ der Photonen (34.16) in einem gegebenen Strahlungshohlraum (Volumen V, Temperatur T) an.

Übung

Schätzen Sie den Temperaturunterschied zwischen mittleren Breiten (45°) und den Tropen (0°) ab, der sich aus dem geometrisch bedingten Unterschied in der Sonneneinstrahlung ergibt.

Übung

Sichtbares Licht hat den Wellenlängenbereich $\lambda = 4000 \ldots 7500$ Å. Um welchen Faktor liegen die zugehörigen Frequenzen über dem Maximum $\omega_{\rm max}$ der Verteilung von rotglühendem ($T \approx 1000$ K) oder weißglühendem ($T \approx 2000$ K) Eisen?

Übung

Berechnen Sie $T_{\rm E}$ aus (34.32).

Übung

Gegeben sei die Intensität der direkten Sonneneinstrahlung auf der Erde, $I_{\rm S} \approx 2000\,{\rm W/m^2}$, die Entfernung zur Sonne (acht Lichtminuten), und der Radius der Sonne $R_\odot = 7 \cdot 10^5$ km. Bestimmen Sie hieraus die Oberflächentemperatur der Sonne.

Teil VI

Phasenübergänge

Kapitel 35

Klassifizierung

In dem hier beginnenden Teil befassen wir uns mit Phasenübergängen. Nach einer Einführung in diesem Kapitel behandeln wir einfache Modelle zum Ferromagnetismus, zum Phasenübergang gasförmig–flüssig und zum λ–Übergang von flüssigem Helium. Schließlich untersuchen wir kritische Phänomene allgemein im Rahmen der Landau-Theorie, und leiten Relationen zwischen kritischen Exponenten ab.

Überblick

In Abbildung 35.1 sind einige in der Natur vorkommende Phasen aufgeführt. Dabei betrachten wir homogene Stoffe, also Stoffe aus einer bestimmten Atom- oder Molekülsorte; inhomogene Stoffe wie etwa Holz schließen wir aus. Die augenfälligen Phasen bei Zimmertemperatur sind Gas, Flüssigkeit und Festkörper. Für hohe Temperaturen wird ein Gas ionisiert, es entsteht ein Plasma aus Ionen und freien Elektronen. Darüberhinaus gibt es noch zahlreiche weitere Phasenübergänge, zum Beispiel die Übergänge Graphit–Diamant, weißes Zinn – graues Zinn, Paramagnet–Ferromagnet, Flüssigkeit–Supraflüssigkeit und Normalleiter–Supraleiter.

Die drei Phasen gasförmig, flüssig und fest können durch die relative räumliche Lage der Moleküle charakterisiert werden. Im gasförmigen Zustand ist der mittlere Abstand zwischen einem Molekül und dem nächsten groß gegenüber der Ausdehnung eines Moleküls. Der Abstand ist dann auch groß gegenüber der Reichweite der Wechselwirkung; die Wechselwirkung spielt nur eine untergeordnete Rolle. Im flüssigen Zustand ist der mittlere Abstand vergleichbar mit der Reichweite der attraktiven Wechselwirkung zwischen den Molekülen. Die Wechselwirkung kann nicht mehr als kleine Störung angesehen werden; die Moleküle sind jedoch gegeneinander (auch über größere Wege hinweg) beweglich und verschiebbar. Der Gleichgewichtszustand eines

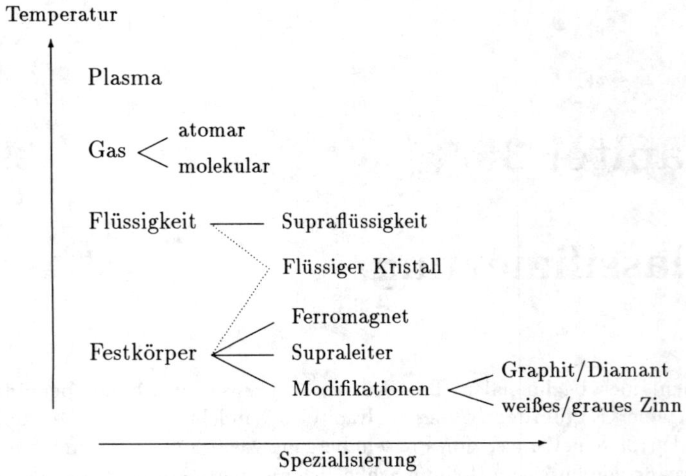

Abbildung 35.1: Überblick über einige ausgewählte Phasen, die in der Natur auftreten. Die qualitative Temperaturskala bezieht sich nur auf die links angeführten Phasen.

Festkörpers ist im allgemeinen ein Kristall, also eine räumlich periodische Anordnung der Moleküle. Die einzelnen Moleküle können im Kristallgitter um ihre Gleichgewichtspositionen herum schwingen.

Einige Stoffe haben Phasen, die sich nicht ohne weiteres in das Schema fest–flüssig–gasförmig einordnen lassen. So ist zum Beispiel gewöhnliches Glas fest und homogen, aber tatsächlich ohne Kristallstruktur; es handelt sich um eine 'eingefrorene Flüssigkeit' (auch im Sinne des Herstellungsprozesses wörtlich zu nehmen). Dies bedeutet, daß die Moleküle eine räumliche Verteilung wie in einer Flüssigkeit (zu einem bestimmten Zeitpunkt) haben. Eine andere bekannte Struktur, die nicht in das einfache Schema flüssig-fest paßt, ist die der flüssigen Kristalle. Hier liegt bezüglich der Verformbarkeit des Materials eine Flüssigkeit vor; über Bereiche von sehr vielen Molekülabständen gibt es aber eine räumlich periodische Struktur.

Bei gegebenem P und T liegt im Gleichgewicht jeweils die Phase mit dem niedrigsten chemischen Potential $\mu(T, P)$ vor; dies wurde in Kapitel 23 gezeigt. Die *Einstellung* des Gleichgewichts, also des Zustands mit minimalem μ, kann aber sehr lange, eventuell sogar beliebig lange dauern. Daher können Systeme stabil in Phasen existieren, die nicht die Gleichgewichtsphasen sind. Es liegt dann ein Quasigleichgewichtszustand vor; in ihm sind die anderen Freiheitsgrade, wie etwa die Gitterschwingungen, im Gleichgewicht. Ein Quasigleichgewicht ist nur metastabil, da es nicht dem absoluten Minimum von G entspricht. Insbesondere im festen Zustand können Umordnungen durch Energiebarrieren behindert sein. Solche Barrieren können durch die thermisch zur Verfügung stehende Energie möglicherweise nicht (oder nur mit geringer Wahrscheinlichkeit) überwunden werden. Wir geben einige Beispiele für Quasigleichgewichtszustände an:

- Bei Normalbedingungen ist Graphit der eigentliche Gleichgewichtszustand von Kohlenstoff. Trotzdem muß niemand befürchten, daß sich seine Diamanten von selbst in Graphit umwandeln; die metastabile Diamantphase ist vielmehr praktisch stabil. Eine andere weitgehend stabile Modifikation von Kohlenstoff stellen die Fullerene dar (Moleküle aus sehr vielen Kohlenstoffatomen wie C_{60}).

- Oberhalb von 13.2 °C ist Zinn in der β-Phase als silbrig glänzendes Metall im Gleichgewicht, darunter als graues Zinn (α-Zinn, pulvrig). Praktisch ist aber die weiße Form auch bei tiefen Temperaturen stabil; Stanniol (Zinnfolie) bleibt auch im Kühlschrank zunächst weißglänzend. Der Übergang zwischen diesen Modifikationen ist aber experimentell leicht möglich, im Gegensatz zur Herstellung von Diamanten aus Graphit.

- Die 'eingefrorene Flüssigkeit' Glas ist nicht im tiefsten (kristallinen) Zustand, trotzdem aber ziemlich stabil.

- Festkörper liegen meist in (stabiler) polykristalliner Form vor, und nicht in dem eigentlichen Gleichgewichtszustand des fehlerlosen Einkristalls.

Der Übergang zwischen zwei Phasen kann diskret oder kontinuierlich erfolgen. Dazu beziehen wir uns auf das einfache Phasendiagramm (auch Zustandsdiagramm genannt) in Abbildung 35.2. Dieses Diagramm ist insofern typisch, daß die gezeigte Struktur für fast alle reinen Stoffe auftritt; oft treten aber zusätzliche Unterteilungen auf. In Kapitel 14 und 21 wurde Abbildung 35.2 als Phasendiagramm für Wasser angegeben. Tatsächlich ist dies eine Vereinfachung, denn es gibt mehrere Modifikationen (Kristallformen) von Eis, die durch Linien im Phasendiagramm voneinander abgegrenzt werden können.

Wenn der Phasenübergang diskret ist, dann sind die Phasen durch eine Linie im Phasendiagramm getrennt; dieser Fall wird im folgenden diskutiert. Die gasförmige und flüssige Phase sind durch die Dampfdrucklinie getrennt, die für jeden Stoff in einem *kritischen Punkt* endet. Dies impliziert, daß es auch die Möglichkeit eines kontinuierlichen Übergangs zwischen diesen beiden Phasen gibt. Beliebige Zustände im Bereich flüssig und gasförmig können

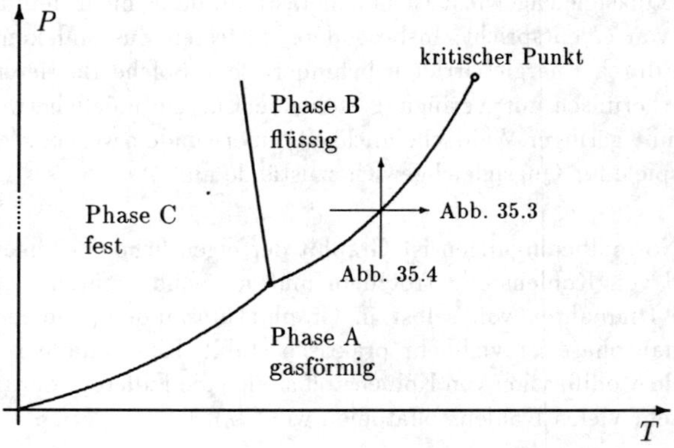

Abbildung 35.2: Phasendiagramm eines einfachen Stoffes. In den Abbildungen 35.3 und 35.4 ist das Verhalten von μ beim Überqueren der Dampfdrucklinie (Pfeile) bei konstantem Druck oder bei konstanter Temperatur skizziert.

auf einem Weg, der um den kritischen Punkt herumführt, miteinander verbunden werden. Im Bereich hoher Temperaturen und hoher Drücke ($T > T_{\mathrm{kr}}$, $P > P_{\mathrm{kr}}$) ist die Unterscheidung zwischen gasförmig und flüssig nicht länger definiert.

Längs der Kurve fest-flüssig findet man bei technisch erreichbaren Drücken keinen kritischen Punkt. Da sich bei hinreichend hohen Drücken die Atomstrukturen auflösen (wie im Weißen Zwerg), kann aber auch diese Kurve nicht beliebig weit fortgesetzt werden.

Chemisches Potential

Wir untersuchen das Verhalten des chemischen Potentials an der diskreten Grenzlinie zwischen zwei Phasen. Einige Eigenschaften wurden bereits in Kapitel 21 diskutiert, insbesondere die Gleichgewichtsbedingung und die Clausius-Clapeyron-Gleichung.

Auf den beiden Seiten einer Übergangslinie liegt der Stoff in verschiedener Struktur vor. Dies bedeutet, daß die thermodynamischen Potentiale verschiedene Funktionen ihrer natürlichen Variablen sind. Wir betrachten speziell die freie Enthalpie $G(T,P,N) = N\mu(T,P)$, und bezeichnen die chemischen Potentiale der beiden Phasen mit $\mu_{\mathrm{A}}(T,P)$ und $\mu_{\mathrm{B}}(T,P)$.

Wenn der Druck und die Temperatur gegeben sind, lautet die Gleichgewichtsbedingung '$G(T,P,N) =$ minimal' oder '$\mu(T,P) =$ minimal', (23.38) und

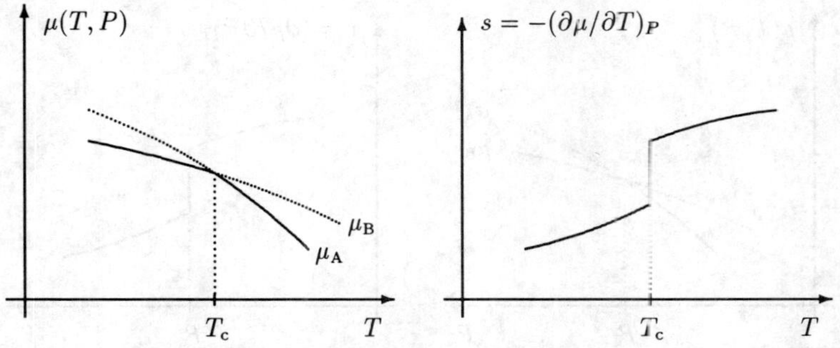

Abbildung 35.3: Die chemischen Potentiale der Phasen A und B als Funktion der Temperatur (links). Im Gleichgewicht ist das System in der Phase mit dem niedrigeren Potential, die durchgezogene Linie ist daher das tatsächliche μ. Durch Temperaturerhöhung bei konstantem Druck kommt es zum Übergang $B \to A$ (waagerechter Pfeil in Abbildung 35.2). Wenn die Steigungen von μ_{A} und μ_{B} am Übergangspunkt verschieden sind, dann hat die Entropie einen Sprung (rechts). Der Sprung in der Entropie bedeutet eine latente Übergangswärme und ein δ-funktionsartiges Verhalten von c_P (Abbildung 35.5 links).

(23.39); diese Bedingung wurde in Kapitel 23 begründet. Wir betrachten die Umgebung der Übergangslinie $A \leftrightarrow B$. Auf der Seite mit der Phase A gilt $\mu_{\mathrm{A}} < \mu_{\mathrm{B}}$, auf der anderen Seite dagegen $\mu_{\mathrm{B}} < \mu_{\mathrm{A}}$. Wegen der Minimalitätsbedingung gilt für das chemische Potential im Gleichgewichtszustand

$$\mu(T,P) = \begin{cases} \mu_{\mathrm{A}}(T,P) & (\mu_{\mathrm{A}} \le \mu_{\mathrm{B}}) \\ \mu_{\mathrm{B}}(T,P) & (\mu_{\mathrm{B}} \le \mu_{\mathrm{A}}) \end{cases} \tag{35.1}$$

Die Übergangslinie ergibt sich dann aus

$$\mu_{\mathrm{A}}(T,P) = \mu_{\mathrm{B}}(T,P) \quad \Longrightarrow \quad \text{Übergangslinie } P = P(T) \tag{35.2}$$

Diese Relation macht die Existenz diskreter Übergangslinien plausibel. Sie impliziert auch, daß auf der Übergangslinie beide Phasen im Gleichgewicht koexistieren können. Zur Diskussion des Tripelpunkts sei auf Kapitel 14 und 21 verwiesen.

Wir untersuchen näher, wie sich μ beim Phasenübergang $A \leftrightarrow B$ ändert. In Abbildung 35.2 sind durch Pfeile zwei einfache Möglichkeiten angegeben, wie man die Grenzlinie zwischen den Phasen überqueren kann: Man ändert die Temperatur bei konstantem Druck, oder den Druck bei konstanter Temperatur. An der Übergangslinie sind die chemischen Potentiale definitionsgemäß

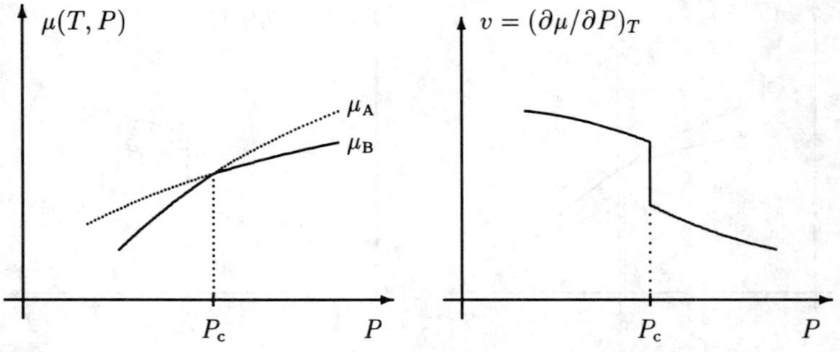

Abbildung 35.4: Die chemischen Potentiale der Phasen A und B als Funktion des Drucks (links). Im Gleichgewicht ist das System in der Phase mit dem niedrigeren Potential, die durchgezogene Linie ist daher das tatsächliche μ. Durch Druckerhöhung bei konstanter Temperatur kommt es zum Übergang $A \to B$ (senkrechter Pfeil in Abbildung 35.2). Wenn die Steigungen von μ_B und μ_A am Übergangspunkt verschieden sind, dann hat das Volumen einen Sprung (rechts).

gleich; in der Regel wird dies dann für die Ableitung (längs des gewählten Weges) nicht gelten. Man kann also einen Sprung in der Ableitung von $\mu(T,P)$ erwarten:

$$\left(\frac{\partial \mu_A}{\partial T}\right)_P \neq \left(\frac{\partial \mu_B}{\partial T}\right)_P \qquad \text{oder} \qquad \left.\frac{\partial \mu}{\partial T}\right|_{T_c^+} - \left.\frac{\partial \mu}{\partial T}\right|_{T_c^-} \neq 0 \tag{35.3}$$

Dabei bezeichnet $T_c^{\pm}$ eine Temperatur unmittelbar über oder unter der Übergangstemperatur. Der Sprung in $\partial\mu/\partial T$ impliziert einen Sprung $\Delta S = S(T_c^+, P) - S(T_c^-, P)$ in der Entropie, Abbildung 35.3, also eine latente Wärme. Bei einem Phasenübergang durch Druckerhöhung (senkrechter Pfeil in Abbildung 35.2) ergibt sich analog ein Sprung im Volumen (Abbildung 35.4). Ein Übergang mit einem Sprung in der ersten partiellen Ableitung von μ wird als Phasenübergang 1. Ordnung bezeichnet. Das diskutierte qualitative Verhalten gilt auch für Übergänge fest-flüssig und fest-gasförmig.

Wenn wir den in Abbildung 35.2 betrachteten Übergangspunkt (Schnittpunkt der Pfeile) zum kritischen Punkt hin verschieben, gehen die Sprünge in der Entropie und in dem Volumen gegen null; denn unmittelbar hinter dem kritischen Punkt ist der Übergang kontinuierlich, also ohne Sprung. Am kritischen Punkt gilt dann

$$\mu_A = \mu_B\,, \qquad \left(\frac{\partial}{\partial T}\right)_P (\mu_A - \mu_B) = 0\,, \qquad \left(\frac{\partial^2}{\partial T^2}\right)_P (\mu_A - \mu_B) \neq 0 \tag{35.4}$$

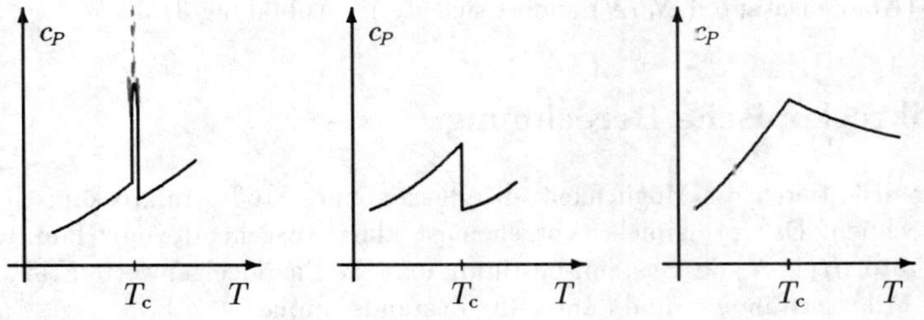

Abbildung 35.5: Einteilung der Phasenübergänge nach Ehrenfest: Wenn die erste, zweite oder dritte Ableitung von μ am Übergangspunkt einen Sprung hat, handelt es sich um einen Phasenübergang 1., 2. oder 3. Ordnung.

Die partiellen Ableitungen nach dem Druck verhalten sich entsprechend. Einen solchen Übergang bezeichnet man als einen Phasenübergang 2. Ordnung. Eine Fortsetzung dieser Bezeichnungsweise ergibt die Ehrenfestsche Klassifizierung: Wenn die n-te Ableitung von $\mu(T,P)$ einen Sprung hat, handelt es sich um einen Phasenübergang n-ter Ordnung, also

$$\left(\frac{\partial^m}{\partial T^m}\right)_P (\mu_{\rm A} - \mu_{\rm B}) = \begin{cases} = 0 & (m < n) \\ \neq 0 & (m = n) \end{cases} \qquad \text{(Übergang } n\text{-ter Ordnung nach Ehrenfest)} \tag{35.5}$$

Die theoretische Behandlung des Übergangs beginnt mit der Wahl einer makroskopischen Größe, die sich in charakteristischer Weise am Übergangspunkt ändert. Dies kann etwa das Volumen für den Übergang flüssig–gasförmig sein, oder die Magnetisierung für den ferromagnetischen Übergang. Dieser (geeignet zu wählende) Parameter wird *Ordnungsparameter* (Kapitel 39) genannt. Heute teilt man Phasenübergänge üblicherweise nach dem Verhalten dieses Ordnungsparameters ψ beim Übergang ein:

$$\overline{\psi} = \begin{cases} \text{unstetig} & \text{Übergang 1. Ordnung} \\ \text{stetig} & \text{Übergang 2. Ordnung} \end{cases} \tag{35.6}$$

Für die oben diskutierten Übergänge (flüssig-gasförmig und Übergang am kritischen Punkt) stimmt diese Einteilung mit der Ehrenfestschen Klassifikation überein. Dagegen wäre die Bose-Einstein-Kondensation nach Ehrenfest von 3. Ordnung, denn die spezifische Wärme (Abbildung 31.4) ist stetig wie in Abbildung 35.5 rechts. Nach heutiger Bezeichnungsweise handelt es sich dagegen um einen Phasenübergang 2. Ordnung; denn der Ordnungsparameter (Kondensatanteil N_0/N) ändert sich stetig, Abbildung 31.3.

Mikroskopische Berechnung

Wir diskutieren die Möglichkeit, die Phasen eines Stoffes mikroskopisch zu berechnen. Das prinzipielle Vorgehen ist klar: Ausgehend vom Hamiltonoperator $H(V,N)$ des Systems bestimmt man die Energieeigenwerte $E_r(V,N)$ der Mikrozustände r, und daraus die Zustandssumme

$$Z(T,V,N) = \sum_r \exp\left(-\frac{E_r(V,N)}{k_\mathrm{B}T}\right) \tag{35.7}$$

Damit liegen die freie Energie $F = -k_\mathrm{B}T \ln Z$ und alle anderen thermodynamischen Größen fest. Aus $F(T,V,N)$ folgen insbesondere auch die freie Enthalpie $G = N\mu(T,P)$ und das chemische Potential μ. Die Übergangslinien des Phasendiagramms sind dann dadurch bestimmt, daß das berechnete μ unstetige erste (oder höhere) Ableitungen hat. Damit ist im Prinzip klar, wie die Existenz der Phasen und ihre Lage im P-T-Diagramm aus dem Hamiltonoperator des Systems abzuleiten sind.

Wenn die erste (oder eine höhere) Ableitung von μ unstetig ist, gilt dies auch für die erste (oder eine höhere) Ableitung von F; speziell für einen Phasenübergang 1. Ordnung wird auch $S = -\partial F/\partial T$ einen Sprung haben. Also muß am Übergangspunkt die erste (oder eine höhere) Ableitung von $Z(T,V,N)$ unstetig sein; die nächsthöhere Ableitung ist dann singulär.

Aus der prinzipiellen Bestimmbarkeit der Phasenübergänge aus (35.7) ergibt sich nun folgendes Problem: Jeder Term auf der rechten Seite von (35.7) ist eine analytische Funktion, die beliebig oft nach T differenzierbar ist (für Temperatur ungleich null). Sollte dies dann nicht auch für eine Summe solcher Terme gelten? In diesem Fall könnten sich keine Singularitäten in den höheren Ableitungen von Z ergeben, also keine Phasenübergänge. Dann wäre die Möglichkeit der statistischen Behandlung von Gleichgewichtszuständen über (35.7) in Frage gestellt; dies ist aber eine Grundaussage der statistischen Physik.

Die Antwort auf dieses Problem ist, daß eine *unendliche* Summe über analytische Funktionen eine singuläre Funktion ergeben kann. Wir demonstrieren diese Möglichkeit an einem einfachen Beispiel. Die Funktionen

$$g_\nu(x) = \sum_{n=1}^{\infty} \frac{\exp(-xn)}{n^\nu} \tag{35.8}$$

hängen vom Argument x und von einem Parameter ν ab. Mit Hilfe der Eulerschen Summenformel (27.37) zeigt man (Übung), daß speziell $g_{1/2}$ sich bei $x \to 0$ wie

$$g_{1/2} = \sqrt{\frac{\pi}{x}} + \text{(Terme, die für } x \to 0 \text{ endlich sind)} \qquad (35.9)$$

verhält. Zu diesem Beispiel sei angemerkt:

- Jeder einzelne Term auf der rechten Seite von (35.8) ist beliebig oft nach x differenzierbar. Dies gilt dann auch für eine endliche Summe solcher Terme. Für $\nu = 1/2$ ergibt die unendliche Summe aber eine bei $x = 0$ singuläre Funktion.

- Die Funktionen g_ν mit $\nu = m + 1/2$ haben eine Singularität in der m-ten Ableitung. Dies folgt aus $g_\nu' = -g_{\nu-1}$.

- Die Behandlung des idealen Bosegases führte zur Funktion $g_{3/2}(x)$ mit $x = -\beta\mu$, siehe (31.8). Die Ableitung von $g_{3/2}$ ergibt eine bei $\mu = 0$ singuläre Funktion; an dieser Stelle tritt der Phasenübergang im idealen Bosegas ein. Das gegebene Beispiel ist also für diesen speziellen Phasenübergang relevant.

Für die Singularitätseigenschaften, also für die Phasenübergänge, ist wesentlich, daß (35.7) und (35.8) *unendliche* Summen sind. Dies impliziert:

1. Die Zustandssumme kann nicht durch eine endliche Summe angenähert werden.

2. Ein Phasenübergang kann sich nur in einem unendlichen System ergeben.

Unter einem unendlichen System versteht man dabei den *thermodynamischen Limes* $N \to \infty$ und $V \to \infty$ bei konstantem N/V. Für ein endliches System werden die Singularitäten (wie die δ-Funktion, der Sprung oder der Knick in Abbildung 35.5) verschmiert oder abgerundet. Jedes konkrete System ist endlich; für $N = \mathcal{O}(10^{20})$ ist die Breite der Verschmierung der Singularität aber kleiner als die Meßgenauigkeit.

Könnten wir für ein reales System die Zustandssumme (35.7) hinreichend exakt berechnen, so ergäbe sich daraus die Existenz des Phasenübergangs und seine Eigenschaften. Aufgrund der unterschiedlichen Struktur der Phasen kann man erwarten, daß die Phasen verschiedenen Lösungstypen (Klassen von Mikrozuständen) entsprechen. In (35.7) ist zwar über alle möglichen Lösungen (Mikrozustände) zu summieren; je nach dem Wert von T und V

können aber verschiedene Lösungstypen die Zustandssumme mehr oder weniger stark bestimmen.

Die Berechnung der Existenz und der Eigenschaften der Phasen aus (35.7) ist ein sehr schwieriges, nicht generell lösbares Problem; die Diskussion über das Entstehen der Singularitäten deutet dies bereits an. Es gibt allerdings spezielle Modelle, die exakt lösbar sind, und deren Lösung einen Phasenübergang enthält. Das ideale Bosegas aus Kapitel 31 ist ein solches Modell; der Phasenübergang war hier die Bose-Einstein-Kondensation. In den folgenden Kapiteln befassen wir uns mit Modellen, die Phasenübergänge beschreiben können, die sich aber nicht oder nicht vollständig mikroskopisch begründen lassen. Dazu gehören das Weisssche Modell des Ferromagnetismus und das van der Waals-Gas.

Übung

Beweisen Sie (35.9).

Hinweis: Werten Sie (35.8) mit Hilfe der Eulerschen Summenformel (27.37) aus. Substituieren Sie $y = xn$ im Integral.

Kapitel 36

Ferromagnetismus

Für ein ideales Spinsystem ist die Magnetisierung proportional zum äußeren Magnetfeld; das System ist paramagnetisch (Kapitel 26). In realen Systemen kann die Wechselwirkung zwischen den Spins dazu führen, daß sich auch ohne äußeres Feld eine Magnetisierung einstellt; dann bezeichnet man den Stoff als ferromagnetisch. Für hohe Temperaturen wird ein ferromagnetischer Stoff wieder paramagnetisch. Der Phasenübergang paramagnetisch-ferromagnetisch erfolgt bei einer diskreten Temperatur T_c.

Wir konstruieren im folgenden ein einfaches Modell zur Beschreibung des Ferromagnetismus. Die Diskussion von Spinsystemen hat Modellcharakter für die Behandlung von Phasenübergängen.

Weisssches Modell

Wir leiten einen Hamiltonoperator für das wechselwirkende Spinsystem ab. Der Hamiltonoperator des idealen Spinsystems aus Kapitel 26 lautet

$$H_0 = \sum_i -\boldsymbol{\mu}_i \boldsymbol{B} = -2 \sum_i \mu_B \,\hat{\boldsymbol{s}}_i \boldsymbol{B} \qquad (36.1)$$

Dabei ist $\mu_B = e\hbar/2m_e c$ das Bohrsche Magneton und $\boldsymbol{B}$ die magnetische Induktion. Aus (36.1) ergeben sich die Energieeigenwerte E_r, wenn die Spinoperatoren $\hat{\boldsymbol{s}}_i$ durch die Quantenzahlen $s_{z,i}$ ersetzt werden, also $r = (s_{z,1}, ..., s_{z,N}) = (\pm 1/2, ..., \pm 1/2)$ für $\boldsymbol{B} = B\boldsymbol{e}_z$.

Das betrachtete Spinsystem kann ein Kristall mit einem ungepaarten Elektron an jedem Gitterplatz sein; es werden nur die Spinfreiheitsgrade betrachtet. Im realen Kristall wechselwirken die Spins dieser Elektronen miteinander. Der wesentliche Beitrag ist dabei nicht die magnetische Dipol-Dipol-Wechselwirkung, sondern die Coulombwechselwirkung zwischen benachbarten Elektronen im Zusammenspiel mit der *Austauschsymmetrie*. Dies wird im folgenden erläutert.

Die reellen Ortswellenfunktionen zweier benachbarter Elektronen werden mit $\phi_a(\boldsymbol{r}_1)$ und $\phi_b(\boldsymbol{r}_2)$ bezeichnet; ϕ_a und ϕ_b sind an benachbarten Gitterplätzen lokalisierte Funktionen. Der Spinzustand $|SS_z\rangle$ für den Gesamtspin $\boldsymbol{S}$ der beiden Elektronen kann symmetrisch ($S = 1$) oder antisymmetrisch ($S = 0$) sein. Die Wellenfunktion $\Psi(1,2)$ der beiden Elektronen muß insgesamt antisymmetrisch sein, also

$$\Psi = \psi(\boldsymbol{r}_1, \boldsymbol{r}_2)\,|SS_z\rangle = \frac{1}{\sqrt{2}} \cdot \begin{cases} \left[\phi_a(\boldsymbol{r}_1)\,\phi_b(\boldsymbol{r}_2) + \phi_a(\boldsymbol{r}_2)\,\phi_b(\boldsymbol{r}_1)\right]|00\rangle \\ \left[\phi_a(\boldsymbol{r}_1)\,\phi_b(\boldsymbol{r}_2) - \phi_a(\boldsymbol{r}_2)\,\phi_b(\boldsymbol{r}_1)\right]|1S_z\rangle \end{cases} \tag{36.2}$$

Für die Normierung haben wir $\langle\phi_a|\phi_b\rangle \approx 0$ angenommen. Wir berechnen die Coulombenergie $E_{\rm C}$ der beiden Elektronen,

$$E_{\rm C} = \left\langle \psi \left| \frac{e^2}{r_{12}} \right| \psi \right\rangle = \underbrace{\int d^3r_1 \int d^3r_2\; |\phi_a(\mathbf{r}_1)|^2\, |\phi_b(\mathbf{r}_2)|^2\, \frac{e^2}{r_{12}}}_{=\,I_0} \pm$$

$$\pm \underbrace{\int d^3r_1 \int d^3r_2\; \phi_a(\mathbf{r}_1)\,\phi_b(\mathbf{r}_1)\,\phi_a(\mathbf{r}_2)\,\phi_b(\mathbf{r}_2)\, \frac{e^2}{r_{12}}}_{=\,I/2} \tag{36.3}$$

Das erste Integral I_0 ist die direkte Coulombenergie, das zweite wird als *Austauschintegral* bezeichnet. Das Austauschintegral ist positiv und von der Größe $I/2 = \mathcal{O}(\mathrm{eV}/10) = \mathcal{O}(10^3\, k_{\rm B}\mathrm{K})$. In Abhängigkeit vom Gesamtspin lautet das Resultat

$$E_{\rm C} = \begin{cases} I_0 + I/2 & (S = 0) \\ I_0 - I/2 & (S = 1) \end{cases} \tag{36.4}$$

Aus $\hat{\boldsymbol{S}}^2 = (\hat{\boldsymbol{s}}_1 + \hat{\boldsymbol{s}}_2)^2 = \hat{\boldsymbol{s}}_1^{\,2} + \hat{\boldsymbol{s}}_2^{\,2} + 2\,\hat{\boldsymbol{s}}_1\hat{\boldsymbol{s}}_2$ folgt

$$\langle SS_z|\hat{\boldsymbol{S}}^2|SS_z\rangle = S(S+1) = 2s(s+1) + 2\,\langle SS_z|\,\hat{\boldsymbol{s}}_1\hat{\boldsymbol{s}}_2\,|SS_z\rangle \tag{36.5}$$

und

$$\langle 00|\,\hat{\boldsymbol{s}}_1\hat{\boldsymbol{s}}_2\,|00\rangle = -3/4 \quad \text{und} \quad \langle 1S_z|\,\hat{\boldsymbol{s}}_1\hat{\boldsymbol{s}}_2\,|1S_z\rangle = 1/4 \tag{36.6}$$

Damit können wir die Coulombenergie (36.4) auch in der Form

$$E_{\rm C} = I_0 - I\left(\langle\hat{\boldsymbol{s}}_1\hat{\boldsymbol{s}}_2\rangle + \frac{1}{4}\right) \tag{36.7}$$

schreiben. Die Klammern $\langle ... \rangle$ bezeichnen den quantenmechanischen Erwartungswert mit den Spinzuständen $|SS_z\rangle$. Aus (36.7) folgt der spinabhängige Energiebeitrag e_i für den Spin am i-ten Gitterplatz,

$$e_i = -I \sum_{\text{Nachbarn } j} \langle\, \hat{\boldsymbol{s}}_i\, \hat{\boldsymbol{s}}_j \,\rangle + \text{const.} \tag{36.8}$$

Die lokalisierten Ortswellenfunktionen ϕ_a und ϕ_b haben einen nennenswerten Überlapp nur für benachbarte Gitterplätze; daher kommen die wesentlichen Beiträge von den Nachbarspins. Mit const. sind die spinunabhängigen Beiträge bezeichnet. Für das System aus allen Spins entspricht (36.8) dem Hamiltonoperator H',

$$H' = -I \sum_{\{i,j\}} \hat{\boldsymbol{s}}_i\, \hat{\boldsymbol{s}}_j \tag{36.9}$$

Dabei bezeichnet $\{i, j\}$ die Summe über alle Nachbarpaare; jedes Paar wird einmal gezählt. Der Hamiltonoperator H' beschreibt die Spin-Spin-Wechselwirkung. Zusammen mit (36.1) erhalten wir Hamiltonoperator des Spinsystems im äußeren Feld,

$$H = H_0 + H' = -2 \sum_i \mu_{\text{B}}\, \hat{\boldsymbol{s}}_i\, \boldsymbol{B} - I \sum_{\{i,j\}} \hat{\boldsymbol{s}}_i\, \hat{\boldsymbol{s}}_j \tag{36.10}$$

Dieser Hamiltonoperator definiert das *Heisenbergmodell*. Für $s = 1/2$ bedeutet es keine wesentliche Änderung, wenn das Produkt $\hat{\boldsymbol{s}}_i\, \hat{\boldsymbol{s}}_j$ durch $\hat{s}_{z,i}\, \hat{s}_{z,j}$ ersetzt wird (Übung). Das resultierende Modell heißt *Isingmodell*. Das Isingmodell ist Ausgangspunkt vieler Untersuchungen über Phasenübergänge. Im ein- und zweidimensionalen Gitter kann es analytisch gelöst werden, im dreidimensionalen numerisch.

Wir lösen das Heisenberg-Modell in der Weissschen Näherung. Hierbei wird die Summe über die Spinoperatoren $\hat{\boldsymbol{s}}_j$ der Nachbarn eines beliebigen Gitterplatzes durch den Mittelwert aller Spins angenähert,

$$\sum_{\text{Nachbarn } j} \hat{\boldsymbol{s}}_j \approx \nu\, \overline{\boldsymbol{s}} \qquad \text{(Molekularfeldnäherung)} \tag{36.11}$$

Dabei steht ν für die Anzahl der nächsten Nachbarn, zum Beispiel $\nu = 6$ im kubischen Gitter. Formal ist $\overline{\boldsymbol{s}}$ der statistische Mittelwert des quantenmechanischen Erwartungswertes $\langle \hat{\boldsymbol{s}}_j \rangle$. In der *Molekularfeldnäherung* (36.11) werden die Wechselwirkungen der anderen Teilchen auf ein herausgegriffenes Teilchen durch ein mittleres effektives Feld ersetzt. Mit (36.11) wird (36.10) zu

$$H_{\text{eff}} \approx -2 \sum_i \mu_{\text{B}}\, \hat{\boldsymbol{s}}_i \left(\boldsymbol{B} + \frac{\nu I\, \overline{\boldsymbol{s}}}{2\mu_{\text{B}}} \right) = -2 \sum_i \mu_{\text{B}}\, \hat{\boldsymbol{s}}_i\, \boldsymbol{B}_{\text{eff}} \tag{36.12}$$

Im effektiven Feld

$$\boldsymbol{B}_{\text{eff}} = \boldsymbol{B} + \frac{\nu I\, \overline{\boldsymbol{s}}}{2\mu_{\text{B}}} = \boldsymbol{B} + W\boldsymbol{M} \tag{36.13}$$

tritt die Magnetisierung $\boldsymbol{M}$ und ein numerischer Faktor W auf,

$$\boldsymbol{M} = \frac{N}{V}\,\overline{\boldsymbol{\mu}} = 2n\,\mu_{\text{B}}\,\overline{\boldsymbol{s}}\,, \qquad W = \frac{\nu I}{4n\,\mu_{\text{B}}^2} \tag{36.14}$$

Durch (36.12) ist ein effektiver Hamiltonoperator gegeben. Er hat die Form des Hamiltonoperators (36.1) für unabhängige Spins. Andererseits hängt er selbst von der (erst noch zu berechnenden) Lösung $\boldsymbol{M}$ ab. Deshalb dürfen für H_{eff} nicht unbesehen alle Beziehungen übernommen werden, die sonst für den Hamiltonoperator gelten.

Mit $I/2 = \mathcal{O}(\text{eV}/10)$, $\nu = 6$, $\mu_{\text{B}} = e\hbar/2m_{\text{e}}c$ und $n = (3\text{Å})^{-3}$ schätzen wir die Größenordnung von W ab:

$$W = \frac{\nu I}{4n\mu_{\text{B}}^2} \approx \frac{6 \cdot \mathcal{O}(\text{eV}/10)}{\text{magnetische Wechselwirkung}} \sim 10^3 \tag{36.15}$$

Das Ergebnis $W \gg 1$ bedeutet, daß die Austauschwechselwirkung ($\pm I/2$ in (36.4)) viel stärker als die magnetische Wechselwirkung ($\sim 2n\mu_{\text{B}}^2$) zwischen benachbarten magnetischen Momenten ist.

Magnetisierung

Der effektive Hamiltonoperator H_{eff} hat dieselbe Form wie der Hamiltonoperator (36.1) für N unabhängige Spins. Daher kann die Zustandssumme genauso wie in Kapitel 26 berechnet werden; in den Formeln ist lediglich $\boldsymbol{B}$ durch $\boldsymbol{B}_{\text{eff}}$ zu ersetzen. Der Einfachheit halber legen wir $\boldsymbol{B}$ in z-Richtung; dies gilt dann auch für die Magnetisierung $\boldsymbol{M}$. Das Ergebnis für M übernehmen wir aus (26.12):

$$M = n\,\mu_{\text{B}}\, \tanh\left(\beta\mu_{\text{B}}B_{\text{eff}}\right) = M_0\, \tanh\left[\,\beta\mu_{\text{B}}(B + WM)\right] \tag{36.16}$$

Dies ist eine implizite Lösung für die Magnetisierung, denn das zu berechnende M geht in das die Magnetisierung hervorrufende Feld B_{eff} ein. In dieser Weise berücksichtigt das Weisssche Modell die gegenseitige Wechselwirkung der Spins.

Die durch (36.16) implizit definierte Beziehung zwischen B und M ist in Abbildung 36.1 skizziert. Zur Diskussion dieser Beziehung betrachten wir zwei Grenzfälle. Für ein starkes äußeres Feld B nähert sich die Magnetisierung exponentiell dem maximalen Wert M_0 an,

$$\frac{M}{M_0} \approx 1 - 2\,\exp(-2\beta\mu_{\text{B}}B) \qquad (B \to \infty) \tag{36.17}$$

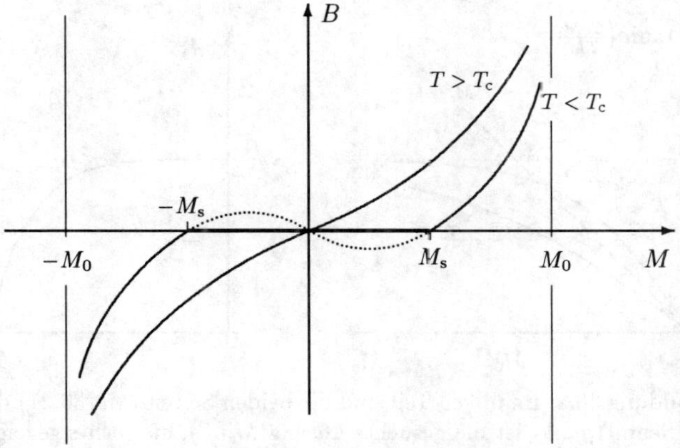

Abbildung 36.1: Zusammenhang zwischen der Magnetisierung M und dem angelegten Magnetfeld B im Weissschen Modell.

Die Magnetisierung $M = M_0 = n\,\mu_B$ bedeutet die Ausrichtung aller Spins, also den Zustand maximaler Ordnung. Für $M \ll M_0$ entwickeln wir (36.16):

$$\frac{\mu_B}{k_B T}\,(B + W M) = \operatorname{artanh}\left(\frac{M}{M_0}\right) = \frac{M}{M_0} + \frac{1}{3}\left(\frac{M}{M_0}\right)^3 + \ldots \qquad (36.18)$$

Wir vernachlässigen die höheren Terme und lösen die Beziehung nach B auf,

$$B = W\left(\frac{T}{T_c} - 1\right) M + \frac{k_B T}{3\,\mu_B}\left(\frac{M}{M_0}\right)^3 \qquad (M \ll M_0) \qquad (36.19)$$

Dabei haben wir die kritische Temperatur T_c eingeführt,

$$k_B T_c = \mu_B^2\, n\, W \overset{(36.15)}{=} \frac{\nu I}{4} \sim 10^3\, k_B \mathrm{K} \qquad (36.20)$$

Die beiden Grenzfälle (36.17) und (36.19) erklären das B-M-Diagramm in Abbildung 36.1. Für $T > T_c$ wächst M bei null beginnend monoton mit B an; dieses paramagnetische Verhalten gleicht dem von unabhängigen Spins. Diese Situation ändert sich qualitativ für $T < T_c$. Hierfür gibt es B-Werte mit drei Lösungen; sie ergeben sich in Abbildung 36.1 als Schnittpunkte einer Horizontalen $B =$ const. mit der kubischen Kurve (36.19). Wegen $\boldsymbol{M} \parallel \boldsymbol{B}$ kommen in Abbildung 36.1 nur Lösungen im ersten und dritten Quadranten als Gleichgewichtslösungen in Frage. Die Lösungskurve im ersten Quadranten endet bei $B = 0$ bei einem endlichen M-Wert, den wir als *spontane Magnetisierung* M_s bezeichnen. Diese Magnetisierung tritt unterhalb von T_c

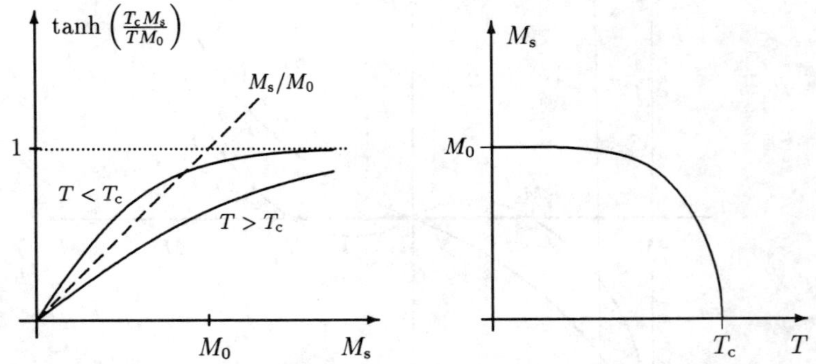

Abbildung 36.2: Im linken Teil sind die beiden Seiten von (36.21) dargestellt. Der Schnittpunkt ist die gesuchte Lösung $M_s(T)$, die rechts gezeigt ist.

ohne äußeres Feld auf, also gewissermaßen von selbst oder spontan. Ein solches Verhalten wird als *Ferromagnetismus* bezeichnet. Die Lösung im dritten Quadranten endet entsprechend bei $-M_s$. Für $B = 0$ ist keine Richtung ausgezeichnet, so daß dann alle Richtungen von $\boldsymbol{M}_s$ (mit festem $|\boldsymbol{M}_s|$) möglich sind. Dann kann $\boldsymbol{M}_s \boldsymbol{e}_z$ alle möglichen Werte zwischen $-M_s$ und M_s annehmen; die beiden Lösungen $-M_s$ und $+M_s$ können daher in Abbildung 36.1 durch eine horizontale Gerade verbunden werden.

Wir bestimmen die Stärke der spontanen Magnetisierung. Aus (36.16) erhalten wir für $B = 0$

$$\frac{M_s}{M_0} = \tanh\left(\frac{T_c\, M_s}{T\, M_0}\right) \tag{36.21}$$

Diese Gleichung wird in Abbildung 36.2 links graphisch gelöst. Für diese Lösung gilt

$$M_s = M_s(T) \approx M_0 \cdot \begin{cases} 0 & (T \geq T_c) \\ \sqrt{\dfrac{3(T_c - T)}{T_c}} & (T \to T_c^-) \\ 1 - 2\exp\left(-\dfrac{2T_c}{T}\right) & (T \ll T_c) \end{cases} \tag{36.22}$$

Für $T \approx T_c$ ergibt sich die Lösung aus (36.19) mit $B = 0$. Die spontane Magnetisierung ist in Abbildung 36.2 rechts als Funktion der Temperatur skizziert. Oberhalb von T_c ist M_s gleich null, unterhalb ungleich null. Das Verhalten des Systems ändert sich qualitativ bei der Temperatur T_c, es handelt sich daher um einen diskreten Phasenübergang. Die Größe M_s ist der naheliegende Ordnungsparameter zur Charakterisierung dieses Übergangs. Da der Ordnungsparameter sich bei T_c kontinuierlich ändert, handelt es sich um einen Phasenübergang 2. Art.

In der allgemeinen Diskussion des vorigen Kapitels haben wir untersucht, wie das System reagiert, wenn man den Phasenübergang durch Temperaturänderung oder Druckänderung überschreitet. Die Art des Phasenübergangs wurde durch das zugehörige Verhalten der Entropie (oder der spezifischen Wärme) und des Volumens bestimmt. Im jetzt betrachteten System wird das Variablenpaar P-V durch B-M ersetzt; das Volumen V ist für den Spinkristall als Konstante vorgegeben. So wie ein allgemeines System auf einen angelegten Druck mit einem bestimmten Volumen (oder umgekehrt) reagiert, so reagiert das jetzige System auf ein angelegtes Magnetfeld mit einer bestimmten Magnetisierung.

Das magnetische Verhalten wird durch den Materialparameter *magnetische Suszeptibilität* $\chi_m = (\partial M/\partial B)_T$ beschrieben. Für $B \to 0$ und $T > T_c$ gilt auch $M \to 0$, so daß χ_m aus den linearen Termen in (36.19) zu berechnen ist,

$$\chi_m = \left(\frac{\partial M}{\partial B}\right)_T \stackrel{B\to 0}{=} \frac{T_c/W}{T - T_c} \qquad \text{(Curie-Weiss-Gesetz, } T \geq T_c) \qquad (36.23)$$

Dieses Curie-Weiss-Gesetz des Ferromagneten entspricht dem Curie-Gesetz (26.16) des Paramagneten. Für paramagnetische Materialien ist χ_m bei Zimmertemperatur etwa von der Größe 10^{-4}; dagegen ist (36.23) für $T - T_c = 1\,\text{K}$ von der Größe 1.

Die magnetische Suszeptibilität (36.23) wird am Übergangspunkt singulär; ein beliebig schwaches Feld ruft dann eine endliche Änderung der Magnetisierung hervor. Dies gilt auch für $T \to T_c^-$ und $\boldsymbol{B} \parallel \boldsymbol{M}$ (Übung).

Im dreidimensionalen Fall stellt jede Richtung von $\boldsymbol{M}_s$ einen möglichen Gleichgewichtszustand dar (für $T < T_c$ und $\boldsymbol{B} = 0$). Legt man nun ein schwaches Magnetfeld $\boldsymbol{B}$ an, so ist der Gleichgewichtszustand derjenige mit $\boldsymbol{M}_s \parallel \boldsymbol{B}$. Damit kann für $T < T_c$ ein schwaches Feld eine endliche Änderung der Magnetisierung hervorrufen. Insofern ist die Suszeptibilität im Dreidimensionalen für $T < T_c$ unendlich. Dies ist allerdings nur in unserem Modell so. Ein realer Ferromagnet setzt einer Richtungsänderung von $\boldsymbol{M}_s$ einen Widerstand entgegen, so daß die Suszeptibilität endlich ist.

Weisssche Bezirke

Das bekannteste Beispiel für einen Ferromagneten ist Eisen mit der Übergangstemperatur $T_c = 1041\,\text{K}$. Kühlt man Eisen unter T_c bei $\boldsymbol{B} = 0$ ab, so stellt sich in endlichen Bereichen, den *Weissschen Bezirken*, eine spontane Magnetisierung. Ihre Temperaturabhängigkeit verläuft ähnlich wie die in Abbildung 36.2 rechts gezeigte. Die globale, über mehrere Weisssche Bezirke gemittelte Magnetisierung $\langle \boldsymbol{M} \rangle$ ist aber null; insgesamt erscheint das Eisen trotz $T < T_c$ unmagnetisiert. Durch ein äußeres Magnetfeld können die Weissschen Bezirke teilweise ausgerichtet werden. Die resultierende globale Magnetisierung ist näherungsweise proportional zum Feld

$$\langle \boldsymbol{M} \rangle \approx \chi_{\text{ferro}}\, \boldsymbol{B} \tag{36.24}$$

Dabei ist die Suszeptibilität zunächst sehr groß ($\chi_{\text{ferro}} \sim 10^6$), bis sich für stärkere Felder die Sättigungsmagnetisierung M_0 einstellt. Die Ausrichtung der Weissschen Bezirke erfordert einen endlichen Energieaufwand. Daher entsteht aus unmagnetisiertem Eisen durch Anlegen eines starken Magnetfelds ein Dauermagnet. Außerdem führen die Weissschen Bezirke zu Hysterese-Effekten.

Freie Energie

Wir wollen noch das Verhalten der spezifischen Wärme am Phasenübergang untersuchen. Dazu bestimmen wir zunächst die freie Energie des Systems.

Das Magnetfeld ist ein äußerer Parameter $x = B = \boldsymbol{B}\,\boldsymbol{e}_z$ des Hamiltonoperators (36.10). Hieraus folgt, daß die zugehörige verallgemeinerte Kraft X gleich dem magnetischen Moment VM ist:

$$X = -\overline{\frac{\partial E_r(B)}{\partial B}} \overset{(36.10)}{=} 2\mu_{\text{B}} \sum_i \overline{s_{z,i}} = N\overline{\mu} = VM \tag{36.25}$$

Hierfür kann nicht von (36.12) ausgegangen werden, weil dies nur ein effektiver Hamiltonoperator ist. Nach dem 1. und 2. Hauptsatz gilt für quasistatische Prozesse $dE = TdS - \sum_i X_i\, dx_i = dE_0 - VMdB$. Gegenüber dem Fall ohne Magnetfeld (dE_0) erhalten dE und damit alle anderen thermodynamischen Potentiale den Zusatzterm $-VM\,dB$; dabei nehmen wir $V = \text{const.}$ an. Die freie Energie kann dann in der Form

$$dF = dF_0 - VM\,dB = dF_0 - Vd(BM) + VB\,dM \tag{36.26}$$

geschrieben werden. Wir integrieren dies, indem wir $B = B(M)$ aus (36.19) einsetzen:

$$\begin{aligned}\mathcal{F}(T,B,M) &= F_0(T) + \frac{VW}{2}\,\frac{T-T_c}{T_c}\,M^2 + \frac{Vk_{\text{B}}T}{12\,\mu_{\text{B}}}\,\frac{M^4}{{M_0}^3} - VMB = \\ &= F_0(T) + V\left[a(T-T_c)\,M^2 + u\,M^4 - MB\right]\end{aligned} \tag{36.27}$$

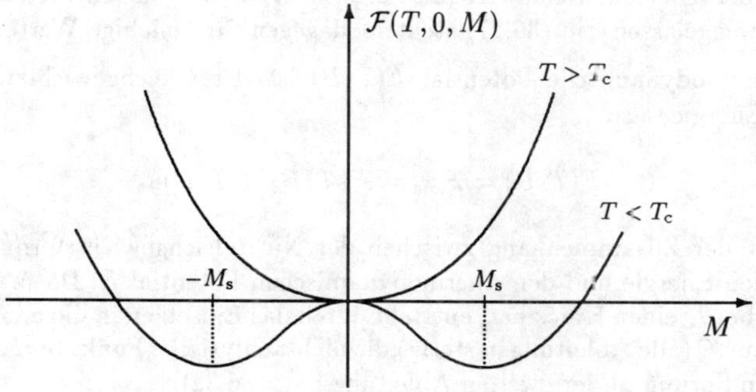

Abbildung 36.3: Freie Energie $\mathcal{F}(T,B,M)$ des Weissschen Modells als Funktion von M für $B=0$. Bei T_c ändert sich das Vorzeichen des quadratischen Terms. Für $T > T_c$ liegt das Minimum bei $M = 0$, für $T < T_c$ liegt es dagegen bei einem endlichen Wert $M = M_s$.

Die Integration der beiden ersten Terme von (36.26) ergibt $F_0(T) - VBM$, wobei F_0 den Beitrag der hier nicht behandelten Freiheitsgrade enthält. Mit $F_0(T,B,x) = F_0(T)$ wird implizit angenommen, daß die hier nicht behandelten Freiheitsgrade vom Magnetfeld unbeeinflußt sind, und daß keine anderen äußeren Parameter auftreten. Bei der Integration des letzten Terms von (36.26) wird die Temperatur konstant gehalten, denn die Änderung von F bei Temperaturänderung ist in dF_0 berücksichtigt. In (36.27) können die Größen a und u in der Umgebung von T_c näherungsweise als Konstante betrachtet werden.

Die freie Energie (36.27) ist eine Funktion von T, B *und* M. Damit ist $\mathcal{F}(T,B,M)$ nicht das thermodynamische Potential $F = F(T,B)$ der freien Energie. Um dies hervorzuheben, wurde der Buchstabe $\mathcal{F}$ anstelle von F gewählt. Der Zusammenhang zwischen beiden Größen wird unten hergestellt. Für die Behandlung des Phasenübergangs ist es instruktiv, zunächst von der freien Energie in der Form $\mathcal{F}(T,B,M)$ auszugehen.

In der freien Energie $\mathcal{F}(T,B,M)$ aus (36.27) wird M als zusätzliche Variable neben T und B behandelt. Insbesondere kann M Werte annehmen, die vom Gleichgewichtswert $M(T,B)$ abweichen. In Kapitel 23 wurde gezeigt, daß bei gegebenem T und x (hier $x = B$) die freie Energie minimal ist. Die Gleichgewichtslösung ergibt sich daher aus

$$\mathcal{F} = \text{minimal} \quad\longrightarrow\quad \left(\frac{\partial \mathcal{F}}{\partial M}\right)_{T,B} = 0 \quad\longrightarrow\quad M = M(T,B) \qquad (36.28)$$

Die Notation ist in diesem Zusammenhang mehrdeutig: In (36.19) bezeichnet M den Gleichgewichtswert (also eigentlich $\overline{M}$, der Balken wird aber wie üblich weggelassen), in (36.27) steht M dagegen für beliebige Werte.

Das thermodynamische Potential $F(T,B)$ ist der Gleichgewichtswert der freien Energie, also

$$F(T,B) = \mathcal{F}_{\min} = \mathcal{F}\big(T,B,M(T,B)\big) \tag{36.29}$$

Dies ist der Zusammenhang zwischen der Nichtgleichgewichtsform (36.27) der freien Energie und dem thermodynamischen Potential F. Da $M(T,0) = M_s(T)$ bei T_c einen Knick hat, entsteht durch das Einsetzen in die analytische Funktion $\mathcal{F}$ (alle Ableitungen stetig) die nichtanalytische Funktion F, die bei T_c einen Sprung in der zweiten Ableitung hat, (36.32).

In Abbildung 36.3 ist $\mathcal{F}$ für $B = 0$ in Abhängigkeit von M skizziert. Für $T > T_c$ hat $\mathcal{F}$ nur ein Minimum bei $M = 0$. Für $T < T_c$ dreht sich das Vorzeichen des quadratischen Terms in (36.27) um, und für kleine M dominiert zunächst dieser Term über den mit M^4. Daher ergeben sich zwei Minima, und zwar bei $M = M(T,0) = \pm M_s(T)$. Die Minima entsprechen den möglichen Gleichgewichtszuständen des Systems; ohne die Beschränkung auf die z-Richtung hat man ein Kontinuum von Minima (alle Richtungen von $\boldsymbol{M}_s$). Am Minimum liegen die Gleichgewichtswerte der Magnetisierung und der freien Energie vor. Für $B \neq 0$ würde sich das eine Minimum in Abbildung 36.3 nach unten, das andere nach oben verschieben. Der Gleichgewichtszustand ist dann der des absoluten Minimums.

Spontane Symmetriebrechung

Die Lösung von $\mathcal{F}$ = minimal stellt für $T < T_c$ eine *spontane Symmetriebrechung* dar. Das bedeutet, daß der Zustand des Systems eine bestimmte Symmetrie nicht erfüllt, die der Hamiltonoperator des Systems besitzt. Im Fall des Ferromagneten ist die Symmetrie die Isotropie des Raums; denn für $B = 0$ ist keine Richtung ausgezeichnet (eventuelle Auszeichnung von Richtungen durch Kristallachsen spielen für die Spineinstellung keine Rolle). Der Gleichgewichtszustand für $T > T_c$ hat diese Symmetrie; für ihn ist keine Richtung ausgezeichnet. Für $T < T_c$ zeichnet dagegen die tatsächliche Lösung $\boldsymbol{M}_s$ eine Richtung aus. Durch diese Richtung ist die Drehsymmetrie *gebrochen*; die Brechung erfolgt *spontan*, das heißt ohne daß von außen die Richtung von $\boldsymbol{M}_s$ vorgegeben wird. Die Symmetrieoperationen (hier Drehungen) führen die möglichen Lösungen, also die Richtungen von $\boldsymbol{M}_s$ ineinander über.

Landau entwickelte eine allgemeine Theorie (Kapitel 39) für Phasenübergänge zweiter Art, indem er von einer zu (36.27) analogen Entwicklung der freien Energie $\mathcal{F}$ nach einem Ordnungsparameter (hier M) ausging.

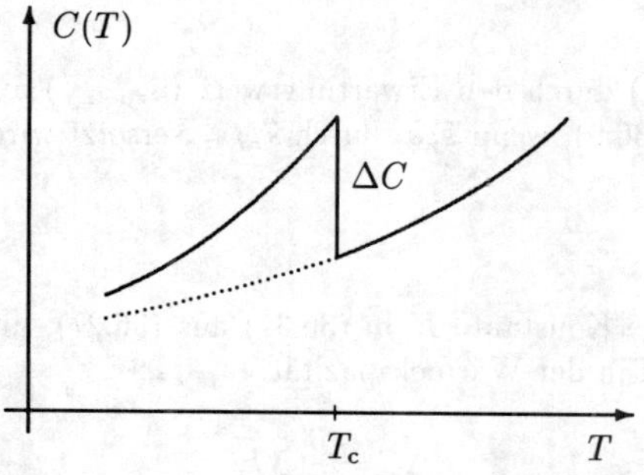

Abbildung 36.4: Im Weissschen Modell hat die Wärmekapazität an der Übergangstemperatur einen Sprung.

Spezifische Wärme

Für $B = 0$ und $T \approx T_c$ setzen wir die Gleichgewichtslösung (36.22),

$$M(T,0) = M_s(T) = M_0 \cdot \begin{cases} 0 & (T \geq T_c) \\ \sqrt{3(T_c - T)/T_c} & (T \to T_c^-) \end{cases} \tag{36.30}$$

in $\mathcal{F}$ aus (36.27) ein:

$$F(T, B=0) = \mathcal{F}(T, 0, M_s(T)) = F_0(T) + \begin{cases} 0 & (T \geq T_c) \\ -K\,(T - T_c)^2 & (T \to T_c^-) \end{cases} \tag{36.31}$$

Die Konstante K ist positiv und kann leicht berechnet werden (Übung). Hieraus folgt

$$C_B(T) = T \left(\frac{\partial S}{\partial T}\right)_B = -T \left(\frac{\partial^2 F}{\partial T^2}\right)_B = C_0(T) + \begin{cases} 0 & (T \geq T_c) \\ 2K\,T_c & (T \to T_c^-) \end{cases} \tag{36.32}$$

Dies ist die Wärmekapazität bei konstantem Feld B; hier speziell bei $B = 0$. Sie hat, wie in Abbildung 36.4 skizziert, einen Sprung. Die exakte Lösung des Heisenberg-Modells (36.10) hat dagegen eine divergierende Wärmekapazität; die Weisssche Näherung ist insofern unzureichend. Für Eisen divergiert die spezifische Wärme am Übergangspunkt logarithmisch.

Übung

Drücken Sie (36.8) durch den Erwartungswert $\langle\, \hat{s}_{z,i}\, \hat{s}_{z,j}\, \rangle$ aus (für $s = 1/2$). Wie ändert sich (36.9), wenn $\hat{\boldsymbol{s}}_i\, \hat{\boldsymbol{s}}_j$ durch $\hat{s}_{z,i}\, \hat{s}_{z,j}$ ersetzt wird?

Übung

Bestimmen Sie die Konstante K in (36.31) aus (36.27), und berechnen Sie damit den Sprung in der Wärmekapazität,

$$\Delta C = \frac{3}{2}\, N k_{\mathrm{B}} \tag{36.33}$$

Übung

Aus $\partial\mathcal{F}/\partial M = 0$ erhält man für $B = 0$ die Lösung $M(T, B = 0)$, für $B = \delta B$ die Lösung $M(T, B = 0) + \delta M$. Bestimmen Sie δM für $\delta B \to 0$. Berechnen Sie die magnetische Suszeptibilität $\chi_{\mathrm{m}} = \delta M/\delta B$ für $T > T_{\mathrm{c}}$ und $T < T_{\mathrm{c}}$.

Kapitel 37

Van der Waals-Gas

Wir betrachten das *van der Waals-Gas*, dessen Eigenschaften durch die thermische Zustandsgleichung

$$P = P(T, v) = \frac{k_{\mathrm{B}}T}{v - b} - \frac{a}{v^2} \tag{37.1}$$

und die kalorische Zustandsgleichung

$$E = E(T, V, N) = \frac{3}{2}\, N k_{\mathrm{B}} T - N\, \frac{a}{v} \tag{37.2}$$

definiert sind; dabei ist $v = V/N$, und a und b sind positive Parameter. Van der Waals stellte diese Gleichungen 1873 in seiner Doktorarbeit auf.

In diesem Kapitel wird das van der Waals-Gas als ein Modell für den Phasenübergang gasförmig–flüssig vorgestellt und untersucht. Dazu muß die Gleichung (37.1) durch die sogenannte Maxwellkonstruktion ergänzt werden. Danach erklärt das van der Waals-Modell die Existenz einer Dampfdruckkurve $P_{\mathrm{d}}(T)$, die in einem kritischen Punkt endet, und eine Reihe von Eigenschaften des Phasenübergangs gasförmig–flüssig.

In Kapitel 28 hatten wir die Gleichungen (37.1) und (37.2) für ein verdünntes klassisches Gas abgeleitet, und dabei die Parameter a und b mit der mikroskopischen Wechselwirkung $w(r)$ verknüpft. Danach wird die Absenkung des Drucks um a/v^2 durch den attraktiven Teil der Wechselwirkung verursacht. Das endliche Eigenvolumen der Atome (also der repulsive Teil der Wechselwirkung) führt dazu, daß pro Teilchen effektiv nur das Volumen $v - b$ zur Verfügung steht.

Die Ableitung in Kapitel 28 war an die Voraussetzung hinreichender Verdünnung (insbesondere $v \gg b$) gebunden. Wir sehen jetzt von dieser Voraussetzung ab, betrachten (37.1) und (37.2) als phänomenologische Gleichungen und diskutieren sie für alle möglichen Werte von T und v. Für mäßige

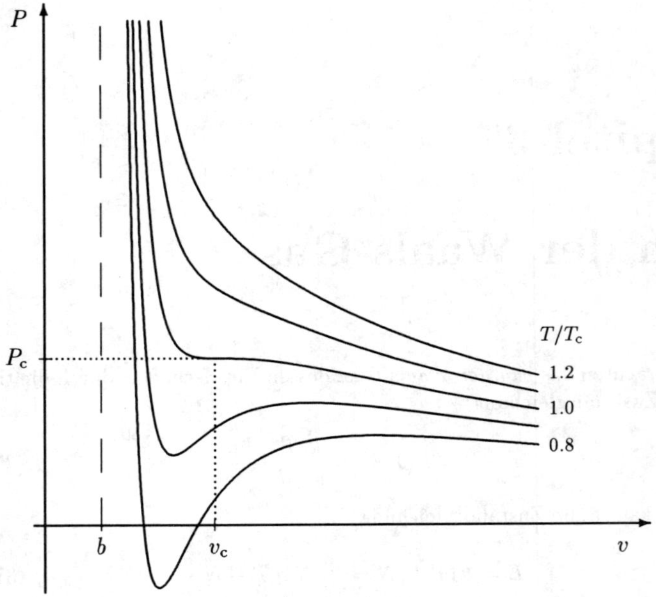

Abbildung 37.1: Isothermen des van der Waals-Gases für einige Werte von T/T_c. Für $T > T_c$ fallen die Isothermen monoton ab, für $T < T_c$ haben sie ein Minimum und ein Maximum.

Verdünnung kann die mikroskopische Ableitung als Plausibilitätsargument für dieses Modell angesehen werden. Das Verhalten für $v \to b$ (nämlich $P \to \infty$) ist durch die Ableitung in Kapitel 28 überhaupt nicht begründet; es wurde gewissermaßen von Hand durch die Ersetzung (28.28) eingeführt. Dieses Verhalten ist aber für sich plausibel, wenn man es mit dem des idealen Gases ($P \to \infty$ für $v \to 0$) vergleicht und das endliche Eigenvolumen der Atome berücksichtigt.

In Abbildung 37.1 sind verschiedene Isothermen im P-v-Diagramm skizziert. Gegenüber dem idealen Gas mit $P = k_B T/v$ sind die Isothermen um b nach rechts verschoben, $k_B T/v \to k_B T/(v-b)$. Außerdem führt der Term $-a/v^2$ zu einer Absenkung des Drucks. Für hohe Temperaturen ist dieser Term klein gegenüber $k_B T/(v-b)$, und es kommt nur zu einer geringen Verformung der monoton abfallenden Isotherme. Für niedrige Temperaturen führt der Term $-a/v^2$ dagegen zu einem Umbiegen der Isotherme bei sinkendem v; die Isotherme hat ein Maximum. Wegen $P \to \infty$ für $v \to b$ muß die Isotherme schließlich wieder nach oben gehen; zwischen dem Maximum und $v = b$ hat sie daher ein Minimum.

Da die Isothermen stetig ineinander übergehen, gibt es genau eine Isotherme, für die das Minimum und Maximum zusammenfallen, bevor sich für höhere Temperaturen der monoton abfallende Verlauf ergibt. Diese Isotherme hat dann einen waagerechten Wendepunkt. Die Temperatur dieser Isotherme wird mit T_c bezeichnet, die Koordinaten des Wendepunkts mit P_c und v_c.

Üblicherweise sind experimentell der Druck P und die Temperatur T vorgegeben. Das Volumen $v(T, P)$ des van der Waals-Gases ergibt sich dann aus (37.1), oder in Abbildung 37.1 als Schnittpunkt der Horizontalen $P = \text{const.}$ mit der Isothermen T. Für eine Isotherme mit Minimum und Maximum kann es drei Schnittpunkte geben, also drei Lösungen für v. Damit stellt sich die Frage, was diese Lösungen bedeuten, und welche Lösung im Gleichgewichtszustand tatsächlich vorliegt.

Maxwellkonstruktion

Für physikalisch sinnvolle Lösungen muß $P > 0$ und

$$\kappa_T = -\frac{1}{V}\left(\frac{\partial V}{\partial P}\right)_T > 0 \,, \quad \text{also} \quad \left(\frac{\partial P}{\partial V}\right)_T < 0 \tag{37.3}$$

gelten. Wäre nämlich $\kappa_T < 0$, so gäbe es für eine kleine Volumenschwankung keine rücktreibende Kraft. Jede solche Schwankung würde sofort zu einer Explosion oder Implosion führen; ein solches System ist mechanisch instabil. Daher schließen wir in Abbildung 37.1 alle Isothermenabschnitte mit positiver Steigung als unphysikalisch aus.

In Abbildung 37.2 ist eine einzelne Isotherme im P-V-Diagramm gezeigt. Wenn wir den Bereich mit positiver Steigung (gepunktet) ausschließen, hat eine Horizontalen zwischen Minimum und Maximum immer noch zwei Schnittpunkte. Die linke Lösung bezeichnen wir mit $V_B = N\, v_A(T, P)$, und die rechte mit $V_A = N\, v_A(T, P)$. Aus v und T folgen über (37.1) und (37.2) alle thermodynamischen Größen und insbesondere das chemische Potential $\mu = \mu(T, v)$. Auf den beiden Teilen der Isotherme bezeichnen wir das chemische Potential gemäß

$$\mu_A(T, P) = \mu(v_A(T, P), T)\,, \qquad \mu_B(T, P) = \mu(v_B(T, P), T) \tag{37.4}$$

Bei vorgegebenem T und P gilt nach (23.39)

$$\mu \text{ ist minimal im Gleichgewicht} \tag{37.5}$$

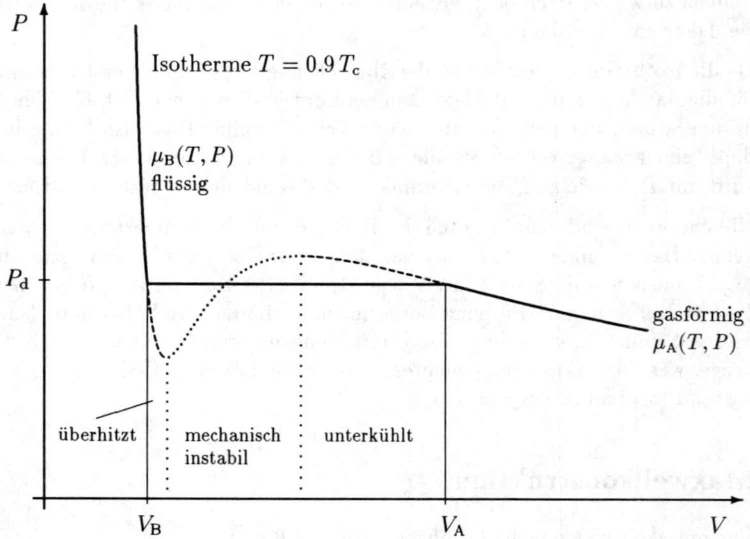

Abbildung 37.2: Phasenübergang im van der Waals-Modell: Der linke Teil der Isotherme beschreibt die flüssige Phase, der rechte die gasförmige. Der horizontale Teil beschreibt den Übergang zwischen der gasförmigen und flüssigen Phase; längs der Horizontalen wächst der Gasanteil von 0% auf 100%. Die Lage der Horizontalen ist dadurch bestimmt, daß die mit der theoretischen Isotherme (gestrichelt und gepunktet eingezeichnet) eingeschlossenen Flächen gleich groß sind.

Diese Bedingung legt fest, welche der beiden Lösungen (37.4) die tatsächliche Gleichgewichtslösung ist.

Für hinreichend kleinen Druck gibt es in Abbildung 37.2 nur eine Lösung, nämlich die mit μ_A. Hier unterscheidet sich die Isotherme nur wenig von der des idealen Gases; dieser Teil der Lösung beschreibt daher die gasförmige Phase. Für hinreichend hohen Druck gibt es ebenfalls nur eine Lösung, und zwar die mit μ_B. Für diesen Teil der Isotherme gilt $v = \mathcal{O}(b)$; dies kennzeichnet die flüssige Phase, in der das Volumen pro Teilchen von der Größenordnung des Eigenvolumens ist. Wir können die beiden Zweige der Isotherme also den Phasen *gasförmig* und *flüssig* zuordnen.

Wenn wir bei fester Temperatur von sehr niedrigem Druck (Phase A) starten, dann gelangen wir durch Druckerhöhung schließlich zur Phase B, also zum linken Teil der Isotherme in Abbildung 37.2. Im Bereich der zwei Lösungen (die dritte haben wir durch (37.3) ausgeschlossen) muß es daher zu einem

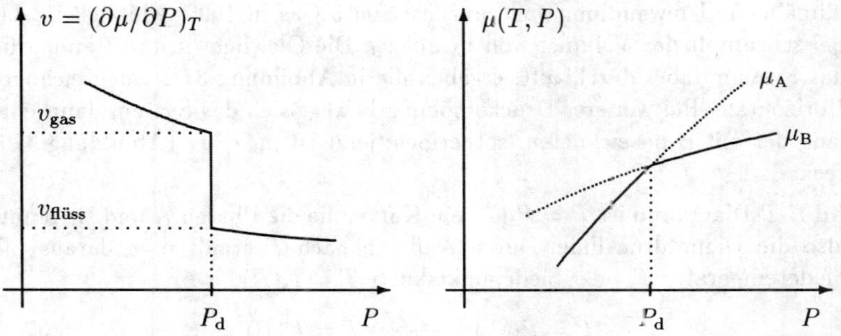

Abbildung 37.3: Nach Abbildung 37.2 macht das Volumen am Phasenübergang einen Sprung. Am Übergangspunkt sind daher die Steigungen $\partial\mu/\partial P$ der chemischen Potentiale der Phasen A und B verschieden.

Übergang zwischen den beiden Teilen der Isotherme kommen. Der Übergang erfolgt bei dem Druck, für den

$$\mu_A(T,P) = \mu_B(T,P) \quad \longrightarrow \quad P = P_d(T) \tag{37.6}$$

gilt. Dies ist die aus Kapitel 20 und 21 bekannte Gleichgewichtsbedingung für Teilchenaustausch. Beim Druck $P_d(T)$ ist also die Phase mit μ_A im Gleichgewicht mit der Phase mit μ_B. Aus (37.8)–(37.11) wird sich ergeben, daß es im Bereich der doppelten Lösung genau einen Druck $P = P_d(T)$ gibt, bei dem diese Bedingung erfüllt ist.

Das Verhalten von μ_A und μ_B in der Umgebung der Stelle mit $\mu_A = \mu_B$ folgt aus

$$\frac{\partial\mu_A(T,P)}{\partial P} = v_A = v_{gas} \quad \text{und} \quad \frac{\partial\mu_B(T,P)}{\partial P} = v_B = v_{flüss} \tag{37.7}$$

Damit hat $\partial\mu/\partial P$ bei $P = P_d$ einen Sprung, Abbildung 37.3 links. Zusammen mit $\mu_A = \mu_B$ bei $P = P_d$ ergibt sich daraus das in Abbildung 37.3 rechts gezeigte Verhalten für μ selbst.

Wir betrachten nun folgenden quasistatischen Prozeß: In Abbildung 37.2 starten wir in der Gasphase A und erhöhen bei konstanter Temperatur langsam den Druck. Dabei bewegt sich das System entlang der Isothermen, die mit A bezeichnet ist. Nach Abbildung 37.3 rechts haben diese Zustände unterhalb von P_d das kleinere μ und sind daher die Gleichgewichtszustände. Genau bei $P = P_d$ sind die Phasen A und B im Gleichgewicht. Die infinitesimale Druckänderung von $P_d - \epsilon$ zu $P_d + \epsilon$ (mit beliebig kleinem ϵ) führt zur Umwandlung des Gases in die Flüssigkeit. Die Umwandlung selbst nimmt einige Zeit in Anspruch, da dabei die latente Wärme an das Wärmebad (wir setzen ja $T =$ const. voraus) abgegeben werden muß. Es erfolgt also eine allmähliche Umwandlung von zunächst 100% Gas in 100% Flüssigkeit; dabei schrumpft das Volumen von v_A auf v_B. Die Gleichgewichtszustände, die das System dabei durchläuft, ergeben die in Abbildung 37.2 eingezeichnete Horizontale. Bei weiterer Druckerhöhung bewegt sich das System dann entlang der mit B bezeichneten Isothermen; jetzt ist $\mu_B < \mu_A$ (Abbildung 37.3 rechts).

Im P-T-Diagramm ist $P = P_d(T)$ ein Kurve, die die Phasen A und B trennt, also die Dampfdrucklinie. Durch Auflösen nach T erhält man daraus die Siedetemperatur T_s oder Siedepunktskurve $T = T_s(P)$,

$$P = P_d(T) \quad \longleftrightarrow \quad T = T_s(P) \tag{37.8}$$

Ähnlich wie in Abbildung 37.3 links hat das chemische Potential auch in Abhängigkeit von T einen Knick (Abbildung 37.4); die zugehörige latente Wärme wird unten berechnet. Nach der Klassifizierung aus Kapitel 35 handelt es sich um einen Phasenübergang 1. Ordnung.

Dampfdruckkurve

In diesem Abschnitt bestimmen wir die Lage der Horizontalen in Abbildung 37.2, also die Dampfdruckkurve $P_d(T)$. Dazu drücken wir die Bedingung (37.6) durch die freien Enthalpie $G = N\mu$ aus,

$$G_A = G_B \quad \text{oder} \quad F_A + P_d V_A = F_B + P_d V_B \tag{37.9}$$

Die Differenz der freien Energien, $F_A - F_B$, kann durch Integration entlang der Isotherme bestimmt werden,

$$\begin{aligned} F_B - F_A &= F(T, V_B, N) - F(T, V_A, N) = \int_{V_A}^{V_B} dV \, \frac{\partial F(T, V, N)}{\partial V} = \\ &= \int_{V_B}^{V_A} dV \, P(T, V, N) \end{aligned} \tag{37.10}$$

Dabei ist $P(T, V, N)$ aus (37.1) einzusetzen, also die gestrichelte und gepunktete Kurve in Abbildung 37.2. Diese Kurve beschreibt keine Gleichgewichtszustände, sie kann aber dazu benutzt werden, um die Differenz der freien Energien zwischen Gleichgewichtszuständen zu berechnen. Aus den letzten beiden Gleichungen folgt

$$P_d(T)\,(V_A - V_B) = \int_{V_B}^{V_A} dV \, P(T, V, N) \tag{37.11}$$

Im P-V-Diagramm von Abbildung 37.2 ist $P_d\,(V_A - V_B)$ die Rechteckfläche unter der Horizontalen $P = P_d(T)$. Das Integral auf der rechten Seite von

(37.11) ist dagegen die Fläche unter der Isotherme $P(T, V, N)$ (gestrichelte und gepunktete Kurve). Damit müssen die beiden Flächenstücke, die die Isotherme mit der Horizontalen einschließt, gleich groß sein. Dies ist eine Vorschrift zur Bestimmung des Drucks, an dem der Phasenübergang stattfindet. Diese Vorschrift heißt *Maxwellkonstruktion*.

Wenn man nun gemäß (37.1) eine Isotherme mit einem Minimum und einem Maximum hat, dann ist die Horizontale zu suchen, die mit den zu den Extrema gehörenden Kurvenbögen zwei gleich große Flächen einschließt. Aus der Form der Isothermen ist ersichtlich, daß es genau eine Horizontale gibt, die diese Bedingung erfüllt. Das heißt, es gibt im Bereich der doppelten Lösung in Abbildung 37.2 genau einen Druck, an dem $\mu_A = \mu_B$ gilt.

Im Bereich der mehrfachen Lösung ist die theoretische Isotherme durch die Horizontale $P = P_d(T)$ zu ersetzen, Abbildung 37.2. Durch diese Vorschrift werden die Isothermen (37.1) in wohldefinierter und begründeter Weise abgeändert. In dem Bereich der so geänderten Isotherme hatten wir bereits den Teil mit positiver Steigung (gepunktet) wegen mechanischer Instabilität als unphysikalisch verworfen. Daneben fallen jetzt auch noch Teile (gestrichelt) mit negativer Steigung weg, weil sie das jeweils höhere chemische Potential haben. Sie entsprechen daher nicht dem Gleichgewichtszustand, sind also thermodynamisch instabil. Solche Nichtgleichgewichtszustände können aber unter bestimmten Bedingungen vorübergehend erreicht werden. Diese metastabilen Zustände werden als überhitzte Flüssigkeit (Siedeverzug) oder unterkühltes Gas bezeichnet.

Natürlich sind auch die Lösungen mit $P < 0$ als unphysikalisch auszuschließen. Da $P \approx -a/v^2$ für $T \approx 0$ gilt, führt die Maxwellkonstruktion für tiefe Temperaturen zu negativen P_d; sie macht also keinen Sinn mehr. In diesem Bereich ist das van der Waals-Gas aber sowieso kein realistisches Modell, da es nicht zu einer festen Phase führt.

Latente Wärme

Der Phasenübergang flüssig–fest kann durch eine infinitesimale Temperaturänderung von $T_s - \epsilon$ nach $T_s + \epsilon$ bewirkt werden. Dabei nimmt das System die Wärme

$$Q = \int_{T_s-\epsilon}^{T_s+\epsilon} T\, dS = T_s \int_{T_s-\epsilon}^{T_s+\epsilon} dS = T_s \left[S_A(T_s, P) - S_B(T_s, P) \right] \qquad (37.12)$$

auf. Das System muß diese *latente Wärme* aufnehmen, um von einem Zustand auf der einen Seiten der Dampfdruckkurve zu einem auf der anderen Seite zu kommen. Bei infinitesimaler Temperaturänderung sind die betrachteten

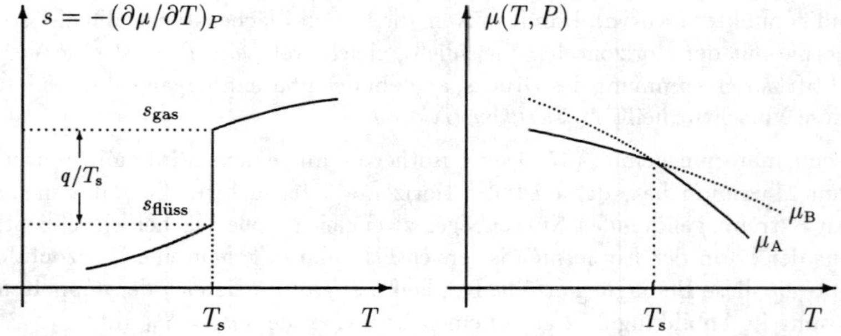

Abbildung 37.4: Die latente Wärme q zeigt sich in einem Sprung der Entropie am Übergangspunkt. Dies bedeutet, daß die Steigungen von μ_A und μ_B am Übergangspunkt verschieden sind.

Punkte im P-T-Diagramm unmittelbar benachbart; auf der rechten Seite von (37.12) treten daher in S_A und S_B dieselben Argumente T_s und P auf. Für (37.12) spielt es daher auch keine Rolle, ob der Übergang durch Temperatur- oder Druckänderung herbeigeführt wird.

Zu Berechnung drücken wir die latente Wärme durch die Enthalpiedifferenz aus,

$$Q = \int_{T_s-\epsilon}^{T_s+\epsilon} T\, dS = \int_{T_s-\epsilon}^{T_s+\epsilon} dT\; C_P(T,P,N) \overset{(18.35)}{=} H_A - H_B \qquad (37.13)$$

Nach (37.2) gilt für die Enthalpie

$$H = E + PV = \frac{3}{2}\, N k_B T - N\, \frac{a}{v} + PV \qquad (37.14)$$

Daraus berechnen wir die latente Wärme pro Teilchen,

$$q = \frac{Q}{N} = \frac{H_A - H_B}{N} = \frac{a}{v_B} - \frac{a}{v_A} + P(v_A - v_B) \approx \frac{a}{v_{\text{flüss}}} + P\, v_{\text{gas}} \qquad (37.15)$$

Für $v_{\text{gas}} \gg v_{\text{flüss}}$ haben wir das Ergebnis vereinfacht. Der Term $a/v_{\text{flüss}}$ ist als die mittlere Wechselwirkungsenergie im attraktiven Bereich des Potentials zu interpretieren. Der zweite Term Pv_{gas} ist die bei konstantem Druck zu leistende Ausdehnungsarbeit.

Das van der Waals-Modell liefert eine latente Übergangswärme, also einen Sprung in der Entropie. In Abbildung 37.4 ist gezeigt, wie dieser Sprung mit dem Verhalten des chemischen Potentials zusammenhängt.

Kritischer Punkt

Für Isothermen mit S-förmigem Verlauf ergibt die Maxwellkonstruktion den Punkt des Phasenübergangs, also einen Punkt der Dampfdruckkurve. Wie für Abbildung 37.1 diskutiert, rücken Minimum und Maximum der Isotherme für steigende Temperatur näher zusammen. Es gibt dann genau eine Isotherme $T = T_\text{c}$, bei der sie zusammenfallen. Für $T = T_\text{c}$ ist der Übergang zwischen dem Gas (rechter Teil der Isotherme mit $v_\text{A} \gg b$) und der Flüssigkeit (linker Teil mit $v_\text{B} = \mathcal{O}(b)$) stetig. Für $T > T_\text{c}$ gibt es keinen Übergangspunkt mehr. Dies bedeutet, daß die Dampfdruckkurve bei $T = T_\text{c}$ endet. Dieser Endpunkt heißt *kritischer Punkt*. Das van der Waals-Modell erklärt die Existenz eines kritischen Punkts.

Wir untersuchen die Isotherme, für die Maximum und Minimum zusammenfallen, näher. Der kritische Punkt liegt dort, wo die Extrema zusammenfallen. An dieser Stelle hat diese Isotherme einen waagerechten Wendepunkt, der durch folgende drei Gleichungen definiert ist:

$$P \overset{(37.1)}{=} P(T, v)\,, \qquad \left(\frac{\partial P}{\partial v}\right)_T = 0 \quad \text{und} \quad \left(\frac{\partial^2 P}{\partial v^2}\right)_T = 0 \tag{37.16}$$

Diese drei Gleichungen legen die drei Größen P, T und v fest; die Lösungen werden mit einem Index 'c' für *kritisch* (critical) gekennzeichnet, also T_c, P_c und v_c. In Kapitel 35 hatten wir die Stelle des Übergangs generell mit dem Index 'c' gekennzeichnet; stattdessen verwenden wir hier P_d und T_s für den Phasenübergang 1. Ordnung.

Die Auswertung von (37.16) ergibt (Übung)

$$v_\text{c} = 3b\,, \qquad k_\text{B} T_\text{c} = \frac{8}{27}\,\frac{a}{b}\,, \qquad P_\text{c} = \frac{a}{27\,b^2} \tag{37.17}$$

Die kritischen Größen hängen von der mikroskopischen Wechselwirkung zwischen den Atomen oder Molekülen ab. Der Zusammenhang (28.26) kann hierfür als Abschätzung dienen; es sei aber daran erinnert, daß wir uns außerhalb des Gültigkeitsbereichs der Ableitung aus Kapitel 28 befinden.

Aus (37.17) folgt speziell die Vorhersage

$$\frac{P_\text{c}\, v_\text{c}}{k_\text{B} T_\text{c}} = \frac{3}{8} = 0.375 \tag{37.18}$$

Die gemessenen Werte sind meist etwas kleiner:

$$\frac{P_\text{c}\, v_\text{c}}{k_\text{B} T_\text{c}} = \begin{cases} 0.230 & \text{Wasser} & \mathrm{H_2O} \\ 0.291 & \text{Argon} & \mathrm{Ar} \\ 0.292 & \text{Sauerstoff} & \mathrm{O_2} \\ 0.304 & \text{Wasserstoff} & \mathrm{H_2} \\ 0.308 & \text{Helium} & \mathrm{^4He} \end{cases} \tag{37.19}$$

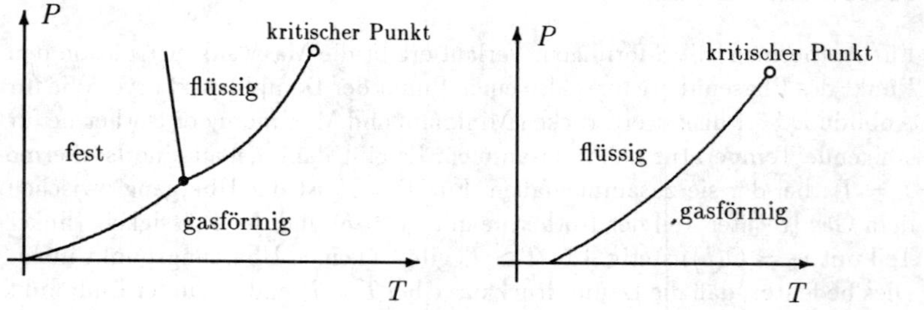

Abbildung 37.5: Vergleich des Phasendiagramms eines realen Systems (links) mit dem des van der Waals-Gases (rechts). Das van der Waals-Gas erklärt die Existenz der Dampfdruckkurve und des kritischen Punkts, und beschreibt die zugehörigen Phasenübergänge qualitativ richtig.

Wenn in Abbildung 37.2 Minimum und Maximum zusammenrücken, geht der Sprung im Volumen gegen null. Für $v_\mathrm{A} = v_\mathrm{B}$ verschwindet die latente Wärme (37.15). Aus $q = 0$ folgt

$$0 = q = \frac{\Delta s}{T} = \frac{s_\mathrm{A} - s_\mathrm{B}}{T} = \frac{1}{T}\left[\left(\frac{\partial \mu_\mathrm{B}}{\partial T}\right)_P - \left(\frac{\partial \mu_\mathrm{A}}{\partial T}\right)_P\right] \qquad (T = T_\mathrm{c}) \tag{37.20}$$

Die Stetigkeit der ersten Ableitung von μ bedeutet, daß der Phasenübergang flüssig-gasförmig am kritischen Punkt von 2. Ordnung ist. Oberhalb des kritischen Punkts ($T > T_\mathrm{c}$ oder $P > P_\mathrm{c}$) gibt es keinen diskreten Phasenübergang mehr; die Veränderungen in der Struktur hängen dann stetig von T und P ab.

Wenn man T, P und v auf die kritischen Größen bezieht,

$$P^* = \frac{P}{P_\mathrm{c}}\,; \qquad T^* = \frac{T}{T_\mathrm{c}}\,, \qquad v^* = \frac{v}{v_\mathrm{c}} \tag{37.21}$$

wird (37.1) zu der dimensionslosen Gleichung

$$P^* + \frac{3}{v^{*2}} = \frac{8\,T^*}{3\,v^* - 1} \tag{37.22}$$

Viele Gase weichen von dieser Form der van der Waals-Gleichung um weniger als 10% ab; insofern ist das van der Waals-Gas ein bemerkenswert gutes Modell. Die Allgemeingültigkeit in der Form (37.22) wird auch als Gesetz der korrespondierenden Zustände bezeichnet: Relativ zu den kritischen Größen verhalten sich die Zustände verschiedener Systeme ähnlich.

Zusammenfassung

Abbildung 37.5 vergleicht das Phasendiagramm des van der Waals-Gases mit dem realer Stoffe. Das van der Waals-Modell erklärt die Existenz einer Dampfdruckkurve und des kritischen Punkts. Die Übergänge werden qualitativ richtig wiedergegeben (2. Ordnung am kritischen Punkt, 1. Ordnung darunter, und kein Phasenübergang darüber). Aus der Abbildung 37.1 und der Maxwellkonstruktion läßt sich ablesen, daß bei höherer Temperatur der Übergangsdruck P_{d} ebenfalls höher ist; die Dampfdruckkurve hat also eine positive Steigung, $dP_{\mathrm{d}}/dT > 0$. In diesem Modell gibt es jedoch keine feste Phase; dem Verlauf der Dampfdruckkurve für tiefe Temperaturen kommt daher keine praktische Bedeutung zu.

Insgesamt ist das van der Waals-Gas ein bemerkenswertes Modell, das wesentliche Züge des Phasenübergangs flüssig-gasförmig realer Systeme wiedergibt.

Übung

Führen Sie die Rechnung aus, die von (37.16) zu (37.17) führt. Zeigen Sie, daß (37.1) in der Form (37.22) geschrieben werden kann.

Übung

Für Stickstoff gilt $T_c = 126.1\,\text{K}$ und $P_c = 35\,\text{bar}$. Zeigen Sie, daß der Punkt $T^* = 0.614$, $P^* = 1/35$ auf der Dampfdruckkurve liegt. Berechnen Sie für den Übergang an diesem Punkt v_A^* und v_B^* (für die gasförmige und die flüssige Phase). Zeigen Sie, daß (37.11) erfüllt ist. Schätzen Sie die latente Umwandlungswärme q ab; experimentell findet man $q_{\text{exp}} = 5628\,\text{J/mol}$.

Hinweis: Verwenden Sie $v_B^{*2} \ll 3/P^*$ und $v_A^{*2} \gg 3/P^*$.

Übung

Bestimmen Sie aus (37.1) und (37.2) die Entropie $s(T, v)$ pro Teilchen für das van der Waals-Gas. Zeigen Sie damit, daß die Umwandlungswärme $q = T(s_A - s_B)$ durch (37.15) gegeben ist.

Übung

Ein Gas genüge der sogenannten Dieterici-Zustandsgleichung:

$$P \exp\left(\frac{\alpha}{vRT}\right)(v - \beta) = RT \qquad \text{(Dieterici-Gas)} \qquad (37.23)$$

Dabei ist $v = V/\nu$ das Volumen pro Mol, und α und β sind Parameter.

Skizzieren Sie die Isothermen. Drücken Sie die kritischen Größen P_c, T_c und v_c durch α und β aus. Schreiben Sie die Dieterici-Gleichung analog zu (37.22) in den dimensionslosen Variablen P^*, T^* und v^*.

Kapitel 38

Flüssiges Helium

In diesem Kapitel betrachten wir den λ-Übergang von flüssigem ^{4}He. Einige der bemerkenswerten Eigenschaften, die mit diesem Übergang verbunden sind, können im idealen Bosegasmodell (IBG) aus Kapitel 31 verstanden werden.

Helium hat die stabilen Isotope ^{4}He und ^{3}He. Aus natürlich vorkommendem Helium (Atmosphäre, Erdgaslagerstätten) können technisch die Edelgase ^{4}He und ^{3}He hergestellt werden; ^{3}He kommt allerdings nur in geringen Spuren vor. Diese Gase werden bei Normaldruck bei 4.2 K beziehungsweise 3.2 K flüssig. Im Gegensatz zu allen anderen bekannten Stoffen bleibt Helium auch bei $T \to 0$ (unter Normaldruck) flüssig. Dies liegt daran, daß die Wechselwirkung zwischen den Atomen relativ schwach ist. Eine realistische Beschreibung dieser Wechselwirkung ist das Lennard-Jones-Potential

$$w(r) = \epsilon \left(\frac{r_0^{12}}{r^{12}} - 2\, \frac{r_0^6}{r^6} \right) \qquad (\epsilon = 10.2\, k_{\rm B}{\rm K},\ r_0 = 2.87\,{\rm Å}) \qquad (38.1)$$

mit den angegebenen Parameterwerten. Dieses Potential ist in Abbildung 38.1 gezeigt.

Man kann nun die Schrödingergleichung für zwei Heliumatome mit dem Potential (38.1) lösen. Die Existenz eines gebundenen Zustands im Bereich des Minimums würde bedeuten, daß es stabile He_2–Moleküle gibt. Für einen solchen Zustand muß die Relativbewegung auf einen Bereich um das Minimum des Potentials eingeschränkt werden; aus Abbildung 38.1 können wir die Größe dieses Bereichs mit $\Delta x \approx 1\,$Å abschätzen. Dann impliziert die Unschärferelation eine entsprechende kinetische Energie,

$$\Delta E_{\rm kin} \approx \frac{1}{2m_{\rm r}}\, \frac{\hbar^2}{\Delta x^2} = \frac{1}{4 m_{\rm n} c^2} \left(\frac{\hbar c}{e^2} \right)^2 \left(\frac{e^2}{\rm Å} \right)^2 \approx 12\, k_{\rm B}{\rm K} \qquad (38.2)$$

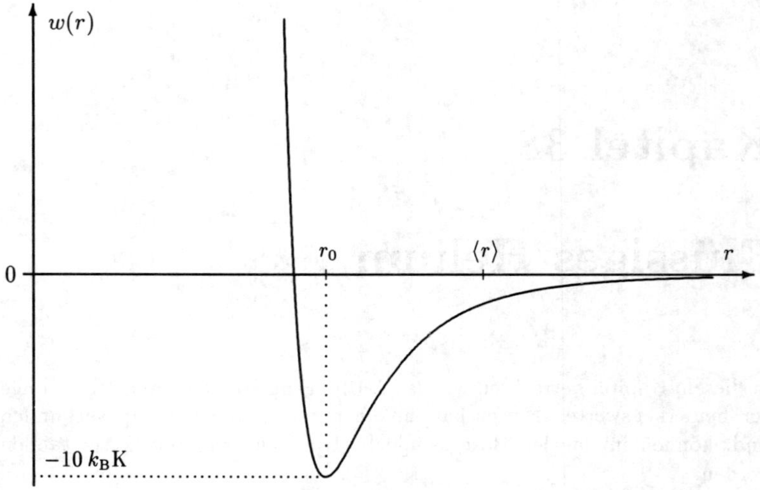

Abbildung 38.1: Potential zwischen zwei Heliumatomen im Abstand r. Das Miniumum liegt bei $r_0 = 2.87\,\text{Å}$. Der mittlere Abstand zweier Atome in der Flüssigkeit ist $\langle r \rangle \approx 4.44\,\text{Å}$.

Die reduzierte Masse der beiden Heliumatome ist etwa gleich zwei Nukleonenmassen, $m_\mathrm{r} = 2\,m_\mathrm{n}$. Zur Auswertung wurde $m_\mathrm{n} = 1\,\mathrm{GeV}/c^2$, $\hbar c/e^2 = 137$, $e^2/\text{Å} = 14.4\,\mathrm{eV}$ und $\mathrm{eV} = 1.2 \cdot 10^4\,k_\mathrm{B}\mathrm{K}$ eingesetzt.

Die kinetische Energie (38.2) ist von der gleichen Größe wie die attraktive Stärke des Potentials ($w_\mathrm{min} = -\epsilon \approx -10\,k_\mathrm{B}\mathrm{K}$). Dies ist der Grund dafür, daß es kein He_2-Molekül gibt, und daß Helium unter Normaldruck auch für $T \to 0$ flüssig bleibt. Festes Helium entsteht nur unter hohem Druck; es ist der weichste bekannte Festkörper.

λ-Übergang

In Abbildung 38.2 ist das Phasendiagramm von ^{4}He gezeigt. Bemerkenswert ist dabei der Phasenübergang bei $T_\lambda = 2.17\,\mathrm{K}$ (bei Normaldruck). Er macht sich durch eine Singularität in der spezifischen Wärme bemerkbar, und durch eine Reihe höchst ungewöhnlicher Eigenschaften unterhalb des Übergangs. Wegen der sehr unterschiedlichen Eigenschaften unterscheidet man zwischen He II (unterhalb T_λ) und He I (oberhalb T_λ). Zu diesen Eigenschaften gehört insbesondere die Suprafluidität von He II.

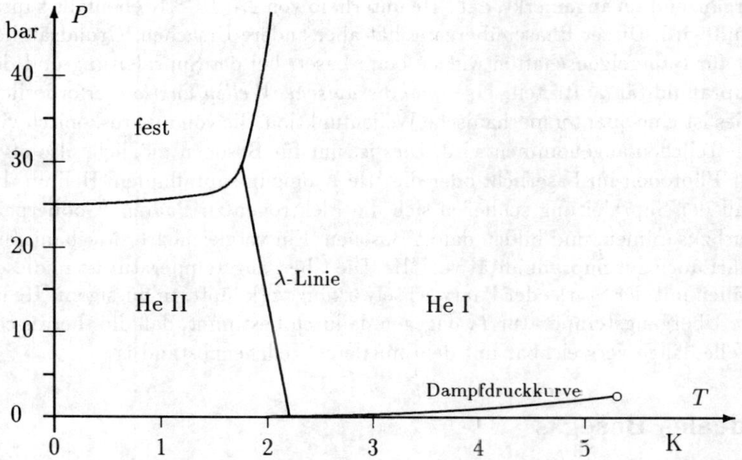

Abbildung 38.2: Schematische Skizze des Phasendiagramms von ^{4}He. Die Dampfdruckkurve beginnt bei $T = 0$ und $P = 0$; in der gegebenen Skala ist sie zunächst nicht von der Abszisse zu unterscheiden. Sie endet im kritischen Punkt bei etwa 2.2 bar und 5.3 K. In diesem Kapitel wird der Übergang an der λ-Linie diskutiert, also der Übergang zu suprafluidem He II.

In der ^{3}He–Flüssigkeit tritt ein solcher Phasenübergang nicht auf. Damit ist klar, daß dieser Übergang mit der unterschiedlichen Austauschsymmetrie verbunden ist, also damit, daß ^{4}He-Atome Bosonen und ^{3}He-Atome Fermionen sind. Die Wechselwirkungspotentiale zwischen den Atomen sind in beiden Fällen praktisch gleich, und die unterschiedliche Masse könnte allenfalls zu einer Verschiebung der Übergangstemperatur führen.

Da die Austauschsymmetrie und nicht die Wechselwirkung für diesen Übergang entscheidend ist, ist es sinnvoll, dieses System mit den theoretischen Modellen des idealen Bosegases (IBG) und des idealen Fermigases zu vergleichen. In diesen Modellen werden die Freiheitsgrade der Translation quantenmechanisch und statistisch behandelt, wobei die Wechselwirkung vernachlässigt wird. In einer Flüssigkeit bleiben die Freiheitsgrade der Translation erhalten (nicht aber im Festkörper). Gegenüber dem idealen Bose- oder Fermigas wird die Translationsbewegung in der ^{4}He- oder ^{3}He-Flüssigkeit aber durch die Wechselwirkung beeinflußt.

Das IBG zeigt tatsächlich einen Phasenübergang bei etwa der richtigen Temperatur (Kapitel 31), das ideale Fermigas (Kapitel 32) jedoch nicht. Im folgenden diskutieren wir, wie einige wichtige Eigenschaften des λ-Übergangs und von He II im IBG verstanden werden können.

Ergänzend sei angemerkt, daß ^{3}He unterhalb von $2.7\cdot 10^{-3}$ K ebenfalls suprafluid wird. Dieser Phasenübergang hat aber andere Ursachen. Grundsätzlich ist für Supereigenschaften wie sie beim Laser, bei der Supraleitung und der Suprafluidität auftreten, eine *makroskopische Wellenfunktion* erforderlich. Dies ist eine quantenmechanische Wellenfunktion, die von makroskopisch vielen Teilchen angenommen wird. Dies ist nur für Bosonen möglich, also etwa für Photonen im Laserlicht oder die ^{4}He-Atome in suprafluidem Helium. Im Fall der Supraleitung schließen sich die Elektronen zu Paaren (Cooperpaaren) zusammen, und bilden damit Bosonen. Ein vergleichbarer Mechanismus führt auch zur Suprafluidität von ^{3}He. Die Übergangstemperatur ist in diesen Fällen mit der Stärke der Paarwechselwirkung verknüpft. In flüssigem ^{4}He ist die Übergangstemperatur T_λ dagegen dadurch bestimmt, daß die thermische Wellenlänge vergleichbar mit dem mittleren Teilchenabstand ist.

Ideales Bosegas

Wir diskutieren zunächst einige Eigenschaften des idealen Bosegasmodells (IBG), die wir danach mit Eigenschaften von flüssigem ^{4}He vergleichen.

Im IBG hatten wir die Übergangstemperatur

$$k_\mathrm{B} T_\mathrm{c} = \frac{2\pi}{[\zeta(3/2)]^{2/3}} \, \frac{\hbar^2}{m v^{2/3}} \approx 3.13 \, k_\mathrm{B} \mathrm{K} \qquad (^4\mathrm{He}, \ v = 46 \, \mathrm{\AA}^3) \tag{38.3}$$

gefunden, (31.14). Im folgenden konzentrieren wir uns auf das Kondensat des IBG und stellen einige seiner Eigenschaften zusammen.

In Kapitel 31 wurde gezeigt, daß unterhalb T_c ein endlicher Bruchteil aller Teilchen in das tiefste Niveau geht. Wir bezeichnen die zugehörige Teilchendichte mit $\rho_0 = N_0/V$. Dann können wir die Dichte in einen kondensierten und einen nichtkondensierten Teil aufspalten:

$$\rho = \rho_0 + \rho_\mathrm{n.c.} \quad \text{mit} \quad \frac{\rho_0}{\rho} = \frac{N_0}{N} \overset{(31.24)}{=} 1 - \left(\frac{T}{T_\mathrm{c}}\right)^{3/2} \tag{38.4}$$

Die Temperaturabhängigkeit des Kondensatbruchteils ρ_0/ρ ist in Abbildung 38.3 links skizziert.

Alle kondensierten Teilchen haben dieselbe Wellenfunktion; in diesem Sinn ist die Wellenfunktion *makroskopisch*. In Kapitel 31 war die Wellenfunktion $\psi_0(\boldsymbol{r})$ der kondensierten Teilchen die unterste Lösung in dem Kasten, der das Gas einschließt. Im folgenden wollen wir mögliche Bewegungen des Kondensats untersuchen und lassen daher eine allgemeinere (jedoch zeitunabhängige) Wellenfunktion $\psi_0(\boldsymbol{r})$ zu. Jede quantenmechanische Wellenfunktion $\psi_0(\boldsymbol{r})$ kann durch zwei reelle Felder, $\phi(\boldsymbol{r})$ und $S(\boldsymbol{r})$, ausgedrückt werden:

$$\psi_0(\boldsymbol{r}) = \phi(\boldsymbol{r}) \exp\left[i S(\boldsymbol{r})\right] \tag{38.5}$$

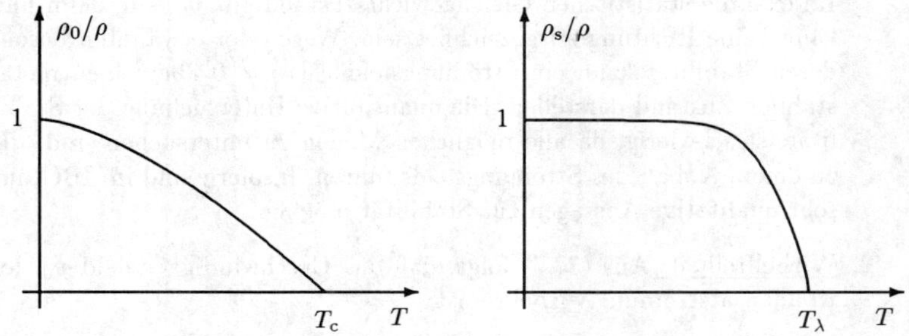

Abbildung 38.3: Temperaturabhängigkeit der Kondensatdichte (links) im idealen Bosegas und der suprafluiden Dichte (rechts) in flüssigem ^{4}He.

Für ψ_0 berechnen wir die Stromdichte:

$$\boldsymbol{j}_0(\boldsymbol{r}) = \frac{\hbar}{2mi}\left(\psi_0^* \,\nabla\psi_0 - \psi_0 \,\nabla\psi_0^*\right) = \frac{\hbar}{m}\,\rho_0 \text{ grad } S(\boldsymbol{r}) = \rho_0\,\boldsymbol{v}_0(\boldsymbol{r}) \qquad (38.6)$$

Ströme der kondensierten Dichte können also durch eine ortsabhängige Phase $S(\boldsymbol{r})$ beschrieben werden. Das Geschwindigkeitsfeld dieses Stroms ist

$$\boldsymbol{v}_0(\boldsymbol{r}) = \frac{\hbar}{m} \text{ grad } S(\boldsymbol{r}) \qquad (38.7)$$

Wir nehmen im folgenden an, daß die Kondensatdichte ρ_0 homogen ist,

$$\frac{\rho_0}{\rho} = \frac{|\psi_0(\boldsymbol{r})|^2}{\rho} = \frac{|\phi|^2}{\rho} = \frac{N_0/V}{N/V} = 1 - \left(\frac{T}{T_c}\right)^{3/2} \qquad (38.8)$$

Die homogene Kondensatdichte ist keine Voraussetzung von (38.6), denn in der Stromdichte (38.5) heben sich Ableitungen nach ϕ gegenseitig auf.

Da alle kondensierten Teilchen dieselbe Wellenfunktion ψ_0 haben, bewegen sie sich *kohärent*. Für die Kondensatdichte und ihre Bewegung stellen wir fest:

1. Stabilität: Ein mit vielen Bosonen besetzter Zustand hat eine besondere Stabilität. Dies liegt daran, daß die Streuung eines einzelnen Teilchens das Geschwindigkeitsfeld $\boldsymbol{v}_0(\boldsymbol{r})$ nicht ändert; denn die restlichen $N_0 - 1$ Teilchen bleiben ja im Zustand ψ_0 mit der Phase $S(\boldsymbol{r})$, die $\boldsymbol{v}_0(\boldsymbol{r})$ gemäß (38.7) festlegt. Wenn ein nichtkondensiertes Teilchen in den Zustand ψ_0 streut, übernimmt es die durch die makroskopisch vielen anderen Teilchen vorgegebene Phase.

Im exakten statistischen Gleichgewichtszustand gilt $\boldsymbol{v}_0 \equiv 0$, denn hier kann keine Richtung ausgezeichnet sein. Wegen der erwähnten besonderen Stabilität kann ein Strömungsfeld $\boldsymbol{v}_0(\boldsymbol{r}) \neq 0$ aber einen metastabilen Zustand darstellen. Die quantitative Untersuchung der Stabilität ist schwierig, da alle möglichen Moden zu untersuchen sind, die zu einem Abbau des Strömungsfelds führen. Insofern sind im IBG nur sehr qualitative Aussagen zur Stabilität möglich.

2. Wirbelfreiheit: Aus (38.7) folgt, daß das Geschwindigkeitsfeld $\boldsymbol{v}_0$ der Kondensatströmung wirbelfrei ist:

$$\mathrm{rot}\ \boldsymbol{v}_0(\boldsymbol{r}) = 0 \qquad (38.9)$$

Dies ist Folge der Beschreibung des Kondensats durch eine makroskopische Wellenfunktion (38.5).

3. Entropie: Da alle kondensierten Teilchen in einem Zustand sind, ist die Anzahl der möglichen Mikrozustände der N_0 Teilchen gleich $\Omega_0 = 1$. Das Kondensat liefert also keinen Beitrag zur Entropie:

$$S_0 = S(\rho_0) \equiv 0 \qquad (38.10)$$

Helium

Spezifische Wärme

In Abbildung 38.4 sind die spezifischen Wärmen von ^{4}He und vom idealen Bosegas miteinander verglichen. Die spezifische Wärme von ^{4}He hat einen Sprung und einen logarithmischen Term. Für c_P wird das logarithmische Verhalten über viele Größenordnungen der relativen Temperatur t hinweg beobachtet ($c_P \approx A \ln|t| + \ldots$ im Bereich $|t| = |T - T_\lambda|/T_\lambda = 10^{-2} \ldots 10^{-6}$).

Die spezifische Wärme des IBG zeigt eine gewisse qualitative Ähnlichkeit mit der von flüssigem Helium, verläuft aber quantitativ deutlich anders. Dies gilt auch für tiefe Temperaturen, wo die in der Flüssigkeit auftretenden Quasiteilchen die spezifische Wärme bestimmen (letzter Abschnitt dieses Kapitels).

Zweiflüssigkeitsmodell

Unterhalb des λ-Übergangs zeigt Helium eine Reihe ungewöhnlicher Eigenschaften, die quantitativ verstanden werden können, wenn man annimmt, daß die Dichte der Flüssigkeit aus einem suprafluiden und einem normalen Anteil besteht,

$$\rho = \rho_{\mathrm{s}}(T) + \rho_{\mathrm{n}}(T) \qquad (38.11)$$

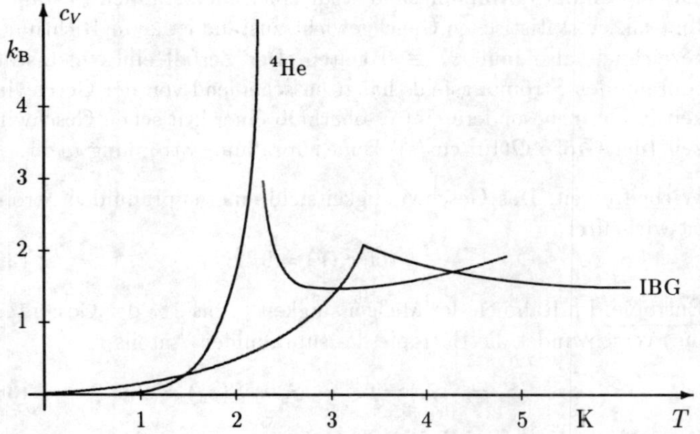

Abbildung 38.4: Die spezifischen Wärmen des idealen Bosegases (IBG) und von flüssigem ^{4}He zeigen eine qualitative Ähnlichkeit. Quantitativ ist das Verhalten aber sowohl beim Phasenübergang wie auch bei tiefen Temperaturen verschieden. Der Name λ-Punkt geht auf die λ-ähnliche Form der spezifischen Wärme von ^{4}He zurück.

Dieser Ansatz wird als *Zweiflüssigkeitsmodell* bezeichnet. Die beiden Anteile sind räumlich nicht getrennt, sie unterscheiden sich aber signifikant durch ihr Verhalten. Insbesondere kann die suprafluide Dichte ρ_s widerstandslos durch enge Kapillaren fließen. Hierdurch und durch andere Experimente ist die Aufteilung (38.11) experimentell definiert; die Dichten ρ_s und ρ_n sind daher Meßgrößen. Die Temperaturabhängigkeit der suprafluiden Dichte ist in Abbildung 38.3 rechts skizziert.

Für die suprafluide Dichte und ihre Bewegung stellt man experimentell im einzelnen fest:

1. Zähigkeit und Stabilität: Die suprafluide Dichte hat verschwindende Zähigkeit; zum Begriff der Zähigkeit (Viskosität, innere Reibung) sei auf (42.36) verwiesen. Die Viskosität η der Flüssigkeit wird allein von der normalen Dichte getragen,

$$\eta_s = 0, \qquad \eta = \eta_n \tag{38.12}$$

Dies bedeutet, daß die suprafluide Dichte ohne Widerstand durch enge Kapillaren strömt, und daß ein suprafluides Strömungsfeld stabil sein kann. In einer normalen Flüssigkeit zerfällt ein bestehendes Strömungsfeld durch innere Reibung.

Ein suprafluides Strömungsfeld stellt einen metastabilen Zustand dar. Im exakten statistischen Gleichgewichtszustand ist keine Richtung ausgezeichnet, also muß $\boldsymbol{v}_s \equiv 0$ gelten. Der Zerfall eines metastabilen suprafluiden Strömungsfelds hängt entscheidend von der Geschwindigkeit v_s ab; insbesondere gibt es oberhalb einer kritischen Geschwindigkeit (der Größe $\mathcal{O}(10^2\ \text{cm/s})$) keine suprafluide Strömung mehr.

2. Wirbelfreiheit: Das Geschwindigkeitsfeld einer suprafluiden Strömung ist wirbelfrei

$$\text{rot}\ \boldsymbol{v}_s(\boldsymbol{r}) = 0 \tag{38.13}$$

3. Entropie: Im Rahmen der Meßgenauigkeit (1 bis 2 % der Gesamtentropie) verschwindet die Entropie des suprafluiden Anteils,

$$S_s = S(\rho_s) = 0, \qquad S_n = S(\rho_n) = S \tag{38.14}$$

Die gesamte Entropie wird also von der normalen Dichte getragen.

Wir stellen im folgenden Schlüsselexperimente zu den hier hervorgehobenen Eigenschaften (38.11)–(38.14) von He II vor.

Andronikashvilis Experiment

Ein Drehpendel aus Metallscheiben hängt an einem Torsionsfaden in Heliumflüssigkeit (Abbildung 38.5). Die Scheiben sind so dicht angeordnet, daß zähe Flüssigkeit beim Pendeln mitgenommen wird, also zur Masse des Pendels beiträgt. Für He II trägt dann die normale Dichte zur effektiven Pendelmasse bei, nicht aber die suprafluide Dichte. Hieraus bestimmte Andronikashvili 1946 die Temperaturabhängigkeit der Aufteilung (38.11), wie sie in Abbildung 38.3 rechts wiedergegeben ist.

Dieses Experiment bestätigt und quantifiziert die Aufteilung $\rho_s + \rho_n$ aus (38.11) mit (38.12).

Springbrunneneffekt

Zwei Behälter mit He II sind durch eine Röhre verbunden, die mit einem feinen Pulver verstopft ist (Abbildung 38.6). Zunächst seien Temperatur und Druck in beiden Behältern gleich. Nun erhöht man den Druck im linken Behälter. Dann versucht die Heliumflüssigkeit in den rechten Behälter zu strömen. Aufgrund der experimentellen Bedingungen ist dies aber nur für die suprafluide Dichte möglich. Es strömen also Teilchen mit Entropie null nach rechts; dadurch entsteht ein Temperaturunterschied (mechanokalorischer Effekt).

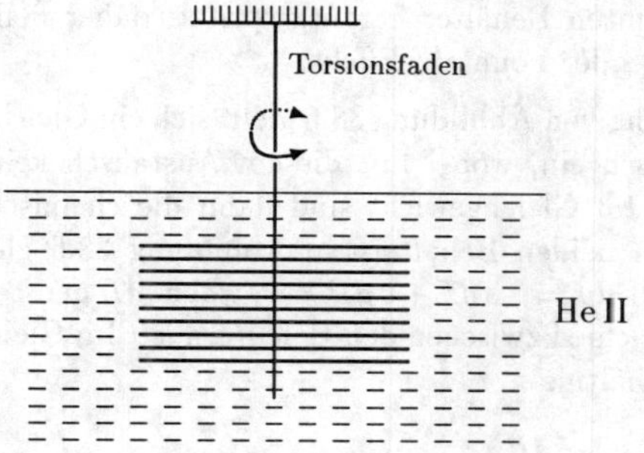

Abbildung 38.5: An einem Torsionsfaden hängt ein Drehpendel aus parallelen kreisförmigen Metallscheiben. Das Drehpendel ist in Heliumflüssigkeit mit einer Temperatur unterhalb von T_λ getaucht. Bei Drehungen wird die normale Dichte zwischen diesen Scheiben mitgeführt, nicht aber die suprafluide Dichte. Über die effektive Masse des Pendels kann die normale Dichte und ihre Temperaturabhängigkeit bestimmt werden.

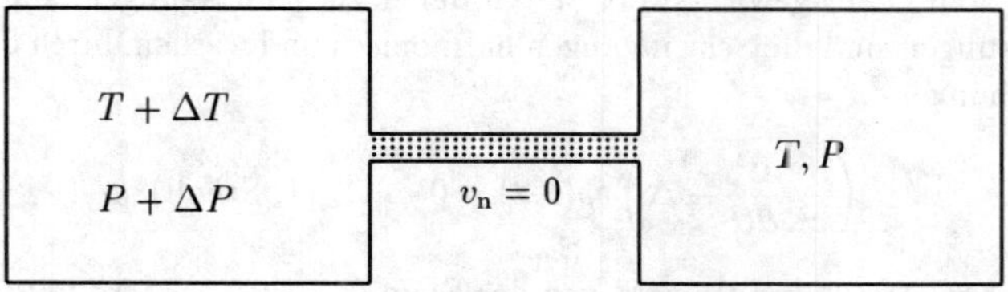

Abbildung 38.6: Springbrunneneffekt: Zwei Behälter mit He II haben eine Verbindung, durch die nur die suprafluide Dichte fließen kann. Dann impliziert eine Temperaturdifferenz eine Druckdifferenz, und umgekehrt. Dieser Versuch ist ein Beleg dafür, daß die suprafluide Dichte keine Entropie hat.

Umgekehrt erzeugt ein Temperaturunterschied einen Druckunterschied (thermomechanischer Effekt). In einer der ersten Demonstrationen dieses Effekts (Allen und Jones 1938) wurde durch den erhöhten Druck Helium aus dem erwärmten Behälter herausgespritzt; daher heißt der Effekt auch Springbrunnen- oder Fountain-Effekt.

In der Anordnung von Abbildung 38.6 stellt sich ein Gleichgewicht gegenüber Teilchenaustausch ein, wobei mit diesem Austausch kein Wärmetransport verbunden ist. Im Gleichgewicht sind dann die chemischen Potentiale der Teilchen in den beiden Behältern in Abbildung 38.6 gleich, also $d\mu = 0$. Andererseits gilt $d\mu = -s\,dT + v\,dP = 0$, wobei dT der Temperatur- und dP der Druckunterschied zwischen den Behältern ist. Im Gleichgewicht folgt aus $d\mu = 0$ das Verhältnis

$$\left(\frac{dP}{dT}\right)_{\mathrm{FP}} = \frac{S}{V} \qquad \text{(fountain pressure)} \qquad (38.15)$$

Der durch einen Temperaturunterschied hervorgerufene Druckunterschied wird *fountain pressure* (FP) genannt.

Entscheidend für diesen Effekt ist, daß die suprafluide Dichte keine Entropie trägt. Die experimentelle Bestätigung von (38.15) belegt daher (38.14).

2. Schall

Wir betrachten zunächst den gewöhnlichen Schall (1. Schall) in einem Gas, einer Flüssigkeit oder einem Festkörper. Bei gegebenem P und T hat die Dichte des Stoffes einen bestimmten konstanten Gleichgewichtswert ρ_{o}. Bei Abweichungen $\delta\rho(\boldsymbol{r},t) = \rho - \rho_{\mathrm{o}}$ hiervon treten Rückstellkräfte; die Auslenkungen vom Gleichgewichtswert führen daher zu Schwingungen. Für kleine Auslenkungen sind die Schwingungen harmonisch und werden durch die Wellengleichung

$$\left(\frac{1}{c^2}\,\frac{\partial^2}{\partial t^2} - \Delta\right)\delta\rho(\boldsymbol{r},t) = 0 \qquad \text{(1. Schall)} \qquad (38.16)$$

beschrieben. Die Lösungen sind von der Form

$$\rho(\boldsymbol{r},t) = \rho_{\mathrm{o}} + \delta\rho = \rho_{\mathrm{o}} + A\cos(\boldsymbol{k}\boldsymbol{r} - \omega t) \qquad (38.17)$$

mit $\omega = ck$ und der Schallgeschwindigkeit c. Für einen Festkörper wurden solche Wellen im einleitenden Abschnitt von Kapitel 33 diskutiert.

Da sich He II so verhält, als bestünde es aus zwei unabhängigen Dichten, sind neben den Schwankungen der gesamten Dichte auch orts- und zeitabhängige Variationen der Bestandteile (suprafluid und normal) möglich. Für

$\rho = \text{const.}$, also ohne Anregungen des 1. Schalls. gilt $\delta\rho_s(\boldsymbol{r},t) = -\delta\rho_n(\boldsymbol{r},t)$. Auch für die Abweichungen $\delta\rho_s$ gibt es Rückstellkräfte in Richtung auf den (orts- und zeitunabhängigen) Gleichgewichtswert, die zur Wellengleichung

$$\left(\frac{1}{c_s^2}\,\frac{\partial^2}{\partial t^2} - \Delta\right)\delta\rho_s(\boldsymbol{r},t) = 0 \qquad \text{(2. Schall)} \qquad (38.18)$$

führen. Die Lösungen der Wellengleichung sind wieder von der Form (38.17). Die Schallgeschwindigkeit c_s ist von der Größe 20 m/s (im Temperaturbereich von 1 bis 2 K) gegenüber $c \approx 220$ m/s für den 1. Schall.

Die Dichte ρ_n trägt die gesamte Entropie, und damit auch den gesamten Wärmegehalt der Flüssigkeit. Daher bedeutet ein erhöhter Bruchteil ρ_n/ρ eine höhere Temperatur. Damit stellt $\delta\rho_n = A\cos(\boldsymbol{kr} - \omega t)$ eine *Temperaturwelle* dar. Eine solche Welle kann durch ein mit Wechselstrom betriebenes Heizelement angeregt werden. Der 2. Schall ist nur schwach gedämpft; daher ist He II ein sehr guter Wärmeleiter.

Für die Temperaturwellen ist die Aufteilung (38.11) mit (38.14) wesentlich. Die Existenz des 2. Schalls bestätigt daher diese Aussagen.

Rotierender Eimer mit He II

Wir diskutieren nun ein Experiment zur Wirbelfreiheit der suprafluiden Dichte. Ein mit Flüssigkeit gefüllter Eimer rotiere mit der Winkelgeschwindigkeit $\boldsymbol{\omega}$ um seine vertikale Symmetrieachse (im Schwerefeld). Für eine gewöhnliche Flüssigkeit stellt sich nach einiger Zeit das Geschwindigkeitsfeld

$$\boldsymbol{v}(\boldsymbol{r}) = \boldsymbol{\omega} \times \boldsymbol{r}\,, \qquad \operatorname{rot}\boldsymbol{v} = 2\boldsymbol{\omega} \qquad (38.19)$$

ein. Dies ist das Geschwindigkeitsfeld der *starren Rotation*, also das Feld, das sich auch für einen rotierenden starren Körper ergibt.

Wir betrachten nun den gleichen Versuch mit Helium bei $T = 0$. Dann ist dieses Geschwindigkeitsfeld wegen (38.13) nicht möglich. Es wäre denkbar, daß die Heliumflüssigkeit wegen $\eta_s = 0$ die Rotation des Eimers völlig ignoriert. Wir können die Heliumflüssigkeit aber zur Rotation zwingen, indem wir sie zunächst durch einen Druck von 30 bar verfestigen, dann den Eimer in Rotation versetzen, und anschließend wieder auf Normaldruck gehen. Dann trägt die Heliumflüssigkeit einen Drehimpuls, der sich im Geschwindigkeitsfeld ausdrücken muß. In diesem Experiment bilden sich in der Flüssigkeit *Wirbelfäden*. An der Stelle der Wirbelfäden (Durchmesser etwa 2 Å) wird das Feld v_s singulär; die Bedingung (38.13) gilt dann nur im Bereich zwischen den Wirbelfäden. Die Wirbelfäden enden an den Gefäßwänden und an der Oberfläche der Flüssigkeit. An der Oberfläche können die Wirbelfäden sichtbar gemacht werden; sie bilden ein regelmäßiges Muster. Die Wirbelfäden tragen insgesamt den gleichen Drehimpuls wie eine starr rotierende Flüssigkeit; daher ist die Oberfläche der Flüssigkeit im Eimer auch wie bei einer gewöhnlichen Flüssigkeit gekrümmt.

Dieses Experiment ist ein eindrucksvoller Beleg für die Wirbelfreiheit des suprafluiden Stroms, (38.13).

Vergleich zwischen IBG und ^{4}He

Bemerkenswert ist zunächst bereits die bloße Existenz des Phasenübergangs im IBG und sein Fehlen im idealen Fermigas. Damit ergibt das IBG eine *Erklärung* für das Auftreten des λ-Übergangs in ^{4}He, und sein Fehlen in ^{3}He.

Angesichts der völligen Vernachlässigung der Wechselwirkung im IBG ist die Übereinstimmung von T_c mit T_λ als gut zu bezeichnen. Bereits eine effektive Masse $m \to m^* = 3m/2$ in (38.3) macht beide Temperaturen nahezu gleich. Eine solche effektive Masse kann man etwa in dem Modell einer laminar umströmten Kugel verstehen.

Wegen des Fehlens der Wechselwirkung ist es nicht verwunderlich, daß viele Eigenschaften des λ-Übergangs nicht quantitativ durch das IBG beschrieben werden können. Dies gilt insbesondere für die Energie und damit für die spezifische Wärme. Tatsächlich zeigen die spezifischen Wärmen des IBG nur eine qualitative Ähnlichkeit (Abbildung 38.4).

Für das Kondensat des IBG haben wir in (38.4)–(38.10) wesentliche Ergebnisse zusammengestellt, die mit den experimentellen Resultaten (38.11)–(38.14) für He II zu vergleichen sind. Aus diesem Vergleich ergibt sich:

1. Die makroskopische Wellenfunktion des IBG ist die Basis einer qualitativen Erklärung der Suprafluidität.

2. Das IBG führt unmittelbar zum Zweiflüssigkeitsmodell, in dem viele Eigenschaften von He II verstanden werden können. Insbesondere wird die Aufteilung in zwei Anteile (kondensiert/nicht-kondensiert oder suprafluid/normal) ohne jede räumliche Trennung verständlich. Die Temperaturabhängigkeit des Kondensatanteils zeigt qualitative Ähnlichkeit mit der des suprafluiden Anteils (Abbildung 38.3).

3. Das IBG erklärt, daß die suprafluide Strömung wirbelfrei ist.

4. Das IBG erklärt, daß die Entropie der suprafluiden Dichte verschwindet.

Damit reproduziert das IBG wesentliche Eigenschaften von flüssigem Helium. Im Einzelnen führt das IBG aber zu quantitativ falschen Aussagen:

1. Das IBG erklärt nicht die logarithmische Singularität der spezifischen Wärme (Abbildung 38.4).

2. Die Temperaturabhängigkeit von ρ_0 und ρ_s sind quantitativ sehr verschieden. Aus Abbildung 38.3 wird deutlich, daß die Tangente am Übergangspunkt von flüssigem Helium senkrecht ist ($\rho_s \propto |t|^{2/3}$), die im IBG nicht ($\rho_0 \propto |t|$). Auch für $T \to 0$ ist die Temperaturabhängigkeit des IBG unrealistisch ($\rho_n \propto T^3$ in ^{4}He gegenüber $\rho_{\text{n.c.}} \propto T^{3/2}$ im IBG).

Die Verbindung zwischen dem IBG und ^{4}He wurde erstmals von F. London (Phys. Rev. 54 (1938) 947) hergestellt; eine weitergehende Einführung findet der Leser in Londons Buch *Superfluids*, Vol. II (Dover Publications, Inc., New York 1954). Die Erklärung der hydrodynamischen Eigenschaften von ^{4}He durch das IBG wird ausführlich von S. J. Putterman in *Superfluid Hydrodynamics* (North Holland Publ. Comp., London 1974) erläutert. Eine eingehende Untersuchung des IBG wurde von R. M. Ziff, G. E. Uhlenbeck und M. Kac in Phys. Reports 32 (1977) 169 gegeben.

Wegen der Ähnlichkeiten zwischen dem IBG und ^{4}He liegt es nahe, Modifikationen des IBG zu betrachten mit dem Ziel, die realen Eigenschaften des λ-Übergangs und von He II besser zu beschreiben. Für frühe Versuche zu solchen Modifikationen sei auf Londons Buch *Superfluids* verwiesen, für einen neueren Ansatz auf T. Fliessbach, Nuovo Cimento 13D (1991) 211.

Quasiteilchenmodell

Der λ-Übergang steht in enger Verbindung zur Bose-Einstein-Kondensation des IBG. Die relevanten Anregungen des IBG sind durch die Einteilchenenergien $\varepsilon = \hbar^2 k^2/2m$ gegeben. Für $T \ll T_\lambda$ sind die tiefsten und damit statistisch relevanten Anregungen aber von anderer Form. Diese Elementaranregungen kann man durch inelastische Neutronenstreuung bestimmen; ihre Dispersionsrelation ist in Abbildung 38.7 gezeigt. Der lineare Zweig (kleine k) ist Phononen zuzuordnen, die Anregungen im Bereich des Minimums heißen nach Landau Rotonen; insgesamt werden die Anregungen als Quasiteilchen bezeichnet. Phononen sind die Quanten der Dichtewellen (1. Schall, vergleiche hierzu auch die Diskussion in Kapitel 33). Die Anregungen höherer Impulse entsprechen Einteilchenanregungen, die durch die Wechselwirkung modifiziert sind; dem historischen Begriff 'Roton' kommt keine inhaltliche Bedeutung zu.

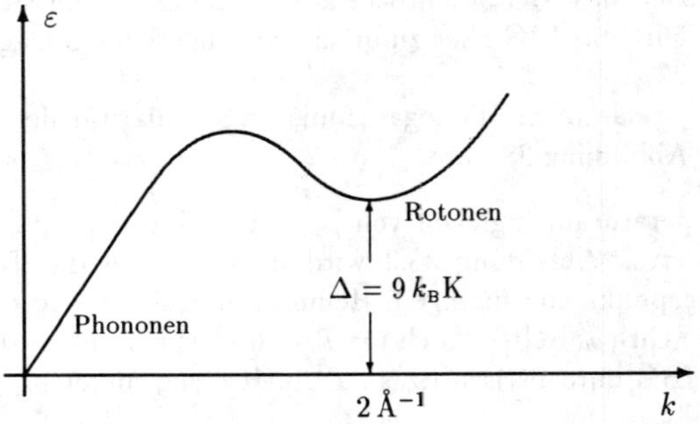

Abbildung 38.7: Quasiteilchenspektrum (Dispersionsrelation) von ^{4}He-Flüssigkeit bei tiefen Temperaturen.

Die gemessene Dispersionsrelation (Abbildung 38.7) gilt für $T \lesssim 1\,\text{K}$. Bei 1 K wird die Breite Γ der Rotonanregungen vergleichbar mit ihrer Energie ε. Die Breite entsteht durch Wechselwirkungen der Anregungen untereinander und führt zu einer endlichen Lebensdauer $\tau \sim \hbar/\Gamma$. Mit zunehmendem Γ (insbesondere für $\Gamma > \varepsilon$) sind die Energie und der Impuls der Quasiteilchen immer weniger scharf definiert. Die Anregungen des Systems sind dann keine einfachen Elementaranregungen mehr; die Definition der Quasiteilchen verliert zunehmend ihren Sinn

Unter dem Quasiteilchenmodell (QPM) versteht man ein ideales Bosegas mit den Energien ε_p aus Abbildung 38.7, aber ohne feste Teilchenzahl. Die statistische Behandlung des QPM erfolgt ganz analog zu dem in Kapitel 33 behandelten Phononengas. Wegen der zunehmenden Breite der Quasiteilchen ist das QPM eigentlich auf den Bereich $T \lesssim 1\,\text{K}$ zu beschränken; praktisch liefert es aber noch bis etwa 2 K brauchbare Ergebnisse. Beim λ-Übergang selbst bricht das QPM zusammen; es ist also keine Basis für die Beschreibung des Phasenübergangs selbst. Im Gültigkeitsbereich des QPM stellen die angeregten Quasiteilchen die normalzähe Dichte ρ_{n} dar.

Für hinreichend tiefe Temperaturen spielen die niedrigsten Anregungen, also die Phononen, die entscheidende Rolle. Wie in Kapitel 33 gezeigt, ist die spezifische Wärme dann proportional zu T^3. Dies gilt auch für die Anzahl der Phononen und damit für ρ_{n}

$$c_V = c_{\text{phon}} \propto T^3\,, \qquad \rho_{\text{n}} = \rho_{\text{phon}} \propto T^3 \qquad (T \ll 1\,\text{K}) \tag{38.20}$$

Ab etwa 1 K liefern die Rotonanregungen den größeren Beitrag. Ihre Anregungswahrscheinlichkeit ist zwar noch exponentiell klein ($\propto \exp(-\Delta/k_{\text{B}}T)$ mit $\Delta \approx 9\,k_{\text{B}}\text{K}$); ihr Phasenraum (Anzahl der möglichen Moden) ist jedoch viel größer als der der Phononen. Wegen dieses Exponentialfaktors spielen vor allem die Anregungen im Rotonminimum eine Rolle. Man kann daher so tun, als bestünde die Dispersionsrelation aus den beiden Anteilen

$$\varepsilon_{\text{phon}} = c|\boldsymbol{k}| = ck \quad \text{und} \quad \varepsilon_{\text{rot}} = \Delta + \frac{\hbar^2}{2m^*}\,(k - k_0)^2 \tag{38.21}$$

Der Vergleich mit der gemessenen Dispersionsrelation ergibt $c \approx 220\,\text{m/s}$, $\Delta \approx 9\,k_{\text{B}}\text{K}$, $m^* \approx 0.16\,m$ und $k_0 \approx 2\,\text{Å}$. Nach der Aufteilung (38.21) kann man die zugehörigen Anteile der spezifischen Wärme und normalen Dichte getrennt berechnen:

$$c_V = c_{\text{phon}} + c_{\text{rot}}\,, \qquad \rho_{\text{n}} = \rho_{\text{phon}} + \rho_{\text{rot}} \tag{38.22}$$

Dies führt zu einer quantitativ brauchbaren Beschreibung.

Kapitel 39

Landau-Theorie

In diesem und dem folgenden Kapitel diskutieren wir noch einmal allgemein Phasenübergänge 2. Ordnung. Als Beispiele hierfür haben wir das Weisssche Modell des Ferromagnetismus (Kapitel 36), das van der Waals-Gas am kritischen Punkt (Kapitel 37) und das ideale Bosegas beziehungsweise flüssiges Helium mit dem λ-Übergang (Kapitel 38) kennengelernt. In Anlehnung an die Bezeichnung 'kritischer Punkt' nennt man die Vorgänge in der unmittelbaren Umgebung eines Phasenübergangs 2. Ordnung *kritische Phänomene*.

In diesem Kapitel verallgemeinern wir die freie Energie $\mathcal{F}$ des Weissschen Modells zum Landau- oder Ginzburg-Landau-Ansatz. Dieser Ansatz stellt dann ein allgemeines, phänomenologisches Modell für die kritischen Phänomene dar. In dieser *Landau-Theorie* untersuchen wir die spezifische Wärme, die Suszeptibilität und die Fluktuationen. Als weiterführende Literatur sei auf Landaus Lehrbuch [4] verwiesen.

Am Phasenübergang ändern sich die thermodynamischen Größen in markanter Weise. Man wählt nun eine geeignete thermodynamische Größen aus, die für den Übergang charakteristisch ist. Für den ferromagnetischen Übergang ist dies etwa die Magnetisierung und für die Kondensation eines Gases das Volumen. Diese Größe wird nach Landau *Ordnungsparameter* ψ genannt. Die Wahl von ψ ist in vielen Fällen naheliegend (wie bei der Magnetisierung), aber grundsätzlich nicht eindeutig. So kann man etwa für den Übergang flüssig-gasförmig das Volumen oder die Dichte wählen.

Phasenübergänge 2. Ordnung sind dadurch definiert, daß der Mittelwert des Ordnungsparameters ψ bei T_c stetig ist. Der Ordnungsparameter wird immer so gewählt werden, daß sein Mittelwert bei T_c verschwindet, also

$$\overline{\psi(T_c)} = 0 \qquad (39.1)$$

Beispiele für solche Ordnungsparameter sind:

$$\psi = \begin{cases} M/M_0 & \text{(paramagnetisch–ferromagnetisch)} \\ \sqrt{\rho_0/\rho} & \text{(Bose-Einstein-Kondensation)} \\ \sqrt{\rho_s/\rho} & \text{(λ-Übergang)} \\ (n-n_c)/n_c & \text{(gasförmig–flüssig)} \end{cases} \tag{39.2}$$

Im letzten Fall wurde die Differenz der Teilchendichte n zum Wert n_c am kritischen Punkt genommen, damit (39.1) gilt. Im zweiten und dritten Fall tritt die Wurzel auf, weil hier die makroskopische Wellenfunktion die grundlegende Größe ist. Außerdem wissen wir aus (38.4) und (36.30), daß $(\rho_0/\rho)^{1/2}$ und M/M_0 bei T_c das gleiche Potenzverhalten zeigen.

In den ersten drei Beispielen beschreibt ψ die Änderung der Struktur oder Ordnung am Phasenübergang durch

$$\overline{\psi} = \begin{cases} 0 & T \geq T_c \\ \neq 0 & T < T_c \end{cases} \tag{39.3}$$

Im vierten Beispiel ist dagegen $\overline{\psi}$ auch für $T > T_c$ ungleich null. Wir sehen zunächst von diesem Sonderfall ab.

Bei $T = T_c$ ist $\overline{\psi}$ stetig und hat den Wert null. Daher sollte es möglich sein, die freie Energie in der Umgebung von T_c nach ψ zu entwickeln. Die Form dieser Entwicklung übernehmen wir aus (36.27),

$$\mathcal{F}(T,h,\psi) = F_0(T) + V\left[\,a(T-T_c)\,\psi^2 + u\,\psi^4 - h\psi\,\right] \qquad (|T-T_c| \ll T_c) \tag{39.4}$$

Das äußere Feld h, durch das der Ordnungsparameter unmittelbar beeinflußt werden kann, ist zum Beispiel

$$h = \begin{cases} B & \text{(Magnetfeld)} \\ P - P_c & \text{(Druck)} \end{cases} \tag{39.5}$$

Für den kritischen Punkt wird $h = P - P_c$ verwendet (anstelle von P), weil wir später kleine äußere Felder untersuchen wollen. Für das ideale Bosegas oder flüssiges Helium ist kein solches Feld h bekannt; der entsprechende Term hat dann nur eine formale Funktion. Das Volumen V in (39.4) betrachten wir wie in Kapitel 36 als Konstante; andernfalls wäre bei gegebenem T und P vom entsprechenden Ansatz für die freie Enthalpie $G(T,P,h,\psi)$ auszugehen.

Es ist nicht von vorneherein klar, daß immer nur gerade Potenzen von ψ in der Entwicklung (39.4) auftreten. Für die Magnetisierung sind ohne äußeres Feld alle Richtungen (also speziell $\psi = \pm M$) gleichberechtigt; daher treten keine

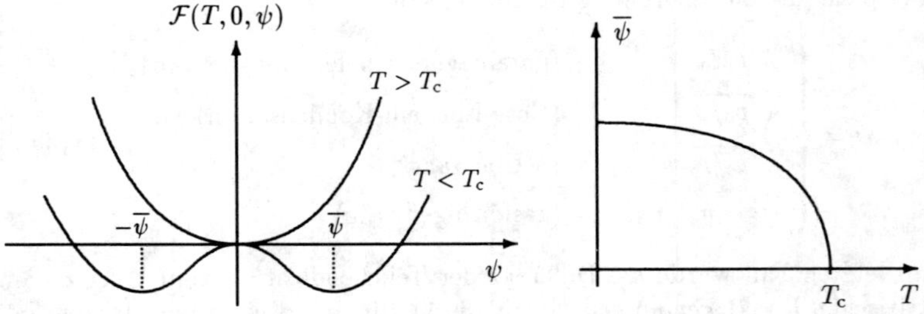

Abbildung 39.1: Im linken Teil ist die freie Energie (39.4) der Landau-Theorie als Funktion des Ordnungsparameters ψ skizziert; das äußere Feld h ist null gesetzt. Der Gleichgewichtswert $\overline{\psi}$ ergibt sich aus $\mathcal{F}$ = minimal, er ist im rechten Teil als Funktion der Temperatur gezeigt.

ungeraden Potenzen auf. Für das van der Waals-Gas tritt dagegen ein linearer Term auf; er führt dazu, daß $n - n_c$ auch oberhalb von T_c ungleich null ist. Die folgenden Untersuchungen können leicht auf diesen Fall verallgemeinert werden.

Die freie Energie (39.4) ist zunächst einmal als plausible Entwicklung nach ψ in der Nähe des Phasenübergangs zu verstehen. Die Koeffizienten von ψ^2 und ψ^4 sind im allgemeinen temperaturabhängig. Für $T \approx T_c$ können wir sie nach Potenzen von $(T - T_c)$ entwickeln. Unter diesem Gesichtspunkt ist der Ansatz (39.4) insofern speziell, als die Entwicklung des Koeffizienten von ψ^2 mit der ersten Potenz beginnt, die Entwicklung des Koeffizienten bei ψ^4 dagegen mit einer Konstanten. Für $a > 0$ und $u > 0$ ergibt sich daraus das in Abbildung 39.1 gezeigte Verhalten (für $h = 0$), das zu (39.3) führt. Wir können somit (39.4) als eine Entwicklung nach Potenzen von ψ und $T - T_c$ auffassen. Diese Größen sind in der Umgebung des kritischen Punkts klein; die Entwicklung sollte daher für $|T - T_c| \ll T_c$ gültig sein. Der Ansatz (39.4) wurde 1937 von Landau eingeführt; die dadurch gegebene Beschreibung der kritischen Phänomene wird Landau-Theorie genannt.

In Abbildung 39.1 ist skizziert, in welcher Weise das Landau-Modell (39.4) den Phasenübergang 2. Ordnung beschreibt. Der Gleichgewichtswert $\overline{\psi}$ des Ordnungsparameters ergibt sich aus $\mathcal{F}$ = minimal. Dabei führt das Vorzeichen des Terms $(T - T_c)\,\psi^2$ in (39.4) dazu, daß $\overline{\psi}$ für $T > T_c$ verschwindet ($h = 0$), für $T < T_c$ aber ungleich null ist. Durch Einsetzen von $\overline{\psi} = \overline{\psi}(T,h)$ in $\mathcal{F}$ erhält man den Gleichgewichtswert F der freien Energie:

$$F(T,h) = \mathcal{F}\big(T,h,\overline{\psi}(T,h)\big) \tag{39.6}$$

Dies ist ein entscheidender Schritt: Während alle Ableitungen von $\mathcal{F}$ stetig sind, hat die zweite Ableitung von F einen Sprung bei T_c, die dritte Ableitung ist dann singulär.

Wir berechnen nun einige Größen, insbesondere die spezifische Wärme und die Suszeptibilität, in der Landau-Theorie. Die Ergebnisse sind zum Teil aus Kapitel 36 bekannt; der ferromagnetische Fall kann auch durchweg als Beispiel dienen, in dem die berechneten Größen eine bekannte Bedeutung haben.

Zunächst bestimmen wir das Minimum von $\mathcal{F}(T,0,\psi)$ bezüglich ψ,

$$\frac{1}{V}\,\frac{\partial \mathcal{F}(T,0,\psi)}{\partial \psi} = 2a(T-T_c)\,\psi + 4u\,\psi^3 = 0 \qquad (h=0) \tag{39.7}$$

Daraus erhalten wir für den Gleichgewichtswert, den wir für $h=0$ mit einem Index 0 bezeichnen:

$$\overline{\psi_0}^{\,2} = \begin{cases} 0 & (T \ge T_c) \\ \dfrac{a}{2u}\,(T_c - T) & (T < T_c) \end{cases} \tag{39.8}$$

Für den Ferromagnetismus ist dies aus (36.30) bekannt. Für das ideale Bosegas stimmt es für $|T-T_c| \ll T_c$ mit (38.4) überein. An der Stelle des Minimums hat $\mathcal{F}$ den Gleichgewichtswert der freien Energie:

$$F(T,0) = \mathcal{F}(T,0,\overline{\psi_0}\,) = \begin{cases} F_0(T) & (T \ge T_c) \\ F_0(T) - \dfrac{Va^2}{4u}\,(T_c - T)^2 & (T < T_c) \end{cases} \tag{39.9}$$

Die Größe $\overline{\psi_0}^{\,2}$ hat bei T_c einen Knick; ihre zweite Ableitung ist also singulär. Das Einsetzen von $\overline{\psi_0}^{\,2}$ macht aus der analytischen Funktion $\mathcal{F}(T,h,\psi)$ daher die nichtanalytische Funktion $F(T,h)$. Die spezifische Wärme pro Volumen bei konstantem Feld ergibt sich aus,

$$c_h(T,h) = \frac{C_h}{V} = \frac{T}{V}\,\frac{\partial S(T,h)}{\partial T} = -\frac{T}{V}\,\frac{\partial^2 F(T,h)}{\partial T^2} \tag{39.10}$$

Für (39.9) erhalten wir

$$c_h(T,0) = c_0(T) + \begin{cases} 0 & (T > T_c) \\ \dfrac{a^2}{2u}\,T & (T < T_c) \end{cases} \tag{39.11}$$

Dabei bezeichnet c_0 den von F_0 stammenden, stetigen Anteil. Der mit dem Phasenübergang verbundene Beitrag $c_h - c_0$ steigt zunächst linear mit der Temperatur an und springt dann bei T_c auf null; die spezifische Wärme ist also unstetig. Dieses Verhalten ist in Abbildung 39.2 skizziert.

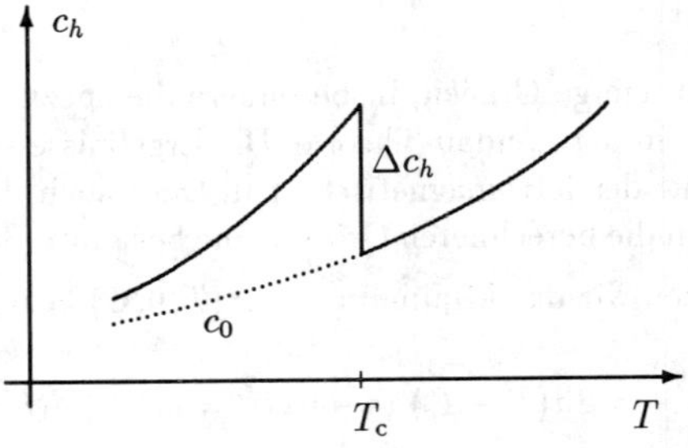

Abbildung 39.2: In der Landau-Theorie hat die spezifische Wärme c_h am Phasenübergang einen Sprung der Größe $\Delta c = a^2 T_c/2u$.

Wir betrachten nun die Abweichungen $\delta\psi$ vom Gleichgewichtswert $\overline{\psi_0}$, die durch ein schwaches äußeres Feld h hervorgerufen werden,

$$\psi = \overline{\psi_0} + \delta\psi \tag{39.12}$$

Wir setzen dies in (39.4) ein und bestimmen den Gleichgewichtswert aus

$$\frac{1}{V}\,\frac{\partial \mathcal{F}(T,h,\psi)}{\partial \psi} = 2a(T-T_c)\left(\overline{\psi_0}+\delta\psi\right) + 4u\left(\overline{\psi_0}+\delta\psi\right)^3 - h = 0 \tag{39.13}$$

Für kleines $\delta\psi$ beschränken wir uns auf die erste Ordnung in $\delta\psi$,

$$\left[2a(T-T_c)\,\overline{\psi_0} + 4u\overline{\psi_0}^{\,3}\right] + \left[2a(T-T_c) + 12\,u\,\overline{\psi_0}^{\,2}\right]\delta\psi - h = 0 \tag{39.14}$$

Die erste Klammer ist nach (39.7) gleich null; in die zweite Klammer setzen wir $\overline{\psi_0}^{\,2}$ aus (39.8) ein. Aus (39.14) folgt dann der Gleichgewichtswert der Abweichung, $\overline{\delta\psi} \propto h$. Da h und $\overline{\delta\psi}$ klein sind, ergibt sich die Suszeptibilität als Quotient dieser Größen,

$$\chi = \left(\frac{\partial\overline{\psi}}{\partial h}\right)_T = \frac{\overline{\delta\psi}}{h} = \begin{cases} \dfrac{1}{2a\,|T-T_c|} & (T > T_c) \\[2ex] \dfrac{1}{4a\,|T-T_c|} & (T < T_c) \end{cases} \tag{39.15}$$

Diese Suszeptibilität ist in Abbildung 39.3 skizziert. Im ferromagnetischen Fall ist $\overline{\psi}$ die Magnetisierung $\overline{M} = M$ (Balken wird üblicherweise weggelassen), h die magnetische Induktion B und χ die magnetische Suszeptibilität $\chi_m = \partial M/\partial B$. Für den kritischen Punkt des Übergangs flüssig–gasförmig

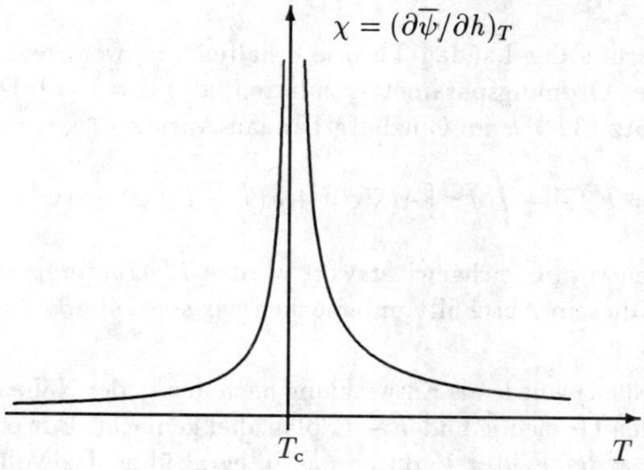

Abbildung 39.3: Die Suszeptibilität χ divergiert in der Landau-Theorie am kritischen Punkt wie $1/|T - T_c|$. Der Vorfaktor ist für $T > T_c$ doppelt so groß wie der für $T < T_c$. Beim ferromagnetischen Übergang ist χ die magnetische Suszeptibilität χ_m. Am kritischen Punkt des Phasenübergangs gasförmig-flüssig ist χ bis auf einen Faktor die isotherme Kompressibilität κ_T.

erhalten wir mit $\overline{\psi} = \overline{n - n_c}/n_c = (n - n_c)/n_c$ (Balken wieder weggelassen), $h = P - P_c$ die Suszeptibilität

$$\chi = \frac{1}{n_c}\left(\frac{\partial(n-n_c)}{\partial(P-P_c)}\right)_T = \frac{1}{n_c}\left(\frac{\partial(N/V)}{\partial P}\right)_T = -\frac{n}{Vn_c}\left(\frac{\partial V}{\partial P}\right)_T = \frac{n}{n_c}\,\kappa_T \tag{39.16}$$

Die Suszeptibilität wird hier zur isothermen Kompressibilität κ_T. Die Divergenz der Kompressibilität am kritischen Punkt bedeutet, daß beliebig schwache Störungen Dichteschwankungen hervorrufen können. Die Dichteschwankungen werden daher auch thermisch angeregt (siehe folgende Abschnitte).

Wir betrachten noch den Fall $T = T_c$ und $h \neq 0$. Hierfür ist $\overline{\psi_0} = 0$, und aus (39.13) folgt

$$\frac{1}{V}\,\frac{\partial\mathcal{F}(T_c,h,\psi)}{\partial\psi} = 4u\,(\delta\psi)^3 - h = 0 \tag{39.17}$$

Der Gleichgewichtswert des Ordnungsparameters ist dann

$$\overline{\psi} = \overline{\psi_0 + \delta\psi} = \overline{\delta\psi} = \left(\frac{h}{4u}\right)^{1/3} \qquad (T = T_c) \tag{39.18}$$

Dies ist zum Beispiel die Magnetisierung, die genau an der Übergangstemperatur (wo $M_s = 0$ gilt) durch ein äußeres Magnetfeld hervorgerufen wird. Aus (36.19) erhalten wir dieses Ergebnis in der Form $B = (k_B T/3\mu_B)(M/M_0)^3$.

Fluktuationen

Eine Erweiterung der Landau-Theorie erhalten wir, wenn wir eine Ortsabhängigkeit des Ordnungsparameters zulassen, also $\psi = \psi(\boldsymbol{r})$. Dann wird der Landau-Ansatz (39.4) zum Ginzburg-Landau-Ansatz:

$$\mathcal{F}(T, h, \psi) = F_0(T) + \int d^3r \left[A(\nabla\psi)^2 + a(T - T_c)\, \psi^2 + u\, \psi^4 - h\psi \right] \quad (39.19)$$

Abweichungen vom Gleichgewichtswert werden *Fluktuationen* genannt (Kapitel 11). In diesem Abschnitt untersuchen wir speziell ortsabhängige Fluktuationen $\delta\psi(\boldsymbol{r})$.

Der Ansatz (39.4) wurde als Entwicklung nach den in der Nähe des kritischen Punkts kleinen Größen ψ und $T - T_c$ plausibel gemacht. Für ortsabhängiges ψ ist zunächst der Faktor V durch das Integral über das Volumen des Systems zu ersetzen. Außerdem sind in der Entwicklung Ableitungen von ψ zu berücksichtigen. Der in (39.19) angeschriebene Term ist der einfachst mögliche. Ein linearer Term $\nabla\psi$ würde einen Energiebeitrag geben, der von der Richtung der Änderung von ψ abhängt; dies ist im isotropen System nicht möglich. Der Koeffizient A ist positiv zu wählen, damit sich im Gleichgewicht (für minimales $\mathcal{F}$) ein konstantes ψ ergibt.

Die freie Energie (39.4) ist eine Funktion der Zahl ψ; als Bedingung für das Minimum ergibt sich $\partial\mathcal{F}/\partial\psi = 0$, (39.7). Dagegen hängt die freie Energie in (39.19) von der Funktion $\psi(\boldsymbol{r})$ ab; damit ist $\mathcal{F}$ ein *Funktional* von ψ. Das Minimum von $\mathcal{F}$ ist bezüglich aller Funktionen $\psi(\boldsymbol{r})$ zu suchen; dies ist eine Aufgabe aus der Variationsrechnung (siehe Teil III in [6]). Die notwendige Bedingung für das Vorliegen des Minimums sind die Euler-Lagrange-Gleichungen:

$$\delta\mathcal{F} = \delta \int d^3r\; f(\nabla\psi, \psi, \boldsymbol{r}) = 0 \quad \longleftrightarrow \quad \sum_{i=1}^{3} \frac{\partial}{\partial x_i} \frac{\partial f}{\partial(\partial\psi/\partial x_i)} = \frac{\partial f}{\partial\psi} \quad (39.20)$$

Dabei ist f die freie Energiedichte

$$f(\nabla\psi, \psi, \boldsymbol{r}) = A\,(\nabla\psi)^2 + a(T - T_c)\, \psi^2 + u\, \psi^4 - h(\boldsymbol{r})\, \psi \quad (39.21)$$

Der Zusammenhang (39.20) ist aus der Mechanik bekannt: Die linke Seite entspricht dem Hamiltonschen Prinzip $\delta \int dt\, \mathcal{L} = 0$ mit der Lagrangefunktion $\mathcal{L}$, die rechte den Lagrangegleichungen. Die Euler-Lagrangegleichungen aus (39.20) ergeben

$$2A\, \Delta\psi = 2a\, (T - T_c)\, \psi + 4u\, \psi^3 - h \quad (39.22)$$

Dabei ist $\Delta = \sum(\partial/\partial x_i)^2$ der Laplaceoperator. Mit (39.8) und (39.18) kennen wir bereits zwei spezielle Lösungen dieser Gleichung.

Für ein schwaches äußeres Feld der Form

$$h(\boldsymbol{r}) = h_k \exp(i\boldsymbol{k}\boldsymbol{r}) \tag{39.23}$$

setzen wir

$$\psi = \overline{\psi_0} + \delta\psi_k \exp(i\boldsymbol{k}\boldsymbol{r}) \tag{39.24}$$

als Lösungsansatz in (39.22) ein. In erster Ordnung in $\delta\psi$ ergibt dies

$$\begin{aligned} &2a(T-T_\mathrm{c})\,\overline{\psi_0} + 4u\,\overline{\psi_0}^{\,3} + \\ &+ \left[2Ak^2 + 2a(T-T_\mathrm{c}) + 12u\,\overline{\psi_0}^{\,2}\right]\,\delta\psi_k \exp(i\boldsymbol{k}\boldsymbol{r}) - h_k \exp(i\boldsymbol{k}\boldsymbol{r}) = 0 \end{aligned} \tag{39.25}$$

Wegen (36.9) verschwindet die erste Zeile. Die verbleibende Gleichung bestimmt die Lösung $\overline{\delta\psi_k} \propto h_k$ und damit die Suszeptibilität

$$\chi_k = \left(\frac{\partial\overline{\psi_k}}{\partial h_k}\right)_T = \frac{\overline{\delta\psi_k}}{h_k} = \frac{1}{2\left(Ak^2 + a(T-T_\mathrm{c}) + 6u\,\overline{\psi_0}^{\,2}\right)} \tag{39.26}$$

Hierin setzen wir den Gleichgewichtswert $\overline{\psi_0}^{\,2}$ aus (39.8) ein:

$$\chi_k = \frac{\chi_0}{1 + k^2\xi^2} = \begin{cases} \dfrac{1}{2Ak^2 + 2a\,|T-T_\mathrm{c}|} & (T > T_\mathrm{c}) \\[2ex] \dfrac{1}{2Ak^2 + 4a\,|T-T_\mathrm{c}|} & (T < T_\mathrm{c}) \end{cases} \tag{39.27}$$

Dabei bezeichnet χ_0 den Wert für $k = 0$; dies ist gleich der Suszeptibilität χ aus (39.15). Die *Korrelationslänge* ξ bestimmt die k-Abhängigkeit der Suszeptibilität. Für sie lesen wir aus (39.27) ab:

$$\xi = \begin{cases} \sqrt{\dfrac{A}{a\,|T-T_\mathrm{c}|}} & (T > T_\mathrm{c}) \\[2ex] \sqrt{\dfrac{A}{2a\,|T-T_\mathrm{c}|}} & (T < T_\mathrm{c}) \end{cases} \tag{39.28}$$

Zur Interpretation von ξ betrachten wir ein äußeres Feld, das an einer Stelle lokalisiert ist,

$$h(\boldsymbol{r}) = h_0\,\delta(\boldsymbol{r}) = \frac{h_0}{(2\pi)^3}\int d^3k\, \exp(i\boldsymbol{k}\boldsymbol{r}) = \int d^3k\; h_k\, \exp(i\boldsymbol{k}\boldsymbol{r}) \tag{39.29}$$

Ein solches Feld ist im k-Raum konstant, $h_k = h_0/(2\pi)^3$. Durch dieses Feld wird die Fluktuation

$$\begin{aligned}\overline{\delta\psi(\boldsymbol{r})} &= \int d^3k\ \overline{\delta\psi_k}\ \exp(i\boldsymbol{kr}) = \int d^3k\ \chi_k\ h_k\ \exp(i\boldsymbol{kr}) = \\ &= \frac{h_0\,\chi_0(T)}{(2\pi)^3}\int d^3k\ \frac{\exp(i\boldsymbol{kr})}{1+k^2\,\xi^2} \propto \exp\left(-\frac{r}{\xi}\right) \qquad (39.30)\end{aligned}$$

hervorgerufen. Diese Fluktuation des Ordnungsparameters fällt also auf der Länge ξ ab, obwohl die äußere Störung (39.29) keine Länge vorgibt. Die Länge ξ ist daher eine für das System charakteristische Länge. Sie ist insbesondere die typische Längenausdehnung für thermisch angeregte Fluktuationen.

Weit weg vom Phasenübergang ist ξ von der Größe des mittleren Teilchenabstands, also etwa einige Ångström. Bei Annäherung an den kritischen Punkt divergiert ξ gemäß (39.28). Dann gibt es auch thermisch angeregte Fluktuationen mit der Reichweite der Wellenlänge von sichtbarem Licht ($\lambda = 4000 \ldots 7500$ Å). Diese Fluktuationen führen zu starker Lichtstreuung, die als *kritische Opaleszenz* beobachtet wird. Bei Annäherung an den kritischen Punkt tritt eine milchige Trübung des Stoffes ein.

Zur weiteren Diskussion beziehen wir uns auf den ferromagnetischen Phasenübergang. Die Suszeptibilität gibt an, wie stark die Antwort des Systems (Magnetisierung) auf eine äußere Störung (Magnetfeld) ist. Ein räumlich periodisches Magnetfeld wie in (39.22) kann etwa durch eine elektromagnetische Welle hervorgerufen werden; allerdings kommt hier auch noch eine Zeitabhängigkeit hinzu.

Oberhalb des Phasenübergangs gibt es keine langreichweitige Ordnung; im Mittel ist die Magnetisierung null. Ein $\delta\psi \neq 0$ über einen Bereich der Größe ξ bedeutet, daß sich benachbarte Spins in einem solchen Bereich ausrichten. Es gibt also für $T > T_c$ lokale Ordnung auf der Längenskala ξ; global ist aber $\overline{\delta\psi} = 0$ (jeweils für $h = 0$). Für $T \to T_c^+$ divergiert ξ. Bei Annäherung an den Übergangspunkt gibt es also immer größere Bereiche, in denen die Spins sich ausrichten. Die einzelnen Bereiche haben aber verschiedene Ausrichtungen, daher ist die globale Magnetisierung noch immer null. Bei T_c wird ξ unendlich, es tritt eine langreichweitige Ordnung auf, die durch die spontane Magnetisierung beschrieben wird.

Unterhalb von T_c besteht eine langreichweitige Ordnung, deren Stärke durch die spontane Magnetisierung gegeben ist. Hier neigen thermische Fluktuationen dazu, diese Ordnung zu stören. Die charakteristische Längenausdehnung dieser Störungen divergiert ebenfalls für $T \to T_c^-$; nahe am Übergangspunkt können die Fluktuationen langreichweitig sein. Bei T_c werden die Fluktuationen dann so stark, daß die spontane Magnetisierung verschwindet.

Thermische Fluktuationen

Nahe T_c ist χ_k sehr groß, so daß ein beliebig schwaches Feld eine Fluktuation $\delta\psi_k$ hervorrufen kann. Dann sind solche Fluktuationen auch thermisch, also ohne äußeres Feld, angeregt. Räumlich erstrecken sich diese thermischen Fluktuationen über Bereiche der Größe ξ. Die Stärke dieser thermischen Fluktuationen

$$\Delta\psi^2_{\text{therm}} = \overline{\left(\psi(\boldsymbol{r}) - \overline{\psi_0}\right)^2} \tag{39.31}$$

wird im folgenden quantitativ abgeschätzt.

Wir betrachten zunächst räumlich konstante Fluktuationen um den Gleichgewichtswert $\overline{\psi_0}$ für $h = 0$. Hierfür entwickeln wir (39.4) um die Stelle $\psi = \overline{\psi_0}$,

$$\mathcal{F}(T,0,\psi) = \mathcal{F}(T,0,\overline{\psi_0}\,) + \left.\frac{\partial\mathcal{F}}{\partial\psi}\right|_{\overline{\psi_0}} (\psi - \overline{\psi_0}\,) + \frac{1}{2}\left.\frac{\partial^2\mathcal{F}}{\partial\psi^2}\right|_{\overline{\psi_0}} (\psi - \overline{\psi_0}\,)^2 + \ldots \tag{39.32}$$

Da der Gleichgewichtswert am Minimum von $\mathcal{F}$ auftritt, verschwindet die erste Ableitung. Mit

$$\left.\frac{\partial^2\mathcal{F}}{\partial\psi^2}\right|_{\overline{\psi_0}} = V\left[2a(T-T_c) + 12\,u\,\psi^2\right]_{\overline{\psi_0}} = \left\{\begin{array}{c} 2a(T-T_c) \\ -4a(T-T_c) \end{array}\right\} \overset{(39.15)}{=} \frac{V}{\chi} \tag{39.33}$$

und unter Vernachlässigung der höheren Terme wird (39.32) zu

$$\mathcal{F}(T,0,\psi) = \mathcal{F}(T,0,\overline{\psi_0}\,) + \frac{V}{2\chi}\,(\psi - \overline{\psi_0}\,)^2 = \mathcal{F}(T,0,\overline{\psi_0}\,) + \Delta\mathcal{F} \tag{39.34}$$

Nach (11.7) und (11.10) führen die Fluktuationen eines beliebigen makroskopischen Parameters zu Fluktuationen der Entropie $\Delta S \sim k_{\text{B}}$. Wenn $S =$ maximal durch $F =$ minimal ersetzt wird (Kapitel 23), erhalten wir stattdessen $\Delta F \sim k_{\text{B}}T$. Dies legt die Stärke der thermischen Fluktuationen fest,

$$\Delta F = \overline{\Delta\mathcal{F}} = \frac{V}{2\chi}\,\overline{(\psi - \overline{\psi_0}\,)^2} \sim k_{\text{B}}T \tag{39.35}$$

Für (39.32)–(39.35) sind wir von (39.4) ausgegangen. Daher gibt (39.35) die Stärke von räumlich konstante Abweichungen $\psi - \overline{\psi_0}$ an. Aus (39.35) folgt, daß solche homogenen Abweichungen mit $V \to \infty$ gegen null gehen; sie treten also im makroskopischen System nicht auf. Dagegen können räumlich begrenzte Fluktuationen thermisch angeregt sein. Für einen ortsabhängigen Ordnungsparameter müssen wir von (39.4) zum allgemeineren Ansatz (39.19) übergehen. Dann wird (39.35) zu

$$\overline{\Delta\mathcal{F}} = \frac{1}{2\chi}\int d^3r\;\overline{(\psi - \overline{\psi_0}\,)^2} \sim k_{\text{B}}T \tag{39.36}$$

Nach (39.30) erstrecken sich die ortsabhängigen Fluktuationen über die Korrelationslänge ξ. Für eine solche Abweichung

$$\overline{\left(\psi - \overline{\psi_0}\right)^2} = \begin{cases} \Delta\psi_{\text{therm}}^2 & \text{in einem Bereich der Größe } \xi^3 \\ 0 & \text{sonst} \end{cases} \tag{39.37}$$

erhalten wir aus (39.36)

$$\overline{\Delta\mathcal{F}} \sim \frac{\Delta\psi_{\text{therm}}^2\,\xi^3}{\chi} \sim k_{\mathrm{B}}T \tag{39.38}$$

Für eine etwas allgemeinere Diskussion betrachten wir d anstelle von drei räumlichen Dimensionen,

$$\Delta\psi_{\text{therm}}^2 \sim \frac{\chi\, k_{\mathrm{B}}T}{\xi^d} \qquad \text{(thermische Fluktuation)} \tag{39.39}$$

Wir setzen hierin χ aus (39.15) und ξ aus (39.28) ein,

$$\Delta\psi_{\text{therm}}^2 \sim \frac{\chi\, k_{\mathrm{B}}T}{\xi^d} \approx \frac{k_{\mathrm{B}}T}{A^{d/2}} \left| a(T - T_{\mathrm{c}})\right|^{d/2-1} \tag{39.40}$$

Diese Gleichung bestimmt die Stärke der thermischen Fluktuationen in Abhängigkeit von T. Diese Fluktuationen sind Abweichungen vom Gleichgewichtswert mit einer Längenausdehnung der Größe ξ. Für $d = 3$ divergiert die Stärke der thermischen Fluktuationen am Übergangspunkt.

Gültigkeit der Ginzburg-Landau-Theorie

In der Ginzburg-Landau-Theorie können die Fluktuationen qualitativ diskutiert und verstanden werden. Tatsächlich werden die thermischen Fluktuationen aber nahe T_{c} so stark, daß sie die Gültigkeit des Modells in Frage stellen. Die Ginzburg-Landau-Entwicklung (39.19) setzt implizit voraus, daß die thermischen Fluktuationen $\Delta\psi_{\text{therm}}$ klein gegenüber dem Mittelwert sind,

$$\Delta\psi_{\text{therm}}^2 \ll \overline{\psi_0}^{\,2} = \frac{a}{2u}\,|T - T_{\mathrm{c}}| \tag{39.41}$$

Nur wenn dies gilt, kann die Entwicklung (39.19) nach den Ableitungen von ψ beim Term $(\nabla\psi)^2$ abgebrochen werden; andernfalls wären die höheren Ableitungen genauso groß oder größer.

Wir setzen (39.40) in (39.41) ein,

$$\frac{u}{A^{d/2}}\, k_{\mathrm{B}}T \left| a(T - T_{\mathrm{c}})\right|^{d/2-2} \ll 1 \tag{39.42}$$

Diese Bedingung für die Gültigkeit der Ginzburg-Landau-Theorie ist für $d = 3$ bei Annäherung an T_c schließlich immer verletzt. Dagegen wird die Bedingung für $d > 4$ nahe am Übergangspunkt immer erfüllt sein; für $d = 4$ könnte sie erfüllt sein.

Nach dieser Diskussion können wir erwarten, daß die Ginzburg-Landau-Theorie in realen Systemen ($d = 3$) in der Nähe von T_c versagt. Tatsächlich führt sie hier zu quantitativ falschen Ergebnissen. Qualitativ beschreibt die Ginzburg-Landau-Theorie die kritischen Phänomene aber weitgehend richtig; sie ist daher auch Ausgangspunkt für weiterführende Theorien.

Der Fall $d = 4$, in dem (wie genauere Untersuchungen zeigen) die Ginzburg-Landau-Theorie weitgehend gültig ist, kann jedoch als Ausgangspunkt für die Annäherung an reale Systeme (mit $d = 3$) dienen. Dies ist ein Grund für die zunächst künstlich erscheinende Verallgemeinerung auf d Dimensionen; außerdem werden wir im nächsten Kapitel ein Skalengesetz angeben, in dem die Dimension d vorkommt.

Zusammenfassung

Unbeschadet der im letzten Abschnitt diskutierten Probleme beschreibt die Ginzburg-Landau-Theorie die kritischen Phänomene qualitativ weitgehend zutreffend. Quantitativ liefert sie jedoch auch falsche Ergebnisse; dies gilt insbesondere für die kritischen Exponenten (Kapitel 40).

Im Rahmen dieses Buches ist nur eine kurze Einführung in die kritischen Phänomene und die Ginzburg-Landau-Theorie möglich. Dabei sind wir zur Vereinfachung von genau einem Ordnungsparameter ausgegangen, (39.2). Tatsächlich kann es $n \geq 1$ Ordnungsparameter geben So wird die Magnetisierung des Ferromagneten durch einen Vektor $\boldsymbol{M}$, also durch drei unabhängige Größen beschrieben ($n = 3$). Die makroskopische Wellenfunktion des idealen Bosegases oder von He II ist komplex, sie besteht also aus zwei unabhängigen Funktionen ($n = 2$).

Ein Modell wie die Ginzburg-Landau-Theorie betont die Gemeinsamkeit von Phasenübergängen, die in ihrem Erscheinungsbild ganz verschieden sind. Sofern diese Gemeinsamkeit gültig ist, sollten wesentliche Eigenschaften des Phasenübergangs, wie etwa die Art der Singularität in der Suszeptibilität χ oder der Korrelationslänge ξ, nur von n und d abhängen. Eine solche *Universalität* findet man tatsächlich in realen Systemen. Dagegen hängen die Konstanten A, a und u des Ginzburg-Landau-Ansatzes vom jeweiligen System ab.

Kapitel 40

Kritische Exponenten

Für $T \to T_c$ zeigen thermodynamische Größen oft ein Potenzverhalten, das durch *kritische Exponenten* bestimmt ist. Die Ginzburg-Landau-Theorie liefert bestimmte Werte für die auftretenden Exponenten, die allerdings meist nicht mit den experimentellen Werten übereinstimmen. In diesem Kapitel führen wir die kritischen Exponenten ein und leiten allgemein gültige Beziehungen zwischen ihnen ab. Diese Beziehungen heißen *Skalengesetze*.

Definition

Am Phasenübergang geht die relative Temperatur

$$t = \frac{(T - T_c)}{T_c} \tag{40.1}$$

gegen null. Für $|t| \to 0$ zeigen thermodynamische Größen oft ein Potenzverhalten, das durch einen Exponenten, den *kritischen Exponenten*, bestimmt ist. In der Ginzburg-Landau-Theorie haben wir folgende Größen berechnet und dabei ein Potenzverhalten gefunden:

$$\begin{array}{lccc} \text{Spezifische Wärme} & c & \propto & |t|^{-\alpha} \\ \text{Ordnungsparameter für } t<0 & \overline{\psi_0} & \propto & |t|^{\beta} \\ \text{Suszeptibilität} & \chi & \propto & |t|^{-\gamma} \\ \psi\text{-}h\text{-Relation bei } t=0 & h & \propto & \overline{\psi}^{\,\delta} \\ \text{Korrelationslänge} & \xi & \propto & |t|^{-\nu} \end{array} \tag{40.2}$$

Im Fall des Ferromagnetismus ist ψ mit der Magnetisierung M zu identifizieren, und h mit dem Magnetfeld B.

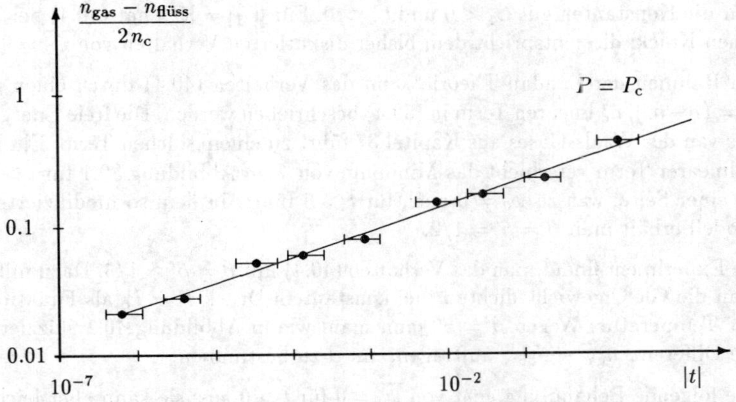

Abbildung 40.1: Es wird der kritische Punkt T_c, P_c eines einfachen Stoffes, zum Beispiel CO_2, betrachtet. Für $P = P_c$ werden die Dichten $n(t > 0) = n_{gas}$ und $n(t < 0) = n_{flüss}$ gemessen. In dem gezeigten logarithmischen Diagramm wird ihre Differenz über der relativen Temperatur $|t|$ aufgetragen. Die Daten lassen sich durch eine Gerade fitten. Die Steigung der Geraden ergibt den kritischen Exponenten $\beta \approx 1/3$.

Die spezifische Wärme, die Suszeptibilität und die Korrelationslänge sind unterhalb und überhalb des Übergangspunkts definiert. Wenn man das Verhalten für $t > 0$ und $t < 0$ getrennt betrachtet, bezeichnet man die Exponenten für $t < 0$ mit einem Strich, also

$$c \propto \begin{cases} |t|^{-\alpha} \\ |t|^{-\alpha'} \end{cases} \quad \chi \propto \begin{cases} |t|^{-\gamma} \\ |t|^{-\gamma'} \end{cases} \quad \xi \propto \begin{cases} |t|^{-\nu} & (t > 0) \\ |t|^{-\nu'} & (t < 0) \end{cases} \tag{40.3}$$

Im allgemeinen sind die kritischen Exponenten auf den beiden Seiten des Übergangs gleich groß.

Für die zweite Relation in (40.2) gibt es eine Besonderheit für den Phasenübergang flüssig-gasförmig am kritischen Punkt. Der Ordnungsparameter ist hier $\psi = (n - n_c)/n_c$, das Feld ist $h = P - P_c$. In diesem Fall ist der Erwartungswert des Ordnungsparameters bei verschwindendem Feld, also bei $P = P_c$, auf beiden Seiten des Phasenübergangs ungleich null:

$$\frac{\overline{n - n_c}}{n_c} = \begin{cases} \dfrac{n_{gas} - n_c}{n_c} = C_1 \, |t|^{\beta} & (t > 0) \\[2ex] \dfrac{n_{flüss} - n_c}{n_c} = C_2 \, |t|^{\beta'} & (t < 0) \end{cases} \tag{40.4}$$

Die Dichte $\overline{n}$ wurde für $t < 0$ mit $n_{flüss}$ und für $t > 0$ mit n_{gas} bezeichnet.

Für die Konstanten gilt $C_1 < 0$ und $C_2 > 0$. Für $|C_1| \neq |C_2|$ hat (40.4) bei T_c einen Knick; dies entspricht dem bisher diskutierten Verhalten von $\overline{\psi_0} = 0$.

Im Rahmen der Landau-Theorie kann das Verhalten (40.4) durch einen in $\psi = (n - n_c)/n_c$ linearen Term in (39.4) beschrieben werden. Die freie Energie des van der Waals-Gases aus Kapitel 37 führt zu einem solchen Term. Ein in ψ linearer Term verschiebt das Minimum von $\mathcal{F}$ in Abbildung 39.1 für $t > 0$ zu einer Seite, was zu $\overline{\psi_0} \neq 0$ auch für $t > 0$ führt. In dem so modifizierten Modell erhält man $\beta = \beta' = 1/2$.

Im Experiment findet man das Verhalten (40.4) mit $\beta = \beta' \approx 1/3$. Dazu mißt man die Gleichgewichtsdichte $\overline{n}$ bei konstantem Druck $P = P_c$ als Funktion der Temperatur. Wegen $\beta = \beta'$ kann man, wie in Abbildung 40.1 skizziert, die Differenz $n_{\text{gas}} - n_{\text{flüss}}$ auftragen, um β zu bestimmen.

Die folgende Behandlung geht von $\overline{\psi_0} = 0$ für $t > 0$ aus; sie kann aber leicht auf den Fall (40.4) verallgemeinert werden.

Absolute Werte

Wir vergleichen die absoluten Werte der kritischen Exponenten der Ginzburg-Landau-Theorie (GL) mit experimentellen Werten (Exp)

$$\begin{aligned} &\text{GL:} \quad \alpha = \alpha' = 0\,, \quad \beta = 1/2\,, \quad \gamma = \gamma' = 1\,, \quad \delta = 3\,, \quad \nu = \nu' = 1/2 \\ &\text{Exp:} \quad \alpha \approx \alpha' \approx 0\,, \quad \beta \approx 1/3\,, \quad \gamma \approx \gamma' \approx 4/3\,, \quad \delta \approx 4.5\,, \quad \nu \approx \nu' \approx 1/3 \end{aligned} \tag{40.5}$$

Die theoretischen Werte ergeben sich für α und α' aus (39.11), für β aus (39.8), für γ und γ' aus (39.15), für δ aus (39.18) und für ν und ν' aus (39.28). Die angegebenen experimentellen Werte findet man insbesondere bei magnetischen Systemen und am kritischen Punkt des Übergangs flüssig-gasförmig.

Wir diskutieren kurz die Bedeutung von $\alpha = 0$. Für $\alpha > 0$ würde die spezifische Wärme c divergieren. Für $\alpha < 0$ würde $c \propto |t|^{|\alpha|}$ für $|t| \to 0$ beliebig klein werden; dann wäre c stetig. Für $\alpha = 0$ ist $c \propto |t|^0 = \text{const.}$; bei Vorfaktoren, die unter- und überhalb von T_c verschieden sind, bedeutet dies einen Sprung, wie wir ihn in (39.11) erhalten hatten. Über die Größe des Sprungs wird allerdings keine Aussage gemacht; insofern ist auch ein stetiges Verhalten nicht ausgeschlossen. Wegen

$$\lim_{\alpha \to 0} \frac{|t|^\alpha - 1}{\alpha} = \ln|t| \tag{40.6}$$

kann $\alpha = 0$ auch eine logarithmische (also sehr schwache) Singularität bedeuten, wie sie zum Beispiel beim λ-Übergang von Helium auftritt.

Nach (40.5) führt die Ginzburg-Landau-Theorie zu falschen Werten für die kritischen Exponenten. Die Gründe für das quantitative Versagen dieses Modells wurden im letzten Abschnitt des vorigen Kapitels skizziert. Wir weisen im folgenden kurz auf weitergehende Modelle hin, die zu realistischen Werten der kritischen Exponenten führen.

Im einleitenden Kapitel 35 wurde erläutert, daß ein Phasenübergang Singularitäten in den thermodynamischen Größen impliziert, und daß solche Singularitäten nur im unendlichen System auftreten können ($V \to \infty$, $N \to \infty$). Für eine freie Energie mit einer Singularität am Übergangspunkt versagen die Argumente, die wir zur Begründung des Ginzburg-Landau-Ansatzes angeführt haben; denn dieser Ansatz wurde ja gerade als analytische Entwicklung für kleine ψ und kleine t plausibel gemacht, also als eine Entwicklung an der kritischen Stelle. Der Ginzburg-Landau-Ansatz kann aber verstanden werden als Entwicklung der freien Energie in einem *endlichen* Volumenbereich des betrachteten Systems; denn im endlichen Volumen können noch keine Singularitäten auftreten. Dieses endliche Volumen erstrecke sich zunächst über einige mikroskopische Längeneinheiten (etwa einige Gitterkonstanten). Man untersucht dann, wie sich die freie Energie ändert, wenn man dieses Volumen um einen bestimmten Faktor vergrößert. Eine solche Vergrößerung ist gleichbedeutend mit einer Renormierung der Längeneinheit, und führt zu einer entsprechenden Renormierung der Parameter des Ginzburg-Landau-Ansatzes. Man berechnet dann, wie sich die Parameter verhalten, wenn das Volumen gegen unendlich geht. Die resultierende *Renormierungsgruppentheorie* (RGT, auch Landau-Wilson-Theorie) wurde von K. G. Wilson entwickelt; ein allgemein gehaltener Aufsatz findet sich in Review of Modern Physics 55 (1983) 583. Die RGT führt zu nichttrivialen (das heißt von den GL-Werten in (40.5) abweichenden) kritischen Exponenten. Als weiterführende Literatur hierzu sei auf Shang-Keng Ma, *Modern Theory of Critical Phenomena*, (Benjamin/Cummings Publ. Comp. 1974) verwiesen.

Skalengesetze

In diesem Abschnitt betrachten wir nicht die absoluten Werte der kritischen Exponenten, sondern Beziehungen zwischen ihnen, die *Skalengesetze* genannt werden. Die folgende, vereinfachte Ableitung von Skalengesetzen setzt das in (40.2) angeschriebene Potenzverhalten voraus, wobei die Werte der Exponenten aber offen sind.

Grundlage der Ableitung ist folgender Ansatz für die freie Energie $\mathcal{F}(t, h, \psi)$,

$$\mathcal{F}(t, h, \psi) = F_0(T) + V \left[(-t)^k G(t, \psi) - h \psi \right] \qquad (40.7)$$

Diese freie Energie $\mathcal{F}(t,h,\psi)$ hat dieselbe Bedeutung wie in (39.4), ohne aber die spezielle Form (39.4) vorauszusetzen. Der Ansatz $(-t)^k\, G(t,\psi)$ für die t- und ψ-Abhängigkeit stellt keine Einschränkung der Allgemeinheit dar. Der Kopplungsterm $h\psi$ ist der übliche und der einfachst mögliche. Das Volumen V sei konstant und wird deshalb nicht im Argument von $\mathcal{F}$ aufgeführt.

Ausgehend vom Potenzverhalten (40.2) spezifizieren wir den Ansatz (40.7). Wir berechnen zunächst den Gleichgewichtswert für $h = 0$. Aus $\partial\mathcal{F}/\partial\psi = 0$ folgt

$$\frac{\partial G}{\partial\psi} = f(t,\psi) = 0 \quad\longleftrightarrow\quad \overline{\psi_0} = \begin{cases} \text{const.}\cdot(-t)^{\beta} & (t<0) \\ 0 & (t>0) \end{cases} \tag{40.8}$$

Die Bedingung $f(t,\psi) = 0$ soll gleichbedeutend mit der rechten Seite sein. Der Funktionswert $f = 0$ darf sich daher nicht ändern, wenn $\overline{\psi_0}$ und $(-t)^{\beta}$ beide mit einem beliebigen Faktor multipliziert werden. Daher kann die Funktion f nur vom Verhältnis $\psi\,/(-t)^{\beta}$ abhängen. Dies gilt dann auch für die Funktion G, also

$$\mathcal{F}(t,h,\psi) = F_0(T) + V\left[\,(-t)^k\, G\big(\psi/(-t)^{\beta}\big) - h\,\psi\,\right] \tag{40.9}$$

Jetzt berechnen wir den Gleichgewichtswert $\overline{\psi}$ bei angelegtem Feld h. Aus $\partial\mathcal{F}/\partial\psi = 0$ folgt

$$h = (-t)^{k-\beta}\, G'\big(\overline{\psi}/(-t)^{\beta}\big) = (-t)^{k-\beta}\; g\big(\overline{\psi}/(-t)^{\beta}\big) \tag{40.10}$$

Dabei ist $g(x) = dG(x)/dx$. Wir benutzen nun $h \propto \overline{\psi}^{\,\delta}$ für $t = 0$. Für $(-t) \to 0$ geht das Argument von g gegen unendlich. Damit sich daraus eine Proportionalität zu $\overline{\psi}^{\,\delta}$ ergibt, muß

$$g(x) \;\stackrel{x\to\infty}{\longrightarrow}\; \text{const.}\cdot x^{\delta} \tag{40.11}$$

gelten. Wir setzen dies in (40.10) ein

$$h \;\stackrel{t\to 0}{\longrightarrow}\; \text{const.}\cdot(-t)^{k-\beta}\left(\frac{\overline{\psi}}{(-t)^{\beta}}\right)^{\delta} = \text{const.}\cdot(-t)^{k-\beta-\beta\delta}\;\overline{\psi}^{\,\delta} \;\stackrel{t=0}{=}\; \text{const.}\cdot\overline{\psi}^{\,\delta} \tag{40.12}$$

Damit sich im letzten Schritt für $t = 0$ eine Konstante ergibt, muß $k = \beta + \beta\delta$ sein. Damit wird (40.9) zu

$$\mathcal{F}(t,h,\psi) = F_0(T) + V\left[\,(-t)^{\beta\delta+\beta}\, G\big(\psi/(-t)^{\beta}\big) - h\,\psi\,\right] \tag{40.13}$$

und (40.10) zu

$$h\big(t,\overline{\psi}\big) = (-t)^{\beta\delta}\; g\big(\overline{\psi}/(-t)^{\beta}\big) \tag{40.14}$$

Die Gleichungen (40.13) und (40.14) folgen aus dem allgemeinen Ansatz (40.7) und der Definition der kritischen Exponenten β und δ. Diese beiden Gleichungen sind der Ausgangspunkt für die Aufstellung der Skalengesetze.

Die Landau-Theorie und das Weisssche Modell sind Spezialfälle von (40.13) und (40.14). So wird zum Beispiel (40.14) im Weissschen Modell zu

$$B(t,M) \overset{(36.19)}{=} t\,M + M^3 = (-t)^{3/2}\left(-\frac{M}{(-t)^{1/2}} + \frac{M^3}{(-t)^{3/2}}\right) \tag{40.15}$$

Hier ist $\beta = 1/2$, $\delta = 3$ und $g(x) = -x + x^3$; die auftretenden Konstanten wurden unterdrückt. In (40.15) kann $(-t)$ durch t ersetzt werden. Es können also positive und negative t-Werte eingesetzt werden; dies gilt auch für (40.13) und (40.14).

Spezifische Wärme

Wir berechnen die spezifische Wärme c_h für $h = 0$. Dazu gehen wir vom thermodynamischen Potential der freien Energie $F(T,h) = F(t,0)$ aus,

$$F(T,0) = \mathcal{F}(T,0,\overline{\psi_0}) = F_0 + V\,(-t)^{\beta\delta+\beta}\,G\big(\overline{\psi_0}/(-t)^{\beta}\big) \tag{40.16}$$

Durch Einsetzen der Gleichgewichtswerte $\overline{\psi_0} = 0$ für $t > 0$ und $\overline{\psi_0} \propto (-t)^{\beta}$ für $t < 0$ erhalten wir aus der Funktion G die Konstanten

$$G_+ = G(0)\,, \qquad G_- = G\big(\overline{\psi_0}/(-t)^{\beta}\big) = G(\text{const.}) \tag{40.17}$$

Damit wird (40.16) zu

$$F(T,0) = F_0(T) + V\,|t|^{\beta\delta+\beta}\cdot\begin{cases} G_+ & (t>0) \\ G_- & (t<0)\end{cases} \tag{40.18}$$

Ein eventuell auftretendes Vorzeichen kann in die Konstanten integriert werden. In der Landau-Theorie ist $G_+ = 0$, (39.9).

Aus der freien Energie folgt die spezifische Wärme pro Volumen,

$$c_h(t,h) = T\,\frac{\partial s(t,h)}{\partial T} = -\frac{T}{T_c}\,\frac{\partial s}{\partial t} = -\frac{T}{V{T_c}^2}\,\frac{\partial^2 F(t,h)}{\partial t^2} = -\frac{T}{V{T_c}^2}\,\frac{\partial^2 F}{\partial |t|^2} \tag{40.19}$$

Mit (40.18) wird dies zu

$$c_h(t,0) - c_0(T) = -\frac{T\,G_\pm}{{T_c}^2}\,\frac{\partial^2 |t|^{\beta\delta+\beta}}{\partial |t|^2} \overset{|t|\to 0}{=} \text{const.}\cdot G_\pm\cdot |t|^{\beta\delta+\beta-2} \propto |t|^{-\alpha} \tag{40.20}$$

Dabei ist c_0 der Anteil von F_0, und $c_h - c_0$ der kritische Beitrag. Im letzten Ausdruck wurde die Definition von α eingesetzt. Der Exponent $\beta\delta+\beta-2$ gilt nach (40.18) für beide Seiten des Phasenübergangs. Daher folgt aus (40.20)

$$\alpha = \alpha' \tag{40.21}$$

Die kritischen Exponenten der spezifischen Wärme sind also unter- und oberhalb des Phasenübergangs gleich. Aus (40.20) folgt ferner das Skalengesetz

$$2 - \alpha = \beta\delta + \beta \tag{40.22}$$

Suszeptibilität

Aus (40.14) berechnen wir die Suszeptibilität

$$\frac{1}{\chi} = \left(\frac{\partial h}{\partial \overline{\psi}}\right)_t = (-t)^{\beta\delta} \left(\frac{\partial g(\overline{\psi}/(-t)^{\beta})}{\partial \overline{\psi}}\right)_t = (-t)^{\beta\delta-\beta}\, g'(\overline{\psi}/(-t)^{\beta}) \tag{40.23}$$

In die Ableitung g' der Funktion g setzen wir die Gleichgewichtslösungen für $h \to 0$ ein, $\overline{\psi} = 0$ für $t > 0$ und $\overline{\psi} = \overline{\psi_0}$ für $t < 0$. Dies ergibt wie in (40.17) Konstanten g'_+ und g'_-, die nicht mehr von t abhängen. Dann wird (40.23) zu

$$\frac{1}{\chi} = g'_\pm \cdot |t|^{\beta\delta-\beta} \propto |t|^{\gamma} \tag{40.24}$$

Im letzten Ausdruck wurde die Definition (40.2) von γ eingesetzt. Aus (40.24) folgt

$$\gamma = \gamma' \tag{40.25}$$

und das Skalengesetz

$$\gamma = \beta(\delta - 1) \tag{40.26}$$

Die Elimination von δ aus (40.22) und (40.26) ergibt

$$\alpha + 2\beta + \gamma = 2 \tag{40.27}$$

Skaleninvarianz

Ein weiteres Skalengesetz erhalten wir aus der Annahme der *Skaleninvarianz*. Die Skaleninvarianz besagt, daß es für $|t| \to 0$ nur eine relevante Längenskala gibt, die durch die Korrelationslänge ξ gegeben ist. Auf der Skala einer Korrelationslänge ξ müssen die Fluktuationen $\Delta\psi_{\text{therm}}$ dann die gleiche Größe wie $\overline{\psi_0}$ haben,

$$\Delta\psi_{\text{therm}} \sim \overline{\psi_0} \qquad (\text{für } |t| \to 0, \text{ Skaleninvarianz}) \tag{40.28}$$

Die Größe der thermischen Fluktuationen auf der Skala von ξ ist in (39.39) gegeben. Damit erhalten wir

$$\Delta\psi_{\text{therm}}^2 \sim \frac{\chi\, k_{\text{B}} T}{\xi^d} \propto |t|^{-\gamma+d\nu} \propto \overline{\psi_0}^{\,2} \propto |t|^{2\beta} \qquad (40.29)$$

Hierbei haben wir (40.28) und die Definitionen (40.2) von γ, ν und β verwendet. Aus (40.29) lesen wir das Skalengesetz $d\nu = \gamma + 2\beta$ ab. Mit (40.27) ergibt dies

$$2 - \alpha = d\nu \qquad (40.30)$$

Wegen (40.21) gilt dann auch $\nu = \nu'$.

Zusammenfassung

Unsere Betrachtung hat zu

$$\alpha = \alpha', \qquad \gamma = \gamma', \qquad \nu = \nu' \qquad (40.31)$$

und den folgenden drei Skalengesetzen geführt,

$$\alpha + 2\beta + \gamma = 2, \qquad \delta = 1 + \frac{\gamma}{\beta}, \qquad 2 - \alpha = d\nu \qquad \text{(Skalengesetze)} \qquad (40.32)$$

Damit sind zwei der betrachteten fünf Exponenten (α, β, γ, δ und ν) unabhängige Größen. Es sei darauf hingewiesen, daß es noch andere kritische Exponenten und Skalengesetze gibt.

Die Skalengesetze sind experimentell meist gut erfüllt, wie man etwa aus den in (40.5) angegebenen Werten sieht. Die Werte der Ginzburg-Landau-Theorie erfüllen die Skalengesetze exakt, allerdings mit Ausnahme von (40.30), das in diesem Modell nur für $d = 4$ gilt.

Teil VII

Transportprozesse

Kapitel 41

Boltzmanngleichung

In Teil VII stellen wir in knapper Form die Behandlung von Transportphänomenen vor. Transportprozesse sind Vorgänge in *Nichtgleichgewichtssystemen*; sie werden durch Transportgleichungen (wie etwa die Wärmeleitungs- oder die Diffusionsgleichung) beschrieben.

In diesem Kapitel führen wir als Bilanzgleichungen für Nichtgleichgewichtszustände die Mastergleichung und die Boltzmanngleichung ein. Die Mastergleichung beschreibt ein abgeschlossenes quantenmechanisches System, die Boltzmanngleichung ein verdünntes klassisches Gas. Für das Beispiel der elektrischen Leitfähigkeit diskutieren wir, wie Transportphänomene im Prinzip mit der Boltzmanngleichung behandelt werden können. Im nächsten Kapitel leiten wir die wichtigsten Transportgleichungen in einem elementaren kinetischen Gasmodell ab.

Mastergleichung

Dieser Abschnitt bezieht sich unmittelbar auf die in Kapitel 5 eingeführten Begriffe. Wir betrachten ein abgeschlossenes quantenmechanisches System mit den Mikrozuständen r. Die Mikrozustände seien Eigenzustände eines Hamiltonoperators H_0 zur Energie E_r. Der Hamiltonoperator $H = H_0 + V$ des Systems unterscheide sich von H_0 durch eine kleine Störung V; für das abgeschlossene System ist V zeitunabhängig. Eine solche Störung führt zu den Übergangswahrscheinlichkeiten (siehe Kapitel 41 in [5]),

$$W_{rr'} = \frac{\text{Wahrscheinlichkeit für } r \to r'}{\text{Zeit}} \propto \left|\langle r|V|r'\rangle\right|^2 \delta(E_r - E_{r'}) \qquad (41.1)$$

Diese Wahrscheinlichkeiten sind symmetrisch,

$$W_{rr'} = W_{r'r} \qquad (41.2)$$

Der Makrozustand eines Systems ist durch ein statistisches Ensemble gegeben, also durch die Angabe der Wahrscheinlichkeiten $\{P_r\}$. Dabei gibt P_r an, mit welcher Wahrscheinlichkeit sich ein System des Ensembles (oder ein physikalisches System zu einem bestimmten Zeitpunkt) im Zustand r befindet.

Für die zeitliche Änderung dieser Wahrscheinlichkeiten $P_r(t)$ folgt aus (41.1) die Bilanzgleichung

$$\frac{dP_r(t)}{dt} = -\sum_{r'} W_{rr'}\, P_r + \sum_{r'} W_{r'r}\, P_{r'} = \sum_{r'} W_{rr'}\, (P_{r'} - P_r) \tag{41.3}$$

Auf der rechten Seite dieser *Mastergleichung* sind die Wahrscheinlichkeiten pro Zeit dafür aufsummiert, daß ein System des Ensembles den Zustand r verläßt, oder in diesen Zustand geht.

Aus der Mastergleichung folgt die Einstellung des Gleichgewichts, die wir in Kapitel 5 als Erfahrungstatsache eingeführt haben. Um dies zu zeigen, definieren wir die Größe

$$H(t) = \sum_r P_r \,\ln P_r \tag{41.4}$$

und berechnen mit Hilfe von (41.3) ihre zeitliche Änderung:

$$\begin{aligned}\frac{dH}{dt} &= \sum_r (\dot{P}_r \ln P_r + \dot{P}_r) = \frac{1}{2}\Big[\sum_r \dot{P}_r \,\ln(\mathrm{e}P_r) + \sum_{r'} \dot{P}_{r'}\,\ln(\mathrm{e}P_{r'})\Big] = \\ &= -\frac{1}{2}\sum_{r,r'} W_{rr'}\,(P_r - P_{r'})\,\big[\ln(\mathrm{e}P_r) - \ln(\mathrm{e}P_{r'})\big] = \\ &= \frac{1}{2}\sum_{r,r'} W_{rr'}\,P_r \underbrace{\left(1 - \frac{P_{r'}}{P_r}\right)\ln\left(\frac{P_{r'}}{P_r}\right)}_{\leq 0}\end{aligned} \tag{41.5}$$

Aus $W_{rr'}P_r \geq 0$ und $(1-x)\ln x \leq 0$ folgt

$$\frac{dH(t)}{dt} \leq 0 \qquad (H\text{-Theorem}) \tag{41.6}$$

Durch dieses als H-Theorem bekannte Ergebnis wird eine *Zeitrichtung* ausgezeichnet; die Mastergleichung ist also nicht zeitumkehrinvariant. Nach (23.51) gilt für die Entropie

$$S = -k_{\mathrm{B}} H \tag{41.7}$$

Mit dieser Identifikation wird (41.6) zum ersten Teil des zweiten Hauptsatzes. Als Gleichgewichtszustand ist derjenige Makrozustand definiert, in dem sich die makroskopischen Größen (wie etwa die Entropie) nicht mehr ändern, also

$$\frac{dH(t)}{dt} = 0 \qquad \text{(Gleichgewicht)} \tag{41.8}$$

Im Nichtgleichgewicht nimmt H nach (41.6) immer ab; daher stellt der Gleichgewichtswert von H ein Minimum dar, oder

$$S = -k_{\rm B} H = \text{maximal} \qquad \text{(Gleichgewicht)} \qquad (41.9)$$

Diese Aussage wurde in Kapitel 10 und 22 ausführlich erörtert. Aus (41.8) und (41.5) folgt für das Gleichgewicht

$$P_r = P_{r'} \quad \text{für alle } \; r,\, r' \; \text{ mit } \; E_r = E_{r'} \qquad (41.10)$$

Die Bedingung $P_r = P_{r'}$ folgt aus (41.8) nur für die Zustände mit $E_r = E_{r'}$, denn nur hierfür ist der Koeffizient $W_{rr'}$ in (41.5) ungleich null. Im abgeschlossenen System können nur Zustände gleicher Energie $E_r = E$ erreicht werden; für alle anderen Zustände gilt $P_r = 0$. Damit erhalten wir insgesamt

$$P_r = \begin{cases} \text{const.} & \text{für } E_r = E \\ 0 & \text{sonst} \end{cases} \qquad \text{(Gleichgewicht)} \qquad (41.11)$$

Im Gleichgewicht sind also alle Mikrozustände r, die durch Übergänge mit (41.1) auseinander hervorgehen können (also alle zugänglichen Zustände), gleichwahrscheinlich. Dies ist das in Kapitel 5 eingeführte grundlegende Postulat.

Das grundlegende Postulat und der erste Teil des zweiten Hauptsatzes wurden hier aus der Mastergleichung (41.3) abgeleitet. Die Mastergleichung ist eine plausible Bilanzgleichung für die Wahrscheinlichkeiten P_r, sie ist aber keine grundlegende Gleichung wie die Schrödingergleichung oder die Newtonschen Axiome. Insbesondere ist die Schrödingergleichung zeitumkehrinvariant, die Mastergleichung aber nicht. In eine Ableitung der Mastergleichung aus der Schrödingergleichung müssen daher zusätzliche Annahmen eingehen, die die Zeitumkehrinvarianz verletzen. Diese Ableitung ist ein Grundproblem der statistischen Mechanik.

Zur Orientierung des Lesers seien ohne Erläuterung einige Begriffe erwähnt, die in einer solchen Ableitung eine Rolle spielen. Ein allgemeiner quantenmechanischer Zustand ist durch $|\psi\rangle = \sum_r a_r |r\rangle$ gegeben; entsprechend wird ein allgemeines Ensemble durch den Dichteoperator $\hat{\rho} = \sum_{r,r'} |r'\rangle \rho_{rr'} \langle r|$ beschrieben; dabei ist $\rho_{rr} = P_r$. Aus der Schrödingergleichung $i\hbar\partial_t|\psi\rangle = H|\psi\rangle$ folgt die von Neumann-Gleichung $\partial_t \hat{\rho} = -(i/\hbar)[H, \hat{\rho}]$ für den Dichteoperator. Diese Gleichung beschreibt die zeitliche Entwicklung eines beliebigen statistischen Ensembles, also eines beliebigen Makrozustands, insbesondere auch eines Nichtgleichgewichtszustands. Aus der von Neumann-Gleichung erhält man durch eine geeignete Phasenmittlung (hierdurch wird die Zeitumkehrinvarianz verletzt) die Mastergleichung.

Unabhängig von den angesprochenen grundlegenden Fragen der Ableitung, haben wir mit der Mastergleichung eine Beschreibung für Nichtgleichgewichtsvorgänge, also für Systeme, die sich erst ins Gleichgewicht bewegen. Für ein klassisches, verdünntes Gas wird die Mastergleichung zur Boltzmanngleichung.

Boltzmanngleichung

Der Mikrozustand eines klassischen idealen Gases aus N Teilchen (Atome oder Moleküle) ist durch

$$r = (\boldsymbol{r}_1, \boldsymbol{v}_1, \boldsymbol{r}_2, \boldsymbol{v}_2, ..., \boldsymbol{r}_N, \boldsymbol{v}_N) \tag{41.12}$$

gegeben. Dabei sind keine inneren Freiheitsgrade der Gasteilchen, wie elektronische Anregungen, Rotationen oder Vibrationen, berücksichtigt. Wir benutzen die Klassifizierung (41.12) hier für ein verdünntes Gas.

Für eine statistische Behandlung von N gleichartigen Teilchen, genügt es nun, die Wahrscheinlichkeitsverteilung $f(\boldsymbol{r}, \boldsymbol{v}, t)$ für ein herausgegriffenes Teilchen anzugeben. Wenn die Funktion f auf die Teilchenzahl N normiert wird, gilt

$$f(\boldsymbol{r}, \boldsymbol{v}, t)\, d^3r\, d^3v = \left\{ \begin{array}{l} \text{Anzahl der Teilchen im Phasen-} \\ \text{raumvolumen } d^3r\ d^3v \text{ bei } \boldsymbol{r}, \boldsymbol{v}. \end{array} \right. \tag{41.13}$$

Die Wahrscheinlichkeitsdichte $f(\boldsymbol{r}, \boldsymbol{v}, t)$ legt den makroskopischen Zustand des klassischen verdünnten Gases fest; sie tritt an die Stelle der oben betrachteten Wahrscheinlichkeiten $P_r(t)$.

Die zur Mastergleichung analoge Bilanzgleichung für $f(\boldsymbol{r}, \boldsymbol{v}, t)$ ist die *Boltzmanngleichung*:

$$\left(\boldsymbol{v}\, \frac{\partial}{\partial \boldsymbol{r}} + \frac{\boldsymbol{F}}{m}\, \frac{\partial}{\partial \boldsymbol{v}} + \frac{\partial}{\partial t} \right) f(\boldsymbol{r}, \boldsymbol{v}, t) = \tag{41.14}$$

$$= \int d^3v_1 \int d\Omega\ V\, \frac{d\sigma(\Omega)}{d\Omega}\ \big[f(\boldsymbol{r}, \boldsymbol{v}', t)\, f(\boldsymbol{r}, \boldsymbol{v}_1', t) - f(\boldsymbol{r}, \boldsymbol{v}, t)\, f(\boldsymbol{r}, \boldsymbol{v}_1, t) \big]$$

Die linke Seite berücksichtigt die Veränderung aufgrund der Bewegung der Teilchen und aufgrund äußerer Kraftfelder $\boldsymbol{F}(\boldsymbol{r}, t)$. Die rechte Seite berücksichtigt die Veränderung aufgrund von Stößen zwischen jeweils zwei Teilchen (Abbildung 41.1). Dabei ist Ω der Streuwinkel im Schwerpunktsystem, $V = |\boldsymbol{v} - \boldsymbol{v}_1|$ ist die Relativgeschwindigkeit und $d\sigma/d\Omega$ ist der Wirkungsquerschnitt.

Die beiden Seiten der Bilanzgleichung (41.14) entsprechen denen der Mastergleichung (41.3). Die Mastergleichung ist die Bilanzgleichung für die Wahrscheinlichkeiten P_r der quantenmechanischen Mikrozustände des gesamten

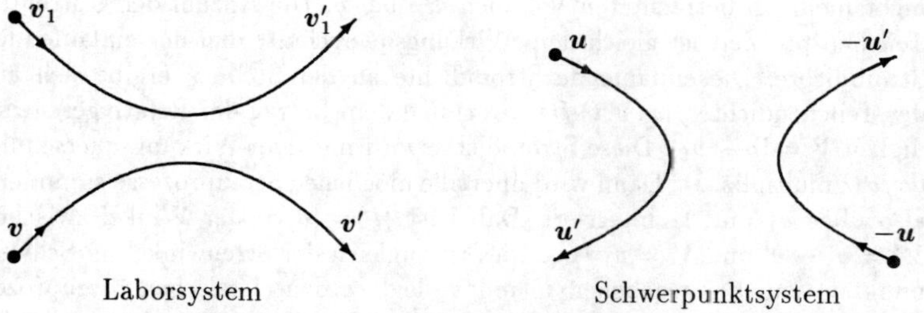

Abbildung 41.1: Stöße zwischen zwei gleichen Teilchen im Laborsystem und Schwerpunktsystem. Im Schwerpunktsystem ist der Prozeß durch die Geschwindigkeit $\boldsymbol{u}$ und den Streuwinkel $\Omega = (\theta, \phi)$ festgelegt.

Systems. Die Boltzmanngleichung ist die Bilanzgleichung für die Wahrscheinlichkeitsdichte $f(\boldsymbol{r}, \boldsymbol{v}, t)$ der klassischen Zustände $(\boldsymbol{r}, \boldsymbol{v})$ eines einzelnen Teilchens.

Für die Boltzmanngleichung klassifizieren wir den Zustand des Gases zwar wie für ein ideales Gas (weil das betrachtete Gas verdünnt ist), berücksichtigen aber explizit die Stöße zwischen jeweils zwei Teilchen. Es werden nur elastische Stöße betrachtet. Im folgenden geben wir eine qualitative Ableitung der Boltzmanngleichung.

Die linke Seite von (41.14) beschreibt die Änderung von f *ohne* Stöße. Dazu betrachten wir die durch (41.13) gegebenen Teilchen. Diese Teilchen sind zu einer etwas späteren Zeit $t + dt$ an der Stelle $\boldsymbol{r} + \boldsymbol{v}\,dt$ und haben die Geschwindigkeit $\boldsymbol{v} + \boldsymbol{F}\,dt/m$. Da ihre Anzahl sich dadurch aber nicht ändert, ergeben sie einen entsprechenden Beitrag zu f an der neuen Stelle,

$$\begin{aligned} f(\boldsymbol{r}, \boldsymbol{v}, t)\, d^3r\, d^3v &= f(\boldsymbol{r}', \boldsymbol{v}', t')\, d^3r'\, d^3v' = \\ &= f\left(\boldsymbol{r} + \boldsymbol{v}\,dt,\ \boldsymbol{v} + \boldsymbol{F}\,dt/m\,,\ t + dt\right)\, d^3r\, d^3v \end{aligned} \qquad (41.15)$$

Das Volumenelement $d^3r'\,d^3v' = d^3r\,d^3v\,(1 + O(dt^2))$ ändert sich nicht. Wenn wir die rechte Seite nach den infinitesimalen Größen entwickeln, erhalten wir aus (41.15) die *stoßfreie Boltzmanngleichung*

$$\left(\boldsymbol{v}\,\frac{\partial}{\partial \boldsymbol{r}} + \frac{\boldsymbol{F}}{m}\,\frac{\partial}{\partial \boldsymbol{v}} + \frac{\partial}{\partial t} \right) f(\boldsymbol{r}, \boldsymbol{v}, t) = 0 \qquad \text{(ohne Stöße)} \qquad (41.16)$$

Die rechte Seite von (41.14) wird Stoßterm genannt. Der Stoßterm berücksichtigt, daß durch Stöße Teilchen in das Phasenraumvolumen $d^3r\,d^3v$ bei $\boldsymbol{r}, \boldsymbol{v}$ hinein- oder herausgestreut werden. In Abbildung 41.1 links streut ein Teilchen mit $\boldsymbol{v}$ an einem anderen Teilchen; danach ist das Teilchen im allgemeinen nicht mehr im betrachteten Volumen d^3v bei $\boldsymbol{v}$. Die Anzahl der gestreuten Teilchen pro Zeit ist gleich dem Wirkungsquerschnitt mal der einlaufenden Stromdichte. Die einlaufende Stromdichte an der Stelle $\boldsymbol{r}$ ergibt sich aus der Teilchendichte $f(\boldsymbol{r},\boldsymbol{v},t)\, f(\boldsymbol{r},\boldsymbol{v}_1,t)$ mal dem Betrag der Relativgeschwindigkeit $V = |\boldsymbol{v}-\boldsymbol{v}_1|$. Diese Stromdichte wird mit dem Wirkungsquerschnitt $d\sigma/d\Omega$ multipliziert. Dann wird über alle möglichen Streuprozesse summiert, also über $\boldsymbol{v}_1$ und Ω integriert. Dabei ist $\Omega = (\theta,\phi)$ der Winkel zwischen $\boldsymbol{V}' = \boldsymbol{v}_1' - \boldsymbol{v}'$ und $\boldsymbol{V} = \boldsymbol{v}_1 - \boldsymbol{v}$. Dies ist zugleich der Streuwinkel im Schwerpunktsystem; bei gegebenen $\boldsymbol{v}$ und $\boldsymbol{v}_1$ legt er den elastischen Streuprozeß (bei dem die Energie und Impuls erhalten sind) vollständig festgelegt. In der beschriebenen Weise erhalten wir den Verlustterm auf der rechten Seite von (41.14). Wenn wir in Abbildung 41.1 die Pfeile umdrehen, erhalten wir eine Streuung in den betrachteten Bereich d^3v bei $\boldsymbol{v}$ hinein. Der resultierende Gewinnterm ergibt sich analog zum Verlustterm; der Betrag der Relativgeschwindigkeit ist wegen $|\boldsymbol{v}-\boldsymbol{v}_1| = |\boldsymbol{v}'-\boldsymbol{v}_1'|$ wieder V. Die Argumente $\boldsymbol{v}'$ und $\boldsymbol{v}_1'$ im Gewinnterm sind durch $\boldsymbol{v}$ und die Integrationsvariablen $\boldsymbol{v}_1$ und Ω festgelegt; sie hängen mit diesen Größen über den Impuls- und Energiesatz zusammen.

In der skizzierten Ableitung wird implizit angenommen, daß die Geschwindigkeiten vor jedem Stoß gemäß $f(\boldsymbol{r},\boldsymbol{v},t)$ verteilt sind, also unkorreliert sind. Diese Annahme vernachlässigt die Korrelationen zwischen den Geschwindigkeiten, die für die Zeitumkehrinvarianz notwendig sind.

Maxwellverteilung

Wir zeigen, daß die Boltzmanngleichung im kräftefreien Fall ($\boldsymbol{F} = 0$) zur Maxwellverteilung führt. Wir beschränken uns auf den Fall, daß die Verteilung nicht vom Ort abhängt, also $f = f(\boldsymbol{v},t)$. Dies gilt wegen der Homogenität des Raums im kräftefreien Fall für die Gleichgewichtsverteilung; für die Anfangsverteilung ist dies aber eine zusätzliche Annahme.

Gibt man irgendeine Anfangsverteilung $f(\boldsymbol{v},t=0)$ vor, so folgt die zeitliche Entwicklung aus (41.14). Dies ergibt in der Regel eine zeitabhängige Verteilung $f(\boldsymbol{v},t)$; das System befindet sich dann nicht im Gleichgewicht. Das Gleichgewicht ist der Makrozustand, in dem sich makroskopische Größen nicht mehr ändern. Dies ist genau dann der Fall, wenn die Zeitabhängigkeit von $f(\boldsymbol{v},t)$ verschwindet. Aus dieser Bedingung folgt

$$\frac{\partial f(\boldsymbol{v},t)}{\partial t} = 0 \quad \stackrel{(41.14)}{\Longrightarrow} \quad f(\boldsymbol{v})\, f(\boldsymbol{v}_1) - f(\boldsymbol{v}')\, f(\boldsymbol{v}_1') = 0 \qquad (41.17)$$

Mit $\partial f/\partial t$ verschwindet die linke Seite von (41.14); denn wegen $\boldsymbol{F} = 0$ und $\partial f(\boldsymbol{v},t)/\partial \boldsymbol{r} = 0$ sind die anderen Terme null. Damit muß die rechte Seite der Boltzmanngleichung verschwinden. Sofern $d\sigma/d\Omega \neq 0$ gilt, folgt daraus $f(\boldsymbol{v})\,f(\boldsymbol{v}_1) - f(\boldsymbol{v}')\,f(\boldsymbol{v}_1') = 0$. Voraussetzung für $d\sigma/d\Omega \neq 0$ ist, daß die Argumente $\boldsymbol{v}$, $\boldsymbol{v}_1$, $\boldsymbol{v}'$ und $\boldsymbol{v}_1'$ einem möglichen Streuprozeß entsprechen. Die Folgerung in (41.17) gilt daher nur, wenn die Geschwindigkeiten $\boldsymbol{v}'$, $\boldsymbol{v}_1'$ sich durch einen elastischen Streuprozeß aus $\boldsymbol{v}$, $\boldsymbol{v}_1$ ergeben können.

Die Bedingung (41.17) legt die Gleichgewichtsverteilung fest, die wir im folgenden mit $f_0(\boldsymbol{v})$ bezeichnen. Wir schreiben die Bedingung (41.17) in der Form

$$\ln f_0(\boldsymbol{v}) + \ln f_0(\boldsymbol{v}_1) = \ln f_0(\boldsymbol{v}') + \ln f_0(\boldsymbol{v}_1') \qquad (41.18)$$

Die linke Seite ist eine Funktion der Geschwindigkeiten vor dem Stoß, die rechte ist dieselbe Funktion nach dem Stoß (oder umgekehrt). Diese Funktion ist also beim Stoß eine *Erhaltungsgröße*. Sie setzt sich außerdem additiv aus den Beiträgen der beiden Teilchen zusammen. Allgemeine Erhaltungsgrößen beim Zweierstoß sind Energie, Impuls und Drehimpuls. Der Drehimpuls scheidet aus, weil er sich nicht allein durch die Geschwindigkeiten ausdrücken läßt. Für Energie und Impuls gelten die Erhaltungssätze

$$m(\boldsymbol{v} + \boldsymbol{v}_1) = m(\boldsymbol{v}' + \boldsymbol{v}_1'), \qquad \frac{m}{2}\,(\boldsymbol{v}^2 + \boldsymbol{v}_1^{\,2}) = \frac{m}{2}\,(\boldsymbol{v}'^2 + \boldsymbol{v}_1'^2) \qquad (41.19)$$

Damit gilt (41.18), wenn $\ln f_0(\boldsymbol{v})$ linear vom Impuls und von der Energie abhängt, also für

$$\ln f_0(\boldsymbol{v}) = a + \boldsymbol{b}\boldsymbol{v} + c\boldsymbol{v}^2 \qquad (41.20)$$

Durch eine Galileitransformation können wir die drei Konstanten $\boldsymbol{b}$ zu null machen. Dies bedeutet, daß die Galileitransformation in das Inertialsystem führt, in dem der Mittelwert $\overline{\boldsymbol{v}}$ verschwindet. Dann folgt aus (41.20) die Maxwellsche Geschwindigkeitsverteilung:

$$f_0(\boldsymbol{v}) = f_0(v) = A\,\exp(-\beta m v^2/2) \qquad (41.21)$$

Dabei haben wir die Konstante c in (41.20) durch $-\beta m/2$ mit einer anderen, zunächst unbekannten Konstanten β ersetzt. Aus (41.21) folgt für die mittlere Energie pro Teilchen $m\overline{v^2}/2 = 3/(2\beta)$. Dies legt die physikalische Bedeutung von β fest, und zwar in Übereinstimmung mit der früher eingeführten Bedeutung von β als $1/k_{\mathrm{B}}T$.

Aus der Mastergleichung haben wir ein mikrokanonisches Gleichgewicht erhalten, aus der Boltzmanngleichung ein kanonisches Gleichgewicht (41.21). Dies liegt daran, daß sich die P_r auf die Verteilung der Mikrozustände des gesamten abgeschlossenen Systems bezogen, während $f(\boldsymbol{v})$ die Geschwindigkeitsverteilung der einzelnen Teilchen wiedergibt.

Elektrische Leitfähigkeit

Die Boltzmanngleichung ist Ausgangspunkt zur Berechnung verschiedener Transportkoeffizienten, etwa für Viskosität, elektrische Leitfähigkeit oder Wärmeleitfähigkeit. Am Beispiel der elektrischen Leitfähigkeit machen wir uns die prinzipielle Möglichkeit der Ableitung aus der Boltzmanngleichung klar.

Wir betrachten kleine Abweichungen von der Gleichgewichtsverteilung f_0 aus (41.21),

$$f(\boldsymbol{r}, \boldsymbol{v}, t) = f_0(v) + \delta f(\boldsymbol{r}, \boldsymbol{v}, t) \tag{41.22}$$

Wir nähern die rechte Seite der Boltzmanngleichung durch

$$\int d^3v_1 \int d\Omega\, V\, \frac{d\sigma}{d\Omega}\, \big[f(\boldsymbol{r}, \boldsymbol{v}', t)\, f(\boldsymbol{r}, \boldsymbol{v}_1', t) - f(\boldsymbol{r}, \boldsymbol{v}, t)\, f(\boldsymbol{r}, \boldsymbol{v}_1, t) \big] \approx -\frac{\delta f(\boldsymbol{r}, \boldsymbol{v}, t)}{\tau} \tag{41.23}$$

an. Für $f = f_0$ verschwindet der Stoßterm; für kleine Abweichungen wird er daher proportional zu δf sein. Für den Koeffizienten von δf führen wir eine grobe Abschätzung durch: Wir nähern $\int d\Omega\; d\sigma/d\Omega \ldots$ durch den Wirkungsquerschnitt σ an, $\int d^3v\; f_0(v) \ldots$ durch die mittlere Teilchendichte n, und V durch die mittlere Geschwindigkeit $\overline{v}$. Diese Abschätzung vernachlässigt numerische Faktoren und die in δf quadratischen Terme; sie berücksichtigt aber korrekt die Dimension der Faktoren. Für den Koeffizienten τ erhalten wir damit

$$\frac{1}{\tau} \approx \overline{v}\, n\, \sigma \tag{41.24}$$

Elementare kinetische Überlegungen des nächsten Kapitels zeigen, daß τ die mittlere Stoßzeit zwischen Teilchen des Gases ist. Eine genauere Auswertung des Stoßterms kann zur Bestimmung der numerischen Faktoren und einer eventuellen Geschwindigkeitsabhängigkeit von τ führen.

Wir betrachten ein klassisches Gas aus geladenen Teilchen (Ladung q) in einem homogenen elektrischen Feld. Hierfür ist auf der linken Seite der Boltzmanngleichung die Kraft

$$\boldsymbol{F} = q\, E_z\, \boldsymbol{e}_z = \text{const.} \tag{41.25}$$

einzusetzen. Da die Kraft zeitlich und räumlich konstant ist, suchen wir eine zeit- und ortsunabhängige Korrektur zur Gleichgewichtsverteilung,

$$\delta f(\boldsymbol{v}) = f(\boldsymbol{v}) - f_0(v) \tag{41.26}$$

Wir setzen dies und die Näherung (41.23) in die Boltzmanngleichung ein:

$$\frac{q\, E_z}{m}\, \frac{\partial f_0(\boldsymbol{v})}{\partial v_z} \approx -\frac{\delta f(\boldsymbol{v})}{\tau} \tag{41.27}$$

Die linke Seite ist bereits für $f \approx f_0$ von der Ordnung $\mathcal{O}(\delta f)$, so daß der Korrekturterm δf hier weggelassen werden kann. Für die Maxwellverteilung (41.21) gilt

$$\frac{\partial f_0}{\partial v_z} = -\beta\, f_0\, m v_z \tag{41.28}$$

Aus den letzten drei Gleichungen folgt

$$f(\boldsymbol{v}) \approx f_0(\boldsymbol{v}) + \tau\, q\, E_z\, \beta\, f_0(\boldsymbol{v})\, v_z \tag{41.29}$$

Nur der zweite Term trägt zur mittleren Stromdichte bei,

$$j_z = q \int d^3v\; v_z\, f(\boldsymbol{v}) \approx \tau\, q^2\, E_z\, \beta \int d^3v\; {v_z}^2\, f_0 = \frac{\tau\, q^2\, E_z}{k_{\mathrm{B}} T}\, n\, \overline{v_z^2} \tag{41.30}$$

Mit der Aussage

$$\frac{m}{2}\, \overline{v_z^2} = \frac{k_{\mathrm{B}} T}{2} \tag{41.31}$$

des Gleichverteilungssatzes ergibt dies die *elektrische Leitfähigkeit* σ_{el},

$$\sigma_{\mathrm{el}} = \frac{j_z}{E_z} = \frac{n q^2}{m}\, \tau \tag{41.32}$$

Diesen und andere Transportkoeffizienten leiten wir im nächsten Kapitel direkt aus elementaren kinetischen Betrachtungen ab. Hier haben wir den Zusammenhang mit der Boltzmanngleichung skizziert, und damit den prinzipiellen Weg einer genaueren Berechnung aufgezeigt.

Übung

Für eine räumlich homogene Verteilung $f(\boldsymbol{v}, t)$ wird analog zu (41.4) die Größe

$$H(t) = \int d^3v\; f(\boldsymbol{v}, t)\, \ln f(\boldsymbol{v}, t) \tag{41.33}$$

definiert. Zeigen Sie, daß aus der Boltzmanngleichung

$$\frac{dH(t)}{dt} \le 0 \tag{41.34}$$

folgt; die Rechnung verläuft analog zu (41.5). Im Gleichgewicht muß dH/dt verschwinden. Zeigen Sie, daß daraus (41.18) folgt.

Kapitel 42

Kinetisches Gasmodell

In diesem Kapitel leiten wir die Transportgleichungen für elektrischen Strom, Diffusion, Viskosität und Wärmeleitung in einem elementaren kinetischen Gasmodell ab. In diesem Modell haben die Gasteilchen lokal die Geschwindigkeitsverteilung des idealen Gases. Im Gegensatz zum idealen Gas werden jedoch die Stöße zwischen den Teilchen berücksichtigt. Diese Berücksichtigung erfolgt über einen einzigen Parameter, die mittlere Stoßzeit. Dies entspricht der Näherung (41.23) für den Stoßterm der Boltzmanngleichung.

In den Transportgleichungen treten Koeffizienten auf, die die Stärke oder die Geschwindigkeit des Prozesses bestimmen. Wir berechnen diese Transportkoeffizienten im kinetischen Gasmodell; dabei vernachlässigen wir Faktoren der Größe $\mathcal{O}(1)$. Die Transportkoeffizienten hängen im allgemeinen von der Temperatur und vom Druck ab.

Stoßzeit

Wir gehen von einem klassischen Gas aus Atomen oder Molekülen aus. Für numerische Werte beziehen wir uns auf Luft unter Normalbedingungen. Die meisten Überlegungen können auch auf andere Systeme übertragen werden. Der Wirkungsquerschnitt σ ist der Quotient aus der Anzahl der gestreuten Teilchen pro Zeit und der einlaufenden Stromdichte I, also

$$\frac{dN_{\text{str}}}{dt} = \frac{\text{gestreute Teilchen}}{\text{Zeit}} = \text{Wirkungsquerschnitt}\ \frac{\text{einlaufende Teilchen}}{\text{Zeit} \cdot \text{Fläche}} = \sigma I \tag{42.1}$$

Damit ist σ die Fläche, an der die einlaufende Stromdichte effektiv gestreut wird. Wir stellen uns die Atome des Gases als Kugeln mit dem Durchmesser d vor. Der geometrische Wirkungsquerschnitt

$$\sigma = \pi d^2 \tag{42.2}$$

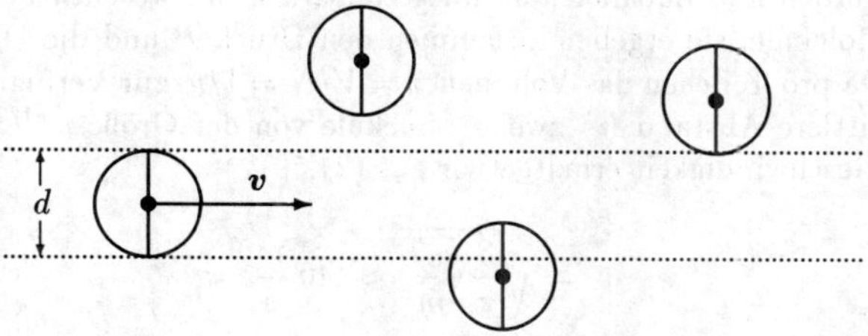

Abbildung 42.1: Für kugelförmige Teilchen ist der geometrische Wirkungsquerschnitt gleich der Kreisfläche $\sigma = \pi d^2$; denn ein Teilchen im Abstand d von der Bahn (wie das Teilchen rechts oben) wird gerade noch gestoßen. Auf einem Weg l könnte ein Teilchen an allen anderen stoßen, die sich im Kreiszylinder mit dem Volumen σl aufhalten. Die mittlere freie Weglänge λ ergibt sich aus der Bedingung, daß das Volumen $\sigma\lambda$ gerade ein Teilchen enthält, also $\sigma\lambda \approx V/N = 1/n$.

ist der Wirkungsquerschnitt für die klassische Streuung harter Kugeln (Abbildung 42.1). Ein Atom, das den Weg l zurücklegt, stößt an allen Teilchen im Volumen

$$V = \sigma\, l \tag{42.3}$$

Bei gegebener Dichte $n = N/V$ ist daher

$$N_{\text{str}} = n\,\sigma\, l = \text{Anzahl der gestoßenen Teilchen} \tag{42.4}$$

Unter *mittlerer freier Weglänge* λ versteht man die Strecke, die ein Atom im Mittel zwischen zwei Stößen fliegt. Für sie gilt

$$\lambda = \frac{1}{\sqrt{2}\, n\sigma} \tag{42.5}$$

Aus (42.4) folgt die Weglänge $l_1 = 1/(n\sigma)$ für genau einen Stoß $N_{\text{str}} = 1$; der numerische Faktor in (42.5) ergibt sich in einer genaueren statistischen Behandlung. Bei einem mittleren Betrag der Geschwindigkeit $\overline{v} = \overline{|\boldsymbol{v}|}$ ist die *mittlere Stoßzeit* dann

$$\tau = \frac{\lambda}{\overline{v}} = \frac{1}{\sqrt{2}\, n\sigma\,\overline{v}} \tag{42.6}$$

Wir schätzen τ und λ für Luft bei Normaldruck ($P \approx 1\,\text{bar}$) und Zimmertemperatur ($T \approx 300\,\text{K}$) ab. Zunächst gilt für die Dichte

$$n = \frac{N}{V} = \frac{6 \cdot 10^{23}}{22\,\text{l}} = 2.7 \cdot 10^{25}\,\frac{1}{\text{m}^3}\,, \qquad \langle r\rangle \approx n^{-1/3} \approx 30\,\text{Å} \tag{42.7}$$

Hierbei werden alle Luftmoleküle mitgezählt, also im wesentlichen die N_2- und O_2-Moleküle; sie ergeben zusammen den Druck P und die Dichte $n \approx P/k_\mathrm{B}T$. Da pro Teilchen das Volumen $v = V/N = 1/n$ zur Verfügung steht, ist der mittlere Abstand $\langle r \rangle$ zweier Moleküle von der Größe $n^{-1/3}$. Für die mittlere Geschwindigkeit erhalten wir aus (24.50)

$$\overline{v} = \sqrt{\frac{8}{\pi}\,\frac{k_\mathrm{B}T}{m}} \approx 440\ \frac{\mathrm{m}}{\mathrm{s}} \tag{42.8}$$

Dabei wurde $k_\mathrm{B}T \approx \mathrm{eV}/40$ und $m \approx 30\,\mathrm{GeV/c^2}$ für N_2 oder O_2 eingesetzt. Die Luftmoleküle sind nicht kugelförmig wie in Abbildung 42.1 angenommen; durch Mittelung über alle Richtungen der Molekülachse kann man aber zu einem effektiven Teilchendurchmesser d kommen. Hierfür setzen wir den plausiblen Wert $d \approx 3\,\text{Å}$ an. Damit erhalten wir

$$\lambda = \frac{1}{\sqrt{2}\,\pi\, d^2 n} \approx 10^{-7}\,\mathrm{m} = 1000\,\text{Å}\,, \qquad \tau = \frac{\lambda}{\overline{v}} \approx 2\cdot 10^{-10}\,\mathrm{s} \tag{42.9}$$

Diese Werte sind realistisch. Auf der Skala Ångström macht der Vergleich zwischen $d \approx 3\,\text{Å}$, $\langle r \rangle \approx 30\,\text{Å}$ und $\lambda \approx 1000\,\text{Å}$ die Größenverhältnisse auf der mikroskopischen Ebene klar. Das pro Teilchen zur Verfügung stehende Volumen ist etwa um einen Faktor $10^3 \approx \langle r \rangle^3/d^3$ größer als das Eigenvolumen; es handelt sich also um ein verdünntes Gas. Daher ist auch die mittlere freie Weglänge viel größer als der mittlere Abstand der Teilchen.

Der Übergang vom Nichtgleichgewichtszustand zum Gleichgewicht erfolgt lokal (in einem Bereich von mehreren λ's) durch wenige Stöße; insofern bestimmt die Stoßzeit auch die Einstellung des lokalen Gleichgewichts. Die Einstellung des globalen Gleichgewichts wird dagegen durch die zu diskutierenden Transportgleichungen beschrieben.

Elektrische Leitfähigkeit

Wir gehen von einem klassischen Gas mit einer bestimmten Stoßzeit τ aus. Die Teilchen sollen die Ladung q tragen. Wir untersuchen den Transportprozeß, der durch ein äußeres elektrisches Feld $\boldsymbol{E}$ hervorgerufen wird. Diese Überlegungen lassen sich auf das Elektronengas eines Metalls übertragen.

Ein mit q geladenes Teilchen gehorcht *zwischen zwei Stößen* der Bewegungsgleichung

$$m\dot{\boldsymbol{v}} = \boldsymbol{K} = q\boldsymbol{E} \tag{42.10}$$

Unmittelbar nach einem Stoß zur Zeit $t = 0$ habe ein Teilchen die Geschwindigkeit $\boldsymbol{v}(0)$. Dann ist seine Geschwindigkeit im Zeitraum bis zum nächsten

Stoß zur Zeit $t = \tau$ gleich

$$\boldsymbol{v}(t) = \frac{\boldsymbol{K}}{m}\, t + \boldsymbol{v}(0) \qquad (0 \le t \le \tau) \tag{42.11}$$

Die zusätzliche Geschwindigkeit durch das elektrische Feld ist meist klein,

$$\left| \frac{qE}{m}\, \tau \right| \ll |\boldsymbol{v}(0)| \tag{42.12}$$

Als Beispiel betrachten wir ein einfach ionisiertes O_2-Molekül (also $m = 32\,\mathrm{GeV/c^2}$ und $q = e = 1.6 \cdot 10^{-19}$ Coulomb) in Luft ($\tau = 2 \cdot 10^{-10}\,\mathrm{s}$) bei einem angelegten Feld der Stärke $E = 10\,000$ Volt/Meter. Hierfür ist $qE\tau/M \approx 6\,\mathrm{m/s}$ klein gegenüber $|\boldsymbol{v}(0)| \sim \overline{v} \approx 440\,\mathrm{m/s}$.

Wir betrachten nun eine Gruppe von Teilchen, zum Beispiel 1000 Teilchen in einem Volumenelement. Sie haben alle eine Geschwindigkeit gemäß (42.11), wobei der zeitliche Abstand t zum letzten Stoß für die einzelnen Teilchen verschieden ist; er kann zwischen 0 und τ liegen. Einzelne Teilchen können auch einige λ's weit fliegen, bevor sie wieder stoßen. Ohne Berücksichtigung von Faktoren der Größe 1 gilt daher $\overline{t} \approx \tau$ für die betrachtete Gruppe. Daraus erhalten wir die mittlere Geschwindigkeit der betrachteten Teilchengruppe,

$$\boldsymbol{v}_K = \overline{\boldsymbol{v}(t)} \overset{(42.11)}{=} \frac{\boldsymbol{K}}{m}\, \overline{t} + \overline{\boldsymbol{v}(0)} \approx \frac{\boldsymbol{K}}{m}\, \tau \tag{42.13}$$

Durch einen Stoß wird im allgemeinen die Richtung der Geschwindigkeit des Teilchens erheblich geändert. In einer Gruppe von Teilchen sind daher die Richtungen von $\boldsymbol{v}(0)$ gleichverteilt, also $\overline{\boldsymbol{v}(0)} = 0$. Das Ergebnis $\boldsymbol{v}_K$ ist die mittlere Geschwindigkeit oder Driftgeschwindigkeit aufgrund der äußeren Kraft $\boldsymbol{K}$. Für $\boldsymbol{K} = q\boldsymbol{E}$ erhalten wir daraus die elektrische Stromdichte

$$\boldsymbol{j} = \frac{\text{Ladung}}{\text{Zeit} \cdot \text{Fläche}} = q\, n\, \boldsymbol{v}_K = \sigma_{\mathrm{el}}\, \boldsymbol{E} \tag{42.14}$$

Dies ist die Transportgleichung für die elektrische Ladung. Der Transportkoeffizient σ_{el} ist die *elektrische Leitfähigkeit*. Wie (42.14) zeigt, ist $\boldsymbol{j}$ proportional zu $\boldsymbol{E}$; in einem Stromkreis ist dann der Strom proportional zur Spannung. Diese Aussage wird *Ohmsches Gesetz* genannt; sie ist gleichbedeutend damit, daß σ_{el} unabhängig von $\boldsymbol{E}$ ist. In realen Systemen wird das Ohmsche Gesetz nur näherungsweise gelten; als Leitfähigkeit wird dann das Verhältnis $\boldsymbol{j}/\boldsymbol{E}$ für kleine Feldstärken definiert.

Aus (42.13) und (42.14) folgt die Leitfähigkeit σ_{el} des kinetischen Gasmodells,

$$\sigma_{\mathrm{el}} \approx \frac{n\, q^2\, \tau}{m} \tag{42.15}$$

Im Gaußschen Maßsystem ist $[q]$ = ESE = $\mathrm{cm}^{3/2}\,\mathrm{g}^{1/2}/\mathrm{s}$ (ESE = elektrostatische Einheit), $[m] = \mathrm{g}$, $[n] = \mathrm{cm}^{-3}$ und $[\tau] = \mathrm{s}$; daraus folgt $[\sigma] = \mathrm{s}^{-1}$. Im SI-Sytem gilt dagegen $[\sigma] = \mathrm{A/(Vm)}$; dies folgt etwa aus $[j] = \mathrm{Ampère/m^2} = \mathrm{A/m^2}$ und $[E] = \mathrm{Volt/m} = \mathrm{V/m}$.

Das Ergebnis (42.15) hatten wir bereits in (41.32) aus einer grober Näherung der Boltzmanngleichung erhalten. Die im Stoßterm (41.23) eingeführte Größe τ hat im kinetischen Gasmodell eine anschauliche Bedeutung erhalten.

Ein klassisches Gas wird im allgemeinen nur teilweise ionisiert sein. Für n ist dann die Dichte der Ionen einzusetzen, während τ sich aus den Stößen aller Gasteilchen ergibt. Der konkrete Wert für σ hängt also vom Ionisationsgrad ab.

Ein praktisch wichtiger Fall ist das Elektronengas ($q = -e$, $m = m_\mathrm{e}$) in einem Metall. Die Elektronen können näherungsweise als ideales Fermigas behandelt werden. Nach Kapitel 32 tragen nur die Elektronen der aufgeweichten Fermikante zur Wärmekapazität bei. Im Gegensatz dazu sind aber *alle* Elektronen an der elektrischen Leitung beteiligt. Durch das angelegte Feld erhalten nämlich alle Elektronen die zusätzliche Driftgeschwindigkeit $\langle \boldsymbol{v} \rangle$. Dadurch wird die gesamte Fermiverteilung verschoben; dies ist durch das Pauliprinzip nicht behindert. Ebenso wie im klassischen Gas tendiert das angelegte Feld dazu, einzelne Elektronen zu beschleunigen. Ebenso wie dort ergibt sich aufgrund der Stöße eine endliche Driftgeschwindigkeit.

Wir können also (42.15) auf die beweglichen Elektronen eines Metalls anwenden. Die Stoßzeit ist hier aber nicht durch Elektron-Elektron-Stöße bestimmt, sondern durch Stöße am Kristallgitter (also durch Elektron-Phonon-Wechselwirkung); eine Abschätzung wie in (42.9) ist nicht möglich. In diesem Fall dient (42.15) zunächst dazu, die mittlere Stoßzeit τ aus der leicht meßbaren Leitfähigkeit zu bestimmen. Speziell für Kupfer gilt

$$\tau_{\text{Kupfer}} \approx 2 \cdot 10^{-14}\,\mathrm{s} \quad \text{aus} \quad \sigma_{\text{el}} = \frac{n e^2 \tau}{m_\mathrm{e}} \approx \begin{cases} 5 \cdot 10^{17}\,\mathrm{s}^{-1} & \text{(Gaußsystem)} \\ 6 \cdot 10^{7}\,\dfrac{\mathrm{A}}{\mathrm{Vm}} & \text{(SI-System)} \end{cases} \tag{42.16}$$

Dabei wurde die Atomdichte $n \approx 1/(12\,\mathring{\mathrm{A}}^3)$ von Kupfer und, je nach Maßsystem, $e = 4.8 \cdot 10^{-10}$ ESE oder $e = 1.6 \cdot 10^{-19}$ Coulomb eingesetzt.

Die Relation (42.12) ist für die Metallelektronen immer sehr gut erfüllt. Die linke Seite in (42.12) ist für die Elektronen von derselben Größenordnung wie für Ionen in Luft, denn sowohl die Stoßzeit wie die Masse sind etwa um einen Faktor 10^4 kleiner. Die Geschwindigkeiten der Elektronen sind aber von der Größe der Fermigeschwindigkeit (Kapitel 32), also $|\boldsymbol{v}(0)| \sim c/100$. Sie liegen damit um etwa vier Größenordungen über (42.8).

Reibung

Wegen der Stöße führt eine konstante Kraft zu einer endlichen Driftgeschwindigkeit $\boldsymbol{v}_K = \tau\,\boldsymbol{K}/m$, (42.13), und nicht etwa zu einer konstanten Beschleunigung. Ein solches Verhalten kann durch einen Reibungsterm in der Newtonschen Bewegungsgleichung beschrieben werden. Durch

$$m\dot{\boldsymbol{v}} = \boldsymbol{K} - \gamma \boldsymbol{v} \tag{42.17}$$

definieren wir eine *Reibungskonstante* γ. Für $t \to \infty$ ist die Lösung der Bewegungsgleichung $\boldsymbol{v}(\infty) = \boldsymbol{K}/\gamma$. Wenn wir dies mit der Driftgeschwindigkeit $\boldsymbol{v}_K = \tau\,\boldsymbol{K}/m$ identifizieren, erhalten wir

$$\gamma = \frac{\boldsymbol{K}}{\boldsymbol{v}_K} \approx \frac{m}{\tau} = \frac{m\,\overline{v}}{\lambda} \tag{42.18}$$

Die Messung von γ erfolgt durch die Bestimmung des Verhältnisses K/v_K, konkret also etwa über die elektrische Leitfähigkeit. Die Dimension der Reibungskonstanten ist $[\gamma] = \mathrm{kg/s}$. Unbeschadet des Namens Reibungs*konstante* ist diese Größe, ebenso wie alle anderen Transportkoeffizienten, in der Regel von der Temperatur und vom Druck abhängig.

Diffusion

Die Stöße zwischen den Gasteilchen führen zum Ausgleich einer anfangs inhomogenen Dichte. Dieser Vorgang heißt Diffusion.

Die Dichte des Gases hänge nur von der z-Koordinate ab, also $n = n(z)$. In Abbildung 42.2 mit $X = n$ betrachten wir die Teilchen, die durch die Fläche $z = z_0$ fliegen; dabei vernachlässigen wir Faktoren der Größe 1. Die Teilchen bei z_0 haben gleichverteilte Geschwindigkeitsrichtungen, und ergeben daher keinen Nettostrom durch die Fläche $z = z_0$. Die Teilchen bei $z_0 \pm \lambda$ haben ebenfalls alle möglichen Richtungen. Wenn ihre Geschwindigkeit gerade in $\mp z$-Richtung zeigt, ergeben sie einen Beitrag zum Strom durch die Fläche $z = z_0$. Diese Richtung haben jeweils etwa 1/6 der Teilchen, der Betrag der Geschwindigkeit ist von der Größe $\overline{v}$; es wird angenommen, daß $\overline{v}$ nicht von z abhängt. Die Teilchen, die weiter als λ von z_0 entfernt sind, streuen, bevor sie die Fläche $z = z_0$ erreichen; sie tragen zum betrachteten Zeitpunkt nicht zum Strom bei. Damit erhalten wir bei z_0 die Teilchenstromdichte

$$j_z = \frac{\text{Anzahl der Teilchen}}{\text{Zeit} \cdot \text{Fläche}} \approx \frac{1}{6}\,\overline{v}\left[n(z_0-\lambda) - n(z_0+\lambda)\right] = \frac{\overline{v}}{6}\,\frac{\partial n}{\partial z}\,(-2\lambda) \tag{42.19}$$

* siehe z.B. Greiner Mechanik 1 Seite 184

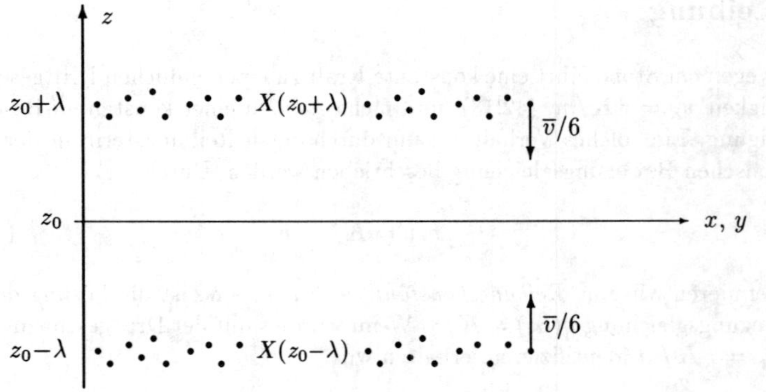

Abbildung 42.2: Eine Größe X (Dichte, Temperatur, mittlere Geschwindigkeit) sei in z-Richtung inhomogen. Dann führen die statistischen Geschwindigkeiten der Gasteilchen zu einem Nettostrom, der dazu tendiert, diese Größe auszugleichen. In die Berechnung dieses Stroms geht ein, daß die Teilchen jeweils nur auf der Länge λ ihre Richtung beibehalten, und daß jeweils rund 1/6 aller Teilchen mit $\overline{v}$ in eine bestimmte Richtung fliegt.

Hieraus sehen wir, daß die Stärke des Diffusionsstroms proportional zum negativen Dichtegradienten ist. Durch die Transportgleichung

$$j_z = n\, v_D = -D\,\frac{\partial n}{\partial z} \tag{42.20}$$

wird die *Diffusionskonstante* definiert; außerdem haben wir die Diffusionsgeschwindigkeit v_D eingeführt. Unsere Abschätzung ergibt

$$D \approx \frac{\overline{v}\,\lambda}{3} \tag{42.21}$$

Für Luft setzen wir (42.8) und (42.9) ein:

$$D \approx 1.5 \cdot 10^{-5}\ \frac{\mathrm{m}^2}{\mathrm{s}} \qquad \text{(Luft)} \tag{42.22}$$

Experimentell findet man $D \approx 1.8 \cdot 10^{-5}\ \mathrm{m}^2/\mathrm{s}$ für O_2 in Luft unter Normalbedingungen.

Die Diffusion ist der Prozeß des Dichteausgleichs im ruhenden Medium. Tatsächlich wird ein Dichteausgleich oft eher durch Zirkulation erfolgen; zum Beispiel durch Winde in der Atmosphäre.

Diffusionsgleichung

Wir leiten noch die Diffusionsgleichung ab. Da die Anzahl der Teilchen erhalten ist, muß für den Diffusionsstrom die Kontinuitätsgleichung $\dot{\rho} = -\mathrm{div}\,\boldsymbol{j}$ gelten, also

$$\frac{\partial n(z,t)}{\partial t} = -\frac{\partial (n\,v_D)}{\partial z} \tag{42.23}$$

Hierin setzen wir (42.20) ein und erhalten die *Diffusionsgleichung*

$$\frac{\partial n(z,t)}{\partial t} = D\;\frac{\partial^2 n(z,t)}{\partial z^2} \tag{42.24}$$

Dies läßt sich zu $\partial n(\boldsymbol{r},t)/\partial t = D\,\Delta n(\boldsymbol{r},t)$ verallgemeinern, wobei Δ der Laplaceoperator ist. Man überprüft leicht, daß

$$n(z,t) = \frac{N}{\sqrt{4\pi D t}}\,\exp\left(-\frac{z^2}{4Dt}\right) \tag{42.25}$$

die Diffusionsgleichung (42.24) löst. Diese Lösung ist gemäß $\int dz\; n(z,t) = N$ normiert.

Die angestellten Überlegungen lassen sich auf die in einer Flüssigkeit gelösten Moleküle oder kleinen Partikel anwenden, oder auf ein Spurengas in Luft. Die freie Weglänge λ ergibt sich in diesem Fall aus der Streuung der betrachteten Teilchen mit denen des Mediums. Die mittlere Geschwindigkeit ist durch die konstante Temperatur des Mediums vorgegeben. Der Dichtegradient bezieht sich aber allein auf die gelösten Teilchen oder das Spurengas. Für diese Anwendungen zeigt die Lösung (42.25), wie sich eine anfangs lokalisierte Verteilung verbreitert. Das Maß für die Verbreiterung ist

$$(\Delta z)^2 = \overline{(z-\overline{z})^2} = \overline{z^2} = \frac{1}{N}\int_{-\infty}^{\infty} dz\; z^2\, n(z,t) = 2Dt \tag{42.26}$$

Mit (42.22) schätzen wir ab, wie weit sich ein Molekül in Luft im Mittel von seinem Anfangsort wegbewegt:

$$\Delta z = \sqrt{2Dt} \approx \begin{cases} 5\,\mathrm{mm} & (t = 1\,\mathrm{s}) \\ 1\,\mathrm{m} & (t = 1\,\mathrm{Tag}) \end{cases} \tag{42.27}$$

Dies gilt zunächst für ein Luftmolekül in Luft, der Größenordnung nach aber auch für das Molekül eines Spurengases oder Duftstoffs in Luft. Angesichts der relativ großen Geschwindigkeiten ($\overline{v} \approx 440\,\mathrm{m/s}$) sind die zurückgelegten Entfernungen eher bescheiden. Dies liegt an den häufigen Stößen, die zu einer Zickzackbewegung (random walk) führen. Über den Prozeß der Diffusion würde die Verbreitung von Duftstoffen in einem Zimmer aus einer räumlich lokalisierten Quelle relativ lange dauern. Praktisch ergibt sich eine Verteilung viel schneller aufgrund von Luftzirkulation.

Brownsche Bewegung

Ein spezielles System, an dem Diffusion und Reibung studiert werden können, ist die *Brownsche Bewegung*. Auf der Oberfläche einer Flüssigkeit schwimmende, kleine (Brownsche) Teilchen führen sichtbare Zickzackbewegungen aus; dieser zweidimensionale random walk entspricht der Molekülbewegung im kinetischen Gasmodell. Die Zickzackbewegung ist das Resultat von Stößen des Brownschen Teilchens mit den thermisch bewegten Molekülen der Flüssigkeit; dieser Prozeß bestimmt auch die mittlere Stoßzeit.

Für die Brownsche Bewegung können γ und D in folgender Weise experimentell bestimmt werden. Dazu lädt man die Brownschen Teilchen auf und legt ein elektrisches Feld $\boldsymbol{E} = E\boldsymbol{e}_z$ an. Dies führt zu einer Driftbewegung mit $v_K = qE/\gamma$, also zu der mittleren Verschiebung

$$\overline{z} = \frac{qE}{\gamma}\, t \tag{42.28}$$

Zu dieser mittleren Verschiebung aufgrund des angelegten Felds kommt noch die ungerichtete Diffusionsbewegung mit

$$(\Delta z)^2 = \overline{(z - \overline{z})^2} = 2Dt \tag{42.29}$$

Dies wurde in (42.26) für $\overline{z} = 0$ berechnet; das Ergebnis gilt aber auch für $\overline{z} \neq 0$. Die Schwankung Δz kann also mit oder ohne Feld gemessen werden.

Die Größen $\overline{z}$ und $\overline{\Delta z^2}$ lassen sich durch die Beobachtung vieler Brownscher Teilchen experimentell bestimmen. Man beobachtet das i-te Teilchen und setzt hierfür $z_i(0) = 0$. Dann verfolgt man die Bewegung dieses Teilchens und bestimmt seine Position $z_i(t)$ nach einer Zeitspanne t (mit $t \gg \tau$). Die Beobachtung der Teilchen $i = 1, ..., N$ ergibt dann die Mittelwerte

$$\overline{z} = \frac{1}{N}\sum_{i=1}^{N} z_i(t) \quad \text{und} \quad (\Delta z)^2 = \overline{(z-\overline{z})^2} = \frac{1}{N}\sum_{i=1}^{N}\big[z_i(t) - \overline{z}(t)\big]^2 \tag{42.30}$$

Diese Größen sollten über t aufgetragen eine Gerade ergeben, (42.28) und (42.29). Die Steigungen der beiden Geraden bestimmen γ und D.

Einstein-Relation

Sowohl die Reibung (allgemeiner 'Dissipation') wie auch die Diffusion (allgemeiner 'Fluktuation') haben ihren Ursprung in den Stößen zwischen den Teilchen. Daher gibt es einen Zusammenhang zwischen γ und D. Dieser Zusammenhang heißt Einstein-Relation oder in allgemeinerem Zusammenhang auch Fluktuations-Dissipations-Theorem.

Aus (42.18) und (42.21) erhalten wir $\gamma D \approx m\overline{v}^2/3 = \mathcal{O}(1)\, k_{\rm B}T$. Durch eine spezielle Überlegung bestimmen wir den Faktor $\mathcal{O}(1)$ zu 1 und erhalten damit die *Einstein-Relation*,

$$\gamma D = k_{\rm B}T \qquad \text{(Einstein-Relation)} \tag{42.31}$$

Zur Bestimmung des numerischen Faktors gehen wir von der barometrischen Höhenformel

$$n(z) = n(0)\, \exp\left(-\frac{mgz}{k_{\rm B}T}\right) \tag{42.32}$$

aus. Sie kann als Gleichgewichtsverteilung aufgrund folgender Prozesse verstanden werden:

1. Die Schwerkraft $K = -mg$ führt im stationären Fall nach (42.18) zur Sinkgeschwindigkeit jedes einzelnen Teilchens,

$$v_K = -\frac{mg}{\gamma} \tag{42.33}$$

2. Andererseits bewirkt eine inhomogene Dichte nach (42.20) einen Diffusionsstrom,

$$v_D = -\frac{D}{n}\,\frac{\partial n}{\partial z} = D\,\frac{mg}{k_{\rm B}T} \tag{42.34}$$

Beide Geschwindigkeiten sind auf die z-Richtung bezogen. Im Gleichgewicht muß der Nettostrom gleich null sein, also

$$v_K + v_D = -\frac{mg}{\gamma} + D\,\frac{mg}{k_{\rm B}T} = 0 \tag{42.35}$$

Hieraus folgt (42.31). In dieser Ableitung wurden nur die Definitionen $\gamma = K/v_K$ und $D = -j_z/(\partial n/\partial z)$ benutzt, nicht aber die Näherungsausdrücke des kinetischen Gasmodells.

Viskosität

Die Viskosität η einer Flüssigkeit oder eines Gases wird durch den in Abbildung 42.3 dargestellten schematischen Versuchsaufbau definiert. Um den Geschwindigkeitsgradienten $\partial u_x/\partial z$ aufrecht zu erhalten, ist eine Kraft K pro Fläche F nötig:

$$\frac{K}{F} = -\eta\,\frac{\partial u_x}{\partial z} \tag{42.36}$$

Die Proportionalitätskonstante η wird als *Viskosität* oder *Zähigkeit* definiert. Die Geschwindigkeit u_x ist die Strömungsgeschwindigkeit des Gases (oder der

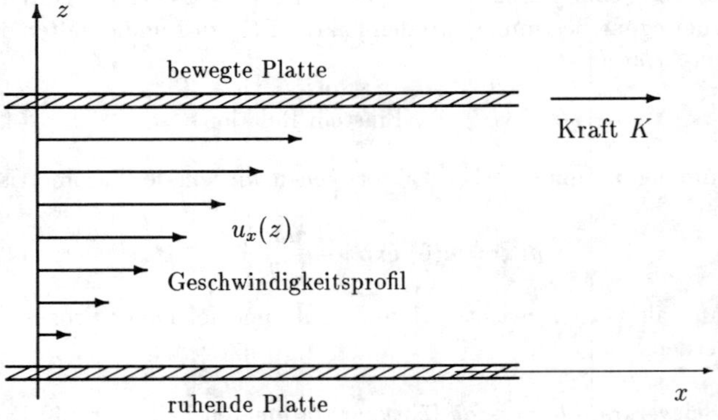

Abbildung 42.3: Zwei parallele Platten mit der Fläche F werden gegeneinander mit konstanter Geschwindigkeit bewegt. Zwischen den Platten befindet sich ein Gas oder eine Flüssigkeit. An der Oberfläche der Platten wird Medium mitgeführt; unter geeigneten experimentellen Bedingungen (kleine Geschwindigkeiten) stellt sich das skizzierte laminare Strömungsprofil ein. Um diese Strömung aufrecht zu erhalten, muß eine Kraft K auf die bewegte Platte ausgeübt werden. Die Kraft pro Fläche ist proportional zur Zähigkeit des Mediums und zum Geschwindigkeitsgradienten.

Flüssigkeit). Diese Strömungsgeschwindigkeit $\boldsymbol{u} = \overline{\boldsymbol{v}}$ ist gleich dem Mittelwert der Geschwindigkeiten der Gasteilchen. Ähnlich wie in (42.12) ist die zusätzliche Geschwindigkeit $\boldsymbol{u}$ viel kleiner als die Geschwindigkeiten $\boldsymbol{v}$ der einzelnen Teilchen.

Ohne äußere Kräfte zerfällt das Geschwindigkeitsprofil; denn sich selbst überlassen bewegt sich das System ins Gleichgewicht mit $\boldsymbol{u} = \overline{\boldsymbol{v}} = 0$. Ein solcher Zerfall ist vergleichbar mit dem exponentiellen Abfall der Lösungen von (42.17) aufgrund des Reibungsterms; die Zähigkeit wird daher auch als innere Reibung bezeichnet.

Die Versuchsanordnung in Abbildung 42.3 ist im Hinblick auf eine einfache Berechnung von η gewählt. Praktisch mißt man die Viskosität etwa über die Kraft $\boldsymbol{K} = 6\pi\eta r\boldsymbol{u}$ auf eine Kugel mit dem Radius r, die mit der Geschwindigkeit $\boldsymbol{u}$ durch das zähe Medium gezogen wird (Stokessche Formel); dabei wird eine laminare Umströmung der Kugel vorausgesetzt. Eine andere wichtige Anwendung ist der Flüssigkeitsstrom I = Volumen/Zeit durch eine zylindrische Röhre mit dem Radius r. Hierfür gilt $I = \pi r^4(\Delta P/\Delta l)/(8\eta)$, wobei $\Delta P/\Delta l$ der Druckgradient längs der Röhre ist (Hagen-Poiseuillesche Gleichung).

Wir leiten nun (42.36) ab. Dazu betrachten wir wieder Abbildung 42.2, diesmal mit $X = u_x$; auch die weiteren Überlegungen sind ganz analog zur Diffusion. Ohne äußere Kraft verfällt das Geschwindigkeitsprofil dadurch, daß Teilchen mit größerem u_x die Strecke λ nach unten, und Teilchen mit kleinerem u_x nach oben fliegen. Die oberen Teilchen transportieren den Impuls $m u_x(z_0 + \lambda)$, die unteren $m u_x(z_0 - \lambda)$. Dies ergibt die Impulsstromdichte

$$J_p = \frac{\text{Impuls}}{\text{Zeit} \cdot \text{Fläche}} \approx \frac{1}{6}\, n\, m\, \overline{v} \left[u_x(z_0 - \lambda) - u_x(z_0 + \lambda) \right] \tag{42.37}$$

Die äußere Kraft pro Fläche muß gleich diesem Impulsübertrag pro Zeit und Fläche sein, damit das Geschwindigkeitsprofil aufrechterhalten wird:

$$\frac{K}{F} = J_p \approx \frac{1}{6}\, n\, m\, \overline{v}\, \frac{\partial u_x}{\partial z}\, (-2\lambda) \tag{42.38}$$

Dies zeigt zum einen, daß K/F proportional zum Geschwindigkeitsgradienten ist, wie es die Definition (42.36) der Viskosität verlangt; im Grenzfall eines kleinen Gradienten gilt dies exakt. Zum anderen erhalten wir daraus die Modellabschätzung des Viskositätskoeffizienten,

$$\eta \approx \frac{n\, \lambda\, \overline{v}\, m}{3} \tag{42.39}$$

Wir setzen $m = 5 \cdot 10^{-26}$ kg für N_2- oder O_2-Moleküle und (42.7)–(42.9) ein,

$$\eta \approx 2 \cdot 10^{-5}\, \frac{\text{N s}}{\text{m}^2} \qquad \text{(Luft)} \tag{42.40}$$

Unter Normalbedingungen ist der experimentelle Wert $1.7 \cdot 10^{-5}\,\text{Ns/m}^2$. Für Wasser mißt man $10^{-3}\,\text{Ns/m}^2$, für Glyzerin etwa $1\,\text{Ns/m}^2$.

Mit (42.5) und (42.8) wird (43.39) zu

$$\eta \approx \frac{m}{3\sqrt{2}\,\sigma} \sqrt{\frac{8}{\pi}\frac{k_B T}{m}} = \text{const.} \cdot \sqrt{T} \tag{42.41}$$

Bei gegebener Temperatur ist die Zähigkeit eines Gases also näherungsweise unabhängig vom Druck.

Wärmeleitung

So wie ein Dichtegradient zu einem Teilchenstrom führt, und ein Geschwindigkeitsgradient zu einem Impulsstrom, so führt ein Temperaturgradient zu einem Wärmestrom. Der Mechanismus dieser Transportprozesse ist in Abbildung 42.2 skizziert. Dabei ist im ersten Fall $X = n$, im zweiten

$X = u_x$ oder $X = m u_x$, und jetzt $X = T$ oder auch $X = cT$, wobei c die Wärmekapazität pro Teilchen ist.

Die in Abbildung 42.2 nach unten fliegenden Teilchen transportieren die Wärmeenergie $c\,T(z_0+\lambda)$, die nach oben fliegenden $c\,T(z_0-\lambda)$. Wir nehmen an, daß c, n und $\overline{v}$ nicht von z abhängen. Daraus ergibt sich die Wärmestromdichte

$$J_Q = \frac{\text{Wärme}}{\text{Zeit} \cdot \text{Fläche}} \approx \frac{1}{6}\, n\,\overline{v}\,c\,\big[T(z_0-\lambda)-T(z_0+\lambda)\big] = -\frac{1}{3}\, n\,\overline{v}\,\lambda c\,\frac{\partial T}{\partial z} \qquad (42.42)$$

Eine eventuelle Temperaturabhängigkeit des Faktors $n\overline{v}c$ würde lediglich zu einem anderen Vorfaktor führen. Das Ergebnis zeigt, daß die Wärmestromdichte J_Q proportional zum Temperaturgradienten ist,

$$J_Q = -\kappa\,\frac{\partial T}{\partial z} \qquad (42.43)$$

Diese Proportionalität gilt exakt im Grenzfall eines kleinen Temperaturgradienten und bei Ausschluß anderer Prozesse wie Konvektion oder Strahlung. Durch (42.43) wird die *Wärmeleitfähigkeit* κ definiert. Unsere Abschätzung (42.42) ergibt hierfür

$$\kappa \approx \frac{n\,\lambda\,\overline{v}\,c}{3} \qquad (42.44)$$

Der Vergleich mit (42.39) zeigt

$$\kappa = \frac{c}{m}\,\eta = \text{const.} \cdot \eta \qquad (42.45)$$

Dabei wurde angenommen, daß die spezifische Wärme c pro Teilchen nicht von der Temperatur abhängt. Ebenso wie für η in (42.41) folgt aus (42.5), $\lambda \propto 1/n$, daß κ näherungsweise vom Druck unabhängig ist. Bei sehr kleinem Druck (also sehr kleiner Dichte n) kann λ aus (42.5) allerdings größer als der Abstand L der Gefäßwände werden. Dann übernimmt L die Rolle der mittleren freien Weglänge und ist in (42.44) einzusetzen. Wegen $\lambda \approx L$ und $n \approx P/k_{\rm B}T$ ist die Wärmeleitfähigkeit in diesem Fall proportional zum Druck. Der Unterdruck in einer doppelwandigen Thermosflasche verbessert daher die Isolierfähigkeit.

Mit (42.7)–(42.9) und $c = 7k_{\rm B}/2$ für ein ideales zweiatomiges Gas schätzen wir κ aus (42.44) für Luft ab:

$$\kappa \approx \frac{7}{6}\, n\,\lambda\,\overline{v}\,k_{\rm B} \approx 2 \cdot 10^{-2}\,\frac{\rm W}{\rm K\,m} \qquad \text{(ruhende Luft)} \qquad (42.46)$$

Experimentell findet man $2.4 \cdot 10^{-2}$ W/Km unter Normalbedingungen. Meist ergibt die Konvektion den Hauptbeitrag zum Wärmetransport in Luft; daher ist die Einschränkung 'ruhend' wichtig. Ähnlich niedrige Werte wie in (42.46) erreicht man mit Glaswolle oder Styropor ($\kappa \approx 4 \cdot 10^{-2}\,\mathrm{W/Km}$).

Das Ergebnis (42.44) kann auch auf Festkörper angewandt werden, in denen die Phononen für den Wärmetransport verantwortlich sind; im Metall kommen noch die Elektronen dazu. Die Anzahl der Phononen hängt wesentlich von der Temperatur ab, sie ist aber auch proportional zur Anzahl N der Atome. Die Dichte n der Phononen ist daher proportional zur Massendichte ρ des Festkörpers. Andererseits ist λ aber nicht wie in (42.5) umgekehrt proportional zu n. Als Faustregel kann man daher sagen, daß die Wärmeleitfähigkeit fester Körper proportional zu ihrer Massendichte ist. Deswegen dämmen zum Beispiel Hauswände aus Beton viel schlechter als Hohlblocksteine. Leichte Materialien sind dagegen meist gute Wärmedämmer (Holz, Styropor, Glaswolle).

Die Dicke d einer Wärmedämmschicht geht in den Temperaturgradienten $\partial T/\partial z \approx -|T_1 - T_2|/d$ ein. Der Wärmestrom durch eine solche Schicht ist dann

$$J_Q = k\,|T_1 - T_2|\,, \qquad k = \frac{\kappa}{d}\,, \qquad [k] = \frac{\mathrm{Watt}}{\mathrm{m^2\,K}} \tag{42.47}$$

Dieser Koeffizient k heißt Wärmedurchgangszahl oder k-Wert. Er wird zur Kennzeichnung der Wärmedämmung für Fenster oder Wände angegeben. Für doppeltverglaste Fenster ist $k = 3\,\mathrm{W/(m^2K)}$ ein üblicher Wert, für Hauswände etwa $k = 1\,\mathrm{W/(m^2K)}$. Durch ein $1\,\mathrm{m}^2$ großes Fenster fließt dann im Winter ($\Delta T = 20\,\mathrm{K}$) ein Wärmestrom von 60 Watt. Für die tatsächliche Energiebilanz des Fensters ist neben der hier betrachteten Wärmeleitung aber noch der Beitrag der Konvektion (die Bewegung des Gases zwischen den Scheiben) und der Wärmestrahlung (siehe Treibhauseffekt aus Kapitel 34) zu berücksichtigen.

Wärmeleitungsgleichung

Die dreidimensionale Verallgemeinerung von (42.43) lautet

$$\boldsymbol{J}_Q = -\kappa\,\mathrm{grad}\,T(\boldsymbol{r}, t) \tag{42.48}$$

Dabei lassen wir eine Zeitabhängigkeit des Temperaturfelds zu. Wenn wir von äußeren Wärmequellen absehen, gilt die Kontinuitätsgleichung für den Wärmegehalt des betrachteten Mediums,

$$\frac{\partial(ncT)}{\partial t} + \mathrm{div}\,\boldsymbol{J}_Q = 0 \tag{42.49}$$

Wir setzen orts- und zeitunabhängige Materialgrößen (κ, n, c) voraus. Dann folgt aus den letzten beiden Gleichungen die *Wärmeleitungsgleichung*

$$\frac{\partial T(\boldsymbol{r},t)}{\partial t} = \frac{\kappa}{n\,c}\,\Delta T(\boldsymbol{r},t) \tag{42.50}$$

Diese Gleichung hat dieselbe Struktur wie die Diffusionsgleichung. Inhomogene Wärmeverteilungen gleichen sich also ähnlich wie inhomogene Dichteverteilungen aus. In praktischen Anwendungen sind in beiden Fällen auch andere Transportprozesse, insbesondere die Konvektion, zu berücksichtigen.

Die Materialkonstante κ/nc heißt *Temperaturleitzahl* oder auch Temperaturleitfähigkeit. In unserem Gasmodell erhalten wir aus (42.44) mit (42.8)–(42.9) den Wert

$$\frac{\kappa}{nc} \approx \frac{\lambda\,\overline{v}}{3} \approx 1.5\cdot 10^{-5}\ \frac{\mathrm{m}^2}{\mathrm{s}} \qquad \text{(ruhende Luft)} \tag{42.51}$$

Der gemessene Wert liegt bei $1.8\cdot 10^{-5}\ \mathrm{m}^2/\mathrm{s}$.

Die Wärmeleitungsgleichung beschreibt den räumlich-zeitlichen Temperaturausgleich. Aus ihr folgt etwa, daß sich in einem Bereich der Größe R Temperaturunterschiede in der Zeit

$$\tau_{\mathrm{relax}} \approx \frac{nc}{\kappa}\,R^2 \tag{42.52}$$

ausgleichen. Entsprechend fallen periodische Temperaturschwankungen (mit der Frequenz ω) auf der Länge $R \approx (\kappa/nc\omega)^{1/2}$ ab (siehe Übung).

Übung

An der Erdoberfläche sei die jahreszeitliche Schwankung der Temperatur durch

$$T(t,z=0) = T_0 + \Delta T\cdot \sin(\omega t)$$

gegeben, wobei $T_0 = 10\,^\circ\mathrm{C}$, $\Delta T = 10\,^\circ\mathrm{C}$ und $2\pi/\omega = 1\,\text{Jahr}$. Es soll die Temperaturverteilung $T(z,t)$ im Erdboden untersucht werden; z bezeichne die Tiefe. Lösen Sie die Wärmeleitungsgleichung mit einem Separationsansatz für $T(z,t)$. In welcher Tiefe muß ein Weinkeller angelegt werden, in dem die Temperaturschwankung kleiner als $1\,^\circ\mathrm{C}$ sein soll? In welcher Tiefe ist es im Winter am wärmsten?

Die Temperaturleitzahl für den Erdboden liegt bei $\kappa/nc \approx 1.5\cdot 10^{-6}\,\mathrm{m}^2/\mathrm{s}$. Die Erdwärme kann außer acht gelassen werden, da es hier nur auf einen Bereich von einigen Metern Tiefe ankommt.

Register

Die angegebenen Zahlen bezeichnen die *Kapitel*nummern. Sie sind fett gedruckt, wenn der Begriff in diesem Kapitel von zentraler Bedeutung ist oder in einem längeren Abschnitt behandelt wird.

Symbole

A

B

G

H

M

N

O

P